普通高等教育农业农村部"十四五"规划教材
全国高等农业院校优秀教材
面向21世纪课程教材

食品工程原理

Principles of Food Engineering

第三版

于殿宇　主编
杨同舟　主审

中国农业出版社
北　京

食品工程原理

内容简介

食品工程原理是食品科学与工程学科各专业的主要专业基础课之一。本书系统地阐述食品加工和制造过程中的主要工程概念及单元操作原理，主要内容包括流体流动、流体输送、粉碎与混合、沉降与过滤、传热、蒸发、制冷、干燥、传质、蒸馏、萃取和膜分离等。本书将作为食品工程原理理论基础的动量传递、热量传递和质量传递三大传递理论与对相关单元操作原理的讨论有机结合，在有限篇幅内提供足够的教学信息量和理论深度，叙述简明，深入浅出。本书注重理论联系实际，配备大量的例题和习题，着重培养学生的工程观点及解决工程问题的能力。本书采用双色印刷，双色的方式使图表更加清晰、易懂，书中以二维码形式加入了设备运行及单元操作等内容的动画演示，以帮助学生更加直观地理解相应知识点，便于教师教学与读者自学重难点内容。

本书可作为食品科学与工程等专业的本科生教材，也适宜作生物工程、制药工程、环境科学等专业相应课程的教材，并可供食品、生物工程等行业科研和工程技术人员参考。

食品工程原理 第三版编审人员名单

主　　编　于殿宇（东北农业大学）

参　　编　（按汉语拼音排序）

　　　　　郭庆启（东北林业大学）

　　　　　金丽梅（黑龙江八一农垦大学）

　　　　　刘天一（东北农业大学）

　　　　　孟雪雁（山西农业大学）

　　　　　潘明喆（东北农业大学）

　　　　　彭　丹（河南工业大学）

　　　　　屈岩峰（哈尔滨学院）

　　　　　吴苏喜（长沙理工大学）

　　　　　张佰清（沈阳农业大学）

　　　　　张　强（安徽农业大学）

主　　审　杨同舟（东北农业大学）

第一版编审人员

食品工程原理

主　编	杨同舟（东北农业大学）
参　编	张家年（华中农业大学）
	李元瑞（西北农业大学）
	范贵生（内蒙古农业大学）
主　审	蔡伟民（哈尔滨工业大学）

食品工程原理 第二版编写人员

主　编　杨同舟（东北农业大学、黑龙江东方学院）
　　　　于殿宇（东北农业大学）
副主编　陆　宁（安徽农业大学）
参　编（按汉语拼音排序）
　　　　金丽梅（黑龙江八一农垦大学）
　　　　孟雪雁（山西农业大学）
　　　　钱　镭（黑龙江东方学院）
　　　　吴苏喜（长沙理工大学）
　　　　张佰清（沈阳农业大学）

第三版前言

食品工程原理（第三版）

本教材为普通高等教育农业农村部"十四五"规划教材。教材第一版由杨同舟主编，于2001年出版，为"面向21世纪课程教材"。第二版由杨同舟、于殿宇主编，于2011年作为普通高等教育农业部"十二五"规划教材出版。第三版作为普通高等教育农业农村部"十三五"规划教材出版。本教材自出版以来受到全国同行的广泛关注，承蒙诸位同行的抬爱，许多高校选取本书作为食品科学与工程等相关专业的本科教材及考研参考书。

本次修订以习近平新时代中国特色社会主义思想为指导，对上一版教材进行了补充和完善，在重难点部分融入了数字资源，体现教材的时代性、先进性、科学性，贯彻落实党的二十大精神。

本次修订仍保持第一版与第二版的架构，以传递过程的三大单元为主线进行编写。其中第一单元为动量传递过程，在阐述流体力学基本原理的基础上，讨论流体输送、粉碎、筛分、混合、沉降、过滤及离心分离等过程中粒子动量交换的单元操作，覆盖第一章到第四章；第二单元为热量传递，在阐述传热理论的基础上，讨论热交换、蒸发、制冷、空调及物料干燥等单元操作，覆盖第五章到第八章；第三单元为质量传递，在系统阐述传质基本理论的基础上，讨论吸收、吸附、离子交换、蒸馏、萃取及膜分离等单元操作，覆盖第九章到第十二章。每个单元的首章，即第一章、第五章和第九章分别是各个传递过程的理论核心。

本版继续保持原有的由浅入深、巩固基本概念和紧密联系生产实际的编写原则，为了便于读者理解，将大量静止图片转换为动画演示，读者仅需扫描二维码即可直观地了解设备运行过程和单元操作过程，进一步深化对各个单元操作相关原理的理解与掌握。

为了便于读者充分掌握各章知识点，与本版教材配套出版了《食品工程原理习题精解》，书中以概念和公式提要形式对每章的知识点做了总结，并有大量的习题精解，以深化学习效果，针对章末习题，也给出了解题思路和参考答案。

本版编写者的分工如下。引论、第八章及索引：于殿宇；第一章：张强；第二章：金丽梅、于殿宇；第三章：张佰清；第四章：彭丹；第五章：屈岩峰；第六章：吴苏喜；第七章：刘天一；第九章：潘明喆；第十章：金丽梅；第十一章：郭庆启；第十二章：孟雪雁。统稿工作由于殿宇完成。动画校验由汪鸿（吉林工商学院）、王彤及王宁（东北农业大学）负责完成。限于水平，书中难免会有疏漏和不当之处，敬请广大读者批评指正。

编 者
2022年5月
（2023年8月修改）

第一版前言

FOREWORD 1

食品工程原理（第三版）

《食品工程原理》一书是经教育部高教司批准的全国高等教育"面向21世纪课程教材"，是食品科学与工程本科专业的主干课程教材。学生在低年级学过高等数学、物理学、物理化学、工程制图和机械设计基础等基础课之后，通过本课程系统学习食品加工过程的工程概念和各种单元操作原理，为高年级学习食品机械设备、食品工厂设计及各种食品工艺学等课程奠定理论基础。在本专业所有专业基础课和专业课中，食品工程原理是学时最多，而且在教和学两方面都有较大难度的课程，因此，教材问题显得格外重要，急需一部适用教材问世。

十几年前国内出现首本《食品工程原理》教材，对各院校食品相关专业的教学改革起过良好的推动作用。但可能是篇幅的原因，一些院校还是选择非化工专业用的《化工原理》作为食品工程原理课程的代用教材。然而化工所侧重的单元操作显然与食品工业不同，因此，许多院校尤其是在食品科技和工程人才的培养方面已占较大比重的全国各农业院校，殷切期望一部适用的有关食品工程原理的教材出版。有鉴于此，中华农业科教基金会把新编《食品工程原理》作为首批高校教材建设项目予以基金资助，经招标确定由我们承担这项编写任务。

我们尽力将此书编出自己的特色。首先是精于选材。为适应大多数院校为本课程规定的80~100学时的教学要求，在有限的篇幅内提供足够的教学信息量并具有一定深度，叙述简明，深入浅出。多着墨于基本概念和基本原理，少描微枝末节。具有食品工程的应用特点，强调制冷、真空技术、物料干燥及均相和非均相物系的分离。新编入了食品冷冻和超临界流体萃取等内容。其次，注意将动量传递、热量传递和质量传递三大传递过程原理与各单元操作相结合，强化了对传质部分的系统描述。再次，编写中重视量和单位的名称、符号的规范化，符合国家法定计量单位的要求。

本书初稿参编人员编写分工为：张家年教授（第一、二、八章），李元瑞教授（第五、六、七章），范贵生副教授（第三、四章），杨同舟教授（引论，第九、十、十一、十二章及附录）。全书由杨同舟教授统稿。本书主审为哈尔滨工业大学蔡伟民教授。书中部分插图的绘制和改绘由刘毅副教授及刘海波完成，谨向他们表示感谢。

尽管在统稿时下了较大功夫，但限于水平，缺点错误在所难免，诚恳欢迎广大读者批评指正。

编者
2001年3月

第二版前言

FOREWORD 2

食 品 工 程 原 理（第 三 版）

本书第一版作为全国高等教育"面向21世纪课程教材"于2001年由中国农业出版社出版以来，受到全国同行的广泛关注。承蒙诸位同行的抬爱，许多高校选取本书作为食品科学与工程等专业的本科教材及考研参考书。本次再版是作为普通高等教育农业部"十二五"规划教材而出版。

本版仍保持第一版的架构，即将全书按主要传递过程特征分为三大单元。第一单元：第一到四章，可称为动量传递与粒子过程，在阐述流体力学基本原理的基础上，讨论流体输送、粉碎、筛分、混合、沉降、过滤及离心分离等单元操作。第二单元：第五到八章，为热量传递。在阐述传热理论的基础上，讨论热交换、蒸发、制冷、空调及物料干燥等单元操作。第三单元：第九到十二章，为质量传递。在系统阐述传质基本理论基础上，讨论吸收、吸附、离子交换、蒸馏、萃取及膜分离等单元操作。显然，每个单元的首章，即第一、五、九章，是本书的理论核心。

本版在引论中增加了量的单位和量纲一节，使学生一开始就熟悉国家法定计量单位的使用和换算，并为后面讲述量纲分析打下基础。第一章流体流动中，伯努利方程是核心。本章仍从流体静力学的讨论开始，对流体静压能和位能总量衡算。当讨论管内流体流动时，增加了流体第三种机械能——动能，自然引出伯努利方程。对伯努利方程不作严格推导，着重对其意义及应用的讨论。本版对转子流量计原理作了新的阐释，更加合理。第二章流体输送中，对往复压缩机的原理和真空技术的物理基础作了适当简化，突出了真空技术基本方程。第四章沉降与过滤中，将离心分离原理的内容拆分到三种离心机所在的各节中，使离心分离理论密切联系离心机的实际；同时将气溶胶的分离集中设节叙述。本书各单元操作的讨论都是先原理后设备，因此本版第六章蒸发中，将蒸发设备的内容调整到蒸发原理之后。只有了解了蒸汽压缩式制冷，才能理解对制冷剂的要求，因此在第七章制冷中，将制冷剂和载冷剂的内容后移。第八章干燥是本书的重点章之一，为使理论问题不致过于集中，仍采用第一版的方式，将湿空气热力学放在第七章空气调节之前，这既是讨论空调的需要，也为第八章讨论干燥打下基础。干燥既包含热量传递，又包含质量传递，但工程计算主要应用传热，因此仍把该章放在第二单元，它也为后一章讨论传质提供了引子。第九章传质保持了对质量传递原理的系统阐述，但简化了吸附和离子交换原理。在第十一章萃取中，对逆流浸取级数公式的推导作了更进一步简化。对第十二章膜分离的内容也作了调整，将重点放在反渗透和超滤上。

本版编写者的分工如下。第一章和第四章：陆宁；第二章：金丽梅和杨同舟；第三章：张佰清；第六章：吴苏喜（长沙理工大学易翠平协助）；第七章和第八章：于殿宇；第十章：金丽梅；第十一章：钱镭；第十二章：孟雪雁；引论、第五章和第九章等：杨同舟。钱镭作了索引。统稿工作由杨同舟完成。限于水平，书中难免会有错误和不当之处，敬请同行及广大读者批评指正。

编 者

2010 年 6 月

目 录

第三版前言
第一版前言
第二版前言

引论 ········· 1
   0-1 食品工程原理的研究内容 ········· 1
   0-2 物料衡算和能量衡算 ········· 3
   0-3 量的单位和量纲 ········· 6
   习题 ········· 9

第一章 流体流动 ········· 11
  第一节 流体静力学 ········· 12
   1-1 流体密度和压力 ········· 12
   1-2 流体静力学基本方程 ········· 14
  第二节 流体动力学方程 ········· 17
   1-3 管内流动的连续性方程 ········· 18
   1-4 伯努利方程 ········· 20
  第三节 流体流动现象 ········· 24
   1-5 流体的黏度 ········· 24
   1-6 流体流动形态 ········· 27
   1-7 流体在圆管内的速度分布 ········· 30
  第四节 流体流动的阻力 ········· 32
   1-8 管内流体流动的直管阻力 ········· 32
   1-9 管内流体流动的局部阻力 ········· 37
  第五节 管路计算 ········· 40
   1-10 简单管路 ········· 40
   1-11 复杂管路 ········· 42
  第六节 流量测定 ········· 43
   1-12 差压流量计 ········· 44
   1-13 转子流量计 ········· 47
  习题 ········· 48

第二章 流体输送 ········· 50
  第一节 离心泵 ········· 51
   2-1 离心泵的结构原理 ········· 51
   2-2 离心泵的性能 ········· 52
   2-3 离心泵的安装高度和工作点 ········· 55
   2-4 离心泵的类型和选用 ········· 58
  第二节 其他类型的泵 ········· 60
   2-5 往复泵 ········· 60
   2-6 旋转泵 ········· 63
  第三节 风机 ········· 63
   2-7 通风机和鼓风机 ········· 64
  第四节 气体压缩 ········· 66
   2-8 往复压缩机的工作原理 ········· 67
   2-9 往复压缩机的性能和分类 ········· 69
  第五节 真空技术 ········· 71
   2-10 真空技术的物理基础 ········· 71
   2-11 真空泵 ········· 74
  习题 ········· 76

第三章 粉碎与混合 ········· 78
  第一节 粉碎 ········· 78
   3-1 粉碎的基本概念和原理 ········· 78
   3-2 粉碎设备 ········· 81
  第二节 筛分 ········· 85
   3-3 筛分和筛析 ········· 85
   3-4 筛分设备 ········· 89
  第三节 混合 ········· 91
   3-5 混合的基本理论 ········· 92
   3-6 液体的搅拌混合 ········· 95
   3-7 乳化 ········· 98
   3-8 浆体的混合及塑性固体的揉和 ········· 102
   3-9 固体的混合 ········· 103
  习题 ········· 104

第四章　沉降与过滤 ········· 106

第一节　重力沉降 ········· 107
- 4-1　颗粒在流体中的运动 ········· 107
- 4-2　重力沉降设备 ········· 111

第二节　过滤 ········· 114
- 4-3　过滤的基本概念 ········· 114
- 4-4　过滤的基本理论 ········· 116
- 4-5　过滤设备 ········· 120

第三节　离心分离 ········· 126
- 4-6　沉降式离心机 ········· 127
- 4-7　过滤式离心机 ········· 129
- 4-8　分离式离心机 ········· 133

第四节　气溶胶的分离 ········· 136
- 4-9　旋风分离 ········· 136
- 4-10　气溶胶的其他分离方法 ········· 139

习题 ········· 142

第五章　传热 ········· 144

第一节　传热概述 ········· 145
- 5-1　传热的基本概念 ········· 145

第二节　热传导 ········· 147
- 5-2　傅里叶定律 ········· 147
- 5-3　通过平壁的稳态导热 ········· 148
- 5-4　通过圆筒壁的稳态导热 ········· 150

第三节　对流传热 ········· 152
- 5-5　对流传热的基本原理 ········· 152
- 5-6　无相变的对流传热 ········· 155
- 5-7　有相变的对流传热 ········· 159
- 5-8　流化床中的传热 ········· 160

第四节　热交换 ········· 163
- 5-9　换热器 ········· 163
- 5-10　稳态换热计算 ········· 169
- 5-11　非稳态换热 ········· 174

第五节　辐射传热 ········· 179
- 5-12　辐射的基本概念和定律 ········· 179
- 5-13　两固体间的辐射换热 ········· 182
- 5-14　微波加热 ········· 183

习题 ········· 186

第六章　蒸发 ········· 189

第一节　蒸发概述 ········· 189
- 6-1　食品物料的蒸发 ········· 189
- 6-2　蒸发的操作方法 ········· 190

第二节　单效蒸发 ········· 192
- 6-3　蒸发的传热温差 ········· 192
- 6-4　单效蒸发的计算 ········· 194

第三节　多效蒸发 ········· 196
- 6-5　多效蒸发方法和节能 ········· 196
- 6-6　多效蒸发的计算 ········· 198

第四节　蒸发设备 ········· 200
- 6-7　蒸发器 ········· 200
- 6-8　蒸发辅助设备 ········· 204

习题 ········· 205

第七章　制冷 ········· 207

第一节　制冷技术的理论基础 ········· 207
- 7-1　制冷的基本原理 ········· 207
- 7-2　一般制冷方法 ········· 209

第二节　蒸汽压缩式制冷 ········· 211
- 7-3　蒸汽压缩式制冷循环 ········· 211
- 7-4　蒸汽压缩式制冷的计算 ········· 214
- 7-5　制冷剂和载冷剂 ········· 216
- 7-6　蒸汽压缩式制冷设备和系统 ········· 218

第三节　食品冷冻 ········· 223
- 7-7　食品冷冻的理论基础 ········· 223
- 7-8　食品冷冻设备 ········· 226

第四节　湿空气热力学 ········· 227
- 7-9　湿空气的性质 ········· 228
- 7-10　湿空气的基本热力学过程 ········· 233

第五节　空气调节 ········· 236
- 7-11　直流式空气调节 ········· 236
- 7-12　回风式空气调节 ········· 237

习题 ········· 238

第八章　干燥 ········· 241

第一节　干燥的基本原理 ········· 241
- 8-1　干燥的目的和方法 ········· 241
- 8-2　湿物料中的水分 ········· 243
- 8-3　干燥静力学 ········· 247
- 8-4　干燥动力学 ········· 252

第二节　干燥设备 ········· 257
- 8-5　对流干燥设备 ········· 257
- 8-6　其他干燥设备 ········· 260

第三节　喷雾干燥 ········· 262
- 8-7　喷雾干燥原理及应用 ········· 262

| 8-8 喷雾干燥设备 ⋯⋯⋯⋯⋯⋯⋯⋯ 265
第四节 冷冻干燥 ⋯⋯⋯⋯⋯⋯⋯⋯⋯⋯ 268
| 8-9 冷冻干燥原理 ⋯⋯⋯⋯⋯⋯⋯⋯ 268
| 8-10 冷冻干燥装置 ⋯⋯⋯⋯⋯⋯⋯ 271
习题 ⋯⋯⋯⋯⋯⋯⋯⋯⋯⋯⋯⋯⋯⋯⋯⋯ 273

第九章 传质 ⋯⋯⋯⋯⋯⋯⋯⋯⋯⋯⋯⋯⋯ 276

第一节 质量传递原理 ⋯⋯⋯⋯⋯⋯⋯⋯ 277
| 9-1 传质概述 ⋯⋯⋯⋯⋯⋯⋯⋯⋯⋯ 277
| 9-2 分子扩散 ⋯⋯⋯⋯⋯⋯⋯⋯⋯⋯ 278
| 9-3 对流传质 ⋯⋯⋯⋯⋯⋯⋯⋯⋯⋯ 281
| 9-4 相间传质 ⋯⋯⋯⋯⋯⋯⋯⋯⋯⋯ 285
第二节 吸收 ⋯⋯⋯⋯⋯⋯⋯⋯⋯⋯⋯⋯ 289
| 9-5 吸收平衡和吸收速率 ⋯⋯⋯⋯ 289
| 9-6 吸收塔的计算 ⋯⋯⋯⋯⋯⋯⋯ 292
| 9-7 填料塔的结构和性能 ⋯⋯⋯⋯ 296
第三节 吸附 ⋯⋯⋯⋯⋯⋯⋯⋯⋯⋯⋯⋯ 300
| 9-8 吸附的基本原理 ⋯⋯⋯⋯⋯⋯ 301
| 9-9 吸附分离过程与设备 ⋯⋯⋯⋯ 303
第四节 离子交换 ⋯⋯⋯⋯⋯⋯⋯⋯⋯⋯ 310
| 9-10 离子交换的基本原理 ⋯⋯⋯ 310
| 9-11 离子交换过程与设备 ⋯⋯⋯ 316
习题 ⋯⋯⋯⋯⋯⋯⋯⋯⋯⋯⋯⋯⋯⋯⋯⋯ 320

第十章 蒸馏 ⋯⋯⋯⋯⋯⋯⋯⋯⋯⋯⋯⋯⋯ 322

第一节 蒸馏的基本原理 ⋯⋯⋯⋯⋯⋯⋯ 323
| 10-1 双组分体系汽液相平衡 ⋯⋯⋯ 323
| 10-2 蒸馏方法 ⋯⋯⋯⋯⋯⋯⋯⋯⋯ 325
第二节 双组分精馏的计算 ⋯⋯⋯⋯⋯⋯ 330
| 10-3 精馏塔的物料衡算 ⋯⋯⋯⋯ 330
| 10-4 进料状态对精馏的影响 ⋯⋯ 332
| 10-5 平衡级数的确定 ⋯⋯⋯⋯⋯ 335
| 10-6 回流比的影响和选择 ⋯⋯⋯ 336
第三节 精馏装置及节能 ⋯⋯⋯⋯⋯⋯⋯ 339
| 10-7 板式塔的结构和性能 ⋯⋯⋯ 339
| 10-8 精馏装置的节能 ⋯⋯⋯⋯⋯ 345
习题 ⋯⋯⋯⋯⋯⋯⋯⋯⋯⋯⋯⋯⋯⋯⋯⋯ 347

第十一章 萃取 ⋯⋯⋯⋯⋯⋯⋯⋯⋯⋯⋯⋯ 349

第一节 液-液萃取 ⋯⋯⋯⋯⋯⋯⋯⋯⋯ 349
| 11-1 液-液萃取的基本原理 ⋯⋯⋯ 349
| 11-2 液-液萃取过程 ⋯⋯⋯⋯⋯⋯ 352
第二节 浸取 ⋯⋯⋯⋯⋯⋯⋯⋯⋯⋯⋯⋯ 358
| 11-3 浸取的基本原理 ⋯⋯⋯⋯⋯ 358
| 11-4 浸取流程和设备 ⋯⋯⋯⋯⋯ 361
| 11-5 多级逆流浸取级数的计算 ⋯ 364
第三节 超临界流体萃取 ⋯⋯⋯⋯⋯⋯⋯ 368
| 11-6 超临界流体萃取的基本原理 ⋯ 368
| 11-7 超临界流体萃取在食品工业中的应用 ⋯⋯⋯⋯⋯⋯⋯⋯⋯⋯⋯⋯ 372
习题 ⋯⋯⋯⋯⋯⋯⋯⋯⋯⋯⋯⋯⋯⋯⋯⋯ 374

第十二章 膜分离 ⋯⋯⋯⋯⋯⋯⋯⋯⋯⋯⋯ 377

第一节 膜分离概述 ⋯⋯⋯⋯⋯⋯⋯⋯⋯ 378
| 12-1 膜分离过程的分类与特性 ⋯ 378
| 12-2 膜的分类和性能 ⋯⋯⋯⋯⋯ 379
第二节 常用膜技术 ⋯⋯⋯⋯⋯⋯⋯⋯⋯ 381
| 12-3 反渗透 ⋯⋯⋯⋯⋯⋯⋯⋯⋯ 381
| 12-4 超滤 ⋯⋯⋯⋯⋯⋯⋯⋯⋯⋯⋯ 384
| 12-5 反渗透和超滤装置及流程 ⋯ 386
| 12-6 电渗析 ⋯⋯⋯⋯⋯⋯⋯⋯⋯ 390
| 12-7 膜分离技术在食品工业中的应用 ⋯⋯⋯⋯⋯⋯⋯⋯⋯⋯⋯⋯ 395
习题 ⋯⋯⋯⋯⋯⋯⋯⋯⋯⋯⋯⋯⋯⋯⋯⋯ 399

附录 ⋯⋯⋯⋯⋯⋯⋯⋯⋯⋯⋯⋯⋯⋯⋯⋯ 400

1. 单位换算系数 ⋯⋯⋯⋯⋯⋯⋯⋯⋯⋯ 400
2. 干空气的物理性质 ⋯⋯⋯⋯⋯⋯⋯⋯ 401
3. 水的物理性质 ⋯⋯⋯⋯⋯⋯⋯⋯⋯⋯ 402
4. 饱和水蒸气表 ⋯⋯⋯⋯⋯⋯⋯⋯⋯⋯ 402
5. 常用固体材料的物理性质 ⋯⋯⋯⋯⋯ 405
6. 食品的冷冻性质 ⋯⋯⋯⋯⋯⋯⋯⋯⋯ 406
7. 管子规格 ⋯⋯⋯⋯⋯⋯⋯⋯⋯⋯⋯⋯ 408

索引 ⋯⋯⋯⋯⋯⋯⋯⋯⋯⋯⋯⋯⋯⋯⋯⋯ 410

参考文献 ⋯⋯⋯⋯⋯⋯⋯⋯⋯⋯⋯⋯⋯⋯ 417

引 论 Introduction

0-1 食品工程原理的研究内容	1	0.2B 能量衡算	5
0.1A 单元操作	1	0-3 量的单位和量纲	6
0.1B 三大传递过程	2	0.3A 法定计量单位	6
0.1C 食工原理与化工原理的密切关系	2	0.3B 单位换算	8
0-2 物料衡算和能量衡算	3	0.3C 量纲	8
0.2A 物料衡算	3	习题	9

0-1　食品工程原理的研究内容

食品工程原理课程讲授食品加工和制造过程的各种工程概念和单元操作。

本课涉及的工程概念很多，如：区分流体流动形态的概念——层流、湍流；表示传热方式的概念——热传导、热对流、热辐射；分析传质难度和装置效能的概念——传质单元数、传质单元高度。对于各种工程概念，将在各章讨论不同的传递过程和单元操作时依次学习。

现在让我们首先了解什么是单元操作。

0.1A　单元操作

各种现代食品的工业生产，都有其独特的加工工艺。每种工艺都是由一系列基本步骤构成的。例如，由甜菜制糖要经过三十多个步骤，其中主要步骤为：甜菜经过清洗，用切丝机切丝；以一定温度的水进行浸取，使糖溶解；再经一系列步骤将杂质分离出去；糖溶液打入蒸发罐蒸发浓缩，再入结晶罐结晶；将晶糊用离心机分离出糖结晶，经干燥即可得糖制品，包装入库。其中浸取、蒸发浓缩、结晶、离心分离、干燥等都是主要的基本操作步骤。再如，由大豆以萃取法制油，先经过大豆筛选、粉碎、去皮、压片，然后以正己烷浸取，浸取液经过滤、蒸发脱溶剂和离心脱胶等步骤，得豆油产品。可见，虽然甜菜制糖和大豆制油的生产工艺是不同的，但是有些操作步骤是类似的。例如，以水浸甜菜丝和以正己烷浸豆片，都是用溶剂把固体中的一定成分萃取出来，二者遵循相同的传质规律。我们将这种基本生产步骤称作浸取。浸取就是一些食品加工工艺共有的一种基本步骤，称作一种单元操作（unit operation）。再如，制糖中结晶前的糖液浓缩和制油中油浸取液脱除正己烷，都采用同一种单元操作——蒸发。蒸发是通过供热使溶液中易挥发的溶剂汽化分出，两种工艺中的蒸发单元操作遵循相同的传热规律。

同一种单元操作，具有共同的理论基础，它遵循相同的平衡和动力学等规律，应用一些典型设备予以实现，有相同的工程计算方法。食品工程原理课程讨论近二十种单元操作。将这些单元操作的基本原理、典型设备和工程计算方法搞清，数以千计的具体食品加工工艺就不难掌握。有人把单元操作比喻成语言中的字母，二十几个字母可组合成各种词汇和优美的文句。掌握了单元操作，各种食品生产过程不过是单元操作的连接和组合，只是因不同食品的生产工艺不同，这些单元操作的具体条件不同而已，单元操作的规律性是共同的。对这些单元操作本身进行深入的理论探讨，透彻了解其一般性和本质性规律，对了解和设计各种食品加工工艺是很有意义的。例如，分析由牛奶制造奶粉的工艺流程，可知它主要由流体输送、离心沉降（净乳）、混合（成分标准化）、热交换（杀菌等）、蒸发（浓缩）、喷雾干燥等单元操作构成。其中的蒸发操作，在操作温度、压力等条件上可能与制糖、制油等工艺中的蒸发不同，但其操作原理和规律性却是共通的。

食品工程原理研究食品工程中应用的各单元操作的基本原理和方法、典型设备和相关计算，构成食品工程学的理论基础。

0.1B 三大传递过程

食品工程原理是以三大传递过程原理作为理论基础的，三大传递过程为：动量传递、热量传递、质量传递。

1. 动量传递（momentum transfer）　食品工程中常见到运动的流体发生动量由一处向另一处传递的过程，这就是工程流体力学研究的内容。影响流体流动最重要的一种流体性质是它的黏度。从微观角度看，流体分子由于热运动不断进行动量传递和交换，是产生黏度的主要原因。主要以流体动量传递原理作理论基础的单元操作有：流体输送、混合、沉降、过滤、离心分离、气力输送等。

2. 热量传递（heat transfer）　因温度差的存在而使能量由一处传到另一处的过程即为热量传递。包含热量传递原理的单元操作主要有：热交换（加热或冷却）、蒸发、物料干燥、蒸馏等。

3. 质量传递（mass transfer）　因浓度差而产生的扩散作用形成相内和相间的物质传递过程，称为质量传递。主要遵循质量传递原理的单元操作有：吸附、吸收、浸取、液-液萃取、蒸馏、结晶、膜分离等。

一种单元操作往往涉及不止一种传递过程，如蒸馏操作既涉及质量传递，也离不开热量传递。现代食品工业常常涉及复杂的分离过程，以制造高价值的食品配料，去除天然食品原料中无益或有害的成分，或者回收食品加工副产物中有用的成分。前面列出的各单元操作，大部分是物质分离过程。因此，要掌握现代食品工程技术，必须学好作为各种单元操作理论基础的三大传递过程原理。

想要从理论上分析和阐明各种单元操作原理，首先必须学好三大传递的知识。本书依次介绍三大传递的基本原理，在此基础上讨论相关的单元操作。在以后的学习中会发现，三种传递过程尽管不同，但却有许多概念和规律存在相似之处。

0.1C 食工原理与化工原理的密切关系

在历史上，食品加工远远早于化学加工。但长久以来，食品加工长期停留在家庭烹调和手工作坊操作水平上，以代代相传的加工经验和传统方法为其生产方式的基础，迟迟没有形成食品科学或食品工程学科。

化学工业的产生是近代的事情。化学工业虽然产生较晚，但因为其起点的科学知识水平较高，因而发展较快。尤其在20世纪20年代，由于汽车工业和航空工业等对优质燃料和材料的迫切需求，促使石油化学工业突飞猛进发展。生产的飞速发展迫切要求对生产过程规律性的研究和理论上的总结提高，使化学工程学科得到飞快发展。人们从长期化工生产实践中，把不同化学生产工艺过程所共有的基本操作步骤抽提出来，研究其各自的内在规律性，在理论上加以总结，再到生产实践中应用和验证，不断提高，就产生了单元操作的概念。

单元操作概念的抽提是了不起的事情。这些概念不仅使人们认识了这些操作的共性，统一了原来认为各不相干的化工生产技术，而且随着对每种单元操作内在规律和基本原理进行系统而深入的研究，更强有力地促进着化工生产技术的发展。所有这些单元操作研究成果的综合，就构成了化学工程的基础学科——化学工程原理。

食品工业在第二次世界大战期间及战后得到飞速发展。人们发现食品工业中许多基本操作步骤在原理上与化工是相似的,将化工原理中现成的单元操作研究成果应用于食品工程,就产生了食品工程的基础理论——食品工程原理。可见,食工原理的基本内容来源于化工原理,二者对单元操作的研究是相通的。各种化工原理的书籍自然就是本课程的参考书。

然而,由于食品加工物料的特殊性,使食工原理不是仅仅重复化工原理的东西,它在发展中形成了许多自己的特色。

首先,食品物料都是热敏性的。食品加工的原料都是动植物产品,其主要成分中:蛋白质遇热容易变性,其中的各种酶遇热会失去活性;脂肪成分在较高温度易氧化变质;碳水化合物遇热易发生褐变;维生素多具热不稳定性;风味性的芳香成分遇热易挥发损失。为避免热敏性成分被破坏,食品加工就不得不采用较低温度。低温常常与低压密切相关,所以在食品工程中,非常注重真空技术的应用。与化工相比,食工更加重视对真空蒸发、真空过滤、真空干燥、真空蒸馏、冷冻升华干燥等的理论研究和技术应用。

其次,食品原料与制品具有易腐性。食品原料和制品含有各种人类需要的营养成分,因而也是微生物活动繁衍的好场所。正是在这些微生物及其所含的酶的作用下,食品才发生腐败变质的。食品加工的主要目的之一就是抑制微生物的活动和酶的作用而提高食品的保藏性。因此在食品加工中,浓缩、干燥和冷冻等操作的地位特别重要。在食品工业中,不断开发出新的浓缩、干燥和冷冻技术,这三种单元操作的研究应用在食品工业中已比在化学工业中发展迅速。

再次,食品加工的原料几乎都是凝聚态的。而许多化工生产是以甲烷、乙烷、乙烯、乙炔等气体为原料的。这就使二者对各种单元操作的应用有不同的侧重。在化学工业中,吸收、蒸馏操作占有突出地位。而在食品工业中,浸取、过滤、离心分离以及混合、乳化、粉碎等单元操作就格外受到重视。新的提取和分离技术,如膜分离、凝胶过滤、酶萃取等,在食品研究和应用领域发展很快。

由上可见,食品工程原理在创立阶段,从化工原理中引进和借鉴了许多概念和观念,受益良多。在后来的发展中,由于学科的综合、分化和相互渗透,更由于食品工业已发展成为许多国家的支柱产业,生产实践为学科发展提供了大量素材,食品工程原理已经发展成为内容丰富、独具特色的学科,成为食品科学学科体系的重要组成部分。可以说,现在食品工程原理和化工原理是联系密切、各具特色、并行发展的学科。

0-2 物料衡算和能量衡算

食品工程原理中讨论每种单元操作的基本原理时,都包括过程的速率和过程的平衡关系两个方面。过程的速率正比于过程的推动力,反比于过程的阻力:

$$过程速率=\frac{过程推动力}{过程阻力}$$

在不同的单元操作过程中,推动力和阻力的内涵会不同,在后面的章节中会逐一见到。

在过程的平衡关系研究中,经常需要作物料衡算(material balance)和能量衡算(energy balance)。

0.2A 物料衡算

物理学的基本定律之一是质量守恒定律。它说明质量不能创造,也不会毁灭。因而,对于一个过程,输入的物料总质量必定等于输出物料总质量与累积物料质量之和:

$$输入质量=输出质量+累积质量$$

如果过程中累积质量为零,此过程即为一稳态过程,此时,

$$输入质量=输出质量$$

设 $(\sum_{i=1}^{m} m_i)_{\text{in}}$ 为输入物料质量的总和(kg 或 kg/s),$(\sum_{j=1}^{n} m_j)_{\text{out}}$ 为输出物料质量的总和(kg 或

kg/s)，则总的物料衡算式为

$$\left(\sum_{i=1}^{m} m_i\right)_{\text{in}} = \left(\sum_{j=1}^{n} m_j\right)_{\text{out}} \tag{0-1}$$

如果过程未发生化学变化，则对物料中某成分 A 的物料衡算式为

$$\left(\sum_{i=1}^{m} m_i w_{Ai}\right)_{\text{in}} = \left(\sum_{j=1}^{n} m_j w_{Aj}\right)_{\text{out}} \tag{0-2}$$

式中　w_{Ai}，w_{Aj}——第 i 种和第 j 种物料中组分 A 的质量分数。

解质量衡算问题，可采取下列步骤：

(1) 画出过程框图。用进入箭头表示输入的物料，用引出的箭头表示输出的物料。在每个箭头上标出物料的名称、物料量、成分含量、温度、密度等。所有数据都标在图上。

(2) 选择计算基准。大多数情况下，题中给出一种物料的量，它就可作为计算基准。否则，可指定一种物料的量为 100kg 作基准。

(3) 作物料衡算。衡算可以是对总量的，也可以是对某种成分的。用式（0-1）作总的物料衡算，用式（0-2）作物料中某成分的物料衡算。

例 0-1　橘汁的浓缩

将固形物含量为 7.08% 的鲜橘汁引入真空蒸发器进行浓缩，得固形物含量为 58% 的浓橘汁。若鲜橘汁进料流量为 1 000kg/h，计算生产浓橘汁和蒸出水的量。

解： 1. 先按题意画出框图。

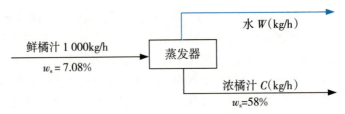

图中　W——未知的蒸出水量，kg/h；

　　　C——未知的浓橘汁量，kg/h。

2. 取鲜橘汁进料 1 000kg/h 作计算基准。

3. 总物料衡算：　　　　　　　　$1\,000 = W + C$ 　　　　　　　　(1)

固形物质量衡算：　　　$1\,000 \times 7.08\% = W \times 0 + C \times 58\%$ 　　　(2)

解式（2），得 $C = 122$kg/h。

代入式（1），解得 $W = 878$kg/h。

例 0-2　雪利酒（Sherry）的配制

以下列 A、B、C 三种原料酒配制含酒精 16.0%、糖 3.0% 的雪利酒。

原料酒	A	B	C
含酒精（%）	14.6	16.7	17.0
含　糖（%）	0.2	1.0	12.0

解：

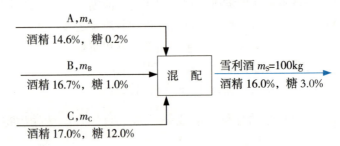

以产品雪利酒的量 $m_S=100$kg 作计算基准。

总物料衡算：
$$m_A+m_B+m_C=m_S=100 \tag{1}$$

酒精物料衡算：
$$0.146m_A+0.167m_B+0.170m_C=0.16\times100 \tag{2}$$

糖物料衡算：
$$0.002m_A+0.01m_B+0.12m_C=0.03\times100 \tag{3}$$

将式（1）、式（2）和式（3）联立，可解得

$$m_A=36.8\text{kg},\quad m_B=42.4\text{kg},\quad m_C=20.8\text{kg}$$

0.2B 能量衡算

物料衡算的依据是质量守恒定律，而能量衡算的依据是能量守恒定律。根据能量守恒定律，进入系统的能量等于离开的能量和累积能量之和。本节只简单介绍能量衡算的原则，而各单元操作具体的能量衡算在讲述各单元操作时再具体讨论。

能量可以以各种形式出现，如焓、化学能、电能、动能、位能、功和热等。在食品工程中遇到的许多过程，衡算的能量往往只有焓、反应热以及加入或移走的热量，通常把这时的能量衡算叫作热量衡算。

物料被加热或冷却，其焓的变化可由下式计算：

$$\Delta H=m\int_{T_1}^{T_2}c_p\,\mathrm{d}T \tag{0-3}$$

式中　m——物料的质量，kg；
　　　c_p——物料的比定压热容，J/（kg·K）。

c_p 是温度的函数，如温度变化较小，可将 c_p 视为常量，于是有

$$\Delta H=mc_p(T_2-T_1) \tag{0-4}$$

如果物料是混合物，则其比定压热容可由各成分的比定压热容和质量分数按下式计算：

$$c_p=\sum c_{pi}w_i \tag{0-5}$$

式中　c_{pi}——成分 i 的比定压热容，J/（kg·K）；
　　　w_i——成分 i 在混合物中的质量分数。

例 0-3 番茄酱的冷却

将固形物含量为 40% 的番茄酱以 100kg/h 的流量输入冷却器，使其由 90℃ 冷却至 20℃，隔着金属壁的冷却用水由 15℃ 升至 25℃，求冷却水的流量。

解：

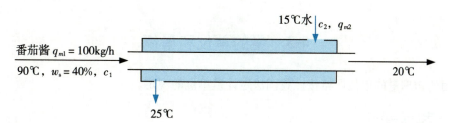

以 0℃ 作温度的基准，则进入系统的热流量：

$$\Phi_1=q_{m1}c_1\times90+q_{m2}c_2\times15 \tag{1}$$

离开系统的热流量：

$$\Phi_2=q_{m1}c_1\times20+q_{m2}c_2\times25 \tag{2}$$

因过程在系统中无累积热量，故 $\Phi_1=\Phi_2$，则

$$q_{m1}c_1\times90+q_{m2}c_2\times15=q_{m1}c_1\times20+q_{m2}c_2\times25$$

移项
$$q_{m1}c_1(90-20)=q_{m2}c_2(25-15) \tag{3}$$

$$q_{m2}=q_{m1}\frac{70c_1}{10c_2}$$

水的比热容 $c_2=4\,186\text{J}/(\text{kg}\cdot\text{K})$，而番茄酱的比热容要由其中固形物的比热容和水的比热容按式（0-5）计算。若食品中非脂肪成分的比热容取 $837\text{J}/(\text{kg}\cdot\text{K})$，则番茄酱的比热容：

$$c_1=4\,186\times0.6+837\times0.4=2\,846\ (\text{J}\cdot\text{kg}^{-1}\cdot\text{K}^{-1})$$

因此，冷却水的流量：

$$q_{m2}=100\times\frac{70\times2\,846}{10\times4\,186}=476\ (\text{kg/h})$$

例 0-4 食物的蒸汽加热

将 100kg 温度为 5℃ 的食品物料引入加热锅中，通入温度为 120.2℃ 的蒸汽加热，终温为 81.2℃，若食品物料的比定压热容 $c_p=3.559\text{kJ}/(\text{kg}\cdot\text{K})$，求蒸汽的消耗量。

解：

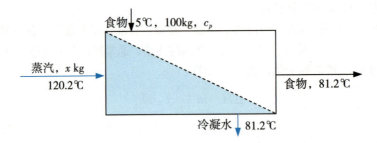

在例 0-3 的计算中，式（3）表明番茄酱放出的热等于冷却水吸收的热。本题可直接用此种方法作热量衡算。

蒸汽冷凝放出凝结热，又降温至 81.2℃ 放热，两步放热之和可由始、终态的焓差直接求得。查得 120.2℃ 水蒸气的比焓为 $2\,709\text{kJ/kg}$，而 81.2℃ 液体水的比焓为 340kJ/kg，设蒸汽耗量为 $x\,\text{kg}$，则蒸汽共放热

$$Q_1=x(2\,709-340)=2\,369x\ (\text{kJ})$$

而食品物料吸热

$$Q_2=100\times3.559\times(81.2-5)=2.712\times10^4\ (\text{kJ})$$

因 $Q_1=Q_2$，则蒸汽耗量

$$x=\frac{2.712\times10^4}{2\,369}=11.45\ (\text{kg})$$

0-3　量的单位和量纲

本书使用的物理量的单位严格按照我国法定计量单位的规定。

0.3A　法定计量单位

1984 年 2 月 27 日国务院公布的《中华人民共和国法定计量单位》，是以国际单位制（缩写 SI）为基础的，包括：①SI 的基本单位；②SI 的辅助单位；③SI 中具有专门名称的导出单位；④国家选定的非 SI 单位；⑤由以上单位构成的组合形式的单位；⑥由词头和以上单位所构成的十进倍数和分数单位。

1. SI 的基本单位　国际单位制确定表 0-1 中的 7 个基本量的单位为基本单位。

表 0-1　国际单位制的基本单位

量的名称	单位名称	单位符号
长度	米	m

(续)

量的名称	单位名称	单位符号
质量	千克（公斤）	kg
时间	秒	s
电流	安［培］	A
热力学温度	开［尔文］	K
物质的量	摩［尔］	mol
发光强度	坎［德拉］	cd

2. SI 的辅助单位 国际单位制中包括 2 个辅助单位，涉及平面角和立体角 2 个量。本书使用其中的 1 个量：平面角，单位名称为弧度，单位符号为 rad。

3. 具有专门名称的导出单位 国际单位制以 7 种基本单位和 2 个辅助单位可以把所有物理量单位导出来。各种导出单位都可由基本单位及辅助单位通过乘除关系组成，相互换算方便。

国际单位制中规定的具有专门名称的导出单位共 19 个，它们的命名一般是选用相关科学家的姓名。本书涉及的 SI 中具有专门名称的导出单位有 10 个，见表 0-2。

表 0-2 SI 中具有专门名称的部分导出单位

量的名称	单位名称	单位符号	其他表示示例
频率	赫［兹］	Hz	s^{-1}
力，重力	牛［顿］	N	$kg \cdot m/s^2$
压力，压强，应力	帕［斯卡］	Pa	N/m^2
能量，功，热量	焦［耳］	J	$N \cdot m$
功率，辐射能通量	瓦［特］	W	J/s
电荷量	库［仑］	C	$A \cdot s$
电位，电压，电动势	伏［特］	V	W/A
电阻	欧［姆］	Ω	V/A
电导	西［门子］	S	A/V
摄氏温度	摄氏度	℃	K

4. 国家选定的非 SI 单位 我国法定计量单位选定的非国际单位制单位包括 11 种量的 16 个单位。本书涉及的国家选定的非 SI 单位有 4 种量的 6 个单位，见表 0-3。

表 0-3 国家选定的部分非 SI 单位

量的名称	单位名称	单位符号	换算关系和说明
时间	分	min	1min=60s
	［小］时	h	1h=60min=3 600s
	天，日	d	1d=24h=86 400s
旋转速度	转每分	r/min	1r/min=(1/60) s^{-1}
质量	吨	t	1t=10^3kg
体积	升	L，(l)	1L=1dm^3=$10^{-3} m^3$

5. 组合形式的单位 组合形式的单位是由上述国际单位制的基本单位、辅助单位、具有专门名称的导出单位和国家选定的非国际单位制单位等相乘和相除构成的单位。在本书中大量应用这种组合形式的单位，如面积的单位 m^2，速度的单位 m/s，密度的单位 kg/m^3，体积流量的单位 m^3/s 或 m^3/h，黏度的单位 $Pa \cdot s$ 等。

6. 构成十进倍数和分数单位的词头　在具体应用中，如果某量的单位太大或太小使数值复杂，可以利用国际单位制规定的用于构成十进倍数和分数单位的词头。SI 中规定的用于构成十进倍数和分数单位的词头共有 20 个。本书中常用的构成十进倍数和分数单位的词头有 8 个，见表 0-4。

表 0-4　SI 中表示十进倍数和分数单位的部分词头

所表示的因数	词头名称	词头符号
10^9	吉［咖］	G
10^6	兆	M
10^3	千	k
10^{-3}	毫	m
10^{-6}	微	μ
10^{-9}	纳［诺］	n
10^{-12}	皮［可］	p
10^{-15}	飞［母托］	f

例如，能量 1.26×10^7 J 可以表示为 12.6 MJ，长度 5.32×10^{-5} m 可以表示为 53.2 μm，黏度 0.001 2 Pa·s 可以表示为 1.2 mPa·s。单位词头的使用，使数值变得简捷。

0.3B　单位换算

在国际单位制普遍应用和推广之前，有若干种量的单位制在同时使用。例如，在自然科学中使用厘米克秒制（CGS）单位和米千克秒制（MKS）单位，在工程实践中使用工程单位制单位，在英、美等英语国家广泛使用复杂的英制单位，我国也流行度量衡的市制单位。一些单位制中大小单位间也并非都是十进制的。因此，对于在国际科技文献和工程资料中大量存在的非国际单位制的数据，使用时需要换算成 SI 单位。

对国际单位制的推广，各国的力度是不同的。我国在推广使用以 SI 单位为基础的法定计量单位工作中，政府和学界的态度都是积极的，规定科技出版物上都应使用法定计量单位。在一些传统上使用英制单位的国家，许多人对英制单位颇为留恋，至今发表的科技论文中，仍然常常出现英制单位。我们在使用其中的数据时，需要进行单位换算。

在本书书末的附录 1 单位换算系数表中，给出长度、力和能量等 10 种量的常用单位换算系数。下面举例说明附录 1 的使用。

质量 2.52 lb（磅），使用换算系数 0.453 6，换算成 SI 单位 kg：
$$2.52\text{lb}\times0.453\ 6\text{kg/lb}=1.14\text{kg}$$

压力 13.6 lbf/in²（磅力/英寸²），使用换算系数 6.895，换算成 SI 单位 kPa：
$$13.6\text{lbf/in}^2\times6.895\text{kPa}/(\text{lbf/in}^2)=93.8\text{kPa}$$

传热系数 1 025 kcal/(m²·h·℃)，使用换算系数 1.163，换算成 SI 单位 W/(m²·K)：
$$1\ 025\text{kcal}/(\text{m}^2\cdot\text{h}\cdot\text{℃})\times1.163\text{W}/(\text{m}^2\cdot\text{K})/[\text{kcal}/(\text{m}^2\cdot\text{h}\cdot\text{℃})]$$
$$=1\ 192\text{W}/(\text{m}^2\cdot\text{K})$$

长度 5 ft（英尺）8.5 in（英寸），使用换算系数 0.304 8 和 0.025 40，换算成 SI 单位 m：
$$5\text{ft}\times0.304\ 8\text{m/ft}+8.5\text{in}\times0.025\ 40\text{m/in}=1.74\text{m}$$

0.3C　量纲

1. 量纲的定义　将一个导出物理量用基本量的幂的乘积表示出来的表达式，称为该物理量的量纲（dimension）。导出量的量纲由基本量的量纲符号和量纲指数构成。量纲符号都是大写的正体字母，本书涉及的 6 个基本量的量纲符号见表 0-5。

表 0-5 部分基本量的量纲符号

基本量	长度	质量	时间	电流	热力学温度	物质的量
量的符号	l	m	t	I	T	n
量纲符号	L	M	T	I	Θ	N

物理量 Q 的量纲表示为

$$\dim Q = L^{\alpha} M^{\beta} T^{\gamma} \cdots$$

式中　α，β，γ，$\cdots$——量纲指数，可以是正数或负数，可以是整数或分数，也可以是 0。

例如，速度 u 的量纲 $\dim u = LT^{-1}$；加速度 a 的量纲 $\dim a = LT^{-2}$；密度 ρ 的量纲 $\dim \rho = ML^{-3}$；力 F 的量纲 $\dim F = MLT^{-2}$；能量 E 的量纲 $\dim E = ML^2 T^{-2}$；熵 S 的量纲 $\dim S = ML^2 T^{-2} \Theta^{-1}$。

2. 量纲的作用　量纲的作用主要有下列三点：

（1）量纲可用来检验公式的正确性。依据的原则是只有量纲相同的量才能加减或用等号相连接。例如，单摆周期 $\tau = 2\pi \sqrt{l/g}$，其量纲为 T^1。如记忆不准确，误记为 $\tau = 2\pi \sqrt{g/l}$，此时右端量纲为 T^{-1}，与左端量纲不同，由此判断公式 $\tau = 2\pi \sqrt{g/l}$ 错误。量纲是检查公式推导过程是否准确的依据，虽然不能保证正确，但可以找到错误。

（2）量纲可用于量的不同单位制间的单位换算。例如，若英制的密度值为 1.000lb/ft^3，按密度 ρ 的量纲式 $\dim \rho = ML^{-3}$，将质量 M 的单位由 lb（磅）换成 kg（千克），1lb=0.453 6kg，长度 L 的单位 ft（英尺）换成 m（米），1ft=0.304 8m，则

$$1.000 \text{lb/ft}^3 = 0.453 6 \text{kg}/(0.304 8 \text{m})^3 = 16.02 \text{kg/m}^3$$

前面介绍的附录 1 中的单位换算系数都是这样计算而来的。

（3）量纲可用于量纲分析。量纲分析是工程技术实验研究经常使用的重要方法，它可以使影响因素较多的复杂的工程问题研究得以简化，结果可关联成量纲一的特征数间的方程。关于量纲分析的原则和方法，将在第一章和第五章予以介绍。

3. 量纲一的量　若式 $\dim Q = L^{\alpha} M^{\beta} T^{\gamma} \cdots$ 中的量纲指数 α，β，γ，$\cdots$ 皆为 0，则

$$\dim Q = L^{\alpha} M^{\beta} T^{\gamma} \cdots = L^0 M^0 T^0 \cdots = 1$$

此时，物理量 Q 不是无量纲，而是量纲为 1，Q 称为量纲一的量。

在后面讨论各种单元操作过程时，常会见到各种描述过程的特征数，特征数都是量纲一的量。特征数这种量纲为 1 的特性，使它们的数值与采用何种单位制无关。例如，第一章用以讨论流体流动形态的雷诺数 Re，就是量纲一的特征数。

习　题

0-1　用蒸发器将含糖 38% 的蔗糖溶液浓缩至 74%，若蔗糖溶液进料流量为 10 000kg/d，求产生浓糖液的质量和除去水分的质量。

0-2　将固形物含量 14% 的碎果在混合器中与糖和果胶混合，质量比例为碎果∶糖∶果胶=1∶1.22∶0.002 5。然后将混合物蒸发得固形物含量 67% 的果酱。若是 1 000kg 的碎果进料，可得多少果酱，蒸出水多少千克？

0-3　将固体含量为 12.5% 的鲜橘汁 1 000kg 过滤，得 800kg 滤过橘汁，余为稠橘汁。将滤过橘汁蒸发浓缩，得固体含量 58% 的浓缩橘汁。再将稠橘汁由旁路与浓缩橘汁混合，得 42% 的产品橘汁。求滤过橘汁和稠橘汁的固形物含量及产品橘汁的质量。

0-4　在空气预热器中用蒸汽将流量 1 000kg/h、30℃ 的空气预热至 66℃，所有加热蒸汽温度

143.4℃，离开预热器的冷凝水温度 138.8℃。求蒸汽耗量。

0-5 用冷盐水将固形物含量为 12% 的杀菌后牛奶由 65℃冷却至 4℃。牛奶流量为 5 000kg/h，若冷盐水冷却前后升温 8K，其比热容为 3 300J/(kg·K)，求冷盐水流量。牛奶中固形物比热容取 2kJ/(kg·K)。

0-6 将下列各量值换算成法定计量单位的量值：①长度 5ft2.5in；②体积 250gal；③压力 1.02kgf/cm^2；④功率 50.2hp；⑤黏度 2.55cP；⑥热导率 150Btu/(ft·h·℉)。

第一章 CHAPTER 1

流 体 流 动
Fluid flow

第一节　流体静力学	
1-1　流体密度和压力	12
1.1A　密度	12
1.1B　压力	13
1-2　流体静力学基本方程	14
1.2A　静力学基本方程的推导和讨论	14
1.2B　静力学基本方程的应用	15
第二节　流体动力学方程	
1-3　管内流动的连续性方程	18
1.3A　流量和流速	18
1.3B　稳定流动和不稳定流动	19
1.3C　连续性方程式	20
1-4　伯努利方程	20
1.4A　伯努利方程的表达式	20
1.4B　实际流体机械能衡算	21
1.4C　伯努利方程的应用	22
第三节　流体流动现象	
1-5　流体的黏度	24
1.5A　牛顿黏性定律	24
1.5B　流体中的动量传递	25
1.5C　非牛顿流体	26
1-6　流体流动形态	27
1.6A　雷诺实验和雷诺数	27
1.6B　流体边界层	28
1-7　流体在圆管内的速度分布	30
1.7A　层流的速度分布	30
1.7B　湍流的速度分布	31
第四节　流体流动的阻力	
1-8　管内流体流动的直管阻力	32
1.8A　直管阻力公式	32
1.8B　层流的摩擦因数	33
1.8C　湍流的摩擦因数	34
1-9　管内流体流动的局部阻力	37
1.9A　阻力因数法	37
1.9B　当量长度法	38
第五节　管路计算	
1-10　简单管路	40
1.10A　计算流动阻力	40
1.10B　计算管径	41
1.10C　计算流量	42
1-11　复杂管路	42
1.11A　并联管路	42
1.11B　分支管路	43
第六节　流量测定	
1-12　差压流量计	44
1.12A　测速管	44
1.12B　孔板流量计	45
1.12C　文丘里流量计	46
1-13　转子流量计	47
习题	48

　　在工程实践中，流体（fluid）是气体和液体的统称。食品生产过程中，许多原料、半成品、成品或辅料都以流体状态存在，如乳品生产中的牛乳、饮料生产中使用的水、锅炉产生的蒸汽及风机输送的空气等。完成一个食品加工过程，尤其是连续生产过程，需将各种流体原辅料送入加工系统，将流体半成品从一道工序送至另一工序，同时还需将流体成品从系统中引出。因此，流体输送是食品生产中的一种重要的单元操作。食品生产过程中的传热、传质也与流体的流动状态密切相关，流体流动参数的变化，将影响到加工过程及加工设备的工作状态。因此，流体流动的规律是解决流体输送，研究

传热、传质过程及加工设备工作性能的重要理论基础。

由于流体流动规律是流体力学研究的范畴，因此，研究流体流动过程应从工程流体力学基础入手，掌握流体平衡和运动的基本规律，并运用这些基本规律解决生产过程中的实际问题。在研究流体流动规律时，常将流体视为由无数质点组成的连续介质。

本章主要讨论流体流动过程的基本原理及流体在管内流动的一般规律，并运用基本原理分析和解决流体流动过程中的基本计算问题。按由简到繁的认识规律，首先讨论静止流体的性质和平衡原理。

第一节 流体静力学

流体静力学是研究流体处于相对静止状态下的平衡规律。在工程实际中，这些平衡规律应用很广。本节主要研究流体在重力场中达到静止平衡的规律。

1-1 流体密度和压力

1.1A 密度

流体在空间某点上质量与体积之比，称为流体的体积质量，通常又称为流体的密度（density），用 ρ 表示，SI 单位为 kg/m^3。其表达式为

$$\rho = \frac{m}{V} \tag{1-1}$$

式中　m——流体的质量，kg；
　　　V——流体的体积，m^3。

任何一种流体的密度除取决于自身的物性外，还与温度和压力有关。

对于液体，压力的变化对其密度的影响很小，例如，水在恒温条件下，压力每增加 1MPa，体积仅减小约 0.05%，工程上常常可忽略不计。因此通常将液体视为不可压缩流体，其密度可仅视为温度的函数。在实践中，应注意温度的变化对液体密度的影响，在查阅或使用液体的密度数据时，应注明其温度条件。

气体的密度受压力和温度的变化影响较大，是可压缩流体。一般压力不太高，温度不太低，气体密度可近似地按理想气体状态方程式计算。

由理想气体状态方程式

$$pV = \frac{m}{M}RT$$

得

$$\rho = \frac{m}{V} = \frac{pM}{RT} \tag{1-2}$$

式中　p——气体的绝对压力，Pa；
　　　T——气体的热力学温度，K；
　　　M——气体的摩尔质量，kg/mol；
　　　m——气体的质量，kg；
　　　R——摩尔气体常数，$R=8.314 J/(mol·K)$。

食品生产中所遇到的流体，经常是含有几个组分的混合物。在没有直接实测的数据时，流体混合物的平均密度 ρ_m 可用公式进行估算。

气体混合物的组成通常用体积分数（或摩尔分数）表示。现以 $1m^3$ 混合气体为基准，假如各组分在混合前后质量不变，则 $1m^3$ 混合气体的质量在数值上等于 ρ_m，应为各组分的质量之和，故其密度 ρ_m 的计算式为

$$\rho_m = \sum_{i=1}^{n} \rho_i y_i \tag{1-3}$$

式中　ρ_i——混合前第 i 种气体的密度，kg/m^3；

　　　y_i——混合气体中第 i 种气体的摩尔分数（体积分数）。

如果气体混合物可以按照理想气体处理，其平均密度 ρ_m 也可以按式（1-2）计算，此时应以气体混合物的平均摩尔质量 M_m 代替式中的 M：

$$\rho_m = \frac{pM_m}{RT} \tag{1-4}$$

式（1-4）中，平均摩尔质量 M_m 可按下式计算：

$$M_m = \sum_{i=1}^{n} M_i y_i \tag{1-5}$$

式中　M_i——混合气体中组分 i 的摩尔质量。

液体混合物的组成常用组分的质量分数表示。现以 1kg 混合液体为基准，假如各组分在混合前后体积不变，则 1kg 混合物的体积等于 $1/\rho_m$，应为各组分单独存在时的体积之和，故液体混合物密度 ρ_m 的计算式为

$$\frac{1}{\rho_m} = \sum_{i=1}^{n} \frac{w_i}{\rho_i} \tag{1-6}$$

式中　w_i——混合液中组分 i 的质量分数。

生产中有时还使用相对密度（relative density）的概念，相对密度为流体的密度与纯水在 4℃ 时密度之比，用符号 d 表示，即相对密度 d＝流体密度/4℃时纯水密度，可见相对密度 d 是量纲一的量。注意在旧文献中将相对密度称作比重，在 SI 中比重已被废止。

与密度相反的概念是比容（specific volume），流体的比容为流体体积与流体质量之比，用符号 v 表示，

$$v = V/m = 1/\rho \tag{1-7}$$

可见，流体的比容是密度的倒数，单位为 m^3/kg。

几种常见食品流体的密度、比容和相对密度如表 1-1 所示。

表 1-1　几种常见食品流体的密度、比容和相对密度（15℃）

食品流体	密度 $\rho/(kg\cdot m^{-3})$	比容 $v/(L\cdot kg^{-1})$	相对密度
10%食盐水	1 070	0.937	1.07
20%食盐水	1 150	0.871	1.15
20%糖液	1 080	0.927	1.08
40%糖液	1 180	0.850	1.18
牛奶	1 030～1 040	0.927～0.963	1.03～1.04
芝麻油	910～930	1.07～1.1	0.91～0.93
猪油	910～920	1.09～1.1	0.91～0.92
椰子油	910～940	1.06～1.1	0.91～0.94

1.1B　压力

垂直作用于流体表面上的力与作用面积之比，称为流体的压强，工程上习惯称为压力（pressure），符号为 p，它的法定计量单位为帕斯卡，符号 Pa，即 N/m^2，工程上常用的压力单位为 kPa 及 MPa。也可使用标准大气压（atm），换算关系为

$$1atm = 1.013 \times 10^5 Pa = 101.3 kPa$$

此外，一些文献中仍可见到英制等其他压力单位，换算关系可查书后附录 1。

流体的压力可有三种表示方法：

(1) 绝对压力（absolute pressure）p_{ab}。用绝对真空（即绝对零压）作基准计算的压力，称绝对压力。

(2) 表压力（gauge pressure）p_e。用大气压 p_a 作基准计算的压力，用于被测流体的绝对压力 p_{ab} 大于外界大气压 p_a 的情况。压力表上的读数表示被测流体的绝对压力高出大气压的数值，故称为表压力。表压力与绝对压力的关系可用下式表示：

$$p_e = p_{ab} - p_a \tag{1-8}$$

(3) 真空度（vacuum）p_{vm}。用于被测流体的绝对压力 p_{ab} 小于外界大气压 p_a 的情况。此时，真空表上的读数，表示被测流体的绝对压力低于大气压的数值，称为真空度。用下式表示：

$$p_{vm} = p_a - p_{ab} \tag{1-9}$$

绝对压力 p_{ab}、表压力 p_e、真空度 p_{vm} 之间的关系如图 1-1 所示。

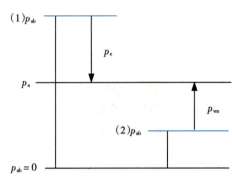

图 1-1　p_{ab}、p_e 和 p_{vm} 间的关系

例 1-1　某台离心泵进口处真空度为 30kPa，出口处表压力为 0.20MPa，若当地大气压为 750mmHg，求泵进、出口的绝对压力。

解：进口　$p_{ab} = p_a - p_{vm} = 750 \times 133 - 30 \times 10^3 = 6.98 \times 10^4 \mathrm{Pa}$ (69.8kPa)

出口　$p_{ab} = p_a + p_e = 750 \times 133 + 0.20 \times 10^6 = 3.00 \times 10^5 \mathrm{Pa}$ (300kPa)

1-2　流体静力学基本方程

1.2A　静力学基本方程的推导和讨论

为了推导流体静力学基本方程式，在密度为 ρ 的静止连续液体内部取一底面积为 A 的垂直液柱，如图 1-2 所示。若以容器底为基准水平面，则液柱的上、下底面与基准水平面的垂直距离分别为 z_1 和 z_2，在此两高度处液体的静压力分别为 p_1 和 p_2。

由于液体处于静止状态，其静压力的方向总是和作用面相垂直，并指向该作用面，故作用在此液柱垂直方向上的力有三：

(1) 对下底面向上的总作用力为 $p_2 A$；

(2) 对上底面向下的总作用力为 $p_1 A$；

(3) 液柱的重力为 $\rho g A (z_1 - z_2)$。

取向上的作用力为正，因为处于静止的液柱上各力之代数和为零，则有

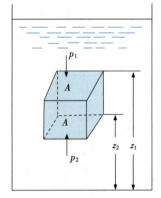

图 1-2　流体静力学基本方程推导

$$p_2 A - p_1 A - \rho g A (z_1 - z_2) = 0$$

即

$$p_2 = p_1 + \rho g (z_1 - z_2) \tag{1-10}$$

如将图 1-2 中液柱的上底面取在液面上，设液面上方压力为 p_0，则距液面深度为 h 处的压力 p 为

$$p = p_0 + \rho g h \tag{1-11}$$

式 (1-11) 表明，处于重力场中的液体的静压 p 的大小与液体本身的密度 ρ 和垂直位置 h 有关，而与各点的水平位置无关。换句话说，在静止的连续的同一液体中，处在同一水平位置上的各点的压力都相等。当液面上方的压力 p_0 变化时，液体内部各点的压力 p 也随 p_0 而变，因此液面上所受的压力能以同样大小传递到液体内部。式 (1-11) 虽然由液体导出，也适用于高度变化不大的气体。式

(1-11) 为流体静力学基本方程式的一种形式。

流体静力学基本方程式还有其他几种形式。将式（1-10）移项，可写成

$$p_1 + \rho g z_1 = p_2 + \rho g z_2 \quad (\text{Pa}) \tag{1-12}$$

式（1-12）中各项的单位为 Pa，亦即是 J/m^3。各项表示 $1m^3$ 流体的能量，其中 p 表示单位体积流体的静压能，$\rho g z$ 表示单位体积流体的位能。该式可理解为，对静止流体而言，无论处于位置 1 还是位置 2，静压能和位能之和是一定的。

式（1-12）各项除以密度 ρ，可得

$$p_1/\rho + g z_1 = p_2/\rho + g z_2 \quad (\text{J/kg}) \tag{1-13}$$

式（1-13）中各项的单位是 J/kg，为 1kg 流体具有的能量。其中，p/ρ 为单位质量流体的静压能，gz 为单位质量流体的位能。可见，在静止流体中，一处静压能与位能之和等于另一处静压能与位能之和。静压能和位能都属于机械能。静力学基本方程表明，在静止流体中，这两种机械能之和是守恒的。

式（1-13）各项除以重力加速度 g，可得

$$\frac{p_1}{\rho g} + z_1 = \frac{p_2}{\rho g} + z_2 \quad (\text{m}) \tag{1-14}$$

式（1-14）中各项的单位为 m，亦可写成 J/N，每项可视为重力为 1N 的流体的能量，也可以视为将各能量项的大小化为液柱高度。在工程上将 $\frac{p}{\rho g}$ 称为静压头，z 称为位压头。该式表明，两种压头之和在静止流体中处处相等。

上述式（1-11）到式（1-14）为流体静力学基本方程式的各种形式，它们的应用条件都是只适用于重力场中静止的不可压缩的连续的单一流体。

1.2B 静力学基本方程的应用

1. 压力的测量

（1）U 形管压差计。U 形管压差计（U tube manometer）的结构如图 1-3 所示。它由内盛指示液的 U 形玻璃管构成。指示液 A 与被测流体 B 不互溶，不起化学作用，而且指示液 A 的密度 ρ_A 应大于被测液体 B 的密度 ρ_B。

将 U 形管压差计两臂与管道待测压力差的两截面 1-1′和 2-2′相通。如果两截面处的压力 p_1 和 p_2 不相等，如 $p_1 > p_2$，则指示液 A 在 U 形管两侧便出现液面高差 R。R 值称为压差计的读数，其值的大小可反映流体流经管道两截面间的压力差（$p_1 - p_2$）的大小。按照流体静力学基本方程式可推导出压力差（$p_1 - p_2$）与读数 R 之间的关系式。

图中 a、a'两点的压力分别为

$$p_a = p_1 + \rho_B g (m + R)$$
$$p_{a'} = p_2 + \rho_B g (z + m) + \rho_A g R$$

因 a、a'两点在相连通的同一静止流体内，并在同一水平面上，因此，根据流体静力学基本方程式，a、a'两点的静压力相等，即 $p_a = p_{a'}$。可得

$$p_1 + \rho_B g (m + R) = p_2 + \rho_B g (z + m) + \rho_A g R$$

化简

$$p_1 + \rho_B g R = p_2 + \rho_B g z + \rho_A g R$$

上式移项后可以得到读数 R 与压力差（$p_1 - p_2$）的关系式：

$$p_1 - p_2 = (\rho_A - \rho_B) g R + \rho_B g z \tag{1-15}$$

当被测管段为水平管时，$z = 0$，于是上式可简化为

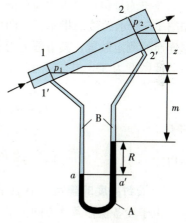

图 1-3 U形管压差计

图 1-3 动画演示

$$p_1-p_2=(\rho_A-\rho_B)gR \qquad (1\text{-}16)$$

当流体为气体时，由于气体的密度要比液体的密度小得多，式（1-16）中 ρ_B 可忽略，

$$p_1-p_2\approx\rho_A gR$$

U形管压差计不仅用来测定流体的压力差，还可以测量流体任一处的压力。当U形管的一端与被测流体相连接，另一端与大气相通时，则读数 R 所反映的是被测流体的绝对压力与大气压力之差，即被测流体的表压力。

（2）微差压差计。当被测流体两点的压力差很小时，如果采用普通U形管压差计，示出的读数 R 值很小，难以测准。由式（1-16）可以看出：g 为常量，当压力差一定时，两流体的密度差越小，读数 R 值越大。以此理论为依据，人们设计了如图1-4所示的微差压差计。将U形管的两侧管顶端各增设一个扩大室。一般扩大室内径与U形管内径之比应大于10。由于扩大室的截面积比U形管截面积大得多，因此，即使U形管内指示液A的液面差增减，两扩大室内的指示液C的液面变化也极小，几乎可以认为是等高。于是按照流体静力学基本方程式，压力差 (p_1-p_2) 可用下式计算，即

$$p_1-p_2=(\rho_A-\rho_C)gR \qquad (1\text{-}17)$$

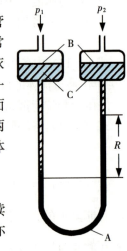

图1-4 微差压差计

由式（1-17）可知，只要选择的两种指示液的密度差 $(\rho_A-\rho_C)$ 值小，读数 R 值可放大到普通U形管压差计读数的数倍。为了放大压差计的读数，亦可将普通U形管压差计倾斜放置，形成斜管压差计。

2. 液位的测量　食品工厂中经常需要检测贮罐里液体贮存量，或控制其液面，以维持连续正常的生产。因此，要对液位进行测量。

液面管是最简单最原始的液位计。在贮罐底部器壁和液面上方器壁处各接一支管，支管间用透明玻璃管相连，玻璃管内液柱的高度即是贮罐内液面的高度。这种液位计在食品工厂中得到广泛应用。

液位测量也可以应用流体静力学基本方程式的原理，制成如图1-5所示的液面指示仪。图中左边是贮液容器，右边是与其连通的测定装置，其下部为指示液。若容器中液体密度为 ρ，指示液密度为 ρ_i，根据静力学基本方程式，则

$$p_A=p_0+z\rho g$$
$$p_B=p_0+R\rho_i g$$

因为　　　　　　　　$p_A=p_B$

所以　　　　　　　　$z=\dfrac{\rho_i}{\rho}R$

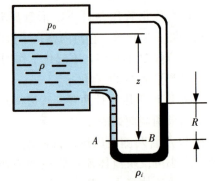

图1-5 液位测量

3. 液封高度的确定　在食品工厂中常遇到设备的液封问题。由于设备操作条件不同，采用液封的目的也各不相同。一些设备内的气体需要控制其压力不超过某一限度，常常采用安全液封（又称水封）。当气体压力超过规定值时，气体就从液封管中排出，以确保设备的安全。

某些真空系统既要保持系统的真空度，避免外界空气渗入系统，又要使液体排至系统之外。因此，必须按照流体静力学基本方程式，计算液封管应插入水面下的深度和气压管中的水上升的高度。图1-6所示为常用的真空蒸发冷凝器，为保持蒸发器和冷凝器系统具有一定的真空度，又可使冷凝水不断排出，常在冷凝器下连接一长的气压管5，插入液封槽6中。气压管中高度为 h 的液封液柱形成的压力等于冷凝器中的真空度：

$$p_{vm}=\rho gh$$

例1-2　多效真空蒸发操作中末效产生的二次蒸汽被送入图1-6所示的冷凝器中与冷水直接接触而冷凝。为维持蒸发器的真空度，冷凝器上方与真空泵相通，将不凝性气体（空气）抽走。同时为避

免外界空气渗入气压管 5，导致蒸发器内真空度降低，气压管必须插入液封槽 6 中，水在管内上升至高度 h，若真空表的读数为 90kPa，试求气压管中水上升的高度 h。

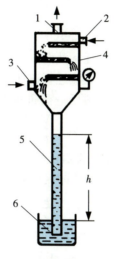

图 1-6 真空蒸发冷凝器
1. 不凝气出口 2. 冷水进口 3. 二次蒸汽进口
4. 冷凝器 5. 气压管 6. 液封槽

解： 设气压管内水面上方的绝对压力为 p，作用于液封槽内水面的压力为大气压力 p_a，根据式(1-11)，

$$p_a = p + \rho g h$$

$$h = \frac{p_a - p}{\rho g}$$

而 $p_a - p = p_{vm}$

故 $h = \dfrac{90 \times 1\,000}{1\,000 \times 9.81} = 9.17$ （m）

例 1-3 罐头厂为连续化高温杀菌，采用图 1-7 所示的静水压密封连续杀菌装置，杀菌室通入绝对压力为 0.2MPa 的蒸汽，求水封室的最小高度。

解： 设杀菌室蒸汽压力（即液面 1 上压力）为 p_1，液面 1 距基准面高度为 z_1；水封室液面 2 上的压力（即大气压力）为 p_2，该液面距基准面高度为 z_2。根据静力学基本方程式（1-13）：

$$p_1/\rho + g z_1 = p_2/\rho + g z_2$$

故水封室的最小高度为

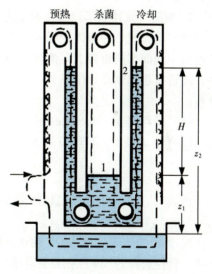

图 1-7 静水压密封杀菌装置

$$H = z_2 - z_1 = \frac{p_1 - p_2}{\rho g}$$

$$= \frac{0.2 \times 10^6 - 1.01 \times 10^5}{1\,000 \times 9.81} = 10.1 \text{ （m）}$$

为了更有把握，生产上一般采用液封高度 15~16m。

第二节 流体动力学方程

食品厂中的流体多以密闭管道输送，因此研究管内流体动力学的基本规律很必要。这些规律主要为：①连续性方程，由质量守恒定律导出；②伯努利方程，由能量守恒定律导出。

由于流体在管内的流动是轴向流动，因而可按一维流动来分析，并规定流体流动的截面与流动方向相垂直。

1-3 管内流动的连续性方程

1.3A 流量和流速

1. 流量 流量表示单位时间内流过管道任一截面流体的多少，通常有两种表示方法：

（1）体积流量（volumetric flow rate）。为流过管道任一截面的流体体积与时间之比，以符号 q_v 表示，其单位为 m^3/s。若在时间 t 内流体流过任一截面的流体体积为 V，则有

$$q_v = \frac{V}{t} \tag{1-18}$$

（2）质量流量（mass flow rate）。为流过管道任一截面的流体质量与时间之比，以符号 q_m 表示，其单位为 kg/s。若在时间 t 内流体流过任一截面的流体质量为 m，则有

$$q_m = \frac{m}{t} \tag{1-19}$$

若流体密度为 ρ，则很容易得到质量流量与体积流量的关系：

$$q_m = \frac{m}{t} = \frac{V\rho}{t} = q_v \rho \tag{1-20}$$

由于流体的密度是温度和压力的函数，因此一定质量流量所对应的体积流量与流体的状态紧密相关。尤其是气体，体积随温度和压力的变化较大，因此，当气体的流量以体积流量表示时，必须注明温度和压力。

2. 流速 流速表示流体在流动方向上流的快慢，常见的有两种流速概念：

（1）点流速。为流体中任一质点在流动方向上所流过的距离与流动时间之比，其单位为 m/s。在管道同一截面不同位置上，流体各质点的点流速并不相等，在管壁处的附着层流体质点的点速度为零，离管壁越远则点速度越大，到管道中心处点速度达最大值。将在下一节讨论点速度在管内的径向分布。

（2）平均速度（average velocity）。为流体体积流量 q_v 与管道截面积 A 之比，在工程上简称流速，以符号 u 表示，其单位为 m/s，即

$$u = \frac{q_v}{A} \tag{1-21}$$

由式（1-20）和式（1-21），可以得到常用的质量流量计算式：

$$q_m = q_v \rho = Au\rho \quad (\text{kg/s}) \tag{1-22}$$

3. 管径的估算 食品工厂输送流体的管道大多为圆形管道。在管路设计时，管径的选择是个重要问题。管径选择的基本原则是要遵循总费用最低原则。总费用主要由基建的投资费用和投产后日常的生产费用两项构成。若管径选择过粗，投资费会偏高，若管径选择过细，流体流动阻力过大，生产费会偏高，都会不符总费用最低原则。因此，管道管径选择要适中。若以 d 表示管道内径，式（1-21）可写为

$$u = \frac{q_v}{A} = \frac{q_v}{(\pi/4)d^2} = \frac{q_v}{0.785d^2}$$

则

$$d = \sqrt{\frac{q_v}{0.785u}} \tag{1-23}$$

体积流量 q_v 由生产任务决定，q_v 确定后，再选定适宜的流速 u，按式（1-23）就可以确定输送管路的管径 d。按总费用最低原则，根据大量的实践经验，已经得到常见流体适宜的流速范围。通常液体的流速取 $0.5 \sim 3.0$ m/s，气体流速取 $10 \sim 30$ m/s。在一定的操作条件下一些常见流体的适宜流速（常用值）范围见表 1-2。一般来说，对于密度较大的流体，流速取值应较小，如液体的流速就应比气体的流速小得多。对于黏性较小的液体可采用较大的流速，而对于黏度大的液体，如油类、糖浆等，所取流速

就应比水或稀溶液低一些。对于含有固体物料的流体，速度不能太低，否则固体物料会沉积在管道内。

表 1-2　常见流体流速范围表

气体名称	流速/(m·s^{-1})	液体名称	流速/(m·s^{-1})
饱和水蒸气	20~40	自来水（主管）	1.5~3.5
低压水蒸气（<1MPa）	15~20	自来水（支管）	1.0~1.5
中压水蒸气（1~4MPa）	20~40	工业供水（p_e<0.8MPa）	1.5~3.5
过热水蒸气	35~60	换热器管内水	0.2~1.5
一般气体（常压）	10~20	蛇管内低黏度液体	0.5~1.0
车间通风（主管）	4.0~20	蛇管冷却水	<1
车间通风（支管）	2.0~8.0	锅炉给水（p_e>0.8MPa）	>3.0
压缩空气（p_{ab}：0.1~0.2MPa）	8.0~12	蒸汽冷凝水	0.5~1.5
（p_{ab}：0.2~0.6MPa）	10~12	油及高黏度液体	0.5~2.0
（p_{ab}：0.6~1.0MPa）	10~15	盐水	1.0~2.0
（p_{ab}：1.0~4.0MPa）	20~40	制冷设备中的盐水	0.6~0.8

生产中使用的各种管材是按一定规格生产的，按式（1-23）求出所需管径后，应查阅管子规格表，从中选择管径相近规格的管子。本书末附录 7 给出了一些常用管子的规格。

例 1-4　欲安装一条输送盐水的管道，使流量达到 12m³/h，试选择合适规格的管子。

解：参考表 1-2，选盐水在管内的流速为 $u=1.5$m/s，则

$$d=\sqrt{\frac{q_v}{0.785u}}=\sqrt{\frac{12/3\,600}{0.785\times 1.5}}=0.053\text{（m）}$$

查管子规格表，选择 $\phi 56$mm×2mm 的不锈钢管，其内径为

$$d=56-2\times 2=52\text{（mm）}$$

采用该规格管子，盐水在管中的实际流速为

$$u=\frac{q_v}{A}=\frac{12/3\,600}{0.785\times 0.052^2}=1.57\text{（m/s）}$$

1.3B　稳定流动和不稳定流动

流体在管道中流动时，任一截面处的流速、流量和压力等物理参数不随时间变化而变化的流动称为稳定流动（steady flow）。流体流动时，任一截面的各物理参数中，只要有一个物理参数随时间的改变而改变，则称为不稳定流动（unsteady flow）。

如图 1-8 所示，水槽上部的进水管 1 不断地向水槽 2 注水，底部的排水管 3 连续排水。假如进水量大于排水量，多余的水由水槽上方的溢流管 4 排出，以保持水槽中水位恒定。实验测定表明，对于排水管不同直径的截面 1-1′和 2-2′，流体流速和压力各不相等，但各自截面上的流速和压力不随时间变化而变化，排水管中流体的流动属于稳定流动。

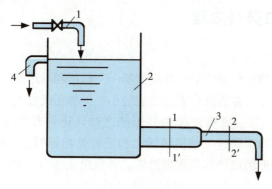

图 1-8　稳定流动
1. 进水管　2. 水槽　3. 排水管　4. 溢流管

图 1-8 动画演示

当关闭进水管阀门,水槽底部排水管继续排水,则水槽中水位逐渐下降,排水管两截面 1-1' 和 2-2' 处的流速和压力会随时间变化而变化,这种流动过程属于不稳定流动。

食品生产中,多数过程属于连续稳定的单元操作,故本章着重讨论流体的稳定流动。

1.3C 连续性方程式

流体流动的连续性方程式,实质上是流体稳定流动体系中的物料衡算关系式。

对于稳定流动系统,任意位置上均无物料积累,如图 1-9 所示。

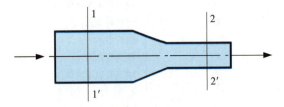

图 1-9 连续性方程式的推导

若流体流经两截面 1-1' 和 2-2' 间管路系统的流动为稳定流动,则流体从截面 1-1' 流入体系的质量流量 q_{m1} 应等于从截面 2-2' 流出体系的质量流量 q_{m2},即

$$q_{m1} = q_{m2}$$

由式(1-22)可得

$$A_1 u_1 \rho_1 = A_2 u_2 \rho_2 \tag{1-24}$$

若将上式推广到系统的任何一个截面,则有

$$q_m = A u \rho = 常量 \tag{1-25}$$

式(1-25)反映了在流体稳定流动系统中,流体流经各截面的质量流量相等,流速 u 随管道截面积 A 和流体的密度 ρ 的变化而变化。

若流体为不可压缩的流体,即 ρ = 常量,式(1-25)变为

$$q_v = A_1 u_1 = A_2 u_2 = A u = 常量 \tag{1-26}$$

式(1-26)表明,不可压缩的流体稳定流动时,流体流经各截面的体积流量也相等。

式(1-25)和式(1-26)都称为管内稳定流动的连续性方程(equation of continuity)。

对于直径为 d 的圆形管道,不可压缩流体稳定流动的连续性方程可以改写为

$$\frac{\pi}{4} d_1^2 u_1 = \frac{\pi}{4} d_2^2 u_2$$

即

$$\frac{u_2}{u_1} = \left(\frac{d_1}{d_2}\right)^2 \tag{1-27}$$

式(1-27)说明,不可压缩流体稳定流动时,管内流体的流速与管道直径的平方成反比。

1-4 伯努利方程

1.4A 伯努利方程的表达式

在流体静力学的讨论中,我们已经看到,在静止的流体中两种机械能——位能和静压能之和是处处相等的。在较高位置,位能较大,但静压能较小。在较低位置,位能较小,但静压能较大。一消一长,两种机械能总和一定。在管内流动的流体,除了具有位能和静压能之外,还具有第三种机械能——动能。对没有黏度的流体,位能、静压能和动能这三种机械能之和是处处相等的。也就是说,流动着的流体的总机械能是守恒的。通常将无黏度的流体称为理想流体。对理想流体的流动,一般认为只有机械能之间的转化而无热力学能的增减。

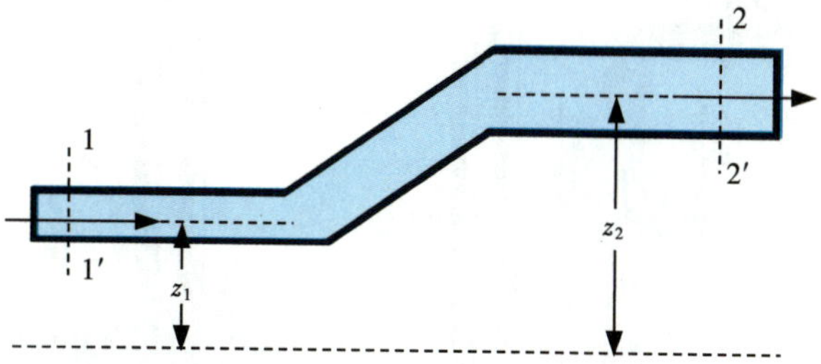

设图 1-10 的流动体系中，为不可压缩的理想流体作稳定流动。让我们讨论在与流体流动方向垂直的两截面 1-1′和 2-2′之间的能量衡算。设在一定时间内通过截面 1-1′的流体质量为 m，其位能、静压能和动能三项机械能之和（即总机械能）为

$$E_1 = mgz_1 + mp_1/\rho + mu_1^2/2$$

同时流过截面 2-2′的质量为 m 的流体总机械能为

$$E_2 = mgz_2 + mp_2/\rho + mu_2^2/2$$

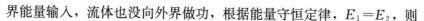

图 1-10 理想流体伯努利方程的推导

由图 1-10，在两截面 1-1′和 2-2′间，没有外界能量输入，流体也没向外界做功，根据能量守恒定律，$E_1 = E_2$，则

$$mgz_1 + mp_1/\rho + mu_1^2/2 = mgz_2 + mp_2/\rho + mu_2^2/2$$

等式两边除以 m，得

$$gz_1 + \frac{p_1}{\rho} + \frac{u_1^2}{2} = gz_2 + \frac{p_2}{\rho} + \frac{u_2^2}{2} \quad \text{(J/kg)} \qquad (1\text{-}28)$$

式（1-28）即为不可压缩理想流体稳定流动的能量方程式，称为伯努利方程（Bernoulli equation）。式（1-28）中每一项的单位都是 J/kg，表明：每千克流体在截面 1-1′处的位能 gz_1、静压能 p_1/ρ 和动能 $u_1^2/2$ 之和等于每千克流体在截面 2-2′处的位能 gz_2、静压能 p_2/ρ 和动能 $u_2^2/2$ 三者之和。也就是说，不可压缩理想流体在稳定流动时，虽然可有机械能间的转换，但三种机械能之和（即总机械能）是守恒的。在本章应用伯努利方程时，主要以式（1-28）的形式为主。

由上面的推导过程可知，伯努利方程的应用条件有三：①流体是理想流体，理想流体无黏性，流动中不会因摩擦产生机械能损耗，机械能才会守恒；②流体是不可压缩的，在截面 1-1′和截面 2-2′处具有相同的密度 ρ；③流体流动是稳定流动，在一定时间内通过截面 1-1′和截面 2-2′的流体具有相同的质量 m。

将式（1-28）两端除以 g，则有

$$z_1 + \frac{p_1}{\rho g} + \frac{u_1^2}{2g} = z_2 + \frac{p_2}{\rho g} + \frac{u_2^2}{2g} \quad \text{(m)} \qquad (1\text{-}29)$$

此式是伯努利方程的又一种形式，每一项的单位都是 m，亦即 J/N。各项分别表示重力为 1N 的流体具有的位能、静压能和动能。在工程上通常把 z、$\frac{p}{\rho g}$ 和 $\frac{u^2}{2g}$ 分别称为位压头、静压头和动压头，式（1-29）体现不可压缩理想流体稳定流动时，总压头守恒。在下章讨论液体输送时，常常采用式（1-29）的能量形式。

将式（1-28）两端乘以 ρ，可以得到伯努利方程的第三种形式：

$$\rho g z_1 + p_1 + \rho u_1^2/2 = \rho g z_2 + p_2 + \rho u_2^2/2 \quad \text{(Pa)} \qquad (1\text{-}30)$$

式（1-30）中各项的单位皆为 Pa，亦即 J/m³。各项表示每立方米流体具有的不同种机械能。下章将伯努利方程应用于气体输送时，常常使用式（1-30）的形式。

当系统内的流体静止时，$u_1 = u_2 = 0$，式（1-28）变为

$$gz_1 + \frac{p_1}{\rho} = gz_2 + \frac{p_2}{\rho}$$

上式即流体静力学基本方程式。可见，流体静力学基本方程式是伯努利方程式的特殊形式。

1.4B 实际流体机械能衡算

理想流体没有黏性，因而在单纯流动时流体热力学能没有变化，机械能是守恒的。实际流体是有黏性的，设图 1-11 的流动体系中，为不可压缩的实际流体，在流动中，流体与管壁以及流体内部间都因有摩擦力而消耗机械能。

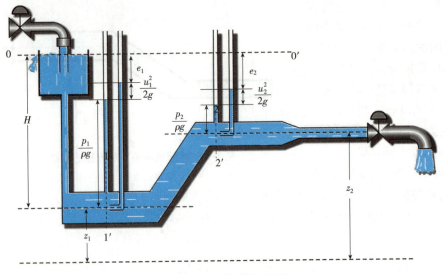

图 1-11　实际流体的能量转换

图 1-11 动画演示

为达流体输送的目的，有时需要外加泵做功提供能量。因此，对不可压缩的实际流体，伯努利方程应作如下修正：

$$gz_1+p_1/\rho+u_1^2/2+e_1+w=gz_2+p_2/\rho+u_2^2/2+e_2$$

式中　e_1——单位质量流体流经截面 1-1′时的热力学能，称比热力学能，J/kg；

　　　e_2——流体流经截面 2-2′时的比热力学能，J/kg；

　　　w——在截面 1-1′和截面 2-2′间由泵对单位质量流体做的功，称为比功，J/kg。

令 $\sum h_f = e_2 - e_1$ 表示单位质量流体在截面 1-1′和截面 2-2′间流动时的各种机械能损失（J/kg），又称为阻力损失或简称为阻力，它转化为 1kg 流体的热力学能增量，则有

$$gz_1+\frac{p_1}{\rho}+\frac{u_1^2}{2}+w=gz_2+\frac{p_2}{\rho}+\frac{u_2^2}{2}+\sum h_f \quad (\text{J/kg}) \qquad (1-31)$$

式（1-31）就是不可压缩的实际流体机械能衡算式，也称为实际流体的伯努利方程，足以满足实际工程中流体流动的一些计算。

流体输送设备对流体所做之功与时间之比，称为有效功率 P_e，单位为 J/s，即 W，显然：

$$P_e = w q_m \quad (\text{W}) \qquad (1-32)$$

有效功率 P_e 与实际功率 P 间的关系为

$$P = P_e/\eta \qquad (1-33)$$

式中　η——输送设备的效率。

1.4C　伯努利方程的应用

1. 求管道中流体的流量

例 1-5　某食品厂有一输水系统如图 1-12 所示。输水管为 $\phi 45\text{mm} \times 2.5\text{mm}$ 钢管，已知管路摩擦损失 $\sum h_f = 1.6u^2$（u 为管内水的流速），试求水的体积流量。又欲使水的流量增加 30%，应将水箱水面升高多少？

解：（1）在水箱水面 1-1′和输水管出口 2-2′截面间列伯努利方程：

$$gz_1+\frac{p_1}{\rho}+\frac{u_1^2}{2}=gz_2+\frac{p_2}{\rho}+\frac{u_2^2}{2}+\sum h_f$$

已知　　　　　　　$p_1 = p_2 = 0$（表压），　$u_1 \approx 0$

$$g(z_1 - z_2) = \frac{u_2^2}{2} + \sum h_f = 0.5u_2^2 + 1.6u_2^2 = 2.1u_2^2$$

$$u_2 = \sqrt{\frac{g(z_1-z_2)}{2.1}} = \sqrt{\frac{9.81 \times (8-3)}{2.1}}$$
$$= 4.83 \text{ (m/s)}$$
$$q_v = \frac{\pi}{4}d^2 u_2$$
$$= 0.785 \times 0.04^2 \times 4.83$$
$$= 6.07 \times 10^{-3} \text{ (m}^3\text{/s)}$$

（2）水的流量增加30%，则管出口流速
$$u_2 = (1+30\%) \times 4.83 = 6.28 \text{ (m/s)}$$
$$z_1 - z_2 = \frac{2.1 u_2^2}{g} = \frac{2.1 \times 6.28^2}{9.81} = 8.44 \text{ (m)}$$
$$z_1 = z_2 + 8.44 = 3 + 8.44 = 11.44 \text{ (m)}$$

水箱水面应升高　　$11.44 - 8 = 3.44$ (m)

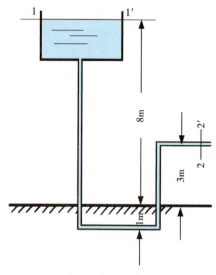

图 1-12　例 1-5 附图

2. 求操作压力

例 1-6　如图 1-13 所示，用抽真空的方法使容器 B 内保持一定真空度，使溶液从敞口容器 A 经导管自动流入容器 B 中。导管内径 30mm，容器 A 的液面距导管出口的高度为 1.5m，管路阻力损失可按 $\sum h_f = 5.5 u^2$ 计算（不包括导管出口的局部阻力），溶液密度为 1 100 kg/m³。试计算送液流量为 3m³/h 时，容器 B 内应保持的真空度。

解： 取容器 A 的液面 1-1′截面为基准面，导液管出口为 2-2′截面，在该两截面间列伯努利方程：
$$gz_1 + p_1/\rho + u_1^2/2 = gz_2 + p_2/\rho + u_2^2/2 + \sum h_f$$

式中，$p_1 = p_a$，$p_2 = p_a - p_{vm}$，$z_1 = 0$，$z_2 = 1.5\text{m}$，$u_1 = 0$，代入前方程，得

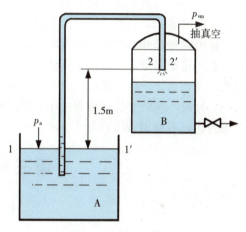

图 1-13　例 1-6 附图

$$(p_1 - p_2)/\rho = gz_2 + u_2^2/2 + \sum h_f$$

而　　　　　　　　$p_1 - p_2 = p_a - (p_a - p_{vm}) = p_{vm}$

故　　　　　　　　$p_{vm} = (gz_2 + 0.5 u_2^2 + 5.5 u_2^2)\rho = (gz_2 + 6.0 u_2^2)\rho$

$$u_2 = q_v / A = 3/(3\,600 \times 0.785 \times 0.03^2) = 1.18 \text{ (m/s)}$$

则　　　　　　　　$p_{vm} = (9.81 \times 1.5 + 6.0 \times 1.18^2) \times 1\,100 = 2.54 \times 10^4$ (Pa)

3. 求输送设备的功率

例 1-7　某奶粉厂的一段牛奶输送系统如图 1-14 所示，真空蒸发器中的牛奶用泵（效率为 65%）输送到干燥间的贮罐顶部，输送管道 $\phi 34\text{mm} \times 2\text{mm}$，蒸发器内真空度为 88kPa，贮罐与大气相通，牛奶密度为 1 080kg/m³，质量流量为 4.5t/h，整个流动系统（含换热器）的阻力损失为 50J/kg，试计算泵的功率。

解： 以地平面 0-0′为基准面，在蒸发器液面 1-1′截面和管出口 2-2′截面间列伯努利方程。

因为 $u_1 \approx 0$，故有

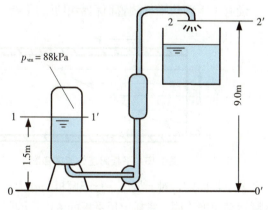

图 1-14　例 1-7 附图

$$gz_1+\frac{p_1}{\rho}+w=gz_2+\frac{p_2}{\rho}+\frac{u_2^2}{2}+\sum h_f$$

$$w=g(z_2-z_1)+\frac{p_2-p_1}{\rho}+\frac{u_2^2}{2}+\sum h_f$$

而 $$u_2=\frac{q_v}{A}=\frac{q_m/\rho}{0.785d^2}=\frac{(4\,500/3\,600)/1\,080}{0.785\times 0.03^2}=1.64\ (\text{m/s})$$

$$p_2-p_1=p_a-(p_a-p_{vm})=p_{vm}=8.8\times 10^4\ (\text{Pa})$$

因此 $$w=9.81\times(9-1.5)+\frac{8.8\times 10^4}{1\,080}+\frac{1.64^2}{2}+50=206\ (\text{J/kg})$$

$$P_e=wq_m=206\times\frac{4\,500}{3\,600}=258\ (\text{W})$$

$$P=P_e/\eta=258/0.65=397\ (\text{W})$$

由上面例题的求解可见，应用连续性方程和伯努利方程解题时应注意：

（1）计算前画示意图。为使计算系统清晰，保证计算正确，计算之前应根据题意画出流体流动系统示意图，并将主要数据标于图中。

（2）确定衡算范围。应根据具体问题在流体流动系统中确定衡算范围，也就是确定流体流入和流出系统的两截面的位置。所选的截面应与流体流动方向垂直，从简化方程的角度而言，所选的两个截面应尽可能是已知条件最多的截面，而所求的参数应在两截面上或在两截面之间。

（3）选定基准水平面。计算位能的基准水平面可任意选取。基准面处流体的位能为零，所以若能使两计算截面之一处于基准面上，可使方程简化。

（4）统一量的单位。方程式中各量的单位必须一致，最好采用 SI 单位，截面处的静压力都用绝对压力，或者都用表压。

第三节　流体流动现象

1-5　流体的黏度

流体不能保持一定形状，任何微小的剪切力都可以使流体产生变形。流体受到剪切力作用时，抵抗变形的特性叫作黏性。黏性使流体受力质点间做相对运动时产生阻力，这种阻力又称为流体的内摩擦力或黏性力。流体黏性越大，其流动性越差。静止流体不能表现出黏性，因而黏性是流体的流动特性。黏度是流体黏性大小的量度，是流体的重要物理性质。

1.5A　牛顿黏性定律

设有上下两块平行放置而相距很近的平板，两板间充满静止流体，如图 1-15 所示。

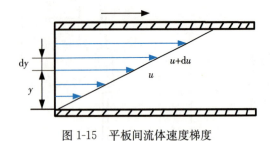

图 1-15　平板间流体速度梯度

图 1-15 动画演示

若下板固定，对上板施平行于两板的外力，使上板以等速直线运动。则板间流体也随之运动，但各液层运动速度不同。紧靠上层平板的流体，因附着于板面上，具有与上板相同的速度。而紧靠下板面的流体，因附着于板面，速度为零。两板间的流体形成上大下小的流速分布，各平行流体层间存在相对运动。运动较快的上层对相邻的运动较慢的下层，有拖动其向前运动的剪切力。或反过来说，运动较慢的下层对相邻的运动较快的上层产生摩擦力或黏滞阻力。该摩擦力与前述剪切力大小相等，方向相反。

设垂直方向 y 处流体层的流速为 u，在 $y+\mathrm{d}y$ 处的流速为 $u+\mathrm{d}u$，则 $\mathrm{d}u/\mathrm{d}y$ 表示速度沿法线方向的变化率，称为速度梯度。实验证明，两流体层之间的剪切力（摩擦力）F 与液层面积 A 和速度梯度 $\mathrm{d}u/\mathrm{d}y$ 皆成正比：

$$F=\mu A \frac{\mathrm{d}u}{\mathrm{d}y} \quad (\mathrm{N}) \tag{1-34}$$

剪切力与液层面积之比，称为切应力（shear stress），用符号 τ 表示，则

$$\tau=F/A=\mu \frac{\mathrm{d}u}{\mathrm{d}y} \quad (\mathrm{Pa}) \tag{1-35}$$

式（1-34）或式（1-35）称为牛顿黏性定律。式中比例系数 μ，称为黏性系数，或动力黏度，简称黏度（viscosity）。由式（1-34）可见，μ 的物理意义为：$\mathrm{d}u/\mathrm{d}y=1$ 时，单位面积上产生的内摩擦力的大小。显然，流体黏度越大，流动时产生的内摩擦力也越大。

从式（1-35）可得到黏度的单位为

$$[\mu]=\left[\frac{\tau}{\mathrm{d}u/\mathrm{d}y}\right]=\frac{\mathrm{Pa}}{\frac{\mathrm{m/s}}{\mathrm{m}}}=\mathrm{Pa \cdot s}$$

黏度的量纲：$\dim\mu=\mathrm{ML^{-1}T^{-1}}$，故 $\mathrm{Pa \cdot s}=\mathrm{kg m^{-1} s^{-1}}$。

文献中黏度数据仍常见 CGS 制的单位——泊（符号 P）或厘泊（符号 cP），$1\mathrm{P}=1\mathrm{g cm^{-1} s^{-1}}$，可见

$$1\mathrm{P}=0.1\mathrm{Pa \cdot s}$$

而

$$1\mathrm{cP}=10^{-3}\mathrm{Pa \cdot s}=1\mathrm{mPa \cdot s}$$

在流体力学中，还经常使用运动黏度 ν，ν 定义为动力黏度 μ 与流体密度 ρ 之比：

$$\nu=\frac{\mu}{\rho} \tag{1-36}$$

显然，运动黏度 ν 的法定计量单位为 $\mathrm{m^2/s}$。

在 CGS 单位制中，ν 的单位为 $\mathrm{cm^2/s}$，曾称为"斯托克斯"，或简称"沲"，以符号"St"表示，显然它与 SI 制的换算关系为

$$1\mathrm{St}=10^{-4}\mathrm{m^2/s}$$

1.5B 流体中的动量传递

流体为什么会具有黏性？从微观的分子运动角度解释产生黏性的原因是十分清楚的。由于流体分子不停地进行热运动，做宏观相对运动的两层流体间总会有分子的相互掺混。慢层中分子进入快层后，与快层分子碰撞，使快层向前的平均动量变小，反之快层中的分子进入慢层后，使慢层向前的平均动量变大。这种流体层间分子动量交换的结果，使层间速度梯度变小，为维持一定的速度梯度，必须对快层施加持续的剪切力。或者说，因分子动量交换，流体层间的相对运动产生阻滞力。因此，分子间的动量交换，是流体产生黏性的一个主要原因。牛顿黏性定律［式（1-35）］反映了这种动量交换的规律。

式（1-35）中的切应力

$$\tau=\frac{F}{A}=\frac{m\mathrm{d}u/\mathrm{d}t}{A}=\frac{\mathrm{d}(mu)}{A\mathrm{d}t}$$

这样，切应力 τ 可理解为单位时间内穿过单位流体层面积在 y 方向传递的动量，亦即 τ 为 y 方向的动量通量，表示流体分子动量传递的快慢。

将式（1-35）变换为

$$\tau = \frac{\mu}{\rho}\frac{\mathrm{d}(\rho u)}{\mathrm{d}y} = \nu\frac{\mathrm{d}(\rho u)}{\mathrm{d}y} = \nu\frac{1}{V}\frac{\mathrm{d}(mu)}{\mathrm{d}y} \tag{1-37}$$

式中，$\frac{\mathrm{d}(mu)}{\mathrm{d}y}$ 是动量梯度。牛顿黏性定律也表明，流体分子的动量通量 τ 不仅与动量梯度成正比，也直接正比于运动黏度 ν。可见，从微观角度看，流体黏度的大小是其分子动量传递快慢的标志，流体分子进行动量传递是流体具有黏度性质的一个根本原因，黏度越大，表明其分子动量传递越快。

流体黏度大小除与流体本身性质有关外，尚受多种因素影响，其中最主要的影响因素是温度。一般液体的黏度随温度升高而减小，而气体的黏度随温度升高而增大。产生这种差别，主要是因液体和气体分子运动和分子引力的特点不同所致。

1.5C 非牛顿流体

上面所讨论的一类流体，在流动中形成的切应力与速度梯度的关系完全符合牛顿黏性定律，这类流体称为牛顿流体（Newtonian fluid），如水、空气、水蒸气、酒、醋、酱油等属于这一类流体。但食品工业中有许多流体，如糖浆、奶油等，并不服从牛顿黏性定律，这类流体统称非牛顿流体（non-Newtonian fluid）。

牛顿流体的黏度是流体的物理性质，在一定温度和压力下是常数，而与流动条件无关。所有的气体都是牛顿流体，实验发现纯液体及简单的溶液大多是牛顿流体。牛顿流体在切应力 τ 对剪切速率（即速度梯度）$\mathrm{d}u/\mathrm{d}y$ 关系图上，表现为通过原点的直线，如图 1-16 中的直线 4 所示。

非牛顿流体的特点是在一定温度和压力下，切应力与剪切速率不成正比。如果将二者的比值 $\frac{\tau}{\mathrm{d}u/\mathrm{d}y}$ 称作表观黏度（apparent viscosity），非牛顿流体的表观黏度不是一个常数，而是和剪切速率甚至和受触时间（剪切力作用的时间）有关。

非牛顿流体按受力时变形的特点可分为两大类。

（1）时变性非牛顿流体（time-dependent non-Newtonian fluid）。时变性非牛顿流体的表观黏度既与流体剪切速率有关，又与切应力作用时间，即流体前期变形有关。按照剪切速率为定值时，切应力随时间的延长是减少还是增加，时变性非牛顿流体又可分为两类：触融性流体和触凝性流体。

（2）非时变性非牛顿流体（time-independent non-Newtonian fluid）。非时变性非牛顿流体内部任意一点的剪切速率仅仅是该点切应力的函数，而与切应力作用的时间无关。这类非牛顿流体在食品工业中比较常见。非时变性非牛顿流体按切应力与剪切速率的关系主要又可分为下面几类：

①剪稀流体（shear-thinning fluid）。又称为假塑性流体，是非牛顿流体中最重要的一种，大多数非牛顿流体都属于剪稀流体。其切应力与剪切速率的关系见图 1-16 之线 3，虽然也通过原点，但不是直线，而是下凹的曲线。如将某剪切速率时的表观黏度表示为曲线上对应点与原点所连直线的斜率，可见，随剪切速率增加，剪稀流体的表观黏度下降。此类流体的实例有炼乳、苹果酱、浓缩橘汁等。

②剪稠流体（shear-thickening fluid）。又称胀塑性流体，其行为在 τ—$\mathrm{d}u/\mathrm{d}y$ 图上呈现为通过原点的上凹的曲线，如图 1-16 中的线 5 所示。剪稠流体的表观黏度随剪切速率的增加而增加。此类流体的实例有浓谷物淀粉液、蜂蜜和均质花生酱等。

③宾哈姆流体（Bingham fluid）。只有切应力超过一个屈

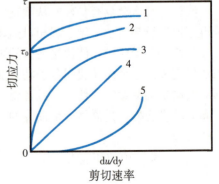

图 1-16 非牛顿流体的性质
1. 塑性流体 2. 宾哈姆流体 3. 剪稀流体
4. 牛顿流体 5. 剪稠流体

服应力（yield stress）τ_0 时，液体的各层才开始产生相对运动，此时液体的行动类似于牛顿流体。这种流体在静止时具有三维结构，其刚度足以承受一定的屈服力，当切应力超过此屈服应力后，三维结构被破坏，流体则显示出与牛顿流体相同的性质，此时剪切力与速度梯度呈直线关系，如图 1-16 中的线 2 所示。

④塑性流体（plastic fluid）。在切应力超过屈服应力 τ_0 时，该类流体的行为类似于剪稀流体，如图 1-16 中的曲线 1 所示。宾哈姆流体可视为塑性流体的一种理想情形。塑性流体的实例有番茄酱、巧克力浆等。

可用一个数学通式——Herschel-Bulkley 公式概括非时变性非牛顿流体的特性：

$$\tau = \tau_0 + K \left(\frac{\mathrm{d}u}{\mathrm{d}y} \right)^n \tag{1-38}$$

式中　τ_0——屈服应力，Pa；

　　　K——稠度系数，Pa·s^n；

　　　n——流变指数，量纲为 1。

对于剪稀流体，$\tau_0=0$，$n<1$；对于剪稠流体，$\tau_0=0$，$n>1$；对于宾哈姆流体，$\tau_0>0$，$n=1$；对于塑性流体，$\tau_0>0$，$n<1$。而对于牛顿流体，$\tau_0=0$，$n=1$，稠度系数 K 就相应于黏度 μ。

非牛顿流体的流动要比牛顿流体的流动复杂得多，本章下面仅讨论牛顿流体的流动。

1-6　流体流动形态

在上一节阐述牛顿黏性定律时曾提到流体内摩擦力的产生是流体层间相互拖动的结果。实际上，流体流动的形态不一定都是呈流体层的状态流动。1883 年著名的英国物理学家奥斯本·雷诺（Osborne Reynolds）通过实验对流体流动时内部质点的运动情况及各种因素对流动状态的影响进行了直接观察和研究，揭示了流体流动可分为两种截然不同的形态：层流和湍流。

1.6A　雷诺实验和雷诺数

1. 雷诺实验　雷诺实验装置如图 1-17 所示。在水箱中装有溢流装置，以维持水箱液面不变。箱的底部安装一个带有喇叭形进口的玻璃管，管的下游装有阀门以调节管内水的流速。水箱顶部安装一个盛有红墨水的小瓶。红墨水的密度与水的密度相近。玻璃管入口处中心有一个与小瓶相通的针形小管，当水箱中的水流经玻璃管时，红墨水通过针形小管注入玻璃管中心。

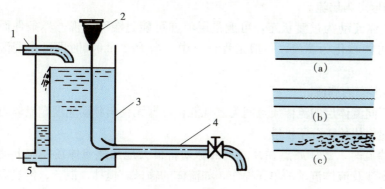

图 1-17　雷诺实验
1. 水进口　2. 红墨水　3. 水箱　4. 玻璃管　5. 溢流口

图 1-17 动画演示

实验时可以观察到，当玻璃管中水的流速小时，管中心的红墨水呈现为一条轮廓清晰的细直线，沿其轴线平稳地通过全管，如图 1-17（a）所示。当增大玻璃管中水流速度时，起初的红色直线仍是一条平稳的流线，保持平、直、光滑。当流速增大到某一临界值时，红色液体流线开始波动、弯曲，至一定数值时，红墨水的细线开始抖动，呈现出一条波浪形的细线，如图 1-17（b）所示。继续增大水流速度至某值时，红墨水的细线断裂并呈旋涡状被水冲散，与水混合在一起，使整个玻璃管中的水呈现均匀一致较淡的红色，如图 1-17（c）所示。

雷诺实验清楚地表明：当流速不同时，流体质点的运动存在两种截然不同的类型。一种是流速小于某一个确定值时，流体质点沿流动方向做一维运动，在与流动方向垂直的平面内没有速度分量（不含杂乱的质点运动），流体犹如一层一层地平行地流动，质点间互不混杂，这种流动形态称作层流（laminar flow），或滞流。另一种是流速大于某一个确定值时，流体质点除沿流动方向运动之外，还在垂直于流动方向上有速度分量，质点间彼此碰撞、互相混合，质点的速度大小和运动方向随时发生变化。这种流动形态称作湍流（turbulent flow），或紊流。

2. 雷诺数 上述实验中采用改变流速 u 的大小的方法可以引起流动形态的变化。倘若用不同的流体或不同直径的玻璃管做实验，实验证明，管径 d、流体的密度 ρ 和黏度 μ 等的变化也都能引起流体流动形态的改变。雷诺将这些影响因素，即四个有内在联系的物理量按量纲为 1 的条件组合成一个特征数，用以判断流体流动形态。这个特征数就称作雷诺数（Reynolds number），用 Re 表示，其表达式为

$$Re = \frac{du\rho}{\mu} \tag{1-39}$$

雷诺数的量纲为

$$\dim Re = \frac{L \cdot LT^{-1} ML^{-3}}{ML^{-1}T^{-1}} = L^0 M^0 T^0 = 1$$

可见，雷诺数 Re 是个量纲一的特征数。

雷诺数可以变换为

$$Re = \frac{du\rho}{\mu} = \frac{\rho u^2}{\mu u/d}$$

分式中，分子 $\rho u^2 = \frac{m}{V}u^2 = mu\frac{u}{V} = mu\frac{s/t}{sA} = \frac{mu}{At}$ 为单位时间通过单位截面积的流体的动量，表征通过单位截面积流体的惯性力，分母 $\mu u/d$ 表征单位面积流体的黏滞力。这样，雷诺数 Re 表示流动流体的惯性力和黏滞力的对比。当惯性力占主导地位时，Re 值高，湍流程度大，黏滞力对流体流动影响小，反之亦然。只要 Re 值相等，流体流动形态就是一样的。

雷诺实验表明：
(1) 当 $Re<2\,000$ 时，流体流动形态为层流。
(2) 当 $2\,000<Re<4\,000$ 时，流体流动为过渡状态，可能是层流亦可能是湍流，视外界条件而定。过渡状态的层流是不稳定的，可能转化为湍流，一般工程计算中，当 $Re>2\,000$ 时即可作湍流处理。
(3) 当 $Re>4\,000$ 时，流体流动形态为湍流。

当流体在管内作层流流动时，不同流体层的流体质点间无宏观混合，即无径向脉动速度，流体内部动量、热量和质量在径向上的传递仅依赖于分子扩散。

湍流是重要的流体流动形态。湍流时，流体质点在径向上的脉动将极大地加速流体在径向上动量、热量和质量的交换。工业生产中涉及流体流动的单元操作，如流体的输送、搅拌、混合、传热等单元操作，大多数都是在湍流下进行的。

1.6B 流体边界层

为了研究和计算流体流动阻力，必须了解实际流体流经固体壁面发生的现象。实际流体因具有黏度，与固体壁面做相对运动时，在壁面附近垂直于流动方向上存在显著的速度梯度，普朗特

（Prandtl）将固体壁面附近存在速度梯度的流体区域定义为边界层。边界层的存在对流体流动、热量和质量传递过程都有很大影响。

1. 边界层的形成 如图 1-18 所示，实际流体以流速 u_0 向平板平行流动，到达平板前沿后，流体润湿平板壁面，紧贴壁面的附面层速度为零，并与相邻的流体层间产生内摩擦，致使该流体层速度降低。这种降速产生了垂直流动方向的速度梯度。离壁面越远，降速作用越小，离壁面一定距离后，流体流速与未受壁面影响的流体速度 u_0 基本一致。近壁面处流体的速度分布情形与流体至平板前沿的距离 x 相对应。从上述情况可知，在平板壁面附近存在着速度梯度较大的区域，称为流动边界层，或简称边界层。

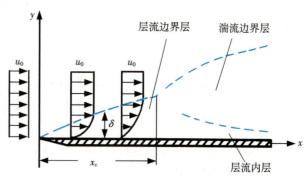

图 1-18 平板上的流体边界层

在边界层以外，速度梯度可以忽略不计的区域，称为主流区。工程上一般将边界层与主流区的分界线规定在流体速度 $u=0.99u_0$ 处，如图 1-18 中虚线所示。此时，分界线至壁面间的垂直距离定为边界层的厚度 δ。

2. 边界层的发展 流体沿着平板向前运动的同时，内摩擦力对主流区流体的持续作用，促使更多的流体层降速，边界层的厚度随自平板前缘的距离 x 的增大而逐渐变厚。当距离 x 相当小时，边界层内的流动为层流状态，称为层流边界层。当距离 x 增大到某临界距离 x_c 后，在边界层内便出现了层流流动和湍流流动之间的脉动。这就是过渡区。当 x 值继续增大到某一特定值，或超过此值时，边界层内便出现湍流，此后的边界层称为湍流边界层。但是，无论湍流边界层如何发展，在靠近壁面还存在一层非常薄的流体膜层，其内仍为层流，并具有很大的速度梯度，此层称作层流底层或层流内层。在层流底层与湍流主体之间，即垂直于流体流动的方向，还存在一个由层流变为湍流的过渡层或称缓冲层。

判别层流边界层和湍流边界层的雷诺数 Re_x 定义为

$$Re_x = \frac{\rho u_0 x}{\mu} \tag{1-40}$$

式中 Re_x——基于距平板前缘距离 x 处的局部雷诺数；
x——离平板前缘的距离，m。

对于壁面光滑的平板，边界层内流体流动形态与局部雷诺数的关系为：当 $Re_x<2\times10^5$，边界层为层流边界层；当 $Re_x>3\times10^6$，边界层为湍流边界层；当 $2\times10^5<Re_x<3\times10^6$，边界层处于过渡区，很不稳定，可能是层流，也可能是湍流。

3. 边界层的分离 流体在固定平板或在圆形直管中流动时，流体边界层始终是紧贴在固体壁面上的。而当流体流经曲面或其他形状物体的表面时，无论是层流还是湍流，在一定的条件下将会产生边界层与固体表面分离并形成旋涡的现象。这加剧了流体质点间的相互碰撞，增大了流体机械能的损失。

现以流体流动横掠过圆柱体为例分析边界层分离现象。如图 1-19 所示，当流体流经圆柱面时，在 A 点处流速为零，其动能完全转化为静压能，流体受迫而转向，自 A 点向两侧绕流。自点 A 经 B 到 C，形成了流体边界层，由于流体流道逐渐缩小，边界层的流体处于加速及减压的状态。在 C 点处流体的流速最大而压强最低。此后，流道逐渐扩大，流体处于减速及增压阶段，流体的动能一部

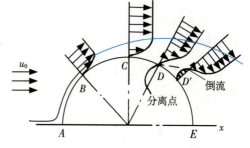

图 1-19 边界层的分离

分变为静压能，另一部分消耗于克服流体内摩擦力带来的流动阻力。壁面附近的流体速度迅速降低，边界层不断增厚，压强再升高，经过一段距离最后到达紧靠固体壁面的 D 点处，流体速度首先下降为零，流体质点静止不动。越过 D 点流体甚至被迫倒退形成逆流。这一股逆流徘徊在圆柱面与边界层之间，使边界层与壁面分离。这种边界层脱离壁面的现象，称为边界层分离，D 点为边界层分离点。离壁面稍远处的流体质点具有比近壁面流体大的动能，故可以通过稍长的途径使速度降为零，如图 1-19 中 D' 点。DD' 为两股流体的分界面，称为分离面，分离面上流体流速为零。分离面与边界层外缘形成了脱离物体的边界层。分离面与壁面之间有回流并产生大量旋涡，流体质点强烈地碰撞与混合，造成机械能的损耗。这部分能量损耗是因为固体表面形状造成边界层分离所引起的，称为形体阻力。

黏性流体绕过固体表面的阻力，等于流体黏性产生的摩擦阻力和边界层分离产生的形体阻力之和。当流体流过障碍物时，都会产生形体阻力。在许多情况下，形体阻力成为主要的阻力。工程上为了避免由于边界层分离引起的机械能损失，应将流体通道横截面尽量做成不产生急剧的变化，绕流的物体也尽量做出流线型的外形。但在某些场合，如为促进流体中的传热或提高物料混合效果，则应该加强边界层分离的作用。

1-7　流体在圆管内的速度分布

流体在圆管内的速度分布是指流体流动时，管横截面上质点的轴向速度沿半径的变化。由于层流和湍流是本质完全不同的两种流动类型，故二者速度分布的规律不同。

1.7A　层流的速度分布

1. 速度分布公式　层流时，流体质点沿着与管轴平行的方向直线流动，管中心流速最大，越靠近管壁流速越小。管内层流流动可视为由无数同轴的圆筒形流体以不同速度向前流动。

如图 1-20 所示，流体在半径为 R 的水平圆管中作层流流动。于管轴线上取长度为 l，半径为 r 的流体柱，若作用于流体柱两端的压强分别为 p_1 和 p_2，则作用在流体柱上的推动力为

$$(p_1-p_2)\pi r^2 = \Delta p \pi r^2$$

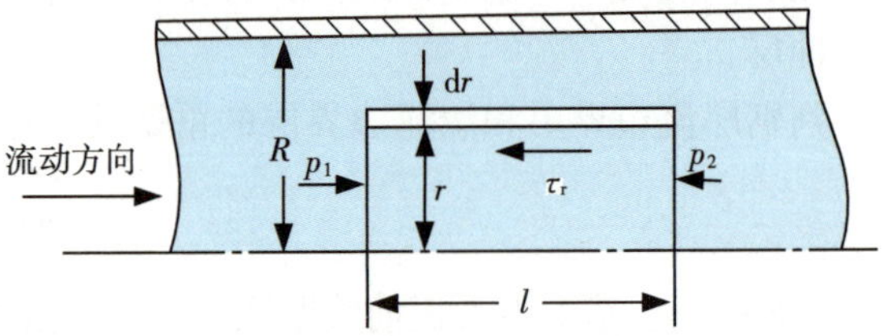

图 1-20　圆管中流体的稳定流动

若半径 r 处的流体速度为 u_r，根据式 (1-34)，则作用于流体柱侧表面积 $2\pi rl$ 上的黏滞阻力为

$$F=-\mu(2\pi rl)\frac{du}{dr}$$

由于 u_r 随 r 的增大而减小，因此，du_r/dr 为负值，故在式中加负号。

若流体在圆管中作稳定流动，则推动力与阻力大小相等，方向相反，故

$$\Delta p \pi r^2 = -\mu(2\pi rl)\frac{du_r}{dr}$$

分离变量

$$du_r = -\frac{\Delta p}{2\mu l}r\,dr$$

上式积分的边界条件：当 $r=R$（在管壁处）时，$u_r=0$；当 $r=r$ 时，$u_r=u_r$。因此，上式的定积分为

$$\int_0^{u_r}du_r = -\frac{\Delta p}{2\mu l}\int_R^r r\,dr$$

积分得到

$$u_r=\frac{\Delta p}{4\mu l}(R^2-r^2) \tag{1-41}$$

在管轴线上，即 $r=0$ 时，流动速度达到最大值：

$$u_{max}=\frac{\Delta p}{4\mu l}R^2 \tag{1-42}$$

将式（1-42）代入式（1-41），可得

$$u_r=u_{max}\left(1-\frac{r^2}{R^2}\right) \tag{1-43}$$

式（1-41）和式（1-43）为管内层流流动时的速度分布式，速度 u_r 随 r 呈抛物线变化，如图 1-21 所示，在管子截面上速度分布图形则为一旋转抛物面。这与实验测量数据相符。

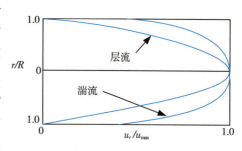

图 1-21　流速分布曲线

2. 平均流速　稳定流动中管截面处的平均流速为体积流量与管截面积之比。因此，只要利用前述圆管截面积上流速分布式求出流体体积流量，便可求算平均流速。

在图 1-20 中，半径为 r 处，取一个厚度为 dr 的环形截面，其面积为

$$dA=2\pi r dr$$

因为 dr 很小，环形截面内的流速可近似地取流体在半径 r 处的流速 u_r，则通过此环形截面的体积流量 dq_v 为

$$dq_v=u_r dA=u_r(2\pi r dr)$$

将式（1-43）代入上式，得

$$dq_v=2\pi r u_{max}\left(1-\frac{r^2}{R^2}\right)dr$$

积分上式可以得到通过整个截面的体积流量：

$$q_v=2\pi u_{max}\int_0^R r\left(1-\frac{r^2}{R^2}\right)dr=\frac{1}{2}\pi R^2 u_{max} \tag{1-44}$$

则平均流速

$$u=\frac{q_v}{A}=\frac{\frac{1}{2}\pi R^2 u_{max}}{\pi R^2}=\frac{1}{2}u_{max} \tag{1-45}$$

由式（1-45）可见，层流流动时，平均流速 u 是管轴线处最大流速 u_{max} 之半。

将式（1-42）代入，则有

$$u=\frac{\Delta p}{8\mu l}R^2 \tag{1-46}$$

将式（1-46）改写为

$$\Delta p=32\mu l u/d^2 \tag{1-47}$$

式中　d——圆管的直径，m。

式（1-47）称为泊肃叶（Poiseuille）方程，是毛细管黏度计的理论公式。

1.7B　湍流的速度分布

由于湍流流动中质点运动的复杂性，目前还不能用理论方法推导出湍流速度分布的解析式。经实验测定，流体为湍流流动时，其质点的运动速度是脉动的。因此，湍流流速实际是一定时间内质点运动速度的平均值。

湍流时管壁面上的速度也等于零，靠近管壁处的流体为层流流动，这一薄层流体称为层流底层或层流内层，其中的速度梯度比层流时要大。自层流底层向管中心速度迅速增大，越过过渡层便是湍流主体。湍流主体中，流体质点间强烈分离和混合，使截面上靠近管中心部分各点速度彼此扯平，速度分布比较均匀，如图 1-21 中曲线所示。Re 值愈大，层流底层愈薄，但是它始终存在，对传热和传质

过程影响很大。

通过实验研究,得到管内湍流速度分布的一种 $1/n$ 次方经验式:

$$u = u_{\max}\left(1-\frac{r}{R}\right)^{\frac{1}{n}} \tag{1-48}$$

式中,n 因 Re 值的不同而取值,$n=6\sim 10$。$u/u_{\max}$ 与 $Re_{\max}$ 或 Re 值的关系见图 1-22,图中 $Re_{\max}$ 和 Re 分别为以管中心处最大速度 $u_{\max}$ 和平均流速 u 计算的雷诺数。当 $Re_{\max}$ 值增大时,$u/u_{\max}$ 也增大。

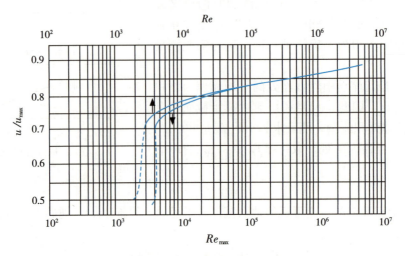

图 1-22 $u/u_{\max}$ 随 Re 变化的关系

第四节 流体流动的阻力

在第二节讨论实际流体流动机械能衡算时,提出了一个颇为重要的能量项:机械能损失 $\sum h_f$。它是实际流体因具有黏性,流动时必须克服摩擦阻力而损失的机械能,这部分能量最终转变为热能。由于这种转变是不可逆过程,这部分能量就不再参加动力学过程,因而在流体力学上将 $\sum h_f$ 称为机械能损失,或称摩擦损失,也常常直接称为阻力。本节在前一节讨论管内流体流动现象的基础上,进一步讨论流动阻力 $\sum h_f$ 的计算方法。

流体运动的阻力,按照外因不同可分为两类:一类阻力是发生在流体运动的一段路程上,这种阻力的大小与直管长度成正比,称为直管阻力或沿程阻力。另一类阻力发生在流体运动边界有急剧改变的局部位置上,称为局部阻力,例如管件和阀门中流动的阻力。我们先讨论直管阻力。

1-8 管内流体流动的直管阻力

1.8A 直管阻力公式

不可压缩流体在管内稳定流动时,其直管阻力可由一段不变径水平管中的压力降求得。在管入口截面和出口截面间列伯努利方程:

$$gz_1 + \frac{p_1}{\rho} + \frac{u_1^2}{2} = gz_2 + \frac{p_2}{\rho} + \frac{u_2^2}{2} + h_f$$

因是水平管,$z_1 = z_2$;因不变径,$u_1 = u_2 = u$。故上式中的直管阻力为

$$h_f = \frac{p_1}{\rho} - \frac{p_2}{\rho} = \frac{\Delta p}{\rho} \tag{1-49}$$

因是稳定流动，推动力和摩擦阻力平衡。若管长为 l，直径为 d，则

$$\Delta p \cdot \frac{\pi}{4}d^2 = \tau \pi d l$$

$$\Delta p = 4\tau l/d$$

于是

$$h_f = \frac{4\tau l}{\rho d} \tag{1-50}$$

将式（1-50）变换，得

$$h_f = \frac{8\tau}{\rho u^2} \cdot \frac{l}{d} \cdot \frac{u^2}{2}$$

令 $\lambda = \frac{8\tau}{\rho u^2}$，则得

$$h_f = \lambda \frac{l}{d} \cdot \frac{u^2}{2} \quad (\text{J/kg}) \tag{1-51}$$

式中 λ——摩擦因数（friction coefficient），是量纲一的常数。

式（1-51）就是计算直管阻力的范宁（Fanning）公式，对层流和湍流都适用。范宁公式表明，管内流体流动的直管阻力与流体流动的动能 $u^2/2$ 成正比，与管道的长径比 l/d 成正比，比例常数即摩擦因数 λ。

如同伯努利方程有不同表达形式，阻力还可以表示成压头损失 H_f 或压力损失 Δp_f：

$$H_f = h_f/g = \lambda \frac{l}{d} \cdot \frac{u^2}{2g} \quad (\text{m}) \tag{1-52}$$

$$\Delta p_f = \rho h_f = \lambda \frac{l}{d} \cdot \frac{\rho u^2}{2} \quad (\text{Pa}) \tag{1-53}$$

现在，问题的关键是如何求算摩擦因数 λ。因为流动形态是层流还是湍流，对摩擦因数 λ 的影响因素不同，λ 的求算方法也不同。下面分述层流和湍流摩擦因数 λ 的求法。

1.8B 层流的摩擦因数

对于不变径水平管，在无外功输入条件下，不可压缩流体为稳定流动时，其压力降 Δp 就是压力损失 Δp_f。层流时，该压力降可引用式（1-47）的泊肃叶方程求得：

$$\Delta p_f = \frac{32\mu l u}{d^2}$$

将压力损失变换为直管阻力：

$$h_f = \frac{\Delta p_f}{\rho} = \frac{32\mu l u}{\rho d^2} = 64 \cdot \frac{\mu}{du\rho} \cdot \frac{l}{d} \cdot \frac{u^2}{2}$$

$$h_f = \frac{64}{Re} \cdot \frac{l}{d} \cdot \frac{u^2}{2}$$

与式（1-51）比较，可得

$$\lambda = \frac{64}{Re} \tag{1-54}$$

式（1-54）是计算层流时摩擦因数的理论公式，它与实验结果完全符合。

例 1-8 密度 $1030\,\text{kg/m}^3$，黏度 $0.15\,\text{Pa}\cdot\text{s}$ 的番茄汁以 $1.5\,\text{m/s}$ 流速流过长 $5\,\text{m}$ 的 $\phi 76\,\text{mm} \times 3.5\,\text{mm}$ 钢管，计算直管阻力。

解： $d = 76 - 3.5 \times 2 = 69\,(\text{mm}) = 0.069\,(\text{m})$

$$Re = \frac{du\rho}{\mu} = \frac{0.069 \times 1.5 \times 1\,030}{0.15} = 711$$

因 $Re<2\,000$，故为层流。

$$\lambda = 64/Re = 64/711 = 0.09$$

$$h_f = \lambda \frac{l}{d} \cdot \frac{u^2}{2} = 0.09 \times \frac{5}{0.069} \times \frac{1.5^2}{2} = 7.3 \text{ (J/kg)}$$

1.8C 湍流的摩擦因数

在流体为湍流流动时，流体质点脉动、碰撞、混合，并不断地产生旋涡，因此比层流的情况要复杂得多。目前还不能用理论分析的方法建立湍流条件下阻力的关系式。对于此类复杂问题，在工程技术中常通过实验建立经验关系式。实验时，每次只能改变一个变量，而将其余变量固定。倘若过程牵涉的变量很多，实验工作量必然很大，而且将实验结果关联成一个便于应用的简单公式也很困难。采用量纲分析法（dimensional analysis）将变量组合成量纲一的特征数，用这些特征数代替单个变量，可以减少实验次数，简化数据的关联工作。所以在工程技术实验研究中，量纲分析是经常使用的方法之一。

1. 量纲分析 量纲分析法的基础有二：因次一致性原则和 π 定理。

因次一致性原则：凡是根据基本的物理规律导出的物理方程，各量代以量纲式表示，方程两侧相同基本量的量纲指数（因次）相等。

π 定理：量纲分析所得到的特征数的数目等于影响该过程的物理量数目与表示这些物理量的基本量数目之差。

根据对湍流流动时流动阻力实验的综合分析，可知流体在湍流时直管阻力与管径 d、管长 l、平均流速 u、流体密度 ρ 和黏度 μ 有关，还与管子的绝对粗糙度（管壁粗糙面凸出部分的平均高度）ε 有关，表 1-3 给出一些食品工业常用管道的绝对粗糙度。

表 1-3 食品工业常用管道的绝对粗糙度

管道类别		ε/mm	管道类别		ε/mm
金属管	无缝黄铜管、铜管及铅管	0.01～0.05	非金属管	干净玻璃管	0.0015～0.01
	新的无缝钢管、镀锌铁管	0.1～0.2		橡皮软管	0.01～0.03
	新的铸铁管	0.3		木管道	0.25～1.25
	具有轻度腐蚀的无缝钢管	0.2～0.3		陶土排水管	0.45～6.0
	具有显著腐蚀的无缝钢管	0.5 以上		很好整平的水泥管	0.33
	旧的铸铁管	0.85 以上		石棉水泥管	0.03～0.8

据此可写出普遍的函数关系式：

$$\Delta p_f = f(d,\ l,\ u,\ \rho,\ \mu,\ \varepsilon) \tag{1-55}$$

式（1-55）也可以用幂函数形式表示：

$$\Delta p_f = k d^a l^b u^c \rho^d \mu^e \varepsilon^f \tag{1-56}$$

式中，常数 k 及指数 a、b、c、d、e、f 为待定值。

各物理量的量纲式为

$$\dim p = ML^{-1}T^{-2} \qquad \dim d = L$$
$$\dim l = L \qquad \dim u = LT^{-1}$$
$$\dim \rho = ML^{-3} \qquad \dim \mu = ML^{-1}T^{-1}$$
$$\dim \varepsilon = L$$

将各量的量纲代入式（1-56），得

$$ML^{-1}T^{-2} = L^a L^b (LT^{-1})^c (ML^{-3})^d (ML^{-1}T^{-1})^e L^f$$

即

$$ML^{-1}T^{-2} = M^{d+e} L^{a+b+c-3d-e+f} T^{-c-e}$$

按因次一致性原则，方程两侧相同基本量的量纲指数相等，则

对于 M　　　　　　　　　　$1=d+e$

对于 L　　　　　　　　　　$-1=a+b+c-3d-e+f$

对于 T　　　　　　　　　　$-2=-c-e$

这一联立方程组有 3 个方程，6 个未知数。设 b、e、f 已知，则 a、c、d 可表示成它们的函数：

$$d=1-e$$
$$c=2-e$$
$$a=-b-e-f$$

将式（1-56）中的指数 a、c、d 代以这些关系式：

$$\Delta p_f = k d^{-b-e-f} l^b u^{2-e} \rho^{1-e} \mu^e \varepsilon^f \tag{1-57}$$

把指数相同的物理量并在一起，得

$$\frac{\Delta p_f}{\rho u^2} = k \left(\frac{du\rho}{\mu}\right)^{-e} \cdot \left(\frac{\varepsilon}{d}\right)^f \cdot \left(\frac{l}{d}\right)^b \tag{1-58}$$

按 π 定理，式（1-55）含 7 个与过程有关的物理量，涉及三个基本量：质量、长度和时间。因此，量纲一的特征数的数目为 $7-3=4$ 个，它们是：

(1) 欧拉（Euler）数，$Eu=\dfrac{\Delta p_f}{\rho u^2}$，代表压力损失与惯性力之比；

(2) 雷诺数，$Re=\dfrac{du\rho}{\mu}$，代表惯性力与黏滞力之比；

(3) 相对粗糙度，ε/d，为管子绝对粗糙度与管径之比；

(4) 长径比，l/d，表征管子几何尺寸的特性。

显然，采用量纲分析法来规划实验工作是有益的，实验次数大为减少。实验中可以固定 l/d 值，而改变流体流速 u 或物性 ρ、μ，以改变 Re；然后固定 Re，改变 l/d；或采用不同相对粗糙度的直管，测定实验的压降，利用实验数据建立经验关系式。

实验结果证明，流体流动的压力损失 Δp_f 与管长 l 成正比。所以，式（1-58）中 $(l/d)^b$ 的指数 $b=1$。式（1-58）改写为

$$\Delta p_f = 2k Re^{-e} \left(\frac{\varepsilon}{d}\right)^f \frac{l}{d} \cdot \frac{\rho u^2}{2} \tag{1-59}$$

将式（1-59）与式（1-53）比较，可得

$$\lambda = 2k Re^{-e} \left(\frac{\varepsilon}{d}\right)^f \tag{1-60}$$

亦即　　　　　　　　　　　　$\lambda = f(Re, \varepsilon/d) \tag{1-61}$

对于光滑管，实验表明摩擦因数只与 Re 有关，式（1-60）中的 $f=0$。柏拉修斯（Blasius）提出一个有用的计算湍流光滑管摩擦因数的经验公式：

$$\lambda = \frac{0.3164}{Re^{0.25}} \tag{1-62}$$

此式适用范围为 $Re=(2.5\times 10^3)\sim(1\times 10^5)$。

对于粗糙管，已提出一些式（1-61）的具体的经验方程。但从应用方便的角度，还是根据已知的 Re 和 ε/d 值，由摩擦因数图求 λ 最为适用。

2. 摩擦因数图　摩狄（Moody）于 1944 年根据实验结果及有关经验公式，将式（1-61）关系绘成坐标图，称摩狄摩擦因数图，见图 1-23。图中，纵坐标 λ 和横坐标 Re 实际都采用对数坐标。对于不同的 ε/d，得到一系列 λ—Re 关系曲线。一般由已知数据计算出 Re 和 ε/d 值，可从纵坐标查得摩擦因数 λ 之值。图 1-23 摩擦因数图分为以下四个区域。

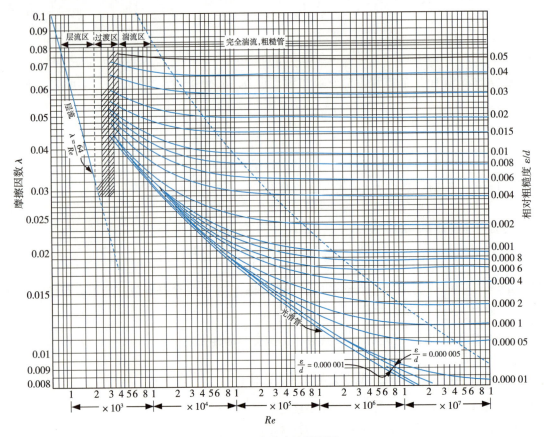

图 1-23 摩狄摩擦因数图

(1) 层流区（$Re \leqslant 2\,000$）。此区域流体为层流流动，λ 与管壁面的粗糙度无关，而与 Re 呈直线关系，其表达式为 $\lambda = 64/Re$。此时直接用公式计算 λ 并不复杂，结果准确。

(2) 过渡区（$2\,000 < Re < 4\,000$）。此区内是层流和湍流的过渡区，若 $Re > 2\,000$ 时仍能保持着不稳定的层流，则可将摩擦因数 $\lambda = 64/Re$ 的直线延长至 Re 大于 $2\,000$ 以上。但是此区内一般 λ 值比层流区时要大得多。从安全出发，对于阻力损失的计算，通常是将湍流时相应的曲线延伸查取 λ 值。

(3) 湍流区（$Re \geqslant 4\,000$）。此区内流体为湍流流动。摩擦因数 λ 是 Re 和管壁面相对粗糙度 ε/d 的函数。当 Re 一定时，λ 随 ε/d 的降低而减小，直至光滑管的 λ 值最小；当 ε/d 值一定时，λ 值随 Re 增加而降低。此区是摩擦因数图最常用的区域。

(4) 完全湍流区。图 1-23 中虚线右上的区域。在该区域内，摩擦因数 λ 仅随管壁的相对粗糙度 ε/d 而变，与 Re 的关系曲线近乎水平直线，换句话说，λ 值基本上不随 Re 而变化，可视为常数。倘若 l/d 一定，则根据式（1-51），$h_f \propto u^2$，阻力与流速的平方成正比，故此区又称作阻力平方区。

图 1-23 表明了管壁粗糙度对 λ 的影响。层流时，管道凹凸不平的内壁面都被流速较缓慢平行于管轴的流体层所覆盖。流体质点对壁面上的凸起没有碰撞作用。因此，流体为层流流动时，λ 与壁面粗糙度无关。

流体为湍流流动时，贴壁面处存在厚度为 δ_b 的层流底层。当 $\delta_b > \varepsilon$ 时，管壁凸起被层流底层覆盖，使这些凸起对流体运动影响小。若湍流程度增加，δ_b 变小。当 $\delta_b < \varepsilon$ 时，管壁粗糙面暴露于层流底层之外，凸起部分伸进湍流主流区，与流体质点激烈碰撞，引起旋涡，能量损失增大。在一定 Re 条件下，粗糙度越大，阻力越大。

例 1-9 在内径为 100mm 的无缝钢管内输送一种溶液，其流速为 1.8m/s，溶液的密度为 1 100 kg/m³，黏度为 2.1mPa·s。试求每 100m 长无缝钢管的压力损失。倘若由于管子腐蚀，其绝对粗糙度增至原来的 10 倍，管内压力损失增大的百分率是多少？

解：（1）按题意将已知数据代入公式，得

$$Re = \frac{du\rho}{\mu} = \frac{0.1 \times 1.8 \times 1\,100}{2.1 \times 10^{-3}} = 9.4 \times 10^4$$

$Re > 4\,000$，为湍流，查表1-3，无缝钢管的绝对粗糙度 $\varepsilon = 0.15$ mm，$\varepsilon/d = 0.000\,15/0.1 = 0.001\,5$。

依据 $Re = 9.4 \times 10^4$ 和 $\varepsilon/d = 0.001\,5$，查图1-23，得 $\lambda = 0.024$。

$$\Delta p_f = \lambda \frac{l}{d} \frac{\rho u^2}{2} = 0.024 \times \frac{100}{0.1} \times \frac{1\,100 \times 1.8^2}{2} = 43 \text{ （kPa）}$$

（2）ε 增至原来的10倍后，$\varepsilon/d = 0.000\,15 \times 10/0.1 = 0.015$，查图1-23，$\lambda = 0.045$。

$$\Delta p'_f = \lambda \frac{l}{d} \frac{\rho u^2}{2} = 0.045 \times \frac{100}{0.1} \times \frac{1\,100 \times 1.8^2}{2} = 80 \text{ （kPa）}$$

压力损失增大的百分率为

$$\frac{\Delta p'_f - \Delta p_f}{\Delta p_f} \times 100\% = \frac{80 - 43}{43} \times 100\% = 86\%$$

1-9　管内流体流动的局部阻力

管路系统中的流动阻力除流经直管因摩擦产生的直管阻力外，还有流体流经各类管件、阀门、进口、出口及管道的突然扩大或缩小处等局部障碍引起的机械能损失。后者是由于流体的速度大小和方向急剧变化，受到干扰或冲击，在局部区域形成涡流等造成能量损失，称局部阻力。

局部阻力的计算方法有两种：阻力因数法和当量长度法。

1.9A　阻力因数法

将流体流经管路中的管件、阀门、进口、出口等所产生的局部阻力 h'_f 用动能 $u^2/2$ 的倍数来计算，即

$$h'_f = \zeta \frac{u^2}{2} \tag{1-63}$$

式中　ζ——局部阻力因数，其值由实验测定。

表1-4列出了部分管件、阀门等的阻力因数值。

表1-4　局部阻力因数与当量长度值

局部名称	阻力因数 ζ	当量长度与管径之比 l_e/d	局部名称	阻力因数 ζ	当量长度与管径之比 l_e/d
弯头，45°	0.35	17	闸阀，全开	0.17	9
弯头，90°	0.75	35	半开	4.5	225
三通	1	50	截止阀，全开	6.0	300
回弯头	1.5	75	半开	9.5	475
管接头	0.04	2	止逆阀，球式	70	3 500
活接头	0.04	2	摇板式	2	100
角阀，全开	2	100	突扩，大幅度	1	50
水表，盘式	7	350	突缩，大幅度	0.5	25

管中流体流动的总阻力 $\sum h_f$，即为直管阻力 h_f 及各局部阻力 h'_f 之和：

$$\sum h_f = h_f + \sum h'_f = \left(\lambda \frac{l}{d} + \sum \zeta\right) \frac{u^2}{2} \tag{1-64}$$

例1-10　将5℃的鲜牛奶以5 000 kg/h的流量从贮奶罐输送至杀菌器进行杀菌。这条管路系统所

用的管子为 $\phi38\text{mm}\times1.5\text{mm}$ 的不锈钢管,管子长度 12m,中间有一只摇板式单向阀,三只 90°弯头,试计算管路进口至出口的总阻力。已知鲜奶 5℃时的黏度为 $3\text{mPa}\cdot\text{s}$,密度为 $1\ 040\text{kg/m}^3$。

解:

①算出流速:
$$u=q_v/A=\frac{(5\ 000/1\ 040)/3\ 600}{(\pi/4)\times(0.035)^2}=1.39\ (\text{m/s})$$

②算出 Re:
$$Re=\frac{du\rho}{\mu}=\frac{0.035\times1.39\times1\ 040}{3/1\ 000}=1.69\times10^4$$

③查出 λ:由表 1-3 查出管子绝对粗糙度 $\varepsilon=0.15\text{mm}$,然后计算相对粗糙度 $\frac{\varepsilon}{d}=\frac{0.15}{35}=0.004\ 3$,再由 $\frac{\varepsilon}{d}$ 和 Re 两值,根据图 1-23 查得 $\lambda=0.035$。

④由阻力因数表查阻力因数:

1 只摇板式单向阀　　　　2.0
3 只 90°弯头　　　　　　3×0.75
管子入口(突缩)　　　　　0.5
管子出口(突扩)　　　　　1.0
$$\sum\zeta=5.75$$

⑤求总阻力:
$$\sum h_f=\left(\lambda\frac{l}{d}+\sum\zeta\right)\frac{u^2}{2}=\left(0.035\times\frac{12}{0.035}+5.75\right)\times\frac{1.39^2}{2}$$
$$=(12.0+5.75)\times\frac{1.39^2}{2}=17.1\ (\text{J/kg})$$

1.9B 当量长度法

此法将流体流过局部位置(突扩、突缩、入口、出口、管件、阀门等)所产生的局部阻力折合成相当于某个长度的同直径圆直管的直管阻力,此长度则称为当量长度 l_e。于是局部阻力 h'_f 可由下式计算:

$$h'_f=\lambda\frac{l_e}{d}\cdot\frac{u^2}{2} \tag{1-65}$$

当量长度 l_e 的数值由实验确定,通常多以当量长度和直径的比值 l_e/d 来表示,并可从手册中查得。表 1-4 列出若干管件和阀门等局部的 l_e/d 值。

也可由图 1-24 查出 l_e 值。先在图的左侧竖线上找出与工作管件或阀门对应的点,再在右侧"管子内径"标线上找出安装管件或阀门的管内径值的点,连此二点的直线与中间"当量长度"标线相交点即示出该管件或阀门的当量长度值。例如,将标准弯头的点与管子内径为 150mm 的点连成直线,与中间"当量长度"标线相交的点示出此弯头的 l_e 为 5m。

采用当量长度法计算的优点,是便于将直管阻力与局部阻力合并计算总阻力,即

$$\sum h_f=h_f+\sum h'_f=\lambda\frac{l+\sum l_e}{d}\cdot\frac{u^2}{2} \tag{1-66}$$

例 1-11 有一段内径 40mm 的无缝钢管,管长 30m,管段内有一全开的截止阀和两个标准弯头,管内水的流速为 1.5m/s,求水流过该段管路的阻力。

解: 已知 $d=0.04\text{m}$, $u=1.5\text{m/s}$, $\rho=1\ 000\text{kg/m}^3$, $\mu=1\times10^{-3}\text{Pa}\cdot\text{s}$,则

$$Re=\frac{du\rho}{\mu}=\frac{0.04\times1.5\times1\ 000}{1\times10^{-3}}=6.0\times10^4$$

设 $\varepsilon=0.25\text{mm}$,则 $\varepsilon/d=0.25/40=0.006\ 25$,由 Re 和 ε/d 值,在图 1-23 上查得 $\lambda=0.034$。

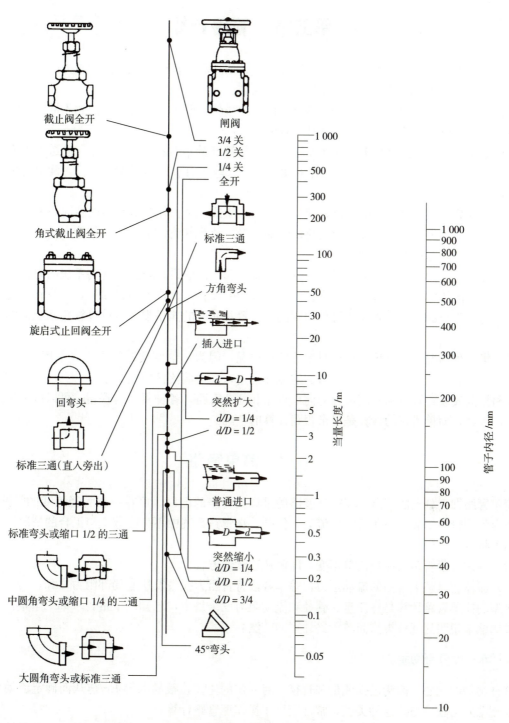

图 1-24 管件与阀门的当量长度

在图 1-24 上，过左侧竖线上截止阀全开和右侧"管子内径"标线上 40mm 两点作直线，交中间"当量长度"标线可得当量长度 $l_e=13$ m。用同样方法可得每个标准弯头的当量长度 l_e 为 1.2m。因此，

$$\sum h_f = \lambda \frac{l+\sum l_e}{d} \cdot \frac{u^2}{2} = 0.034 \times \frac{30+(13+1.2\times 2)}{0.04} \times \frac{1.5^2}{2}$$
$$= 43.4 \text{ (J/kg)}$$

第五节 管路计算

管路计算实际是应用流体流动的连续性方程式、伯努利方程式和流体流动阻力的计算方法,解决食品工程中流体输送管路的设计计算和操作计算问题。

管路计算可分为设计型计算与操作型计算两类。虽然这两类计算解决的问题不同,但计算所遵循的基本原理以及所采用的基本计算式则是一致的。

设计型计算通常是针对一定的流体输送任务(质量流量 q_m 或体积流量 q_v、输送距离 L、输送目标点的压力 p_2 和垂直高度 z_2)以及流体的初始状态(静压力 p_1、垂直距离 z_1),确定合理、经济的管路和输送机械。

操作型计算则是针对已有的管路系统,核算当一个或几个操作参数发生改变时,系统其他参数的变化情况,如对一定的管路系统,提高流体的输送量,核算其流体输送机械的能力。

管路的计算问题有下列三种情况:

(1) 已知流体的流量、管道的长度、管径、管件和阀门的设置,计算管路系统的阻力。

(2) 已知流体的流量、管道的长度、管件和阀门的设置及允许的能量损失,计算管路的管径。

(3) 已知管道的长度、管径、管件和阀门的设置及允许的能量损失,计算管路系统流体的流速或流量。

对于第一种情况,计算较容易。对于后两种情况,因为 λ 值变化范围不大,采用试差法计算时,常以 λ 值为试差变量,其初值的选取可假定流体已进入完全湍流区时的 λ 值。

管路按其安装配置情况不同可分为简单管路和复杂管路。各种复杂的管路,可以认为是简单管路的组合。因此,简单管路的计算是复杂管路计算的基础。

1-10 简单管路

简单管路即无分支的管路,流体从管路的进口到管路的出口,可在一根管径不变的管路中流动,也可在由不同管径组成的一条管路中流动。但是,在管路系统中不存在分支与汇合的情况。简单管路具有如下特点:

(1) 通过各段管路的质量流量不变,即服从连续性方程。

(2) 流体流过整个管路的流动阻力,等于各段直管阻力损失及所有局部阻力之和。

典型的简单管路计算是在流量、管径和流动阻力三个量中,已知两个量,求第三个量。下面,我们通过例题来说明这三种类型简单管路计算的方法。

1.10A 计算流动阻力

这种类型的问题,因为已知流量和管径,对一定的流体,很易求得 Re 值从而确定流动形态,所以计算流动阻力较容易。这种类型,常常应用于操作型管路计算。

例 1-12 一根水平安装的光滑管,长 20m,内径 50mm,以 $0.18\text{m}^3/\text{min}$ 的稳定流量输送水,求沿管程的流动阻力和所需功率。已知水的黏度为 1mPa·s,水的密度为 $1\,000\text{kg/m}^3$。

解:
$$u = q_v/A = \frac{0.18/60}{0.785 \times 0.05^2} = 1.53 \text{ (m/s)}$$

$$Re = \frac{du\rho}{\mu} = \frac{0.05 \times 1.53 \times 1\,000}{1 \times 10^{-3}} = 7.65 \times 10^4$$

根据 Re 值和光滑管,查图 1-23,得 $\lambda = 0.019$,则流动阻力为

$$\Delta h_f = \lambda \frac{l}{d} \cdot \frac{u^2}{2} = 0.019 \times \frac{20}{0.05} \times \frac{1.53^2}{2} = 8.90 \text{ (J/kg)}$$

所需功率为
$$P = \Delta h_f \cdot q_m = \Delta h_f \cdot q_v \rho$$
$$= 8.90 \times \frac{0.18}{60} \times 1\,000 = 26.7 \text{ (W)}$$

1.10B 计算管径

这种已知流量和流动阻力求管径的问题，由于确定摩擦因数 λ 时，需用 Re 值来判断管路系统流体流动类型，但计算 Re 时，流速 u 和管径 d 皆为未知数，故常采用试差法或其他方法求解。这种类型，常常应用于设计型管路计算。

例 1-13 钢管管路总长 100m，水流量 27m³/h。输送过程中允许压头损失为 4mH_2O 柱，求管子的直径。已知水的密度为 1 000kg/m³，黏度为 1mPa·s，钢管的绝对粗糙度为 0.2mm。

解： 依据流量建立流体流速 u 与管径 d 的关系，即
$$u = q_v/A = \frac{27/3\,600}{0.785 d^2} = \frac{0.009\,55}{d^2} \text{ (m/s)}$$

上面的流速 u 受管路系统允许压头损失所限制，即
$$H_f = \lambda \frac{l}{d} \cdot \frac{u^2}{2g}$$

据题意将各已知数据代入上式：
$$4 = \lambda \frac{100}{d} \cdot \frac{(0.009\,55/d^2)^2}{2 \times 9.81}$$

化简： $\qquad d^5 = 1.162 \times 10^{-4} \lambda$

得 d 和 λ 关系式： $\qquad d = 0.163 \lambda^{1/5}$ (m)

另外有 $\qquad Re = \dfrac{du\rho}{\mu} = \dfrac{d(0.009\,55/d^2) \times 1\,000}{1 \times 10^{-3}} = 9\,550/d$

因为水在管道中流过时通常为湍流，且 λ 值在 0.02～0.03，故先假定 $\lambda = 0.028$，根据前面推导的 d 与 λ 的关系：
$$d = 0.163 \lambda^{1/5} = 0.163 \times (0.028)^{1/5} = 0.079\,7 \text{ (m)}$$

相对粗糙度为 $\qquad \varepsilon/d = 0.000\,2/0.079\,7 = 0.002\,51$
$$Re = 9\,550/d = 9\,550/0.079\,7 = 1.20 \times 10^5$$

依据 ε/d 和 Re 值，查图 1-23，得 $\lambda = 0.026$，与前面假设的 λ 值比相差较大，调整 λ 假设值，依上步骤重新计算。各次结果列于表 1-5。

表 1-5 例 1-13 附表

序号	假设 λ 值	计算管径 d/m	ε/d	Re	查得 λ 值	备注
1	0.028	0.079 7	0.002 51	1.20×10⁵	0.026	假设 λ 值偏高
2	0.024	0.077 3	0.002 59	1.24×10⁵	0.025	假设 λ 值偏低
3	0.025	0.077 9	0.002 57	1.23×10⁵	0.025 1	可行

根据附录 7——管子规格，选用 3 英寸普通水煤气管，其具体尺寸为 ϕ88.5mm×4mm。

下面验算采用此管时的压头损失是否超过允许值。
$$u = \frac{27/3\,600}{0.785 \times 0.080\,5^2} = 1.47 \text{ (m/s)}$$

$$Re = \frac{0.080\,5 \times 1.47 \times 1\,000}{1 \times 10^{-3}} = 1.18 \times 10^5$$

查图 1-23，$\lambda = 0.026\,1$，故压头损失为

$$H_f = \lambda \frac{l}{d} \frac{u^2}{2g} = 0.0261 \times \frac{100}{0.0805} \times \frac{1.47^2}{2 \times 9.81} = 3.57 \text{ (m)}$$

采用3英寸水煤气管时压头损失小于允许值 $4\text{mH}_2\text{O}$ 柱，因此所选管径合适。

1.10C 计算流量

这种已知管径和流动阻力求流量的问题与上一种类型一样，由于 Re 值不能直接求出，需采用试差法求解。此类型在设计型管路计算和操作型管路计算中都会遇到。

例 1-14 采用 $\phi 108\text{mm} \times 4\text{mm}$ 的不锈钢管输送牛奶，管路总长为120m，管路中允许的总能量损失为200J/kg，牛奶的密度为1030kg/m^3，黏度为 $2\text{mPa} \cdot \text{s}$，管道的相对粗糙度 $\varepsilon/d = 0.002$，试计算管路中牛奶的流量。

解： 已知 $\sum h_f = 200\text{J/kg}$，$d = 0.1\text{m}$，$l = 120\text{m}$，$\rho = 1030\text{ kg/m}^3$，$\mu = 2 \times 10^{-3}\text{ Pa} \cdot \text{s}$，$\varepsilon/d = 0.002$。

用试差法计算，设 $\lambda = 0.02$，根据范宁公式求得

$$u = \sqrt{\frac{2dh_f}{\lambda l}} = \sqrt{\frac{2 \times 0.1 \times 200}{0.02 \times 120}} = 4.08 \text{ (m/s)}$$

则

$$Re = \frac{du\rho}{\mu} = \frac{0.1 \times 4.08 \times 1030}{2 \times 10^{-3}} = 2.1 \times 10^5$$

根据 Re 和 ε/d 值，查图1-23，得 $\lambda = 0.0243$，此值与假设值相差甚远，故进行第二次试算。

假定 $\lambda = 0.0243$，代入公式，则

$$u = \sqrt{\frac{2dh_f}{\lambda l}} = \sqrt{\frac{2 \times 0.1 \times 200}{0.0243 \times 120}} = 3.70 \text{ (m/s)}$$

$$Re = \frac{0.1 \times 3.70 \times 1030}{2 \times 10^{-3}} = 1.91 \times 10^5$$

根据 Re 和 ε/d 值，查图1-23，$\lambda = 0.0246$，仍有一定差距，故进行第三次试算。

假定 $\lambda = 0.0246$，代入公式，则

$$u = \sqrt{\frac{2dh_f}{\lambda l}} = \sqrt{\frac{2 \times 0.1 \times 200}{0.0246 \times 120}} = 3.68 \text{ (m/s)}$$

$$Re = \frac{0.1 \times 3.68 \times 1030}{2 \times 10^{-3}} = 1.90 \times 10^5$$

查图1-23，$\lambda = 0.0246$，与第三次假设相符，所以确定 $u = 3.68\text{m/s}$。体积流量为

$$q_v = Au = 0.785 \times 0.1^2 \times 3.68 = 0.0289 \text{m}^3/\text{s} = 104\text{m}^3/\text{h}$$

1-11 复杂管路

复杂管路包括多段管构成的并联管路、分支管路以及环状管网等。与简单管路不同，复杂管路中的流体存在分流或合流，使流体从一处输送至几处，或者由几处汇合至一处。

1.11A 并联管路

并联管路是从主管某位置分为两支或多支，然后在别处又汇合为一的管路，如图1-25所示。对于不可压缩流体，若忽略分流与汇合处的局部阻力损失，则：

(1) 总管流量等于各支管流量之和。

$$q_v = q_{v1} + q_{v2} + q_{v3} \quad (1-67)$$

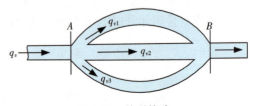

图 1-25 并联管路

(2) 各支管阻力损失相同。

$$\sum h_{f1} = \sum h_{f2} = \sum h_{f3} \quad (1-68)$$

或

$$\lambda_1 \frac{l_1}{d_1} \frac{u_1^2}{2} = \lambda_2 \frac{l_2}{d_2} \frac{u_2^2}{2} = \lambda_3 \frac{l_3}{d_3} \frac{u_3^2}{2} \quad (1-69)$$

式（1-69）中若各支管的 l/d 和 λ 值不同，各支管的流速也不相同。流动阻力大的支管中，流体的流量较小；相反，则流量大。

将 $u = \dfrac{q_v}{\dfrac{\pi}{4}d^2}$ 代入式（1-69）中，可得到

$$q_{v1} : q_{v2} : q_{v3} = \sqrt{\frac{d_1^5}{\lambda_1 l_1}} : \sqrt{\frac{d_2^5}{\lambda_2 l_2}} : \sqrt{\frac{d_3^5}{\lambda_3 l_3}} \quad (1-70)$$

1.11B 分支管路

两条或两条以上支管只是入口端相连，而出口端并不汇合，则称为分支管路，如图1-26所示。分支管路具有如下特点：

(1) 总管流量等于各支管流量之和。

$$q_{vA} = q_{vB} + q_{vC} \quad (1-71)$$

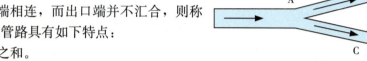

图1-26 分支管路

(2) 各支管中单位质量流体总机械能与机械能损失之和相等。

$$gz_B + \frac{p_B}{\rho} + \frac{u_B^2}{2} + \sum h_{f,A-B} = gz_C + \frac{p_C}{\rho} + \frac{u_C^2}{2} + \sum h_{f,A-C} \quad (1-72)$$

例1-15 内径300mm的钢管输送20℃的水，在2m长一段主管路上并联一根 ϕ60mm×3.5mm的支管，支管上装转子流量计。支管长与局部阻力的当量长度之和为10m。由流量计读数知支管内水的流量为 2.72m³/h，已知主管和支管摩擦因数分别为0.018和0.03，求水在主管中的流量和总流量（图1-27）。

解： 此题为并联管路的计算。以下标1为主管，下标2为支管。

$$u_2 = q_{v2}/A_2 = \frac{2.72/3600}{0.785 \times 0.053^2} = 0.343 \text{ (m/s)}$$

$$\sum h_{f2} = \lambda_2 \frac{l_2 + l_e}{d_2} \cdot \frac{u_2^2}{2} = 0.03 \times \frac{10}{0.053} \times \frac{0.343^2}{2} = 0.333 \text{ (J/kg)}$$

由式（1-68），有

$$\sum h_{f1} = \lambda_1 \frac{l_1}{d_1} \cdot \frac{u_1^2}{2} = \sum h_{f2} = 0.333 \text{ (J/kg)}$$

$$u_1 = \sqrt{\frac{2d_1 \sum h_{f2}}{\lambda_1 l_1}} = \sqrt{\frac{0.333 \times 0.3 \times 2}{0.018 \times 2}} = 2.36 \text{ (m/s)}$$

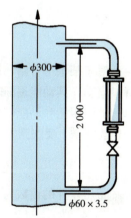

图1-27 例1-15附图

主管流量为

$$q_{v1} = 0.785 d_1^2 u_1 = 0.785 \times 0.3^2 \times 2.36 = 0.167 \text{m}^3/\text{s} = 601 \text{m}^3/\text{h}$$

总流量为

$$q_v = q_{v1} + q_{v2} = 601 + 2.72 = 604 \text{ (m}^3/\text{h)}$$

第六节 流量测定

流速是流体运动最为基本的参数，食品生产过程中，基于监控生产条件、调节和控制生产过程等目的，常常需要测定流体的流速或流量。生产上常见的流量测量，一般采用流量计直接测量，也可通过测定流通截面上某点或若干点的流速求得。其测量原理都以流体能量守恒原理为基础。

流量测定装置分两类：①差压流量计，通过压头的改变进行测量，如测速管、孔板流量计和文丘里流量计等；②截面流量计，通过截面积的改变进行测量，主要有转子流量计。

1-12　差压流量计

1.12A　测速管

测速管又称皮托管（Pitot tube），用于测定管路中流体的点速度。测速管结构如图 1-28 所示，它由两根弯成直角的同心圆管组成。内管前端敞开，开口朝着迎面流来的被测流体；外管前端封闭，管侧壁离前端一定距离处开有几个测压小孔，流体从小孔旁流过。内外管的另一端通到管道外部，分别与压差计的两端相连接。

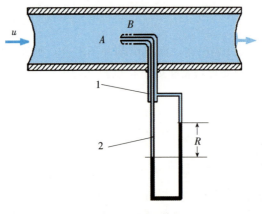

图 1-28　测速管
1. 外管　2. 内管

图 1-28 动画演示

对于某水平管路，被测流体以流速 u 趋近测速管前端，由于管内已充满流体，故随着流体向内管口流动，其动能逐渐转化成静压能，速度渐减，到达管口时为零。因此，内管口 A 处的静压能为原有的静压能和动能转化的静压能之和，称冲压能：$p/\rho + u^2/2$。而外管 B 处的静压能仍为原流体的静压能 p/ρ，反映到 U 形管压差计上的静压能之差为

$$\frac{\Delta p}{\rho} = \left(\frac{p}{\rho} + \frac{u^2}{2}\right) - \frac{p}{\rho} = \frac{u^2}{2}$$

若压差计的读数为 R，指示液的密度为 ρ_i，则

$$\frac{\Delta p}{\rho} = gR(\rho_i - \rho)/\rho$$

与上式结合，可得

$$u = \sqrt{2R(\rho_i - \rho)g/\rho} \tag{1-73}$$

若被测流体为气体，因 $\rho_i \gg \rho$，则式（1-73）可简化为

$$u = \sqrt{\frac{2R\rho_i g}{\rho}} \tag{1-74}$$

测速管所测的速度是管道截面上某一点的线速度。如果要测定管道截面上的平均速度，则应将测速管置于管道轴心，测量最大流速 u_{max}，以最大流速 u_{max} 计算出最大雷诺数 Re_{max}，查图 1-22，即可找出 u/u_{max} 值，从而计算出管道中流体的平均流速 u，并可以进一步求得流量。

测速管结构简单，阻力小，尤其适宜于测量大直径低压气体管道内的流速，但不能直接测量流量。管路内流体速度分布曲线，可用测速管的测定结果绘制。为了测量准确，测速管管口截面应严格垂直于流动方向，测量点离进口、管件、阀门等至少有 8～12 倍于管径长度以上的直管段。测速管的

直径小于管径的 1/50。

1.12B 孔板流量计

1. 结构　孔板流量计（orifice meter）如图 1-29 所示。它主要由一块中央开有圆孔的金属板，辅以 U 形管压差计组成。孔板的中央圆孔经过精密加工，其孔口侧边与管轴成 45°角，由前向后扩大，称为锐孔。它被安装在管内垂直于流体流动的方向。对于水平管路，流体由管道 1-1′ 截面流向锐孔，由于流道缩小致使流速增大，静压力降低。在惯性力作用下，通过锐孔后流体的实际流道继续缩小至 2-2′ 截面，流动截面达到最小，此处称为缩脉。由 U 形管压差计的读数可求得流量。

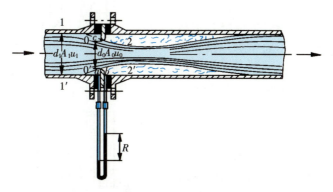

图 1-29　孔板流量计　　　　　图 1-29 动画演示

2. 流量公式　若不考虑过孔的摩擦阻力损失，在 1-1′ 截面和孔口 0-0′ 截面间列出伯努利方程式，则

$$\frac{p_1}{\rho}+\frac{u_1^2}{2}=\frac{p_0}{\rho}+\frac{u_0^2}{2} \tag{1-75}$$

若管道截面积为 A_1，孔板的孔口截面积为 A_0，根据不可压缩流体的连续性方程，则

$$u_1/u_0 = A_0/A_1 = m$$

消去式（1-75）中的 u_1，得

$$\frac{p_1-p_0}{\rho}=\frac{u_0^2}{2}(1-m^2) \tag{1-76}$$

孔口流速为

$$u_0=\frac{1}{\sqrt{1-m^2}}\sqrt{\frac{2(p_1-p_0)}{\rho}} \tag{1-77}$$

由于孔板较薄，不便于安装测压口。实际上，U 形管压差计采用角接法时，将上、下游两测压口接在孔板前后的两块法兰的 a、b 两处，用 a、b 两测压口的压力差 (p_a-p_b) 代替 (p_1-p_0)，又考虑到流体流经孔板会有阻力损失，故式（1-77）需引入校正因数 C 予以修正：

$$u_0=\frac{C}{\sqrt{1-m^2}}\sqrt{\frac{2(p_a-p_b)}{\rho}} \tag{1-78}$$

令

$$C_0=\frac{C}{\sqrt{1-m^2}}$$

将 C_0 称作流量因数，则

$$u_0=C_0\sqrt{\frac{2(p_a-p_b)}{\rho}}=C_0\sqrt{\frac{2gR(\rho_i-\rho)}{\rho}} \quad (\text{m/s}) \tag{1-79}$$

式中　R——U 形管压差计的读数，m；
　　　ρ_i——指示液密度，kg/m³；

ρ——被测流体密度，kg/m^3。

管道中流体流量为

$$q_v = u_0 A_0 = C_0 A_0 \sqrt{\frac{2gR(\rho_i - \rho)}{\rho}} \quad (m^3/s) \quad (1\text{-}80)$$

3. 流量因数 流量因数 C_0 与流体流经孔板的能量损失有关，它的大小取决于 Re 值、测压口的位置和锐孔与管截面积之比 $m = A_0/A_1$。流量因数由实验求得。对于角接法孔板流量计，其流量因数与 Re 和 m 的关系如图 1-30 所示。图中，$Re = d_1 u_1 \rho_1 / \mu$，$d_1$ 和 u_1 为管道内径和流体在管内的平均流速。由图可见，对于某一给定的 m 值，当 Re 超过某一限度值 Re_c 时，C_0 不再随 Re 而变，趋近于定值。流量计所测定的范围，一般应取 C_0 为定值的区域。常用的孔板流量计，其 $C_0 = 0.6 \sim 0.7$。

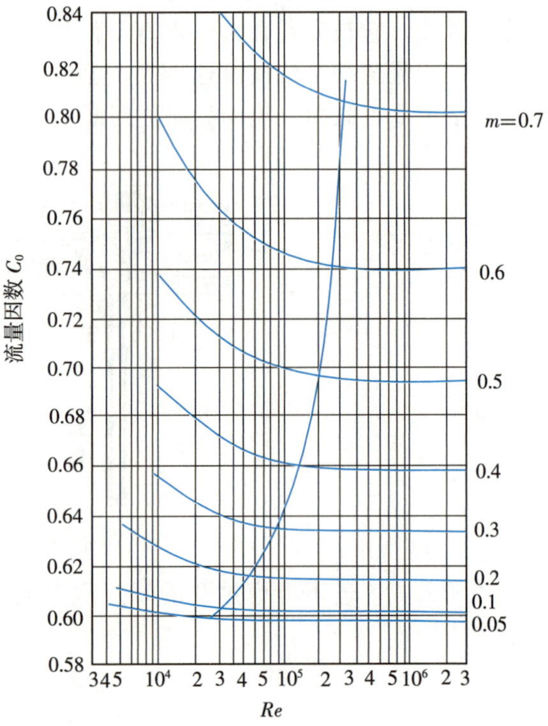

孔板流量计构造简单，制造和安装方便，应用十分广泛。主要缺点是流体通过孔板流量计的锐孔时，由于突缩和突扩，会产生较大的局部阻力损失。安装孔板流量计时，上游直管长度至少应为 $50d_1$，下游直管长度为 $10d_1$，以保证流量计读数的精确性和重现性不受影响。

1.12C 文丘里流量计

为了避免流体流经锐孔产生过多的能量损失，可用一段渐缩渐扩管代替孔板流量计的孔板，这种用渐缩渐扩管构成的流量计称为文丘里流量计（Venturi meter），如图 1-31 所示。

文丘里流量计渐缩段锥角为 15°～25°，渐扩段锥角为 5°～7°。渐缩段与渐扩段连接处 b，流动截面最小，称为文氏喉。U 形管压差计的前测压口 a，距其后管径开始收缩处的距离至少应为管半径，后测压口位于文氏喉 b 处。流体流过渐缩渐扩管，避免了流体边界层的分离，基本上不产生旋涡，因此阻力损失比孔板流量计大为减少。

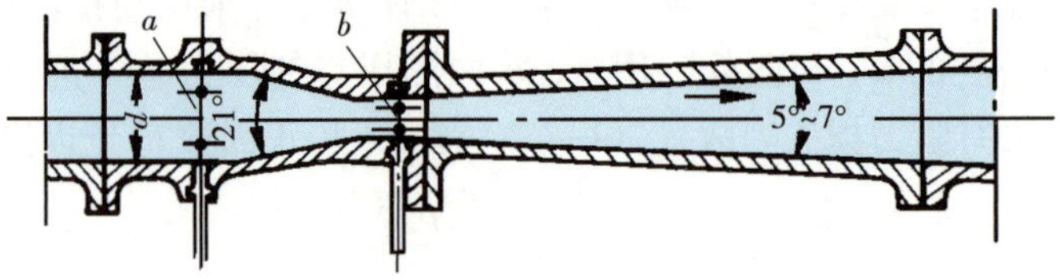

图 1-30 孔板流量计的流量因数

图 1-31 文丘里流量计

因为文丘里流量计的原理与孔板流量计相同，其流量计算式与孔板流量计类似：

$$q_v = C_V A_b \sqrt{\frac{2(p_a - p_b)}{\rho}} = C_V A_b \sqrt{\frac{2gR(\rho_i - \rho)}{\rho}} \quad (m^3/s) \quad (1\text{-}81)$$

式中　C_V——流量因数，量纲为一；
　　　A_b——文氏喉的截面积，m^2。

流量因数 C_V 可由实验测定，也可从相关手册中查得。C_V 一般取 0.98～1.00，可见文丘里流量计的阻力小，这是它的主要优点。它的缺点是加工精度要求高，造价较高。

1-13　转子流量计

转子流量计（rotameter）属于流量计的另一种类型——截面流量计，应用广泛。

1. 结构　转子流量计由一根垂直安装在流体输送管路上的锥形硬玻璃管，以及管内的一个可上下浮动的转子（rotator）构成，如图 1-32 所示。被测流体自下部流入，从顶部流出。

玻璃管的截面积自下而上逐渐扩大，转子由金属或其他材料制成，其密度大于被测流体的密度。转子与玻璃管内壁间形成了一个环隙流道。

无流体通过时，转子静止于玻璃管底部。有流体自下而上流动时，由于环隙处的流体速度较大，静压力减小，以及克服局部阻力，而导致转子上下两侧产生一定的压力差，下侧压力较大。这个压力差托起转子，使转子上浮。转子上浮后，环隙截面积增大，环隙间流体流速减小，转子上下两侧压力差随之降低。当转子上下两侧压力差造成的升力等于转子受到的重力与浮力之差时，转子将稳定地在这个高度上旋转。

因此，转子稳定的悬浮位置是随流量的变化而改变的。流体流量越大，转子位置越高。根据转子位置的高低，可以测量管道中流体的流量大小。在转子流量计玻璃管的外表面上刻有流量读数，由转子的停留位置，即可读出流过流体的流量。

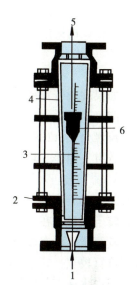

图 1-32　转子流量计
1. 流体入口　2. 填料函盖板
3. 刻度　4. 锥形玻璃管
5. 流体出口　6. 转子

2. 流量公式　在图 1-33 中，截面 1-1′ 位于转子底端，截面 2-2′ 位于转子顶端，流体由环隙向上流过。在两截面间列出伯努利方程：

$$gz_1 + p_1/\rho + u_1^2/2 = gz_2 + p_2/\rho + u_2^2/2$$

或

$$p_1 - p_2 = \rho g(z_2 - z_1) + \rho(u_2^2 - u_1^2)/2 \tag{1-82}$$

设转子体积为 V_0，顶部最大截面积为 A_0，密度为 ρ_0。现以底面积为 A_0，高为 $(z_2 - z_1)$ 的圆柱体为对象，进行受力分析。圆柱体体积 $V = A_0(z_2 - z_1)$ 包括转子体积 V_0 和转子外流体体积 $(V - V_0)$。整个圆柱体的重力 $V_0 \rho_0 g + (V - V_0)\rho g$ 与所受压力差产生的托力 $A_0(p_1 - p_2)$ 相平衡：

$$V_0 \rho_0 g + (V - V_0)\rho g = A_0(p_1 - p_2) \tag{1-83}$$

将式（1-82）代入式（1-83），得

$$V_0 \rho_0 g + V \rho g - V_0 \rho g = A_0[\rho g(z_2 - z_1) + \rho(u_2^2 - u_1^2)/2]$$

因 $V = A_0(z_2 - z_1)$，则上式化简为

$$V_0(\rho_0 - \rho)g = A_0 \rho(u_2^2 - u_1^2)/2 \tag{1-84}$$

由不可压缩流体的连续性方程，有 $u_1/u_2 = A_2/A_1 = m$，代入式（1-84），得

$$u_2 = \frac{1}{\sqrt{1-m^2}}\sqrt{\frac{2V_0 g(\rho_0 - \rho)}{A_0 \rho}} \tag{1-85}$$

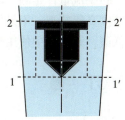

图 1-32 动画演示

图 1-33　转子受力分析

考虑摩擦阻力，乘以校正因数 C，则

$$u_2 = \frac{C}{\sqrt{1-m^2}}\sqrt{\frac{2V_0 g(\rho_0 - \rho)}{A_0 \rho}} \tag{1-86}$$

令 $C_R = \dfrac{C}{\sqrt{1-m^2}}$，称为转子流量计的流量因数，量纲为一，基本为常数。于是

$$u_2 = C_R \sqrt{\dfrac{2V_0 g(\rho_0 - \rho)}{A_0 \rho}} \tag{1-87}$$

式（1-87）右侧的量 V_0、A_0、ρ_0、ρ 等均为常量，可见通过转子顶端环隙截面积 A_2 的流速 u_2 是个定量。而流量公式为

$$q_v = C_R A_2 \sqrt{\dfrac{2V_0 g(\rho_0 - \rho)}{A_0 \rho}} \tag{1-88}$$

如果玻璃管直径与高度变化为线性关系，则环隙面积 A_2 与高度变化呈平方关系，亦即流量与转子高度呈平方关系。

流量公式（1-88）中的流量因数 C_R，其值与转子形状和流体通过环隙的 Re 有关，可实验测定，也可查有关图表。对图 1-32 所示的转子形状，当 $Re > 10^4$ 时，C_R 值可取 0.98。

3. 流量校正 转子流量计的刻度与转子的形状、大小、材质，玻璃管的锥角，流体密度以及 Re 数有关。由于流体的种类较多，流量范围也各不相同，不可能对每一种流体都标定出流量刻度。因此，转子流量计在出厂前一般对液体采用 20℃的水，气体采用 0.1MPa 压力下 20℃的空气进行标定，并将其流量值刻在玻璃管上。若被测流体不同或与标定条件不一致，应进行实验标定或对原有流量的刻度进行校正。

当以水标定刻度的流量计用于其他液体的流量测定时，其校正公式如下：

$$\dfrac{q_{v2}}{q_{v1}} = \sqrt{\dfrac{\rho_1(\rho_0 - \rho_2)}{\rho_2(\rho_0 - \rho_1)}} \tag{1-89}$$

式中，下标 1 表示标定液体（20℃的水），下标 2 表示某温度的测量液体。

当以空气标定刻度的流量计用于其他气体的流量测定时，因气体密度远远小于转子密度 ρ_0，其校正公式可简化为

$$\dfrac{q_{v2}}{q_{v1}} = \sqrt{\dfrac{\rho_1}{\rho_2}} \tag{1-90}$$

式中，下标 1 表示标定气体（压力 0.1MPa、温度 20℃的空气），下标 2 表示某温度某压力的测量气体。

转子流量计是测定非浑浊液体和各种气体流量的常用仪表，具有结构简单、阻力小、测量范围宽和精度高等特点，不易发生故障，对不同流体适应性强，能用于腐蚀性流体测量，流量读取直观，价格低廉，是生产中使用较多的一种流量计。

习 题

1-1 蒸发加热器的蒸汽压力表上的读数为 81.9kPa，当地当时气压计上读数为 98.1kPa，试求蒸汽的饱和温度。

1-2 在直径 3.00m 的卧式圆筒形贮罐内装满花生油，花生油的密度为 920kg/m³，贮罐上部最高点处装有压力表，其读数为 70kPa，罐内最大绝对压力是多少？

1-3 封闭水箱内水面上真空度为 0.98kPa，敞口油箱中油面比水箱水面低 1.50m。水箱和油箱间连一压差计，指示液为水银，读数为 0.200m，若压差计与水箱相连的臂管内水银液面与水箱水面的高度差为 6.11m，求油的密度。

1-4 某精馏塔的回流装置中，由塔顶蒸出的蒸汽经冷凝器冷凝，部分冷凝液将流回塔内。已知冷凝器绝对压力 $p_1 = 104$kPa，塔顶蒸汽绝对压力 $p_2 = 108$kPa，冷凝液的密度为 810kg/m³。为使冷凝器中的液体能顺利流回塔内，冷凝器液面距回流液入塔管垂直距离 h 应为多少？

1-5　浓度为60%的糖液（黏度60mPa·s，密度1 280kg/m³），从加压容器经内径6mm的短管流出。当液面高出流出口1.8m时，糖液流出的体积流量是多少？假定无摩擦损失，液面上的压力为70.1kPa（表压），出口为大气压。

1-6　牛奶以2.25L/s的流量流过内径为27mm的不锈钢管。牛奶的黏度为2.12 mPa·s，密度为1 030kg/m³，试问流动为层流或湍流？

1-7　用虹吸管从高位牛奶贮槽向下方配料槽供料。高位槽和配料槽均为常压开口式。现要求牛奶在管内以1m/s流速流动，估计牛奶在管内的能量损失为20J/kg，高位槽液面应比虹吸管口高出几米？

1-8　某种油料在内径15mm的水平管内作层流流动，流速为1.3m/s。从管道相距3m的两截面间测得压力降是7kPa，求油的黏度。

1-9　稀奶油密度为1 005kg/m³，黏度为12mPa·s。若稀奶油以流速2.5m/s流经长80m，规格为 ϕ38mm×2.5mm的光滑不锈钢管，求直管阻力。

1-10　用泵将密度为1 081kg/m³，黏度为1.9mPa·s的蔗糖溶液从开口贮槽送至高位，流量为1.2L/s。采用1英寸镀锌管，管长60m，其中装4个90°弯头。贮槽内液面和管子高位出口距地面高度分别为3m和12m，管出口表压力为36kPa，泵的效率为0.60。求泵的功率。

1-11　将密度为940kg/m³，黏度为40mPa·s的豆油从罐A泵送至罐B，流量为20L/min。管道为内径20mm的新钢管，全长24m，包含两个90°弯头和一个半开的闸阀。若罐B液面比罐A液面高4m，不考虑液面的变化，求输送100kg豆油所需时间和泵所做的有效功。

1-12　将密度985kg/m³，黏度1.5mPa·s的葡萄酒用泵从贮槽送至蒸馏釜，管路为内径50mm的光滑不锈钢管，全长50m，其间有3个90°弯头和1个控制流量的截止阀。贮槽内液面高出地面3m，进蒸馏釜的管口高出地面6m，两容器内皆常压，泵安装在靠近贮槽的地面上。若流量为114L/min，此时经截止阀的压力降是86kPa，求泵出口处的压力和泵的有效功率。

1-13　用 ϕ89mm×3.5mm，长100m的钢管输送20℃的水，管子相对粗糙度为0.000 1。若使直管阻力不超过50J/kg，求允许的水流量。

1-14　有一并联管路，已知总管中水的流量为9 000m³/h。并联两管的管长和管径分别为：l_1=140m，d_1=0.5m；l_2=80m，d_2=0.7m。若两管内摩擦因数之比 λ_1/λ_2=1.2，求每支管内水的流量。

1-15　由内径皆为80mm的A、B两管构成并联管路，两管皆有一闸阀和一换热器。A管长20m，B管长5m，摩擦因数皆为0.03，换热器局部阻力因数皆为5。当两阀门皆开3/4时，求两管流量之比。

1-16　0℃的冷空气在冷却系统的导管内流动，导管的直径为600mm。将测速管插入此导管的中心位置。以水为指示液，测得读数为4mm。试求冷空气的流量。

1-17　密度为1 000kg/m³的液体，以319kg/s的流量流经一内径为0.5m的管道，该液体黏度为1.29mPa·s，若流经孔板的压力降为24.5kPa，试求孔板的孔径。

1-18　在 ϕ80mm×2.5mm的管路上装有孔径为45mm的孔板流量计，以测量流经管路中液体的流量。操作条件下，溶液的密度为1 600kg/m³，黏度为1.5×10⁻³Pa·s。用角接取压法测量孔板前后的压力差，压差计中指示液为汞。今因生产量加大，溶液流量最高可达36m³/h，而压差计上的读数不能超过700mm，试求该压差计是否合用。

第二章 CHAPTER 2

流体输送
Fluid Transport

第一节 离心泵
- 2-1 离心泵的结构原理 …… 51
  - 2.1A 离心泵的工作原理 …… 51
  - 2.1B 离心泵的主要部件 …… 51
- 2-2 离心泵的性能 …… 52
  - 2.2A 离心泵的主要性能参数 …… 52
  - 2.2B 离心泵的特性曲线 …… 54
  - 2.2C 特性曲线的影响因素 …… 54
- 2-3 离心泵的安装高度和工作点 …… 55
  - 2.3A 离心泵的安装高度 …… 55
  - 2.3B 离心泵的工作点 …… 57
- 2-4 离心泵的类型和选用 …… 58
  - 2.4A 离心泵的类型 …… 58
  - 2.4B 离心泵的选用 …… 59

第二节 其他类型的泵
- 2-5 往复泵 …… 60
  - 2.5A 往复泵的工作原理 …… 60
  - 2.5B 往复泵的输液量和流量调节 …… 61
- 2-6 旋转泵 …… 63

第三节 风机
- 2-7 通风机和鼓风机 …… 64
  - 2.7A 离心式通风机 …… 64
  - 2.7B 轴流式通风机 …… 65
  - 2.7C 鼓风机 …… 66

第四节 气体压缩
- 2-8 往复压缩机的工作原理 …… 67
  - 2.8A 理想压缩循环 …… 67
  - 2.8B 有余隙压缩循环 …… 69
- 2-9 往复压缩机的性能和分类 …… 69
  - 2.9A 往复压缩机的主要性能参数 …… 69
  - 2.9B 多级压缩 …… 70
  - 2.9C 往复压缩机的类型和选用 …… 71

第五节 真空技术
- 2-10 真空技术的物理基础 …… 71
  - 2.10A 真空的基本概念 …… 71
  - 2.10B 真空系统的技术原理 …… 72
- 2-11 真空泵 …… 74
  - 2.11A 真空泵的分类和性能 …… 74
  - 2.11B 几种常用的真空泵 …… 75
- 习题 …… 76

在食品工程中，流体输送是最常见的单元操作之一。由于生产工艺的要求，往往需要将流体由低处送至高处，由低压设备送至高压设备，或者克服管道阻力由一车间（某地）水平地送至另一车间（另一地）。为了达到这些目的，必须对流体做功以提高流体能量，完成输送任务。对流体做功提高其机械能的机械称为流体输送机械。显然，流体输送机械需要外来的动力驱动。

输送液体的机械通称为泵。按其工作原理，泵分为叶片泵、往复泵和旋转泵等。叶片泵中的离心泵是食品生产中最常用的一种，故本章将详细讨论，并介绍其他类型泵。

输送气体的机械是风机和压缩机，它们都靠增大气体的压力以达输送气体的目的。按压力增大的程度依次有通风机、鼓风机和压缩机。因为压缩机是蒸汽压缩式制冷的主要设备之一，我们将较详细讨论气体压缩。

真空泵可以造成负压，形成的压力差也可用于流体输送。在引论中已提过，真空技术在食品工业中应用很广。因此,本章也将重点讨论真空技术原理。

本章结合食品生产的特点,讨论各种流体输送机械的工作原理、基本构造、性能、合理选用、功率消耗的计算以及在管路中位置的确定等。

第一节 离心泵

离心泵(centrifugal pump)是生产中一种最常用的液体输送机械。它结构简单紧凑,使用方便,运转可靠,适用范围广。

2-1 离心泵的结构原理

2.1A 离心泵的工作原理

图 2-1 所示为离心泵装置简图。由一组弯曲叶片组成的叶轮 1 置于泵壳 2 内,叶轮被紧固在泵轴 3 上。泵壳中央的吸入口 4 与吸入管路 5 相连接,泵壳侧边的排出口 8 与排出管路 9 连接。

启动离心泵之前,需要先将被输送的液体灌满吸入管路和泵壳,当电动机带动泵轴使叶轮高速旋转时,充满在叶片之间的液体,在离心力的作用下沿叶片间的通道从叶轮中心被抛向叶轮的外缘。在此过程中,泵通过叶轮向液体提供了能量,液体可以以很高的速度(15~25m/s)离开叶轮外缘进入蜗形泵壳。在蜗形泵壳中由于流道的逐渐扩大,流体流速减慢,大部分动压头转变为静压头,流体以较高的静压力沿着切向流入排出管道,从而实现流体输送的目的。

当叶轮中心的液体做径向运动的同时,该处形成负压区。因为泵的吸入管路浸没在被输送的液体内,在贮液槽液面压力(常为大气压)与叶轮中心处负压的压力差作用下,液体不断地被吸入泵的叶轮内,以填补被排出液体的位置。这样,叶轮不停地转动,液体就能连续不断地被吸入与排出,实现输送液体的任务。这就是离心泵的工作原理。

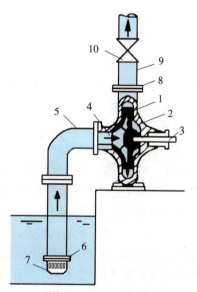

图 2-1 离心泵装置
1. 叶轮 2. 泵壳 3. 泵轴 4. 吸入口
5. 吸入管路 6. 底阀 7. 滤网
8. 排出口 9. 排出管路 10. 调节阀

如果泵启动时泵壳和吸入管道内没有充满液体,泵内存在空气,由于空气的密度小于液体的密度,所产生的离心力很小,不足以形成吸上液体所需要的真空度。此时,离心泵就无法工作。这种现象称作"气缚"(air binding),如图 2-1 动画演示中所示。因此,离心泵启动之前必须向泵壳内灌满被输送的液体。

当泵的吸入口位于被输送液体贮槽液面之下时,液体能自动流入泵中。此外,当贮液面位于泵吸入口之下,一般在吸入管路的底端安装带滤网 7 的单向底阀 6,滤网可以防止液体中的固体物质进入泵内堵塞管道及泵壳。调节阀 10 则供启动、停车和调节流量时使用。

图 2-1 动画演示

2.1B 离心泵的主要部件

离心泵的主要部件为叶轮、泵壳和轴封装置。

1. 叶轮 叶轮是离心泵的心脏部件,它的作用是将电动机提供的机械能传给液体,提高被输送液体的静压强和动能。离心泵的叶轮如图 2-2 所示,通常有开式、半开式和闭式。

开式叶轮如图 2-2(a)所示,没有前、后盖板。它结构简单,清洗方便,适宜于输送含杂质的液体。但由于没有盖板,液体在叶片间运动时容易产生倒流,故效率较低。

半开式叶轮如图2-2（b）所示，只有叶片和后盖板而没有前盖板。它适用于输送含有固体颗粒的悬浮液。这种叶轮的效率也较低。

闭式叶轮如图2-2（c）所示，在叶片的两侧带有前盖板和后盖板。液体在两块盖板和叶片构成的流道中运动，因此，闭式叶轮效率比较高，广泛用于输送不含杂质的清洁液体。食品生产中所用的离心泵，由于卫生和经常清洗的需要，常采用叶片少的闭式叶轮离心泵。

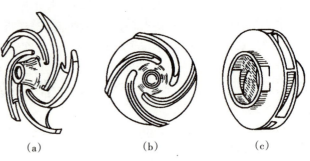

图2-2 离心泵的叶轮
(a) 开式 (b) 半开式 (c) 闭式

2. 泵壳 如图2-3所示，离心泵的泵壳1呈蜗牛壳形，它有一个截面逐渐扩大的流道，起着能量转换的作用。叶轮在壳内顺着蜗壳流道逐渐扩大的方向旋转。从叶轮外缘抛出的高速液体沿蜗壳流道流动，并逐渐减速，将一部分动能转变为静压能。为了减少液体直接进入蜗壳的碰撞，有时在叶轮和泵壳之间安装一个固定的导轮，如图2-3（b）所示。导轮的叶片间形成了多个逐渐转向的流道，使高速液流能均匀而缓和地将动能转化为静压能，以便减少能量损失。

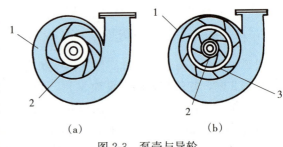

图2-3 泵壳与导轮
1. 泵壳 2. 叶轮 3. 导轮

3. 轴封装置 因为泵轴转动而泵壳不动，其间必有缝隙。为了防止高压液体从泵壳内沿轴向外泄漏以及因叶轮中心处为负压使外界空气经缝隙漏入，在轴穿过泵壳处的环隙设置轴封装置。轴封装置分两种。一种为填料密封，选用浸油或渗涂石墨的石棉绳作为填料，将泵壳内、外隔开，泵轴仍能自由转动，如图2-4（a）所示。另一种为机械密封，由两个光滑而密切贴合的金属环面组成，一个用硬质金属材料制成的动环装在泵轴上，另一个用浸渍石墨或酚醛塑料等制成的静环安装在泵壳上，二者在泵运转时保持紧密接触以防止渗漏，如图2-4（b）所示。输送食品或酸、碱、油等液体的离心泵，常采用机械密封装置。

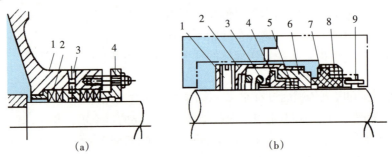

图2-4 泵的轴封装置
(a) 填料密封（1. 填料函壳 2. 软填料 3. 液封圈 4. 填料压盖）
(b) 机械密封（1. 螺钉 2. 传动座 3. 弹簧 4. 椎环 5. 动环密封圈
6. 动环 7. 静环 8. 静环密封圈 9. 防转销）

2-2 离心泵的性能

2.2A 离心泵的主要性能参数

离心泵的主要性能参数包括扬程（压头）、流量、转速、功率和效率。这些性能参数是表示该泵特性的指标，通常在泵的铭牌或样本中写明，以供选用。

1. 扬程 泵的扬程又称泵的压头，是表示在输送中泵给予单位重量（1N）液体的能量（J），用

符号 H 表示，其单位为 J/N，亦即 m。

在泵进口和出口附近分别取截面 1 和 2，在截面 1 和截面 2 间作能量衡算，则泵对每单位质量（1kg）液体所做的功 w 为

$$w = g(z_2 - z_1) + \frac{p_2 - p_1}{\rho} + \frac{u_2^2 - u_1^2}{2} \quad \text{(J/kg)}$$

泵的压头 $H = w/g$，上式两边除以 g，则泵的压头为

$$H = (z_2 - z_1) + \frac{p_2 - p_1}{\rho g} + \frac{u_2^2 - u_1^2}{2g} \quad \text{(m)} \tag{2-1}$$

2. 流量　泵的流量是指泵在单位时间内排出的液体体积，或称输液能力，用符号 q_v 表示，单位为 m^3/s，习惯上多以 L/min 或 m^3/h 表示。

3. 转速　离心泵的转速是指泵轴单位时间内转动周数，常用符号 n 表示。n 的单位是 r/s，常用单位是 r/min。离心泵的转速以 2 900r/min 和 1 450r/min 最为常见。

4. 功率　单位时间内液体流经泵后实际所得到的能量称为有效功率，以符号 P_e 表示，单位为 J/s，亦即 W。

$$P_e = w \cdot q_m \quad \text{(W)} \tag{2-2}$$

因为质量流量 $q_m = q_v \rho$，而 $w = Hg$，故有

$$P_e = q_v H \rho g \quad \text{(W)} \tag{2-3}$$

泵轴从电动机得到的实际功率称为泵的轴功率，通常所称泵的功率即指此轴功率，以符号 P 表示。

5. 效率　实际上泵在输液时，电动机输入到泵轴上的功率必大于有效功率。泵的有效功率与轴功率之比称为泵的效率，以符号 η 表示：

$$\eta = P_e / P \tag{2-4}$$

泵效率的高低表明了泵对外加能量的利用程度。运转过程中，泵的能量损失主要有三种：

（1）容积损失。离心泵在运转中，一部分获得能量的高压液体沿叶轮与泵壳间的缝隙漏回吸入口或者从平衡孔返回低压区，导致泵的流量减小所造成的能量损失。

（2）水力损失。液体流过叶轮和泵壳时，由于流速大小和方向的改变，发生冲击及叶片间的环流等产生的能量损失。

（3）机械损失。高速旋转的叶轮盘面与液体间的摩擦，泵轴与轴承、轴封间的摩擦等引起的机械能损失。

离心泵的效率反映上述三项能量损失的总和，故又称为总效率。离心泵的效率与泵的类型、尺寸、制造精密程度，液体的流量和性质等有关。一般小型泵的效率为 50%～70%，大型泵可达 90% 左右。

例 2-1　某离心泵以 20℃ 水进行性能试验，测得体积流量为 720m^3/h，出口压力表读数为 375kPa，吸入口真空表上的读数为 28kPa，压力表和真空表间垂直距离为 410mm，吸入管和压出管内径分别为 350mm 和 300mm，试求泵的压头。若测得泵的轴功率为 126kW，求泵的效率。

解： 根据式（2-1），

$$H = (z_2 - z_1) + \frac{p_2 - p_1}{\rho g} + \frac{u_2^2 - u_1^2}{2g}$$

按题意 $z_2 - z_1 = 0.41$m，

$$p_2 - p_1 = (p_a + p_e) - (p_a - p_{vm}) = p_e + p_{vm} = 375 + 28 = 403 \text{ (kPa)}$$

$$u_1 = \frac{\frac{720}{3\,600}}{0.785 \times 0.35^2} = 2.08 \text{ (m/s)}$$

$$u_2 = \frac{\frac{720}{3\,600}}{0.785 \times 0.30^2} = 2.83 \text{ (m/s)}$$

则
$$H = 0.41 + \frac{403 \times 10^3}{1\,000 \times 9.81} + \frac{2.83^2 - 2.08^2}{2 \times 9.81}$$
$$= 0.41 + 41.1 + 0.19 = 41.7 \text{ (m)}$$

有效功率
$$P_e = q_v H \rho g = \frac{720}{3\,600} \times 41.7 \times 1\,000 \times 9.81 = 81.8 \text{ (kW)}$$

泵的效率
$$\eta = \frac{P_e}{P} = \frac{81.8}{126} = 64.9\%$$

2.2B 离心泵的特性曲线

上述离心泵的性能参数 q_v、H、η 及 P 之间是相互联系和制约的。泵的铭牌上所列的数值均指该泵在效率最高点的性能。要全面反映泵的性能，必须知道性能参数间的关系。这些关系由实验测得，绘成曲线称为离心泵的特性曲线（characteristic curve）。特性曲线由泵的制造厂提供，附于泵样本或说明书中，供使用单位选泵和操作时参考。

离心泵的特性曲线一般指在转速 n 一定时，H—q_v，P—q_v 和 η—q_v 三条关系曲线。图2-5是4B20型离心水泵在转速2 900r/min时的特性曲线。图中绘有三条特性曲线。

(1) H—q_v 曲线。表示离心泵的扬程与流量的关系。泵的扬程随流量的增大而下降（在流量极小时可能有例外）。

(2) P—q_v 曲线。表示离心泵的轴功率与流量的关系。离心泵的轴功率随流量的增大而增大。当 $q_v = 0$ 时，P 为最小。因此，离心泵启动时，应将其出口阀关闭，在 $q_v = 0$ 的状况下启动，以减小电动机的启动功率。

(3) η—q_v 曲线。表示离心泵的效率与流量的关系。随着流量的增加，离心泵的效率先增大，当达到最大值后，效率逐步下降。这说明离心泵在一定的转速下，有一个最高效率点。离心泵在该点对

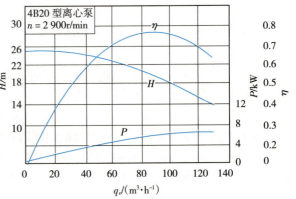

图2-5 4B20型离心水泵的特性曲线

应的扬程和流量下工作最经济。离心泵铭牌上标明的性能参数指标即是效率最高点对应的参数，或称泵的最佳工况参数。在选用离心泵时，应使离心泵在不低于最高效率92%的范围内工作。

2.2C 特性曲线的影响因素

1. 流体性质 泵的生产部门所提供的特性曲线一般都是用清水在常温条件下测定的，如果被输送液体与清水的性质相差较大，要考虑液体密度和黏度的影响。

(1) 液体密度的影响。流量、扬程和效率均与被输送液体的密度无关，所以，H—q_v 与 η—q_v 曲线保持不变。但是，泵的轴功率随液体密度而改变，因此，需要重新依据式（2-3）和式（2-4）计算，并标绘 P—q_v 曲线。

(2) 液体黏度的影响。被输送液体的黏度若大于常温下清水的黏度，在叶轮、泵壳内流动阻力增大，泵的扬程、流量和效率都降低，轴功率增大，所以泵的特性曲线发生改变，原特性曲线必须进行校正。当被输送液体的运动黏度 $\nu < 20 \times 10^{-5}\,\text{m}^2/\text{s}$，可不进行校正；当 $\nu > 20 \times 10^{-5}\,\text{m}^2/\text{s}$ 时，应参考离心泵的专著和有关手册进行校正。

2. 转速 离心泵的特性曲线都是在固定转速的条件下测定的，当转速 n 变化时，泵的扬程、流量和轴功率也随之发生变化，其近似关系为

$$\frac{q_{v2}}{q_{v1}} = \frac{n_2}{n_1}, \quad \frac{H_2}{H_1} = \left(\frac{n_2}{n_1}\right)^2, \quad \frac{P_2}{P_1} = \left(\frac{n_2}{n_1}\right)^3 \tag{2-5}$$

式（2-5）称为比例定律，当转速变化小于20%时，可认为效率不变，用上式进行计算误差不大。

3. 叶轮直径　对于同一型号的泵，若对其叶轮外径进行切削，当外径的减小不超过5%，转速不变时，叶轮直径与流量、压头、轴功率之间的近似关系式为

$$\frac{q_{v2}}{q_{v1}}=\frac{D_2}{D_1},\quad \frac{H_2}{H_1}=\left(\frac{D_2}{D_1}\right)^2,\quad \frac{P_2}{P_1}=\left(\frac{D_2}{D_1}\right)^3 \tag{2-6}$$

式中，D 为叶轮直径。式（2-6）称为切割定律。

2-3　离心泵的安装高度和工作点

2.3A　离心泵的安装高度

离心泵如安装在贮液槽液面之上，则离心泵吸入口中心到贮液面的垂直高度 H_g，称为离心泵的安装高度，如图 2-6 所示。工程上离心泵的安装高度常需通过计算加以确定。

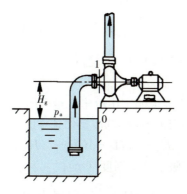

图 2-6　离心泵安装高度

图 2-6 动画演示

在图中，在贮槽液面 0 与泵入口截面 1 之间列伯努利方程：

$$z_0+\frac{1}{2g}u_0^2+\frac{p_0}{\rho g}=z_1+\frac{1}{2g}u_1^2+\frac{p_1}{\rho g}+\sum H_f$$

式中　$\sum H_f$——液体流经吸入管路的压头损失，m。

由上式可见，若选取截面 0 为基准水平面，则 $z_0=0$，泵的安装高度 $H_g=z_1$。因 $u_0\approx 0$，故有

$$H_g=\frac{p_0}{\rho g}-\frac{p_1}{\rho g}-\frac{u_1^2}{2g}-\sum H_f \tag{2-7}$$

由式（2-7）可见，泵的安装高度 H_g 受几个因素的影响：

（1）与贮液槽液面压力 p_0 有关。p_0 降低，H_g 将减小。H_g 必定小于 $p_0/(\rho g)$。如果贮液面上方为大气压，即 $p_0=p_a$，则表示 H_g 不会超过大气压头。在标准大气压下，即使当泵吸入口绝对压力降到最低，$p_1=0$，且不计吸入管路阻力等时，离心泵的安装高度 H_g 也不会超过 10.33m。

（2）与吸入管路的压头损失 $\sum H_f$ 有关。压头损失 $\sum H_f$ 会减损 H_g。当被输送流体一定时，若增加泵的安装高度，则吸入管路的压头损失也增加，使安装高度 H_g 受限。

（3）与泵吸入口压力 p_1 有关。在 p_0 一定的情况下，若增加泵的安装高度，泵吸入口处的压力 p_1 必然下降。但 p_1 不应低于被输送流体在操作温度下的饱和蒸汽压 p_v。如果泵吸入口处的压力 p_1 低于被输送流体的饱和蒸汽压 p_v，泵入口处液体就要沸腾汽化，形成大量气泡。气泡随液体进入叶轮的高压区而被压缩，又迅速凝成液体，体积急剧变小，周围液体就以极高速度冲向凝聚中心，产生几十甚至几百兆帕的局部压力。此时液体质点的急剧冲击，就像许多小弹头一样，连续打击叶轮的金属表面，使叶片受到严重损伤，这种现象称为"汽蚀"，如图 2-6 动画演示中所示。汽蚀发生时，泵

体振动并发出噪声，压头、流量大幅度下降，严重时不能吸上液体，泵性能显著下降。通过以上讨论可以看出，为了避免汽蚀现象，泵的安装位置不能太高，以保证 $p_1 > p_v$。

为了计算离心泵的安装高度 H_g，我国的离心泵规格中提供两种指标：允许吸上真空高度 H_s 和汽蚀余量 Δh。前者广泛用于清水泵的计算，而后者常用于油泵中，下面分别加以介绍。

1. 允许吸上真空高度 允许吸上真空高度 H_s 是指泵入口处压力 p_1 可允许达到的最高真空度，以压头形式表示：

$$H_s = \frac{p_a - p_1}{\rho g} \tag{2-8}$$

要了解 H_s 与 H_g 的关系，可引用式（2-7）：

$$H_g = \frac{p_0}{\rho g} - \frac{p_1}{\rho g} - \frac{u_1^2}{2g} - \sum H_f$$

若贮槽是敞口的，$p_0 = p_a$，则有

$$H_g = H_s - \frac{u_1^2}{2g} - \sum H_f \tag{2-9}$$

已知泵的允许吸上真空高度 H_s，求出 u_1 和 $\sum H_f$，即可计算泵的允许安装高度 H_g。由式（2-9）知，为提高泵的安装高度，应尽量减小 u_1 和 $\sum H_f$，应选用直径稍大的吸入管，并使其尽可能短，尽量减少弯头，不安截止阀。

离心泵的 H_s 值由制造厂在样本或说明书中给出。给出的 H_s 是指大气压头为10m，水温为20℃时的数值。如泵使用条件与该状态不同，应换算成操作条件的 H'_s 值，换算公式为

$$H'_s = H_s + (H_a - 10) - (H_v - 0.24) \tag{2-10}$$

式中 H_s——原样本中给出的允许吸上真空高度（m）；

H_a——泵工作处的大气压头（m），$H_a = \frac{p_a}{\rho g}$，与海拔高度有关，见表2-1；

H_v——操作条件下水的饱和蒸汽压头（m），$H_v = \frac{p_v}{\rho g}$，与温度有关；

0.24——20℃水的饱和蒸汽压头（m）。

如输送液体不是水，按式（2-10）求得的 H_s 值还要作密度校正。

表2-1 不同海拔高度的大气压头

海拔高度/m	0	100	200	300	400	500	600	700	800	1 000	1 500	2 000	2 500
H_a/m	10.33	10.2	10.09	9.95	9.85	9.74	9.6	9.5	9.36	9.19	8.64	8.15	7.62

2. 汽蚀余量 汽蚀余量 Δh 是指离心泵入口处液体的静压头 $\frac{p_1}{\rho g}$ 与动压头之和超过其饱和蒸汽压头 $\frac{p_v}{\rho g}$ 的某一最小指定值，即

$$\Delta h = \left(\frac{p_1}{\rho g} + \frac{u_1^2}{2g} \right) - \frac{p_v}{\rho g} \tag{2-11}$$

将式（2-8）与式（2-11）合并，可导得

$$H_g = \frac{p_0}{\rho g} - \frac{p_v}{\rho g} - \Delta h - \sum H_f \tag{2-12}$$

如由泵样本中查得 Δh，则可据式（2-12）计算泵的允许安装高度 H_g。当然，Δh 也应根据操作条件进行校正。

为安全起见，泵的实际安装高度还应比上两法求得的允许安装高度 H_g 低 0.5~1.0m。

例 2-2 某离心泵的允许吸上真空高度 $H_s=6$m，食品厂位于海拔高度 600m 处，现用该泵输送 65℃ 的热水，贮水槽与大气相通，若吸入管路的压头损失为 1mH$_2$O，泵入口处动压头为 0.2mH$_2$O，该泵的允许安装高度为多少？

解： 按式 (2-10) 对 H_s 进行换算。查表 2-1，海拔高度 600m 处，$H_a=9.6$m。温度 65℃ 的水，饱和蒸汽压 $p_v=25.5$kPa，密度 $\rho=980.5$kg/m³，则

$$H'_s = H_s + (H_a - 10) - \left(\frac{p_v}{\rho g} - 0.24\right)$$

$$= 6 + (9.6 - 10) - \left(\frac{25.5 \times 10^3}{980.5 \times 9.81} - 0.24\right)$$

$$= 3.19 \text{ (m)}$$

泵的允许安装高度由式 (2-9) 可得

$$H_g = H_s - \frac{u_1^2}{2g} - \sum H_f = 3.19 - 0.2 - 1 = 1.99 \text{ (m)}$$

该泵的实际安装高度应在 1.99-0.5=1.49m 以下。

2.3B 离心泵的工作点

液体输送系统是由泵和管路系统所组成的。泵的作用是向液体提供外加能量，以克服从输送起点至终点的所有管路阻力和两点的各项能差。

前已述及，泵的特性曲线是泵本身所固有的性能关系曲线，它与外部的管路系统无关。但是，当泵与一定的管路系统相连接并运转时，它工作的性能参数值（如 H、q_v）不仅要符合泵本身的特性曲线，而且还要满足管路系统的特性曲线。

1. 管路特性曲线 管路特性曲线是指在管路条件（即系统进出口压力，升扬高度，管长，管径，管件形式、大小、个数，阀门开启度等）一定的情况下，管路系统中被输送液体的流量与流过这一流量所必需的外加能量的关系。这一所需的外加能量，以压头形式表示为

$$H = \Delta z + \frac{\Delta p}{\rho g} + \frac{\Delta u^2}{2g} + \sum H_f \quad \text{(m)}$$

式中，Δz 和 $\frac{\Delta p}{\rho g}$ 两项，在上述管路条件一定的情况下，均为定值而与流量无关。

令 $A = \Delta z + \frac{\Delta p}{\rho g}$。若贮槽与受槽截面积都很大，其流速与管路相比可忽略不计，则 $\frac{\Delta u^2}{2g} \approx 0$，则上式简化为

$$H = A + \sum H_f \tag{2-13}$$

式中压头损失为

$$\sum H_f = \lambda \left(\frac{l + \sum l_e}{d}\right) \cdot \frac{u^2}{2g}$$

$$= \lambda \left(\frac{l + \sum l_e}{d}\right) \cdot \frac{1}{2g} \cdot \left(\frac{q_v}{\frac{\pi}{4}d^2}\right)^2$$

$$= \lambda \cdot \frac{8}{\pi^2 g} \cdot \left(\frac{l + \sum l_e}{d^5}\right) q_v^2 \tag{2-14}$$

对于特定的管路系统，l、l_e 和 d 均为定值，湍流时 λ 的变化很小，令

$$B = \lambda \cdot \frac{8}{\pi^2 g} \cdot \frac{l + \sum l_e}{d^5}$$

则式（2-13）可简化为

$$H = A + Bq_v^2 \tag{2-15}$$

由式（2-15）可知，在特定管路输送液体时，所需压头 H 随液体流量 q_v 的平方而变化，将此关系绘在坐标图上，即得图 2-7 所示的曲线 I，呈开口向上的抛物线形式，称为管路特性曲线。它表示在特定管路中，所需压头与流量的关系。管路特性曲线的形状与管路布置和操作条件有关，而与泵的特性无关。

2. 离心泵的工作点 离心泵安装在某一特定的管路中工作，泵所提供的压头和流量必然与管路所需要的压头和流量相一致。假如将离心泵的特性曲线 II 和管路特性曲线 I 绘制在同一压头—流量坐标图（图 2-7）上，两曲线相交于 M 点，则 M 点即是离心泵在该管路中的工作点（duty point）。M 点对应的压头 H_e 和流量 q_{ve}，既能满足管路特性要求，又在离心泵可提供范畴，泵也就在这一流量和压头下稳定运转。若该点所对应效率在最高效率区，则该工作点是适宜的。

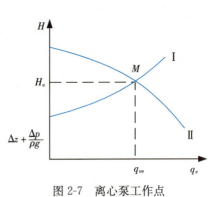

图 2-7 离心泵工作点

3. 流量调节 为了适应生产任务变化的要求，经常需要调节流量。流量调节实际上就是要改变泵的工作点。因此，离心泵的流量调节可以采用改变管路特性曲线，或者改变泵的特性曲线的途径。两条途径都能实现改变泵的工作点，以调节流量。

改变管路特性曲线来调节流量是一种常用方法。在图 2-8 中，离心泵的原工作点为 M，当关小排出管路上的调节阀时，局部阻力增大，管路特性曲线变陡，如曲线 1 所示。泵的工作点由 M 移动到点 M_1，流量由 q_{ve} 减小到 q_{v1}。如果出口调节阀门开度增大，局部阻力下降，则管路特性曲线变得平坦，如曲线 2 所示。泵的工作点由 M 移到 M_2 点，流量由 q_{ve} 增大到 q_{v2}，这种调节流量的方法简便、灵活、能连续调节、可调范围大，生产中广泛采用。其缺点是关小调节阀时，管路阻力增大，加大了能量消耗，在经济上不够合理。

改变泵的特性曲线是另一种调节流量的方法。改变泵的转速或车削叶轮都可以改变泵的特性曲线，这种方法不会增加管路的局部阻力，还可以在一定范围内保证离心泵在高效率区工作。当调节幅度较大而且调节后稳定的周期较长时可采用此法。图 2-9 是改变泵的特性曲线来调节流量的示意图。当离心泵的转速从 n 上升到 n_1 时，泵的工作点由 M 点移到 M_1，流量由 q_{ve} 增大到 q_{v1}；当转速从 n 下降到 n_2，流量则由 q_{ve} 减小至 q_{v2}。

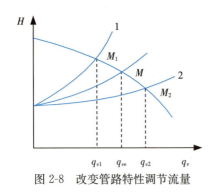

图 2-8 改变管路特性调节流量

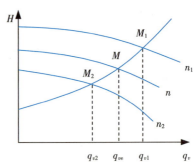

图 2-9 改变泵的特性调节流量

2-4 离心泵的类型和选用

2.4A 离心泵的类型

离心泵的类型多种多样。按被输送液体的性质不同，离心泵可分为水泵、耐腐蚀泵、油泵、杂质泵等；按叶轮吸入液体方式不同，可分为单吸泵和双吸泵；按叶轮数目不同，可分为单级泵和多级泵。

现对与食品工业相关的几种主要类型的离心泵作简要说明。

1. 水泵 水泵又称清水泵，输送清水及物理化学性质类似于水的液体。常用的清水泵有 IS 型、S 型和 D 型或 DG 型多级泵。IS 型泵是根据国际标准 ISO 2858 规定的性能和尺寸设计的，其效率比旧型号 B 型泵平均提高 3.67%。

IS 型系列泵为单级单吸离心泵。该系列泵的扬程范围为 5～125m，流量范围为 6.3～400m^3/h，输送介质温度不得超过 80℃。

型号表达方式以 IS80-65-160A 为例：IS 为国际标准单级单吸清水离心泵；80 为吸入口直径（mm）；65 为排出口直径（mm）；160 为叶轮名义直径（mm）；最后的字母"A"表示此泵叶轮外径比基本型号小一级，即叶轮外缘经过第一次车削。

S 型系列泵为双吸泵。该类离心泵适宜于流量大但扬程不太高的场合，进口直径为100～500mm，流量为 72～2 020m^3/h，扬程为 12～125m。

型号表达方式以 150S78A 为例：150 为泵入口直径（mm）；S 为单级双吸离心泵；78 为设计点扬程（m）；A 意义同上。

当扬程要求很高时，可采用多级泵。典型的多级泵是 D 型泵。叶轮级数最高是 14 级，扬程为 50～1 800m，流量为 6.3～580m^3/h。型号表达方式如 D155-67×3：D 表示节段式多级离心泵；155 表示泵设计点流量（m^3/h）；67 为泵设计点单级扬程（m）；3 为泵的级数。

2. 食品流程泵 食品流程泵广泛用于酿酒，以及饮料、淀粉、粮食加工等工业，常用的 SHB 型泵为单级单吸悬臂式离心泵。叶轮采用半开式，并可通过调整垫片对叶轮和泵体的轴向间隙进行调整，适用于输送悬浮液或含悬浮颗粒的液体。全系列流量范围为 80～600m^3/h，扬程 16～25m。输送介质温度为 -20～105℃。型号表达方式如 SHB 125-100-250-（102）SI：SHB 表示食品流程泵；125 表示泵入口直径（mm）；100 表示水泵出口直径（mm）；250 表示叶轮直径（mm）；102 表示材质代号；SI 表示单端面内装式机械密封。

3. 磁力驱动泵 CSB 氟塑料磁力驱动泵是一种新型的无泄漏离心泵，具有耐任意浓度的各种强酸、强碱、强氧化剂等腐蚀介质的优良性能，输送介质温度不大于 80℃。

该泵采用磁性传动，没有转轴动密封，根本上杜绝了泵泄漏途径，具有结构简单、维修方便、操作稳定可靠、噪声小、质量轻等优点。因此，近年来在食品工业中应用较为广泛。

4. 耐腐蚀泵 输送酸、碱等腐蚀性液体时应采用耐腐蚀泵，其主要特点是与液体接触的部件采用耐腐蚀材料制成，其系列代号为"F"。该系列泵的扬程范围为 15～105m，流量范围为 2～400m^3/h，被输送液体温度为 -20～105℃。

5. 杂质泵 输送含有固体颗粒的悬浮液及稠厚的浆液等通常采用杂质泵。杂质泵的叶轮流道宽，叶片数目少，常采用开式或半开式叶轮，其系列代号为"P"，此系列中又根据所含杂质不同分为污水泵"PW"、砂泵"PS"和泥浆泵"PN"等。

2.4B 离心泵的选用

离心泵的选用按下列步骤进行：

（1）确定泵的类型，根据被输送液体的性质和操作条件，确定泵的类型。

（2）确定输送系统的流量和扬程。根据生产任务规定输送系统的流量 q_v，按照输送系统管路安排，用伯努利方程式计算管路所需的扬程 H_e。

（3）确定泵的型号。按规定的流量 q_{ve} 和计算的扬程 H_e 从泵样本或产品目录中选出合适的型号。考虑到操作条件的变化，选用的泵提供的流量 q_v 和扬程 H 应稍大于 q_{ve} 和 H_e，同时离心泵还应保持在高效率区工作。

（4）核算泵的轴功率。被输送液体的密度和黏度与水相差较大时，应对所选用的特性曲线进行换算，并对轴功率 P 采用式（2-4）校核，注意泵的工作点是否在高效率区。

为了用户选用方便，泵的生产厂家有时还提供同一类型泵的系列特性曲线。泵的系列特性曲线图使泵的选用显得更加方便可靠。

第二节 其他类型的泵

2-5 往复泵

2.5A 往复泵的工作原理

往复泵（reciprocating pump）包括活塞泵、柱塞泵和隔膜泵等（图 2-10）。它主要由泵体 1、活塞或柱塞 2、吸入阀 3、排出阀 4 等组成。吸入阀和排出阀都是单向阀门，分别只能向内和向外开。活塞与曲柄连杆相连接 [图 2-11（a）]，并由电动机或内燃机驱动曲柄连杆带动活塞在泵缸中做往复运动。以图 2-10（b）为例，活塞顶与吸入阀和排出阀之间的容积称为工作室。当活塞自左至右移动时，工作室容积增大，形成低压。此时，排出管内液体的压力作用使排出阀呈关闭状态；吸入管内液体推开吸入阀进入工作室，当活塞移至右端止点时，工作室容积最大，吸入液体最多，吸液过程结束。当活塞由右至左移动时，因活塞的推挤泵缸内形成高压，吸入阀受压而关闭，排出阀被高压液体推开，缸内液体被压入排出管路。活塞移至左端止点时，排液完毕，完成一个工作循环。因此，当活塞不断地进行往复运动，就将液体不断地交替吸入和排出。

由此可见，往复泵的特点是通过活塞对液体直接做功，将外功以压力能的形式直接传递给液体。这与叶片泵有着本质的区别。

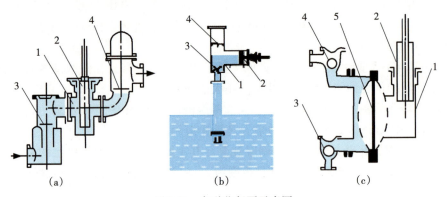

图 2-10 各种往复泵示意图

(a) 柱塞泵　(b) 活塞泵　(c) 隔膜泵

1. 泵体　2. 活塞或柱塞　3. 吸入阀　4. 排出阀　5. 隔膜

图 2-10 动画演示

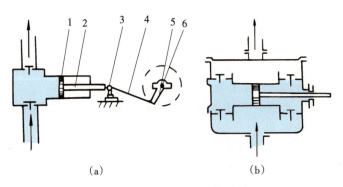

图 2-11 单作用泵和双作用泵

(a) 单作用泵　(b) 双作用泵

1. 活塞　2. 活塞杆　3. 十字头　4. 连杆　5. 曲轴　6. 曲柄

图 2-11 动画演示

活塞泵适用于压头较低的液体输送。如图 2-11（a）所示，活塞顶面在泵缸内向左或向右移动的极端位置称为"死点"，两死点之间的距离即活塞移动的最大距离称为冲程或行程。如果活塞往复运动一次，泵缸吸入和排出液体各一次，这种泵称为单作用泵或单动泵。由于单作用泵排出液体是间断的，加上活塞直线往复运动的不均匀性，导致排液时被输送液体的流量随曲轴转角而变化［图 2-12（a）］。

为了改善单作用泵排液流量的不均匀性，便出现了双作用泵或双动泵。如图 2-11（b）所示，双作用泵有 4 个单向阀，分布在泵缸的左右两端。当活塞向右移动时，左上端的排出阀关闭，左下端的吸入阀开启，与此同时，右上端的排出阀开启，右下端的吸入阀关闭。因此，对于双作用泵，活塞左右往复运动的每一个冲程都有液体的吸入和排出，大大改善了往复泵排液量的均匀性。

图 2-10（a）所示的柱塞泵适宜于压头较高的液体输送。它要将机械能转变为液体较高的静压能。这不仅要考虑泵缸的机械强度，而且必须采用柱塞代替活塞以满足强度的要求。在食品工业中常用的高压均质机就安装有三柱塞式高压泵，供液压力可达 60MPa。三作用式柱塞泵由三个单作用柱塞泵组成，值得注意的是它们共用同一根曲轴，而且三个曲柄销互相错开 120°，吸入管路和排出管路与各泵缸并联。这样，在曲轴转动一周的周期内，各泵的吸液（或排液）依次相差 1/3 个周期。大大提高了排液管路中流量的均匀性［图 2-12（c）］。

隔膜泵［图 2-10（c）］适宜于输送腐蚀性强的液体。为了不腐蚀损伤柱塞和泵缸，采用耐腐蚀、耐磨损，并富有弹性的橡皮或特制金属薄膜将柱塞与被输送液体隔开。隔膜左侧与被输送液体接触部分均用耐腐蚀材料制成或涂有耐腐蚀物质。隔膜右侧盛有水或油。当泵的柱塞做往复运动时，迫使隔膜交替向两侧弯曲，并使被输送的液体吸入和排出。

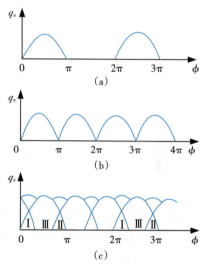

图 2-12　往复泵的流量曲线图
(a) 单动泵流量曲线　(b) 双动泵流量曲线
(c) 三动泵流量曲线

2.5B　往复泵的输液量和流量调节

1. 往复泵的输液量　往复泵的理论流量 q_{vt} 取决于活塞或柱塞扫过的全部容积。假如忽略吸入阀和排出阀开闭的滞后现象，液体的泄漏及流过泵的损失，则单缸单动往复泵的理论平均流量 q_{vt} 为

$$q_{vt} = Asn = \frac{\pi}{4}D^2 sn \tag{2-16}$$

式中　A——活塞或柱塞截面积，m^2；
　　　D——活塞或柱塞的直径，m；
　　　s——活塞或柱塞的冲程，m；
　　　n——活塞往复移动的频率，s^{-1}。

单缸双动往复泵的理论平均流量 q_{vt} 为

$$q_{vt} = (2A-a)sn = \frac{\pi}{4}(2D^2-d^2)sn \tag{2-17}$$

式中　a——活塞杆的截面积，m^2；
　　　d——活塞杆的直径，m。

三柱塞往复泵（或三缸单动往复泵）的理论平均流量 q_{vt} 为

$$q_{vt} = 3Asn \tag{2-18}$$

实际上，由于吸入阀和排出阀开闭的滞后性以及阀门、活塞、填料函等处的泄漏，往复泵的实际平均输液量 q_v 小于泵的理论平均流量 q_{vt}。

$$q_v = \eta_v q_{vt} \tag{2-19}$$

式中，η_v 为容积效率，由实验测定，其值如表 2-2 所示。

表 2-2　往复泵的实际平均输液量和容积效率

	q_v/(m³/h)	η_v
小型泵	0.1～30	0.85～0.90
中型泵	30～300	0.90～0.95
大型泵	＞300	0.95～0.99

往复泵与离心泵不同，它在压头不高时，其流量保持不变，而与压头无关；只有在压头较高的情况下，由于泄漏等原因，流量才随着压头的上升而略有下降，如图 2-13 所示。

往复泵的流量不均匀是一大缺点。由于活塞在工作室两死点间运动，速度的变化导致泵的实际流量基本上按正弦曲线规律变化。如图 2-12（a）和（b）所示，单作用泵在排液过程中不仅流量变化，而且是间断排液，虽然双作用泵是连续排液，但其流量仍然是不均匀的。为了提高管路供液流量的均匀性，可以采取下面两种方法：①采用多缸往复泵，使相差一定相位角的各缸输液量叠加，以改善往复泵流量的不均匀性。图 2-13（c）所示为三作用往复泵的流量曲线，流量就较均匀了。②在压出管路的终端安装空气室，利用空气易于压缩和膨胀的原理对液体流量进行缓冲调节。当排液量大时，有部分液体被压入空气室；当排液量小时，空气室内的部分液体补充到排出管路。这样，就可以使排出管路中流量均匀，并保证泵的平稳操作。

2. 往复泵的特性曲线和工作点　由式（2-16）、式（2-17）和式（2-18）可知，对于一定形式的往复泵，其理论平均流量 q_{vt} 只取决于活塞扫过的容积，而与压头无关。实际上，往复泵的实际流量小于理论流量，而且在压头较高的情况下，流量随着压头的上升略有降低，其特性曲线如图 2-13 所示。

像往复泵这类泵，流量只与活塞的位移有关，与管路无关；其扬程只与管路情况有关，而与流量无关。具有这种特性的泵，称为正位移泵。

从图 2-14 可以看出，往复泵工作点仍然是往复泵的特性曲线与管路特性曲线的交点。压头受原动机的功率和泵机械强度的限制，流量与管路特性曲线无关，几乎不发生变化。轴功率的计算式与离心泵相同。

3. 往复泵的流量调节

（1）改变活塞行程和转速。由式（2-16）、式（2-17）和式（2-18）可以看出，通过改变活塞行程 s，或者改变活塞驱动机构的曲柄转速 n，可以调整往复泵的流量。

（2）安装回流支路。如图 2-15 所示，往复泵出口总流量不变，只是通过支路调节阀使部分液体回流，从而达到改变排出管路流量的目的。这种调节方法简单，但造成一定的能量损失。

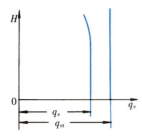

图 2-13　往复泵的特性曲线

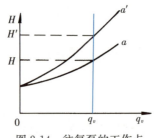

图 2-14　往复泵的工作点

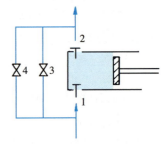

图 2-15　往复泵流量的支路调节
1.吸入阀　2.排出阀　3.支路阀　4.安全阀

2-6 旋 转 泵

旋转泵（rotary pump）依靠泵体内转子的旋转作用而吸入和排出液体。这类泵虽然在旋转运动的形式上与叶片式相同，但在工作原理上却与往复泵有相似之处，都是靠间歇地改变工作室的大小，从而挤压液体使之升高压头，以达到输送的目的。故旋转泵也属于正位移泵。

旋转泵类型很多，各种类型在食品工业上都有广泛的应用。最常见的有罗茨泵、滑板泵、齿轮泵和螺杆泵等，参见图2-16。

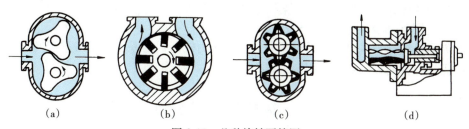

图2-16 几种旋转泵简图
(a) 罗茨泵 (b) 滑板泵 (c) 齿轮泵 (d) 螺杆泵

1. 罗茨泵 罗茨泵（Roots pump）又称叶形转子泵，如图2-16（a）所示。泵的转动元件为一对呈叶形的转子，转子的叶瓣为2～4片。两个转子分别固定在主动轴和从动轴上。由主动轴带动转子旋转，两转子旋转方向相反。由于两个转子相互紧密啮合，以及转子与泵壳的严密接触，因而将吸入室与排出室隔开。当转子旋转时，在吸入侧，因叶瓣从槽内拨开，空间逐渐扩张而产生低压，因而吸入液体。被吸入的低压液体，随着转子转动，逐次地被封闭在两相邻叶瓣与泵壳所围的空间内，并随转子一起转动而到排出侧。在排出侧，两转子的叶瓣互相合拢使液体产生高压而排出。

罗茨泵由于结构简单，便于拆洗，且可产生中等的压头，故常用作果浆、糖浆等食品输送的卫生泵。

2. 滑板泵 滑板泵的主要工作部件是一个带有若干径向槽的转子，偏心安在泵壳中，如图2-16（b）所示。在转子的径向槽中装有可滑动的滑板，滑板靠转动的离心力而伸出，压在泵内壳面上，并在其上滑动。滑板泵吸入侧和排出侧靠两个密封凸座隔开。当转子旋转时，两相邻滑板和内壳壁间所围成的空间容积是变化的。在吸液侧空间容积逐渐由小变大，压力降低而吸入液体；而当转子转过密封凸座之后，此空间便由大变小，压力增大而将液体压入排液室。

3. 齿轮泵 齿轮泵（gear pump）的结构和工作原理与罗茨泵非常相似，如图2-16（c）所示。由于泵壳内的一对齿轮相互紧密啮合，以及齿轮与泵壳的严密接触，而将吸入室与排出室分开。在泵的吸入口，因两齿轮的齿向两侧拨开，形成低压区，液体被吸入。当齿轮旋转时，被输送液体封闭在齿穴和泵壳之间，强行压向排出端。在排出口，两齿轮的互相啮合而形成了高压区，迫使液体压入排出管路。

齿轮泵流量较小，但压头较高，常被用于输送黏度较大而不含杂质的液体。

4. 螺杆泵 螺杆泵（screw pump）由泵壳和一个以上的螺杆所构成，如图2-16（d）所示。除单螺杆泵和双螺杆泵外，我国还生产三螺杆泵和五螺杆泵。图2-16（d）所示为单螺杆泵，螺杆在具有内螺纹的泵壳中偏心转动，将液体沿轴向推进，最后挤压至排出口而排出。螺杆泵输出液体的压头高，效率较齿轮泵高，无噪声，无振动，流量均匀，可以在高压下输送黏稠液体。

单螺杆泵在泵壳内衬上硬橡胶，可输送各种液体食品，特别是较黏稠的液体食品，因此，在食品工业生产中，单螺杆泵被广泛应用。

第三节 风 机

食品加工过程中，常需进行气体输送，如喷雾干燥中热风的输送，流态化、气力输送技术中空气的输送,冷冻、速冻食品工艺中冷风的流动等。此外在食品工厂中,车间通风和空气调节也都需要应用气体输送机械。气体输送机械与液体输送机械在结构和工作原理上是相似的,其作用都是向流体做功以提高其静压力,为其输送提供能量。但气体密度比液体小得多,具可压缩性,输送时体积流量较大,流速较大,输送相同质量的气体,较输送液体,一般阻力损失要高10倍。

气体输送机械可按其终压(出口压力)分成四类,每类终压 p_2 与始压 p_1 之比——压缩比 p_2/p_1 也不同。

(1) 通风机。终压 $p_2 \leqslant 15\text{kPa}$(表压),压缩比 $p_2/p_1=1\sim1.15$。
(2) 鼓风机。终压 p_2:$15\sim300\text{kPa}$(表压),$p_2/p_1<4$。
(3) 压缩机。终压 $p_2>300\text{ kPa}$(表压),$p_2/p_1>4$。
(4) 真空泵。使 $p_1<p_2$,一般 $p_2=p_a$。

通风机和鼓风机统称为风机。如果过程所需气体压力较低,常采用风机来进行气体输送;若主要为了压缩,所需压力很高,一般就应用压缩机。

2-7 通风机和鼓风机

通风系统中迫使空气在通风管网中流动的机器称为通风机(fan)。食品工业中常用的通风机有离心式通风机和轴流式通风机两类。离心式通风机使用广泛,较多地用于气体的输送。轴流式通风机所产生的风压较小,一般用作通风换气。如果需要较大的风压,应当采用鼓风机。

2.7A 离心式通风机

离心式通风机(centrifugal fan)按其产生风压大小分为:
(1) 低压离心通风机。风压 $\leqslant 1\text{kPa}$(表压)。
(2) 中压离心通风机。风压为 $1\sim3\text{kPa}$(表压)。
(3) 高压离心通风机。风压为 $3\sim15\text{kPa}$(表压)。

1. 结构和工作原理 离心式通风机的结构类似离心泵,主要由叶轮、机壳等组成。它的叶轮上叶片数较离心泵多。其叶片不仅有后弯的,也有前弯或径向叶片。后弯叶片适用于较高压力的通风机。径向叶片适用于风压较低的场合。前弯叶片有利于提高风速,可减小设备尺寸,但阻力损失也较大。

离心式通风机的机壳也呈蜗壳状,机壳断面有矩形和圆形两种。一般低压多为矩形,高压多采用圆形。图2-17所示即蜗壳断面为矩形的离心式通风机。

离心式通风机的工作原理和离心泵相似。其叶轮在电动机带动下随机轴一起高速旋转,叶片间的气体在离心力作用下由径向甩出,同时在叶轮的吸气口形成真空,外界气体在大气压力作用下被吸入

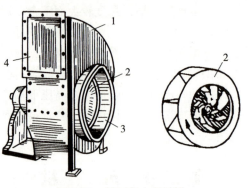

图 2-17 低压离心通风机
1. 机壳 2. 叶轮 3. 吸入口 4. 排出口

图 2-17 动画演示

叶轮，以补充排出的气体，由叶轮甩出的气体进入机壳后被压向风道，如此源源不断地将气体输送到通风管网中。气体在离心式通风机的外壳内，由吸气口到排气口经过一个90°的回转。气体进入通风机时，方向是和通风机的机轴平行的，而离开通风机时，方向却变得和机轴相垂直了，所以它能够自然地适应通风管道中90°的转弯。

2. 性能参数 通风机的性能参数主要有：

（1）风量。风量q_v是单位时间内流过通风机的气体体积（按吸入状态计），单位为m^3/s，通常采用m^3/h。

（2）风压。全风压p_t是单位体积气体流经风机所获得的机械能，单位为J/m^3，亦即Pa。通风机的全风压相应于泵的性能参数中的压头。用下标1和2分别表示通风机进口和出口处气体的状态，列伯努利方程：

$$w = g(z_2 - z_1) + \frac{p_2 - p_1}{\rho} + \frac{u_2^2 - u_1^2}{2} \quad (J/kg)$$

各项乘以ρ，则有

$$p_t = \rho w = \rho g(z_2 - z_1) + (p_2 - p_1) + \rho \frac{u_2^2 - u_1^2}{2} \quad (Pa) \quad (2-20)$$

对于气体，式中ρ很小，$(z_2 - z_1)$也较小，故$\rho g(z_2 - z_1)$可以忽略。若空气直接由大气进入通风机，$u_1 \approx 0$。故上述伯努利方程可简化为

$$p_t = (p_2 - p_1) + \rho u_2^2/2 \quad (Pa) \quad (2-21)$$

式中，$p_2 - p_1 = p_{st}$称静风压，是$1m^3$气体经风机后静压能的增量。$\rho u_2^2/2 = p_d$称动风压，是入口状态$1m^3$气体的动能，因此

$$p_t = p_{st} + p_d \quad (2-22)$$

表示通风机的全风压为静风压和动风压之和。

（3）功率。通风机的有效功率为

$$P_e = p_t q_v \quad (W) \quad (2-23)$$

（4）效率η。通风机的效率为

$$\eta = \frac{P_e}{P} \quad (2-24)$$

式中 P——通风机的轴功率，W。

实验测定通风机性能间的关系，也可以得到特性曲线。离心式通风机在转速n一定时，p_t—q_v、P—q_v、η—q_v曲线与离心泵特性曲线形状类似，此外它还有一条p_{st}—q_v特性曲线。注意在应用计算中，p_{st}与q_v必须是同一状态下的数值。

3. 离心通风机的选择 离心通风机的选用原则和步骤与离心泵相仿。首先根据所输送气体的情况（如清洁空气、含尘气体、高温气体、易燃气体、腐蚀性气体等）与风压范围，确定风机类型。然后根据所要求的风量和风压（风压必须换算成实验条件下的数值），从产品样本中查得适宜的型号。

将实际操作条件需要的风压p_t换算为出厂前风机实验条件下的风压p_{t0}，其换算式为

$$p_{t0} = p_t \frac{1.2}{\rho} \quad (2-25)$$

式中 ρ——输送气体在操作条件下的密度，kg/m^3；

1.2——实验条件下空气的密度，kg/m^3。

2.7B 轴流式通风机

轴流式通风机的结构与轴流泵相似，如图2-18所示。在机壳内装有一个迅速旋转的叶轮，叶轮上固定有数片扭曲状的叶片，由于叶片具有斜面形状，所以当叶轮在机壳中转动时，空气一方面随着叶片

转动，一方面沿着轴向推进，因空气在机壳中的流动始终沿着轴向，故称为轴流式通风机。

由于气体流动过程中没有离心力，所产生的压力也很小，通常在 250Pa 以下，但也可高到 1kPa。由于它所产生的压力较低，只有在通风系统中没有通风管，或通风管较短时才能够使用。因为若装上导管和气道，必增加阻力。故轴流式通风机通常装在室内的排风孔上或天花板上，轴流式通风机的叶轮常固定在电动机转轴上，而电动机则装在通风机的壳内或壳外。轴流式通风机的形式很多，其效率一般为 60%～65%。

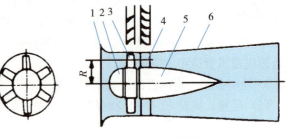

图 2-18　轴流式通风机简图
1. 集风器　2. 整流罩　3. 叶轮　4. 导叶　5. 整流体　6. 扩散筒

轴流式通风机的风量大，但产生的风压很小，主要用于通风换气，如食品生产中的空气冷却器、冷却水塔的通风和某些对流干燥设备中驱动加热介质的流动等。另外如需将大量热空气排出到室外，或抽送大量烟雾和蒸汽，也可使用轴流式通风机，因为在这种情况下，往往不需要很大的风压。

2.7C　鼓风机

常用的鼓风机（blower）有离心鼓风机和旋转鼓风机两种类型。

1. 离心鼓风机　离心鼓风机又称透平鼓风机或涡轮鼓风机，其基本结构和工作原理与离心通风机相似。但鼓风机的外壳直径与宽度之比较大，叶轮的叶片数目较多，转速亦较高，单级离心鼓风机出口表压不超过 30kPa，因此，风压较高的离心鼓风机都是由几个叶轮串联构成的多级鼓风机。

离心式鼓风机送风量大，出口风压不太高，压缩比不大，气体压缩过程中产生热量不多，所以不需要冷却装置，各级叶轮直径也大体相等。

图 2-19　罗茨鼓风机　　图 2-19 动画演示

2. 旋转鼓风机　旋转鼓风机的出口风压不超过 80kPa（表压），常见的有罗茨鼓风机，其结构如图 2-19 所示。椭圆形的机壳内有两个渐开摆线形的转子，转子之间、转子与机壳之间缝隙很小，所以转子旋转时无过多的气体泄漏。罗茨鼓风机的工作原理与罗茨泵相似。

罗茨鼓风机的特点是风量与转速成正比。在转速一定时，流量与出口压强无关。流量范围为 2～500m³/min，出口压强可达 80kPa（表压），压强过高将导致泄漏增加，一般在 40kPa（表压）附近效率较高。

罗茨鼓风机的出口应安装缓冲罐和安全阀，流量可用支路调节，鼓风机操作温度不超过 85℃，以防鼓风机转子受热膨胀而卡死，影响正常运行。

第四节　气体压缩

在食品生产中经常应用压缩空气或其他压缩气体。压缩机（compressor）是应用较广的气体输送机械之一，如罐头反压杀菌、喷雾干燥中的气流雾化等都需要压缩机。在制冷技术中最广泛应用的蒸汽压缩式制冷，压缩机更是关键设备。压缩机的种类较多，有往复式压缩机、离心式压缩机、液环式压缩机和螺杆式压缩机等。

离心式压缩机的构造与多级离心式鼓风机相似。叶轮旋转时，将气体吸入，并受离心力作用加速，经导向叶片时减速，将动能转变为气体的静压能，依次经过后面各级达到所需的压力。离心式压缩机与离心式鼓风机相比，有更多的叶轮级数和更高的转速，因此可产生很高的风压。由于压缩比较大，温升也大，因此离心压缩机常常分成几段，每段包括若干级，叶轮直径逐级减小，段与段之间有中间冷却装置。离心式压缩机因体积小，流量大，易损部件少，维修方便，供气均匀，气体内无油污，所以近年应用日趋广泛。

本节主要介绍往复式压缩机。

2-8 往复压缩机的工作原理

往复压缩机主要由汽缸、活塞、吸气阀和排气阀组成。图 2-20 所示的是一立式单动双缸压缩机，机内装两个并联汽缸，两活塞 1 连于同一曲轴 5 上。吸气阀 3 和排气阀 4 都在汽缸上部。

往复压缩机靠曲轴连杆机构带动活塞在汽缸中往复运动，通过吸气阀和排气阀的控制，循环地进行膨胀—吸气—压缩—排气过程，达到增大气体压强的目的。让我们首先讨论理想压缩循环过程。

2.8A 理想压缩循环

以单动往复压缩机为例讨论如图 2-21 所示的理想压缩循环。所谓理想循环要作如下假设：①被压缩的气体是理想气体；②气体流经吸气阀和排气阀时，无阻力损失，即吸气时汽缸内气体压力恒等于入口压力 p_1，排气时汽缸内气体压力恒等于出口压力 p_2；③压缩机无泄漏；④吸入汽缸的气体经压缩后全部排出汽缸，排气终了时活塞与汽缸端盖没有空隙，或说无余隙。

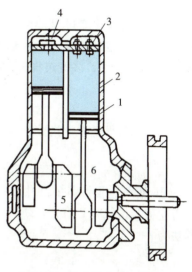

图 2-20　立式单动双缸压缩机
1. 活塞　2. 汽缸体　3. 吸气阀
4. 排气阀　5. 曲轴　6. 连杆

理想压缩循环由下列四步构成：吸气、压缩、排气和瞬时降压。

Ⅰ. 吸气过程　即图 2-21 中 4→1 的过程。活塞刚右移，进气阀 A 即打开，气体在恒压 p_1 下进入汽缸，至充满缸止，气体体积为 V_1。此过程气体对活塞所做功 $W_Ⅰ$ 取负值：

$$W_Ⅰ = -p_1V_1$$

Ⅱ. 压缩过程　图 2-21 中 1→2 表示压缩过程。吸气结束后，活塞左移，吸气阀 A 关闭，汽缸内气体被压缩。压力逐渐升高。到状态 2 时，压力达 p_2，此时缸内气体体积为 V_2。该过程的功为

$$W_Ⅱ = -\int_{V_1}^{V_2} p\,dV \qquad (2-26)$$

由式（2-26）求压缩功 $W_Ⅱ$，因压缩过程不同，方法亦不同，分下列几种情况讨论。

(1) 压缩是等温过程。这是一种极端情形，用图中 1→2″ 线表示，即压缩功立即变成热完全散失到环境中。气体温度不变，即热力学能不变。该过程可用下式表示：

$$pV = \text{const}$$

或

$$p_1V_1 = p_2V_2 \qquad (2-27)$$

该过程如果又是可逆的，则消耗功

$$W_Ⅱ = nRT\ln\frac{V_1}{V_2} = p_1V_1\ln\frac{V_1}{V_2} \qquad (2-28)$$

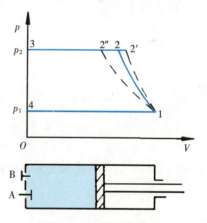

图 2-21　理想压缩循环

图 2-21 动画演示

(2) 压缩是绝热过程。这是另一种极端情形，用图中 1→2′ 线表示，即压缩功全部转化为缸内气体的热力学能增量，没有向环境散失热量。该过程在可逆条件下可表示为

$$pV^k = \text{const}$$

或
$$p_1 V_1^k = p_2 V_2^k \tag{2-29}$$

式中，k 为气体的绝热指数，$k = \dfrac{c_p}{c_V}$，是气体质量定压热容和质量定容热容之比。按物理化学原理，该过程的压缩功为

$$W_{\text{II}} = \frac{1}{k-1}(p_2 V_2 - p_1 V_1) \tag{2-30}$$

(3) 压缩是多变过程。实际上，气体压缩产生的热既不可能立即全部传给环境，也不可能丝毫不向环境传递。也就是说，实际压缩既不是等温，也不是绝热过程，而是介于两者之间的多变过程，用图中 1→2 线表示。多变过程可表示为

$$pV^m = \text{const}$$

或
$$p_1 V_1^m = p_2 V_2^m \tag{2-31}$$

式中，m 为气体的多变指数，$1 < m < k$。多变过程的压缩功为

$$W_{\text{II}} = \frac{1}{m-1}(p_2 V_2 - p_1 V_1) \tag{2-32}$$

Ⅲ. 排气过程 图 2-21 中 2→3 表示压缩机的排气过程，状态 2 时，汽缸中气体压力已达 p_2。活塞再左移，排气阀 B 打开，随活塞继续左移，进行恒压排气，至状态 3 时缸内气体排完。排气过程的功为

$$W_{\text{III}} = p_2 V_2$$

Ⅳ. 瞬时降压 图 2-21 中 3→4 表示将要开始吸气的瞬间，汽缸内压力由 p_2 突变至 p_1，此步功交换为零：

$$W_{\text{IV}} = 0$$

以上四步构成一个压缩循环，循环过程的功为

$$W = W_{\text{I}} + W_{\text{II}} + W_{\text{III}} + W_{\text{IV}}$$

$$= -p_1 V_1 + \frac{1}{m-1}(p_2 V_2 - p_1 V_1) + p_2 V_2 + 0$$

$$W = \frac{m}{m-1}(p_2 V_2 - p_1 V_1)$$

$$W = \frac{m}{m-1} p_1 V_1 \left(\frac{p_2 V_2}{p_1 V_1} - 1 \right) \tag{2-33}$$

将式（2-31）的关系代入上式，可得理想压缩循环的功为

$$W = \frac{m}{m-1} p_1 V_1 \left[\left(\frac{p_2}{p_1} \right)^{\frac{m-1}{m}} - 1 \right] \tag{2-34}$$

若将压缩过程近似处理为绝热过程，则

$$W = \frac{k}{k-1} p_1 V_1 \left[\left(\frac{p_2}{p_1} \right)^{\frac{k-1}{k}} - 1 \right] \tag{2-35}$$

此循环功 W 等于图 2-21 中封闭曲线 4—1—2—3—4 所围的面积。由图可见，压缩过程如果是绝热的，消耗的循环功 W 最大。压缩过程如果是恒温的，消耗的循环功最小。实际的多变过程进行汽缸的冷却，力求使压缩过程趋向于等温压缩，降低多变指数 m，以减少压缩耗功。

多变压缩时排气温度 T_2 与吸气温度 T_1 的关系，可应用理想气体状态方程 $pV = nRT$，消去式（2-31）中的 V，得

$$T_2 = T_1 \left(\frac{p_2}{p_1}\right)^{\frac{m-1}{m}} \tag{2-36}$$

若 $m=1$，即为等温过程。若 $m=k$，即为绝热过程。对汽缸采取冷却措施，降低 m，使 T_2 升得较小，对保持压缩机的良好润滑也是有利的。

2.8B 有余隙压缩循环

压缩机实际工作循环与上述理想循环是有不同的。首先，为防止活塞在排气终了时碰撞汽缸盖，活塞的极限位置与缸盖间必须留有余隙。有余隙压缩循环如图 2-22 所示。它与理想循环的区别在于：排气终了，当活塞反向移动时，残留在余隙体积 V_3 中的高压气体将膨胀，压力降低，达点 4 时压力降至 p_1，在 3→4 膨胀过程中汽缸不吸气，此后随活塞右移，才开始吸气，吸气过程为 4→1。因此，有余隙压缩循环是由余隙气体膨胀、吸气、压缩和排气四个过程构成。

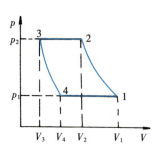

图 2-22 有余隙压缩循环

设 $V = V_1 - V_3$ 为活塞扫过的体积，$V_e = V_1 - V_4$ 为吸气体积，则可定义 $\varepsilon = \dfrac{V_3}{V}$ 为余隙因数，表示余隙体积与活塞扫过体积之比，一般压缩机 $\varepsilon = 0.05 \sim 0.16$。又令 $\lambda_v = \dfrac{V_e}{V}$，称为容积因数，它是吸气体积与活塞扫过体积之比。显然，$\lambda_v < 1$。

由图 2-22 知，$V_e = V + V_3 - V_4$。式两端除以 V，得

$$\frac{V_e}{V} = 1 + \frac{V_3}{V} - \frac{V_4}{V} = 1 + \frac{V_3}{V} - \frac{V_3}{V} \cdot \frac{V_4}{V_3}$$

因此

$$\lambda_v = 1 + \varepsilon - \varepsilon \frac{V_4}{V_3} = 1 - \varepsilon \left(\frac{V_4}{V_3} - 1\right) \tag{2-37}$$

若余隙气体膨胀过程 3→4 是个多变过程，则按式（2-31）的关系，有

$$p_2 V_3^m = p_1 V_4^m$$

于是

$$\frac{V_4}{V_3} = \left(\frac{p_2}{p_1}\right)^{\frac{1}{m}}$$

将此关系代入式（2-37），可得

$$\lambda_v = 1 - \varepsilon \left[\left(\frac{p_2}{p_1}\right)^{\frac{1}{m}} - 1\right] \tag{2-38}$$

由式（2-38）可知，容积因数 λ_v 与余隙因数 ε 和气体压缩比 $\dfrac{p_2}{p_1}$ 有关。余隙因数越大，压缩比越大，则容积因数越小。

2-9 往复压缩机的性能和分类

2.9A 往复压缩机的主要性能参数

1. 排气量 往复式压缩机的排气量又称为压缩机的生产能力（compressor capacity），用压缩机在单位时间内排出的气体体积换算成吸入状态下的数值来表示，因此，它又称为压缩机的吸气量。

如果没有余隙，单动往复式压缩机的理论吸气量为

$$q_{vt} = \frac{\pi}{4} D^2 s n \quad (\text{m}^3/\text{s}) \tag{2-39}$$

式中 D——活塞直径，m；

s——活塞冲程，m；
n——活塞单位时间往复次数，s^{-1}。
双动多缸往复压缩机的理论吸气量为

$$q_{vt}=\frac{\pi}{4}(2D^2-d^2)Zsn \quad (m^3/s) \tag{2-40}$$

式中 d——活塞杆直径，m；
  Z——压缩机汽缸数。

由于压缩机存在余隙，实际吸气量比理论吸气量小，加上压缩机存在泄漏等多种原因，实际排气量比实际吸气量还要小。所以，实际排气量为

$$q_v=\lambda_d q_{vt} \quad (m^3/s) \tag{2-41}$$

式中 λ_d——送气因数，一般$\lambda_d=(0.8\sim0.95)\lambda_v$。

2. 功率 若以膨胀、压缩都是绝热过程为例，压缩机的理论功率为

$$P_a=p_1 q_v \frac{k}{k-1}\left[\left(\frac{p_2}{p_1}\right)^{\frac{k-1}{k}}-1\right] \quad (W) \tag{2-42}$$

而轴功率为

$$P=\frac{P_a}{\eta_a} \tag{2-43}$$

式中 η_a——绝热总效率，$\eta_a=0.7\sim0.9$。

2.9B 多级压缩

从前面讨论的单级压缩过程我们可以看出，当压缩比增大时，容积因数下降，压缩后的气体温度很高，过高的温度必然引起压缩机中的润滑油黏度降低，影响润滑性能，甚至完全失效，以致压缩机根本无法正常运行。所以，单级压缩机的压缩比不宜过高。在要求压缩比很高的情况下，可采用多级压缩。图2-23为三级压缩示意图。气体在第一级汽缸压缩后，经中间冷却器和油水分离器进入第二级汽缸压缩，随后再经中间冷却器和油水分离器而进入第三级汽缸压缩。以此类推，连续经过多级汽缸压缩，即可达到所要求的最终压力。各级汽缸的压缩比只占总压缩比的一部分。

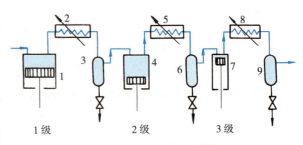

图2-23 三级压缩示意图
1、4、7.汽缸 2、5、8.冷却器 3、6、9.油水分离器

采用多级压缩的优点如下。

1. 避免排出气体温度过高 一次压缩如压缩比 p_2/p_1 过大，按式（2-36），排出气体温度会较高。过高的终温会使润滑油黏度降低，润滑差，摩擦加剧，零件磨损，功耗增大，严重会使润滑油分解燃烧，造成事故。多级压缩可采取中间冷却，因而终温不会很高。

2. 减少功耗 如果按理想压缩循环考虑，如图2-24所示，将气体由p_1压缩到p_2，如采用一级压缩，耗功相应于1—2—3—4—1所围的面积。如采用二级压缩，第一级当气体被压缩到压力为p'_2时，因采取中间冷却，气体状态由$2'$降温至$2''$，第二级从此状态压缩，两级所耗总理论功相应于1—$2'$—$2''$—$3'$—3—4—1所围的面积。与一级压缩比，节省了相当于$2'$—$2''$—$3'$—2—$2'$所围阴影面积的功。级数越高，耗功越少。

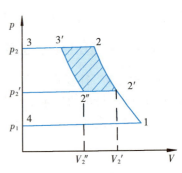

图2-24 二级压缩理论功

3. 提高汽缸容积利用率 实际汽缸总要留有余隙。单级压缩如压缩比很大，余隙气体膨胀就会占去很大汽缸容积，使容积因

数 λ_v 降得很低，甚至余隙气体膨胀压力达到进气压力时，活塞已走到汽缸尽头，即 $\lambda_v=0$，不会再产生吸气动作。这由式（2-38）也可计算出来。采用多级压缩，每级压缩比不高，相应容积因数较大，可提高汽缸容积利用率。

2.9C 往复压缩机的类型和选用

往复压缩机依据其不同的特点，有多种分类方法。

（1）按汽缸构造分。只在活塞一侧吸气和排气的，称单动式；在活塞两侧均能吸气和排气的，称双动式。

（2）按压缩级数分。可分为单级、双级和多级。

（3）按压缩气体终压分。可分为低压（<1MPa）、中压（1～10MPa）和高压（>10MPa）。

（4）按排气量分。可分为小型（<10m³/min）、中型（10～30m³/min）和大型（>30 m³/min）。

（5）按压缩的气体种类分。可分为空气压缩机、氨压缩机、氧气压缩机等。

（6）按汽缸在空间的位置分。可分为立式（汽缸垂直配置）、卧式（汽缸水平配置）与角式（汽缸互相配置成 V 形、W 形和 L 形）压缩机。

生产上选用压缩机时，首先应根据输送气体的性质确定压缩机的种类；然后根据生产任务及厂房具体条件选择压缩机结构形式，如立式、卧式或角式；最后根据生产所需排气量和终压，在压缩机样本或产品目录中选择合适的型号。

因往复式压缩机排气量是间歇的，输气不均匀，所以必须在排气出口装贮气罐，使输出的气体均匀稳定。贮气罐也能使气体夹带的油沫、水沫沉降分离，在罐底定期将油、水放出。贮气罐上装压力表、安全阀以保证安全。压缩机气体入口处要装气体过滤器，以免灰尘、铁屑等固体物吸入，减少汽缸、活塞的磨损。此外，在运转过程中，还须注意汽缸的冷却与润滑。

第五节 真空技术

真空技术是现代食品工程的重要基础技术。它的应用是多方面的，包括真空条件下的输送、过滤、脱气、蒸发、干燥、成型和包装等。

食品工业中真空技术受欢迎的主要原因有二：首先，真空在一定场合与低温相联系。压力越低，水的沸点就越低。在真空状态下操作，食品水分汽化可在较低温下进行，对保护食品热敏成分是很有利的。其次，真空系统中氧的含量可大大降低，可减轻甚至避免氧化作用对食品成分的破坏。

2-10 真空技术的物理基础

2.10A 真空的基本概念

第一章中已讨论过，可以用真空度 p_{vm} 来表示容器内真空的程度。而 $p_{vm}=p_a-p_{ab}$，故也可直接以绝对压力 p_{ab} 来描述真空。按 p_{ab} 的大小通常将真空分成若干区域，食品工程中应用下列三个真空区域：

（1）低真空。p_{ab} 为 $10^2 \sim 1$ kPa。

（2）中真空。p_{ab} 为 $10^3 \sim 0.1$ Pa。

（3）高真空。p_{ab} 为 $0.1 \sim 10^{-6}$ Pa。

除用绝对压力 p_{ab} 外，也可用分子数密度、分子平均自由程和分子撞击率等物理概念来描述真空。

1. 分子数密度 分子数密度 n 是单位体积内气体分子数。若质量为 m 的气体占据的体积为 V，则分子数密度为

$$n = \frac{mN_A}{MV} \quad (m^{-3}) \tag{2-44}$$

式中 M——气体的摩尔质量,kg/mol;
N_A——阿伏伽德罗(Avogadro)常数,$N_A = 6.023 \times 10^{23} mol^{-1}$。
由理想气体状态方程,易得

$$n = \frac{p}{kT} \quad (m^{-3}) \tag{2-45}$$

式中 p——气体压力,Pa;
T——气体热力学温度,K;
k——玻耳兹曼常数,$k = R/N_A = 1.381 \times 10^{-23} J/K$。

2. 平均自由程 平均自由程是气体分子两次相继碰撞之间的平均距离。

由物理学气体分子运动论知,气体分子的平均自由程 $\bar{\lambda}$ 为

$$\bar{\lambda} = \frac{1}{\sqrt{2}\pi n d^2} \quad (m) \tag{2-46}$$

式中 d——气体分子的直径,m。

将式(2-45)的关系代入式(2-46),得

$$\bar{\lambda} = \frac{1}{\sqrt{2}\pi d^2} \frac{kT}{p} = 3.11 \times 10^{-24} \frac{T}{d^2 p} \quad (m) \tag{2-47}$$

对常温的空气,$T = 298K$,$d = 3.72 \times 10^{-10} m$,则 $\bar{\lambda} = 6.70 \times 10^{-3}/p$。若 $p = 1.01 \times 10^5 Pa$,$\bar{\lambda} = 6.63 \times 10^{-8} m$。若 $p = 10^{-4} Pa$,则 $\bar{\lambda} = 67 m$,可见在这种高真空的程度,分子只存在与容器壁的碰撞了。

3. 分子撞击率 分子撞击率是单位时间内撞击在单位壁面上的分子数。根据气体分子运动论,分子撞击率 φ 为

$$\varphi = \frac{1}{4} n u_{av} \quad (s^{-1}) \tag{2-48}$$

式中 u_{av}——气体分子的平均运动速度,m/s,$u_{av} = \sqrt{\frac{8RT}{\pi M}}$。

综上,随着气体绝对压力 p_{ab} 的降低,分子数密度 n 降低,分子平均自由程 $\bar{\lambda}$ 增大,而分子撞击率 φ 下降,都表明真空度 p_{vm} 增大。

2.10B 真空系统的技术原理

真空系统是由真空室、真空泵、真空导管和阀门等主要部分组成,如图 2-25 所示。真空室即被抽真空的容器,真空系统能使真空室获得一定的真空度并满足某种特定工艺要求。在真空系统中最重要的是真空泵的性能和真空导管的流通性质。

1. 真空导管中气体的流动形态 当系统压力从大气压被抽成高真空时,真空导管中的气体将依次经历黏性流、中间流和分子流等三种流动形态。所谓黏性流,就是流动时气体分子间频繁地相互碰撞交换动量。所谓分子流,就是分子平均自由程与导管尺寸相比很大,流动时几乎没有气体分子间的相互碰撞。而中间流是介于黏性流和分子流之间的过渡流动形态。

真空导管中气体的流动形态与导管的直径 D 和导管中气体的分子平均自由程 $\bar{\lambda}$ 有关。将 $D/\bar{\lambda}$ 这个量纲一的量称为诺森数,可由诺森数 $D/\bar{\lambda}$ 的大小判定真空导管中气体的流动形态:当 $D/\bar{\lambda} < 1/3$,导管中气体流动为分子流;当 $1/3 \leqslant D/\bar{\lambda} \leqslant 100$,流动为中间流;当 $D/\bar{\lambda} > 100$,流动为黏性流。

2. 真空导管中气体的流量 真空管路中经过某截面的气体流量,常有以下表示方法:

(1)体积流量 q_v。单位时间内通过导管截面的稀薄气体的体积,称体积流量 q_v,单位为 m^3/s。若气体的流速为 u,导管横截面积为 A,则有

$$q_v = Au \quad (\text{m}^3/\text{s}) \tag{2-49}$$

(2) 分子流量 N。单位时间内通过导管截面的气体分子数，称为分子流量 N，显然，

$$N = q_v n \quad (\text{s}^{-1}) \tag{2-50}$$

对于稳定流动，在图 2-25 导管的截面 1 和截面 2 间，可作出低压下气体流动的连续性方程：

$$N = q_{v1} n_1 = q_{v2} n_2 \tag{2-51}$$

式中 q_{v1}，q_{v2}——截面 1 和截面 2 处的体积流量，m^3/s；

n_1，n_2——截面 1 和截面 2 处的分子数密度，m^{-3}。

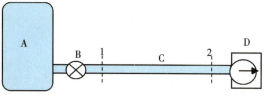

图 2-25 真空系统
A. 真空室 B. 阀门 C. 真空导管 D. 真空泵

3. 真空导管的流导 理论和实践证明，真空导管的分子流量 N 与导管两端截面处的分子数密度差成正比，即

$$N = C(n_1 - n_2) \quad (\text{s}^{-1}) \tag{2-52}$$

式（2-52）中，比例系数 C 称为导管的流导，其单位与体积流量的单位相同，为 m^3/s。导管的流导是真空技术的重要参量，流导的大小表示导管对低压气体的通导能力。流导 C 的倒数 $1/C$ 称为流阻。这里的关系类似于电学中的欧姆定律，这里的流导相应于电导，流阻相应于电阻。

由式（2-45）$n = \dfrac{p}{kT}$，式（2-52）中过程的推动力可由分子数密度差改为压力差：

$$N = \frac{C}{kT}(p_1 - p_2) \tag{2-53}$$

导管的流导与导管的尺寸和气体的性质有关。对于圆长管（长径比 $L/D \geqslant 20$），当气体是黏性流时，由式（2-45）和式（2-50）可得

$$N = q_v n = \frac{q_v p}{kT} \tag{2-54}$$

将式（2-53）与式（2-54）结合，得

$$NkT = q_v \bar{p} = Au\bar{p} = \frac{\pi}{4} D^2 u \bar{p} = C(p_1 - p_2) = C\Delta p$$

式中 $\bar{p}$——导管中气体的平均压力，$\bar{p} = (p_1 + p_2)/2$。

由第一章的式（1-47）泊肃叶方程：

$$\Delta p = \frac{32 \mu L u}{D^2}$$

代入前式，有

$$\frac{\pi}{4} D^2 u \bar{p} = C \cdot \frac{32 \mu L u}{D^2}$$

可得

$$C = \frac{\pi D^4}{128 \mu L} \bar{p} \tag{2-55}$$

由式（2-55）可见，圆长管的流导与管的直径关系甚大。

4. 真空技术的基本方程 真空系统中的真空泵是用来排除系统中的气体、维持系统真空度的关键设备。真空泵排除气体的速率称为泵的抽气速率，简称抽速，它表示单位时间内从系统中排出相当于泵进口压力下的气体体积，以符号 S_p 表示，其单位为 m^3/s。

如图 2-26 所示，在以导管连接的真空泵和容器构成的真空系统中，容器压力 p 和泵进口压力 p_p 分别为导管进出口的压力，容器抽速 S 和泵的抽速 S_p 分别为导管进出口气体的体积流量，则在稳定情况下，根据式（2-53）和式（2-54），有

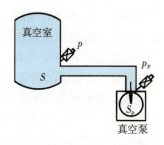

图 2-26 容器与泵的抽速

$$NkT = S \cdot p = S_p \cdot p_p = C(p - p_p) \tag{2-56}$$

将式（2-56）展开：
$$S_p \cdot p_p = Cp - Cp_p$$

移项
$$(S_p + C)p_p = Cp$$

$$\frac{p_p}{p} = \frac{C}{S_p + C}$$

而
$$S = S_p \frac{p_p}{p}$$

因此
$$S = S_p \frac{C}{S_p + C} \tag{2-57}$$

式(2-57)为真空技术的基本方程。它表明真空系统中，容器有效抽速、泵的抽速和导管流导间的关系。若已知泵的抽速及导管的流导，则真空室的有效抽速即可求得。在一般情况下，容器有效抽速永远小于泵的抽速，只有在导管的流导非常大的情况下（即 $C \gg S_p$），才有 $S \approx S_p$。为了获得容器较大的抽速，尽量增大导管流导，降低容器和真空泵间的流阻是必要的。

例 2-3 使用真空泵从一较大罐中抽出空气，泵的抽速为 120L/s，管道流导为 40L/s，若从罐中抽去气体 0.6m^3，需时多少？

解： 由题意知 $C = 40\text{L/s}$，$S_p = 120\text{L/s}$，则容器的抽速为

$$S = S_p \frac{C}{S_p + C} = 120 \times \frac{40}{120 + 40} = 30 \text{ (L/s)}$$

抽出气体体积 $V = 600\text{L}$，需时

$$t = \frac{V}{S} = \frac{600}{30} = 20 \text{ (s)}$$

2-11 真空泵

2.11A 真空泵的分类和性能

1. 真空的获得方法 目前真空的获得方法有如下三种：

（1）利用排气的方法获得真空。其特点是将被抽吸容器中的气体用泵排出。这是目前获得真空的最主要方法。针对各不相同的真空度范围，已出现各种不同的真空泵。

（2）利用吸气剂获得真空。诸如磷、钡、锆、钛等物质在一定条件下具有强烈吸收或吸附气体的性质，利用这种性质可达到或维持所需的真空。目前出现的各种钛泵，就是利用这种原理获取真空的。

（3）利用冷凝吸附作用获得真空。冷凝法是利用冰、干冰、液氮、液态空气或液氢等冷介质降低器壁温度，使与器壁碰撞的气体分子不断冷凝在器壁上，直至气体压力达到相当于壁温下的饱和蒸汽压时为止。冷凝法是目前常见的一种获取真空的方法。

将冷凝法和前述的吸附法结合而产生的冷凝吸附法，是近代出现较冷凝法更为有效的方法，吸附泵就是利用吸气剂（如活性炭或分子筛）在低温下有极强的物理吸附性而设计的。

2. 真空泵的分类 真空泵（vacuum pump）是利用机械、物理、化学或物理化学方法对容器进行抽气或吸气以获得真空的机械。真空泵的种类和工作范围见图 2-27。

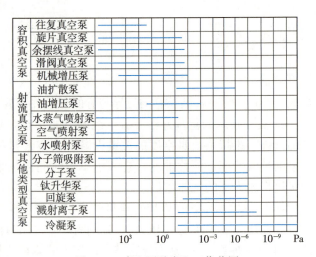

图 2-27 真空泵种类和工作范围

（1）容积真空泵。利用回转件或往复运动部件在泵内连续运动，使泵腔内工作室的容积变化，产生抽气作用达到真空。容积式真空泵的形式有：往复真空泵、旋转真空泵（旋片真空泵、定片真空泵、滑阀真空泵、机械增压泵和水环真空泵等）。这类真空泵也可以视为气体压缩机，但其吸入气体密度可能很低（可低至 10^{-4} kg/m³），压缩比很高（可达 100 以上）。因抽气质量流量很小，设备相对较大，散热充分，高压缩比可以实现。

（2）射流真空泵。亦称喷射真空泵，是利用通过喷嘴的高速射流来抽除容器中的气体，以获取真空的设备。此类泵内无运动部件，结构简单，工作可靠，维修方便。按工作流体分为油扩散泵、油增压泵、水蒸气喷射泵、空气喷射泵及水喷射泵等。

（3）其他类型真空泵。工作原理和结构与上两类完全不同的真空泵归于此类。它们大多数用于获得超高真空和极高真空，主要有分子筛吸附泵、分子泵、钛升华泵、溅射离子泵和冷凝泵等。

3. 真空泵的性能参数

（1）抽气速率。简称抽速，对于给定气体，在一定温度、压力下，单位时间从泵吸气口截面抽除的气体体积，单位为 m³/s，常用 L/s。

（2）极限真空。真空泵经充分抽气后，其进口处所能达到的稳定的最低压力。

（3）起始压力。真空泵能够开始正常工作时，其入口所允许的最大压力。它主要对各种高真空泵而言，若入口压力大于该泵起始压力，则该泵或无抽气作用，或抽速极低。

（4）前置真空。或称预备真空，是真空泵能够正常工作的排出口压力。有一类真空泵如旋转真空泵、喷射泵等，排出压力为大气压，不需要前置真空。另一类真空泵如扩散泵、分子泵等，排出压力为负压，需前级泵形成一定前置真空才能正常工作。

2.11B 几种常用的真空泵

1. 往复式真空泵　往复式真空泵的工作原理与往复泵相似。运转时，通过曲轴和连杆的作用，使汽缸内活塞做往复运动，达到吸气、排气的目的。国产往复式真空泵有 V 型系列。它是由机身、汽缸、活塞、十字头、曲轴、连杆以及配气阀等七个部分组成。活塞做往复运动时，在其一端从真空系统吸入气体的同时，另一端则将已吸入汽缸的气体排出。若余隙中残留气体压力高，对吸气的影响很大，故真空泵余隙必须很小。同时，为降低余隙的影响，在汽缸左右两端之间设置有平衡气道。当活塞排气行程终了时，平衡气道相通，在很短时间里余隙中的气体从活塞的一侧流至另一侧，降低其压力，提高容积因数。

往复式真空泵可直接用来获得低真空，其极限真空一般在 1kPa 左右。在食品工业上，一般的食品真空浓缩、真空干燥等要求真空度不高，在这种情况下采用这类泵的优点是具有较大的抽气速率。V 型泵的抽气速率范围为 8～770m³/h。

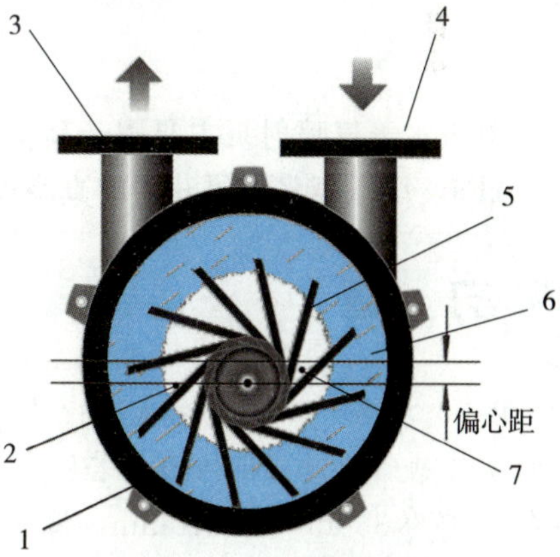

2. 水环式真空泵　图 2-28 所示为水环式真空泵。在泵壳内配有偏心安装的叶轮。当叶轮顺时针旋转时，水受离心力的作用被甩到四周，而形成一个相对于叶轮是偏心的封闭水环。被吸气体沿吸气管从吸气口进入叶轮与水环之间的空间，由于叶轮的旋转，这个空间容积由小变大而产生真空并吸气。随着叶轮继续向前旋转，此空间又由大变小，气体受到压缩，便经排气孔沿排出管排出。

图 2-28　水环真空泵
1. 泵壳　2. 排气孔　3. 排气口　4. 吸气口
5. 叶轮　6. 水环　7. 吸气孔

当真空泵工作时，泵中必须有水不断流过，使水保持一定体积，并带走热量。

国产水环泵有 SZ 型系列，极限真空 p_{ab} 为 9～16kPa，抽速范围为 0.12～27m³/min。水环真空泵为低真空设备，可抽吸带水蒸气的气体。食品工业用于真

图 2-28 动画演示

空封罐和真空浓缩等作业上。

3. 旋片式真空泵 如图 2-29 所示，它是由泵体、转子及旋片所组成。转子上有径向槽，槽内装入旋片和弹簧。转子偏心地安装在泵壳内。当转子旋转时，在弹簧力和离心力的作用下，旋片由槽内滑出，并沿泵壳内表面滑动。转子、旋片和泵壳之间所形成的空间，从进气侧的由小变大，到排气侧的由大变小，造成与上述水环泵相类似的吸气和排气条件。泵在运行过程中，旋片始终将泵腔分为吸气、排气两个工作室，转子每旋转一周，吸气和排气各两次。

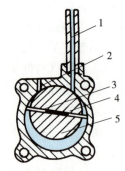

图 2-29 旋片式真空泵
1. 吸气管 2. 排气管
3. 旋片 4. 弹簧 5. 转子

由此可见，旋片泵的抽气过程是依靠机械作用使泵腔内工作容积增大和缩小来进行的。因为过程中，转子与泵壳之间以及转子与端盖之间都要保留一定的间隙，转子才会转动，故泵运转时这些间隙需用油来密封、润滑和冷却，才能得到一定的真空度。

旋片式真空泵的极限真空，单级约为1Pa，双级约为10^{-2}Pa。它目前广泛应用于食品冷冻升华干燥真空系统中。

4. 蒸汽喷射泵 如图 2-30 所示，工作蒸汽在高压下以高速从喷嘴3喷出，在喷射过程中，蒸汽的静压能转变成动能，造成低压将气体从吸入口吸入，吸入的气体与蒸汽混合后进入渐扩管减速升压，而后从压出口排出。

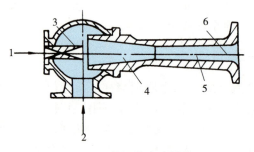

图 2-30 单级蒸汽喷射泵
1. 工作蒸汽入口 2. 气体吸入口 3. 喷嘴
4. 混合室 5. 渐扩管 6. 压出口

图 2-30 动画演示

单级水蒸气喷射泵主要用于高抽速下获得低真空，一般可使 p_{ab} 达 5~15kPa，二级喷射泵可达 1~4kPa，级数越多，可获得的真空度越高。

习 题

2-1 某离心泵以15℃水进行性能试验，体积流量为540m³/h，泵出口压力表读数为350kPa，泵入口真空表读数为29.3kPa。若压力表和真空表测压截面间的垂直距离为350mm，吸入管和排出管内径分别为350mm和310mm，试求对应此流量的泵的压头。

2-2 牛奶以0.75kg/s的流量流经某泵时压力升高70.5kPa。牛奶密度约为1050kg/m³，求泵的有效功率。若泵效率约为75%，求泵的轴功率。

2-3 某离心泵输液量为280L/min，压头为18m。试问该泵能否将密度1060kg/m³，流量为15m³/h的液体从敞口贮槽中输送到高8.5m，表压为300kPa的设备中？已知管路尺寸为ϕ75mm×3.5mm，管长（包括管件的当量长度）为124m，摩擦因数为0.03。

2-4 用离心泵把20℃的水从贮槽送至水洗塔顶部，流量为45m³/h，槽内水位维持恒定，泵入口与贮槽水面的垂直距离为1.5m，水洗塔顶水管出口与贮槽水面的垂直距离为14m。管路尺寸均为ϕ75mm×2.5mm。在操作条件下，泵入口真空表读数为25kPa，塔顶水管出口压力表读数为98kPa，水流经吸入管和排出管的能量损失分别为 $2u^2$ 和 $10u^2$，试求泵的有效功率。

2-5 离心泵从敞口水槽中将水输送到其他处，该泵的允许吸上真空高度为3m，若流量为 $55m^3/h$，吸入管路的压头损失为1.5m，动压头可忽略。当地大气压为98.1kPa。试求：

(1) 输送20℃清水时，泵的安装高度。

(2) 输送60℃清水时，泵的安装高度。

2-6 有一台双动往复泵，冲程为300mm，活塞直径为180mm，活塞杆直径为50mm。若活塞每分钟往复55次，其理论流量为多少？又实验测得此泵在26.5min内，能使一直径为3m的立式圆形贮槽的水位上升2.6m，试求泵的容积效率（实际流量/理论流量）。

2-7 对一离心通风机进行性能测定，得到下列一组数据：空气温度20℃，风机出口处的表压为245Pa，入口处的真空度为147Pa，相应的风量为 $3\,900m^3/h$，两测压截面的垂直距离为0.2m，吸入管和排出管内径分别为300mm和250mm，通风机转速为 $1\,450r/min$，所需的轴功率为0.81kW。试求对应的全风压和风机的效率。

2-8 容积为100L的汽缸中贮有25℃绝对压力 10^5Pa 的空气，在定温下压缩至 10^6Pa，求功交换、热交换及终态容积。若过程为 $k=1.4$ 的绝热过程和 $m=1.2$ 的多变过程，分别求功交换。

2-9 要将绝对压力 10^5Pa 的空气绝热压缩至 9×10^5Pa，方案是：①用单级往复压缩机；②用有中间冷却器的双级压缩机，两级的压缩比相等。试比较两个方案所消耗的理论功和容积因数。假定空气的初温和中间冷却后的温度都是20℃，余隙因数都是0.07。空气的绝热指数为1.4。

2-10 需要供给表压力450kPa的压缩空气80kg/h。用一单动往复式压缩机是否可达到此目的？该压缩机的汽缸直径为180mm，活塞冲程为200mm，往复次数为240r/min，余隙因数为0.05。如果不够，试问采用条件相同而活塞杆直径为20mm的双动式是否可以达到目的？

2-11 使用某真空泵从一较大真空系统中抽出空气，泵的抽速为140L/s，管道的流导为30L/s，试计算系统的抽速。若抽气 $1.0m^3$，需要多长时间？

2-12 在直径为500mm的管道中，20℃的空气作平均压力分别等于3Pa和0.03Pa的两种流动。已知空气分子直径为0.372nm。分别求空气分子的平均自由程，并确定其流动形态。

2-13 有1m长的圆管道，直径2cm，管内为20℃空气的等温流。管道入口和出口的绝对压力分别为10Pa和1Pa，求：

(1) 进口和出口处空气的分子数密度。

(2) 管道的流导值。

(3) 分子流量。

第三章 CHAPTER 3

粉碎与混合
Size Reduction and Mixing

第一节 粉碎
3-1 粉碎的基本概念和原理	78
3.1A 固体颗粒的粒度	78
3.1B 粉碎比、粉碎力和粉碎能耗	80
3.1C 粉碎速率	81
3-2 粉碎设备	81
3.2A 辊式破碎机	82
3.2B 锤式粉碎机	83
3.2C 盘击式粉碎机	83
3.2D 盘式磨碎机和碾磨	84
3.2E 球磨机	84

第二节 筛分
3-3 筛分和筛析	85
3.3A 筛制和筛析	85
3.3B 筛面	87
3.3C 筛分效率	87
3.3D 筛分速率	88
3-4 筛分设备	89
3.4A 转筒筛	90
3.4B 平面回转筛	90

第三节 混合
3-5 混合的基本理论	92
3.5A 混合的均匀度概念	92
3.5B 混合机理	93
3.5C 混合速率	94
3-6 液体的搅拌混合	95
3.6A 搅拌器	95
3.6B 搅拌所需功率	96
3-7 乳化	98
3.7A 乳状液的稳定性	98
3.7B 乳化设备	99
3-8 浆体的混合及塑性固体的揉和	102
3.8A 浆体的混合	102
3.8B 塑性固体的揉和	102
3-9 固体的混合	103
习题	104

第一节 粉 碎

利用机械力将固体物料破碎为大小符合要求的小块、颗粒或粉末的单元操作，称为粉碎（size reduction）。其原理是建立在固体力学和其他物理学基础上的。粉碎在工业中应用广泛，特别是在食品工业中有着更特殊的地位。食品加工中所施的粉碎操作的目的通常为：①有些食品原辅料和食品只有粉碎到一定粒度才能符合进一步加工和食用要求，如面粉、调味品、肉松和咖啡等；②粉碎可以增加物料的比表面积，以利于干燥和浸取等操作；③原料经粉碎后可均匀混合，以利于配制。

3-1 粉碎的基本概念和原理

3.1A 固体颗粒的粒度

1. 粒度 固体颗粒的大小称为粒度（particle size）。它是表示固体粉碎程度的代表性尺寸。对于球形颗粒，其粒度即为直径。对于非球形颗粒，其粒度则有以面积、体积（或质量）为基准的名义粒度的各种表示法。

（1）以表面积为基准的名义粒度。它是表面积等于该颗粒表面积的球形颗粒的直径，亦称表面积当量直径，以符号 d_s 表示，即

$$d_s = \sqrt{\frac{S_p}{\pi}} \quad (m) \tag{3-1}$$

式中 S_p——颗粒的表面积，m^2。

（2）以体积为基准的名义粒度。它是体积等于该颗粒体积的球形颗粒的直径，亦称体积当量直径，以符号 d_v 表示，即

$$d_v = \sqrt[3]{\frac{6V_p}{\pi}} \quad (m) \tag{3-2}$$

式中 V_p——颗粒的体积，m^3。

2. 球形度和形状因数 粉碎后的物料颗粒并非球形或立方形，为表示颗粒形状的规则程度，常应用球形度和形状因数两个概念。

（1）球形度。球形度是指同体积的球体表面积与颗粒实际表面积之比，以符号 φ_s 表示，即

$$\varphi_s = \frac{\text{同体积球体表面积}}{\text{颗粒实际表面积}} \tag{3-3}$$

它表示粒形接近球形的程度。根据 d_s 和 d_v 的意义，可知

$$\varphi_s = \frac{\pi d_v^2}{\pi d_s^2} = \frac{6V_p}{d_v S_p} \tag{3-4}$$

φ_s 的数值范围在 0~1。φ_s 越大，表示该颗粒越接近球形。对于球形颗粒，$\varphi_s = 1$；对立方体形颗粒，$\varphi_s = 0.806$。一般粉碎颗粒的球形度 φ_s 常在 0.6~0.7。

（2）形状因数。形状因数表示粒形偏离球形和立方形这些规则形状的程度，用符号 ψ 表示。设 L 为选取颗粒的某一代表性尺寸，则有

$$V_p = aL^3, \quad S_p = 6bL^2 \tag{3-5}$$

式中，a 和 b 是与颗粒几何形状及代表性尺寸的选择有关的因数。将 $\psi = \frac{b}{a}$ 定义为颗粒的形状因数。则对于任意形状的颗粒，其形状因数可表示为

$$\psi = \frac{b}{a} = \frac{S_p/(6L^2)}{V_p/L^3} = \frac{L \cdot S_p}{6V_p} \tag{3-6}$$

由上式可见，形状因数 ψ 不但与代表性尺寸 L 的选择有关，而且与颗粒单位体积的表面积，即比表面积有关。L 一定时，颗粒的比表面积越大，则形状因数 ψ 越大，该颗粒的形状越不规则。

如果选取 $L = d_v$，则

$$\psi = \frac{b}{a} = \frac{L \cdot S_p}{6V_p} = \frac{1}{\varphi_s} \tag{3-7}$$

此时，形状因数 ψ 是球形度 φ_s 的倒数。

对于规则形状的球体，若选取直径为代表性尺寸 L，则有 $a = b = \pi/6$，其 $\psi = 1$；对于规则形状的立方体，若选择边长为代表性尺寸 L，则 $a = b = 1$，其 $\psi = 1$。对于一般形状的颗粒，$\psi > 1$。

3. 平均粒度 粉碎后的颗粒大小不一，因此对于颗粒群，度量颗粒的大小须用平均粒度（mean particle size）。它的表示方法随所用基准和平均方法的不同有多种。这里简述常用的几种。

设颗粒群中，粒度为 d_i 颗粒的粒数为 n_i，粒数分数为 β_i，$\beta_i = \frac{n_i}{\sum n_i}$。

①算术平均粒度：

$$d_{AM} = \frac{\sum n_i d_i}{\sum n_i} = \sum \beta_i d_i \tag{3-8}$$

②几何平均粒度：
$$d_{GM} = \left(\prod d_i^{n_i}\right)^{1/\sum n_i} = \prod d_i^{\beta_i} \tag{3-9}$$

③体面平均粒度：
$$d_{VS} = \frac{\sum n_i d_i^3}{\sum n_i d_i^2} = \frac{\sum \beta_i d_i^3}{\sum \beta_i d_i^2} \tag{3-10}$$

3.1B 粉碎比、粉碎力和粉碎能耗

1. 粉碎比 粉碎按产品粒度大小可分为破碎和磨碎两类。粉碎产品粒度大致在 1mm 以上，通常称为破碎。破碎包括粗碎（产品粒度＞5mm）和中碎（产品粒度在 1～5mm）。粉碎产品粒度大致在 1mm 以下，称为磨碎。磨碎包括细碎（产品粒度在 0.06～1mm）和超细碎（产品粒度＜60μm）。

物料粉碎前后的粒度之比称为粉碎比或粉碎度（fineness），以符号 x 表示，即

$$x = \frac{d_1}{d_2} \tag{3-11}$$

式中　d_1，d_2——分别表示粉碎前后的颗粒的粒度，m。

显然，粉碎比是表示粉碎操作中物料粒度变化的比例，是量纲一的量。它可以反映单机操作的结果，也可以反映物料经过整个粉碎系统后的粒度变化，后者称为总粉碎比。对一次粉碎后粉碎比的要求，一般粗碎是 2～6，中细碎为 5～50，超细碎为 50 以上。

2. 粉碎力 粉碎机械通过工作部件（齿板、锤片和钢球等）对物料施以外力使其粉碎。物料粉碎时所受到的主要粉碎力一般有三种：挤压力、冲击力和剪力（摩擦力）。此外，还有附带的弯曲和扭转的力偶作用。

挤压力常用于坚硬物料的粉碎；冲击力可作为一般用途的粉碎力而用于食品物料的破碎和磨碎；剪力（摩擦力）则广泛用于较软和磨蚀性物料的磨碎。各种粉碎设备对物料的作用可能不是单纯的一种粉碎力，而是几种力的组合。对于特定的设备，可以是以一种作用力为主要粉碎力，辅以其他粉碎力。

粉碎操作可分干法和湿法两种，根据被处理物料的含湿程度和粉碎时原料是否被润湿而定。食品物料的粉碎通常采用干法操作。如被处理的原料为湿料或润湿而无害的干料，则可考虑用湿法，此时原料悬浮于载体液流（常用水）中进行磨碎，然后可采用淘析、沉降和离心分离等方法来分离所需制品。在食品工业上，磨碎经常作为浸取操作的预备操作，使组分易于溶出，故颇适于湿法粉碎，如玉米淀粉的制造。

湿法操作与干法操作相比，能量消耗较大，设备磨损也较为严重。但湿法比干法易获得更细的制品，且可克服粉尘问题，故此法在超细磨碎方面应用甚为广泛。

3. 粉碎能耗 粉碎物料时，直接施于物料的外力所做的功称为粉碎能耗（energy requirement）。研究表明，粉碎能量主要消耗于下列几个方面：①颗粒在粉碎前发生的变形能；②粉碎产品新增表面积的表面能；③颗粒表面结构变化及晶体结构的局部错位的能耗；④粉碎机械工作部件与物料间的摩擦能耗等。

一个多世纪以来，人们对物料粉碎程度与能耗之间的关系进行了大量的研究，出现了多种能耗学说。但由于物料受外力作用而粉碎的机理十分复杂，至今尚无一普遍适用的理论能够全面反映各种因素及其组合效应对能耗的影响。因而这些理论对于指导解决粉碎过程的实际问题还有一段距离。但了解这方面的理论，对于粉碎过程的研究还是必要的。下面介绍其中三个典型的粉碎能耗学说。这三种学说虽观点各异，但都是按物料粉碎前后粒度变化来考察所需能量的。

当固体颗粒的粒度 d 发生微小变化 $-\mathrm{d}(d)$ 时，所需能量 $\mathrm{d}E$ 是粒度 d 的函数，作为一般表达式可有如下形式：

$$\mathrm{d}E = -C \frac{\mathrm{d}(d)}{d^n} \tag{3-12}$$

式中，C 为常数。当粒度由 d_1 变成 d_2 时，能耗为

$$E = -C \int_{d_1}^{d_2} \frac{\mathrm{d}(d)}{d^n} \tag{3-13}$$

不同的假说，n 的取值不同。

(1) Rittinger 法则。当式 (3-13) 中的 $n=2$ 时，则得

$$E = C_R \left(\frac{1}{d_2} - \frac{1}{d_1} \right) \tag{3-14}$$

此式早在 1867 年由 Rittinger 提出，称 Rittinger 法则，又称表面积假说，表示粉碎能耗与新增表面积有关，此法则较适用于物料的磨碎（产品粒度在 0.01~1mm）。

(2) Kick 法则。当式 (3-13) 中的 $n=1$ 时，则得

$$E = C_K \ln \frac{d_1}{d_2} \tag{3-15}$$

此式由 Kick 等人提出，称 Kick 法则，又称体积假说，表示粉碎能耗与体积相对改变有关。此法则较适用于物料的粗碎（产品粒度大于 10mm）。

(3) Bond 法则。当式 (3-13) 中的 $n=1.5$ 时，则得

$$E = C_B \left(\frac{1}{\sqrt{d_2}} - \frac{1}{\sqrt{d_1}} \right) \tag{3-16}$$

此式由 Bond 于 1952 年提出，介于表面积假说和体积假说之间，称 Bond 法则，又称裂缝假说。粉碎前，外力对颗粒的变形功聚集于颗粒内裂纹或缺陷处，产生应力集中，裂纹扩展成裂缝并持续发展至颗粒粉碎。此假说认为粉碎能耗与裂缝长度成正比，而后者与颗粒体积和面积有关，从而推导出式 (3-16)。此法则较适用于中碎和粗碎下限（粉碎产品粒度在 1~10mm）。

3.1C 粉碎速率

设 R_d 为粒度大于 d 的物料体积（或质量）分数，根据 1971 年 Batra 和 Biswass 的建议，粉碎速率 $-\dfrac{\mathrm{d}R_d}{\mathrm{d}t}$ 可用如下的关系式来表达：

$$-\frac{\mathrm{d}R_d}{\mathrm{d}t} = kR_d^m \tag{3-17}$$

式中　k——只与粒度有关的系数；
　　　m——常数；
　　　t——时间。

设粉碎开始时的 R_d 为 R_{d0}，将式 (3-17) 分离变量并积分，可得

$$R_{d0}^{1-m} - R_d^{1-m} = (1-m)kt \tag{3-18}$$

系数 k 和常数 m 可通过实验确定。利用此式可计算粉碎进行到一定的 R_d 值时的粉碎时间 t，或经过一定的粉碎时间 t 后所达到的 R_d 值。

3-2　粉碎设备

粉碎设备包括破碎机和磨碎机两大类。

破碎机按所施粉碎力的不同又分为挤压式破碎机和冲击式破碎机两类。挤压式破碎机在破碎物料时，都是通过固定面和活动面对物料挤压而达到粉碎目的的。挤压式破碎机包括颚式、旋回、圆锥、辊式和辊压式五种。冲击式破碎机利用高速旋转的转子或锤子来击碎物料，常见的有锤式及反击式破碎机等。

磨碎机主要借助摩擦力粉碎物料至粒度达 0.1~5mm 以下。磨碎机分慢速磨机和快速磨机两类。慢速磨机有球磨机、管磨机、棒磨机等，快速磨机有锤磨机、盘磨机、胶体磨等。本节介绍几种常见的粉碎设备。

3.2A 辊式破碎机

辊式破碎机又称滚筒轧碎机，它是利用一只或一只以上辊子的旋转进行破碎操作的设备。最常用的是双辊破碎机，其由直径相同的两个辊子构成，安装在平行的水平轴上，两辊间的最小距离称为开度。操作时，两辊旋转方向相反，物料从上部两辊之间加入，被其间的摩擦力所夹持而拖曳至下方，同时受到挤压力作用而被粉碎，从下方落下，如图 3-1（a）所示。物料所能获得的粉碎比与两辊之间的开度、辊圆周速度、辊表面形状以及被粉碎物料的物理机械性质等因素有关。

双辊破碎机在操作时，物料受到两侧的挤压力 P 和摩擦力 f 两种力的作用。如图 3-1（b）所示，摩擦力 f 是使物料向下运动的曳力，其大小等于挤压力 P 和静摩擦因数 μ_s 的乘积，即 $f=P\mu_s$。

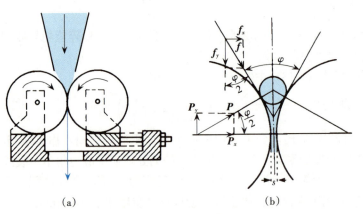

图 3-1 双辊破碎机
(a) 结构示意图 (b) 物料受力分析

设物料块与辊表面接触点所引的切线之间的夹角为 φ，此角称为钳角。物料是否能被摩擦力拖入两辊间隙内受到挤压而粉碎与此钳角 φ 的大小有关。由图 3-1（b）可见，挤压力 P 沿物料块与辊表面接触点的法线方向，它可分解为沿水平方向和铅垂方向的两个分力 P_x 和 P_y，摩擦力 f 也可分解为沿水平方向和铅垂方向的两个分力 f_x 和 f_y，且有

$$P_x = P\cos\frac{\varphi}{2}, \qquad P_y = P\sin\frac{\varphi}{2}$$

$$f_x = f\sin\frac{\varphi}{2}, \qquad f_y = f\cos\frac{\varphi}{2} \tag{3-19}$$

分力 f_y 和 P_y 方向相反，如欲将物料夹住并向下移动，物料重力忽略不计，则向下曳力必须大于向上推力，即 $f_y \geqslant P_y$，必须满足下述条件：

$$f\cos\frac{\varphi}{2} \geqslant P\sin\frac{\varphi}{2}$$

或

$$\tan\frac{\varphi}{2} \leqslant \frac{f}{P} = \mu_s$$

即

$$\varphi \leqslant 2\arctan\mu_s \tag{3-20}$$

式中 μ_s——静摩擦因数。

式（3-20）表明，双辊破碎机的钳角 φ 必须满足 $\tan\frac{\varphi}{2} < \mu_s$ 时，才能将物料钳住并带往下方。静摩擦因数 μ_s 的数值随物料的性质而异。若其平均值取 0.3，则最大容许钳角为 34°。

设原料颗粒直径为 d_1，辊的直径为 D，辊的开度为 s，则由图 3-1（b）即知

$$\cos\frac{\varphi}{2} = \frac{D+s}{D+d_1} \tag{3-21}$$

此式表示破碎机的钳角、辊径、开度和原料粒度之间的关系。辊式破碎机的理论生产能力,是单位时间从辊下卸出连续带状制品的体积,即

$$q_{vt} = \pi DLsn \quad (\text{m}^3/\text{s}) \tag{3-22}$$

式中 D——辊的直径,m;

L——辊长,m;

s——辊的开度,m;

n——辊转速,s^{-1}。

实际上,物料有一定松密度,辊间也不可能被物料全填满,而且还存在辊面与物料间的相对滑动,故破碎机的实际生产能力应将其理论生产能力 q_{vt} 乘以一个松动因数。对硬质物料,此因数为 0.1~0.3,对软质物料,为 0.5 左右。

3.2B 锤式粉碎机

锤式粉碎机有固定锤式和活动锤式两种。固定锤式又称榔头机。活动锤式粉碎机在食品生产中应用甚为广泛。这里仅介绍活动锤式粉碎机。

活动锤式粉碎机主要由机体、转子、锤片和筛板等部件所组成,如图 3-2 所示,主轴上装有几个圆盘锤片架,锤片以铰接形式连接于锤片架上。锤片末端有锐利的棱角,其形状有矩形、阶梯形等多种。工作时,主轴带动锤片在粉碎室内高速旋转,当物料由进料口进入粉碎室后,遭到高速旋转着的锤片的打击,飞向粉碎室内壁和筛面,与其碰撞后反弹,再次受到锤片的打击。物料在反复打击、碰撞和摩擦的作用下逐渐被粉碎。转动的锤片同时也起鼓风作用,强迫空气穿过物料层和筛孔,带出经粉碎后能通过筛孔的碎粒。

这种粉碎机兼有冲击和剪切(摩擦)作用。因此,对含油量高的植物油料类和骨类、含纤维高的茎秆、含蛋白质高的塑性物料以及含水量高的湿物料等均能适应。这种粉碎机结构简单,加工制造容易,锤片一端棱角磨损后还可以倒头使用,更换方便。因此,在各类食品加工中得到了广泛的应用。

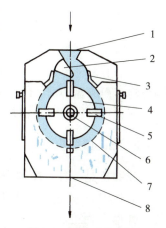

图 3-2 锤片式粉碎机
1. 进料口 2. 溜料板 3. 齿形面
4. 锤片架 5. 锤片 6. 主轴
7. 筛板 8. 出料口

3.2C 盘击式粉碎机

盘击式粉碎机,又称爪式粉碎机。它的主要工作部件是两个相对运动的圆盘,每个圆盘上装有若干依同心圆排列的齿状、针状或棒状的指爪,且一个圆盘上的每层指爪伸入到另一圆盘的两层指爪之间。沿机壳周边装有筛板。这种粉碎机的形式有两种,一种是一盘转动,另一盘固定,如图 3-3(a)所示。另一种是两盘均转动,旋转方向相反,如图 3-3(b)所示。

当物料进入指爪区与高速旋转的指爪相遇时,受到交错排列的指爪的冲击、撕拉和分割而粉碎。粉碎后的物料在转盘转动时所产生的风力的带动下,穿过筛孔由出料口排出。这种粉碎机特别适宜于纤维性物料的粉碎。

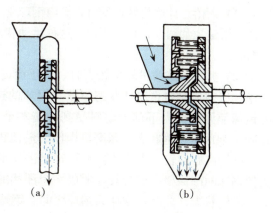

图 3-3 盘击式粉碎机
(a) 一盘转动,另一盘固定
(b) 两盘均转动,旋转方向相反

3.2D 盘式磨碎机和碾磨

盘式磨碎机是物料在两盘之间依靠摩擦力的作用而粉碎为极细粉粒的粉碎机。其粉碎力除摩擦力外还有挤压力作用。这两种力之间的关系取决于两盘面间的压力和两盘间的转速差。

工作时，物料从轴向进入两盘面之间，在两盘面间沿径向通过的同时受到挤压、摩擦和剪切作用而被粉碎。两盘面之间的距离根据原料大小和成品粒度的要求可以调节。这种磨碎机的形式有两种，一种是一盘固定，另一盘转动，另一种是两盘均转动，如图3-4所示。盘式磨碎机适用于软性，甚至极软物料的极细磨碎，也适合于一切韧性和纤维质物料的干磨和湿磨，如豆制品常用湿磨法进行磨浆加工。

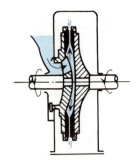

图3-4 盘式磨碎机

碾磨也是食品工业上常用的一种磨碎设备，尤其在植物油的生产中应用较多。它由磨盘与两个碾轮所组成，如图3-5所示。物料在碾轮与磨盘之间借挤压和研磨力而被碾碎。

碾磨有两种形式。一种是碾轮在绕轮轴自转的同时，还绕立轴公转，而磨盘不动。图中所示即为此种形式。另一种是磨盘转动而碾轮仅自转但对立轴并不转动。

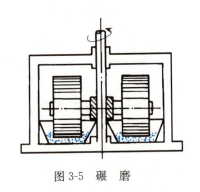

图3-5 碾 磨

3.2E 球磨机

球磨机是一种以摩擦力和冲击力为主要粉碎力的磨碎设备。它由水平慢速转动的圆筒内装钢球（或瓷球、鹅卵石等）作磨介而构成，如图3-6所示。圆筒体两端有端盖，端盖中部有中空轴颈支承于轴承上。中空轴颈分别为给料口和排料口。筒体上固定有大齿圈，电动机带动大齿圈使筒体慢速转动。当圆筒以一定转速旋转时，磨介钢球因与圆筒内壁的摩擦作用而被带起，达到一定高度时泻落或抛落下来。物料在下落钢球的冲击作用和钢球与圆筒内壁的研磨作用下而被粉碎。

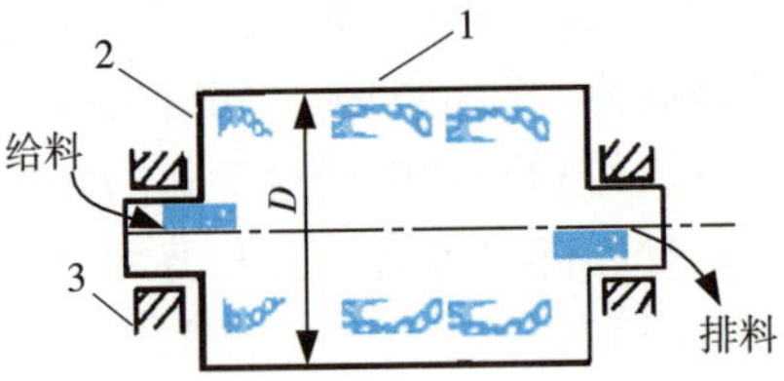

图3-6 球磨机示意图
1.筒体 2.端盖 3.轴承

随圆筒转速的变化，磨介钢球的运动可有三种状态：

（1）泻落。球磨机转速低时，筒内钢球受摩擦力作用被圆筒带至一定高度后，在重力作用下一层层往下滑滚，如图3-7（a）所示。这种运动状态为泻落状态。在泻落时，钢球间隙中的物料受研磨而被粉碎。

（2）抛落。球磨机转速较高时，位于筒内下部的钢球随圆筒旋转升至一定高度后，将脱离筒体沿抛物线轨迹呈自由落体状态下落，钢球的这种运动状态为抛落状态。如图3-7（b）所示，抛落的钢球使处于筒内下部的物料受到冲击和研磨作用而被粉碎。钢球呈抛落状态为球磨机操作的最佳状态。

（3）离心旋转。当球磨机圆筒转速进一步提高，离心力使钢球随圆筒壁一起旋转，形成一个环状的钢球体，即离心旋转状态。此时，钢球与钢球之间、钢球与圆筒壁之间无相对运动，对物料的粉碎作用也停止，如图3-7（c）所示。钢球呈离心旋转状态为球磨机无效操作状态。因此，球磨机正常工作时，圆筒转速必须控制在使钢球只呈泻落

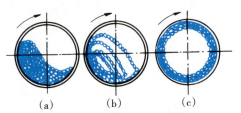

图3-7 磨介钢球的运动状态
(a) 泻落　(b) 抛落　(c) 离心旋转

和抛落运动状态的范围内。

下面按图 3-8 对钢球进行受力分析，确定圆筒的有效工作转速范围。

当转动筒体推举钢球至 A 点时，若钢球重力的法向分力 N 与离心力 C 相等，圆筒内壁对钢球的法向约束反力应等于零，则钢球将离开筒壁以抛物线轨迹抛落，A 点为抛落点，磨机转速越高，离心力越大，抛落点 A 的位置就越高。若转速继续增加，离心力增加至与钢球重力 G 相等，钢球将随筒体升至顶点 Z 而不抛落，出现离心旋转状态。

设：m 为钢球质量，kg；n 为筒体转速，s^{-1}；R 为圆筒半径，m；点 O 为圆筒轴心；$α$ 为线 OA 与线 OZ 的夹角。在抛落点 A，$C=N$。

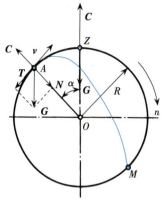

图 3-8 钢球受力分析

$$m(2\pi n)^2 R = G\cos α = mg\cos α$$

$$n = \frac{1}{2\pi}\sqrt{\frac{g\cos α}{R}} \tag{3-23}$$

出现离心旋转状态的最小转速称临界转速 n_c，此时 $α=0$，故

$$n_c = \frac{1}{2\pi}\sqrt{\frac{g}{R}} \tag{3-24}$$

球磨机运转时，应 $n<n_c$。实际上，一般选取 $n=(0.65\sim 0.78)n_c$。

上面讨论的是球磨机。如果以高碳钢棒代替圆球，且其长度稍小于筒本身的长度，则成为棒磨机。与球磨机一样，棒磨机的主要粉碎力仍是冲击力和摩擦力，但冲击力的作用稍减。棒磨的特点是棒与物料的接触是线接触而不是点接触，故大块和小块的混合料中，大块料要先粉碎，因而粉碎较均匀。而且因为棍棒质量大，对黏结性物料，不像小球那样易被物料黏成一团而失去粉碎的作用，故适于处理潮湿黏结性的物料。

第二节　筛　分

3-3　筛分和筛析

筛分（screening）是一种工业分离的单元操作，往往与粉碎操作密切相连。筛分是通过筛分器将大小不同的固体颗粒分成两种或多种粒级的过程。筛分后每一粒级的颗粒都较原来均匀。筛分器简称筛子，其筛面可以是平面，也可是圆筒面。筛分操作在食品生产中广泛地用于粒状或粉状物料按规定的粒度范围的分离。

筛析（screening analysis）又称过筛分析法，它用标准筛分析粉碎后颗粒的粒度分布。标准筛是筛孔已标准化的一组筛。按筛孔大小设置规范的不同，有不同筛制的标准筛。

3.3A　筛制和筛析

国际上应用最广泛的标准筛是泰勒（Tyler）标准筛制。我国也制定了中国筛制，此外还有美国（ASTM）、英国（BS）、德国（DIN）和日本（JIS）等筛制。筛号的命名有以每英寸（25.4mm）丝上的筛孔数作筛号，通称为目数；也有以每厘米筛丝上或每平方厘米筛面上的孔数命名的。泰勒筛制以及中国、美国等筛制都是以每英寸丝长上的网眼数表示筛目的，德国筛制的筛号是以每厘米筛丝上的网眼数表示的。表 3-1 列出了几种主要标准筛制。

表 3-1 几种标准筛制

中国筛		泰勒标准筛			美国 ASTM			德国 DIN		
筛目	孔隙/mm	筛目	孔隙/mm	丝径/mm	筛目	孔隙/mm	丝径/mm	筛号	孔隙/mm	丝径/mm
		2.5	7.925	2.235	2.5	8	1.83			
		3	6.680	1.788	3	6.75	1.65			
		3.5	5.613	1.651	3.5	5.66	1.45	1	3.4	3.5
4	5.1	4	4.699	1.651	4	4.76	1.27			
6	3	5	3.962	1.118	5	4	1.12			
8	2.5	6	3.327	0.914	6	3.36	1.02	2	3	2.0
10	2.0	7	2.794	0.833	7	2.83	0.92			
12	1.6	8	2.362	0.813	8	2.38	0.84			
16	1.25	9	1.981	0.738	10	2	0.76	3	2	1.5
18	1	10	1.651	0.889	12	1.68	0.69	4	1.5	1
20	0.9	12	1.397	0.711	14	1.41	0.61	5	1.2	0.8
24	0.8	14	1.168	0.635	16	1.19	0.52	6	1.02	0.65
26	0.71	16	0.991	0.597	18	1	0.48			
28	0.63	20	0.833	0.437	20	0.84	0.42			
32	0.56	24	0.701	0.358	25	0.71	0.37	8	0.75	0.5
35	0.5	28	0.589	0.318	30	0.59	0.33	10	0.6	0.4
40	0.45	32	0.495	0.300	35	0.5	0.29	11	0.54	0.37
45	0.4	35	0.417	0.310	40	0.42	0.25	12	0.49	0.34
50	0.355	42	0.351	0.254	45	0.35	0.22	14	0.43	0.28
55	0.315	48	0.295	0.234	50	0.297	0.188	16	0.385	0.24
65	0.25	60	0.246	0.178	60	0.25	0.162	20	0.3	0.2
75	0.20	65	0.208	0.183	70	0.21	0.14	24	0.25	0.17
85	0.18	80	0.175	0.142	80	0.177	0.119	30	0.2	0.13
100	0.154	100	0.147	0.107	100	0.149	0.102	40	0.15	0.1
120	0.125	115	0.124	0.097	120	0.125	0.086	50	0.12	0.08
150	0.108	150	0.104	0.066	140	0.105	0.074	60	0.1	0.065
180	0.09	170	0.088	0.061	170	0.088	0.063	70	0.088	0.055
200	0.076	200	0.074	0.053	200	0.074	0.053	80	0.075	0.06
280	0.055	250	0.061	0.041	230	0.062	0.046	100	0.06	0.04
350	0.042	270	0.053	0.041	270	0.052	0.041			
370	0.038	325	0.043	0.036	325	0.044	0.036			
400	0.034	400	0.038	0.025						

  筛析可如下进行：将一组标准筛由上而下按筛号递增顺序层叠放置，并将称过质量的试样放在最上面目数最少的筛子上，然后用手工或机械方法充分地振荡摇动而使物料过筛。过筛后，将停留在每一号筛上的颗粒取出，称其质量，并记录对应筛号。停留在每一号筛上的颗粒平均直径可取该号筛筛孔净宽和上一号筛筛孔净宽的算术平均值。至于底部通过最细筛号的颗粒直径，可取最底层筛筛孔净宽的 1/2。这样就可以用上述各组的质量和颗粒直径求得整个试样的粒度分布。从而可按第一节所述方法求取所测物料的总体平均粒度。

例 3-1 用 14、20、28、35、48、65 和 80 目七个泰勒标准筛筛析 500g 砂糖晶体，每层筛上得到的晶体质量分别为 0、14.9、55.1、120、190、79.9 和 24.29g，80 目筛下（即筛底）得到晶体 15g，求砂糖晶体的按质量基准的算术平均粒度。

解： 采用质量加权求算术平均直径，即将式（3-8）中的 β_i 代之以质量分数：$w_i = m_i / \sum m_i$。由表 3-1 查各号筛的孔隙，计算各粒级的粒度 d_i 及质量分数 w_i，结果列于表 3-2 中。

表 3-2 例 3-1 附表

筛号	孔隙	d_i/mm	w_i	筛号	孔隙	d_i/mm	w_i
14	1.168			48	0.295	0.356	0.380
20	0.833	1.001	0.030	65	0.208	0.252	0.160
28	0.589	0.711	0.110	80	0.175	0.192	0.049
35	0.417	0.503	0.240	筛底		0.088	0.030

由式（3-8）计算总体平均粒度 d_{AM} 如下：

$$d_{AM} = \sum w_i d_i$$
$$= 0.030 \times 1.001 + 0.110 \times 0.711 + 0.240 \times 0.503 + 0.380 \times 0.356 +$$
$$0.160 \times 0.252 + 0.049 \times 0.192 + 0.030 \times 0.088$$
$$= 0.416 \text{ (mm)}$$

3.3B 筛面

筛面是筛分器进行筛分的主要工作部件。工业筛面分开孔金属筛面、金属丝筛面和绢筛面三种。筛孔的形状有圆形、方形和长方形。

筛面上筛孔总面积 A_0 与筛面总面积 A 之比，称为筛面利用因数，用 K 表示，即

$$K = \frac{A_0}{A} \tag{3-25}$$

开孔金属板筛面的优点是耐磨，且易于制造，但筛面利用因数 K 较小。K 值与筛孔的排列方式有关。对于圆孔，若为正三角形排列，如图 3-9（a）所示，则筛面利用因数为

$$K = \frac{\pi d^2}{2\sqrt{3}(d+m)^2} = 0.907 \frac{d^2}{(d+m)^2} \tag{3-26}$$

若为正方形排列，如图 3-9（b）所示，则筛面利用因数为

$$K = \frac{\frac{\pi}{4}d^2}{(d+m)^2} = 0.785 \frac{d^2}{(d+m)^2} \tag{3-27}$$

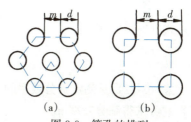

图 3-9 筛孔的排列
(a) 正三角形排列 (b) 正方形排列

显然，在孔径 d 和孔间距 m 相同的条件下，正三角形排列比正方形排列的筛面利用因数高。

金属丝筛面和绢筛面适于细颗粒的筛分，筛孔形状一般为正方形，其筛面利用因数较大。但其缺点是强度低，易裂口。若筛孔的净宽为 a，筛丝直径为 d，则筛面利用因数为

$$K = \frac{a^2}{(a+d)^2} \tag{3-28}$$

3.3C 筛分效率

物料过筛时，较细的颗粒通过筛孔分离出去，称为筛下产品；较粗的颗粒留在筛上，称为筛上产品。混合颗粒中，凡大于筛孔的颗粒无法通过筛孔，称为不可筛过物，简称粗粉；凡小于筛孔的颗

粒，称为可筛过物，简称细粉。在理想筛分的条件下，给料中的细粉应该全部通过筛孔，成为筛下产品。但实际情况下，给料中的大部分细粉被筛下，另有一部分细粉却难免会夹在粗粉中成为筛上产品排出。筛上产品中夹带的细粉越少，表明筛分越彻底，即筛分效果越好。可用筛分效率作为评定筛分效果的指标。

筛下产品的质量与给料中可筛过物的质量之比，称为筛分效率（sieving efficiency）。

设 m、m_1、m_2 分别表示给料、筛下产品和筛上产品的质量，w、w_1、w_2 分别表示给料、筛下产品和筛上产品中细粉的质量分数，则筛分效率可表示为

$$\eta = \frac{m_1}{mw} \tag{3-29}$$

筛分效率是评价筛分作业的一项重要指标。在工业生产中，筛分操作往往是连续进行的，m 和 m_1 难以测定，故不能直接由式（3-29）计算筛分效率。下面推导可用的筛分效率计算式。总物料衡算：

$$m = m_1 + m_2 \tag{3-30}$$

对细粉做物料衡算：

$$mw = m_1 w_1 + m_2 w_2$$

因筛下产品全部为细粉，故 $w_1 = 1$，则有

$$mw = m_1 + m_2 w_2 \tag{3-31}$$

$$m_2 w_2 = mw - m_1$$

将式（3-30）代入，有

$$(m - m_1) w_2 = mw - m_1$$

展开，得

$$mw_2 - m_1 w_2 = mw - m_1$$

移项，得

$$m_1 (1 - w_2) = m (w - w_2)$$

$$\frac{m_1}{m} = \frac{w - w_2}{1 - w_2}$$

代入式（3-29），可得

$$\eta = \frac{w - w_2}{w(1 - w_2)} \tag{3-32}$$

式（3-32）是测定筛分效率的实用公式，可对给料和筛上产品取样筛析求出 w 和 w_2，由式（3-32）就可求得筛分效率 η。

3.3D 筛分速率

筛分过程中筛上物料内细粉的质量分数随时间的变化率，称为筛分速率（sieving rate）。它是反映筛分器生产能力大小的一种度量。

设在筛分进行至某时刻 t，筛面上的物料质量为 m，其中细粉的质量分数为 w，则筛分速率可以表示为 $(-\mathrm{d}w/\mathrm{d}t)$。研究表明，此速率正比于筛上产品中细粉的质量分数 w，而反比于筛面上的筛分负荷（即单位面积筛面上的物料的质量）m/A，则

$$-\frac{\mathrm{d}w}{\mathrm{d}t} = kw \frac{A}{m} \tag{3-33}$$

式中　k——筛分速率系数，$kg \cdot m^{-2} s^{-1}$；
　　　A——筛面总面积，m^2。

设筛分在开始时刻 t_0 时，物料总质量为 m_0，细粉的质量分数为 w_0，则在筛分进行到 t 时刻时，

对粗粉进行物料衡算：

$$m_0(1-w_0)=m(1-w)$$

或

$$m=m_0\frac{1-w_0}{1-w} \tag{3-34}$$

将式（3-34）代入式（3-33）中，可得

$$\frac{\mathrm{d}w}{\mathrm{d}t}=-\frac{kA}{m_0}\frac{(1-w)w}{(1-w_0)}$$

将该式分离变量积分，可得

$$\ln\frac{(1-w)w_0}{(1-w_0)w}=\frac{kAt}{m_0(1-w_0)} \tag{3-35}$$

按式（3-35）可计算：经时间 t 的筛分，筛上物料中细粉的质量分数 w；使筛上物料中细粉的质量分数降至 w 所需要的时间 t。

当给料中细粉含量低时，m 可近似作为常量，式（3-33）可简化为

$$\frac{\mathrm{d}w}{\mathrm{d}t}=-k'Aw \tag{3-36}$$

分离变量积分，得

$$w=w_0 e^{-k'At} \tag{3-37}$$

式中，k' 亦为筛分速率系数，单位为 $\mathrm{m}^{-2}\mathrm{s}^{-1}$。影响筛分速率系数 k 和 k' 的因素有物料性质、筛子形式和物料在筛面上的运行方式等。如果这些因素保持稳定，则筛分速率系数 k 和 k' 将始终为常量。它们的值需要通过实验来确定。

例 3-2 某小型面粉厂加工标准粉时，用筛孔宽度为 0.237mm 的绢丝平筛对磨碎的面粉进行筛理，分离出标准粉。通过对给料面粉进行取样分析可知，细粉的质量分数为 87%，经 40s 筛理后，又对筛上产品取样分析，筛上产品中仍残留质量分数为 20% 的细粉。当筛上产品中的细粉质量分数降到 5% 时，即可将其排出筛体。达到上述要求时，求：

(1) 物料在筛面上的停留时间。
(2) 筛分作业的效率。

解：(1) 计算物料在筛面上的停留时间。由题意可知，筛分开始时筛上产品中细粉的质量分数 $w_0=0.87$，筛理 40s 后为 $w=0.2$。将数据代入式（3-35），有

$$\ln\frac{(1-0.2)\times 0.87}{(1-0.87)\times 0.2}=\frac{kA}{m_0}\frac{40}{1-0.87}$$

由此可求得

$$\frac{kA}{m_0}=0.0107$$

将所得 $\frac{kA}{m_0}$ 值和 $w=0.05$ 代入式（3-35），有

$$\ln\frac{(1-0.05)\times 0.87}{(1-0.87)\times 0.05}=0.0107\frac{t}{1-0.87}$$

可解得物料在筛面上的停留时间为 $t=58.9\mathrm{s}$。

(2) 计算筛分效率。由题意知，给料中细粉的质量分数 $w=0.87$，完成筛分时筛上产品中细粉的质量分数 $w_2=0.05$。由式（3-32）可得

$$\eta=\frac{w-w_2}{w(1-w_2)}=\frac{0.87-0.05}{0.87\times(1-0.05)}=0.99$$

3-4 筛分设备

工业筛分器按结构可分为两大类：转筒筛和平筛。平筛按运动方式可分为水平运动、摆动和振动

以及水平旋转等形式。下面简单讨论两种筛。

3.4A 转筒筛

转筒筛主要部件为多角形或圆筒形的转筒，转筒上布满筛孔。物料加到转筒内，当转筒以一定速度旋转时，颗粒相对于筛面运动，开始筛分操作。一般转筒略带倾斜，筛分情况与转筒转速有关。转速不能过高，应小于一个最大转速值，当转速超过这一极限值后，转筒内物料在其惯性离心力的作用下紧贴于筛面而与筛面不发生相对运动，筛分则不能进行。故操作时，其转速应小于转速的这一极限值，这是转筒筛筛分的必要条件。下面通过转筒内物料颗粒的受力分析来确定该最大转速 n_{max}。

先以正六角形转筒筛为例，筛面上某颗粒的受力分析如图 3-10 所示。设转筒的旋转角速度为 ω，筛面上任一质量为 m 的颗粒的回转半径为 R_x，所产生的惯性离心力为 $mR_x\omega^2$。又设转筒中心至筛面的垂直距离为 R，R 和 R_x 之间的夹角为 β，则离心力方向与法线的夹角亦为 β。β 与颗粒在筛面上的位置有关，β 最大值为 $30°$。再设颗粒所受重力方向与法线的夹角为 α，则 α 角随筒的旋转而改变。除重力和离心力外，如颗粒沿筛面做相对运动，则尚有摩擦力 f，其方向沿筛面且与滑动方向相反。

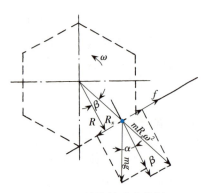

图 3-10 转筒筛受力分析

重力和离心力沿筛面分力的代数和 T 为

$$T = mg\sin\alpha - mR_x\omega^2\sin\beta$$

设颗粒与筛面之间的摩擦因数为 μ_s，则颗粒所受的摩擦力 f 应为颗粒对筛面的正压力——重力和惯性离心力沿筛面法线方向分力的代数和乘以摩擦因数 μ_s，即

$$f = \mu_s(mg\cos\alpha + mR_x\omega^2\cos\beta)$$

筛分的必要条件是颗粒应相对筛面运动，即必须 $T \geqslant f$，因而有

$$mg\sin\alpha - mR_x\omega^2\sin\beta \geqslant \mu_s(mg\cos\alpha + mR_x\omega^2\cos\beta)$$

简化后得

$$\omega \leqslant \sqrt{\frac{g(\sin\alpha - \mu_s\cos\alpha)}{R(\tan\beta + \mu_s)}} \tag{3-38}$$

若转筒筛转速为 n（s^{-1}），$\omega = 2n\pi$，则

$$n \leqslant \frac{1}{2\pi}\sqrt{\frac{g(\sin\alpha - \mu_s\cos\alpha)}{R(\mu_s + \tan\beta)}} \tag{3-39}$$

而 $\sin\alpha - \mu_s\cos\alpha \leqslant 1$（$\alpha$ 最大为 $90°$，此时筛面竖直，$\sin\alpha - \mu_s\cos\alpha = 1$），故有

$$n \leqslant \frac{1}{2\pi}\sqrt{\frac{g}{R(\mu_s + \tan\beta)}} \quad (s^{-1}) \tag{3-40}$$

对六角形转筒，β 最大为 $30°$，$\tan 30° = 0.58$，以此确定的最大转速为

$$n_{max} = \frac{1}{2\pi}\sqrt{\frac{g}{R(\mu_s + 0.58)}} \quad (s^{-1}) \tag{3-41}$$

对圆形转筒，可视为极限多边形筒，筛面处处 $\beta = 0$，最大转速为

$$n_{max} = \frac{1}{2\pi}\sqrt{\frac{g}{R\mu_s}} \quad (s^{-1}) \tag{3-42}$$

转筒筛工作时，其工作转速不应超过上述确定的最大转速 n_{max}。

3.4B 平面回转筛

平面回转筛的筛面在水平面内做圆周运动。筛面通常略带倾斜，但有的是水平的。物料在筛面上做圆周运动或螺旋状运动,由于物料对筛面的相对运动,产生筛分作用。这类筛常为多层筛网上下叠置的形式,在粮油加工厂的原料清理、混合物分级和分离上有广泛应用。碾米厂的谷糙分离、制粉厂的面粉筛理,都要用到平面回转筛。

图 3-11 所示为一简单平面回转筛,在曲轴驱动下筛面做半径为 R 的圆周运动,角速度为 ω。筛面上的物料 M 以相同角速度 ω 做圆周运动,半径为 r。这时,物料受到的力有牵连运动产生的惯性离心力 C 和摩擦力 f,如果 $C<f$,则物料在筛面上处于相对静止状态,$r=R$,筛分作用不可能发生。

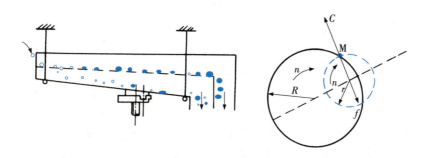

图 3-11 平面回转筛

物料在筛面上产生相对运动的条件应为 $C \geqslant f$,即

$$m\omega^2 R \geqslant mg\mu_s$$

移项,得

$$\omega \geqslant \sqrt{\frac{g\mu_s}{R}} \tag{3-43}$$

式中　m——物料颗粒的质量,kg;
　　　ω——筛面回转运动的角速度,rad/s;
　　　R——筛面回转半径,m;
　　　μ_s——物料与筛面的摩擦因数。

将 $\omega=2\pi n$ 代入式(3-43),得

$$n \geqslant \frac{1}{2\pi}\sqrt{\frac{g\mu_s}{R}} \tag{3-44}$$

式中　n——回转筛的转速,s^{-1}。

亦即,产生筛分作用,筛的最小临界转速为

$$n_{min}=\frac{1}{2\pi}\sqrt{\frac{g\mu_s}{R}} \tag{3-45}$$

若 $\mu_s=0.4$,$R=0.1$m,则 $n_{min}=1s^{-1}$。

以上讨论假设筛面上物料为单一颗粒。实际生产中,筛面上的物料是具有一定厚度的颗粒群体层,颗粒运动摩擦阻力比单颗粒大。因此,工作转速应比按式(3-45)计算的大得多。

第三节　混　合

用机械或流体动力方法使两种或两种以上不同物质相互分散、混杂以达到一定的均匀度的单元操作,称为混合(mixing)。在混合中,各组分的分配可以是分子状态,也可以是质点状态。常见的混合单元操作是液体与液体、固体与液体、固体与固体的混合。在食品工业中,混合操作主要为制备均匀混合物,也有的为通过混合促进传质和传热。

3-5 混合的基本理论

3.5A 混合的均匀度概念

对混合良好的混合产物均要求具有一定的均匀度。均匀度是不同物料经过混合所达到的分散掺和程度的度量,它与所考察的混合现象发生的空间范围有关。为表达均匀度,首先讨论分离尺度和分离强度这一对概念。

在混合过程中,整个物料体不断地被分割成大量局部小区域,同时进行着高浓度区域和低浓度区域间物质组分的传递分配。这些局部区域的浓度高于或低于物料的平均浓度 c_m。对各个不同的局部区域,浓度 c 是一个变数,但在某一特定局部区域内,浓度 c 可视为定值。这样可以用下述两个特征量来说明混合的均匀度。

首先是各个局部小区域体积的平均值,称为分离尺度(separation size)。它从一个方面反映了混合的均匀性。混合的分离尺度越大,表示混合的均匀性越差。其次是各个局部区域内的浓度与整个混合物平均浓度之间的偏差,偏差的平均值又反映了混合均匀性的另一个方面,称为分离强度(separation intensity)。混合的分离强度越大,也表示混合的均匀性越差。图 3-12 示意性地表示了分离尺度和分离强度与混合均匀性间的关系。图中右上角的情况,分离尺度和分离强度都大,混合最不均匀;左下角的情况正好相反。

各局部区域的大小及浓度偏差是随机的,难以用纯数学方法处理。实用上一般采用抽样检查的统计方法。此法规定一个取样大小,称检验尺度,并要求试样浓度平均偏差小于规定的最大值——容许

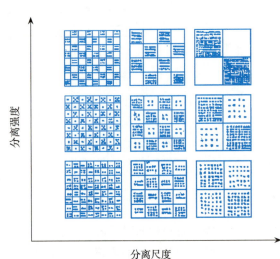

图 3-12 分离尺度和分离强度示意图

偏差。如符合下列质量鉴定条件之一,则可认为是混合合格的制品:

(1) 分离尺度小于检验尺度,且分离强度小于容许偏差。
(2) 分离尺度虽大于检验尺度,但分离强度充分小于容许偏差,足以补偿前者。
(3) 分离强度虽大于容许偏差,但分离尺度充分小于检验尺度,足以补偿前者。

这样,一定尺度的试样的浓度偏差平均值就可以作为混合质量的鉴别标准。

今取 n 个大小符合检验尺度的试样,分析结果得知第 i 样浓度值为 c_i。若混合物平均浓度的真值已知(在一般工业配料操作上是如此),设为 c_m,则混合物的分离强度可以用如下偏差的大小来量度:

$$\sigma^2 = \frac{1}{n}\sum_{i=1}^{n}(c_i - c_m)^2 \tag{3-46}$$

σ^2 称为均方差,σ 称为标准差。实际检验中,规定均方差或标准差的最大容许值,对于合格的混合制品,应要求其均方差或标准差小于此最大容许值。

混合的均匀程度除可用 σ^2 表示外,还可用量纲一的混合度表示。混合指数 I_m 就是一种量纲一的混合度表述,它表示混合到一定程度,浓度的标准差 σ 与混合刚开始时标准差 σ_0 之比:

$$I_m = \frac{\sigma}{\sigma_0} \tag{3-47}$$

在混合操作进程中,混合指数 I_m 由 1 逐渐减小,最后趋近于 0。

式（3-47）中 σ 可按式（3-46）求得，而 σ_0 的求算可作如下考虑。

假设混合前所取的质量相同的 n 个样本中，有 n_A 个样本只含 A 种成分，A 的质量分数为 1；$(n-n_A)$ 个样本中只含 B 种成分，A 的质量分数为 0。对混合物，$c_m = \dfrac{n_A}{n}$。按式（3-46），有

$$\sigma_0^2 = \frac{1}{n}\sum_{i=1}^{n}(c_i - c_m)^2 = \frac{1}{n}[n_A(1-c_m)^2 + (n-n_A)(0-c_m)^2]$$
$$= c_m(1-c_m)^2 + (1-c_m)c_m^2 = c_m(1-c_m)$$

则
$$\sigma_0 = \sqrt{c_m(1-c_m)} \tag{3-48}$$

由式（3-48）可见，混合前的标准差 σ_0 与样本的大小和样本数无关。

例 3-3 用某一混合器对 980kg 面粉和 20kg 骨粉进行配料混合，经过一定时间，取出 10 个试样进行分析，每样取 200g。分析结果得出各试样含骨粉量（g）为 4.52、3.73、4.86、3.65、3.82、4.63、4.25、4.32、3.84、3.92。试求以均方差、标准差和混合指数表示的混合效果。

解：（1）计算各试样中骨粉的质量分数 c_i。得 0.022 6、0.018 7、0.024 3、0.018 3、0.019 1、0.023 2、0.021 3、0.021 6、0.019 2、0.019 6。

（2）计算整个混合产品的平均浓度 c_m。得 $c_m = 20/1\,000 = 0.02$。

（3）计算均方差 σ^2。

$$\sigma^2 = \frac{1}{n}\sum_{i=1}^{n}(c_i - c_m)^2$$
$$= \frac{1}{10} \times [(0.022\,6 - 0.02)^2 + (0.018\,7 - 0.02)^2 + \cdots + (0.019\,6 - 0.02)^2]$$
$$= 4.59 \times 10^{-6}$$

（4）计算标准差 σ。

$$\sigma = \sqrt{4.59 \times 10^{-6}} = 2.14 \times 10^{-3}$$

（5）计算混合指数 I_m。按式（3-48），有

$$\sigma_0 = \sqrt{c_m(1-c_m)} = \sqrt{0.02 \times (1-0.02)} = 0.14$$
$$I_m = \frac{\sigma}{\sigma_0} = \frac{2.14 \times 10^{-3}}{0.14} = 0.015$$

3.5B 混合机理

混合过程的机理有三种，即对流混合机理、扩散混合机理和剪力混合机理。

（1）对流混合。对流混合是通过流体的相对运动逐渐降低分离尺度实现混合的。对于互不相溶组分的混合，由于混合器运动部件表面对物料的相对运动，混合的分离尺度即逐渐降低，但因物料内部不存在分子扩散现象，故分离强度不可能降低，这种混合称为对流混合（convection mixing）。对流混合的制品质量应以 3.5A 中所述质量鉴定条件（3）为鉴定标准。

（2）扩散混合。扩散混合是通过可溶组分的分子扩散使分离强度不断降低而实现混合的。对于互溶组分的混合，对流混合机理和扩散混合机理同时存在，前者对后者有促进作用。随着混合过程的进行，当混合物的分离尺度小至某值后，由于两组分间的接触面积的增加以及扩散平均自由程的缩短，大大增加了溶解扩散的速率，从而使混合物的分离强度不断下降，混合过程就变为以扩散为主的过程，此即扩散混合（diffusion mixing）。扩散混合的质量应以 3.5A 中所述质量鉴定条件（2）为合格标准。

在实际中，完全不互溶是不存在的。因此，在混合过程中总是有一个由对流混合到扩散混合的逐渐过渡。这主要取决于分离尺度的大小，分离尺度大时以对流混合为主，分离尺度小时则以扩散混合为主。

（3）剪力混合。剪力混合是通过强烈的剪力作用将团状或厚层液体、浆体和塑性固体拉成薄层而实现混合的。对于这类物料，由于黏度大造成流动性差，同时又无明显的分子扩散现象，故难以形成

良好的湍流以分割元素。在这种情况下，混合的主要机理是速度梯度所形成的剪力。团状或厚层状组分在剪力的作用下，被拉成愈来愈薄的料层，其结果是使一种组分所独占的区域尺寸减小，增加了组分间的接触面积，从而使分离尺度和分离强度逐渐变小，此为剪力混合（shear mixing）。

如果所施剪力充分大，并在其反复作用下，每一对不同组分结合起来的料层厚度就可以变得小到难以分辨的程度。这个厚度的平均值即是组分分离尺度的一种度量。食品加工中广泛采用的挤压膨化技术，其原、辅料在挤压机中的混合的机理属于剪力混合机理。

3.5C 混合速率

混合时物料实际状态与最后组分达到完全随机分配状态之间差异消失的速率，称为混合速率（mixing rate）。它可以用前述几种混合质量指标（σ^2，σ，I_m）中的任一种对时间的变化率来表示。在此仅讨论以均方差 σ^2 随时间的变化率 $-d\sigma^2/dt$ 表示混合速率。

若以 σ_∞^2 表示混合到组分完全随机分配时的均方差，混合过程的推动力可表示为 $(\sigma^2-\sigma_\infty^2)$。混合速率正比于此推动力，即

$$-\frac{d\sigma^2}{dt}=k(\sigma^2-\sigma_\infty^2) \tag{3-49}$$

式中 k——混合速率系数，其值与物料的性质与混合器的性能有关。

将式（3-49）分离变量，并从混合开始时的 σ_0^2 值积分到 t 时刻的 σ^2 值，可得

$$\sigma^2-\sigma_\infty^2=(\sigma_0^2-\sigma_\infty^2)e^{-kt} \tag{3-50}$$

式（3-50）非常适用于粉体的混合，计算结果与实验结果很一致。

例 3-4 用混合法对米粉进行赖氨酸营养强化。要求混合制品中赖氨酸分布十分均匀，达到每 1kg 米粉含 20g 赖氨酸，米粉在混合器内停留 3min 后，取出 10 个试样进行分析，其赖氨酸浓度（g 赖氨酸/kg 米粉）分别为 18.6、22.3、16.4、15.2、17.9、20.6、23.4、22.5、24.2、20.1。混合 10min 后，测得均方差数值降至 3.25，假定随机混合最终的均方差小至可以忽略，问要达到 $I_m=0.10$，混合时间需多长？

解：据题设，$\sigma_\infty^2=0$，式（3-50）简化为

$$\sigma^2=\sigma_0^2 e^{-kt} \tag{a}$$

（1）求混合 3min 后的 σ^2 值。已知平均浓度（真值）为 $c_m=20$g 赖氨酸/kg 米粉。

$$\sigma^2=\frac{1}{n}\sum_{i=1}^{10}(c_i-c_m)^2$$
$$=\frac{1}{10}\times[(18.6-20)^2+(22.3-20)^2+\cdots+(20.1-20)^2]$$
$$=8.35$$

（2）求 k。由于混合前米粉中也含赖氨酸，故 σ_0 是未知数，求 k 需两个方程。将 $t=3$min 的数据代入式（a），有

$$8.35=\sigma_0^2 e^{-3k} \tag{b}$$

将 $t=10$min 的数据代入式（a），有

$$3.25=\sigma_0^2 e^{-10k} \tag{c}$$

（b）（c）两式联立，可解得 $k=0.135\text{min}^{-1}$。

（3）计算达到 $I_m=0.10$ 的混合时间。

$$I_m^2=\frac{\sigma^2}{\sigma_0^2}=e^{-kt}$$
$$0.10^2=e^{-0.135t}$$

可解得 $t=34.1$min。

3-6　液体的搅拌混合

液体的混合是对液体或液相悬浮系外加机械能，使之发生循环流动和湍流脉动，从而使液体或液相悬浮系各部分趋于均匀的过程。依靠搅拌器对液体进行搅拌是实现液体混合的一种常用方法，食品及其他化工生产中将气体、液体或固体颗粒分散于液体中也常用搅拌混合。依据物料的不同性质和不同的混合要求，可采用不同形式的搅拌器（agitator）。这里仅讨论低、中黏度液体介质中的混合。

3.6A　搅拌器

工业上常见的液体搅拌容器多为圆筒形，其顶部可为开放式或密闭式，底部大多数呈碟形或半球形，以消除流动不易到达的死区。在容器的中央装有搅拌轴，由容器上方支承，常由电动机带动齿轮、涡轮或摩擦等传动的减速机驱动。轴的下部安装一对或几对不同形状的桨叶。通常，典型设备还有进、出口管线，蛇管，夹套，温度计插套以及挡板等，如图3-13所示。

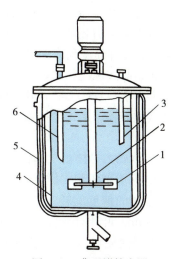

图3-13　典型搅拌容器
1. 桨叶　2. 搅拌轴　3. 温度计套管
4. 挡板　5. 夹套　6. 进料管

如果搅拌轴在容器中心垂直安装，则主要因搅拌桨叶几何特征的不同，搅拌将产生三种基本流型。

（1）切向流。在无挡板的搅拌容器中，搅拌器旋转时，其桨叶对流体产生的切向打击作用促使流体与桨叶一起旋动（即打旋），且产生中央凹旋，如图3-14所示。这种流型出现时，卷吸到桨叶区的流体甚少，在垂直方向流体的混合效果很差。

（2）轴向流。旋转的桨叶对流体沿轴向的推进作用促使流体沿轴向流动，通常使其向下流动，待流至容器底再沿容器壁折回，返入桨叶入口，形成沿着与搅拌轴平行方向的流动，如图3-15所示。

图3-13 动画演示

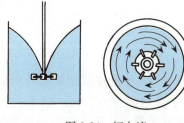

图3-14　切向流

图3-15　轴向流

（3）径向流。液体从桨叶向外以垂直于搅拌轴的方向排出，沿半径方向冲向容器壁，然后分成上、下两路回流到桨叶区，形成如图3-16所示的循环流动。

上述三种流型通常可能同时存在，往往以一种或两种流型为主。其中，轴向流与径向流对混合起主要作用，而切向流则由于对造成液流之间的相对运动不利，且使液体的自由液面产生下凹现象，进而减小了搅拌容器的有效容积，应加以抑制。可通过加装挡板的办法削弱切向流，增强轴向流和径向流。

按桨叶结构形式的不同，搅拌器主要分桨式、涡轮式和旋桨式三种。

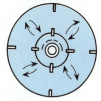

图3-16　径向流

1. 桨式搅拌器　桨式搅拌器（paddle agitator）是一种结

构简单，用于低、中黏度液体混合的搅拌器。通常由两片或四片平直桨叶构成。转速较低，一般为 20~150r/min，产生的径向流较大，而轴向流甚小。

桨叶的长度一般为容器直径的 1/2~3/4，其宽度一般为其长度的 1/10~1/6。使用这种搅拌器时，通常需在容器内加装挡板，以强化液体的湍流。

在平桨上加装垂直桨叶，就成为框式搅拌器，可以搅拌黏度稍大的液体。当须从容器壁上除去结晶或沉淀物时，则可将桨叶外缘做成与容器内壁一致的形状，其间间隙甚小，就成为锚式搅拌器。桨式搅拌器及其变形如图 3-17 所示。

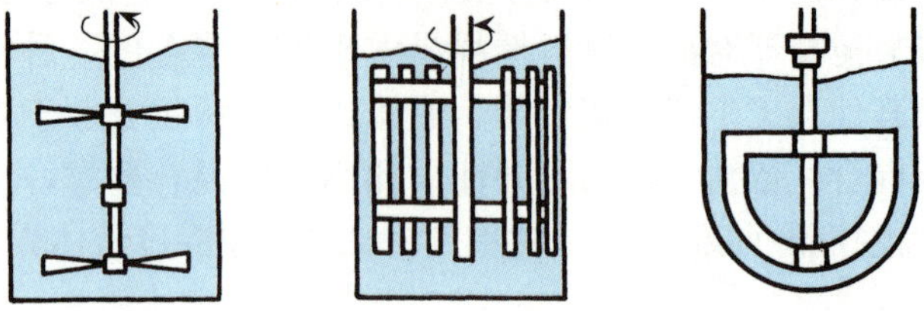

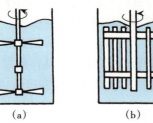

图 3-17　桨式搅拌器
(a) 平桨　(b) 框桨　(c) 锚桨

2. 涡轮式搅拌器　涡轮式搅拌器（turbine agitator）类似于桨式搅拌器，唯叶片多而短，并以较高的速度旋转。一般转速范围为 30~500 r/min。叶片有平直的、弯曲的、垂直的和倾斜的，如图 3-18 所示。平直叶片和弯曲叶片可产生强烈的径向流和切向流，通常加装挡板以减小中央旋涡，同时增强因折流而引起的轴向流。为产生较强的轴向流，可采用倾斜式叶片，即安装时叶片平面与转轴轴线成一定的角度。涡轮式搅拌器可制成开式、半封闭或外周套以扩散环的形式。此搅拌器适宜于多种物料的混合，对中等黏度的液体的混合特别有效。

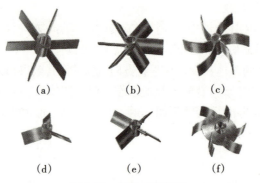

图 3-18　涡轮式搅拌器

(a) 平直片式　(b) 斜平直片式　(c) 弯曲叶片
(d) 整体开启涡轮桨　(e) 可拆开启涡轮桨　(f) 圆盘涡轮桨

图 3-18 动画演示

3. 旋桨式搅拌器　旋桨式搅拌器（propeller agitator）是由 2~4 片推进式螺旋桨叶所组成，见图 3-19。这种搅拌器主要造成轴向流。工作转速较高，一般小型的为 1 000r/min 以上，大型的为 400~800r/min。其直径为容器直径的 1/4~1/3。这种搅拌器尤其适用于低黏度液体和容器内物料要求上下均匀混合的场合。其转轴也可水平、斜向或偏心插入容器内，此时液流的循环回路不对称，可增强湍动。此外，也可加装挡板或导流筒来进一步改善混合效果。

图 3-19　旋桨式搅拌器
(a) 三叶桨　(b) 四叶桨　(c) 带导流筒三叶桨

图 3-19 动画演示

3.6B　搅拌所需功率

由于搅拌容器内的液体运动状况十分复杂，搅拌器的功率目前尚不能由理论算出，只能通过实验获得它与该系统其他变量之间的经验关联式。

搅拌器向液体输出的功率 P 与搅拌器的直径 d、转速 n、液体密度 ρ 和黏度 μ 等主要因素有关，即

$$P = f(n, d, \rho, \mu) \tag{3-51}$$

工程上，常将该函数关系利用量纲分析法化为量纲一的特征数的关系式。可用下式表示：

$$\frac{P}{d^5 n^3 \rho} = C\left(\frac{d^2 n \rho}{\mu}\right)^a \left(\frac{dn^2}{g}\right)^b$$

或写成

$$Eu_m = C Re_m^a Fr_m^b \tag{3-52}$$

式中 Eu_m——搅拌的欧拉数，也称动力准数，$Eu_m = \dfrac{P}{d^5 n^3 \rho}$；

Re_m——搅拌的雷诺数，表示搅拌施力与黏性阻力之比，$Re_m = \dfrac{d^2 n \rho}{\mu}$；

Fr_m——搅拌的弗鲁德（Froude）数，表示搅拌施力与重力之比，$Fr_m = \dfrac{dn^2}{g}$。

搅拌时液体表面中央旋涡的形成是一种重力效应现象。如果采取措施使中央旋涡受到抑制，则表示重力影响的弗鲁德数可以忽略。式（3-52）可简化为

$$Eu_m = C Re_m^a \tag{3-53}$$

式中，C 和 a 均为常数，由实验确定，其值取决于搅拌器的形式及各部分的尺寸比例、容器直径、液层深度和液体的流型等。搅拌器和容器各部的尺寸表示，如图 3-20 所示。常数 C 和 a 确定之后，Re_m 与 Eu_m 之间的关系随之而确定。图 3-21 为五种不同搅拌器的 Eu_m—Re_m 关系曲线。

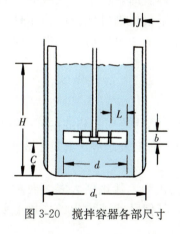

图 3-20 搅拌容器各部尺寸

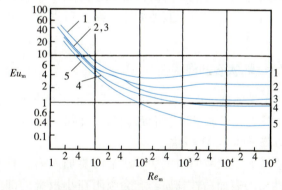

图 3-21 不同搅拌器的功率关系

曲线 1：六平叶桨涡轮圆盘，$d/b = 5$，四挡板每个 $d_t/J = 12$。
曲线 2：六平叶桨开式涡轮，$d/b = 8$，四挡板每个 $d_t/J = 12$。
曲线 3：斜六叶桨 45°开式涡轮，$d/b = 8$，四挡板每个 $d_t/J = 12$。
曲线 4：旋桨，螺距 = $2d$，四挡板每个 $d_t/J = 10$，亦适用于无挡板偏角安装的同种旋桨。
曲线 5：旋桨，螺距 = d，四挡板每个 $d_t/J = 10$，亦适用于无挡板偏角安装的同种旋桨。

例 3-5 一个六平叶桨带圆盘的涡轮搅拌器装在容器内，容器直径 d_t 为 1.83m，涡轮直径 d 为 0.61m，桨宽 b 为 0.122m。容器内有四个挡板，每个挡板宽 J 为 0.15m，涡轮转速为 90r/min，液体黏度为 10^{-2} Pa·s，密度为 929kg/m³。

（1）计算需要的搅拌功率。

（2）若液体黏度为 10^2 Pa·s，其他条件不变，需要的搅拌功率是多少？

解：（1）由已知数据 $d = 0.61$m，$n = 90/60 = 1.5$r/s，$\rho = 929$kg/m³，$\mu = 0.01$Pa·s，可求得

$$Re_m = \frac{d^2 n \rho}{\mu} = \frac{0.61^2 \times 1.5 \times 929}{0.01} = 5.19 \times 10^4$$

因为 $b=0.122m$, $d_t=1.83m$, $J=0.15m$, 则 $d/b=0.61/0.122=5$, $d_t/J=1.83/0.15=12$, 适用于图3-21的曲线1, 可查得 $Eu_m=5$。由欧拉数式可得

$$P=Eu_m \cdot \rho n^3 d^5 = 5 \times 929 \times 1.5^3 \times 0.61^5 = 1.32 \times 10^3 \text{ (W)}$$

(2)
$$Re_m = \frac{d^2 n\rho}{\mu} = \frac{0.61^2 \times 1.5 \times 929}{100} = 5.19$$

查图3-21曲线1得 $Eu_m=14$。所以, $P=14 \times 929 \times 1.5^3 \times 0.61^5 = 3.71 \times 10^3 \text{W}$。

搅拌器如与图中所示尺寸比例不同, 需对查得的 Eu_m 进行校正, 可查阅有关资料。

3-7 乳 化

乳化（emulsification）是一种特殊的混合操作, 包含着粉碎和混合的双重意义。它是将两种通常不互溶的液体进行密切混合, 使一种液体粉碎成为小球滴分散在另一种液体之中。乳化操作的产物为乳状液（emulsion）。

在食品工业, 大多数乳状液为水与油的混合物, 其中可能分别溶有各种溶质。油、水混合时, 有可能得到两种不同的乳状液。一种乳状液, 其中油为分散相, 称为油/水（O/W）乳状液；另一种是水为分散相的乳状液, 称为水/油（W/O）乳状液。例如, 牛奶为O/W乳状液, 而乳酪常被认为W/O乳状液。

乳化操作在食品工业中的应用甚为广泛。例如, 人造奶油是由脂肪、油、乳化剂及其他添加剂与牛奶或水混合而制成的W/O型乳状液。又如, 牛奶本质上为O/W乳状液, 含3%～5%以球滴出现的脂肪, 其滴径范围为 $1\sim18\mu m$。牛奶如不经均质处理, 静置时, 由于乳状液的动力不稳定性, 即发生奶油与脱脂奶的分层现象。如经均质、乳化处理, 不仅提高乳状液的稳定性, 而且可提高食品的感官质量。其他如冰淇淋、巧克力和果肉饮料等在加工中也要通过此操作增强稳定性和改善品质。

3.7A 乳状液的稳定性

从热力学原理分析, 乳状液在本质上是不稳定的。因为一种液体以微滴形式分散在另一种不相溶液体中, 就大大增加了两相界面面积, 表面能就会增大。因而存在一种自发趋势, 就是小液滴相碰而合并, 以降低体系总表面能。

为了增大乳状液的稳定性, 常常需要加入第三种物质, 即乳化剂。乳化剂大多为对油对水具有双亲性质的表面活性物质, 它会吸附在小液滴的油水界面上, 其使乳状液稳定的作用主要有三方面：

(1) 降低两相界面的界面张力, 使乳状液体系总表面能下降, 增加热力学稳定性。

(2) 乳化剂如果是带正电或负电的离子, 吸附后就会使液滴表面带同种电荷, 液滴间的静电斥力会阻止液滴的接近并合。

(3) 乳化剂吸附在液滴油水界面, 形成一定强度的吸附膜, 对液滴起保护作用。

从动力学角度分析, 液滴会有两种相反的运动倾向。一种是因液滴的密度与连续相的密度不同, 液滴会向下沉降或上浮, 造成乳状液的破坏。另种运动倾向是因扩散作用使小液滴做布朗运动, 这使乳状液具有一定的动力学稳定性。乳状液的稳定程度, 取决于两种运动倾向的相对大小, 这又与液滴的大小、两相密度差及连续相的黏度等因素有关。

如果液滴不是非常小, 则布朗运动可以忽略, 只考虑沉降倾向, 液滴的沉降或上浮速度 u_0 与各种因素的关系可引用Stokes公式：

$$u_0 = \frac{d^2(\rho-\rho_0)g}{18\mu} \quad \text{(m/s)} \tag{3-54}$$

式中　ρ, ρ_0——分散液滴和连续介质的密度，kg/m^3；
　　　d——液滴直径，m；
　　　μ——连续相的黏度，Pa·s。

从式（3-54）可以看到，造成沉降的根本原因是两相密度差$\rho-\rho_0$。如两相密度相同，$\rho-\rho_0=0$，就不会发生沉降。$\rho-\rho_0$越大，沉降越快。若$\rho-\rho_0<0$，u_0为负值，液滴将上浮。从该式还可看到，介质黏度是乳状液稳定性的重要因素。增大黏度，一方面使液滴的沉降速度降低，同时也可减缓液滴合并倾向，这都有利于乳状液的稳定。在食品加工工艺中，为增加黏度，常加入增稠稳定剂，如甘油、黄原胶、阿拉伯树胶等。

从式（3-54）更易看到，影响沉降速度u_0的最主要因素是液滴直径d，因沉降速度与滴径的平方成正比。工业乳化操作的主要作用是微粒化和均质化。微粒化就是使平均滴径变小，而均质化就是使滴径均匀化。因如果存在少量大液滴，大液滴不仅本身易沉降分离，且有强烈吸附与并合小液滴的倾向，不利于乳状液的稳定。

3.7B 乳化设备

工业上常用的乳化设备有搅拌型乳化器、胶体磨、均质机和超声波乳化器等。对于搅拌型乳化器，是以乳化剂的乳化作用为主的设备。这类设备主要是指前面讨论过的搅拌混合器。原则上，所有前述的搅拌混合器均可作为乳化器。下面介绍胶体磨和均质机的主要构造及其工作原理。

1. 胶体磨　胶体磨（colloid mill）属于高速旋转类型以剪力为主的细磨设备。它由一个固定表面（固定体）和一个旋转表面（旋转件）所组成。两表面间有可调节的微小间隙。物料就在此间隙通过。除上述元件外，还有机壳、机架和传动装置等，如图 3-22 所示。

物料通过间隙时，由于旋转件的高速旋转，附着于旋转表面上的物料的速度最大，而附着于固定表面上的物料速度为零，其间产生急剧的速度梯度，从而使物料受到了强烈的剪力摩擦和湍动骚扰，产生乳化分散的作用。

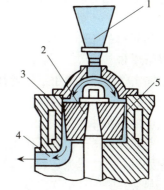

图 3-22　立式胶体磨结构简图
1. 进料口　2. 旋转件　3. 紧固件
4. 卸料口　5. 固定体

胶体磨的形式有立式和卧式两种，立式的旋转件随垂直轴旋转，而卧式的旋转件则随水平轴旋转。固定体与旋转件之间的间隙通常为50～150μm，依靠旋转件的垂直或水平位移来调节。液体从旋转中心处进入，流过间隙后，从四周卸出。卧式胶体磨旋转件的转速范围为3 000～15 000r/min，适用于黏度较低的物料的乳化。立式胶体磨旋转件的转速范围为3 000～10 000r/min，适用于黏度相对较高物料的乳化。另外，立式胶体磨在卸料和清洗方面比卧式胶体磨方便。图 3-22 为立式胶体磨的结构简图。

2. 均质机　均质机（homogenizer）的类别主要有高压均质机、离心均质机和喷射式均质机等。这里主要介绍食品工业常用的高压均质机，如图3-23所示。

（1）高压均质机的结构及工作原理。均质机主要由高压泵和均质阀所组成。高压泵目前多采用三柱塞式往复泵，其组合如图 3-23 所示。柱塞泵的结构原理已经在第二章讨论过，三柱塞运行的位相相差120°，可产生均匀的高压液流，如图 3-24 所示。均质阀是均质机的核心部分，安装在高压泵的排出管上，均质化作用在此发生。

均质阀的结构如图 3-25（a）所示，它由一锥形阀盘置于阀室内的阀座上构成。阀盘上有垂直转轴，轴上带有弹簧，可借调节手柄来调节其张力，以此改变流体通过均质阀的压力降。工作时，来自高压泵的高压液体将置于阀座上的阀盘托起，在阀盘与阀座之间形成极小的间隙，通常为几十微米。液体从此间隙流过时，情况与胶体磨相似，形成了急剧的速度梯度，与胶体磨不同的是，

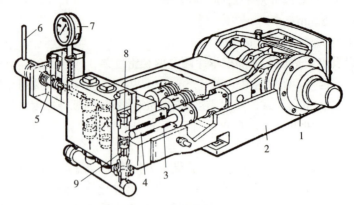

图 3-23 高压均质机泵体组合图
1. 连杆 2. 机架 3. 柱塞环封 4. 柱塞
5. 均质阀 6. 调压杆 7. 压力表 8. 上阀门 9. 下阀门

速度以间隙中心为最大,可达 150～200m/s。而附着于阀盘、阀座上的液体流速为零。由于急剧的速度梯度产生的强烈的剪切力,使液滴发生变形和破裂。当液体离开环状间隙出来后,立即与挡板环相撞,起着进一步破碎液滴的作用,达到乳化的目的。高压均质机的工作原理除上述剪切作用学说外,还有以下学说:

撞击作用——由于三柱塞往复泵的高压作用,使液流中的脂肪球和均质阀发生高速撞击现象,因而使料液中的脂肪球碎裂。

空穴作用——因高压作用使料液高速流过均质阀缝隙处时,发生涡流运动,造成相当于高频振动的作用,料液在瞬间产生空穴现象。此时空穴中的压力很低,使物料中的水迅速汽化,当汽化的水受冷再次液化时,空穴消失使体积发生急剧变化而产生强大的振动,使料液的颗粒碎裂。

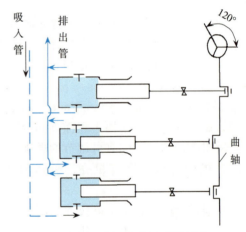

图 3-24 高压均质机泵原理图

为进一步改善乳化效果,通常采用双级均质,见图 3-25(b)。液体经压力较高的第一级阀均质成细液滴,再经压力较低的第二级阀均质,使乳状液的质量和稳定性进一步提高。

均质阀的阀盘和阀座应采用不锈钢和硬质合金等坚韧耐磨材料制成。与胶体磨相比,均质机适用于黏度较低的物料的乳化。

(2) 均质压力和能耗。流体通过均质阀的压力降称为均质压力(homogenization pressure)。均质机的均质压力可高达 70MPa,均质机就是靠这种均质阀间的压力降,直接消耗压力能,造成微粒化作用区内的速度梯度和剪切力产生均质效应的。

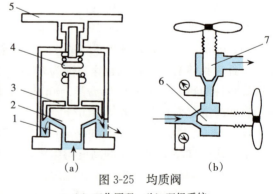

图 3-25 均质阀
(a) 工作原理 (b) 双级系统
1. 阀座 2. 阀盘 3. 挡板环 4. 弹簧
5. 调节手柄 6. 第一级阀 7. 第二级阀

在实用上,均质压力与均质时各因素间的关系,可用特征数方程来概括。设修正 Weber 数为 We_p,则有

$$We_p = \frac{\Delta p_H d_0}{\gamma} \tag{3-55}$$

式中　Δp_H——均质压力，Pa；

　　　d_0——最初液滴的体面平均直径，m；

　　　γ——液滴的界面张力，N/m。

而微粒化的效应可用粉碎比 x 表示：

$$x = \frac{d_0}{d} \tag{3-56}$$

式中　d——均质后液滴的体面平均直径，m。

均质所需的压力可由下列特征数方程来计算：

$$We_p = kx^m \tag{3-57}$$

式中　k，m——经验常数，可由具体均质机实测确定。

将式（3-55）和式（3-56）代入式（3-57）中，则有

$$\Delta p_H = k \frac{\gamma}{d_0} \left(\frac{d_0}{d}\right)^m \tag{3-58}$$

若均质机的生产能力为 q_v（m³/s），则均质化将消耗的功率 P 为

$$P = \Delta p_H q_v / \eta \quad (\text{W}) \tag{3-59}$$

式中　η——均质机的效率，一般为 0.7~0.8。

均质化的能耗被液体利用建立新界面所需部分的能量很小，绝大部分都以摩擦热的形式损失了。物料温度由于均质作用产生热量积累而升高。均质化造成的物料升温 ΔT 可根据热量衡算求得

$$P\eta = q_v \rho c \Delta T \tag{3-60}$$

将式（3-59）代入上式，得

$$\Delta T = \frac{\Delta p_H}{\rho c} \quad (\text{K}) \tag{3-61}$$

式中　ρ——液体的密度，kg/m³；

　　　c——液体的比热容，J/(kg·K)。

一般均质压力每增加 10MPa，料液温度升高 2~2.5K。

例 3-6　包装在硬纸盒内的消毒牛奶，放在 4℃ 冰箱中保藏 40h，要求此时间内产生的奶油分层不超过奶油含量的 2%，盒的尺寸为长×宽×高＝7cm×7cm×20cm。求：

（1）均质操作应达到的最后平均滴径为多少？

（2）若均质阀常数 $k=590$，$m=2$，原奶中奶油平均滴径为 5.5μm，求所需均质压力。

（3）若牛奶比热容为 3 770J/(kg·K)，求均质后牛奶的温升。

已知温度 277K 下脂肪球的界面张力 $\gamma=10.55$mN/m，奶油密度 $\rho=950$kg/m³，奶密度为 $\rho_0=1\,030$kg/m³，黏度 $\mu=1.63$mPa·s。

解：（1）奶油析出占其总量的 2%，可以认为盒内上部高度占总高度 2% 的容积内奶中的奶油全部上浮到顶部，即距顶面为 20×2%＝0.4cm 高度内的脂肪球都已上浮到顶面。这样，要求脂肪球的沉降速度须是

$$u_0 = \frac{h_0}{t} = \frac{-0.4 \times 10^{-2}}{40 \times 3\,600} = -2.78 \times 10^{-8} \quad (\text{m/s})$$

负号表示脂肪球上浮，为达到此要求，按式（3-54），均质后滴径应为

$$d = \sqrt{\frac{18\mu u_0}{(\rho - \rho_0)g}} = \sqrt{\frac{18 \times 1.63 \times 10^{-3} \times (-2.78 \times 10^{-8})}{(950 - 1\,030) \times 9.81}} = 1.02 \times 10^{-6} \quad (\text{m})$$

（2）所需均质压力，由式（3-58）可得

$$\Delta p_{\text{H}} = k\frac{\gamma}{d_0}\left(\frac{d_0}{d}\right)^m = 590 \times \frac{10.55\times 10^{-3}}{5.5\times 10^{-6}} \times \left(\frac{5.5\times 10^{-6}}{1.02\times 10^{-6}}\right)^2$$
$$= 3.29\times 10^7 \text{Pa} = 32.9\text{MPa}$$

(3) 均质使牛奶升温，按式（3-61）可得

$$\Delta T = \frac{\Delta p_{\text{H}}}{\rho c} = \frac{3.29\times 10^7}{1\,030\times 3\,770} = 8.47 \text{ (K)}$$

3-8 浆体的混合及塑性固体的揉和

固体粒子群中加极少量的液体时，搅拌混合后仍呈散粒状。再加入少量液体，在机械力的作用下，物料将形成塑性固体，这个过程称为揉和（kneading），又称捏和。再继续加入液体，随着固体粒表面液膜外自由液体的增多，物料将变为浆状体（slurry）。由于浆体和塑性固体的流动性极差，其混合和揉和所用设备与前述的混合设备甚不相同。

3.8A 浆体的混合

当固体与液体按一定比例混合，可形成黏度较高的浆体，浆体黏度一般在 1~1 000Pa·s。

浆体的混合所采用的搅拌器多为框式、锚式和螺带式。框式和锚式搅拌器构造简单，因而应用较广，但因缺乏轴向循环流动，混合效率较低。螺带式搅拌器具有较好的上、下循环性能。螺带式搅拌器有单螺带、双螺带、内外螺带、螺带螺旋等多种形式，如图 3-26 所示。此外，也有将搅拌元件做成扭曲状的其他形式的搅拌器，如图 3-27 所示。

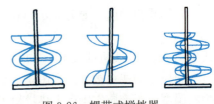

图 3-26 螺带式搅拌器

在食品加工中，广泛应用于高黏度物料混合的混合器是混合锅。混合锅有两种类型：固定式和转动式，如图 3-28 所示。

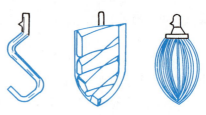

图 3-27 扭曲状搅拌元件

固定式混合锅工作时锅体不动，搅拌器除本身转动外，兼做行星运动。由于搅拌器与锅壁间的间隙很小，它所做的行星运动扩大了搅拌所及的范围，使其遍及于全部物料。

转动式混合锅的锅体安装在转动盘上，并随转动盘一起转动，搅拌器偏心地安装于靠近锅壁处做定轴转动。随着锅体做圆周运动，物料被依次带到搅拌器的作用范围内。其混合的作用效果同固定式混合锅一样。

3.8B 塑性固体的揉和

在粉料中加入少量液体制备成均匀的塑性或膏状物料，或在高黏度液体内加入少量粉料或液体添加剂制备成均匀混合物，这类混合操作都属于揉和（róuhuó）。和面团就是典型的揉和操作。

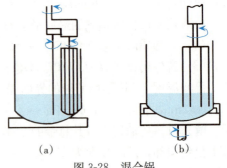

图 3-28 混合锅
(a) 固定式 (b) 转动式

揉和操作所处理的物料的黏度更大，都大于 1 000Pa·s，最高可达 10^5Pa·s 级。揉和操作过程中，包括非分散混合和分散混合，前者只使参与混合的物料发生空间位置的改变，无粒径的改变，而后者则使物料发生粒径的变化。实际混合过程中，这两种作用同时存在。在揉和操作中，物料在揉和设备中要反复多次受到这两种作用，最后得到均匀产品。

揉和所用的设备是揉和机（kneader），又称捏合机。常用的揉和机是由容器、装置在该容器内的两只转动元件（亦称搅拌器）和传动装置等部件所组成，如图 3-29 所示。利用这两只搅拌器的若干混合动作的组合，将物料压挤到相邻的物料或器壁上去，并折叠而使物料被已混合物料所包围。然后物料受剪切作用，而被拉延和撕裂。如此反复不断地进行，达到可塑物均匀化的目的。搅拌器有多种形式，其中以 Z 形搅拌器应用最为普遍。容器一般为矩形，其底部制成能容纳两只搅拌器的两个半圆形槽。搅拌器与槽底的间隙很小。容器可装在另一固定的转轴上，这样可使其绕轴侧倾，以便于卸料。

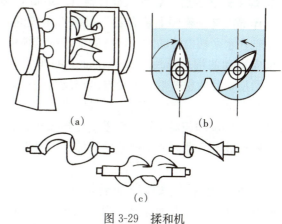

图 3-29 揉和机
(a) 卸空状态 (b) 底部 (c) 搅拌桨叶

3-9 固体的混合

颗粒状或粉状固体的混合主要靠流动性（flowability），而固体颗粒的流动性是有限的。颗粒流动性的大小又与颗粒的粒度、形状、密度和黏附性有关。粒度均匀的颗粒混合时，密度大的颗粒易趋向于容器底部。颗粒的黏附性越大，就越易聚集在一起，不易均匀分散。

在食品工业中，固体混合操作的应用极为广泛，如面包、饼干和糕点等焙烤食品的面粉与辅料的混合，干制食品与调味品及其他添加剂的混合和汤粉的制造等都要应用此操作。

固体混合一般多为间歇式操作。其方法可分为两类：一类为容器旋转型，利用容器本身的旋转，引起垂直方向的运动，而侧向运动靠器壁等处物料的折流。另一类为容器固定型，利用容器及旋转混合元件的组合，像高黏度浆体的混合那样。

粒状和粉状固体物料的混合设备，常见的有转鼓式、螺带式和螺旋式混合器等。

1. 转鼓式混合器 转鼓式混合器（drum mixer）属容器旋转型混合设备。它由一具有筒状或多面体等形状的转鼓、机架和传动装置等部件组成。转鼓绕水平或倾斜轴转动时，带动其内部的物料自上而下翻滚，同时由于容器内抄板及器壁的折流作用，也产生物料的侧向移动。最简单的转鼓式混合器为一水平圆筒绕其轴旋转，但这种混合器的混合效率不高，通常用为其变形。最广泛应用的是双锥混合器和双联混合器，如图 3-30 所示。

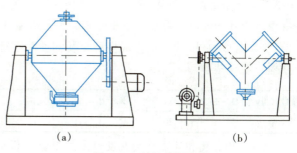

图 3-30 转鼓式混合器
(a) 双锥混合器 (b) 双联混合器

双锥混合器是由两个锥筒和一段短圆筒连接而成的。这种混合器克服了水平圆筒中物料水平运动不良的缺点，转动时物料产生强烈的滚动作用，且由于流动断面的变化，产生了良好的横向流动。

双联混合器的转鼓是由两段圆柱筒互成一定角度的 V 形连接而成。其旋转轴为水平轴。其作用原理与双锥混合器类似。唯由于转鼓对转轴的不对称性，操作时，因物料时聚时散，产生了比双锥混合器更为良好的混合效果。

2. 螺带式混合器 螺带式混合器（ribbon mixer）的主要工作部件是一转轴上装有若干根螺带构成的叶轮轴。当叶轮轴在水平槽内转动时，物料受到螺带的搅动产生纵向和横向运动的混合作用。螺带在轴上的布置一般分为内、外两层，且两层螺带的螺旋方向相反。一层螺带使物料向一端移动，另一层螺带则使物料向另一端移动，如图3-31所示。物料间相对位置的频繁变化导致了物料的均匀混合。螺带式混合器对流动性差的粉体是一种有效的混合设备。

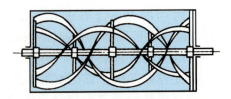

图3-31 螺带式混合器

3. 螺旋式混合器 螺旋式混合器（mixing screw）是利用螺旋输送器的提升和抛掷作用将立式容器中的易流动物料反复地上下翻腾，使其掺和混匀的设备。工业上有各种不同的形式。图3-32（a）所示为垂直螺旋式混合器，它与螺带式混合器相比，具有投资少、功耗低、占地面积小的优点。缺点是混合时间长，产量低，制品均匀性较差，较难处理潮湿或泥浆状物料。

制品不均匀的主要原因是物料从螺旋上部抛出的不均匀性，重颗粒比轻颗粒抛得远。为消除这种现象，使混合更为有效，可将螺旋输送器沿容器近壁安置，并使之绕容器轴线摆动旋转，这样可使螺旋输送器到达全部物料，如图3-32（b）所示。

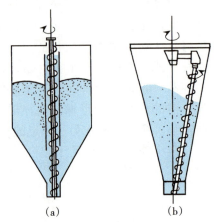

图3-32 螺旋式混合器
(a) 垂直螺旋式 (b) 摆动转动螺旋式

习 题

3-1 试计算边长为 a 的立方体形颗粒的球形度和厚度与直径之比为0.2的圆片的形状因数。

3-2 每1kg谷物从最初粒度5mm磨碎到最后粒度1mm需要能量3.6kJ，试问若将此谷物从最初状态磨碎至粒度0.2mm，所需能量多少？

3-3 谷物研磨时，经第一道磨粉工序生产9%的面粉，此料用100μm筛孔的筛过筛，经过50s，面粉含量变为1.5%，问需过筛多长时间，面粉含量才能降到0.25%？

3-4 某晶体物料，取500g试样用泰勒标准筛进行筛析。所用筛号及截留于对应号筛面上的筛余量（质量）见下表：

筛号（目）	10	14	20	28	35	48	65	100	150	200	270
筛余量/g	0	20	40	80	130	110	60	30	15	10	5

试计算几何平均粒度和体面平均粒度（采用质量加权）。

3-5 辊式破碎机滚筒的直径为1m，长度为0.5m，两辊间的开度经调节为13mm。将其用于某物料的粉碎，已知摩擦角为15°，问加料颗粒的最大容许直径为多少？粉碎度为多大？

3-6 食盐经粉碎后用中国筛筛析，发现总量中有38%通过8目筛而截留在10目筛上，对于更细的部分，测出5%通过65目筛而截留在100目筛上，设食盐的密度为2 160kg/m³，试估算10kg试料内粗、细两部分食盐的表面积。

3-7 某一间歇式混合器内，将淀粉和干菜粉进行混合，以生产汤料混合物。干菜粉与淀粉原料的质量比为40∶60。混合进行5min后，取样进行均匀性分析，淀粉含量以质量分数来表示，其结果是混合物组成的均方差为0.082 3。若要求混合物达到均方差等于规定的允许低限值0.02，混合操作还需要继续进行多长时间？

3-8 用直径1m的圆形转筒筛筛分某种物料,该物料与筛面之间的摩擦因数为0.35,问转筒筛的转速取80r/min是否合适?如改在旋转半径为0.1m的水平旋转筛上筛分,上述转速是否合适?

3-9 用平叶桨开式涡轮搅拌器搅拌一种黏度为1.5×10^{-3}Pa·s,密度为970kg/m³的液体,搅拌容器的直径为0.91m,设置4个竖直挡板,每个宽度均为0.076m,搅拌桨直径为0.305m,宽度为0.0381m,若搅拌器的转速为180r/min,求所需搅拌功率。

3-10 用某牛奶均质机对牛奶进行均质处理,将牛奶中脂肪球的平均滴径从$3.5\mu m$减至$1\mu m$,生产能力为0.5m³/h。试计算均质所需的压力和功率。已知均质机实验常数$k=500$,$m=2$,牛奶表面张力为10^{-2}N/m。据牛奶的物性常数,求经均质牛奶升温多少?

第四章 CHAPTER 4

沉降与过滤
Settling and Filtration

第一节 重力沉降

4-1 颗粒在流体中的运动 　107
4.1A 颗粒与流体相对运动时所受的力 　107
4.1B 沉降速度 　109
4-2 重力沉降设备 　111
4.2A 间歇式沉降器 　111
4.2B 半连续式沉降器 　112
4.2C 连续式沉降器 　113

第二节 过滤

4-3 过滤的基本概念 　114
4.3A 过滤方式和程序 　114
4.3B 过滤介质 　115
4.3C 过滤的推动力和阻力 　115
4-4 过滤的基本理论 　116
4.4A 过滤基本方程 　116
4.4B 恒压过滤和恒速过滤 　118
4.4C 过滤常数的确定 　119
4-5 过滤设备 　120
4.5A 板框压滤机 　120
4.5B 叶滤机 　123
4.5C 转鼓真空过滤机 　124

第三节 离心分离

4-6 沉降式离心机 　127

4.6A 离心沉降原理 　127
4.6B 沉降式离心机类型 　128
4.6C 沉降式离心机的生产能力 　128
4-7 过滤式离心机 　129
4.7A 转鼓内液体的表面和压力 　129
4.7B 间歇操作的过滤式离心机 　130
4.7C 连续操作过滤式离心机 　132
4.7D 过滤式离心机的生产能力 　133
4-8 分离式离心机 　133
4.8A 乳状液的离心分离原理 　133
4.8B 超速离心机 　134
4.8C 分离式离心机的生产能力 　136

第四节 气溶胶的分离

4-9 旋风分离 　136
4.9A 旋风分离器的构造及工作原理 　137
4.9B 旋风分离器的性能 　137
4-10 气溶胶的其他分离方法 　139
4.10A 气溶胶的重力沉降 　139
4.10B 气溶胶的惯性分离 　141
4.10C 气溶胶的袋滤 　141
习题 　142

　　本章讨论各种非均相物系（non-homogeneous system）的机械分离，它们是食品生产中常见的单元操作。所谓非均相物系，是指内部存在隔开两相界面的物系，界面两侧物料性质截然不同。按物态的不同而分为液-固、液-液、液-气和气-固等微多相分散系，主要包括悬浮液、溶胶、乳状液、泡沫和气溶胶等。固体颗粒分散在液体中形成的混合物称为悬浮液，分散在气体中的混合物称为含尘气体。一种液体以小液滴的形式分散在另一种液体中，称为乳浊液，而小液滴分散在气体中形成含雾气体。常将粒径小于 $1\mu m$ 的颗粒称为"胶质"，分散在液体中称为"溶胶"，分散在气体中则称为"气溶胶"。在非均相物系中处于分散状态的物质称为分散质，是分散相；处于连续状态的物质称为分散剂，是连续相。由于连续相和分散相具有不同的物理性质（如密度），故可用机械方法将它们分离。

要实现这种分离，必须使分散的固粒、液滴或气泡与连续的流体之间发生相对运动，因此，分离非均相物系的单元操作遵循流体力学的基本规律。

在分离非均相物系的单元操作中，最主要有沉降和过滤。沉降中常见的是重力沉降，在重力场中，因密度的不同，使悬浮液或气溶胶中的固粒或乳状液的液滴，与连续介质分开。过滤是借助过滤介质将悬浮液或气溶胶中的固粒截留，而使其与透过的分散介质流体分离。沉降和过滤都可以在比重力场更强的离心力场中进行。这种操作统称离心分离。而通过施加压力使含在固体中的液体分离出的压榨操作，可以看作特殊的滤饼过滤。

沉降和过滤等非均相物系的分离，在食品工业上具有如下的意义：

（1）作为生产的主要阶段。例如，从淀粉液制取淀粉，从牛奶制取奶油和脱脂奶，将晶体与母液分离制取纯净晶体食品等。

（2）提高制品纯度。例如，牛奶的除杂净化和啤酒、食用油的精滤等。

（3）回收有价值物质。例如，奶粉生产从喷雾干燥塔的排风中分离出奶粉微粒。

（4）为了环境保护和安全生产。分离生产中产生酸雾、烟等有害物质，要防止环境污染，保证人身和设备的安全。

（5）作为食品保藏的手段之一。例如，用于果汁、啤酒等的过滤除菌操作等。

本章依次讨论如下内容：重力沉降、过滤、离心分离以及气溶胶的分离。

第一节　重力沉降

沉降是利用固体颗粒或液滴与流体间的密度差，使悬浮在流体中的固体颗粒或液滴借助于外场作用力产生定向运动，从而实现分散相与连续相分离的单元操作。根据外场力的作用方式不同，沉降常分为重力沉降、离心沉降两种主要方式；根据对物料分离要求的不同，又将沉降分为增稠、澄清两种操作。其中，增稠的目的是提高悬浮液中固体颗粒的浓度；澄清则是为了去除混合物中的固体颗粒，从而得到清澈液体。

沉降操作在食品生产中主要应用于：

（1）液体的澄清。即去除固体颗粒，得到澄清的液体，如果汁、酒类的澄清。

（2）悬浮液的增稠。即提高悬浮液中固体颗粒的浓度，如淀粉乳的增稠。

（3）粒子的分级。即利用悬浮液中各种固体颗粒密度或大小的不同而具有的不同沉降速度，将其进行分级，如淀粉、青豆的分级。

4-1　颗粒在流体中的运动

4.1A　颗粒与流体相对运动时所受的力

第一章中讨论了流体在管内的流动。现在讨论流体绕过球形障碍物的流动。对于非黏性的理想流体的绕流，流速的方向和大小都沿球面变化，如图4-1（a）所示。点 A 和 B 的流速为零，压力最高，而 C 和 D 点的流速最大，压力最小。流体无净力作用于球体上，上、下游的流线是完全对称的。

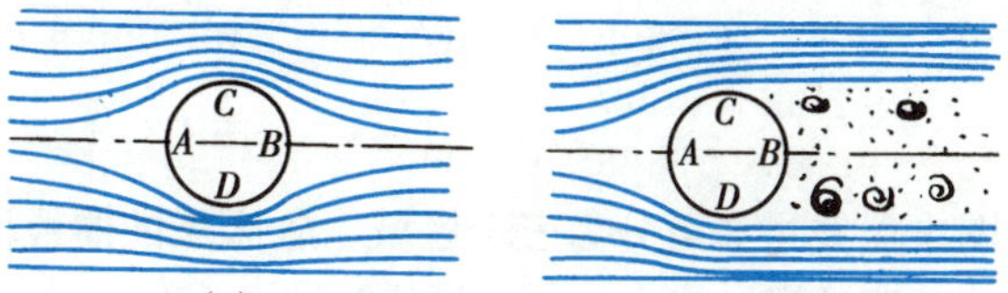

当有黏性的实际流体流过时，情形极为不同。首先，因实际流体具有黏度，对颗粒会产生曳力（drag force），或反过来说，颗粒对流体的流动产生阻力。其次，当流体以一定流速流经颗粒表面时，会发生边界层分

图4-1　流体绕球形颗粒的流动
（a）理想流体绕流　（b）实际流体绕流

离，在球形颗粒背面形成旋涡，如图 4-1（b）所示。这就消耗能量，也就产生了一种阻力，称形体阻力或形体曳力。因而实际流体流过球形颗粒时，作用于颗粒上的总曳力由黏性曳力和形体曳力所组成。

根据斯托克斯（Stokes）定律，连续流体以低速度流过球形颗粒所产生的曳力符合下列公式：

$$F_d = 3\pi\mu du \tag{4-1}$$

式中　μ——流体黏度，Pa·s；
　　　d——球体颗粒直径，m；
　　　u——流体与颗粒间的相对速度，m/s；
　　　F_d——流体对球形颗粒的曳力，N。

上式只适用于流体对球形颗粒的绕流属于层流的情况。为求速度范围更为广泛的曳力，可将式（4-1）改写为

$$F_d = 24 \cdot \frac{\pi}{4} d^2 \left(\frac{\mu}{du\rho}\right) \rho \cdot \frac{u^2}{2}$$

式中　ρ——流体密度，kg/m³。

令 $Re_p = \dfrac{du\rho}{\mu}$，称修正雷诺数，$A = \dfrac{\pi}{4} d^2$ 为球形颗粒投影面积，$\zeta = \dfrac{24}{Re_p}$ 称为曳力因数，则得

$$F_d = \zeta A \rho \frac{u^2}{2} \tag{4-2}$$

式（4-2）为可广泛使用的曳力公式。适用于层流、过渡流和湍流等各种流动形态流体对球形颗粒的绕流，也适于球形颗粒通过流体的运动，这时 F_d 就是流体对颗粒运动的阻力。因此，曳力因数 ζ 又称为阻力因数。与管内流动的摩擦因数类似，阻力因数 ζ 受各种因素的影响，如颗粒表面性质、颗粒几何特性、流体物性以及流速的大小等。阻力因数 ζ 是颗粒修正雷诺数 Re_p 的函数。

对于层流，$\zeta = \dfrac{24}{Re_p}$，此时式（4-2）与式（4-1）是相同的。对于非层流的情况，阻力因数 ζ 与雷诺数 Re_p 之间的关系要通过实验来确定，结果如图 4-2 所示。图中，对应于颗粒球形度 $\varphi_s = 1$ 的曲线，就是球形颗粒与流体相对运动时 ζ—Re_p 关系曲线。

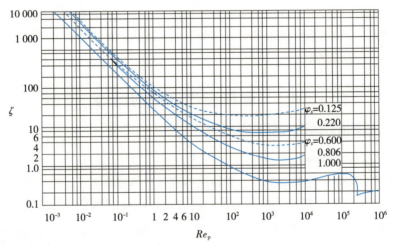

图 4-2　ζ—Re_p 关系曲线

图中曲线主要可分为三个区域，各区域的曲线段可分别用不同的计算公式表示：

（1）层流区（$Re_p < 1$）。有理论公式

$$\zeta = \frac{24}{Re_p} \tag{4-3}$$

（2）过渡区（$1<Re_p<500$）。可用经验公式

$$\zeta=\frac{18.5}{Re_p^{0.6}} \tag{4-4}$$

（3）湍流区（$500<Re_p<2\times10^5$）。阻力与流体黏度无关，可取

$$\zeta=0.44 \tag{4-5}$$

当 $Re_p>2\times10^5$，ζ 陡降至 0.2 以下，此时边界层已为湍流了。

4.1B 沉降速度

1. 球形颗粒的自由沉降 当一个颗粒与容器器壁和与其他颗粒有足够的距离，使该颗粒的沉降不受它们的影响，这种沉降称为自由沉降（free settling）。

当一球形颗粒放在静止流体中，若颗粒密度 ρ_p 大于流体密度 ρ，颗粒将在重力作用下沉降。当颗粒开始沉降时，因所受向下重力 F_g 大于向上浮力 F_b，颗粒受净向下作用力（F_g-F_b）而使颗粒向下加速运动，颗粒有了向下的运动速度，就将受第三个力——向上阻力的作用。根据式（4-2），颗粒向下运动速度越大，受到的阻力 F_d 越大，而 F_g 和 F_b 在沉降中是不变的。因而随沉降的进行，颗粒最终所受三力将达平衡。此时颗粒下降速度将不变，这种匀速降落的速度 u_0 称为沉降速度。

由三力平衡（图 4-3），有

$$F_g-F_b=F_d$$

$$\frac{\pi}{6}d^3\rho_p g-\frac{\pi}{6}d^3\rho g=\zeta A\rho\frac{u_0^2}{2}=\zeta\cdot\frac{\pi}{4}d^2\rho\frac{u_0^2}{2}$$

$$\frac{\pi}{6}d(\rho_p-\rho)g=\frac{\pi}{8}\zeta\rho u_0^2$$

$$u_0=\sqrt{\frac{4d(\rho_p-\rho)g}{3\zeta\rho}} \tag{4-6}$$

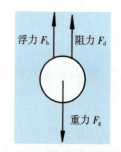

图 4-3 颗粒沉降受力

式（4-6）是球形颗粒自由沉降速度的一般公式。

将式（4-3）、式（4-4）和式（4-5）的关系分别代入式（4-6），可得到三个不同流形区域球形颗粒自由沉降速度的公式：

（1）层流区的 Stokes 定律。

$$u_0=\frac{d^2(\rho_p-\rho)g}{18\mu} \tag{4-7}$$

（2）过渡区的 Allen 定律。

图 4-3 动画演示

$$u_0=0.154\left[\frac{d^{1.6}(\rho_p-\rho)g}{\rho^{0.4}\cdot\mu^{0.6}}\right]^{\frac{5}{7}} \tag{4-8}$$

（3）湍流区的 Newton 定律。

$$u_0=1.74\sqrt{\frac{d(\rho_p-\rho)g}{\rho}} \tag{4-9}$$

2. 沉降速度的求算 要求算沉降速度 u_0，先要知道流形区域才可选用式（4-7）、式（4-8）或式（4-9），而要判定流形，应知 Re_p。但为求 Re_p，又要知道 u_0，而 u_0 正是我们需求算的。可见，要求算 u_0 是较复杂的。解决方法常有如下两种：

（1）试差法。先假定初值 u_0，算得 Re_p 值。按图 4-2 查得 ζ，代入式（4-6）求得第一次试算得值 u_0。然后用此 u_0 值求 Re_p，查 ζ，代入式（4-6）求第二次试算得到的 u_0 值。重复上述过程，直至假定值与计算值之差能满足已定精度要求为止。此法手算烦琐，但设计一个算法程序，用计算机很容易求解。

(2) 复验法。先假定一个流形区域，如先假定为层流，按式（4-7）求 u_0，用此 u_0 求 Re_p，若得之 $Re_p<1$，说明假定正确，已得之 u_0 即为所求。否则，再换一个流形区，代入相应的公式求 u_0，用求得的 u_0 再计算 Re_p，复验是否符合该流形区域。用复验法最多三次，最少只一次就可得到结果。

例 4-1 鲜牛乳中脂肪球的平均直径约为 $5\mu m$，20℃时，脂肪球的密度为 $1\,010\,kg/m^3$，脱脂乳的密度为 $1\,035\,kg/m^3$，黏度为 $2.12\times10^{-3}\,Pa\cdot s$，试求脂肪球在脱脂乳中的沉降速度。

解： 用复验法求算。假定沉降在过渡区中进行，按该区的 Allen 公式得

$$u_0=0.154\left[\frac{d^{1.6}(\rho_p-\rho)g}{\rho^{0.4}\cdot\mu^{0.6}}\right]^{\frac{5}{7}}$$

$$=0.154\times\left[\frac{(5\times10^{-6})^{1.6}\times(1\,010-1\,035)\times9.81}{1\,035^{0.4}\times(2.12\times10^{-3})^{0.6}}\right]^{\frac{5}{7}}$$

$$=-1.32\times10^{-5}\ (m/s)$$

将 u_0 的绝对值代入雷诺数计算式中，得

$$Re_p=\frac{du_0\rho}{\mu}=\frac{5\times10^{-6}\times1.32\times10^{-5}\times1\,035}{2.12\times10^{-3}}=3.22\times10^{-5}<1$$

验算结果说明上述假定区域不正确，应再假定另一区域试算。

再假定沉降在层流区进行，按 Stokes 定律：

$$u_0=\frac{d^2(\rho_p-\rho)g}{18\mu}=\frac{(5\times10^{-6})^2\times(1\,010-1\,035)\times9.81}{18\times2.12\times10^{-3}}$$

$$=-1.61\times10^{-7}\ (m/s)$$

将 u_0 的绝对值代入雷诺数计算式中，得

$$Re_p=\frac{du_0\rho}{\mu}=\frac{5\times10^{-6}\times1.61\times10^{-7}\times1\,035}{2.12\times10^{-3}}=3.93\times10^{-7}<1$$

验算结果表明本次假定正确。所求得的 u_0 之值 $-1.61\times10^{-7}\,m/s$ 即为所求的沉降速度。负号表示沉降方向与地球引力相反，即脂肪球向上浮。

3. 影响沉降速度的因素 多数沉降过程是在层流区内进行的。

(1) 根据层流区的 Stokes 定律，从理论上可对影响自由沉降速度的因素作如下分析。

①颗粒直径。理论上沉降速度与粒径的平方成正比。颗粒越大，沉降就越快。在食品生产中，如果要使制品分散系稳定，可均质化处理，使悬浮颗粒或液滴微粒化，减慢沉降速度，如牛奶和果汁的均质处理。如果要使制品澄清，可采取适当措施增大颗粒直径，使其迅速沉降。例如，胶态食品悬浮液，常采用加热的方法产生絮凝作用，使颗粒增大易沉降析出而澄清。

②分散介质黏度。沉降速度与介质的黏度成反比。介质的黏度越大，悬浮液越难于用沉降法分离。例如，含有果胶的果汁，因其黏度高，在生产中常通过加酶制剂破坏果胶来降低其黏度，达到改善澄清操作的目的。此外，还可利用适当加热的办法来降低黏度，达到加快沉降速度的目的。

③两相密度差。沉降速度与两相密度差成正比。但在一定的悬浮液的沉降分离过程中，其值是难以改变的。

(2) 实际的沉降过程一般并非自由沉降，沉降都是在有限容器中进行，颗粒间有干扰，颗粒并非球形，而且大小、形状各异。因此，实际沉降速度还受下面诸因素的影响。

①颗粒形状。球形颗粒对任何方向的来流都具有相同的投影面积。非球形则不同，偏离球形越大，亦即球形度 φ_s 越小，阻力因数 ζ 越大。几种 φ_s 值下的阻力因数 ζ 与雷诺数 Re_p 的关系曲线已根据实验结果标绘在图 4-2 中。对非球形颗粒，Re_p 计算式中的 d 应该使用颗粒的以体积为基准的名义粒度。

②壁效应。在实际有限的容器中进行沉降，器壁对颗粒沉降有阻滞作用，使沉降速度较自由沉降

速度为小，这种影响称为壁效应（wall effect）。需作准确计算时，应考虑壁效应的影响。

③干扰沉降。当非均匀混合物中分散颗粒较多，颗粒之间互相距离较近时，颗粒间的碰撞和摩擦作用会消耗动能，亦即增加了阻力因数，使沉降速度较自由沉降时低，这种沉降称为干扰沉降（hindered settling）。悬浮液的沉聚一般为干扰沉降，其浓度越高，此种现象越显著。通常干扰沉降速度仍按自由沉降计算，必要时可用经验法则予以修正。

4-2 重力沉降设备

用重力沉降实现物质分离的设备称为沉降器（settler），沉降器通常为圆形、方形、锥形的沉淀槽、沉淀池或长槽等。按沉降的目的不同，可分为澄清器（clarifier）和增浓器（thickener）；按操作方式，可分为间歇式、半连续式和连续式沉降器。

4.2A 间歇式沉降器

在间歇式沉降器内，料液分批间歇加入，整个料液从沉降开始至终了实际上是静止而不流动的，清液和沉淀的排出也都是间歇进行的。

图 4-4（a）表示一种带锥底的圆形沉降器，在器内不同高度的侧壁上装几个侧管，并配有阀门，以引出清液。例如，糖厂使用的三管阀式沉降器，也可采用虹吸方法引出清液。一般当一批物料沉降完毕后，先引出清液，再利用沉降器的底阀，卸出沉淀，从而完成一次沉降操作。对于乳浊液的分离，如油水的分离，上层为增浓制品，下层为清液，可将上层增浓制品先行引出，而后卸出清液。

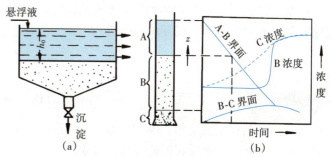

图 4-4 间歇式沉降器及沉降过程图解
(a) 沉降器简图　(b) 沉降过程图解

典型的间歇式沉降过程示于图 4-4（b）中。当颗粒粒径分布较均匀时，操作开始不久就出现清液区 A 和悬液区 B 之间明显的界限，而底部只有少量的沉淀层 C。当 A-B 界面和 B-C 界面相距甚大时，A-B 界面就以匀速向下移动。悬液区 B 内的浓度因该区域整体下沉而保持不变。这样清液区 A 和沉淀区 C 随时间不断扩大，而悬液区 B 则不断缩小。最后区域 B 完全消失，仅留下清液区 A 和沉淀区 C。此后，沉淀区 C 内的固体沉淀物继续被压紧，并不断游离出清液。

间歇式重力沉降在食品工业上的应用较少，工业实例有葡萄酒和果汁的澄清等。

沉降器的生产能力一般指单位时间产生清液的体积，即产生清液的平均体积流量 q_v，它与垂直于沉降方向的沉降器截面积——沉降面积直接相关。

设：h_0 为清液层高度，m；V 为清液的体积，m^3；t_0 为沉降时间，s；u_0 为沉降速度，m/s；A_0 为沉降面积，m^2。则理论上沉降器的生产能力 q_v 应为

$$q_v = \frac{V}{t_0} = \frac{h_0 A_0}{t_0} \quad (m^3/s)$$

因为

$$h_0 = u_0 t_0$$

故

$$q_v = u_0 A_0 \quad (m^3/s) \tag{4-10}$$

由此可见，间歇式沉降器的生产能力等于沉降速度和沉降面积的乘积，而与沉降器的高度无关。因此沉降器的结构特点是截面大，高度低，其容积的确定以暂时存贮必要数量的沉淀物和清液为依据。

须指出，若沉降的目的是回收有价值的沉淀物质，如淀粉和酵母的生产，则沉降器的生产能力通

常也以沉淀物的体积或质量来表示。

4.2B 半连续式沉降器

在半连续式沉降器内，悬浮液连续地从一端进入设备，随液体水平向前流动，其中的悬浮颗粒不断地向下沉降，澄清液连续不断地自设备的另一端排出，但沉淀物只能间歇地排出。常见的半连续式沉降器是矩形横截面的长槽，如图4-5所示。为使设备紧凑，有时可设计成来回曲折的渠道，如玉米淀粉生产中的淀粉沉降器。

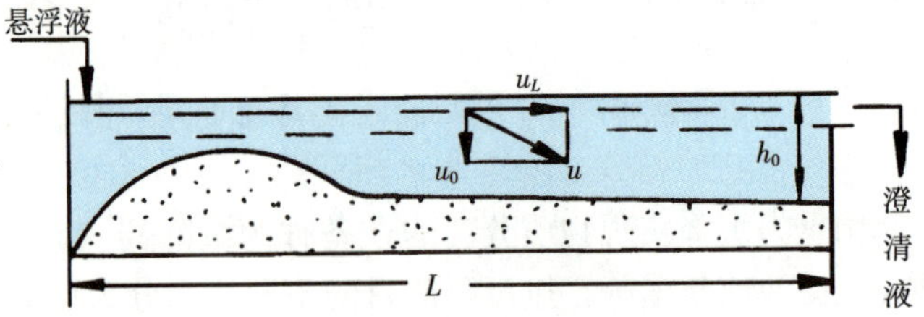

半连续式沉降器因具有相对较大的沉降面积，而具有很大的生产能力。例如，将淀粉悬浮液在木质沉降槽中沉降分离淀粉时，槽长可达30m，宽为0.5m，深仅0.4m。

图4-5 半连续式沉降器

对半连续式沉降器的沉降，有两个问题必须考虑：悬浮液的流动速度不应超过临界流速u_c，沉降槽的尺寸必须有足够的长度和高度之比。

1. 临界流速 已经沉积的颗粒不致被流体流动的曳力所带走的流体流动的最大速度，称为临界流速u_c。这里考虑到颗粒受到的两个力：

曳力
$$F_d = \zeta A \rho \frac{u_L^2}{2}$$

摩擦力
$$F_f = \frac{\pi}{6} d^3 (\rho_p - \rho) g \mu_s$$

式中 u_L——流体沿沉降槽长度方向的水平流速，m/s；
　　　μ_s——颗粒与沉淀层间的静摩擦因数。

为使沉淀层表面的颗粒不被液流带走，必须满足$F_d < F_f$。而当$F_d = F_f$时，对应的u_L即为临界流速u_c。因此

$$\zeta \cdot \frac{\pi}{4} d^2 \rho \frac{u_c^2}{2} = \frac{\pi}{6} d^3 (\rho_p - \rho) g \mu_s$$

$$u_c = \sqrt{\frac{4d(\rho_p - \rho) g \mu_s}{3 \zeta \rho}} \tag{4-11}$$

在沉降操作过程中，应使操作流速u_L符合下式：
$$u_L < u_c$$

2. 沉降器尺寸 要适当选取沉降器长度L与高度h_0的比值，使溢流前完成沉降。由图4-5，设计沉降器时，应符合下述关系：

$$\frac{L}{h_0} \geqslant \frac{u_L}{u_0}$$

或
$$u_L \leqslant u_0 \frac{L}{h_0} \tag{4-12}$$

半连续沉降器的生产能力可表示为单位时间流出的清液量：
$$q_v = b h_0 u_L \quad (\text{m}^3/\text{s}) \tag{4-13}$$

将式（4-12）的关系代入，得
$$q_v \leqslant b h_0 u_0 \frac{L}{h_0} = u_0 b L = u_0 A_0 \quad (\text{m}^3/\text{s}) \tag{4-14}$$

式中 b——沉降槽宽度，m；
　　　A_0——沉降面积，m²。

可见，生产能力与沉降速度和沉降面积成正比，而与沉降器的高度无关。这一结论与间歇式沉降器完全相同。

4.2C 连续式沉降器

连续式沉降器的进料以及清液和沉淀的出料均为连续操作。图 4-6 所示的多尔增浓器为一典型的连续式沉降器。其形式为一带锥底的圆形浅槽，直径一般有 10m 以上。有中央进料管供悬浮液进入，上部边缘有溢流堰供清液排出，底部有中央出口管供增浓液排出。已增浓的悬浮液用转动很慢的齿形耙将其刮送到槽底中心处，由泵连续地排出。齿形耙对沉淀刮送的同时，还对其有挤压作用，使其挤出更多的液体。悬浮液在增浓器中的流动是稳态流动。原料液由中央进料管流入液面以下后，悬浮颗粒下沉并沿径向散开，而清液上流至溢流堰溢出。正常情况下，增浓器自上而下可分为三个区域，即清液区、沉降区和沉淀区（图4-6）。

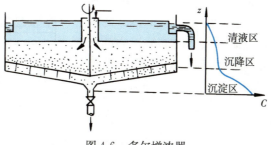

图 4-6 多尔增浓器

图 4-6 动画演示

增浓器的设计主要是在给定的供料和预期的增浓液浓度条件下，计算所需的沉降面积。

由图 4-6 可知，当悬浮颗粒的沉降速度 u_0 大于或等于清液向上流动的速度 u_1 时，颗粒就不致被向上流动的液体所带走，因而就可以达到分离的目的。该分离条件可表示为

$$u_0 \geqslant u_1 \tag{4-15}$$

设：q_m 为料液中固体的质量流量，kg 干固体/s；C_0 为料液中清液与固体的质量比，kg 清液/kg 干固体；C_R 为增浓液中清液与固体的质量比，kg 清液/kg 干固体；A_0 为沉降面积，m^2；ρ 为清液的密度，kg/m^3。假定清液中不含固体，则：

（1）清液流量。

$$q_v = \frac{q_m(C_0 - C_R)}{\rho} \quad (m^3/s) \tag{4-16}$$

（2）清液向上流速。

$$u_1 = \frac{q_v}{A_0} = \frac{q_m(C_0 - C_R)}{\rho A_0} \quad (m/s) \tag{4-17}$$

（3）沉降面积 A_0。由连续沉降条件 $u_1 \leqslant u_0$ 可知

$$\frac{q_m(C_0 - C_R)}{\rho A_0} \leqslant u_0$$

$$A_0 \geqslant \frac{q_m(C_0 - C_R)}{\rho u_0} \quad (m^2) \tag{4-18}$$

（4）生产能力。联立式（4-16）和式（4-18），可有

$$q_v = \frac{q_m(C_0 - C_R)}{\rho} \leqslant A_0 u_0 \quad (m^3/s) \tag{4-19}$$

可见，连续沉降器的生产能力与间歇式、半连续式一样，都等于沉降面积和沉降速度的乘积，而与沉降器高度无关。利用此原理，为了更有效地利用空间，可将若干个增浓器上下叠置，设计成多层沉降器，可成倍地增大沉降面积和生产能力。

第二节 过　　滤

过滤（filtration）是利用布、网等多孔介质，在外力作用下，使固-液或固-气分散系中的流体通过介质孔道，固体颗粒被介质截留，从而实现固体颗粒与流体分离的单元操作。过滤是分离悬浮液最常用、最有效的方法之一，与沉降操作相比，过滤的分离具有更迅速、更彻底的特点。

4-3　过滤的基本概念

过滤操作的基本原理系利用外力作用迫使流体穿过多孔材料，而使悬浮颗粒截留于多孔材料一侧，达到分离的目的。此多孔材料称为过滤介质（filtration medium）。在过滤操作中，通常称处理的悬浮液为滤浆（slurry），滤浆中的固体颗粒为滤渣，截留在过滤介质上的滤渣层为滤饼（filter cake），透过滤饼和过滤介质的澄清液为滤液（filtrate），如图 4-7 所示。

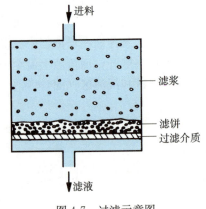

图 4-7　过滤示意图

4.3A　过滤方式和程序

1. 两种过滤方式　根据过滤过程的机理不同，过滤方式可分为滤饼过滤和深床过滤两种。

（1）深床过滤。当悬浮液中所含固体颗粒很小，而且含量很少（0.1%以下），可用较厚的粒状床层作为过滤介质进行过滤。由于悬浮液中的颗粒尺寸比过滤介质孔道直径小，当颗粒随流体进入床层内长而弯曲的孔道时，靠静电及分子间的作用吸附在孔道壁上，过滤介质床层上无滤饼形成。这种过滤称为深床过滤（deep bed filtration）。食品工业中，啤酒、果汁和色拉油等液体食品的过滤净制多采用此种方法。

（2）滤饼过滤。当悬浮液中固体颗粒含量较多（一般大于 1%），过滤时会在过滤介质表面形成滤饼。当颗粒粒径小于过滤介质孔径时，虽开始会有少量颗粒穿过过滤介质而随滤液流走，但进入过滤介质孔道的颗粒会迅速搭架在孔道中，形成"架桥"现象，如图 4-8 所示，使得粒径小于介质孔道直径的颗粒也能被截留。随着滤渣的逐渐堆积，过滤介质上面就形成了滤饼。此后，滤饼就起着有效过滤介质的作用。这种过滤方法称为滤饼过滤（cake filtration）。如食用油脱色后去除活性炭和漂白土、牛奶去杂和饴糖液脱除糖渣的过滤等均属于此种过滤方式。滤饼过滤在食品工业中应用甚多，故重点讨论之。

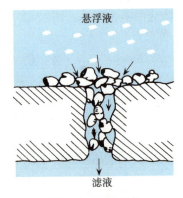

图 4-8　架桥现象

图 4-8 动画演示

2. 过滤操作程序　典型的过滤操作过程分为过滤、滤饼洗涤、滤饼脱湿和滤饼卸除四个步骤。

（1）过滤。清洁的过滤介质上引进滤浆，在推动力的作用下开始过滤。过滤有两种操作方式，即恒压过滤和恒速过滤。恒压过滤是指操作压力保持不变的过滤，这时，因滤饼积厚，阻力逐渐增大，过滤速率逐渐降低。而恒速过滤是指过滤速度保持不变的过滤，为使过滤速率保持不变，压力需逐渐加大。通常过滤操作多为恒压过滤，恒速过滤较少。在多数情况下，初期采用恒速过滤，压力升至某值后，则转而采用恒压过滤。这是由于过滤开始时，介质表面尚无滤饼，过滤阻力最小，若骤加最大全压，则可能使固体微粒冲过介质孔道，致使滤液浑浊，或堵塞孔道，妨碍滤液畅流。恒压过滤进行到一定时间，滤饼沉积到相当厚度，过滤速度变得很低时，应停止加入悬浮液，并进行下一阶段的操作。

（2）滤饼洗涤。由于滤饼小孔中存在很多滤液，如果滤饼是有价值的产品，且不允许被滤液污染，或者滤液是有价值的产品，必须将残留的滤液加以回收，都必须对滤饼进行洗涤。可见，无论产品是滤液或滤饼，洗饼操作都是必要的。洗涤时，将清水等洗液在与过滤操作同样推动力作用下穿过滤饼，残留的滤液为洗液所排代。滤饼洗涤机理分为置换洗涤和扩散洗涤两个阶段：置换洗涤是滤饼中残留的滤液被洗液所取代；扩散洗涤是黏附在滤饼表面上的薄层滤液中的溶质扩散进入洗液而被带出。

（3）滤饼脱湿。洗涤完毕，有时需进行滤饼脱湿，此阶段可利用空气吹过滤饼，也可采用热空气干燥或用机械挤压的办法除去或减少滤饼中残留的洗液。

（4）滤饼卸除。最后需要将滤饼从滤布上卸下。卸料要求尽可能干净彻底，以最大限度地回收滤饼，并使被堵塞的滤布网孔"再生"，减小下一循环的过滤阻力。

实现上述四步操作的方式可以是间歇式，也可以是连续式。间歇式过滤四步操作在相继不同的时间内依次进行，而连续式过滤，则四步操作在设备的不同部位上同时进行。

4.3B 过滤介质

过滤介质的作用是使液体通过而使固体颗粒截留，促进滤饼形成并对其起支承作用。

1. 过滤介质的基本要求　作为过滤介质的材料须符合下列基本要求：
（1）必须具有多孔性结构，滤液通过时阻力要小，使最初滤饼能迅速形成，孔道大小适中。
（2）必须具有足够的机械强度以支承滤饼。
（3）应具有适当的表面特性，能加快滤饼的卸除。

食品加工中所用的过滤介质，除符合上述基本要求外，还必须具备以下特点：无毒，不易滋生微生物，耐腐蚀和易于清洗消毒。

2. 过滤介质的技术特性　过滤介质的技术特性包括：截留能力、渗透性和抗堵塞能力。
（1）截留能力。截留能力是指过滤介质所能截留的最小颗粒的尺寸。对过滤操作而言，介质的截留能力具有至关重要的意义。
（2）渗透性。渗透性是滤液透过过滤介质的流动能力。过滤介质的渗透性越好，则通过过滤介质的阻力越小。因此，过滤介质的渗透性直接影响过滤设备的生产能力和所需的功率。
（3）抗堵塞能力。抗堵塞能力又称为容渣能力，指单位面积过滤介质在正常过滤操作条件下，能截留、容纳物料中一定粒径范围的颗粒的量。抗堵塞能力是深床过滤介质的一项重要性能指标，在截留能力、渗透性相同的情况下，抗堵塞能力越大，说明过滤介质使用寿命越长，可过滤的料液越多。

3. 过滤介质的分类　工业上常用的过滤介质分以下几类：
（1）织物介质。织物介质是工业上应用最为广泛的一类过滤介质。它包括由棉、麻等天然纤维及合成纤维织成的各种形式的滤布和由耐腐蚀的不锈钢丝、铜丝和镍丝等织成的各种形式的金属滤网。截留能力视网孔大小而定，一般在几到几十微米范围。
（2）粒状介质。由石砾、细砂、动植物活性炭和酸性白土等堆积成较厚的床层，用于固相含量极少的悬浮液的深床过滤。
（3）多孔固体介质。多孔陶瓷、多孔玻璃、多孔塑料等均属此类。多做成板状或管状。其耐腐蚀性较好，截留能力较大。常用于过滤含有少量微粒的悬浮液。

4.3C 过滤的推动力和阻力

1. 过滤的推动力　过滤推动力是指施加在由滤饼和过滤介质所组成的过滤层两侧的压力差 Δp。增加过滤层上游的压力和降低滤液流出的下游压力都使推动力增大。工业过滤的推动力来源有四种，因此，过滤按其推动力的来源划分也有相应的四类：

（1）重力过滤。利用滤浆本身的液柱高度所形成的静压差作为过滤推动力。此种压力差一般不超过 50kPa。

（2）加压过滤。在滤浆表面加压，这样产生的压力差最大可达 500kPa。

（3）真空过滤。在过滤介质下方抽真空，也会形成正向推动力。此种压力差通常不超过 85kPa。

（4）离心过滤。利用惯性离心力来产生过滤层上下游间的压力差，这种压力差可高达重力过滤推动力的数百倍乃至上千倍。离心过滤将在下一节中讨论。

2. 过滤阻力　过滤阻力是指滤液通过滤饼和过滤介质时的流动阻力。当悬浮液中含少量固体颗粒而采用粒状过滤介质时，滤饼阻力可以忽略不计；当采用织物介质时，过滤介质的阻力仅在过滤开始时较为显著，而当滤饼形成相当厚度时，介质阻力则可以忽略不计，滤饼阻力成为过滤中的主要阻力。滤饼阻力的大小取决于滤饼的性质和厚度。

影响滤饼阻力的一个重要因素是滤饼的可压缩性。按滤饼可压缩性的不同，滤饼分为不可压缩滤饼和可压缩滤饼两种。对于不可压缩滤饼，滤饼中的空隙结构并不因为操作压力差的增大而变形，也不受固体颗粒沉积速度的影响。这种滤饼多由不变形的滤渣组成，如淀粉、砂糖、硅藻土、硅胶和碳酸钙等。可压缩滤饼则不同，当滤饼两侧压力差和固体颗粒沉积速度增大时，滤饼结构趋于密实，阻力也随之增大，如酱油、豆浆等滤渣。然而，绝对不变形滤渣几乎是不存在的。对于某种变形很小，压力对流动阻力影响不大的滤饼，在计算处理上可认为是不可压缩滤饼。

3. 助滤剂　当悬浮液中的固体颗粒极细时，过滤时很容易堵死过滤介质的孔隙；或者所形成的滤饼具有较大的可压缩性，当压力差增大时，滤饼孔隙变小，其渗透性大大降低。此时过滤阻力剧增，其操作不能长久维持。在此情况下，为了提高过滤速率，在过滤前预覆于滤布上或添加于滤浆中某种物质，使过滤介质孔道不致早期堵塞，所形成的滤饼较为疏松，压缩性减小。这种物质称为助滤剂（filter aid）。助滤剂通常是一些不可压缩的粉状、粒状和纤维状固体。

常用的助滤剂有：

（1）硅藻土。它是由天然硅藻土经干燥或煅烧、粉碎、筛分而得到的粒度均匀的颗粒，其主要成分为含 80%~95% SiO_2 的硅酸。

（2）珍珠岩。它是珍珠岩粉末在 1 000℃下迅速加热膨胀后，经粉碎、筛分得到的粒度均匀的颗粒，其主要成分为含 70% SiO_2 的硅酸铝。

（3）石棉。它是石棉粉与少量硅藻土混合而成。

（4）炭粉、锯屑等。

助滤剂的使用方法有两种。其一是先把助滤剂单独配成悬浮液，使其过滤，在过滤介质表面先形成一层助滤剂层，然后进行正式过滤。其二是可将助滤剂混入待滤的悬浮液中一起过滤，这样得到的滤饼，其压缩性减小，滤液容易通过。助滤剂的应用一般限于滤液有价值而滤渣无用的场合。否则，滤渣与助滤剂再分离是非常麻烦的。

4-4　过滤的基本理论

过滤实质上是滤液通过滤饼和过滤介质的流动过程。因此，对过滤过程规律的研究仍以流体力学理论为基础。

4.4A　过滤基本方程

设在过滤时间 dt 内，得到滤液体积 dV，则 $\dfrac{dV}{dt}$ 称为过滤速率（filtration rate），单位为 m^3/s，它反映了过滤机的生产能力。若过滤面积为 A，则 $\dfrac{dV}{A dt}$ 称为过滤速度（filtration velocity），单位为 m/s，它

反映了过滤机的效率。过滤过程也遵循一般传递过程的普遍规律，即过滤速率与推动力成正比，而与过滤阻力成反比。可以写成

$$过滤速率 = \frac{过滤推动力}{过滤阻力}$$

下面运用流体力学原理来确定上述具体关系。

1. 过滤速度与滤饼阻力 考虑到滤液通过滤饼层时，其内部孔道微细，且弯曲不一，滤液所受到的流动阻力很大，造成流速很低，使滤液在孔道中的流动处于层流状态。此时滤液的流动速度可用第一章流体力学的 Poiseuille 方程表示，即

$$u = \frac{d_1^2 \Delta p_c}{32 \mu l} \tag{4-20}$$

式中 u——滤液在滤饼孔道中的平均流速，m/s；
d_1——滤饼孔道的平均直径，m；
Δp_c——滤液在滤饼层上下游间压力差，Pa；
μ——滤液黏度，Pa·s；
l——滤饼孔道的平均长度，m。

显然，过滤速度 $\dfrac{dV}{A dt}$ 与 u 成正比，滤饼厚度 L 与 l 成正比，引入比例因数 K'，则有

$$\frac{dV}{A dt} = K' \frac{d_1^2 \Delta p_c}{32 \mu L}$$

令 $\dfrac{1}{r'} = K' \dfrac{d_1^2}{32}$，则有

$$\frac{dV}{A dt} = \frac{\Delta p_c}{r' \mu L} \tag{4-21}$$

式中，r' 为滤饼参量，单位为 m^{-2}。r' 反映滤饼的阻力特性，与滤饼的孔隙率及滤渣颗粒粒度等因素有关。式（4-21）表明：过滤速度 $\dfrac{dV}{A dt}$ 正比于过滤推动力 Δp_c，反比于过滤阻力 $r' \mu L$。

2. 过滤速度与介质阻力 除了滤饼阻力外，还要考虑过滤介质阻力。可以把介质阻力想象为相当于厚度为 L_e 的滤饼层所产生的过滤阻力。该虚拟的滤饼层的厚度 L_e 称为过滤介质的当量厚度。这样过滤介质阻力为 $r' \mu L_e$，此层与真实滤饼层是串联的，故

$$\frac{dV}{A dt} = \frac{\Delta p_m}{r' \mu L_e} \tag{4-22}$$

式中 Δp_m——滤液流经过滤介质的压力降，Pa。

3. 过滤基本方程 将式（4-21）和式（4-22）右端的分子、分母分别相加，根据合比定律，其值不变：

$$\frac{dV}{A dt} = \frac{\Delta p_c + \Delta p_m}{r' \mu (L + L_e)}$$

令 $\Delta p = \Delta p_c + \Delta p_m$，即为过滤总压力降，则

$$\frac{dV}{A dt} = \frac{\Delta p}{r' \mu (L + L_e)} \tag{4-23}$$

为减少变量，寻找 $V-L$ 关系。设 x 表示获得单位体积滤液所形成干滤饼的质量。因为滤饼体积正比于干滤饼的质量，故

$$LA \propto xV$$

写成等式：

$$L = K'' x V / A \tag{4-24}$$

将式（4-24）代入式（4-23），得

$$\frac{dV}{A dt} = \frac{\Delta p}{K'' r' \mu x (V+V_e)/A} \tag{4-25}$$

令 $r = K'' r'$，称为滤饼比阻（specific cake resistance），单位为 m/kg。滤饼比阻即单位厚度滤饼的阻力，它反映了滤饼的性质对过滤阻力的影响。上式引入滤饼比阻，则可得过滤基本方程：

$$\frac{dV}{dt} = \frac{A^2 \Delta p}{r \mu x (V+V_e)} \tag{4-26}$$

式中，V_e 为过滤介质的当量滤液体积，单位为 m^3。可以想象，在正式过滤前进行过滤，形成厚度为 L_e 的滤饼，它的阻力恰等于过滤介质的阻力，而得到的滤液体积为 V_e。

由过滤基本方程式（4-26）可见，过滤速率 dV/dt 与过滤的总推动力 Δp 成正比，与过滤阻力 $r \mu x (V+V_e)$ 成反比。过滤阻力的影响因素包括：滤饼比阻 r，滤液黏度 μ，与悬浮液颗粒浓度有关的量 x，与介质阻力有关的量 V_e。更重要的是过滤阻力与过滤进程有关：随着过滤的进行，累积的滤液体积 V 越大，过滤阻力越大。

4.4B 恒压过滤和恒速过滤

为方便起见，以过滤表压力 p 代替压力差 Δp，式（4-26）变为

$$\frac{dV}{dt} = \frac{A^2 p}{r \mu x (V+V_e)} \tag{4-27}$$

若滤饼是可压缩的，其比阻是压力差 Δp 的函数，若 Δp 以过滤表压力 p 代替，滤饼比阻通常用下列经验公式表示：

$$r = r_1 p^s \tag{4-28}$$

式中 s——滤饼的压缩性指数，由实验确定，其值在 $0 \sim 1$。对不可压缩滤饼，$s=0$。
　　　r_1——单位比阻，即单位压力差下的滤饼比阻。

将 $r = r_1 p^s$ 代入式（4-27），有

$$\frac{dV}{dt} = \frac{A^2 p^{1-s}}{r_1 \mu x (V+V_e)} \tag{4-29}$$

式（4-29）中，含 V，p，t 三个变量，含 A，s，r_1，μ，x 和 V_e 六个常量。令

$$k = \frac{1}{r_1 \mu x} \tag{4-30}$$

可得

$$\frac{dV}{dt} = \frac{kA^2 p^{1-s}}{V+V_e} \tag{4-31}$$

过滤速率方程式（4-31）中，过滤常量减少到四个：k，A，s，V_e。下面从式（4-31）出发，分别讨论恒压过滤和恒速过滤的方程。

1. 恒压过滤 此时，p 为常量。将式（4-31）分离变量积分：

$$\int_0^V (V+V_e) dV = kA^2 p^{1-s} \int_0^t dt$$

得

$$V^2 + 2V_e V = 2kA^2 p^{1-s} t \tag{4-32}$$

令

$$K = 2k p^{1-s} \tag{4-33}$$

则恒压过滤方程为

$$V^2 + 2V_e V = KA^2 t \tag{4-34}$$

如忽略过滤介质阻力，$V_e = 0$，则恒压过滤方程简化为

$$V^2 = KA^2 t \tag{4-35}$$

2. 恒速过滤 此时，$\dfrac{dV}{dt} = \dfrac{V}{t} = $ 常数，式（4-31）变为

$$\frac{V}{t} = \frac{kA^2 p^{1-s}}{V+V_e}$$

则恒速过滤方程为

$$V^2 + V_e V = kA^2 p^{1-s} t \tag{4-36}$$

如果介质阻力可以忽略不计，则恒速过滤方程简化为

$$V^2 = kA^2 p^{1-s} t \tag{4-37}$$

4.4C 过滤常数的确定

研究过滤常数时，为了简便，常以单位过滤面积为基准。令 $q = V/A$，$q_e = V_e/A$，则恒压过滤方程式（4-34）化为

$$q^2 + 2q_e q = Kt \tag{4-38}$$

恒速过滤方程式（4-36）化为

$$q^2 + q_e q = kp^{1-s} t \tag{4-39}$$

上述恒压过滤方程式（4-38）和恒速过滤方程式（4-39）应用于工业设计和过滤操作计算时，必须先确定其中所包含的四个过滤常数 K，q_e，k 和 s。通常的做法是用同一悬浮液在同类小型过滤设备上进行实验测定，一般分两步进行。

1. 测定 K 和 q_e 测定在恒压条件下进行。将式（4-38）改写为

$$\frac{t}{q} = \frac{1}{K} q + \frac{2q_e}{K} \tag{4-40}$$

由式（4-40）知，$\frac{t}{q}$ — q 呈线性关系。

在恒压 p_1 下测定不同时刻 t 所获得的单位过滤面积的滤液体积 q 的数据，将 $\frac{t}{q}$ — q 的对应点标绘于图中，连成直线。由直线斜率 $\frac{1}{K_1}$ 可求得 K_1，由截距 $2q_e/K_1$ 可求得 q_e。

2. 测定 k 和 s 将式（4-33）两边取对数，得

$$\ln K = (1-s) \ln p + \ln(2k) \tag{4-41}$$

按上述方法在恒压 p_2 下测定，可求得常量 K_2。再更换压力 p 进行恒压过滤测定，可得相应的 K，这样可得若干组 K—p 数据。由式（4-41），按各次实验所得数据作 $\ln K$—$\ln p$ 图，可以得一直线。由直线的斜率 $(1-s)$ 可求得 s，由截距 $\ln(2k)$ 可求得 k。

例 4-2 用过滤面积为 0.1m² 的小型过滤实验装置对某种悬浮液进行压力为 140kPa（表压）的恒压过滤实验，测得的数据如表 4-1 所示。求：（1）过滤常数 K 和 q_e；（2）若滤饼不可压缩，求过滤常数 k。

表 4-1 例 4-2 数据表

过滤时间 t/s	600	1 200	1 800	2 400	3 000
滤液量 V/m³	0.023	0.037	0.049	0.061	0.068

解：（1）求 K 和 q_e。根据式（4-40），将已知数据处理，得表 4-2。

表 4-2 例 4-2 附表

t/s	q/(m³·m⁻²)	$t · q^{-1}$/(s·m²·m⁻³)
600	0.23	2 609
1 200	0.37	3 243
1 800	0.49	3 673
2 400	0.61	3 934
3 000	0.68	4 412

以 q 为自变量，t/q 为因变量，利用计算器的直线回归统计功能可求出 t/q—q 直线关系的斜率 $1/K=3\,749$，截距 $2q_e/K=1\,790$。可解得 $K=2.667\times10^{-4}\,\mathrm{m^2\,s^{-1}}$，$q_e=0.239\,\mathrm{m^3/m^2}$。

(2) 求 k。引式 (4-33)，因 $s=0$，故
$$k=\frac{K}{2p}=\frac{2.667\times10^{-4}}{2\times140\times10^3}=9.525\times10^{-10}\ (\mathrm{m^3\cdot s/kg})$$

4-5　过滤设备

工业过滤机有很多种类型：按过滤机理分，有滤饼过滤机和深床过滤机；按过滤介质分，有粒状过滤机、滤布过滤机和多孔陶瓷过滤机；按操作方式分，有间歇式过滤机和连续式过滤机；按推动力分，有重力过滤机、加压过滤机、真空过滤机和离心式过滤机。大多数间歇式过滤机都是加压过滤机，而几乎所有连续过滤机都是真空过滤机。本节仅介绍几种常用的过滤设备。

4.5A　板框压滤机

板框压滤机（plate-and-frame filter press）属间歇式加压过滤设备，主要有暗流式及明流式板框压滤机。它历史悠久，今日仍广泛应用。

1. 构造与操作原理

(1) 构造。暗流式板框压滤机如图4-9所示。它由若干支持在一对横梁上交替排列的滤板、滤框和夹于板框之间的滤布叠合压紧而成，滤板和滤框的数目可视工艺要求在机座长度范围内灵活调节。过滤机组装时，将滤框与滤板用滤布隔开，交替排列，借手动、电动或液压机构将其压紧，使滤布紧贴于滤板上，而两相邻滤布之间的框内形成了供滤浆进入的空间。滤布同时起着密封和衬垫的作用，防止板与框之间的泄漏。锁紧压滤机后，每两个相邻的滤板及位于其间的滤框就形成一个独立的可进入滤浆和形成滤饼的过滤单元。由动画演示可以看到过滤及洗涤过程。

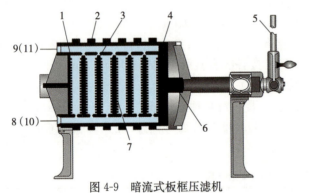

图4-9　暗流式板框压滤机
1. 固定板　2. 滤框　3. 滤板　4. 压紧板　5. 压紧手轮
6. 支承滑轨　7. 滤布　8. 滤液出口　9. 滤浆入口
10. 洗涤出口　11. 洗涤入口

图4-9 动画演示
（过滤过程）

图4-9 动画演示
（洗涤过程）

明流式板框压滤机的滤框和滤板的结构如图4-10所示。图中（b）为滤框，它是方形框，其右上角的圆孔可连成滤浆流道，有通道与框内相通，使滤浆流进框内。滤框左上角的圆孔可连成洗液流道，但无通道与框内相通，即洗液不能直接流入滤框。

滤板两侧板面制成纵横交错的沟槽，形成凹凸不平的表面，凸部起支承滤布的作用，凹槽形成滤液流通通道。滤板右上角的圆孔，与滤框右上角的圆孔可连成滤浆流道，但无通道直接流入滤板。

滤板左上角的圆孔与滤框左上角的圆孔可连成洗液流道，按有无通入洗液流道而使滤板分为两种：一种称过滤板，左上角圆孔无洗液通道与该板表面的凹槽相通，如图中（a）所示；另一种称洗涤板，左上角圆孔有洗液通道与该板表面的凹槽相通，如图中（c）所示。过滤板和洗涤板在组装时

也是交替排列，两种滤板在过滤时作用相同，但在洗涤操作时作用不同。

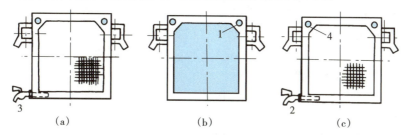

图 4-10 明流式滤板与滤框
(a) 过滤板 (b) 滤框 (c) 洗涤板
1. 滤浆通道 2. 滤液出口 3. 滤液或洗液出口 4. 洗液通道

滤板和滤框的材质可为铸铁、碳钢、不锈钢、塑料等，聚乙烯和聚丙烯也是目前较为广泛使用的材料。常见的板框厚度为 25~60mm，边框长为 0.2~2.0m。

（2）操作原理。明流式板框压滤机过滤操作时，滤浆由滤框右上角的滤浆通道导入滤框内，滤液在压力下穿过滤框两边的滤布，沿滤布与滤板凹凸表面之间形成的沟道流下，既可单独由每块滤板下设置的出液旋塞排出，如图 4-11（a）所示，而滤渣则沉积于滤布之上，在框内形成滤饼。过滤操作进行到一定时间后，滤框内为滤渣所充满，过滤速率大大降低或压力超允许的限度，此时即停止进料，进行滤饼洗涤。

洗涤操作时，洗涤板的下端出口关闭，洗涤液由洗涤板左上方小孔的洗液通道进入洗涤板两侧，穿过滤布和滤框的全部，向着过滤板流动，并从过滤板下部排出，如图 4-11（b）所示。由此可见，洗涤液所走的全程为通过滤饼的整个厚度，并穿过两层滤布，是滤液所走路径的两倍。此外，洗涤液所通过的过滤面积仅为滤液通过的一半。如此，若洗液黏度与滤液相近，则洗液体积流量可取最后滤液体积流量的 1/4。

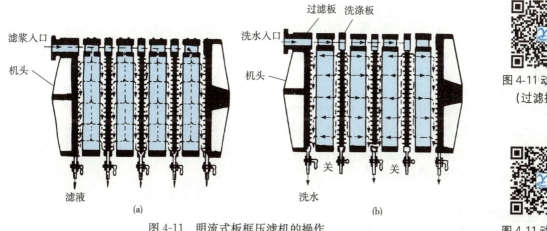

图 4-11 明流式板框压滤机的操作
(a) 过滤操作 (b) 洗涤操作

图 4-11 动画演示
（过滤操作）

图 4-11 动画演示
（洗涤操作）

洗涤完毕后，若有必要可引入压缩空气使滤饼脱湿，再松开板框，取出滤框，卸去滤饼。然后将滤框及滤布洗净，重新组装，准备下一循环操作。

板框压滤机的优点是结构简单，制造方便，造价较为低廉，过滤面积大，过滤推动力大，一般 Δp 在 0.3~0.5MPa，最大可达 1MPa，无运动部件，辅助设备少，动力消耗低，对黏度大、颗粒细和可压缩性显著的物料也能适应。板框压滤机的主要缺点是间歇操作，板框的拆装和滤饼的卸除需繁重的体力劳动，此外，随滤饼的形成滤速渐慢，影响效率，而且洗涤时间也长。

2. 计算

（1）过滤面积 A。可用下式计算：

$$A = 2LBZ \quad (\text{m}^2) \tag{4-42}$$

式中　L——滤框长，m；
　　　B——滤框宽，m；
　　　Z——滤框数。

（2）滤框内容积 V_Z。可用下式计算：

$$V_Z = LB\delta Z \quad (\text{m}^3) \tag{4-43}$$

式中　δ——滤框厚度，m。

操作终了时，框内总容积并非充满滤饼，滤饼所占的体积分数称为充填因数，计算滤饼体积时将其乘以充填因数，一般取充填因数为 0.5 左右。

（3）过滤时间。恒压过滤和恒速过滤时间可分别按式（4-34）和式（4-36）进行计算。

当采用先恒速升压后恒压操作方式时，其计算方法如下：

设最初升压过滤阶段压力逐渐升至 p，得滤液量 V_1 所需的过滤时间为 t_1，而后在恒压 p 下继续过滤 Δt 时间，得与升压阶段一起的累计滤液量 V_2。先按恒速过滤方程式（4-36）求出第一阶段所需时间 t_1。若将升压阶段所得的滤液量 V_1 视为同样的恒压 p 下过滤所得，设所需时间为 t'（$\neq t_1$），则可将恒压过滤微分方程于第二阶段内加以积分。

$$\int_{V_1}^{V_2}(V+V_e)\mathrm{d}V = kA^2 p^{1-s}\int_{t'}^{t'+\Delta t}\mathrm{d}t$$

$$(V_2^2 - V_1^2) + 2V_e(V_2 - V_1) = 2kA^2 p^{1-s}\Delta t \tag{4-44}$$

即

$$(q_2^2 - q_1^2) + 2q_e(q_2 - q_1) = K\Delta t \tag{4-45}$$

由式（4-45）求得第二阶段所需时间 Δt，两阶段总过滤时间即为 $t_1 + \Delta t$。

（4）洗涤时间。若洗涤水黏度与滤液黏度接近，所用洗涤压力与最后过滤压力相等，则洗涤速率为最后过滤速率的 1/4，引式（4-31），洗涤速率为

$$\frac{V_w}{t_w} = \frac{\mathrm{d}V_w}{\mathrm{d}t} = \frac{1}{4}\frac{\mathrm{d}V}{\mathrm{d}t} = \frac{1}{4}\cdot\frac{kA^2 p^{1-s}}{V_2+V_e} = \frac{1}{8}\cdot\frac{KA^2}{V_2+V_e}$$

则洗涤时间为

$$t_w = \frac{8(V_2+V_e)}{KA^2}V_w \quad (\text{s}) \tag{4-46}$$

式中　V_2——过滤终了时累计滤液量，m³；
　　　V_w——洗涤水耗用量，m³。

例 4-3　用板框压滤机在恒压条件下过滤含硅藻土的悬浮液，过滤机的滤框尺寸为 810mm×810mm×25mm，共有 33 框，已测得过滤常数 $K = 10^{-4}\text{m}^2/\text{s}$，$q_e = 0.01\text{m}^3$ 滤液/m²，若已知得到的滤液体积为 8.66m³，所用的洗涤水量为滤液量的 1/6。求：

（1）过滤面积和滤框内的总容积。
（2）过滤所需时间。
（3）洗涤所需时间。

解：（1）过滤面积和滤框内总容积。由式（4-42），得

$$A = 2LBZ = 2\times 0.81\times 0.81\times 33 = 43.30 \ (\text{m}^2)$$

根据式（4-43），有

$$V_Z = LB\delta Z = 0.81\times 0.81\times 0.025\times 33 = 0.541 \ (\text{m}^3)$$

（2）过滤时间。由 $q_e = V_e/A$，$V_e = q_e A = 0.01\times 43.30 = 0.433 \ (\text{m}^3)$。由式（4-34），可得

$$t = \frac{V^2 + 2V_e V}{KA^2} = \frac{8.66^2 + 2\times 0.433\times 8.66}{10^{-4}\times 43.3^2} = 440 \ (\text{s})$$

（3）洗涤时间。由已知 $V_w = V_2/6$，代入式（4-46），得

$$t_w = \frac{8(V_2+V_e)}{KA^2}V_2/6 = \frac{4V_2(V_2+V_e)}{3KA^2} = \frac{4\times 8.66\times(8.66+0.433)}{3\times 10^{-4}\times 43.3^2} = 560 \ (\text{s})$$

由例 4-3 可见，洗涤时间比过滤时间还长，这是板框压滤机的一个主要缺点。同属加压过滤机的叶滤机可克服这个缺点。

4.5B 叶滤机

叶滤机（leaf filter）以滤叶作为基本过滤元件，由许多滤叶组装而成。滤叶由中空金属筛网框架或带沟槽的滤板组成，金属筛网框架或滤板上覆盖滤布，许多滤叶平行组装，置于密闭容器中。进行过滤操作时，滤浆在滤叶外围，借助滤叶外部的加压或内部的真空产生推动力进行过滤，滤液在滤叶内聚积后排出，固体粒子积于滤布上，形成滤饼。叶滤机的基本结构如图 4-12 所示。

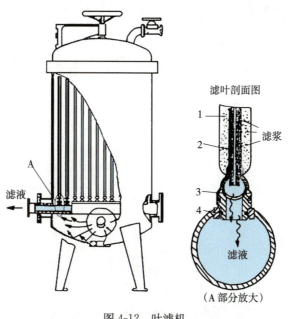

图 4-12　叶滤机
1. 滤饼　2. 滤布　3. 拔出装置　4. 橡胶圈

图 4-12 动画演示

叶滤机属于一种间歇式过滤设备，适用于过滤周期长，滤浆特性恒定的过滤操作。叶滤机有各种不同形式，如立式、卧式叶滤机。滤叶的形状有矩形、圆形等。过滤操作时，滤叶有固定的，也有转动的。叶滤机中的滤叶有垂直安装和水平安装两种方式。垂直滤叶两面都能形成滤饼，水平滤叶只能在上表面形成滤饼。在相同条件下，垂直滤叶的过滤面积是水平滤叶的 2 倍，但水平滤叶形成的滤饼不易脱落，其操作性能优于垂直滤叶。

过滤结束后，根据要求可通入洗涤液对滤饼进行洗涤，洗涤液的行程和流通面积与过滤终了时滤液的行程和流通面积相同，因此，在洗涤液与滤液的性质接近的情况下，洗涤速率约为过滤终了时速率。叶滤机过滤结束后，滤叶上的滤饼可利用振动、转动或用喷射压力水清除，也可开启设备，取出滤叶组件，进行人工清除滤饼。

图 4-13 为一水平滤叶型叶滤机。过滤时滤液通过已形成的滤饼及位于滤饼下方的滤叶过滤面将滤液汇集至空心轴并输送至罐外。卸除滤饼时，先向空心轴逆向注水，再转动中心轴，通过离心力将滤饼甩出，并由位于罐底的除渣刮板将滤饼刮至排渣口排出罐外。

图 4-14 是一种垂直滤叶型叶滤机，又称为华雷兹型叶滤机，

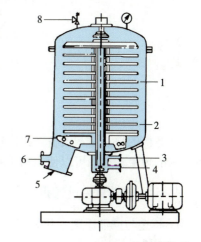

图 4-13　水平滤叶型叶滤机
1. 滤叶　2. 回收滤液用滤叶
3. 回收残液出口　4. 滤液出口
5. 排渣口　6. 料液入口
7. 除渣刮板　8. 安全阀

是在叶滤机罐体轴线上垂直安装了圆盘形滤叶。过滤操作时，中心轴以 1~2r/min 的转速缓慢旋转，滤叶两侧形成均匀滤饼，滤液通过中空的中心轴排出。滤饼可用压缩空气反吹后卸除，或用压力水喷射湿法卸除，卸除的滤饼由底部的螺旋输送器排出。

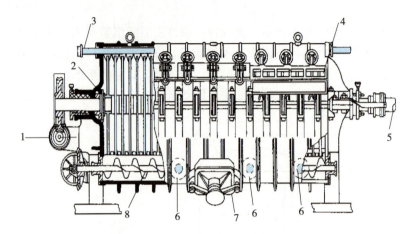

图 4-14　华雷兹型叶滤机
1. 传动装置　2. 联轴器　3. 喷洗水管　4. 观察孔
5. 滤液出口　6. 料液进口　7. 滤饼排出口　8. 螺旋输送器

叶滤机的优点是：灵活性强，不必每次循环装卸滤布，劳动强度降低，人力使用经济；单位体积具有较大的过滤面积，因此生产能力较大；洗涤速率高于板框压滤机，且洗涤效果较好。

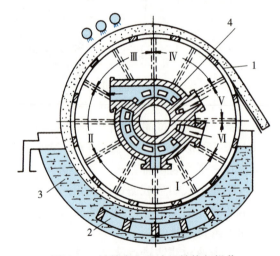

图 4-15　转鼓真空过滤机结构与操作
1. 转鼓　2. 搅拌器　3. 滤浆槽　4. 分配头

图 4-15 动画演示

叶滤机的缺点是：设备结构比较复杂，造价较高；滤饼含湿量高于板框压滤机；有可能产生滤饼不均匀的现象；过滤可以使用的压差小于板框压滤机。

4.5C　转鼓真空过滤机

1. 构造与操作原理　转鼓真空过滤机（rotarydrum vacuum filter）是工业上应用较广的连续操作的过滤机。

（1）构造。图 4-15 为转鼓真空过滤机构造原理简图。在水平安装的中空转鼓多孔表面上覆以滤布，转鼓下部浸入盛有悬浮液的滤槽中并以慢速转动。转鼓内分隔成若干个互不相通的扇形格室，每个格室在一定位置的工作受位于转鼓端面上的分配头控制。

分配头由转动盘与固定盘组成，如图 4-16 所示。转动盘是个带有一圈孔的圆盘，孔数与转鼓内的扇形格室数相同，每孔与一定的扇形格室相通。转动盘随转鼓转动。固定盘安装于支架上，它与转动盘借弹簧压紧力紧密叠合构成一个特殊的旋转阀，在固定盘上有若干个弧形凹槽分别与滤液吸管、洗涤液吸管和压缩空气管相通。当转鼓旋转时，借分配头的作用使扇形格室依次分别与滤液吸管、洗涤液吸管和压缩空气管相通，便可使每个扇形格室表面在转鼓旋转一周的过程中相继进行过滤、洗涤、吸干、吹松和卸渣操作。

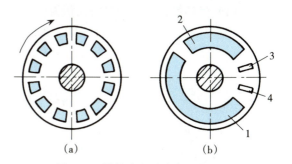

图 4-16　转鼓真空过滤机的分配头
(a) 转动盘　(b) 固定盘
1. 通滤液槽（负压）　2. 通洗液槽（负压）
3. 通压缩空气—吹松卸料　4. 通压缩空气—滤布再生

（2）操作原理。整个操作周期分为 6 步，同时在转鼓 Ⅰ～Ⅵ 的不同区域进行：Ⅰ 为过滤区，此区域内扇形格室浸于滤浆中，格室内为负压，滤液透过滤布进入格室内，然后经分配头的固定盘弧形槽缝 1 以及与之相连的接管排入滤液槽。Ⅱ 为滤液吸干区，此区域内扇形格室已转至滤浆液面之上，格室内仍为负压，使滤饼中的残留滤液被吸尽，并与过滤区滤液一并排入滤液槽。Ⅲ 为洗涤区，洗涤水由喷水管洒于滤饼上，扇形格室内为负压，将洗液吸入，但经过固定盘的槽缝 2 通向洗液槽。Ⅳ 为洗后吸干区，洗涤后的滤饼在此区域内借扇形格室内的负压进行残留洗液的吸干，并与洗涤区洗出液一并排入洗液槽。Ⅴ 为吹松卸料区，此区域内格室经过固定盘的槽缝 3 与压缩空气相通，将被吸干后的滤饼吹松，滤饼同时被伸向过滤表面的刮刀所剥落。Ⅵ 为滤布再生区，以压缩空气经过固定盘的槽缝 4 吸掉残留滤渣。

转鼓真空过滤机能自动操作，适用于处理量大且固体颗粒含量较多的滤浆的过滤。但由于过滤推动力来源于下游的负压（真空），其最大压力差不超过 85kPa，对于滤饼阻力较大的物料适应能力较差。

2. 计算

（1）每周有效过滤时间。浸没角 α 是指转鼓表面浸没于滤浆中的转鼓圆周角度。浸液率 φ 是指转鼓表面浸入滤浆中的面积占整个过滤表面积的分数。二者之间的关系为

$$\varphi = \frac{转鼓浸液面积}{转鼓总表面积} = \frac{\alpha}{2\pi} \tag{4-47}$$

转鼓上任何一部分表面在转鼓旋转一周的过程中，只有与滤浆接触的一段时间内进行过滤操作，故在旋转一周中的有效过滤时间为

$$t = \varphi/n \quad (\text{s}) \tag{4-48}$$

式中　n——转鼓转速，r/s。

（2）生产能力。生产能力是指单位时间内获得的滤液量，以 q_v 表示，单位为 m^3/s。转鼓旋转一周获得滤液量为

$$V = \frac{q_v}{n} \tag{4-49}$$

将式 (4-49) 代入式 (4-34)，可解得

$$q_v = nV = n(\sqrt{V_e^2 + KA^2\varphi/n} - V_e) \tag{4-50}$$

若过滤介质阻力可忽略不计，$V_e = 0$，则

$$q_v = A\sqrt{K\varphi n} \tag{4-51}$$

例 4-4　用转鼓真空过滤机在恒定真空度下过滤某种悬浮液，已知转鼓长度为 0.8m，直径为 1m，转速为 0.18r/min，浸没角度为 130°，悬浮液中每送出 1m³ 的滤液可获得 0.4m³ 的滤渣。液相为水，测得过滤常数 $K = 8.30 \times 10^{-6} m^2 \cdot s^{-1}$，过滤介质阻力可忽略，求：

（1）过滤机生产能力 q_v。

（2）转筒表面的滤饼平均厚度 L。

解：（1）生产能力。转筒过滤面积为

$$A = \pi Dl = 3.14 \times 1.0 \times 0.8 = 2.51 \ (\text{m}^2)$$

浸液率为

$$\varphi = \frac{130°}{360°} = 0.36$$

转速为

$$n = \frac{0.18}{60} = 3 \times 10^{-3} \ (\text{r/s})$$

由式（4-51），可得

$$q_v = A\sqrt{K\varphi n} = 2.51 \times \sqrt{8.30 \times 10^{-6} \times 0.36 \times 3 \times 10^{-3}} = 2.38 \times 10^{-4} \ (\text{m}^3/\text{s})$$

（2）滤饼厚度 L。转鼓每转一周所需时间为

$$\frac{1}{n} = \frac{1}{3 \times 10^{-3}} = 333 \ (\text{s})$$

一周内获得的滤液量为

$$V = \frac{q_v}{n} = 2.38 \times 10^{-4} \times 333 = 0.079 \ (\text{m}^3)$$

获得的滤饼体积为

$$V_c = 0.4V = 0.4 \times 0.079 = 0.032 \ (\text{m}^3)$$

故滤饼层平均厚度为

$$L = V_c/A = 0.032/2.51 = 0.012\ 7 \ (\text{m})$$

第三节　离心分离

离心分离的实质是在离心力场中实现的沉降和过滤操作，是利用离心惯性力实现物料分散系中固-液或液-液两相以及液-液-固三相间的分离，在食品工业生产中常见的是悬浮液的液-固分离或乳浊液的液-液分离。实现离心分离的专用设备称为离心机。

食品工业生产中，使用离心机较多，例如制糖过程中的砂糖分蜜，制盐过程中的晶盐脱卤，淀粉加工过程中淀粉与蛋白质的分离，油脂加工中的食用油精制，啤酒、果汁、饮料加工时的澄清操作等，都要使用离心机。由于离心力场中产生的离心加速度可达重力加速度的数千乃至数万倍，因此离心分离是一种非常有效的物质分离方法。离心机用于生产中的物料分离，对增加产品产量，提高产品质量，降低生产成本，改善卫生条件等方面都具有重要作用。与其他物料分离设备比较，离心机具有物质分离推动力大，分离能力强，分离效果好，制品纯度高的特点。同时离心机还有设备结构紧凑，辅助设备少等优点，因此在生产中具有广泛的应用。

离心机的结构形式较多，但主要部件均为一快速旋转的转鼓。转鼓垂直或水平安装于轴上，鼓壁上有孔或无孔。根据离心分离过程原理的不同，可分为离心沉降（centrifugal settling）、离心过滤（centrifugal filtering）和离心分离（centrifugation）。

1. 离心沉降　离心机的转鼓壁面上无孔，为沉降式转鼓。转鼓旋转时，悬浮液在离心力作用下，密度较大的固体颗粒先向鼓壁沉降形成沉渣，澄清液由转鼓顶端溢出甩离转鼓，从而达到悬浮液的澄清。离心沉降适宜于对固相含量较低、颗粒较细的悬浮液的分离。

2. 离心过滤　离心机的转鼓壁面上开孔，为过滤式转鼓。转鼓内铺设滤布，转鼓旋转时，悬浮液被离心力甩向转鼓四周壁面，固体颗粒被滤布截留在鼓内形成滤饼，而液体经滤饼和滤布的过滤由鼓壁上的开孔甩离转鼓，从而达到固-液分离。

3. 离心分离　离心机的转鼓壁面上也无孔，但转鼓转速更高。转鼓高速旋转时，乳浊液在离心力的作用下分为两层。密度较大的重液首先沉降于转鼓壁内的外层，密度较小的轻液则在内层，在不同部位分别将其引出转鼓，即可达到液-液分离的目的。离心分离适宜于对乳浊液的分离。当乳浊液

中含有少量固体颗粒时，则能进行液-液-固三相分离。这类离心机分离原理的实质也是沉降。

4-6　沉降式离心机

沉降式离心机（settling centrifuge）主要用于含有少量悬浮颗粒的悬浮液或者用过滤法分离将产生很大过滤阻力的悬浮液的分离和澄清。在食品加工中，植物蛋白的回收、可可和咖啡等悬浮液的分离常采用此类机械来完成。

沉降式离心机的原理就是在比重力场更强的离心力场中实现沉降。

4.6A　离心沉降原理

1. 离心分离因数　由力学原理可知，做旋转运动且具有一定质量的颗粒或液滴均产生惯性离心力，简称离心力（centrifugal force）。该离心力 F_c 的大小与颗粒或液滴的质量 m，旋转半径 r 和旋转角速度 ω 有关，它们的关系可用下式表示：

$$F_c = mr\omega^2 \quad \text{(N)} \tag{4-52}$$

在离心分离中用同一颗粒（或液滴）的离心力 F_c 与所受重力 F_g 的比值表示离心分离强度的大小，该比值称为离心分离因数（centrifugal separation factor），用 K_c 表示，即

$$K_c = \frac{F_c}{F_g} = \frac{mr\omega^2}{mg} = \frac{r\omega^2}{g} \tag{4-53}$$

由式（4-53）见，离心分离因数 K_c 亦为颗粒运动的离心加速度 $r\omega^2$ 与重力加速度 g 之比。

若 n 为离心机的转速，则 $\omega = 2\pi n$，式（4-53）又可写成

$$K_c = \frac{4\pi^2}{g} rn^2 = 4.024 rn^2 \tag{4-54}$$

K_c 可作为衡量离心机分离能力的尺度。

若颗粒在筒形容器内运动的切向速度为 u_t，$\omega = u_t/r$，则式（4-53）又可写成

$$K_c = \frac{u_t^2}{rg} \tag{4-55}$$

2. 离心沉降速度　与重力场中的沉降原理相似，密度为 ρ_p、直径为 d 的球形颗粒在离心力场中沉降时，在径向方向上，产生的离心力为 F_c，受到液体的浮力为 F_b，受到液体的阻力为 F_d，可分别表示为

$$F_c = \frac{\pi}{6} d^3 \rho_p \omega^2 r, \quad F_b = \frac{\pi}{6} d^3 \rho \omega^2 r, \quad F_d = \zeta \frac{\pi d^2}{8} \rho \left(\frac{dr}{dt}\right)^2$$

根据力学原理，这三个力达成"平衡"关系，即

$$\frac{\pi}{6} d^3 \rho_p \omega^2 r - \frac{\pi}{6} d^3 \rho \omega^2 r - \frac{1}{8} \zeta \pi d^2 \rho \left(\frac{dr}{dt}\right)^2 = 0 \tag{4-56}$$

此时，颗粒在径向方向上相对于流体的速度 $\dfrac{dr}{dt}$，就是它在该位置上的离心沉降速度，由式（4-56）可得

$$\frac{dr}{dt} = \sqrt{\frac{4d(\rho_p - \rho)}{3\zeta\rho} r\omega^2} \tag{4-57}$$

与式（4-6）相比，可知颗粒离心沉降速度 $\dfrac{dr}{dt}$ 与重力沉降速度 u_0 具有相似的关系，唯式（4-6）中的重力加速度 g 在此式中换为离心加速度 $r\omega^2$。另外，重力沉降速度达到稳定时是不变的，而离心沉降速度随着颗粒径向位置 r 的不同而变化。

在沉降分离中，当重力沉降速度很小时才考虑用离心沉降，因而离心沉降的对象是小颗粒，其沉

降时所受流体阻力一般处于Stokes区，即阻力因数 $\zeta = \dfrac{24}{Re_p}$，将其代入式（4-57），可得

$$\frac{dr}{dt} = \frac{d^2(\rho_p - \rho)}{18\mu} r\omega^2 \qquad (4-58)$$

或

$$\frac{dr}{dt} = K_c u_0 \qquad (4-59)$$

可见，离心沉降速度 $\dfrac{dr}{dt}$ 等于重力沉降速度 u_0 乘以离心分离因数 K_c，即在离心力场中的沉降速度是将重力场中的沉降速度放大了 K_c 倍。

4.6B 沉降式离心机类型

沉降式离心机都是按离心沉降的原理而设计的。按操作方式的不同，沉降式离心机可分为间歇式和连续式两种。间歇式沉降离心机常用的有三足式沉降离心机和刮刀卸料沉降离心机。连续式主要有螺旋卸料沉降离心机，以及碟式和管式分离机。碟式和管式分离机将在4-8部分介绍。

1. 卧式刮刀卸料沉降离心机 三足式沉降离心机和刮刀卸料沉降离心机等的结构与同样形式的过滤离心机相似。图4-17为卧式刮刀卸料沉降离心机的示意图。悬浮液加到转鼓底部，在沿转鼓壁向外返流过程中，固体颗粒在圆筒形液体内沿径向沉降，最后到达转鼓内壁。分离液经转鼓挡液盖溢流入机壳，由排液管排出。转鼓内壁上沉渣逐渐积厚，有效容积减小，液体轴向流速增大，在转鼓内停留时间减少。当细小颗粒来不及完全沉降时，分离液的澄清度降低。至不符合要求时，停止加料，用机械刮刀卸出沉渣。与过滤离心机的主要区别是这类离心机转鼓壁无孔，且不需要滤布。沉降离心机的分离因数较大。卧式刮刀卸料沉降离心机的分离因数最大达1 800，最大生产能力可达 18m³/h 的悬浮液处理流量。

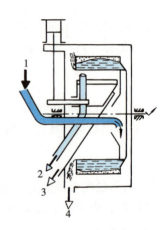

图4-17 刮刀沉降离心机
1. 进料 2. 清液 3. 沉渣 4. 溢流

2. 螺旋卸料离心机 螺旋卸料离心机属连续操作的沉降式离心机。其结构有立式和卧式两种，常用卧式结构。如图4-18所示，可绕水平主轴高速旋转的圆锥形转鼓，其内装有一绕同一水平轴线旋转的螺旋输送器。电动机通过皮带传动带动转鼓旋转，转鼓通过行星齿轮减速器带动螺旋输送器旋转。螺旋输送器与转鼓间存在一较小的转速差。

悬浮液经加料管进入螺旋内筒，再经内筒的加料孔进入转鼓。由于转鼓的高速旋转，使加入转鼓的悬浮液一起旋转产生很大的离心力，大大加快了固体沉降速度，沉积在转鼓壁的沉渣被螺旋输送器沿转鼓壁面推送至排出口卸出。分离液由溢流口排出。

这种离心机分离性能好，对物料的适应性强，可以在高温、高压及低温、低压条件下操作，生产能力大，适宜于分离浓度较大的悬浮液。

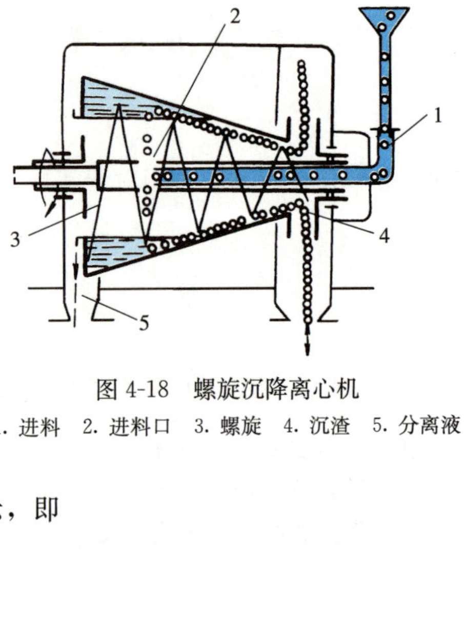

4.6C 沉降式离心机的生产能力

与重力沉降器的原理相同，在沉降式离心机中，凡沉降所需时间 t_0 小于颗粒在设备内的停留时间 t 的颗粒均可被沉降除去。颗粒在离心力场中的运动方程由式（4-58）表示，即

图4-18 螺旋沉降离心机
1. 进料 2. 进料口 3. 螺旋 4. 沉渣 5. 分离液

$$\frac{dr}{dt} = \frac{d^2(\rho_p - \rho)}{18\mu} r\omega^2$$

以图 4-19 所示的柱形转鼓为例，颗粒由圆柱形自由液面 r_1 处沉降到转鼓内壁 r_2 处所需沉降时间 t_0，可由上式分离变量积分求得：

$$t_0 = \frac{18\mu}{d^2(\rho_p - \rho)\omega^2} \ln\frac{r_2}{r_1} \tag{4-60}$$

而液体在转鼓内的停留时间 t 为

$$t = \frac{\pi L (r_2^2 - r_1^2)}{q_v} \tag{4-61}$$

式中　L——转鼓长，m；
　　　q_v——液体体积流量，m^3/s。

故颗粒的沉降分离条件 $t_0 \leqslant t$ 可化为

$$\frac{18\mu}{d^2(\rho_p - \rho)\omega^2} \ln\frac{r_2}{r_1} \leqslant \frac{\pi L (r_2^2 - r_1^2)}{q_v} \tag{4-62}$$

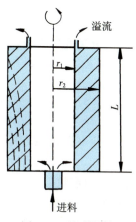

图 4-19　柱形转鼓

当上式等式关系成立时，对应的颗粒的粒径应为分离器能 100% 地去除的颗粒粒径的最小值，即临界粒径，用 d_c 表示。由上面等式关系可以求得，在满足临界粒径要求条件下的沉降式分离机的生产能力 q_v 为

$$q_v = \frac{\pi L (\rho_p - \rho) \omega^2 d_c^2}{18\mu} \cdot \frac{r_2^2 - r_1^2}{\ln\frac{r_2}{r_1}} \tag{4-63}$$

4-7　过滤式离心机

过滤式离心机（filtering centrifuge）是以离心力作推动力、用过滤方式分离悬浮液的机械。按其构造和操作方式可分为多种类型。它们的共同特点是具有一个高速旋转且在壁面上开有许多通孔的转鼓，在转鼓内表面敷设有编织布、金属丝网等过滤介质。当滤浆定量加入转鼓内时，高速旋转的转鼓带动料浆旋转，料浆获得惯性离心力而向鼓壁运动，液体穿过而固体颗粒被留在过滤介质内表面形成滤饼。过滤式离心机的转速一般为 1 000～1 500 r/min，离心分离因数不大。这类离心机在食品加工中应用甚广，如冷冻浓缩中冰晶的分离、糖类结晶食品的精制、淀粉脱水和干制果蔬的预脱水等。

过滤式离心机原理就是在离心力场中可以产生更强的过滤推动力。

4.7A　转鼓内液体的表面和压力

1. 液体表面　离心机启动后，转鼓内的液体在重力和离心力的作用下，其自由液面呈下凹的旋转抛物面。它的形状主要取决于转鼓的旋转角速度 ω。设想将转鼓沿其对称面截开，该截面与自由液面的截线是一条抛物线，如图 4-20 所示。

取自由液面上任一液体质点 a 进行受力分析，其质量为 m，回转半径为 r，a 点距转鼓底的距离为 h，转鼓角速度为 ω，则该质点的离心力为 $F_c = mr\omega^2$，方向沿径向向外，所受重力为 $F_g = mg$，铅垂向下，四周液体给予它的约束反力为 N，其方向沿液面法线方向。其受力情况如图 4-20 所示。根据力学原理，此三力呈平衡关系。将此三力沿 a 点所在液面切线方向投影，可得到下列平衡方程：

$$F_c \cos\beta - F_g \sin\beta = 0$$

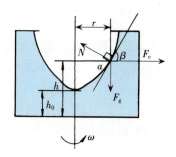

图 4-20　离心机转鼓内的液面

$$mr\omega^2\cos\beta - mg\sin\beta = 0 \tag{4-64}$$

式中，β 为液面截线在 a 点处的切线与水平线之间的夹角。液面截线的切线斜率为

$$\frac{dh}{dr} = \tan\beta = \frac{r\omega^2}{g} \tag{4-65}$$

将上式分离变量积分，有

$$\int_{h_0}^{h} dh = \frac{\omega^2}{g}\int_0^r r\,dr$$

得

$$h = \frac{r^2\omega^2}{2g} + h_0 \tag{4-66}$$

这是一抛物线方程，式中 h_0 为抛物线顶点至转鼓底的距离。由此可知，液体的自由表面为一旋转抛物面。当 ω 增大时，上式右边第一项迅速增大。对于一定位置 h，h_0 将变小。当 $h_0=0$ 时，液面中心与转鼓底相切。ω 继续增大时，可使 $h_0<0$，即液面中心已转向鼓底以下。当 ω 很大时，重力相对于离心力可忽略不计，此时 $\beta\to 90°$，液面呈平行于旋转轴的圆柱面，如图 4-21 所示。

为防止液体自转鼓上口溢出，通常离心机转鼓壁上方制成向内卷边的唇口。

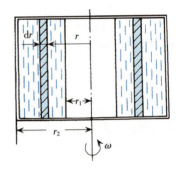

图 4-21 转鼓内液体的离心压力

2. 液体的压力　在图 4-21 旋转转鼓内，距转轴 r 处厚度为 dr 的薄液筒产生的离心力为

$$dF_c = dm \cdot r\omega^2 \tag{4-67}$$

式中，dm 为薄液筒的质量。若转鼓高度为 H，则

$$dm = 2\pi rH\rho\,dr \tag{4-68}$$

代入式（4-67）中，得

$$dF_c = 2\pi H\rho\omega^2 r^2\,dr \tag{4-69}$$

而由 r 到 $r+dr$ 压力变化为

$$dp = \frac{dF_c}{A} = \frac{2\pi H\omega^2 r^2\rho\,dr}{2\pi rH} = \rho\omega^2 r\,dr \tag{4-70}$$

式中　A——薄圆筒的表面积，m^2。

若设液柱自由表面处（即半径为 r_1 处）的压力为 p_1，则将式（4-70）积分，有

$$\int_{p_1}^{p} dp = \rho\omega^2 \int_{r_1}^{r} r\,dr$$

得

$$p = \frac{1}{2}\rho\omega^2(r^2 - r_1^2) + p_1 \quad (\text{Pa}) \tag{4-71}$$

该式表明离心压力最主要的影响因素是转鼓旋转角速度 ω，同时也与液体密度 ρ 及所处径向位置 r 有关。当 $r=r_2$ 时，上式所表示的压力即为转鼓壁上的离心压力 p_2。

$$p_2 = \frac{1}{2}\rho\omega^2(r_2^2 - r_1^2) + p_1 \tag{4-72}$$

若转鼓内为液体所充满，$r_1=0$，离心压力 p_2 若以表压表示，则有

$$p_2 = \frac{1}{2}\rho\omega^2 r_2^2 \tag{4-73}$$

4.7B　间歇操作的过滤式离心机

1. 三足式离心机　是一种上部加料、间歇操作的过滤式离心机。它的机体借助于三根牵引杆悬挂于三足支柱上，牵引杆上装有弹簧，可以起到隔振和减振的作用，因而转鼓运转平稳，不易松动。

转鼓由电动机通过传动装置带动而高速旋转，如图 4-22 所示。

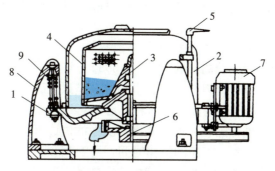

图 4-22 动画演示

图 4-22　三足式离心机
1. 机座　2. 机壳　3. 主轴　4. 转鼓
5. 制动器　6. 联轴器　7. 电机　8. 支柱　9. 牵引杆

料液加入高速旋转的转鼓后，滤液穿过转鼓从机壳的下部排出，滤渣沉积于转鼓内壁，待一批料液过滤完毕，或转鼓内的滤渣达到设备允许的最大量时，可停止加料并继续运转一段时间以沥净滤液。必要时，可以于滤饼表面洒以清洗液进行洗涤，然后停车卸料，清洗设备。

三足式离心机的优点是结构简单、操作平稳、占地面积小、滤渣颗粒不易磨损。它适用于过滤周期长，处理量不大，且滤渣含水量可以较高的生产过程。对于粒状、结晶状和纤维状的物料脱水效果较好，能通过控制分离时间来达到控制滤渣湿分含量的目的。比较适宜于多品种物料的分离。

三足式离心机的主要缺点是人工卸渣，劳动强度大。由于采用下部驱动，轴承和传动装置在转鼓下方，检修、清洗不便，且悬浮液有可能漏入轴承及传动装置使其锈蚀。

我国国家标准规定的三足式离心机的基本参数为：转鼓直径 335~2 000mm，工作容积 7.5~100L，转鼓转速 600~3 350r/min，分离因数 400~2 110，主电机功率 2.2~37kW。

例 4-5　以直径为 335mm，转鼓转速为 3 350r/min 的三足式离心机过滤某食品料液，若料液充满转鼓，液体的密度为 1 035kg/m³，计算：（1）离心机的离心分离因数；（2）转鼓壁受到的离心表压力。

解：$r=0.335/2=0.168$（m），$\omega=2\pi n=2\times 3.14\times 3 350/60=351$（s^{-1}）。

（1）离心分离因数。引式（4-53），有

$$K_c = \frac{r\omega^2}{g} = 0.168\times 351^2/9.81 = 2\,110$$

（2）离心表压力。引式（4-73），有

$$p_2 = \frac{1}{2}\rho\omega^2 r_2^2 = 1/2\times 1\,035\times 351^2\times 0.168^2$$

$$= 1.80\times 10^6 \text{Pa} = 1.80\text{MPa}$$

2. 上悬式离心机　上悬式离心机是转鼓悬挂在一竖直轴上，上置驱动，上部加料，下部卸料的一种间歇操作过滤式离心机。与三足式离心机相比，它消除了由于上部卸料和下置驱动所引起的缺陷，如图 4-23 所示。

操作时，悬浮液通过进料管被送至固定在转轴上的分散盘上，靠离心力作用飞溅到转鼓内壁，滤液穿过转鼓从外侧流出。当转鼓内的滤渣达到允许的厚度时，停止加料，若需洗涤滤饼，则可通过鼓内的喷洒器将洗涤液喷洒于滤饼上，滤渣沥干后卸渣。

上悬式离心机的主要优点是：工作稳定并允许转鼓有一定程度的自由振动；卸除滤渣容易；传动装置不因泄漏而受到腐蚀。

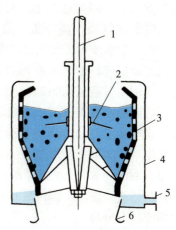

图 4-23　上悬式离心机
1. 转轴　2. 分散盘　3. 转鼓
4. 机壳　5. 滤液出口　6. 滤渣出口

适用于颗粒粒度大且颗粒不允许破损的晶体悬浮液和粗粒悬浮液的分离，如蔗糖、葡萄糖等的脱水。

上悬式离心机的主要缺点是：主轴长，加料负荷不稳定时易引起振动，轴承易磨损；人工卸渣，因而劳动强度也较大。

生产中使用的机械卸料型上悬式离心机的主要参数是：转鼓直径1 000～1 350mm，工作容积280～650L，转鼓转速1 450r/min，分离因数1 176～1 553。

3. 卧式刮刀卸料离心机 卧式刮刀卸料离心机的转鼓是以悬臂梁的方式连接在水平主轴上，故称之为卧式。这种离心机可以在全速运转方式下，自动周期性地进行进料、过滤分离、洗涤滤渣、甩干、卸料和洗网等工序的操作。每一工序的操作时间，可根据预定要求由电器-液压系统按程序自动控制，也可人工操作。就各工序间连贯的自动化程度而言，为自动连续操作，但就每一工序在整个操作过程中的连续性而言，则仍属于周期间歇式操作。

转鼓内装有进料管、冲洗管、齿耙、刮刀和卸料斜槽，如图4-24所示。当进料阀自动定时开启时，悬浮液由进料管进入全速运转的转鼓内，受离心力作用而过滤分离。液相经滤网和转鼓壁小孔被甩到鼓外，由机壳的排液口排出。截留在鼓内的颗粒借齿耙将其均布于滤网上。当滤渣达到一定厚度时，进料阀自动关闭，冲洗阀自动开启，洗涤水经冲洗管喷淋在滤饼上，洗涤一定时间。甩干后，刀架带动刮刀上升，将滤渣从滤布上刮下并沿卸渣斜槽排出。此后进行洗网。洗网完成后又进入下一个操作周期。

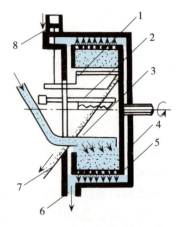

图4-24　卧式刮刀卸料离心机
1. 刮刀　2. 耙齿　3. 进料管
4. 机壳　5. 转鼓　6. 滤液出口
7. 卸渣斜槽　8. 油压装置

卧式刮刀卸料离心机的优点是：生产能力大；分离与洗涤效果好；对物料的适应性强；操作的自动化程度高。适合于大规模生产，适用于黏度中等、颗粒细小的悬浮液的过滤。其主要缺点是：振动较大；刮刀易磨损；颗粒易被破碎。

4.7C　连续操作过滤式离心机

连续操作过滤式离心机有活塞脉冲卸料离心机、离心力自动卸料离心机和振动卸料离心机等多种形式。这里仅介绍活塞脉冲卸料离心机和离心力自动卸料离心机。

1. 活塞脉冲卸料离心机　活塞脉冲卸料离心机是一种在全速运转方式下，同时连续地进行加料、分离、洗涤、甩干和卸渣等工序的连续操作离心机。但卸渣是一股一股地推送出去，接近于连续。整体可实现全自动操作，如图4-25所示。

悬浮液从进料管进入锥形布料漏斗内，漏斗随轴旋转，在离心力作用下料液被均匀地沿圆周分散到转鼓的过滤网上，穿过滤网的滤液经收集罩流出，滤渣截留于过滤介质上，待滤饼形成一定厚度之后，被往复运动的推料活塞向转鼓开端方向推移。在推料活塞每一返回过程中，随其做往复运动的漏斗将料液分布在刮清的滤网上。滤渣被移置至滤网中部时，还可用水冲洗，再推送至转鼓开端边缘甩入机壳内，并从卸渣口排出。推料活塞的往复运动是用液压自动机构操纵的。其往复频率为0.17～0.4Hz，冲程为40～50mm。

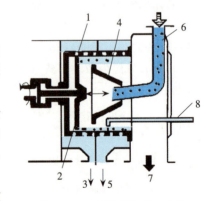

图4-25　活塞脉冲卸料离心机
1. 转鼓　2. 推料器　3. 滤液
4. 布料漏斗　5. 洗液出口　6. 进料管
7. 滤渣　8. 洗涤管

活塞脉冲卸料离心机过滤强度大，劳动生产率高，它适于滤浆固体质量分数为30%～50%，粒度为0.25mm以上悬浮液的过滤分离。只有贴近滤网部分的滤饼受到破损，破损率比刮刀卸料小得多。

2. 离心力自动卸料离心机　离心力自动卸料离心机的构造为一倒锥形的转鼓支承在机壳内的立

轴上，立轴由电动机通过传动装置从下部驱动，如图 4-26 所示。悬浮液从上部进料管进入圆锥形转鼓底部中心，靠离心力均匀分布在转鼓壁上，滤液穿过覆以滤网的转鼓从滤液收集罩的下部排出。固体颗粒被截留形成滤渣，滤渣靠离心力的作用克服与滤网间的摩擦力，沿转鼓锥形斜面向上移动，经过洗涤段和干燥段，最后从顶端甩出至滤渣收集罩内，从底部排渣口排出。

这种离心机的主要优点是：结构简单；生产能力大，进料、分离、洗涤、干燥等工序均在全速运转方式下连续操作。其主要缺点是：分离效果受悬浮液浓度和固粒大小的影响较大。这种离心机在各种结晶产品的分离和淀粉的分离中应用较多。

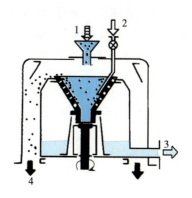

图 4-26　离心力自动卸料离心机
1. 悬浮液　2. 水　3. 滤液　4. 滤渣

4.7D　过滤式离心机的生产能力

在讨论离心过滤时，滤渣和滤液的特性参量 r、μ 和 x 与加压过滤是一样的，但过滤面积和过滤推动力均有所变化。当所分离悬浮液的浓度不算太高时，由滤渣沉积而生成的滤饼不致太厚，且由于转鼓角速度很大，滤液重力影响可以忽略不计，从而料液内表面的半径沿鼓高近似相等。如此，过滤面积可近似为转鼓的内表面积。滤饼和过滤介质两侧的过滤推动力亦可近似为作用于转鼓壁上的离心压力。此时，可按恒压过滤方程式（4-34）进行计算，即

$$V^2 + 2V_e V = KA^2 t$$

设 r_2 为转鼓半径，H 为转鼓长度，则 $A = 2\pi r_2 H$。

由上式求得滤液量 V 后，除以离心过滤的总时间 $\sum t$，即可得到过滤式离心机每一工作循环的平均生产能力 q_v，即

$$q_v = \frac{V}{\sum t} \quad (\mathrm{m^3/s}) \tag{4-74}$$

4-8　分离式离心机

4.8A　乳状液的离心分离原理

1. 轻重液分层界面的半径　乳状液在离心机内的分离是由于组分间密度的差异造成离心力的不同而产生分层的。密度大的重组分将聚集在转鼓壁附近形成外层，密度小的轻组分形成内层，两层液体形成相界面。如果重力相对于离心力可忽略不计，这时轻液内表面和两液分层界面都为圆柱面。

设轻重液分层界面的半径为 r_i，转鼓内轻液体积 V_l 和重液体积 V_h 之比为 φ，即

$$\varphi = \frac{V_l}{V_h} \tag{4-75}$$

由图 4-27 可知

$$\varphi = \frac{\pi(r_i^2 - r_1^2)}{\pi(r_2^2 - r_i^2)} \tag{4-76}$$

由此可求得分层界面半径 r_i 为

$$r_i = \sqrt{\frac{\varphi r_2^2 + r_1^2}{1 + \varphi}} \tag{4-77}$$

式中　r_1——液体内表面半径，m；
　　　r_2——转鼓半径，m。

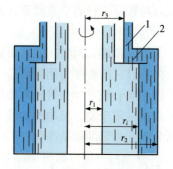

图 4-27　转鼓内轻重液的分离
1. 溢流堰　2. 挡板

2. 溢流堰半径　为分别引出轻、重两液，转鼓上方设置挡板2，它划分两液相分别引出的通道，并在其上方放置溢流堰1，如图4-27所示。溢流堰半径r_3是设计分离式离心机的一项重要参数。

选取r_3的主要依据是使作用于挡板上下转鼓壁上的离心压力平衡，即

$$\frac{1}{2}\rho_h\omega^2(r_2^2-r_3^2)=\frac{1}{2}\rho_l\omega^2(r_i^2-r_1^2)+\frac{1}{2}\rho_h\omega^2(r_2^2-r_i^2)$$

简化后可得

$$\rho_h(r_i^2-r_3^2)=\rho_l(r_i^2-r_1^2) \tag{4-78}$$

溢流堰半径为

$$r_3=\sqrt{r_i^2-\frac{\rho_l}{\rho_h}(r_i^2-r_1^2)} \tag{4-79}$$

式中　ρ_l——轻液相密度，kg/m^3；
　　　ρ_h——重液相密度，kg/m^3。

可见，r_3与转鼓半径r_2无关。

例4-6　用离心机分离某种悬浮液，已知悬浮液中所含固体微粒的平均粒径为$10\mu m$，微粒的密度为$1100kg/m^3$。液相为水，操作温度下的密度为$998.2kg/m^3$，黏度为$1.005\times10^{-3}Pa\cdot s$。转鼓的直径为$0.075m$。分离时转鼓内充满液体。若要求微粒在转鼓内壁处的沉降速度达到$0.03m/s$，求：

（1）转鼓的转速应为多大？
（2）液体对转鼓壁的压力多大？

解：（1）由题意可知，当$r=0.075/2=0.0375$ m时，$dr/dt=0.03$m/s，$\rho_p=1100$ kg/m^3，$\rho=998.2$kg/m^3，$d=10\times10^{-6}$m。

由式（4-58）可得

$$\omega=\sqrt{\frac{18\mu\dfrac{dr}{dt}}{d^2(\rho_p-\rho)r}}=\sqrt{\frac{18\times1.005\times10^{-3}\times0.03}{(10\times10^{-6})^2\times(1100-998.2)\times0.0375}}=1192\ (s^{-1})$$

$$n=\frac{\omega}{2\pi}\times60=\frac{1192}{2\times3.14}\times60=1.14\times10^4\ (r/min)$$

（2）颗粒含量少，可忽略固粒对转鼓压力的影响，液相对鼓壁压力可由式（4-73）得，

$$p_2=\frac{1}{2}\rho\omega^2r_2^2=\frac{1}{2}\times998.2\times1192^2\times0.0375^2=9.97\times10^5\ (Pa)$$

4.8B　超速离心机

在分离液-液系统的乳状液和极细颗粒的固-液悬浮液时，需要有极大的向心加速度才能产生足够的惯性离心力使其得以分离，这就要求离心机应具有很高的转速。根据式（4-73），转鼓壁所受的离心压力与转鼓半径的平方成正比，也与转速的平方成正比，即

$$p_2\propto n^2r_2^2$$

为产生很高转速，同时转鼓壁不致产生过大的应力，须采用小直径的转鼓。凡分离式离心机均具有这一结构特点，故亦称为超速离心机（ultracentrifuge）。

超速离心机可分为管式离心机和碟式离心机。它们在食品工业中的应用占有非常突出的地位。管式离心机常用于动、植物油的脱水和果蔬汁及糖浆等液体的澄清，碟式离心机在乳品工业上广泛用于奶油分离和牛奶的除杂净化。

1. 管式离心机　如图4-28所示，管式离心机的转鼓为一壁面上无通孔的狭长管。它竖直地支承于机架上的一对轴承之间，电机通过传动装置从上部驱动。转鼓上端设有轻、重液排出口，下端的中空轴与转鼓内腔相通，并通过轴封装置与进料管相连。

管式离心机的转鼓直径在200mm以内，一般为70～160mm。其长度与直径之比一般为4～8。这种转鼓允许大幅度地增加转速，即在不过度增加鼓壁应力的情况下可获得很大的离心力。转鼓的转速一般为15 000r/min左右，分离因数可达8 000～50 000。

离心机启动后，料液由进料管进入转鼓底部，在转鼓内从下向上流动的过程中，由于轻、重组分的密度不同而分成内、外两液层。外层为重液，内层为轻液，到达顶部后，轻液与重液分别从各自的溢流口排出。其轻液通过轴周围环状挡板环溢流而出，而重液则通过转鼓前端的内径可更换的环状溢流堰外面引出。

为使转鼓内料液能以与转鼓相同的转速随转鼓一起高速旋转，转鼓内常设有十字形挡板，用以对液体加速。

如果将管式离心机的重液出口关闭，只留有轻液的中央溢流口，则可用于悬浮液的澄清，称为澄清式离心机。悬浮液进入转鼓后，固体微粒沉积于鼓壁而不被连续排出，待固体积聚到一定数量后，以间歇操作方式停车进行清理。

管式离心机的优点是分离强度高，结构紧凑和密封性好。缺点是容量小，生产能力低，悬浮液的澄清系间歇操作。

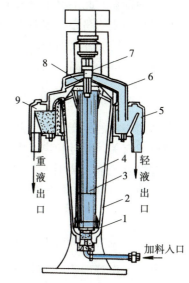

图4-28　管式超速离心机
1. 折转器　2. 固定机壳　3. 十字形挡板
4. 转鼓　5. 轻液室　6. 排液罩
7. 驱动轴　8. 环状隔盘　9. 重液室

2. 碟式离心机　碟式离心机的转鼓与管式离心机相比，其直径较大，长度较短，转速较低，一般为5 500～10 000r/min。如图4-29所示，转鼓的底部中央有轴座，驱动轴安装在其上。转鼓内部有一开孔的中心套管，其上装有一束叠置的倒锥形碟片。料液自进料管进入随轴旋转的中心套管后，从下部的孔眼流出，在离心力作用下进入碟片间的间隙内。此后的流动路径因碟片上有无孔眼而异，其工况可分为分离操作和澄清操作两种。

（1）分离操作。若各碟片上有一组沿周围均匀分布的孔眼，料液通过小孔分配到各碟片间隙之间，在离心力作用下，重液及其夹带的少量固体杂质逐步沉于每一碟片的下方并向转鼓外缘移动，经汇集后由重液出口连续排出。轻液则流向轴心由轻液出口排出，如图4-29（a）所示。这种由有孔碟片构成的离心机主要用于乳状液的分离，如牛奶分离机就属于此类。

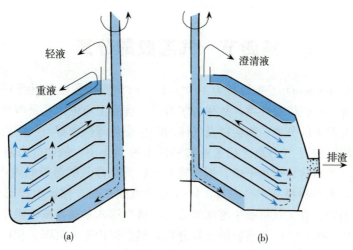

图4-29　碟式离心机
(a) 分离操作原理　(b) 澄清操作原理

（2）澄清操作。若碟片上无孔眼，底部的分配板将从中心套管流出的料液导向转鼓边缘，使其从转动碟片的四周进入碟片间的通道并向轴心流动。同时固体颗粒则逐渐向每一碟片的下表面沉降，并在离心力作用下向碟片外缘移动，最后沉积在转鼓壁上。沉渣可在停车后用人工卸除，或间歇地用机械装置自动排除。此工况下重液出口关闭，澄清液由轻液出口连续排出，如图 4-29（b）所示。这种由无孔碟片构成的离心机主要用于悬浮液的澄清，如牛奶净化机和酵母分离机均属此类。

碟式离心机的分离因数较高，可达 3 000~10 000，且碟片数较多，碟片间间隙小。因增大了沉降面积，缩短了沉降距离，因此分离效率高。碟片一般为 50~180 片，视机型大小而定。

4.8C 分离式离心机的生产能力

此类离心机的生产能力，是指在满足一定分离要求的前提下的进料流量。因此，不但与物料性质和分离要求有关，而且和离心机的类型和结构参数等有关。

1. 管式离心机 对柱形转鼓，微粒由自由液面沉降到转鼓壁的时间应小于或等于该颗粒随液流在轴向上由入口到出口所需的时间。基于此原则，可推得管式离心机的生产能力公式：

$$q_v = u_0 A K_c f(k_0) \quad (\text{m}^3/\text{s}) \tag{4-80}$$

式中 u_0——重力沉降速度，m/s，$u_0 = \dfrac{d_c^2 \Delta \rho g}{18\mu}$，其中 d_c 为微粒临界直径，$\Delta \rho$ 为两相密度差；

A——沉降面积，m²，$A = 2\pi r_2 L$，其中 r_2 为转鼓半径，L 为转鼓长度；

K_c——离心分离因数，$K_c = \dfrac{\omega^2 r_2}{g}$，其中 ω 为旋转角速度；

$f(k_0)$——径比 k_0 的函数，$k_0 = r_1/r_2$，其中 r_1 为自由液面的半径。

$f(k_0)$ 与液体在转鼓内的流动状态和流速分布有关。对流体在转鼓内整体推进的流动，有

$$f(k_0) = \frac{1}{4}(1 + 2k_0 + k_0^2) \tag{4-81}$$

2. 碟式离心机 对图 4-29（b）所示形式的碟式离心机，根据上述原则可得到类似的生产能力公式：

$$q_v = u_0 A K_c f(k_0)$$

式中，各符号的意义同上。但 r_1，r_2 分别为碟片内、外端口半径，L 为碟片沿轴向总高度。

对碟式离心机，有

$$f(k_0) = \frac{Z}{3}(1 + k_0 + k_0^2) \tag{4-82}$$

式中 Z——碟片数。

第四节　气溶胶的分离

气溶胶（gasoloid，aerosol）是指粒径为 $10^{-9} \sim 10^{-5}$ m 的固体颗粒或液滴分散在气体介质中形成的分散体系，因其具有一些胶体的性质，故称为气溶胶。食品工业中，凡是涉及处理固体颗粒和粉末的气流系统中，颗粒或粉末的分离，卸料以及气体的除尘净化等操作都与气溶胶有关。

本节主要讨论气溶胶的固-气分离。在工业实践的多种操作中，例如气力输送、气流分级、流态化操作、气流干燥、气流冷却、喷雾干燥、烟气排放等，都会涉及气溶胶的固-气分离。气溶胶的固-气分离操作意义重大，关系到提高产品质量，回收有价值副产品，保证生产安全卫生，预防粉尘爆炸，以及避免环境污染等。有关气溶胶中雾沫的分离，将在第六章蒸发浓缩操作中再予介绍。

本节重点讨论应用非常广泛的气溶胶的旋风分离，然后讨论重力沉降、惯性分离和袋滤等气溶胶的其他分离方法。

4-9　旋风分离

除使用离心机外，另一类利用惯性离心力分离非均相物系的方法，是使非均相流体流经过某种入

口装置进入固定的圆筒形设备中形成旋转运动,产生分离作用。其中应用最广泛的是分离气溶胶的旋风分离器(cyclone separator),它结构简单,制造方便,分离效率高,适用温度范围大。在食品工业中常用于奶粉、蛋粉等喷雾干燥制品的后期分离回收。也用于气流干燥和气流输送物料的分离。旋风分离器适宜分离气溶胶中粒径为 5~200μm 的固粒。

4.9A 旋风分离器的构造及工作原理

旋风分离器的主体构造为上部一段圆柱筒下接一段圆锥筒,如图 4-30 所示。混合气进口管以切线方式与主体圆柱筒上部相连接。气体出口管安装于圆筒顶部并有部分伸入圆筒内。圆锥筒下部接有集料斗。

气溶胶以一定的流速从切向进口管进入旋风分离器内,受器壁的约束而向下旋流。在离心力的作用下,颗粒向器壁沉降,而后沿器壁下滑,从圆锥筒的锥口落入集料斗。而净化的气流下旋到锥底附近时转变为上升的内旋流从中央出口管排出。

气流在旋风分离器内的流动总体上为双层螺旋运动,即从入口开始下行的外层螺旋形气流与从锥底附近开始上升的内层螺旋气流。两层旋流的旋向相同,但在气流由下旋变为上旋的锥底附近和气体出口的局部区域内,内外旋流相遇并相互混合形成十分复杂的运动。

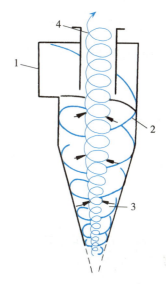

图 4-30 旋风分离器
1. 入口 2. 外旋流 3. 径向流 4. 内旋流

气体中所含固体颗粒的运动更为复杂,首先颗粒被气流所夹带作同样的螺旋状牵连运动,同时还存在着颗粒对气流的相对运动,即颗粒的离心沉降和重力沉降运动。

尽管这种运动的复杂性使颗粒的切向运动速度难以精确确定,但仍可以通过粗略估算旋风分离器的分离因数看到它具有较强的气溶胶分离作用。

设颗粒随气流的切向速度 u_t 为 20m/s,旋转半径为 0.3m,则分离因数由式(4-55)可得:

$$K_c = \frac{u_t^2}{rg} = \frac{20^2}{0.3 \times 9.81} = 136$$

图 4-30 动画演示

这表明颗粒在这种条件下的离心沉降速度为重力沉降速度的 136 倍。

工业上广泛应用的通用型旋风分离器有两种形式:入口直切式和入口蜗壳式,如图 4-31 所示。通常各部分的尺寸表示为圆筒内径 D 的倍数。其分离性能与其尺寸比例有很大的关系。图中给出了这两种通用型旋风分离器的尺寸比例的实例。

4.9B 旋风分离器的性能

1. 临界粒径 气溶胶在旋风分离器内的流动情况对其分离性能有直接的影响,在这方面的理论研究迄今尚不够充分,因此其临界粒径的理论计算都是在一定的简化和假设基础上进行的。其假设如下:

(1) 进入旋风分离器的气流严格按入口形状沿

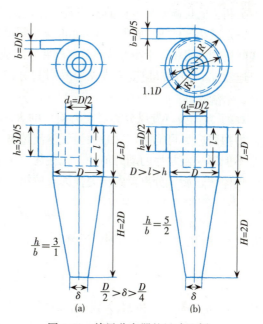

图 4-31 旋风分离器的尺寸比例
(a) 入口直切式 (b) 入口蜗壳式

周围旋转 n 圈，沉降距离为 b，即颗粒由内半径 $r=\dfrac{D}{2}-b$ 处沉降到 $r=\dfrac{D}{2}$ 处。

（2）在旋风分离器内颗粒与气流的切线速度相同并保持恒定不变，且等于气体的入口速度，与颗粒所在的位置无关。

（3）颗粒对气流的径向相对运动为层流，即沉降运动服从 Stokes 定律。

从上述假设出发，取处于最不利于分离位置 $r=\dfrac{D}{2}-b$ 处的某粒径为 d 的颗粒为研究对象，则它沿径向的沉降速度由式（4-55）和式（4-59）可得：

$$\frac{dr}{dt}=\frac{d^2(\rho_p-\rho)}{18\mu}\cdot\frac{u_t^2}{r} \tag{4-83}$$

颗粒随气流进入旋风分离器的初瞬时（$t=0$ 时），颗粒位于 $r=\dfrac{D}{2}-b$ 的位置，当颗粒沉降到器壁处的瞬时（$t=t_0$ 时），颗粒位于 $r=\dfrac{D}{2}$ 处。将式（4-83）分离变量后按此积分限积分可得沉降时间 t_0：

$$t_0=\frac{9\mu b(D-b)}{(\rho_p-\rho)d^2 u_t^2}\quad(s) \tag{4-84}$$

若取气流的平均旋转半径为 $r_m=\dfrac{D-b}{2}$，则颗粒在器内旋转 n 圈的停留时间 t_1 为

$$t_1=\frac{2\pi r_m n}{u_t}=\frac{\pi(D-b)n}{u_t}\quad(s) \tag{4-85}$$

若在各种不同粒径颗粒中，有一种粒径的颗粒所需的沉降时间 t_0 恰好等于停留时间 t_1，该粒径就是理论上能被完全分离的最小粒径，即临界粒径，用 d_c 表示。使式（4-84）和式（4-85）相等，即可求得

$$d_c=3\sqrt{\frac{\mu b}{\pi n(\rho_p-\rho)u_t}}\quad(m) \tag{4-86}$$

计算时，对于通用型旋风分离器，通常取 $n=5$。

临界粒径愈小，说明分离器能分离出去的颗粒的数量愈多，即分离效率愈高。

分析上式影响临界粒径的各因素可知，减小临界粒径、强化旋风分离器分离性能的可能措施有两种：一是减小气体入口管尺寸 b，亦即减小圆筒直径 D，但减小分离器尺寸势必降低其生产能力，为此在实际生产中可将若干小型旋风分离器并联组成旋风分离器组来代替大型旋风分离器；二是加大气溶胶入口速度 u_t，但进口速度太大又容易引起分离器内固粒与气体的返混现象，一般以 u_t 不超过 20m/s 为宜。

2. 压力损失 旋风分离器压力损失的大小是评价其性能的另一重要指标，气体通过旋风分离器的压力损失应尽可能小，这是因为气体流过整个工艺过程的总压降有一定限制，因此，其压力损失的大小不但影响经常性的动力消耗，也往往为工艺条件所限制。

气体通过旋风分离器的压力损失，按第一章流体局部阻力的计算方法，以压力损失的形式表示为

$$\Delta p=\rho h'_f=\frac{1}{2}\zeta\rho u_t^2\quad(Pa) \tag{4-87}$$

式中 ζ——阻力因数。用下式计算：

$$\zeta=\frac{30bh\sqrt{D}}{d_1^2\sqrt{L+H}} \tag{4-88}$$

式中，b、h、d_1、L 和 H 为旋风分离器各部分尺寸，见图 4-31。由于上述尺寸均表示成圆筒直径 D 的倍数，所以，同一尺寸比例形式的所有旋风分离器的阻力因数均相同，只要进口气流速度相同，压力损失就相同，一般为 1~2kPa。

与旋风分离器的构造和作用原理相似的离心分离设备还有旋液分离器（liquid cyclone），它用于悬浮液的固体颗粒的增稠或分级。与旋风分离器相比，其不同之处有：在顶部设有澄清液溢流室；其直径要比旋风分离器小得多。这是因为同样大小的颗粒，在液体中的沉降速度远比在气流中的沉降速度小得多。因此，要达到同样的临界粒径分离的要求，必须使旋液分离器的直径足够小。

例 4-7 从喷雾干燥塔中引出的温度为 343K，压力为 101kPa 的含乳粉气体，用图 4-31 (b) 所示型号的旋风分离器分离出乳粉。圆筒直径为 0.8m，气体入口速度为 18m/s，乳粉的密度为 1 560 kg/m³，试求：(1) 临界粒径；(2) 压力降。

解：(1) 从附表中查出 343K 空气的密度 $\rho=1.029\text{kg/m}^3$，黏度 $\mu=2.06\times10^{-5}\text{Pa}\cdot\text{s}$，分离器入口宽度 $b=\dfrac{D}{5}=\dfrac{0.8}{5}=0.16\text{m}$。由式 (4-86) 可得

$$d_c=3\sqrt{\dfrac{\mu b}{\pi n(\rho_p-\rho)u_t}}=3\times\sqrt{\dfrac{2.06\times10^{-5}\times0.16}{3.14\times5\times(1\,560-1.029)\times18}}=8.206\times10^{-6}\ (\text{m})$$

(2) 由图 4-31(b) 所示比例尺寸得 $d_1=h=\dfrac{D}{2}=\dfrac{0.8}{2}=0.4\text{m}$，$L=D=0.8\text{m}$，$H=2D=2\times0.8=1.6\text{m}$。由式 (4-88) 得

$$\zeta=\dfrac{30bh\sqrt{D}}{d_1^2\sqrt{L+H}}=\dfrac{30\times0.16\times0.4\times\sqrt{0.8}}{0.4^2\times\sqrt{0.8+1.6}}=6.93$$

由式 (4-87) 可得压力损失：

$$\Delta p=\dfrac{1}{2}\zeta\rho u_t^2=\dfrac{1}{2}\times6.93\times1.029\times18^2=1\,155\ (\text{Pa})$$

4-10 气溶胶的其他分离方法

4.10A 气溶胶的重力沉降

气溶胶尤其是含尘气体的分离最简单适用的方法，是采用重力沉降。所用设备称为沉降室（settling chamber）。此法适用于分离效率要求不很高，或微粒较大较易分离的场合，如气-固分散系中固体微粒的分离、卸料及气体的除尘净化等。气溶胶中固体微粒沉降遵循的法则和沉降速度的计算方法，与第一节悬浮液中固体微粒沉降的讨论完全相同。因此，本节只讨论气溶胶的沉降设备。工业上的沉降室分立式和卧式两种。

1. 立式沉降室 立式沉降室多为上部圆筒和下部锥筒相连的直立容器，如图 4-32 所示。这种沉降室的设计主要是依据风量和颗粒的沉降速度确定容器的横截面尺寸，所设计的截面面积应使气流的上升速度 u_1 远小于颗粒的沉降速度 u_0，以保证颗粒下沉而不致被上升的气流从上方出口带出，即

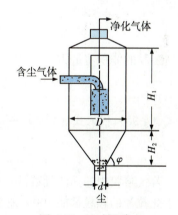

图 4-32 立式沉降室

$$u_1\ll u_0 \tag{4-89}$$

在确定圆筒部分直径 D 时，可将式 (4-89) 右端的项乘以一小于 1 的因数 β，使其成等式，即

$$u_1=\dfrac{q_v}{A_0}=\dfrac{4q_v}{\pi D^2}=\beta u_0 \tag{4-90}$$

由此可得

$$D=\sqrt{\dfrac{4q_v}{\beta\pi u_0}}=1.13\sqrt{\dfrac{q_v}{\beta u_0}} \tag{4-91}$$

因数 β 一般取为 0.03~0.05。

圆筒部分的高度为

$$H_1 = (1.0 \sim 2.0)D \tag{4-92}$$

圆锥部分的高度为

$$H_2 = \frac{(D-d)\tan\varphi}{2} \quad (\text{m}) \tag{4-93}$$

式中 d——下端卸料口直径，m；

φ——圆锥部分的外锥角，它应大于物料与钢板间的摩擦角 α，$\varphi > \alpha$。对粉料，$\alpha = 40°$，故应取 $\varphi > 40°$。

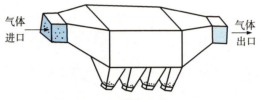

图 4-33 卧式沉降室　　图 4-33 动画演示

2. 卧式沉降室　卧式沉降室与立式的主要区别在于气流在室内的流动为水平流动型而不是上升流动型。这种沉降室的主体为一长方形箱体。含固体微粒的气体从沉降室一端的渐扩管进入后，由于流通截面的扩大，流速减慢，固体微粒开始沉降。最后气体经一段渐缩管从另一端出口排出，如图 4-33 所示。

卧式沉降室的沉降原理与前述的悬浮液在半连续式沉降器中的沉降类似。只要在气体通过沉降室的时间内，颗粒能够降至室底，颗粒便能被分离。采用与按图 4-5 讨论沉降相同的符号。因为气体在沉降室中的停留时间为 $t_L = \frac{L}{u_L}$，颗粒的沉降时间为 $t_0 = \frac{h_0}{u_0}$，要使颗粒在沉降室中得以分离，必要条件是 $t_L \geqslant t_0$，即

$$\frac{L}{u_L} \geqslant \frac{h_0}{u_0} \tag{4-94}$$

设气溶胶的体积流量为 q_v，则

$$u_L = \frac{q_v}{bh_0} \tag{4-95}$$

将式 (4-95) 代入式 (4-94) 中，得

$$u_0 \geqslant \frac{q_v}{bL} \tag{4-96}$$

若气溶胶中的固体颗粒具有不同的粒径，有一种粒径恰能满足式 (4-96) 的等式关系，此粒径及大于此粒径的颗粒都能 100% 地在沉降室中沉降分离，此粒径称为临界粒径 d_c，对应于临界粒径的颗粒的沉降速度，称为临界沉降速度 u_{0c}，即

$$u_{0c} = \frac{q_v}{bL} \tag{4-97}$$

当颗粒的沉降速度较小，处于 Stokes 定律区，将式 (4-97) 代入式 (4-7) 中，可得临界粒径：

$$d_c = \sqrt{\frac{18\mu}{(\rho_p - \rho)g} \cdot \frac{q_v}{bL}} \tag{4-98}$$

由式 (4-97) 和式 (4-98) 可知，当 u_{0c} 与 d_c 一定时，q_v 与沉降面积成正比，而与高度 h_0 无关。同时知道，当 q_v 一定时，u_{0c} 及 d_c 与底面面积有关，而与高度 h_0 无关。

若 q_v 不变，使 h_0 缩小 1/2，则据式 (4-95)，u_L 变为原来的两倍，使 t_L 和 t_0 都为原来的 1/2，

但 u_{0c} 和 d_c 都不变。这就启发我们，可以将卧式沉降室加装水平隔板，使其变成多层沉降室。

当降尘室用水平隔板分为 N 层，每层高度为 h_0/N，此时，尘粒的沉降高度为原来的 $1/N$ 倍，而水平流速 u_L 不变，u_{0c} 降为原来的 $1/N$ 倍，则临界粒径降为原来的 $\sqrt{1/N}$ 倍，使更小的尘粒也能分离。通常，多层降尘室可使 d_c 由 $50\mu m$ 降至 $20\mu m$。应注意不能使气速 u_L 太大，应使流动处于层流区，以免干扰颗粒沉降，把沉下来的尘粒重新卷起。一般 u_L 不超过 3m/s。

4.10B 气溶胶的惯性分离

气溶胶惯性分离，是指通过气流急速转向或冲击在挡板后急速转向，气流中颗粒的惯性效应使其运动轨迹与气流轨迹产生偏差，从而使两者分离。气流速度越大，惯性效应越大，同样的分离效果，分离室的体积就可大大减小，对细小颗粒的分离效率也大大提高。

气溶胶惯性分离设备主要有无分流式和分流式两类。图 4-34 为无分流式惯性分离器的几个例子。这种设备结构较为简单，入口气流作为一个整体，借助较为急剧的转折，使颗粒在惯性效应下分离，设备的分离效率较重力沉降有所提高。

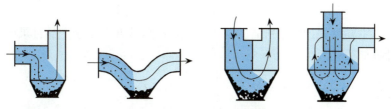

图 4-34 无分流式惯性分离器

图 4-35 所示为分流式惯性分离设备，它们都是采用各种挡板结构而制成的。这种设备可使任一气流都有较小的回转半径和较大的回转角，通过提高气流急剧转折前的速度来实现提高分离效率的效果。含尘气流进入分离室后，不断从百叶板间隙中流出，与此同时，颗粒也不断被分离出来。

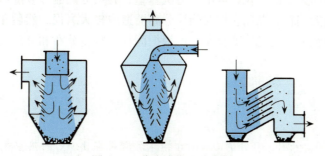

图 4-35 分流式惯性分离器

4.10C 气溶胶的袋滤

气溶胶的固-气分离也可以采用过滤的方法。使含尘气体穿过做成袋状而支承在骨架上的滤布，以滤除气体中的尘粒，这种设备称为袋滤器。袋滤器主要由若干滤袋及其骨架、壳体、灰斗等组成。每个滤袋长度一般为 2~3.5m，直径为 120~300mm，其滤布材料可以是棉织品、羊毛织品、合成纤维织品，涤纶布是广泛应用的滤袋材料。

如图 4-36 所示，含尘气流由进气口进入后，穿过垂直放置的筒形滤袋，颗粒或粉尘被截留在滤袋内部，净化后的气流则穿过滤袋而由出口排出。当滤袋上截留的固体积聚愈来愈多，到一定时间，利用装于上方的振动器振动滤袋，或用压缩空气反吹滤布将固体颗粒振落或吹落到下部，并定期打开排出。

袋滤器的操作可在减压或加压下进行，称为压气式或吸气式袋滤器。压气式袋滤器安装在系统的压气管路上，介质的进气一侧在正压之下操作。吸气式袋滤器安装在系统的吸气管路上，通风机从袋滤器内吸取空气，介质排气一侧在负压之下操作。

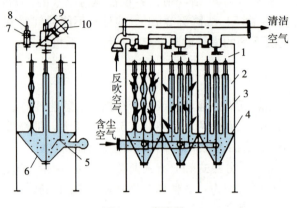

图 4-36　袋滤器
1. 滤袋拉紧室　2. 过滤室　3. 滤袋　4. 底板　5. 挡板
6. 灰斗　7. 反吹管　8. 二次阀门　9. 一次阀门　10. 排气管

图 4-36 动画演示

袋滤器的选择，主要是先计算出所需的滤布面积，而后按此面积于产品目录中查取规格合适的产品，滤布面积的计算如下：

$$A = \frac{q_v}{u} \quad (m^2) \tag{4-99}$$

式中　q_v——风量，m^3/s；

　　　u——过滤速度，m/s。

袋滤器在食品工业中应用较为广泛。在奶粉厂中，离开喷雾干燥塔的热风中所含奶粉细粒常常用袋滤器回收。

为分离气溶胶中不同大小的固粒，常由重力沉降室、旋风分离器和袋滤器依次组成分离系统。先在重力沉降室中除去较大固粒，以免它们对旋风分离器造成较大磨损。然后在旋风分离器中分离大部分固粒。余下的较小固粒最后用袋滤器分离。可根据固粒的粒度分布和分离要求，省去其中某个分离设备。

习　题

4-1　求密度为 $1030kg/m^3$、直径为 $0.4mm$ 的球形颗粒在 $140℃$ 的热空气中的沉降速度。

4-2　某谷物的颗粒粒度为 $4mm$，密度为 $1400kg/m^3$，求在常温中的沉降速度。又有该谷物的淀粉粒，在同样的水中测得其沉降速度为 $0.1mm/s$，试求其粒度。

4-3　密度为 $2500kg/m^3$ 的玻璃球在 $20℃$ 的水中和空气中以相同的速度沉降，假设符合 Stokes 定律，求在这两种介质中沉降的球直径之比。

4-4　拟设计在液体食用油的水洗设备之后，接以沉降槽以分离油和水。假定从洗涤器出来的混合物中，油以球滴出现，滴径为 $0.05mm$，料液中油与水的质量比为 $1:4$，分离后的水相可认为绝不含油。已知料液流量为 $2t/h$，油的相对密度为 0.9，油温和水温均为 $38℃$。试求沉降槽的沉降面积（假定沉降符合 Stokes 定律）。

4-5　用一过滤面积为 $0.1m^2$ 的过滤器对某种悬浮液进行试验，滤液内部真空度保持为 $66.5kPa$，过滤 $5min$ 得滤液 $1L$，又过滤 $5min$ 得滤液 $0.6L$，问再过滤 $5min$，可再得滤液多少？

4-6　用压滤机过滤葡萄糖溶液，加入少量硅藻土作助滤剂。在过滤表压力 $100kPa$ 下，头 1 小时得滤液量 $5m^3$。试问：

(1) 若压力维持不变,在第 2 小时内得滤液多少？假设硅藻土是不可压缩的,且忽略介质阻力不计。

(2) 若在第 2 小时内得滤液亦为 5m³,应该用多大的恒定压力？

4-7 果汁中浆渣为可压缩的,测得其压缩系数 $s=0.6$。在表压 10^5Pa 的过滤操作压力下,经某压滤机过滤,最初 1 小时可得 2 500L 清汁。问在其余条件相同的情况下,要在最初 1 小时得到 3 500L 的清汁,要采用多大压力？介质阻力忽略不计。

4-8 有一转鼓真空过滤机,转速为 2r/min 时,每小时可得滤液 4m³。若滤布阻力忽略不计,真空度不变,每小时要获得滤液 5m³,转鼓转速应多大？此时转鼓表面滤饼厚度为原来的几倍？

4-9 含有少量颗粒的悬浮液用管式离心机分离,每小时处理量为 400L。转鼓半径为 4cm,液面半径为 1cm,转鼓转速为 18 000r/min,这种悬浮液中颗粒的重力沉降速度为 $1.2×10^{-7}$m/s,试求需要的转鼓有效长度。

4-10 某离心分离机的有效转鼓高度为 0.3m,转速为 5 400r/min,欲使鼓内水中离中心轴距离 0.04m 处的酵母沉降于鼓壁,问进水流量的最大值为多少？已知酵母的直径为 $5\mu m$,密度为 1 150kg/m³,水温为 20℃。

4-11 以过滤式离心机过滤某一液体食品。转鼓内径为 0.4m,转速为 5 000r/min,鼓内液体的内缘直径为 0.2m。已知该液体食品的密度为 1 040kg/m³,试求离心过滤压力。

4-12 油和水的混合物在分离机中分离,分界面半径为 0.04m,油排出口的半径为 0.02m。若油的密度为 900kg/m³,水的密度为 1 000kg/m³,问水的排出口处的半径应为多少？

4-13 奶油分离机的排出口半径为 50mm 和 75mm。若脱脂奶的密度为 1 030kg/m³,稀奶油的密度为 870kg/m³,求转鼓内分层界面的半径。

4-14 某碟式离心机有 100 个碟片,碟片内、外缘直径分别为 100mm 和 200mm,碟片沿轴向总高度为 150mm,转速为 6 650r/min。用此离心机分离牛奶中的奶油,若奶油密度为 935kg/m³,奶油滴的直径为 $3\mu m$,脱脂乳密度为 1 030kg/m³,黏度为 2.12mPa·s,计算其生产能力。

4-15 温度为 200℃,压力为 101kPa 的含尘气体,用图 4-31(a) 所示的旋风分离器除尘,尘粒密度为 2 000kg/m³,若分离器圆筒内径为 0.65m,进口气速为 21m/s,试求：

(1) 气体通过旋风分离器的压力损失。

(2) 尘粒的临界直径。

4-16 有一重力沉降室,长 4m,宽 2m,高 2.5m,内部用隔板分成 25 层。炉气进入降尘室时的密度为 0.5kg/m³,黏度为 $3.5×10^{-5}$Pa·s,炉气所含尘粒密度为 4 500kg/m³,现要用此除尘室分离 $100\mu m$ 以上的颗粒,试求可处理的炉气流量。

第五章 CHAPTER 5

传　　热
Heat Transfer

第一节　传热概述
5-1　传热的基本概念　145

第二节　热传导
5-2　傅里叶定律　147
5.2A　温度场和温度梯度　147
5.2B　傅里叶定律和热导率　147
5-3　通过平壁的稳态导热　148
5.3A　通过单层平壁的稳态导热　148
5.3B　通过多层平壁的稳态导热　149
5-4　通过圆筒壁的稳态导热　150
5.4A　通过单层圆筒壁的稳态导热　150
5.4B　通过多层圆筒壁的稳态导热　151

第三节　对流传热
5-5　对流传热的基本原理　152
5.5A　牛顿冷却定律　152
5.5B　对流传热的机理　153
5.5C　对流传热的量纲分析　154
5-6　无相变的对流传热　155
5.6A　自然对流传热　155
5.6B　强制对流传热　156
5-7　有相变的对流传热　159
5.7A　沸腾传热　159
5.7B　冷凝传热　160
5-8　流化床中的传热　160
5.8A　流化床及其传热特点　161

5.8B　流化床层与器壁之间的传热　161
5.8C　流化床中固体颗粒与流体之间的传热　162

第四节　热交换
5-9　换热器　163
5.9A　换热器的分类　163
5.9B　管壳式换热器　164
5.9C　板式换热器　166
5.9D　其他间壁式换热器　168
5-10　稳态换热计算　169
5.10A　换热基本方程　169
5.10B　总传热系数　170
5.10C　换热平均温差　172
5-11　非稳态换热　174
5.11A　非稳态换热的基本概念　174
5.11B　忽略内阻的非稳态换热　175
5.11C　内阻和外阻共存的非稳态换热　176
5.11D　可忽略外阻的非稳态换热　178

第五节　辐射传热
5-12　辐射的基本概念和定律　179
5.12A　辐射的基本概念　179
5.12B　辐射定律　180
5-13　两固体间的辐射换热　182
5-14　微波加热　183
5.14A　微波加热原理　184
5.14B　微波炉和食品的微波加热　185
习题　186

因温度差的存在而产生的能量传递，称为热量传递（heat transfer），简称传热。热量传递是自然界中最常见的现象，研究热量传递规律的基础学科，称为传热学。热量传递是食品工程学理论基础所包含的三大传递过程之一，食品工程中一些重要的单元操作，如加热、冷却、冷冻、蒸发、物料干燥等，都是以热量传递过程原理作为理论基础的。本章首先学习传热学的基本概念和定律，在此基础上学习热交换（加热、冷却）的技术原理。后面三章依次学习蒸发、制冷、干燥等单元操作。

第一节　传热概述

5-1　传热的基本概念

1. 传热基本方式　传热按机理不同，可以有三种基本方式：热传导、热对流和热辐射。

（1）热传导。当物体内部或两直接接触的物体间有温度差时，温度较高处的分子因振动而与相邻分子碰撞，并将能量的一部分传给后者。这种能量传递方式，称为热传导（heat conduction）。热传导简称导热，它不依赖于物质的宏观位移。固体中热的传递是典型的热传导。关于热传导的机理性解释存在着分子振动学说和自由电子迁移学说。从微观上看，气体、液体、导电固体和非导电固体导热机理各不相同。但共同的原因是物质的分子、原子和电子在不同温度时，它们的热运动强烈程度不同。当存在温度差时，通过物质的分子、原子和电子的振动、位移和相互碰撞发生能量的传递，在金属中自由电子的扩散运动对于能量的传递起着主导作用，因此良好的导电体也是良好的导热体。

（2）热对流。对流传热（heat convection）是指流体质点发生相对位移而引起的热量传递过程或者是流体微团改变空间位置所引起的流体和固体壁面之间的热量传递过程。流体微团改变空间位置的过程称为对流。在对流时，作为载热体的流体微团不可避免地要引起热对流，同时，在对流过程中流体质点或微团又不可避免地和周围流体接触而进行导热。因此，在对流换热过程中流体内部进行着热对流和热传导的综合过程，这种综合过程会影响流体和壁面的对流传热。

对流又可分为强制对流和自然对流。强制对流状态下的换热过程称为强制对流传热，如通过对液体的搅拌产生的对流传热即属强制对流传热。由于流体各部分温度的不均匀分布，形成了密度的差异，轻者上浮，重者下沉，在此过程中进行对流传热，这种过程称为自然对流传热。

（3）热辐射。辐射传热（heat radiation）是一种通过电磁波进行的能量传递。任何物体，只要其热力学温度大于 0K，都会以电磁波的形式向外界辐射能量。习惯上，仅将和温度有关的辐射称为热辐射，它的能量由热转化而来，物体将热变成辐射能，以电磁波的形式在空间传播，并且被物体吸收后又重新变成热。辐射传热过程不仅是能量的传递，还同时伴随着能量形式的转化，波长在 0.1～40μm 的射线（电磁波）就具有这种性质，这一范围内的射线称为热射线。辐射传热不需要任何介质作为媒体，它可以在真空中传播，这一点是与热传导和热对流不同的。

以上分别简略地说明了三种热传递过程，实际的热量传递过程常常是上述基本过程组合而成的复合过程。如上所述，对流传热过程就包含着热的传导，有时对流传热过程还伴有辐射传热。例如，食品罐头的热杀菌过程，就同时包含有热对流和热传导，面包的烘制焙烤过程，就同时存在热对流、热传导和热辐射过程。不论是两种基本传热方式，还是三种基本传热方式相组合，总的作用结果是各基本方式单独作用的总和，实践也证明这种看法是正确的。

2. 稳态传热和非稳态传热　在传热系统中温度分布不随时间而改变的传热过程称为稳态传热（steady-state heat transfer）。连续生产过程中的传热多为稳态传热。若传热系统中的温度分布随时间变化，则这种传热过程称为非稳态传热。工业生产中间歇操作的换热设备和连续生产时设备的启动和停车过程，都为非稳态传热过程。例如，罐头在杀菌釜中的升温和冷却，面包在焙烤炉中的升温过程，都是非稳态传热过程。

3. 热流量和热阻　讨论传热过程的一个中心问题，是确定传热过程的速率，它用热流量（heat flow rate）来表达，又称热流率。热流量为传过一个传热面的热量 Q 与传热时间 t 之比，符号为 Φ，单位为 W，亦即 J/s，用公式表示为

$$\Phi = \dot{Q} = \frac{dQ}{dt} \quad (W) \tag{5-1}$$

热流量 Φ 与传热面面积 A 之比，称为热流密度，又称热通量（heat flux），用符号 q 表示，单位

为 W/m^2。

$$q = \frac{\Phi}{A} = \frac{dQ}{A dt} \quad (W/m^2) \tag{5-2}$$

和其他传递过程类似，传热过程的速率（热流量 Φ）与传热的推动力（温度差 ΔT）成正比，与传热过程的阻力（热阻 R）成反比，即

$$热流量（传热过程速率）= \frac{温度差（推动力）}{热阻（阻力）}$$

用符号表示为

$$\Phi = \frac{\Delta T}{R} \tag{5-3}$$

式中　R——热阻，K/W。

式（5-3）与电学中的欧姆定律很相似。

欲求热流量，关键在于求出传热过程的热阻。食品工程中的传热问题通常有两类：一类是要求传热快，即要求热流量 Φ 大，这样可使设备紧凑，生产效率高，这就需要设法降低热阻 R。另一类是要求传热慢，即要求 Φ 小，这需要设法增大热阻 R，如高温设备和管道的保温及低温设备和管道的隔热等。本章讨论的许多内容可以说就是根据不同基本传热方式的机理讨论其热阻的含义和计算方法。

4. 热交换　两个温度不同的物体由于传热，进行热量的交换，称为热交换（heat exchange），又简称为换热。热交换的结果是：温度较高的物体焓减小，温度较低的物体焓增大。在食品工程中，最常见的热交换是冷、热两流体隔着间壁的换热。

热交换的基本原则是能量守恒定律，即热交换所涉及的物质焓变的代数和为零：

$$\sum_i \Delta H_i = 0 \tag{5-4}$$

式中　ΔH_i——第 i 种物质的焓变，J。

对冷热两种流体的热交换，如无其他热损失，则冷流体的焓增等于热流体的焓减。热交换使物质产生焓变的结果，可能使物质发生相变，但经常遇到的现象是物质保持原集聚态而发生温度变化。焓变 ΔH 与温度变化 ΔT 间的关系为

$$\Delta H = m c_p \Delta T \tag{5-5}$$

式中　m——物质的质量，kg；
　　　c_p——比定压热容，J/(kg·K)。

式（5-5）忽略了 c_p 随 T 的变化。

纯物质的 c_p 可查书后附录和有关手册。混合物的 c_p 可按引论中式（0-5）求算：

$$c_p = \sum_i c_{pi} w_i$$

如果已知某种食品物料的组成，则可按下式求物料的 c_p：

$$c_p = 1\,424 w_c + 1\,549 w_p + 1\,675 w_f + 837 w_a + 4\,187 w_w \tag{5-6}$$

式中　c_p——食品物料比定压热容，J/(kg·K)；
　　　w——质量分数，各下标：c 为碳水化合物，p 为蛋白质，f 为油脂，a 为灰分，w 为水分。

对 w_w 为 0.26~1 的肉产品和 $w_w > 0.50$ 的果汁，可以用 Dickerson（1969）提出的下列公式计算 c_p：

$$c_p = 1\,675 + 2\,500 w_w \tag{5-7}$$

例 5-1　某食品物料，其各成分的质量分数分别为：碳水化合物 0.40，蛋白质 0.20，油脂 0.10，灰分 0.05，水分 0.25。计算该物料的比定压热容。

解：将已知数据代入式（5-6），得

$c_p = 1424 \times 0.40 + 1549 \times 0.20 + 1675 \times 0.10 + 837 \times 0.05 + 4187 \times 0.25$
$= 2135.5 \ (J \cdot kg^{-1} \cdot K^{-1})$

用于进行热交换的设备，称为热交换器（heat exchanger），简称换热器。由于使用条件不同，换热器又有各种各样的形式和结构，本章将选择食品工业中应用较为广泛的几种形式予以介绍。

第二节 热传导

上节已简单说明了热传导的定义和机理，本节讨论一维稳态热传导的基本规律和热流量的计算。

5-2 傅里叶定律

5.2A 温度场和温度梯度

传热因温度差而发生，因此传热过程与温度分布密切相关。

1. 温度场 在所研究的传热系统中，空间各点的温度不一定相同，而且同一点的温度也可能随时间而变化，因此，温度分布是空间坐标和时间的函数，即

$$T = f(x, y, z, t) \tag{5-8}$$

某一时刻空间各点的温度分布，称为温度场（temperature field）。如果温度场不随时间变化，称其为稳定温度场。在稳定温度场中的传热，就是前节提到的稳态传热。如果温度场随时间变化，则称其为不稳定温度场。在不稳定温度场中的传热，即为非稳态传热。若温度场中的温度只沿一个坐标方向变化，则称为一维温度场，一维稳定温度场的表达式为

$$T = f(x) \tag{5-9}$$

2. 等温线和等温面 在某一时刻，将温度场中具有相同温度的点连接起来所形成的线或面称为等温线或等温面。

显然，同一时刻的不同等温线或等温面不能相交，否则就意味着同一点在同一时刻可以具有不同的温度。在同一个等温面上没有温度的变化，因此也就没有热量交换，热量交换只发生在不同的等温面之间。

3. 温度梯度 自等温面的某点出发，沿不同路径到达另一等温面时，将发现单位距离的温度变化 $\Delta T / \Delta l$ 具有不同的数值（Δl 为沿 l 方向等温面间的距离）。其中，沿法线方向 n 温度变化最大，如图 5-1 所示。据此，定义温度梯度（temperature gradient）grad T 为

$$\mathrm{grad}\, T = \lim_{\Delta n \to 0} \left(\frac{\Delta T}{\Delta n} \right) = \frac{\partial T}{\partial n} \tag{5-10}$$

温度梯度是向量，它在等温面的法线上，指向温度增加的方向。

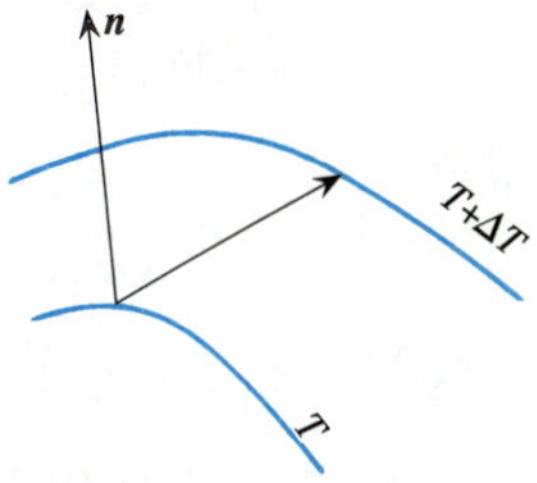

图 5-1 温度梯度示意

5.2B 傅里叶定律和热导率

1. 傅里叶定律 傅里叶定律（Fourier's law）是热传导的基本定律。

傅里叶定律是在大量实验结果的基础上建立起来的，此后又不断为实验所证实，它表述了热流密度和温度梯度的关系。这一定律认为：在温度场中，由于导热所形成的某点的热流密度正比于该时刻同一点的温度梯度。写成等式则为

$$q = -\lambda \frac{\partial T}{\partial n} \tag{5-11}$$

式中，λ 为热导率（thermal conductivity），单位为 $W/(m \cdot K)$。因为温度梯度是向量，指向温度增

加的方向，热流密度也是向量，指向温度降低的方向，二者方向相反，所以式中出现负号。

2. 热导率 热导率 λ，又称导热系数，它的物理意义为：某物质在单位温度梯度时所通过的热流密度。

热导率是表示物质导热能力的物性参数。不同物质，其热导率各不相同。同一物质，其热导率还要随该物质的结构、密度、湿度、压力和温度而变化。热导率的数值一般由实验确定，并可从有关的手册或参考书中查到。在一般情况下，金属的热导率最大，固体非金属次之，液体较小，气体最小。

金属的 λ 范围为 50～400W/（m·K），合金的 λ 为 10～120W/（m·K）。非金属固体材料的 λ 为 0.06～3W/（m·K），其中 $\lambda<0.17$W/（m·K）的可用作保温或隔热材料。

水在非金属液体中热导率最大，在 20℃ 为 0.597W/（m·K），水溶液的热导率随浓度增加而降低。

空气在 0℃ 的热导率为 0.024 5W/（m·K），故静止空气是良好的绝热材料，因此多孔性的泡沫混凝土和泡沫塑料常被用作保温材料。

对食品物料，若含水量很高，其热导率近于水。一些食品和非食品物料的热导率，可查书末附录。下列几个公式可用于计算一些食品物料的热导率。

对水的质量分数 $w_w>0.60$ 的水果和蔬菜，Sweat（1974）提出：

$$\lambda=0.148+0.493w_w \quad (W·m^{-1}·K^{-1}) \tag{5-12}$$

对 $w_w=0.60$～0.80 的肉类，Sweat（1975）提出：

$$\lambda=0.080+0.52w_w \quad (W·m^{-1}·K^{-1}) \tag{5-13}$$

对许多固态和液态食品物料，Sweat（1986）提出：

$$\lambda=0.25w_c+0.155w_p+0.16w_f+0.135w_a+0.58w_w \tag{5-14}$$

式中　λ——热导率，W/（m·K）；

其他符号的意义同式（5-6）。

一般物质的热导率均随温度而变化。金属材料的热导率随温度升高而减小，非金属材料的热导率则相反。除水和甘油外，大多数液体的热导率随温度的升高而减小。气体的热导率随温度的升高而增大。大多数均质固体材料的 λ—T 呈线性关系：

$$\lambda=\lambda_0(1+bT) \tag{5-15}$$

式中　λ_0——固体在 0℃ 的热导率，W/（m·K）；

b——温度系数，（℃）$^{-1}$；

T——温度，℃。

5-3　通过平壁的稳态导热

5.3A　通过单层平壁的稳态导热

对于 y、z 方向无限长，x 方向的厚度为 δ 的均匀平板，其材料的热导率为 λ，两壁面的温度分别维持为 T_1 和 T_2，且 $T_1>T_2$。因板内平行于壁面的平面都是等温面，导热只在 x 方向发生，故这是典型的一维稳态热传导。

在板内 x 处，以两等温面为界，划出厚度为 $\mathrm{d}x$ 的薄层，如图5-2所示，按傅里叶定律，通过薄层的热流密度为

$$q=-\lambda\frac{\mathrm{d}T}{\mathrm{d}x}$$

因是稳态导热，q 是常量。分离变量后积分：

$$\int_0^\delta q\mathrm{d}x=-\int_{T_1}^{T_2}\lambda\mathrm{d}T$$

得

$$q=\frac{\lambda}{\delta}(T_1-T_2)=\frac{\Delta T}{\delta/\lambda} \quad (\text{W/m}^2) \quad (5\text{-}16)$$

显然，δ/λ 就是单位面积的热阻。

对于面积为 A 的平壁，热流量 Φ 为

$$\Phi=qA=\frac{\Delta T}{\delta/(\lambda A)} \quad (\text{W}) \quad (5\text{-}17)$$

此时，热阻 $R=\dfrac{\delta}{\lambda A}$。

以上分析，应用了稳态导热热流密度 q 为常量的条件。因是稳态，各点温度不变，不容许热量在板内有积累，按能量守恒原理，进入的 q 等于透过的 q。因此，上面不但应用了傅里叶定律，实际上也应用了能量守恒定律。

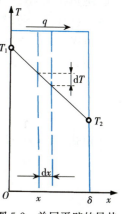

图 5-2　单层平壁的导热

5.3B　通过多层平壁的稳态导热

多层平壁是指由几层不同材质平板组成的平壁，如烤箱、冰箱、冷库壁等都属多层平壁。现以三层为例讨论多层平壁的导热。如图 5-3 所示，各层壁的厚度分别为 δ_1、δ_2、δ_3，导热系数分别为 λ_1、λ_2、λ_3，两外侧平面的温度分别保持为 T_1 和 T_4，并且 $T_1>T_4$。两分界面的温度分别为 T_2 和 T_3。当稳态导热时，通过各层的热流密度相等，则

$$q=\frac{T_1-T_2}{\delta_1/\lambda_1}=\frac{T_2-T_3}{\delta_2/\lambda_2}=\frac{T_3-T_4}{\delta_3/\lambda_3} \quad (5\text{-}18)$$

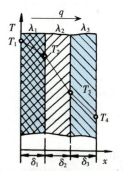

图 5-3　多层平壁的稳态导热

应用加比定律可得

$$q=\frac{T_1-T_4}{\dfrac{\delta_1}{\lambda_1}+\dfrac{\delta_2}{\lambda_2}+\dfrac{\delta_3}{\lambda_3}} \quad (\text{W/m}^2) \quad (5\text{-}19)$$

推论到 n 层平壁，热流密度的公式为

$$q=\frac{T_1-T_{n+1}}{\sum_{i=1}^{n}\dfrac{\delta_i}{\lambda_i}} \quad (5\text{-}20)$$

式中，$\sum_{i=1}^{n}\dfrac{\delta_i}{\lambda_i}$ 为单位面积各层平壁串联的总热阻。

若各层面积为 A，则热流量为

$$\Phi=qA=\frac{T_1-T_{n+1}}{\sum_{i=1}^{n}\dfrac{\delta_i}{\lambda_i A}} \quad (\text{W}) \quad (5\text{-}21)$$

总热阻即为

$$R=\sum_{i=1}^{n}R_i=\sum_{i=1}^{n}\dfrac{\delta_i}{\lambda_i A} \quad (5\text{-}22)$$

由此可见，多层平板的总热阻为串联的各层热阻之和。由式（5-18），其各层的温差分配正比于各层热阻的大小，某层热阻越大，该层的温度降落也就越大，这完全与电学中电阻串联情况相似。

例 5-2　某冷库壁内外层砖壁厚各为 12cm，中间夹层填以绝热材料，厚 10cm。砖的热导率为 0.70W/(m·K)，绝热材料的热导率为 0.04W/(m·K)。壁外表面温度为 10℃，内表面温度为 -5℃。试计算：

①进入冷库的热流密度；

②绝热材料与砖壁的两接触面上的温度。

解：已知 $T_1=10℃$，$T_4=-5℃$，$\delta_1=\delta_3=0.12\text{m}$，$\delta_2=0.10\text{m}$，$\lambda_1=\lambda_3=0.70\text{W}/(\text{m}\cdot\text{K})$，$\lambda_2=0.04\text{W}/(\text{m}\cdot\text{K})$。

①由式（5-19）求 q。

$$q=\frac{T_1-T_4}{\dfrac{\delta_1}{\lambda_1}+\dfrac{\delta_2}{\lambda_2}+\dfrac{\delta_3}{\lambda_3}}=\frac{10-(-5)}{\dfrac{0.12}{0.70}+\dfrac{0.10}{0.04}+\dfrac{0.12}{0.70}}=5.28\ (\text{W/m}^2)$$

②由式（5-18）求 T_2、T_3。

$$T_2=T_1-q\frac{\delta_1}{\lambda_1}=10-5.28\times\frac{0.12}{0.70}=9.1\ (℃)$$

$$T_3=T_2-q\frac{\delta_2}{\lambda_2}=9.1-5.28\times\frac{0.10}{0.04}=-4.1\ (℃)$$

由计算可见，该冷库壁的温度降主要发生在绝热材料层中。

5-4 通过圆筒壁的稳态导热

圆筒壁在食品厂中更加多见，如各种热管道、换热器的管子和外壳等都是圆筒形的。

5.4A 通过单层圆筒壁的稳态导热

单层圆筒壁如图 5-4 所示。设圆筒长为 L，内壁半径为 r_1，外壁半径为 r_2，壁材热导率为 λ。内、外壁表面的温度分别保持为 T_1、T_2 不变，且 $T_1>T_2$。假设 $L\gg 2r_2$，则温度只沿 r 变化，故温度场是一维稳态的，等温面为与管壁同轴的圆柱面。

对圆筒壁，稳态导热时通过各圆柱薄层保持常量的是热流量 Φ，而不是热流密度 q，因为向外等温面面积逐渐增加，q 逐渐减小。

取半径 r 处厚度为 $\text{d}r$ 的薄圆柱层，应用傅里叶定律，有

$$\Phi=-\lambda A\frac{\text{d}T}{\text{d}r}=-\lambda\cdot 2\pi rL\frac{\text{d}T}{\text{d}r}$$

分离变量积分，得

$$\frac{\Phi}{2\pi L}\int_{r_1}^{r_2}\frac{\text{d}r}{r}=-\lambda\int_{T_1}^{T_2}\text{d}T$$

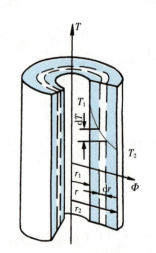

图 5-4 单层圆筒壁的稳态导热

得

$$\Phi=\frac{2\pi L\lambda}{\ln\dfrac{r_2}{r_1}}(T_1-T_2)\quad(\text{W}) \tag{5-23}$$

此时，热阻为

$$R=\frac{\ln\dfrac{r_2}{r_1}}{2\pi L\lambda} \tag{5-24}$$

若 $T_1<T_2$，由式（5-23）可知 $\Phi<0$，表明热流方向是由外向内的。

令

$$r_\text{m}=\frac{r_2-r_1}{\ln\dfrac{r_2}{r_1}} \tag{5-25}$$

$$\delta=r_2-r_1$$

则
$$\ln\frac{r_2}{r_1}=\frac{\delta}{r_m} \tag{5-26}$$

将式（5-26）代入式（5-23），得
$$\Phi=\frac{2\pi r_m L}{\delta/\lambda}(T_1-T_2) \tag{5-27}$$

再令
$$A_m=2\pi r_m L \tag{5-28}$$

则式（5-27）可变为
$$\Phi=\frac{\Delta T}{\delta/(\lambda A_m)} \tag{5-29}$$

前几式中，r_m 称为对数平均半径，A_m 称为对数平均面积。将式（5-29）与式（5-17）对比，可见，引出圆筒壁的对数平均面积 A_m 的概念，它的稳态导热公式就具有与平壁相同的形式。

工业上经常遇到薄壁圆筒的热传导。罐头的筒壁为薄壁，管道和容器壁也可视为薄壁。为简化计算，此时可用内外半径的算术平均值代替对数平均值，其误差可忽略不计。

5.4B 通过多层圆筒壁的稳态导热

以三层圆筒壁为例，其横断面如图 5-5 所示，当稳态导热时，通过各层的热流量 Φ 相等。

$$\Phi=2\pi L\frac{T_1-T_2}{\frac{1}{\lambda_1}\ln\frac{r_2}{r_1}}=2\pi L\frac{T_2-T_3}{\frac{1}{\lambda_2}\ln\frac{r_3}{r_2}}=2\pi L\frac{T_3-T_4}{\frac{1}{\lambda_3}\ln\frac{r_4}{r_3}} \tag{5-30}$$

因此可得
$$\Phi=\frac{2\pi L(T_1-T_4)}{\frac{1}{\lambda_1}\ln\frac{r_2}{r_1}+\frac{1}{\lambda_2}\ln\frac{r_3}{r_2}+\frac{1}{\lambda_3}\ln\frac{r_4}{r_3}} \quad (W) \tag{5-31}$$

依此推得 n 层圆筒壁的公式为
$$\Phi=\frac{2\pi L(T_1-T_{n+1})}{\sum_{i=1}^{n}\frac{1}{\lambda_i}\ln\frac{r_{i+1}}{r_i}} \quad (W) \tag{5-32}$$

如按前述方法定义各层对数平均面积 A_{mi}：
$$A_{mi}=2\pi L\frac{r_{i+1}-r_i}{\ln\frac{r_{i+1}}{r_i}} \tag{5-33}$$

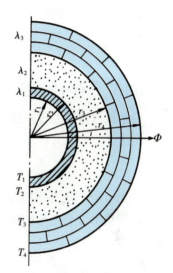

图 5-5 多层圆筒壁的稳态导热

则式（5-32）可改写成
$$\Phi=\frac{T_1-T_{n+1}}{\sum_{i=1}^{n}\frac{\delta_i}{\lambda_i A_{mi}}} \tag{5-34}$$

例 5-3 用 $\phi 89mm\times 4mm$ 的不锈钢管输送热油，管的热导率为 17W/(m·K)，其内表面温度为 130℃，管外包 4cm 厚的保温材料，其热导率为 0.035W/(m·K)，其外表面温度为 25℃，试计算：(1) 每米管长的热损失；(2) 不锈钢管与保温材料交界处的温度。

解： (1) 已知 $r_1=0.040\ 5$m，$r_2=0.044\ 5$m，$r_3=0.084\ 5$m，$\lambda_1=17$W/(m·K)，$\lambda_2=0.035$W/(m·K)，$T_1=130$℃，$T_3=25$℃，$L=1$m。由式（5-32），热损失的热流量为

$$\Phi=\frac{2\pi L(T_1-T_3)}{\frac{1}{\lambda_1}\ln\frac{r_2}{r_1}+\frac{1}{\lambda_2}\ln\frac{r_3}{r_2}}=\frac{2\times 3.14\times 1\times(130-25)}{\frac{1}{17}\ln\frac{0.044\ 5}{0.040\ 5}+\frac{1}{0.035}\ln\frac{0.084\ 5}{0.044\ 5}}$$
$$=36.0(W)$$

(2) 由式 (5-30)，有

$$T_2 = T_1 - \frac{\Phi \ln \frac{r_2}{r_1}}{2\pi L \lambda_1} = 130 - \frac{36.0 \times \ln \frac{0.0445}{0.0405}}{2 \times 3.14 \times 1 \times 17} = 129.97 \text{ (℃)}$$

由计算结果可知，不锈钢管和保温层交界处的温度与管内温度相差很小，显然是因为不锈钢的热导率相对于保温材料较大的缘故。而温度降几乎都发生在保温层中，保温层较大的导热热阻避免了较大的热损失。

第三节　对流传热

对流传热现象远比热传导复杂。如第一节所述，对流传热是指流体质点发生相对位移而引起的热量传递过程，或流体微团改变空间位置所引起的流体和固体壁面之间的热量传递过程。工业上遇到的传热，常指两温度不同的流体隔着换热器固体壁面进行的热量交换，器壁两侧都进行着流动着的流体与壁面间的对流传热。将对流传热讨论清楚，热交换问题就较易解决。然而对流传热方式很复杂，不仅受流体各种性质及流动形态影响，也和壁面的形状、位置和大小等有关，难以从理论上进行数学分析，主要依靠实验研究。

5-5　对流传热的基本原理

5.5A　牛顿冷却定律

根据传递过程的普遍规律，流体与固体壁面间的对流传热的速率——热流量也应正比于传热推动力，反比于传热阻力，即

$$\text{对流传热热流量} = \frac{\text{推动力}}{\text{阻力}} = \text{系数} \times \text{推动力}$$

上式中的推动力就是流体和壁面间的温度差 ΔT，而阻力的影响因素很多，但有一点是可以确定的，即传热阻力必定与传热面积 A 成反比，其他因素可以用一个比例系数 α 来概括。所以上式可以表达为

$$\Phi = \frac{\Delta T}{1/(\alpha A)} = \alpha A \Delta T \tag{5-35}$$

式中　α——表面传热系数，亦常称为对流传热系数，$W/(m^2 \cdot K)$。

式 (5-35) 称为牛顿冷却定律 (Newton's law of cooling)。它并非理论推导的公式，而是一种推论。该定律的公式形式虽然简单，但并未揭示对流传热过程的本质，只不过将所有复杂的因素都集中留到表面传热系数 α 中。

由式 (5-35)，表面传热系数 α 的物理意义是：在单位温差下，单位传热面积上对流传热的热流量。α 反映了对流传热的快慢，α 值大，表示对流传热速率快。

表面传热系数 α 与热导率 λ 不同，它不是物性参量，而是受多种因素影响的参量。如何确定各种具体条件下的表面传热系数的计算方法，是对流传热研究的中心问题。后面将对常见情况下 α 值的计算公式进行讨论。现在先由表 5-1 列出几种对流传热情况的 α 值范围，以便对其值大小有个数量级的概念，也可作为实际工程计算 α 取值的参考。

表 5-1　几种对流传热方式的 α 值范围

传热方式	$\alpha/(W \cdot m^{-2} \cdot K^{-1})$	传热方式	$\alpha/(W \cdot m^{-2} \cdot K^{-1})$
空气自然对流	5～25	水沸腾蒸发	2 500～25 000

（续）

传热方式	$\alpha/(W \cdot m^{-2} \cdot K^{-1})$	传热方式	$\alpha/(W \cdot m^{-2} \cdot K^{-1})$
空气强制对流	20～100	水蒸气冷凝	5 000～15 000
水自然对流	200～1 000	氨蒸发	1 700～28 000
水强制对流	1 000～15 000	氨冷凝	5 100～91 000

5.5B 对流传热的机理

1. 热边界层 前文已讨论过，当流体沿固体壁面流动时，在流动主体和壁面间会产生流动边界层，在流动边界层中存在速度梯度。流体在向前流动中，流动边界层会发展，由层流可能逐渐转变为湍流。但即使在湍流边界层内，在靠近壁面附近也会存在一个薄层的层流底层。

与形成流动边界层的过程类似，因流体与壁面间的传热，在流体主体与壁面间，也会形成一个具有温度梯度的薄层，称为热边界层或温度边界层。理论上流体温度变化的范围会伸向流体内较远，为便于讨论问题，若以 T_w 表示壁温，T_∞ 表示流体湍流核心的温度，则规定 $T_w-T=0.99(T_w-T_\infty)$ 处为热边界层的界限。

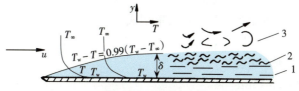

图 5-6 热边界层
1. 层流底层 2. 缓冲层 3. 湍流核心

图 5-6 动画演示

在热边界层中，最大的温度梯度发生在层流底层中，如图 5-6 所示。在层流底层中，流体质点平行于壁面流动，垂直方向的传热只能靠流体的导热，因而层流底层的热阻最大，占整个对流热阻的大部分。与层流底层相邻的缓冲层，流体质点有垂直流动方向的运动，对流和导热的作用差不多，热阻变小。在湍流核心，质点湍动强烈，对流很快，热阻很小。

热边界层受流动边界层的直接影响。改善流体流动状况，减小流体边界层厚度，则热边界层也变薄，层流底层热阻降低，表面传热系数 α 就会提高。这是强化对流传热的主要途径之一。

因热边界层是壁表面产生对流传热热阻的流体膜层，故表面传热系数 α 有时又被称为传热膜系数。

2. 影响对流传热的因素 实验表明，下列因素影响对流传热：

（1）流体的状态。流体是气态还是液态，在传热过程中有无相变，与 α 关系很大。例如，有相变时的 α 比无相变时大得多。

（2）流体的性质。对 α 影响较大的流体性质有密度 ρ、比定压热容 c_p、热导率 λ、黏度 μ 以及体胀系数 α_v。α_v 的定义为 $\alpha_v = \dfrac{dV}{VdT}$，单位为 K^{-1}。

（3）流体流动状况。主要是流速 u，因 u 是使流体呈层流或湍流流动的一个主要因素，而层流或湍流流动直接影响热边界层厚度 δ。而流速 u 的大小取决于流体对流是源自强制对流或是自然对流，它们的对流程度又与 α_v、c_p、μ 和 ρ 等流体性质相关。

（4）传热壁面的形状、位置和大小。壁面是板还是管，板长和置向，管径、管长、管束排列方式及管的置向是水平还是垂直等，都会影响对流传热的效果。代表壁面影响的一个参量是定性尺寸 L，不同情况下 L 可能是壁长、管内径或外径等。

5.5C 对流传热的量纲分析

无相变时，各主要因素对 α 的影响可用下式表示：

$$\alpha = f(u, L, \mu, \lambda, \rho, c_p, \alpha_v g \Delta T) \tag{5-36}$$

在式（5-36）中，将 $\alpha_v g \Delta T$ 作为一个量来对待。8 个物理量涉及 4 个基本量纲：质量 M、长度 L、时间 T、温度 Θ。8 个物理量及其量纲为

  α——表面传热系数 $\dim \alpha = MT^{-3}\Theta^{-1}$

  u——流速 $\dim u = LT^{-1}$

  L——定性尺寸 $\dim L = L$

  μ——黏度 $\dim \mu = ML^{-1}T^{-1}$

  λ——热导率 $\dim \lambda = MLT^{-3}\Theta^{-1}$

  ρ——密度 $\dim \rho = ML^{-3}$

  c_p——比定压热容 $\dim c_p = L^2 T^{-2}\Theta^{-1}$

  $\alpha_v g \Delta T$——单位质量流体上升力 $\dim \alpha_v g \Delta T = LT^{-2}$

假定表明 α 与各参量关系的式（5-36）可写成下列方程：

$$\alpha = C u^a L^b \mu^c \lambda^d \rho^e c_p^f (\alpha_v g \Delta T)^i \tag{5-37}$$

按第一章介绍的量纲分析法，列出式（5-37）的量纲式：

$$MT^{-3}\Theta^{-1} = (LT^{-1})^a L^b (ML^{-1}T^{-1})^c (MLT^{-3}\Theta^{-1})^d (ML^{-3})^e (L^2 T^{-2}\Theta^{-1})^f (LT^{-2})^i$$

根据物理方程因次一致性原则，可得

  对质量 M $1 = c + d + e$

  对长度 L $0 = a + b - c + d - 3e + 2f + i$

  对时间 T $-3 = -a - c - 3d - 2f - 2i$

  对热力学温度 Θ $-1 = -d - f$

这 4 个方程，有 7 个因次未知数，现指定其中 3 个 a、f、i 已知，则

$$d = 1 - f$$
$$c = -a + f - 2i$$
$$e = a + 2i$$
$$b = a + 3i - 1$$

将这些因次代入式（5-37）中，按 π 定理，可整理成 $8 - 4 = 4$ 个量纲一的特征数间关系的式子：

$$\frac{\alpha L}{\lambda} = C \left(\frac{L u \rho}{\mu}\right)^a \left(\frac{c_p \mu}{\lambda}\right)^f \left(\frac{\alpha_v g \Delta T L^3 \rho^2}{\mu^2}\right)^i \tag{5-38}$$

即

$$Nu = C Re^a Pr^f Gr^i \tag{5-39}$$

式（5-39）为表明各因素对 α 影响的准则方程的通式，式中各量纲一的特征数的名称、符号、准则式及意义见表 5-2。

表 5-2 特征数的名称、符号、准则式及意义

特征数名称	符号	准则式	意义
努塞特数 (Nusselt number)	Nu	$Nu = \dfrac{\alpha L}{\lambda}$	含待定表面传热系数
雷诺数 (Reynolds number)	Re	$Re = \dfrac{L u \rho}{\mu}$	表示流动状态的影响
普朗特数 (Prandtl number)	Pr	$Pr = \dfrac{c_p \mu}{\lambda}$	表示物性影响

(续)

特征数名称	符号	准则式	意义
格拉晓夫数（Grashof number）	Gr	$Gr=\dfrac{\alpha_v g \Delta T L^3 \rho^2}{\mu^2}$	表示自然对流的影响

关于各种条件下式（5-39）所示的特征数方程的具体形式，应由实验求得。下面两小节 5-6 和 5-7 分流体无相变和有相变两类情形介绍较常用的对流传热的经验公式。应用这些经验公式时，应注意以下三点。①适用范围：建立关联式时各特征数取值的实验范围，即经验公式的适用范围。②定性尺寸：对对流传热起主要影响作用的壁面几何尺寸，即为定性尺寸。例如，竖直平壁与流体的自然对流传热，定性尺寸为壁高，管内强制流动时，定性尺寸为管内径。③定性温度：确定特征数中流体物性参数如 c_p、μ、ρ 等所依据的温度，即为定性温度。每个对流传热的经验公式都有这三点的规定。

5-6 无相变的对流传热

5.6A 自然对流传热

当流体与热表面接触，流体内产生密度差，就会引起自然对流（free convection）。温度较高的流体因低密度而产生浮力，结果较热流体上升，较冷流体补位，形成对流。

自然对流情况下的表面传热系数与反映流体物性的普朗特数 Pr 及影响自然对流传热的格拉晓夫数 Gr 有关，其实验方程为

$$Nu = a(Pr \cdot Gr)^m \tag{5-40}$$

式中　a，m——经验常数，自然对流传热经验常数 a 和 m 的值见表 5-3。

表 5-3　自然对流传热经验常数 a 和 m 值

类型	$PrGr$	a	m
竖直平面（高度 $L<1$m）	$<10^4$	1.36	1/5
	$10^4<PrGr<10^9$	0.59	1/4
	$>10^9$	0.13	1/4
水平圆管（直径 $L<20$cm）	$<10^{-5}$	0.49	0
	$10^{-5}<PrGr<10^{-3}$	0.71	1/25
	$10^{-3}<PrGr<1$	1.09	1/10
	$1<PrGr<10^4$	1.09	1/5
	$10^4<PrGr<10^8$	0.53	1/4
	$>10^8$	0.13	1/3
水平平壁	$10^5<PrGr<2\times10^7$（面向上）	0.54	1/4
	$2\times10^7<PrGr<3\times10^{10}$（面向上）	0.14	1/3
	$3\times10^7<PrGr<3\times10^{10}$（面向下）	0.27	1/4

式（5-40）中流体物性参数的定性温度 T_f 为流体主体温度 T_b 和壁面温度 T_w 的算术平均值，即

$$T_f = \frac{T_b + T_w}{2}$$

定性尺寸 L：平壁为壁长，圆管为直径。

式（5-40）适用于较大空间自然对流的情况，此时流体对流运动不受外界干扰。而在有限空间内流体自然对流受空间壁面影响，将变得更加复杂。

现举一例说明式（5-40）的应用。

例 5-4　一管径为 10cm 的蒸汽管道，其管外壁面暴露在大气中，管外壁表面温度为 130℃，空气温度为 30℃，计算蒸汽管向空气散热为自然对流时的表面传热系数。

解： 此问题属于大空间自然对流，为了确定物性参数，需计算定性温度 T_f。

$$T_f = \frac{130+30}{2} = 80 \text{ (℃)}$$

据此 T_f 查出 80℃ 空气的物性参数：$\rho = 1.000 \text{kg/m}^3$；$\lambda = 0.030\,5 \text{W/(m·K)}$；$\mu = 2.11 \times 10^{-5} \text{Pa·s}$；$Pr = 0.70$。而

$$\alpha_v = \frac{dV}{VdT} = \frac{1}{V} \cdot \frac{nR}{p} = \frac{1}{T} = \frac{1}{273+80} = 2.83 \times 10^{-3} \text{ (K}^{-1}\text{)}$$

$$Gr = \frac{\alpha_v g \Delta T L^3 \rho^2}{\mu^2} = \frac{2.83 \times 10^{-3} \times 9.81 \times (130-30) \times 0.1^3 \times 1.000^2}{(2.11 \times 10^{-5})^2} = 6.24 \times 10^6$$

故

$$Pr \cdot Gr = 0.70 \times 6.24 \times 10^6 = 4.37 \times 10^6$$

由表 5-3 查得 $a = 0.53$，$m = 1/4$。按式 (5-40)，有

$$Nu = a(Pr \cdot Gr)^m$$

$$Nu = \frac{\alpha L}{\lambda} = 0.53 \times (4.37 \times 10^6)^{1/4} = 24.2$$

则

$$\alpha = \frac{Nu \cdot \lambda}{L} = \frac{24.2 \times 0.030\,5}{0.1} = 7.38 \text{ (W·m}^{-2}\text{·K}^{-1}\text{)}$$

5.6B 强制对流传热

流体强制对流（forced convection）的发生是由于外界机械能的加入，如泵、风机和搅拌器等的作用迫使流体对流运动。一般流体强制对流时，也存在自然对流。只是流速较大时，自然对流的影响相对很小，可忽略不计。这样，在求 α 值时，准则方程中一般不出现反映自然对流影响的格拉晓夫数 Gr，或者说此时式 (5-39) 中的指数 $i = 0$。

流体强制对流传热的 α 值，受流动形态影响较大。

1. 管内层流 此情形 $Re < 2\,000$，若为水平圆管中对流传热，下两式可以应用，其中 l 为管长，d 为管内径，定性尺寸即为 d。

(1) 当 $Pr \cdot Re \cdot \dfrac{d}{l} < 100$ 时，

$$Nu = 3.66 + \frac{0.085\left(Pr \cdot Re \cdot \dfrac{d}{l}\right)}{1 + 0.045\left(Pr \cdot Re \cdot \dfrac{d}{l}\right)^{0.60}} \cdot \left(\frac{\mu_b}{\mu_w}\right)^{0.14} \tag{5-41}$$

(2) 当 $Pr \cdot Re \cdot \dfrac{d}{l} > 100$ 时，

$$Nu = 1.86\left(Pr \cdot Re \cdot \frac{d}{l}\right)^{0.33}\left(\frac{\mu_b}{\mu_w}\right)^{0.14} \tag{5-42}$$

式中 μ_b，μ_w——流体在体相和近壁面处的黏度。

两式中，除 μ_w 是壁温下流体的黏度外，其他物性参数的定性温度是流体的平均温度。

例 5-5 水以 0.02kg/s 的流量通过一个水平管道，管道内表面温度为 90℃，若在此过程中把水由 20℃ 加热到 60℃，试计算此情况下表面传热系数。管内径为 0.025m，管长为 1m。

解： 定性温度 T_f 为

$$T_f = \frac{20+60}{2} = 40 \text{ (℃)}$$

在定性温度下水的物性参数为 $\rho = 992.2 \text{kg/m}^3$，$c_p = 4\,175 \text{J/(kg·K)}$，$\lambda = 0.633 \text{W/(m·K)}$，$\mu_b = 6.58 \times 10^{-4} \text{Pa·s}$，$Pr = 4.3$。又已知 $q_m = 0.02 \text{kg/s}$。

由 $q_m = Au\rho$，$u = \dfrac{q_m}{A\rho} = \dfrac{4q_m}{\pi d^2 \rho}$，则

$$Re = \frac{du\rho}{\mu} = \frac{4q_m}{\pi d\mu} = \frac{4 \times 0.02}{3.14 \times 0.025 \times 6.58 \times 10^{-4}} = 1\,549$$

因 $Re < 2\,000$，故水在管内呈层流流动。又

$$Pr \cdot Re \cdot \frac{d}{l} = 4.3 \times 1\,549 \times \frac{0.025}{1} = 167 > 100$$

选用式（5-42），壁温 90℃时水的黏度 $\mu_w = 3.09 \times 10^{-4} \text{Pa} \cdot \text{s}$，则

$$Nu = 1.86 \left(Pr \cdot Re \cdot \frac{d}{l}\right)^{0.33} \left(\frac{\mu_b}{\mu_w}\right)^{0.14} = 1.86 \times 167^{0.33} \times \left(\frac{6.58}{3.09}\right)^{0.14} = 11.2$$

$$\alpha = \frac{Nu\lambda}{L} = \frac{11.2 \times 0.633}{0.025} = 284 \text{ (W} \cdot \text{m}^{-2} \cdot \text{K}^{-1})$$

2. 管内湍流

（1）圆管。圆管内强制湍流的对流传热系数可按下式计算：

$$Nu = 0.023 Re^{0.8} \cdot Pr^{0.33} \left(\frac{\mu_b}{\mu_w}\right)^{0.14} \tag{5-43}$$

式中各物性参数查取所依定性温度与层流相同。

（2）非圆形管。对流体在非圆形管内的强制湍流传热，式（5-43）仍然适用，只是定性尺寸用当量直径 d_e 代替。

$$d_e = 4 \times \frac{\text{流通截面积}}{\text{润湿的传热周边长}}$$

按上述定义，套管换热器内的环隙的当量直径为

$$d_e = \frac{4 \times \frac{\pi}{4}(d_1^2 - d_2^2)}{\pi d_2} = \frac{d_1^2 - d_2^2}{d_2}$$

式中　d_1——外管内径，m；
　　　d_2——内管外径，m。

3. 管外对流

（1）单管。流体垂直流过单根圆管外壁的传热，在圆管前半周和后半周有很大差异。在前半周，因层流边界层逐渐发展变厚，表面传热系数 α 逐渐降低；而在后半周，因层流边界层逐渐变为湍流边界层，又发生边界层分离，α 又逐渐提高。其流动情况及 α 变化情况如图 5-7 所示。

流体垂直流过单管的平均对流传热的特征数方程为：

当 $Re = 10 \sim 10^3$ 时，

$$Nu = 0.5 Re^{0.5} Pr^{0.38} \left(\frac{Pr}{Pr_w}\right)^{0.25} \tag{5-44}$$

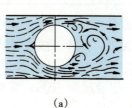
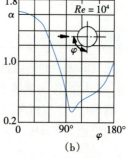

图 5-7　流体垂直流过管外的对流传热
(a) 流动情况　(b) α 沿表面的变化

当 $Re = 10^3 \sim 2 \times 10^5$ 时，

$$Nu = 0.25 Re^{0.6} Pr^{0.38} \left(\frac{Pr}{Pr_w}\right)^{0.25} \tag{5-45}$$

上两式中，Pr_w 为壁温时流体的普朗特数，其余流体性质的定性温度为流体主流平均温度，定

性尺寸为管外径，流速采用流道最窄处的流速。

（2）管束。管束由直径相同的圆管组成，它是换热器中常见的构建形式。常见的管束排列形式有两种，即顺排和错排，如图 5-8 所示。

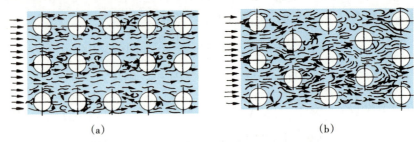

图 5-8 管束的排列
（a）顺排 （b）错排

在这两种排列形式中，流体的流动都较为复杂，因为这时管子的相对几何位置及其构成的流通截面影响流体的流动情况，从而影响对流传热。

一般认为，第一排管子的对流换热类似于单管。第二排管子的正面受第一排管子后部旋涡的影响，它的传热将强于第一排，第三排又强于第二排，第三排以后流体流动扰动情况逐渐变弱，流动渐变稳定。实验证明，就平均表面传热系数而言，管束的排数等于或大于 10 时，排数才没有影响。

因此，和单管比起来，管束的对流传热准则方程中应包含反映排数影响的因数 ε，称为管束排列校正因数。其准则方程为

$$Nu = c\varepsilon Re^n Pr^{0.33}\left(\frac{Pr}{Pr_w}\right)^{0.25} \tag{5-46}$$

式中，c 和 n 两常数与排列方式有关。顺排时，$c=0.28$，$n=0.65$。错排时，$c=0.41$，$n=0.60$。管束排列校正因数可从表 5-4 中查得。

表 5-4 管束排列校正因数 ε 值

管束排数	1	2	3	4	5	6	7	8	9	10
顺排	0.64	0.80	0.87	0.90	0.92	0.94	0.98	0.98	0.99	1.00
错排	0.68	0.75	0.83	0.89	0.92	0.95	0.97	0.98	0.99	1.00

式（5-46）的适用范围为 $Re=10^3 \sim 10^5$。定性尺寸取圆管的外直径，流体流速取流道最窄处的速度，定性温度为流体平均温度。如管子横向与纵向距离不相等，还需要校正，可查有关文献。

例 5-6 空气横向掠过错排预热器管束，管束排数为 5，管子外径为 38mm，空气在流道最窄处的平均流速为 8m/s，空气平均温度为 60℃，管壁外表面温度为 120℃，试计算空气流过时的传热系数。

解： 空气的平均温度为 60℃，据此查得物性参数为 $\lambda=0.029$W/（m·K），$\mu=20.1\ \mu$Pa·s，$\rho=1.060$kg/m³，$Pr=0.696$。当 $T_w=120$℃时，$Pr_w=0.686$。

$$Re = \frac{du\rho}{\mu} = \frac{0.038 \times 8 \times 1.060}{20.1 \times 10^{-6}} = 1.60 \times 10^4$$

又 $c=0.41$，$n=0.60$，从表 5-4 查得 $\varepsilon=0.92$，故

$$Nu = c\varepsilon Re^n Pr^{0.33}\left(\frac{Pr}{Pr_w}\right)^{0.25}$$

$$= 0.41 \times 0.92 \times (1.60 \times 10^4)^{0.60} \times (0.696)^{0.33} \times \left(\frac{0.696}{0.686}\right)^{0.25} = 112$$

$$\alpha = \frac{Nu \cdot \lambda}{d} = \frac{112 \times 0.029}{0.038} = 85.5 \ (W \cdot m^{-2} \cdot K^{-1})$$

4. 波纹板壁间对流 食品工业上近年使用片式换热器的场合愈来愈多，其中尤以波纹板的应用更为普遍。波纹板换热器是由平板换热器不断改进而来的，由于流体在波纹板间流动时扰动增强，因此可提高传热效率。对一些波纹板间传热，推荐采用下式计算：

$$Nu = f(Re) \cdot Pr^{0.43} \cdot \left(\frac{Pr}{Pr_w}\right)^{0.25} \tag{5-47}$$

式（5-47）中 $f(Re)$ 为与 Re 有关的值，可查有关手册。式（5-47）中各物性参数所采用的定性温度为流体平均温度，定性尺寸为波纹板间流道的当量直径。

5-7 有相变的对流传热

流体有相变化时的对流传热包括沸腾传热和冷凝传热，以下作简要讨论。

5.7A 沸腾传热

液体和高于其饱和温度的壁面相接触时就会产生沸腾，此时，壁面向流体放热使其沸腾的传热现象称沸腾传热，流体的沸腾过程如图 5-9 所示。沸腾时首先在放热壁面上的某些点形成"汽化核心"，在汽化核心首先形成气泡，形成的气泡因受热逐渐胀大，浮力增加，气泡上升，最后跃离液面。气泡的产生和对液体的穿层运动，不仅对液体产生强烈扰动，而且破坏了加热面附近的边界层，降低了热阻，大大提高了传热效率。

当液体和高温壁面接触被加热至饱和温度时，就会产生沸腾现象。加热壁面温度（T_w）和液体饱和温度（T_s）的差值 $\Delta T = T_w - T_s$ 称为过热度。过热度 ΔT 愈大，气泡发生频率也就愈高。当过热度不大时，气泡很少，此时为自然对流。一般认为，当 $\Delta T = 5 \sim 25℃$ 时，气泡产生的速度随 ΔT 上升而增加，且气泡不断离开壁面升入蒸汽空间，表面传热系数提高，通常把此现象称为泡状沸腾。当 $\Delta T > 25℃$ 时，由于加热面上产生的气泡大大增加，且气泡产生的速度大于气泡跃离液面的速度，致使气泡在加热表面形成一层不稳定的气膜，此膜的存在使传热阻力增大，传热系数变小，通常把此现象叫作膜状沸腾。由泡状沸腾到膜状沸腾的过渡点称为临界点，工业上沸腾传热设备多维持在泡状沸腾状态，即应使过热度 ΔT 不大于临界温度差，否则一旦变为膜状沸腾，将导致传热变差，α 急剧下降。

对于水的沸腾，表面传热系数可由下式计算：

$$\alpha = 0.560 p^{0.15} q^{0.7} \quad (W \cdot m^{-2} \cdot K^{-1}) \tag{5-48}$$

或

$$\alpha = 0.145 p^{0.5} (\Delta T)^{2.33} \quad (W \cdot m^{-2} \cdot K^{-1}) \tag{5-49}$$

式中 p——工作压力，Pa；

q——热流密度，W/m²。

两式适用范围为 $p = 20 \sim 10^4$ kPa。

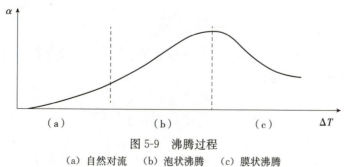

图 5-9 沸腾过程
(a) 自然对流 (b) 泡状沸腾 (c) 膜状沸腾

5.7B 冷凝传热

蒸汽同某种壁面接触时,如果壁面的温度低于蒸汽的饱和温度,则蒸汽在壁面上冷凝,此过程的传热称为冷凝传热。蒸汽在壁面上凝结可以分为膜状凝结和滴状凝结两种,如图5-10所示。润湿性液体的蒸汽在壁面上可以凝结成完整的膜,称为膜状凝结,如图5-10(a)所示。非润湿性液体在壁面上凝结成一滴一滴的液珠,这种情况称为滴状凝结,如图5-10(b)所示。由于滴状凝结不能润湿壁面,因而液滴稍为长大后即从壁面落下,从而不断暴露出壁面,使传热系数大大增加。但是,工业设备中大多数是膜状凝结,冷凝器设计总是按膜状凝结来处理,所以下面只介绍膜状凝结表面传热系数的计算。

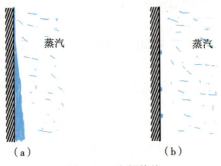

图5-10 冷凝传热
(a) 膜状冷凝 (b) 滴状冷凝

图5-10 动画演示

膜状冷凝传热的动力是蒸汽的饱和温度 T_s 和壁面温度 T_w 之差 $\Delta T = T_s - T_w$,而传热阻力主要在液膜之中。所以局部表面传热系数与液膜厚度和液体热导率有关。蒸汽在竖直壁面上凝结成膜后,在重力及蒸汽对它的浮力等作用下其凝液膜厚度自上而下逐渐增加,但液膜的流动为边界层流动,如沿壁自上而下流动有流形变化,也影响传热。综合这些影响,局部传热系数 α 沿壁的变化如图5-11所示。平均表面传热系数为

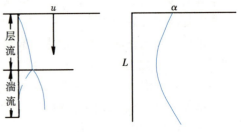

图5-11 膜状冷凝传热

$$\alpha = 0.943 \left(\frac{\Delta_v h g \rho^2 \lambda^3}{L \mu \Delta T} \right)^{1/4} \tag{5-50}$$

式中 L——竖直管或板的高度,m;
$\Delta_v h$——饱和水的汽化热,kJ/kg;
ρ——冷凝液的密度,kg/m³;
λ——冷凝液的热导率,W/(m·K);
μ——冷凝液的黏度,Pa·s。

应用式(5-50)时,定性温度为液膜的平均温度 T_f,即 $T_f = (T_s + T_w)/2$。

若求蒸汽在水平管外的冷凝传热系数,可用下式:

$$\alpha = 0.725 \left(\frac{\Delta_v h g \rho^2 \lambda^3}{n^{2/3} d \mu \Delta T} \right)^{1/4} \tag{5-51}$$

式中,d 为管子外径,m;n 为水平管在垂直列上的管子数,若单根水平管,则 $n=1$。其他参数的意义及应用此式的定性温度同上所述。

5-8 流化床中的传热

散粒固体流态化(fluidization)技术,或称沸腾床技术在食品工业中应用日益广泛,尤以在加

热、冷却、冷冻、干燥、造粒等物理过程中应用最多。这些过程都伴随着热量的传递。流化床中的传热有其特殊性，因此单独予以介绍。

5.8A 流化床及其传热特点

1. 流化床 若流体自下而上穿过固体颗粒床层，流体流速 u 处于一定范围，可以使固体颗粒悬浮起来，在一定空间内剧烈地随机运动，整个颗粒床层显示出某种流体特征，如沸腾状态，称为流态化。达到这种流态化的床层，称流化床（fluidized bed）。

上述产生流态化的流体速度范围，是指流体流速在临界流化速度 u_{mf} 和终端流速 u_t 之间。其中临界流化速度 u_{mf} 是流体流态化的流速下限，它是使固体颗粒受到的向上的曳力与向下的净重力相等的流体速度。当 $u < u_{mf}$，固体颗粒静止，颗粒间保持紧密接触，此时的床层称固定床。而流态化的流速上限 u_t，称为最大流化速度，它在数值上等于固体颗粒在该流体中的重力自由沉降速度 u_0，前一章对 u_0 已进行详细讨论。如 $u \geq u_t$，固体颗粒将被流体流带走，称气力或水力输送状态。只有流体流速在临界流化速度和最大流化速度之间，即当 $u_{mf} \leq u < u_t$ 时，床层才呈流态化。

流化床因在许多性质上尤其在传热上具有优异特点，因此在食品工业的加热、速冻、干燥、造粒、混合、洗涤和浸取等操作中得到日益广泛的应用。

2. 流化床的传热特点 流化床显著特点之一是它内部温度的均匀分布，这种温度分布的均匀性在径向和轴向同时存在。流化床温度分布均匀性是由以下几个原因造成：①颗粒的剧烈运动使颗粒与流体热交换快，故温度均匀。②与气体比，固体颗粒的热容大得多（气体 c_p 仅为固体的千分之一），因而热惯性大，故温度均匀。③剧烈湍动产生的对流混合，消灭了局部的热点和冷点，使温度均匀。

流化床另一显著特点是传热速率很大。虽然流化床内温度均匀，但在器壁处仍存在着一定厚度的流体膜，其上又有一固粒边界层，温度降主要发生在此两层间，如图 5-12 所示。流化床与器壁间对流传热热阻主要集中在流体膜内。由于流体膜附近颗粒的急剧骚动，使流体膜厚度减小，从而大大提高对流传热的速率。

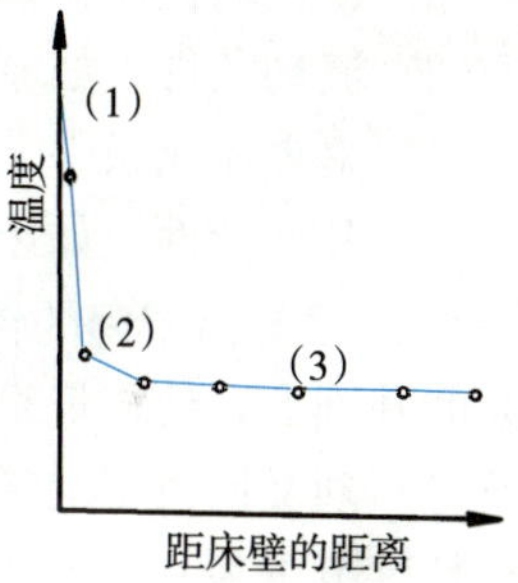

1950 年拜尔格（Baerg）用实验证明，铝粒流化床的表面传热系数为固定床的 10 倍，为空管的 75～100 倍，说明流化床对器壁具优越的传热性能。

图 5-12 流化床内温度分布
(1) 流体膜　(2) 固粒边界层
(3) 床层内

除上述流化床与器壁的传热外，流化床还存在两种传热：

（1）固体颗粒与流体间的传热。因颗粒与流体间有着强烈骚乱的相对运动，热量迅速在流体和颗粒表面间对流传递。

（2）固体颗粒相互间的传热。温度不同的粒子之间，因相互频繁地碰撞接触，以热传导的方式进行传热。因固体热导率高，故一般这种传热的速率甚高。所以固体颗粒间的传热对整个流化床中的传热而言，通常不是控制因素，因而下面不予讨论。

5.8B 流化床层与器壁之间的传热

流化床床层与器壁或物体表面之间的对流传热，仍可用牛顿冷却定律描述，即

$$\Phi = \alpha A (T_b - T_w) \quad (W) \tag{5-52}$$

式中　Φ——对流传热的热流量，W；
　　　α——表面传热系数，W/（m²·K）；
　　　A——传热面积，m²；
　　　T_b——床层平均温度，K；
　　　T_w——器壁表面温度，K。

1. 床层与器壁间对流传热的机理 这种传热机理完全和流体与固体表面间的对流传热相似。唯

因床内流体的剧烈运动，且骚动的粒子使靠壁流体膜变薄，故表面传热系数比一般意义上的流体与固体壁面传热系数高。

由许多空气-固体系统流化床传热现象的观察可以看出，固体颗粒在靠近壁面处只有轴向向下的运动，而无径向的水平运动。当热由固体壁面传向床层内部时，热先以传导方式通过薄膜，薄膜附近的粒子获得热量成为热粒子，热粒子又因靠近壁面处气流速度慢而向下做沉降运动，最后到达底部花板，与进入的冷流体混合达到平衡，而后再与进来的流体一起沿中心上升至顶部，又向器壁做循环运动。

颗粒之所以沿器壁向下运动，主要由于近壁处的流体是速度缓慢的层流层。在向下做沉降运动时，还受靠壁层流区、缓冲区流体介质运动的影响，其下降运动并不完全像自由落体的运动，而是一种不规则的运动。一般颗粒运动的速度为3~5cm/s，并随中心主流流速而变。可见，由于颗粒自上而下流动，就形成一层向下运动的颗粒层，将靠壁薄膜与中心颗粒湍流运动区隔开。此运动颗粒层对传热起着重要的作用，由于它的不规则运动，撞击、摩擦等作用使边界薄膜变薄，同时它作为固体载热体而直接带走热量，故而大大提高床壁与床层之间的传热系数。参阅图5-13。

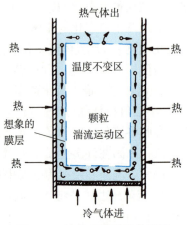

图5-13 流化床器壁传热机理

由此可见，床层与器壁之间的传热机理远较一般意义上流体与固体壁面对流传热机理复杂，因而影响传热的因素也更多，主要有：

（1）流体的性质，如密度ρ、黏度μ、比定压热容c_p、热导率λ。

（2）颗粒的性质，如直径d、密度ρ_s、球形度φ_s、比定压热容c_{ps}、热导率λ_s。

（3）流动条件，如流速u、床层空隙率（床层空隙的体积分数）ε。

（4）临界流化条件，如临界流化速度u_{mf}、临界床层空隙率ε_{mf}。

（5）几何特性，如床层直径D、静止床层高度L_0、换热面长度L_h。

2. 床层与器壁间的传热系数 如上所述，影响对流传热系数的因素很多，一些学者在大量实验研究的基础上，使用量纲分析法，得出一些关联式。

（1）刘文斯波-沃尔顿（Levenspiel-Walton）方程。其实验条件以玻璃球、煤、催化剂为流化颗粒，粒度范围为0.15~4.34mm，以空气为流化介质，用的容器直径为10.3cm，准则方程为

$$\frac{\alpha d}{\lambda} = 0.6 \left(\frac{c_p \mu}{\lambda}\right) \left(\frac{du\rho}{\mu}\right)^{0.3} \tag{5-53}$$

（2）温-李伐（Wen-Leva）方程。他们综合了四组研究者的数据，涉及的实验资料更广泛，提出准则方程：

$$\frac{\alpha d}{\lambda} = 0.16 \left(\frac{c_p \mu}{\lambda}\right)^{0.4} \left(\frac{du\rho}{\mu}\right)^{0.76} \left(\frac{\rho_s c_{ps}}{\rho c_p}\right)^{0.4} \left(\frac{u^2}{gd}\right)^{-0.2} \left(\eta \frac{L_{mf}}{L}\right)^{0.36} \tag{5-54}$$

式中 L——流化床高度，m；
　　 L_{mf}——临界流化条件下的床层高度，m；
　　 η——流态化效率，其值可由图5-14查出，
　　　　　图中横坐标u/u_{mf}称为流化数。

对流化床，可有

$$L/L_{mf} = \frac{1-\varepsilon_{mf}}{1-\varepsilon} \tag{5-55}$$

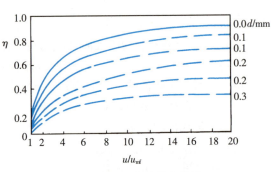

图5-14 流态化效率曲线

5.8C 流化床中固体颗粒与流体之间的传热

固体颗粒与周围介质间的对流传热，可引用牛

顿冷却定律：

$$\Phi = \alpha A(T_f - T_s) \tag{5-56}$$

实验表明，只有在流体进入流化床的分布板上面的较薄的床层部分（25mm左右）才存在温度差，流体-固粒之间的传热主要集中在此区域床层内进行。在此区域以上的床层，因不存在温差，这种传热可认为已完成，如图5-15所示，图中 L 为床层距分布板的距离。之所以如此，是因为流体和固粒之间传热极快之故。实验表明，流体与固粒表面间的这样高的热流量，并不是因为它们之间的表面传热系数很高，对气-固传热，α 一般只在 $6\sim230\mathrm{W}/(\mathrm{m}^2\cdot\mathrm{K})$，也不是因为对流传热的推动力 $\Delta T = T_f - T_s$ 有多大。而是因为颗粒粒度较小，流体和颗粒间有极大的接触表面积，$1\mathrm{m}^3$ 床层的总接触面积 A 往往可达 $3\,000\sim50\,000\mathrm{m}^2$，按式（5-56），热流量 Φ 会非常大，使流体与固粒间的对流传热在瞬间完成。

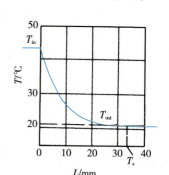

图 5-15　床层温度分布曲线

例 5-7　某流化床，床径为100cm，床层高度为200cm，已知 $d=0.1\mathrm{mm}$，$\rho_s=1\,000\mathrm{kg/m}^3$，$c_{ps}=1\,080\mathrm{J}/(\mathrm{kg}\cdot\mathrm{K})$，$\mu=2\times10^{-5}\mathrm{Pa}\cdot\mathrm{s}$，$\rho=0.5\mathrm{kg/m}^3$，$c_p=1\,000\mathrm{J}/(\mathrm{kg}\cdot\mathrm{K})$，$\lambda=0.029\mathrm{W}/(\mathrm{m}\cdot\mathrm{K})$，$u_{mf}=1\mathrm{cm/s}$，$\varepsilon_{mf}=0.4$，$u=20\mathrm{cm/s}$，$\varepsilon=0.7$，试计算床层与器壁间的表面传热系数。

解： 流化数 $\dfrac{u}{u_{mf}}=\dfrac{20}{1}=20$，$d=0.1\mathrm{mm}$，查图5-14得 $\eta=0.85$。由式（5-55），有

$$\eta \frac{L_{mf}}{L} = \eta \frac{1-\varepsilon}{1-\varepsilon_{mf}} = 0.85 \times \frac{1-0.7}{1-0.4} = 0.43$$

将各已知值代入式（5-54），得

$$\frac{\alpha d}{\lambda} = 0.16 \left(\frac{c_p \mu}{\lambda}\right)^{0.4} \left(\frac{d u \rho}{\mu}\right)^{0.76} \left(\frac{\rho_s c_{ps}}{\rho c_p}\right)^{0.4} \left(\frac{u^2}{gd}\right)^{-0.2} \left(\eta \frac{L_{mf}}{L}\right)^{0.36}$$

$$\frac{\alpha d}{\lambda} = 0.16 \times \left(\frac{1\,000 \times 2 \times 10^{-5}}{0.029}\right)^{0.4} \times \left(\frac{10^{-4} \times 0.2 \times 0.5}{2 \times 10^{-5}}\right)^{0.76} \times$$

$$\left(\frac{1\,000 \times 1\,080}{0.5 \times 1\,000}\right)^{0.4} \times \left(\frac{0.2^2}{9.81 \times 10^{-4}}\right)^{-0.2} \times 0.43^{0.36} = 0.617$$

则

$$\alpha = 0.617 \frac{\lambda}{d} = 0.617 \times \frac{0.029}{10^{-4}} = 179\ (\mathrm{W}\cdot\mathrm{m}^{-2}\cdot\mathrm{K}^{-1})$$

第四节　热 交 换

在食品工业中的加热、冷却、冷冻、蒸发和干燥等单元操作中，经常见到食品物料与加热介质或冷却介质间的热交换。本节首先介绍用于进行热交换的设备——换热器，然后在前面已经讨论了导热和对流传热的基础上，重点研究大量应用的冷、热流体之间稳态热交换的规律，最后讲述非稳态热交换的有关计算。

5-9　换 热 器

5.9A　换热器的分类

按热量传递方法的不同，换热器分为两大类：直接接触式换热器和非直接接触式换热器。

直接接触式换热器又称混合式换热器，冷流体和热流体在换热器内直接接触混合而传递热量，传热效率很高，但前提条件是两流体混合在工艺上应无碍。如凉水塔、液膜式冷凝器、喷射式冷凝器等。非直接接触式换热器在操作时，冷、热流体通过隔离壁面进行热交换。两流体因有壁面分开，故

始终互不直接接触，这是食品工业中应用最广泛的一类换热器。它又可分为蓄热式换热器、间壁式换热器和流化床三类。

蓄热式换热器又称蓄热器，是一个充满蓄热体（如格子砖）的蓄热室，热容量很大。高温流体先通过蓄热室将热量传给蓄热体，然后再通入冷流体接受蓄热体传出的热量。因此这种热交换是间接进行的，热量在蓄热体中交替地贮存和放出。适用于气体-气体热交换。

间壁式换热器是工业上最常见的一类换热器，它虽属非直接接触式，但冷、热两流体同时通过间壁两侧进行热量直接交换。按结构特征分，间壁式换热器又可分为管式、板式和扩展表面式等种类。

（1）管式换热器。构成热交换间壁的是管子。它包括管壳式换热器、套管式换热器、螺旋盘管式换热器等。其中管壳式换热器是工业生产中所有换热器中使用最广、效率较高的一种传统的标准设备。

（2）板式换热器。构成热交换间壁的是板壁。它包括片式、螺旋板式、伞板式和板壳式换热器等。其中片式又称板式换热器，是由光滑平板或波纹平板等制成，虽耐压不高，温差不能太大，但因热交换速率高，紧凑灵活，在食品工业中的应用日益广泛。

（3）扩展表面式换热器。扩展表面式换热器与普通板式和管式相比，其热交换面积有所扩展。它包括板翅式换热器和管翅式换热器等，这种换热器可达到很高的传热效率。

按用途不同，换热器可分为加热器、冷却器、蒸发器、再沸器、冷凝器、分凝器及灭菌器等。

5.9B 管壳式换热器

管壳式换热器（shell-and-tube heat exchanger）又称列管式换热器。它结构简单，坚固，易于制造，选用材料范围广，处理能力大，适应性强，能在较高温度和压力下使用，因而使用很广泛。

1. 结构形式 管壳式换热器由一个圆筒形壳体及其内部的管束组成。管子两端固定在管板上，管板外侧各有壳体封头。整个换热器分为管程和壳程两部分：各换热管内的通道和两端相贯通处称为管程，两管板间壳体内换热管外的通道及相贯通处称为壳程。管板将壳程和管程流体分开。壳程内一般设有折流挡板，以引导流体流动并支承管子，如图 5-16 所示。

因壳程和管程流体温度不同，管和壳的热膨胀不同，较大的管壳式换热器应有结构上的温差补偿。按温差补偿结构的不同，管壳式换热器有固定管板式、U 形管式和浮头式三种。

（1）固定管板式。其结构如图 5-17（a）所示。管束连接在两端管板上，管板与壳体相焊，管子、管板和壳体成刚性连接。此式换热器结构简单，价格便宜，管程清洗方便，但壳程清洗困难。当管程与壳程温差较大时，因热膨胀不同，会产生较大温度应力，以致将管子扭弯或使管子从管板脱开，甚至造成严重损坏。因此当温差超过 50℃时，应在壳体上加装膨胀节（或称补偿圈），依靠膨胀节的弹性变形，吸收一部分热膨胀应力。

（2）U 形管式。其结构如图 5-17（b）所示。管子弯成 U 形，两端都固定在同一块管板上。当管子受热或受冷时可自由伸缩，不会产生温差应力。整个管束可以从一端抽出，便于壳程清洗，但管程清洗较难，流阻较大。因 U 形管要有一定弯曲半径，结构不如固定管板式紧凑。

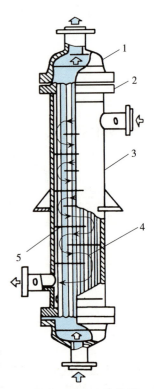

图 5-16 管壳式换热器
1. 封头 2. 管板 3. 壳体
4. 管束 5. 挡板

图 5-16 动画演示

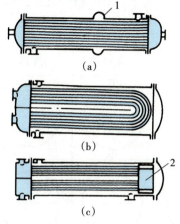

图 5-17 管壳式换热器结构类型
(a) 固定管板式　(b) U形管式　(c) 浮头式
1. 膨胀节　2. 浮头

图 5-17 动画演示

(3) 浮头式。其结构如图 5-17（c）所示。两端管板中只有一端与壳体焊死，另一端可相对壳体滑动，称为浮头。它有良好的热补偿性能，又可将管束从壳体中拉出清洗和检修。按浮头封闭在壳体内还是露在壳体外，分内浮头式和外浮头式两种。浮头式结构较复杂，造价比固定管板式高 20%。

2. 管程结构　流体流经换热管内的通道部分称为管程。

(1) 管子。管子采用小管径，常用 $\phi 19mm \times 2mm$，$\phi 25mm \times 2.5mm$，$\phi 38mm \times 2.5mm$ 无缝钢管，标准管长有 1.5m，2m，3m，4.5m，6m，9m。小管径可使单位体积传热面积大，也提高 α 值。管材除碳钢外，可采用低合金钢、不锈钢、铜以及石墨、玻璃、聚四氟乙烯等。

(2) 管板。管板将管束连接在一起，并将管程和壳程流体分隔开。管板与管子的连接可胀接和焊接。胀接用胀管器将管头扩大，产生显著塑性变形，靠挤压力与管板孔密接。如要求严密性更高，或应用于 $T>350℃$，$p>4MPa$，应采用焊接。管板与壳体的连接，有可拆与不可拆连接两种。可拆连接是将管板夹在壳体法兰和顶盖法兰之间。不可拆连接是管板直接焊在外壳上并兼作法兰。

管子在管板上的排列方式有多种，如图 5-18 所示。正三角形排列结构紧凑；正方形排列便于机械清洗；同心圆排列对小壳径换热器，外圈布管均匀，结构更加紧凑。我国换热器系列多采用正三角形排列。

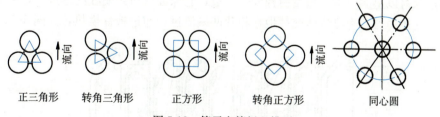

正三角形　转角三角形　正方形　转角正方形　同心圆

图 5-18 管子在管板上排列

(3) 封头和分程。壳径较小时，常采用封头，封头与壳体用螺栓连接。壳径较大时，多采用管箱结构，管箱与封头不同处是具有一个可拆盖板。封头和管箱位于壳体两端，其作用是控制及分配管程流体。

换热器按流动方式分为单程及多程。程就是流体从进入到流出换热器经过管子全长度的次数。如流体只一次经过管子全长度，称为单程。若流体进入换热器只流经半数管子，到另端折转 180° 后再流经另半数管子，称为双程。多程可提高流体流速，增大 α，但流动阻力也增大。多程需在封头或管箱中设置分程隔板。对常见的 2，4，6 程，管箱中分程隔板的布置方案如图 5-19 所示。

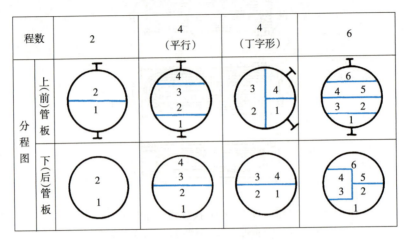

图 5-19　管箱分程布置方案

3. 壳程结构　介质流经传热管外面与壳体之间的流道部分称为壳程。

（1）壳体。壳体是圆筒形容器。直径 $D<400$ mm 的，通常用钢管制造；$D>400$ mm 的，可用钢板卷焊而成。壳壁上焊有流体进、出接管。

（2）挡板。单壳程形式应用最普通。如设置纵向挡板，可构成双壳程。为提高壳程流体 α，常设置横向折流挡板。折流板的形式有圆缺型、环盘型和孔流型等。圆缺型和环盘型挡板如图 5-20 所示。

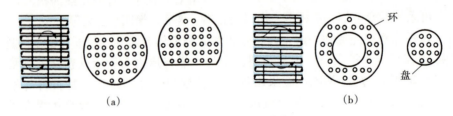

图 5-20　折流挡板形式
(a) 圆缺型　(b) 环盘型

5.9C　板式换热器

1. 片式换热器　片式换热器由一组长方形薄金属传热板片构成。用框架将板片夹紧组装在支架上。板片之间边缘衬以垫圈压紧。垫圈由橡胶等制成，它保证密封并使板间形成一定空隙。板片四角开有圆孔，形成流体通道。冷热流体交替地在板片两侧流过，通过板片换热，如图 5-21 所示。

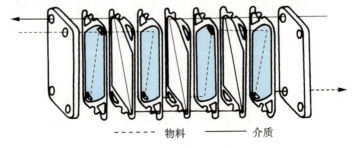

图 5-21　片式换热器

片式换热器可处理从水到高黏度液体，用于加热、冷却、冷凝、蒸发等过程。在食品工业中广泛用于食品的加热杀菌和冷却。其冷热流体的流道基本形式有并流、串流和混流（图 5-22）。传热板片厚度为 0.5~3mm，两板间距常为 4~6mm。为增强板片刚度，也为提高流体湍流程度，提高传热效率，板片表面通常都压制成各种波纹形。常采用的波纹形有斜波纹、人字形波纹和水平平直波纹等。水平平直波纹的结构及截面形式如图 5-23 所示。

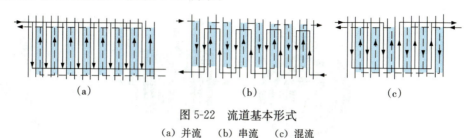

图 5-22　流道基本形式
(a) 并流　(b) 串流　(c) 混流

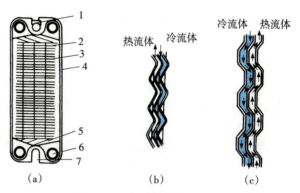

图 5-23　水平平直波纹板片
(a) 板片结构　(b) 三角形截面　(c) 梯形截面
1. 挂钩　2. 波纹　3. 触点　4. 密封槽　5. 导流槽　6. 流体进出孔　7. 定位缺口

几种国产板片的表面传热系数可按式 (5-47) 准则方程求算。式中 $f(Re)$ 可按表 5-5 取值。

表 5-5　几种国产波纹板片传热准则方程的 $f(Re)$

板片形式	流体	Re	$f(Re)$
0.1m² 斜波纹板片	水	2 000~11 000	$0.135 Re^{0.717}$
0.1m² 人字形波纹板片	水 油	760~20 000 30~630	$0.18 Re^{0.7}$ $0.146 Re^{0.71}$
0.2m² 水平平直波纹板片	牛奶　麦芽汁	500~30 000	$0.10 Re^{0.7}$

片式换热器的主要优点是在低流速下可得高的传热系数，一般，$Re=150~500$ 即向湍流过渡。水-水热交换的传热系数可达 5 800W/(m²·K)，较管壳式高 2~4 倍。其次，片式换热器结构紧凑，1m³ 体积换热器的传热面积可达 250~1 500 m²，而管壳式仅为 40~150m²。可在一个片式换热器内同时进行预热、加热、冷却等几段操作。图 5-24 表示一个牛奶加工的五段片式杀菌器。

2. 螺旋板式换热器　螺旋板式换热器的结构主体是两张间距一定的平行钢

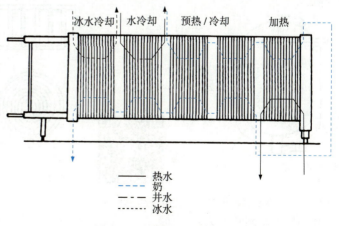

图 5-24　五段片式牛奶杀菌器

板卷制而成的，具有一对螺旋形通道的圆柱体，再加上顶盖和进出液接管。图5-25所示即是一种典型结构。器内两个螺旋形通道中以逆流方式分别流动冷、热流体，隔着钢板进行热交换。

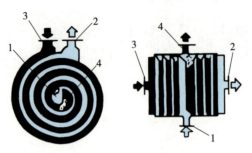

图5-25 动画演示

图5-25 螺旋板式换热器
1. 冷流体入口　2. 冷流体出口
3. 热流体入口　4. 热流体出口

螺旋板式换热器的优点：(1) 结构紧凑。单位体积的传热面积为管壳式的几倍。例如，一台传热面积 $100m^2$ 的螺旋板式换热器直径仅 1.3m，高 1.4m。(2) 传热系数较大，比管壳式大50%～100%，这是因流体在螺旋通道中流动，有离心骚动作用，较易形成湍流。(3) 流道内有自清洗作用，污垢不易沉积。

螺旋板式换热器的缺点：承压能力低，一般不超过 0.5～1MPa；检修和清洗较困难；流动阻力较大。

5.9D 其他间壁式换热器

1. 夹套式换热器　夹套式换热器构造较简单，如图5-26所示。容器筒体外部安装夹套，容器与夹套间形成的夹层空间通以加热或冷却介质与容器内物料进行热交换。食品工业中使用的夹层锅即属此类，多用不锈钢板制成。应属板式换热器。使用介质如为蒸汽，应由上部接管引入夹层，热交换后冷凝水从下部接管排出。介质如为冷水，应从夹层下部引入，上部排出。为加强传热，容器内可安装搅拌器。此种设备用于间歇式热交换。

2. 螺旋盘管式换热器　螺旋盘管式换热器又称蛇管式换热器。此种换热器构造简单，可以是肘管连起来的直管，或是盘成螺旋形的弯管，如图5-27所示。

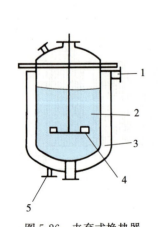

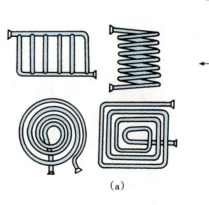
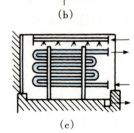

图5-26 夹套式换热器
1. 蒸汽进口　2. 容器　3. 夹层
4. 搅拌器　5. 冷凝液排管

图5-26 动画演示

图5-27 螺旋盘管式换热器
(a) 盘管形状　(b) 沉浸式　(c) 喷淋式

根据管外流体情况，螺旋盘管式换热器有两种形式：一种是沉浸式，盘管沉浸在充满液体的容器中；另一种是喷淋式，管外流体不断喷淋在盘管外壁上。

螺旋盘管式换热器结构简单，制造、维修容易，造价低，管内能承受较高压力，因而在食品工业上仍在广泛应用，如冷库中的冷排。主要缺点是管外表面传热系数低，设备紧凑性差。

3. 套管式换热器　套管式换热器由直径不同的两根标准管的同心套管组成换热单元，内管用 U 形弯头连接，外套管用直管连接，如图 5-28 所示。冷、热流体分别流过内管和套管环隙，通过内管壁进行热交换。冷、热流体通常逆流操作。可用作加热器、冷却器和冷凝器。当用蒸汽加热时，蒸汽自上而下通过各单元套管环隙，而物料自下而上流过内管。

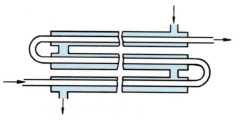

图 5-28　套管式换热器

套管式换热器的优点是结构简单，传热面积易于增减；易逆流操作，传热强度高；耐压。缺点是接头多，易泄漏；环隙清洗困难。

4. 刮板式换热器　对黏度大或产生结晶料液的传热，套管式换热器会在管壁上结垢，可在内管内加装不断旋转的弹性刮板，称刮板式换热器，这种换热器采用的管径较大。转子的转速一般为 150~500r/min。转动时，刮板在离心力作用下压向传热面，使传热面不断被刮清露出，降低热阻，可获得较快的传热速度。夹套内流过的加热或冷却介质通常使用蒸汽、热水、冷冻盐水或制冷剂（如氟利昂）等，一般工作温度范围为－35~190℃。这种换热器特别适用于人造奶油、冰淇淋的制造，因这些制品在生产时，既要求快速冷却，又要求强烈搅拌。刮板式换热器也用于不同黏度范围的果汁、汤料、花生酱、番茄酱和饼馅等的杀菌、搅打、乳化和塑化等过程。

5-10　稳态换热计算

5.10A　换热基本方程

冷流体和热流体通过间壁的热交换，实质上是间壁两侧流体与间壁表面对流传热机理和间壁导热机理的综合。不论间壁为平壁还是圆筒壁，换热机理其实相同。

对于单层平壁两侧冷、热流体的稳态换热，其温度分布如图 5-29 所示。符号的下标：h 表示热流体，c 表示冷流体，w 表示壁表面值。

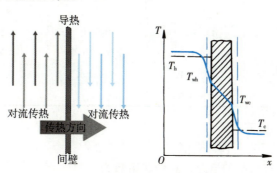

图 5-29　平壁换热温度分布

图 5-29 动画演示

热流体侧对流传热热流密度为

$$q = \alpha_h (T_h - T_{wh}) \quad \frac{q}{\alpha_h} = T_h - T_{wh}$$

间壁的导热热流密度为

$$q = \frac{\lambda}{\delta}(T_{wh} - T_{wc}) \quad \frac{q}{\lambda/\delta} = T_{wh} - T_{wc}$$

冷流体侧对流传热热流密度为

$$q = \alpha_c (T_{wc} - T_c), \quad \frac{q}{\alpha_c} = T_{wc} - T_c$$

将上三式相加，消去壁表温度，得

$$q\left(\frac{1}{\alpha_h} + \frac{\delta}{\lambda} + \frac{1}{\alpha_c}\right) = T_h - T_c$$

令

$$K = \frac{1}{\frac{1}{\alpha_h} + \frac{\delta}{\lambda} + \frac{1}{\alpha_c}} \tag{5-57}$$

K 称为总传热系数，亦称传热系数（heat-transfer coefficient），单位为 W/（m²·K），则

$$q = K(T_h - T_c)$$

或

$$\Phi = KA(T_h - T_c) \tag{5-58}$$

令 $\Delta T = T_h - T_c$ 表示换热温度差，则

$$\Phi = KA\Delta T \tag{5-59}$$

若流体温度沿间壁纵向变化，ΔT 代以平均温差 ΔT_m，则

$$\Phi = KA\Delta T_m \tag{5-60}$$

式中　Φ——换热热流量，W；

ΔT_m——换热平均温差，K。

式（5-59）和式（5-60）称为换热基本方程。在工业实践中，热流量 Φ 往往为工艺要求的，为求得实现 Φ 所需的换热面积 A，应求出总传热系数 K 和换热平均温差 ΔT_m。

5.10B　总传热系数

目前，总传热系数的来源有三：一是选取经验值，二是实验测定，三是计算。由生产实践中总结出的管壳式换热器的一些总传热系数 K 的范围列于表 5-6 中。现场实验测定是对 A 已知时，测两流体进出口温度，据热流量和传热温差计算，可求得 K 值。

表 5-6　管壳式换热器的总传热系数范围　　　　　　　　单位：W/（m²·K）

壳程	管程	K 值	壳程	管程	K 值
水	水	1 100～1 420	水蒸气	饮用水	2 300～5 700
有机溶剂	油	140～200	水蒸气	油	120～350
有机溶剂	水	280～850	空气、N_2 等	水或盐水	57～280
有机溶剂	盐水	200～510	水或盐水	空气、N_2 等	30～110
酒精蒸汽	水	570～1 100	水	水蒸气	1 420～2 300

下面介绍常见情况下 K 值的计算。

对单层平壁，可按式（5-57）计算 K 值。

对多层平壁包括壁面上有垢层的情况，总传热系数为

$$K = \left(\frac{1}{\alpha_h} + \sum_{i=1}^{n} \frac{\delta_i}{\lambda_i} + \frac{1}{\alpha_c}\right)^{-1} \tag{5-61}$$

总热阻

$$R = \frac{1}{KA} = \frac{1}{\alpha_h A} + \sum_{i=1}^{n} \frac{\delta_i}{\lambda_i A} + \frac{1}{\alpha_c A} \tag{5-62}$$

此时总热阻 R 为两个对流传热热阻 $\frac{1}{\alpha_h A}$，$\frac{1}{\alpha_c A}$ 和 n 个导热热阻之和。

对圆管壁，因内壁、外壁表面积不等，两侧流体热交换的总热阻为

$$R=\frac{1}{\alpha_h A_h}+\frac{\delta}{\lambda A_m}+\frac{1}{\alpha_c A_c} \tag{5-63}$$

式中 A_h——圆管热流体一侧表面积，m²；

A_c——圆管冷流体一侧表面积，m²；

A_m——圆管对数平均面积，m²。由式（5-25）和式（5-28），有

$$A_m=2\pi r_m L=2\pi L\frac{r_2-r_1}{\ln\frac{r_2}{r_1}}$$

根据不同的面积 A_h 和 A_c 的基准，可以有不同的总传热系数 K_h 和 K_c：

$$R=\frac{1}{K_h A_h}=\frac{1}{K_c A_c}=\frac{1}{\alpha_h A_h}+\frac{\delta}{\lambda A_m}+\frac{1}{\alpha_c A_c} \tag{5-64}$$

亦即
$$\frac{1}{K_h}=RA_h=\frac{1}{\alpha_h}+\frac{\delta}{\lambda}\frac{A_h}{A_m}+\frac{1}{\alpha_c}\frac{A_h}{A_c} \tag{5-65}$$

$$\frac{1}{K_c}=RA_c=\frac{1}{\alpha_h}\frac{A_c}{A_h}+\frac{\delta}{\lambda}\frac{A_c}{A_m}+\frac{1}{\alpha_c} \tag{5-66}$$

式中 K_h——以圆管热流体一侧表面积 A_h 为基准的总传热系数，W/（m²·K）；

K_c——以圆管冷流体一侧表面积 A_c 为基准的总传热系数，W/（m²·K）。

对多层圆筒壁，可有

$$R=\frac{1}{K_h A_h}=\frac{1}{K_c A_c}=\frac{1}{\alpha_h A_h}+\sum_{i=1}^{n}\frac{\delta_i}{\lambda_i A_{mi}}+\frac{1}{\alpha_c A_c} \tag{5-67}$$

式中 δ_i，λ_i，A_{mi}——第 i 层圆筒壁的厚度，热导率和对数平均面积。

若圆筒壁较薄，$A_h \approx A_c$，可对 K_h，K_c 不予区分。

例 5-8 内径 25mm 管道用来输送 80℃液体食品物料，管内对流传热系数为 10W/（m²·K），管壁厚 5mm，热导率为 43W/（m·K），管外暴露于大气中，大气温度为 20℃，管外表面传热系数为 100W/（m²·K），分别计算以管内、管外表面积作基准的总传热系数，并据以计算每米管道的热损失。

解：由式（5-25），有

$$r_m=\frac{r_2-r_1}{\ln\frac{r_2}{r_1}}=\frac{0.0175-0.0125}{\ln\frac{0.0175}{0.0125}}=0.0149 \text{ (m)}$$

此题情形为管内热流体，A_h 对应 r_1；管外冷流体，A_c 对应 r_2。据式（5-65）可有

$$\frac{1}{K_h}=\frac{1}{\alpha_h}+\frac{\delta}{\lambda}\cdot\frac{A_h}{A_m}+\frac{A_h}{\alpha_c A_c}=\frac{1}{\alpha_h}+\frac{\delta}{\lambda}\cdot\frac{r_1}{r_m}+\frac{r_1}{\alpha_c r_2}$$

$$=\frac{1}{10}+\frac{0.005\times 0.0125}{43\times 0.0149}+\frac{0.0125}{100\times 0.0175}=0.107$$

$$K_h=9.32\text{W}/(\text{m}^2\cdot\text{K})$$

据式（5-66）可有

$$\frac{1}{K_c}=\frac{A_c}{\alpha_h A_h}+\frac{\delta}{\lambda}\cdot\frac{A_c}{A_m}+\frac{1}{\alpha_c}=\frac{r_2}{\alpha_h r_1}+\frac{\delta}{\lambda}\cdot\frac{r_2}{r_m}+\frac{1}{\alpha_c}$$

$$=\frac{1}{10}\times\frac{0.0175}{0.0125}+\frac{0.005}{43}\times\frac{0.0175}{0.0149}+\frac{1}{100}=0.150$$

$$K_c=6.66\text{W}/(\text{m}^2\cdot\text{K})$$

而 $\Phi=K_h A_h \Delta T=K_h\cdot 2\pi r_1 L\cdot\Delta T=9.32\times 2\times 3.14\times 0.0125\times 1\times(80-20)=43.9$（W）

或 $\Phi=K_c A_c \Delta T=K_c\cdot 2\pi r_2 L\cdot\Delta T=6.66\times 2\times 3.14\times 0.0175\times 1\times(80-20)=43.9$（W）

热损失的计算结果表明，应用 K_h 和 K_c 是等效的。

5.10C 换热平均温差

冷、热两流体隔着间壁进行热交换，可分两类：恒温换热和变温换热。

恒温换热时，两种流体的温度沿程皆不变化，则换热温差 $\Delta T=T_h-T_c$ 一定。在蒸发器中，间壁一侧蒸汽冷凝，另侧液体沸腾，就属恒温换热。

变温换热时，至少一侧流体温度沿程变化，则换热温差 ΔT 也沿程变化，在应用换热基本方程时，就应当用换热平均温差 ΔT_m。

换热平均温差与冷、热两流体相对流向有关。换热器中两流体相对流向大致有四种情形，如图5-30 所示。

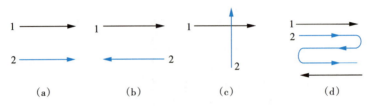

图 5-30 换热器中流体流向示意图
（a）并流 （b）逆流 （c）错流 （d）折流

（1）并流。冷、热两流体在换热面两侧同向流动。
（2）逆流。冷、热两流体在换热面两侧反向流动。
（3）错流。冷、热两流体在换热面两侧彼此成垂直方向流动。
（4）折流。换热面一侧流体先沿一个方向流动，然后折回反向流动，使两侧流体交替有并流和逆流存在，称为折流。折流可能反复进行。只一侧流体折流，称简单折流。两侧流体均作折流，称复杂折流。

在上述四种流向中，以并流和逆流应用较为普遍，尤其逆流应用最多。

现以逆流为例，推导换热平均温差的计算式。图 5-31 表示逆流时流体温度随热流量 Φ 的变化情况。

设热流体质量流量为 q_{mh}，比定压热容为 c_{ph}，进口温度为 T_{h1}，出口温度为 T_{h2}。冷流体质量流量为 q_{mc}，比定压热容为 c_{pc}，进口温度为 T_{c2}，出口温度为 T_{c1}。假定：热交换在稳态下进行，热损失忽略不计，总传热系数 K 及 c_{ph}、c_{pc} 沿程皆为常量。

先在换热器中取一微元段为研究对象，其换热面积为 dA，在 dA 内热流体因放热降温 dT_h，冷流体因吸热升温 dT_c，而热流量为 $d\Phi$。由热量衡算：

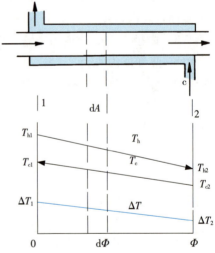

图 5-31 逆流换热温度分布

$$d\Phi = K dA \Delta T = q_{mh} c_{ph} dT_h = q_{mc} c_{pc} dT_c \tag{5-68}$$

由式（5-68），$\dfrac{dT_h}{d\Phi}=\dfrac{1}{q_{mc}c_{ph}}$ 为常量，$T_h - \Phi$ 为直线关系；同样，$\dfrac{dT_c}{d\Phi}=\dfrac{1}{q_{mc}c_{pc}}$ 为常量，$T_c - \Phi$ 亦为直线关系。由图 5-31，换热温差 $\Delta T = T_h - T_c$ 与 Φ 必然也呈直线关系。该直线的斜率为

$$\frac{d\Delta T}{d\Phi}=\frac{\Delta T_2 - \Delta T_1}{\Phi}$$

图 5-31 动画演示

式中，$\Delta T_1 = T_{h1}-T_{c1}$，$\Delta T_2=T_{h2}-T_{c2}$。将 $d\Phi = K dA \Delta T$ 代入上式，有

$$\frac{\mathrm{d}\Delta T}{K\mathrm{d}A\Delta T}=\frac{\Delta T_2-\Delta T_1}{\Phi}$$

移项积分，有

$$\frac{1}{K}\int_{\Delta T_1}^{\Delta T_2}\frac{\mathrm{d}\Delta T}{\Delta T}=\frac{\Delta T_2-\Delta T_1}{\Phi}\int_0^A \mathrm{d}A$$

得

$$\frac{1}{K}\ln\frac{\Delta T_2}{\Delta T_1}=\frac{\Delta T_2-\Delta T_1}{\Phi}A$$

移项，得

$$\Phi=KA\frac{\Delta T_2-\Delta T_1}{\ln\dfrac{\Delta T_2}{\Delta T_1}}$$

将上式与换热基本方程式（5-60）比较，可见换热平均温差为

$$\Delta T_\mathrm{m}=\frac{\Delta T_2-\Delta T_1}{\ln\dfrac{\Delta T_2}{\Delta T_1}} \tag{5-69}$$

其值为换热器两端两流体温差的对数平均值，故称为对数平均温差。

应当说明的是：

（1）图 5-32 表示并流时流体温度随热流量的变化情况，用并流推导，会得到相同的结果，式（5-69）亦适用于并流。

（2）若换热器进出口两端两流体温差变化不大，当 $\dfrac{1}{2}<\dfrac{\Delta T_2}{\Delta T_1}<2$ 时，可用算术平均值 $\Delta T_\mathrm{m}=\dfrac{\Delta T_1+\Delta T_2}{2}$ 代替对数平均值。

（3）对错流和折流，可按式（5-69）求出 ΔT_m，再乘以校正因数 $\varepsilon_{\Delta T}$，具体方法可查阅有关手册。

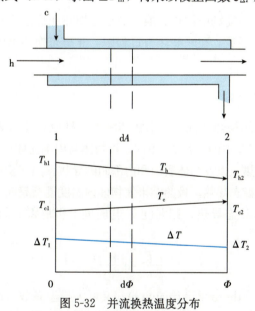

图 5-32 并流换热温度分布

图 5-32 动画演示

例 5-9 用刮板式换热器冷却苹果酱，苹果酱质量流量为 50kg/h，比定压热容 c_p 为 3 817J/(kg·K)，入口温度 80℃，出口温度 20℃。套管环隙逆流通冷水，入口温度 10℃，出口温度 17℃。总传热系数 K 为 568W/(m²·K)。(1) 求需要的冷却水流量；(2) 求换热平均温差及换热面积；(3) 若改为并流，两流体出入口温度同前，求 (2) 项各值。

解：（1） $\Phi=q_{m\mathrm{h}}c_{p\mathrm{h}}(T_{\mathrm{h}1}-T_{\mathrm{h}2})$

$=50\times 3\,817\times(80-20)=1.145\times 10^7$ （J/h）

或
$$\Phi = \frac{1.145 \times 10^7}{3\ 600} = 3\ 181\ (W)$$

$$q_{mc} = \frac{\Phi}{c_{pc}(T_{c1} - T_{c2})}$$

$$= \frac{1.145 \times 10^7}{4\ 186 \times (17-10)} = 391\ (kg/h)$$

(2) T_h 80→20
T_c 17←10
$\overline{\Delta T\ \ 63\ \ \ 10}$

$$\Delta T_m = \frac{63-10}{\ln\frac{63}{10}} = 28.8\ (K)$$

$$A = \frac{\Phi}{K\Delta T_m} = \frac{3\ 181}{568 \times 28.8} = 0.194\ (m^2)$$

(3) T_h 80→20
T_c 10→17
$\overline{\Delta T\ \ 70\ \ \ 3}$

$$\Delta T_m = \frac{70-3}{\ln\frac{70}{3}} = 21.3\ (K)$$

$$A = \frac{\Phi}{K\Delta T_m} = \frac{3\ 181}{568 \times 21.3} = 0.263\ (m^2)$$

由计算结果可见，逆流比并流换热平均推动力 ΔT_m 大，所需换热面积小。若用相同换热面积，则逆流的冷水用量小。从经济角度，逆流优于并流。

5-11 非稳态换热

非稳态换热就是在不稳定温度场中的热交换。非稳态换热比稳态换热更为复杂的是：温度不仅是位置的函数，而且也是时间的函数。在一些热力过程中，非稳态换热可能起着支配作用，如食品的消毒和杀菌处理等。

5.11A 非稳态换热的基本概念

现在集中讨论下面的非稳态换热情况：一个物体浸入一种流体流浴之中，流体量较大，保持温度 T_∞ 不变。该物体开始温度为 T_0，因 T_∞ 和 T_0 不同，该物体与周围流体环境将进行热交换。这时的换热包括流体和物体表面的对流传热，以及物体表面和内部间的导热。热交换使物体内各点温度随时间不断变化，亦即物体内的导热是非稳态导热，换热结果使物体内温度逐渐趋向 T_∞，直到达到平衡状态为止。

假如物体内只进行一维非稳态导热，则温度 T 与时间 t 和距离 x 间的关系将遵循傅里叶第二定律的一维公式：

$$\frac{\partial T}{\partial t} = a\frac{\partial^2 T}{\partial x^2} \tag{5-70}$$

式中 a ——物体的热扩散率（thermal diffusivity），又称为导温系数，m^2/s。

$$a = \frac{\lambda}{c_p \rho} \tag{5-71}$$

a 值越大，物体内温度的传播速度越大。

对具有简单几何形状的物体，如大平板、长圆柱和圆球，其传热可按一维处理，直接对式（5-70）求解，但其解的形式为无穷级数。可用下列四个量纲一的特征数表示其解。

①时间比：
$$X = \frac{at}{x_1^2} \tag{5-72}$$

②温度比：
$$Y = \frac{T_\infty - T}{T_\infty - T_0} \tag{5-73}$$

③热阻比：
$$m = \frac{\lambda}{\alpha x_1} \tag{5-74}$$

④距离比：
$$n = \frac{x}{x_1} \tag{5-75}$$

式中　T_∞——环境流体温度，℃；
　　　T_0——物体初始温度，℃；
　　　T——物体内某点在 t 时刻的温度，℃；
　　　a——物体的热扩散率，m^2/s；
　　　α——物体表面与环境流体的表面传热系数，$W/(m^2 \cdot K)$；
　　　x_1——物体的特性尺寸，为物体表面到物体中心、轴心或中心平面的最短距离，m；
　　　x——物体内某点到中心的距离，m。

这样，方程式（5-70）的解可表达为
$$Y = f(X, m, n) \tag{5-76}$$

如果只选固体中心作为研究对象，因 $x = 0$，$n = 0$，此时式（5-76）变为
$$Y = f(X, m) \tag{5-77}$$

前述的几个量纲一的特征数中，时间比 X 又称为傅里叶（Fourier）数，温度比 Y 又称为过余温度准数，而热阻比 m 的倒数 $1/m$ 又称为毕奥（Biot）数。对热阻比 m 可作如下理解：物体表面热阻为对流传热阻力，即

$$R_o = \frac{1}{\alpha A}$$

物体内部热阻为导热阻力，即

$$R_i = \frac{x_1}{\lambda A}$$

二者之比为

$$m = \frac{R_o}{R_i} = \frac{\lambda}{\alpha x_1}$$

m 即为物体外部热阻和内部热阻之比。若 m 值大，外部热阻对换热控制作用大。若 m 值小，内部热阻对换热控制作用大。因此，热阻比 m 是讨论非稳态换热的重要参数。下面根据 m 值的不同，分几种情形讨论非稳态换热。

5.11B　忽略内阻的非稳态换热

因为热阻比 $m > 10$，换热内阻与外阻相比可以忽略。这时，外阻是影响换热的主要因素。这种条件适用于大多数金属物体的加热和冷却，因为金属的热导率 λ 较大，内阻较小。这种条件一般不适用于流体与固体食品的换热，因固体食品的热导率较小，内阻相对较大不容忽略。可忽略内阻的换热意味着物体内各处温度相同，物体各处的温度仅随时间变化，温度与物体形状没有多大关系。

可忽略内阻的非稳态换热的另一种场合，就是容器内的液态食品得到很好搅拌时的换热。这时在液体食品中也不存在温度梯度，可认为物料内温度因搅拌而到处均匀一致。

下面推导可忽略内阻的非稳态换热的数学表达式。将一个冷物体浸入到温度为 T_∞ 的热流体中，因为换热仅受物体外部流体对该物体的对流传热控制，由热量衡算，对流传热热流量等于单位时间物体焓的增量，即

$$\Phi = \alpha A (T_\infty - T) = \rho V c_p \frac{dT}{dt} \tag{5-78}$$

式中　A——物体的表面积，m^2；
　　　V——物体的体积，m^3；
　　　ρ——物体的密度，kg/m^3；
　　　c_p——物体的比定压热容，$J/(kg \cdot K)$。

分离变量积分，有

$$\int_{T_0}^{T} \frac{dT}{T_\infty - T} = \frac{\alpha A}{c_p \rho V} \int_0^t dt$$

得

$$-\ln \frac{T_\infty - T}{T_\infty - T_0} = \frac{\alpha A t}{c_p \rho V}$$

或

$$\frac{T_\infty - T}{T_\infty - T_0} = \exp\left(-\frac{\alpha A t}{c_p \rho V}\right) \tag{5-79}$$

若以 V/A 作为物体特性尺寸 x_1，则

$$\frac{\alpha A t}{c_p \rho V} = \frac{\alpha t}{c_p \rho x_1} = \frac{\alpha t \lambda x_1}{c_p \rho \lambda x_1^2} = \frac{\alpha a t x_1}{\lambda x_1^2} = X \frac{\alpha x_1}{\lambda} = X/m$$

则式（5-79）可表示为

$$Y = e^{-X/m} \tag{5-80}$$

式（5-79）和式（5-80）皆为可忽略内阻的非稳态换热方程。

例 5-10　将密度为 $980 kg/m^3$、比定压热容为 $3.95 kJ/(kg \cdot K)$ 的番茄汁放入半径为 $0.5m$ 的半球形夹层锅中加热。番茄汁初温为 $20℃$，在锅内充分搅拌。蒸汽夹套的表面传热系数为 $5000 W/(m^2 \cdot K)$，蒸汽的温度为 $90℃$。计算加热 $5min$ 后番茄汁的温度。

解：因锅内液体物料充分搅拌，物料内无温度梯度。将夹层锅的金属内层与锅内液体物料看作一体，属于忽略内阻的非稳态加热，可用式（5-79）求解。

半球形锅的表面积和体积为

$$A = 2\pi r^2 = 2 \times 3.14 \times 0.5^2 = 1.57 \ (m^2)$$

$$V = \frac{2}{3}\pi r^3 = \frac{2}{3} \times 3.14 \times 0.5^3 = 0.26 \ (m^3)$$

将已知数据代入式（5-79），有

$$\frac{90-T}{90-20} = \exp\left(-\frac{5000 \times 1.57 \times 5 \times 60}{3950 \times 980 \times 0.26}\right) = 0.096$$

解得　　　　　　　　　　　　$T = 83.3℃$

5.11C　内阻和外阻共存的非稳态换热 $(10 > m > \frac{1}{40})$

这种情况比较复杂，内阻和外阻对非稳态换热都不能忽略。即使对大平板、球体和长圆柱只有一维不稳定温度场的非稳态换热，解式（5-77）的具体表达也相当复杂，一些研究者已对大平板、球体和长圆柱作出了不同 m 值的 Y—X 线算图。见图 5-33、图 5-34 和图 5-35，这些图的纵坐标为温度比 $Y = \frac{T_\infty - T}{T_\infty - T_0}$，横坐标为时间比 $X = \frac{at}{x_1^2}$。特性尺寸 x_1，对大平板为半厚度，对球体为球半径，对圆柱体为其半径。可以用这几张图计算这些形状物体的非稳态换热过程。

例 5-11　直径 $6cm$、初温 $15℃$ 的苹果放入 $2℃$ 的冷水流中，水对苹果的表面传热系数为 $50W/(m^2 \cdot K)$，苹果的热导率 $\lambda = 0.355 W/(m \cdot K)$，比定压热容 $c_p = 3.6 kJ/(kg \cdot K)$，密度 $\rho = 820 kg/m^3$。求使苹果中心温度达到 $3℃$ 所需时间。

解：视苹果为球体。

$$Y = \frac{T_\infty - T}{T_\infty - T_0} = \frac{2-3}{2-15} = \frac{1}{13} = 0.077$$

$$m=\frac{\lambda}{\alpha x_1}=\frac{0.355}{50\times 0.03}=0.237$$

查图 5-34，得对应 $X=0.5$。引用式（5-72），得

$$t=\frac{Xx_1^2}{a}=\frac{Xx_1^2 c_p\rho}{\lambda}=\frac{0.5\times 0.03^2\times 3\,600\times 820}{0.355}=3\,742\text{s}=1.04\text{h}$$

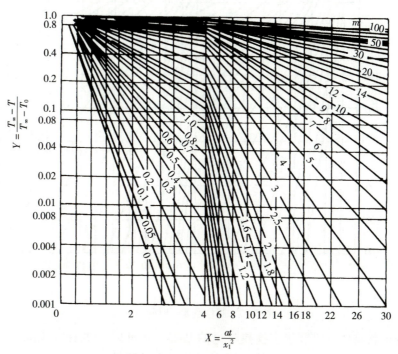

图 5-33　平板温度—时间线算图

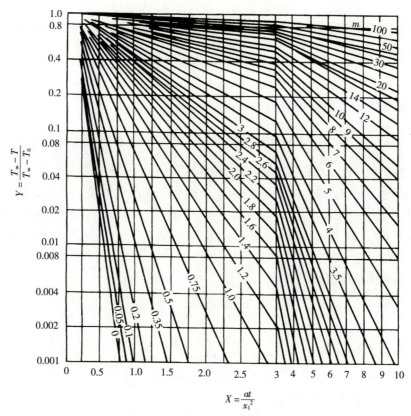

图 5-34　球体温度—时间线算图

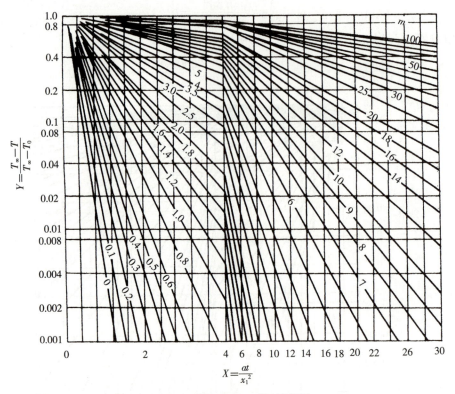

图 5-35 圆柱温度—时间线算图

在以上几种形状物体一维非稳态换热讨论的基础上，可以解决有限长圆柱体等的非稳态换热的计算。有限长的短圆柱体（例如圆柱形罐头）可视为长圆柱和厚度等于短圆柱高度的大平板的公交体。

设 Y_1 为长圆柱体的温度比，Y_2 为大平板的温度比，Myers 于 1971 年在数学上已证明，短圆柱体的温度比为

$$Y = Y_1 \cdot Y_2 \tag{5-81}$$

5.11D 可忽略外阻的非稳态换热 $\left(m < \dfrac{1}{40}\right)$

一般认为当 $m < \dfrac{1}{40}$，换热过程的外部热阻很小，可以忽略不计。此时，以上三个 Y—X 线算图仍可适用，但这时问题已经简化，因为此情况下只使用 $m=0$ 一条线就可以了。

例 5-12 将半径 3.4cm、高 10.2cm 的豌豆浆罐头在蒸汽中加热，蒸汽温度为 116℃，蒸汽对罐头的表面传热系数 $\alpha = 3\,820 \text{W}/(\text{m}^2 \cdot \text{K})$，豌豆浆的热导率 $\lambda = 0.83 \text{W}/(\text{m} \cdot \text{K})$，比定压热容 $c_p = 3.8 \text{kJ}/(\text{kg} \cdot \text{K})$，密度 $\rho = 1\,090 \text{kg/m}^3$，罐头初温 30℃。求加热 45min 后，罐头中心处的温度。

解：（1）计算长圆柱的温度比 Y_1。

$$m = \frac{\lambda}{\alpha x_1} = \frac{0.83}{3\,820 \times 0.034} = 0.006\,4 < \frac{1}{40}$$

可认为 $m = 0$。

$$X = \frac{at}{x_1^2} = \frac{\lambda t}{c_p \rho x_1^2} = \frac{0.83 \times 45 \times 60}{3\,800 \times 1\,090 \times 0.034^2} = 0.468$$

查图 5-35 的 $m = 0$ 线，得 $Y_1 = 0.19$。

（2）计算大平板的温度比 Y_2。

$$x_1 = 10.2/2 = 5.1\text{cm} = 0.051\text{m}$$

$$m = \frac{\lambda}{\alpha x_1} = \frac{0.83}{3\,820 \times 0.051} \approx 0$$

$$X = \frac{\lambda t}{c_p \rho x_1^2} = \frac{0.83 \times 45 \times 60}{3\,800 \times 1\,090 \times 0.051^2} = 0.208$$

查图 5-33 的 $m=0$ 线，得 $Y_2 = 0.80$。

(3) 对作为有限圆柱体的罐头，其温度比 Y 按式（5-81）求。

$$Y = Y_1 \cdot Y_2 = 0.19 \times 0.80 = 0.15$$

$$Y = \frac{T_\infty - T}{T_\infty - T_0} = \frac{116 - T}{116 - 30} = 0.15$$

$$T = 103℃$$

第五节 辐射传热

辐射传热是热量传递的三种基本方式之一。热辐射和微波都是不同波长范围的电磁辐射。热辐射在高温时是主要的传热方式，例如焙烤食品工业中，烤炉对食品的传热主要通过热辐射。微波与介电物质作用转变为热，微波加热在食品加工中的应用日益广泛。本节首先讨论热辐射的基本概念、基本定律和辐射传热的基本计算，然后介绍微波加热的原理和应用。

5-12 辐射的基本概念和定律

5.12A 辐射的基本概念

1. 热辐射 仅因物体自身温度而发出的辐射能称为热辐射（thermal radiation）。热辐射和其他电磁辐射一样，都是以光速进行传递。它的传递不需要任何介质，甚至在绝对真空中也同样能传递。热辐射也具有波粒二重性。一方面它具有波动性，其波长 λ 和频率 ν 的乘积等于光速 c：

$$c = \nu \lambda \tag{5-82}$$

另一方面它具有粒子性，它直线传播，能量是量子化的，量子的能量 E 与辐射频率 ν 成正比：

$$E = h\nu \tag{5-83}$$

式中 h——普朗克（Planck）常量，$h = 6.626 \times 10^{-34}\text{J·s}$。

热辐射与其他电磁辐射如 γ 射线、X 射线及无线电波等，就物理本质而言，完全相同，都是以电磁波形式传播的辐射能，区别仅在于波长范围不同。热辐射的波长在 $0.4 \sim 40\mu\text{m}$ 之间。这个波长范围的辐射能容易被物体吸收而转变为热能，故被称为热辐射。其中波长 $0.4 \sim 0.8\mu\text{m}$ 者，为可见光；波长为 $0.8 \sim 40\mu\text{m}$ 者，为红外线。

2. 吸收率和黑体 当热辐射投射到物体表面时，将发生吸收、反射和穿透现象，如图5-36所示。设投射到某物体上的总辐射能为 Q，部分能量 Q_A 被吸收，部分能量 Q_R 被反射，部分能量 Q_T 透过该物体。按能量守恒定律，得

$$Q_A + Q_R + Q_T = Q$$

故

$$\frac{Q_A}{Q} + \frac{Q_R}{Q} + \frac{Q_T}{Q} = 1$$

令 $\alpha = \dfrac{Q_A}{Q}$，称为物体的吸收率（absorptivity），$\rho = \dfrac{Q_R}{Q}$，称为物体的反射率（reflectivity），$\tau = \dfrac{Q_T}{Q}$，称为物体的透过率（transmissivity），则有

$$\alpha + \rho + \tau = 1 \tag{5-84}$$

当 $\alpha = 1$ 时，表示物体能全部吸收辐射能，称该物体为绝对黑体，简称黑体（black body）。当

$\rho=1$ 时，表示物体能全部反射辐射能，称该物体为绝对白体或镜体。当 $\tau=1$ 时，表示物体能全部透过辐射能，称该物体为透热体。

黑体是个理想化的概念，实际上 $\alpha=1$ 的物体并不存在，仅作为热辐射计算中比较的标准。当 $\alpha<1$，且对所有波长的辐射都具有相同吸收率的物体，称为灰体（gray body）。灰体不透过辐射能，即 $\alpha+\rho=1$。

3. 辐能流率 物体在单位时间发射出的辐射能，称为辐射功率，以 Φ 表示：

$$\Phi = \frac{\mathrm{d}Q}{\mathrm{d}t} \quad (\mathrm{W}) \tag{5-85}$$

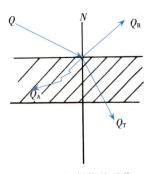

图 5-36 辐射能的吸收、反射和透过

物体单位表面积上产生的辐射能，称为辐能流。单位时间发射出的辐能流，称为辐能流率，以 φ 表示。所以，辐能流率 φ 即为物体从单位表面积发出的辐射功率：

$$\varphi = \frac{\Phi}{A} \quad (\mathrm{W/m^2}) \tag{5-86}$$

换言之，辐能流率 φ 就是物体在单位时间、从单位表面积上发射的辐射能，它表征物体辐射能力的大小：

$$\varphi = \frac{\mathrm{d}Q}{A\mathrm{d}t} \quad (\mathrm{W/m^2}) \tag{5-87}$$

波长 λ 一定的辐射的辐能流率，称为单色辐能流率，记作 φ_λ，定义为

$$\varphi_\lambda = \lim_{\Delta\lambda \to 0} \frac{\varphi_{\lambda\sim(\lambda+\Delta\lambda)}}{\Delta\lambda} \quad (\mathrm{W/m^3}) \tag{5-88}$$

式中 $\varphi_{\lambda\sim(\lambda+\Delta\lambda)}$ ——波长在 λ 到 $\lambda+\Delta\lambda$ 之间的辐射的辐能流率，$\mathrm{W/m^2}$。

5.12B 辐射定律

1. 普朗克（Planck）定律 1900 年 Planck 从理论上导出黑体在不同温度下向真空辐射的单色辐能流率与波长和温度的关系：

$$\varphi_{b\lambda} = \frac{c_1 \lambda^{-5}}{\mathrm{e}^{\frac{c_2}{\lambda T}} - 1} \tag{5-89}$$

式中 $\varphi_{b\lambda}$——黑体在波长 λ 的单色辐能流率，$\mathrm{W/m^3}$；
λ——波长，m；
T——热力学温度，K；
c_1——第一辐射常量，$c_1 = 2\pi hc^2 = 3.743 \times 10^{-16} \mathrm{Wm^2}$；
c_2——第二辐射常量，$c_2 = hc/k = 1.4387 \times 10^{-2} \mathrm{m \cdot K}$。

式 (5-89) 称为普朗克定律。由此式可给出不同温度下的 $\varphi_{b\lambda}$—λ 等温线，如图 5-37 所示，每条线下的面积表示黑体在该温度下的所有波长辐射的辐能流率。

2. 斯特藩-玻尔兹曼（Stefan-Boltzmann）定律 黑体的辐能流率为黑体所有单色辐能流率之和，即

$$\varphi_b = \int_0^\infty \varphi_{b\lambda} \mathrm{d}\lambda = \int_0^\infty \frac{c_1 \lambda^{-5}}{\mathrm{e}^{\frac{c_2}{\lambda T}} - 1} \mathrm{d}\lambda$$

计算上式中的积分，可得

$$\varphi_b = \sigma T^4 \tag{5-90}$$

式中 σ——斯特藩-玻尔兹曼常量，$\sigma = 5.67 \times 10^{-8} \mathrm{W/(m^2 \cdot K^4)}$。

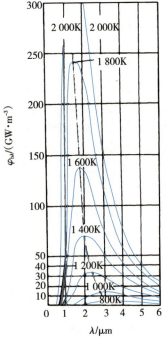

图 5-37 黑体辐射能流率分布

式（5-90）称为斯特藩-玻尔兹曼定律，它表明黑体的辐能流率与热力学温度的四次方成正比。该定律表明，只要温度 $T>0K$，就会产生热辐射。前面讨论换热时提到，热交换除了对流传热和导热外，也包含辐射传热。只不过在低温时，热辐射相对较小，可以忽略。随着温度的提高，热辐射的作用增大。在高温时，热辐射成为主要的传热方式。

在同一温度下，灰体的辐射能力小于黑体，灰体的辐能流率与黑体的辐能流率之比称为该灰体的黑度（blackness），又称辐射率，一般用 ε 表示，即

$$\varepsilon = \frac{\varphi}{\varphi_b} \tag{5-91}$$

显然，$\varepsilon < 1$。

灰体的辐能流率 φ 与温度的关系为

$$\varphi = \varepsilon \varphi_b = \varepsilon \sigma T^4 \tag{5-92}$$

一些常用材料的黑度见表 5-7。

表 5-7 常用材料的黑度

材料	温度/℃	ε
铝，表面高度磨光	225～575	0.039～0.057
黄铜，表面高度磨光	245～355	0.028～0.031
铸铁，氧化的	200～600	0.64～0.78
钢板，氧化的	200～600	0.79
钢铸件，磨光的	770～1 040	0.52～0.56
红砖，表面粗糙平整	20	0.93
耐火砖	1 000	0.75
玻璃，表面光滑	22～90	0.94
涂漆，黑色或白色	40～95	0.80～0.95
橡胶，硬板	23	0.94

3. 基尔霍夫（Kirchhoff）定律 现研究灰体黑度与吸收率间的关系。在图 5-38 中，空腔 2 及腔内的灰体 1 处于热平衡，即两者温度相同，则灰体单位时间单位面积上吸收的辐射能等于它发射出的辐能流率 φ，若腔内表面发射的单位时间照射到灰体单位表面的辐射能为 q，灰体的吸收率为 α，则有

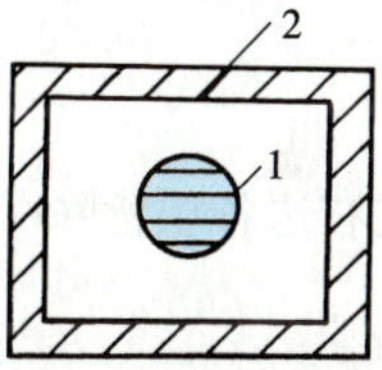

$$\alpha q = \varphi$$

如果取出灰体，换上同样尺寸的黑体，在与上面相同温度下处于平衡时，有

$$q = \varphi_b$$

图 5-38 平衡时空腔和腔内物体
1. 灰体 2. 空腔

两式相除，则 $\alpha = \dfrac{\varphi}{\varphi_b}$，即

$$\frac{\varphi}{\alpha} = \varphi_b \tag{5-93}$$

式（5-93）称为基尔霍夫定律，它表明一切灰体的辐能流率与其吸收率的比值恒等于同温度下黑体的辐能流率。因为任何灰体的吸收率 $\alpha < 1$，所以黑体产生热辐射的能力最大。

而由式（5-91），$\dfrac{\varphi}{\varphi_b} = \varepsilon$，ε 为灰体的黑度，则

$$\alpha = \varepsilon \tag{5-94}$$

式（5-94）也称为基尔霍夫定律，它表明：在同一温度下，灰体的吸收率与其黑度在数值上相等。所以，任何灰体吸收热辐射的能力越强，它发射热辐射的能力也越强。

5-13 两固体间的辐射换热

工程实践中常见到的是固体间的辐射换热。这些固体可当作灰体处理，它们之间的辐射换热，实际上是辐射能的多次吸收和多次反射的过程。两固体间的辐射换热，不但与二者温度有关，而且与两物体的黑度、形状和大小，甚至与它们间的距离和相对位置都有关，非常复杂。下面仅就几种简单情形概略讨论之。

1. 极大的两平行板间的辐射换热 设两个极大的平行板 1 和 2，如图 5-39 所示，它们的温度分别为 T_1 和 T_2，发出的辐能流率分别为 φ_1 和 φ_2，单位时间单位面积上接收对方的辐射能分别为 q_2 和 q_1。其中，1→2 的能量 q_1 由板 1 自身辐射 φ_1 和反射 q_2 的能量构成，即

图 5-39 极大平行板间辐射换热

$$q_1 = \varphi_1 + (1-\alpha_1)q_2 = \varphi_1 + (1-\varepsilon_1)q_2 \tag{5-95}$$

同样
$$q_2 = \varphi_2 + (1-\alpha_2)q_1 = \varphi_2 + (1-\varepsilon_2)q_1 \tag{5-96}$$

将式（5-96）代入式（5-95），得

$$q_1 = \varphi_1 + (1-\varepsilon_1)[\varphi_2 + (1-\varepsilon_2)q_1]$$
$$= \varphi_1 + \varphi_2 - \varepsilon_1\varphi_2 + q_1 - \varepsilon_2 q_1 - \varepsilon_1 q_1 + \varepsilon_1\varepsilon_2 q_1$$

整理得
$$q_1 = \frac{\varphi_1 + \varphi_2 - \varepsilon_1\varphi_2}{\varepsilon_1 + \varepsilon_2 - \varepsilon_1\varepsilon_2}$$

同理
$$q_2 = \frac{\varphi_1 + \varphi_2 - \varepsilon_2\varphi_1}{\varepsilon_1 + \varepsilon_2 - \varepsilon_1\varepsilon_2}$$

从 1 向 2 的净辐射的热流密度 $q_{1\text{-}2}$ 为

$$q_{1\text{-}2} = q_1 - q_2 = \frac{\varepsilon_2\varphi_1 - \varepsilon_1\varphi_2}{\varepsilon_1 + \varepsilon_2 - \varepsilon_1\varepsilon_2}$$
$$= \frac{\varepsilon_2\varepsilon_1\sigma T_1^4 - \varepsilon_1\varepsilon_2\sigma T_2^4}{\varepsilon_1 + \varepsilon_2 - \varepsilon_1\varepsilon_2}$$

等式右边各项皆除以 $\varepsilon_1\varepsilon_2$，则得

$$q_{1\text{-}2} = \frac{\sigma(T_1^4 - T_2^4)}{\dfrac{1}{\varepsilon_1} + \dfrac{1}{\varepsilon_2} - 1}$$

令
$$C_{1\text{-}2} = \frac{\sigma}{\dfrac{1}{\varepsilon_1} + \dfrac{1}{\varepsilon_2} - 1} \tag{5-97}$$

则
$$q_{1\text{-}2} = C_{1\text{-}2}(T_1^4 - T_2^4) \quad (\text{W/m}^2) \tag{5-98}$$

式中 $C_{1\text{-}2}$——总辐射系数，W/（m²·K⁴）。

若平板面积为 A，则辐射换热热流量为

$$\Phi_{1\text{-}2} = C_{1\text{-}2} A(T_1^4 - T_2^4) \quad (\text{W}) \tag{5-99}$$

2. 一物体被另一物体包围时的辐射换热 如图 5-38 的情形，物体 1 完全被物体 2 所包围。与前种情况相同的是，物体 1 发出的辐射能可全部照射到物体 2 上，或者说全部被物体 2 所拦截。与前种情况不同的是，物体 1 和物体 2 的表面积 A_1 和 A_2 一般不相同，可以推得从 1 向 2 的净辐射热流量仍可表为式（5-99）的形式：

$$\Phi_{1\text{-}2} = C_{1\text{-}2} A_1 (T_1^4 - T_2^4) \quad (\text{W}) \tag{5-100}$$

式中，总辐射系数 $C_{1\text{-}2}$ 为

$$C_{1\text{-}2}=\frac{\sigma}{\frac{1}{\varepsilon_1}+\frac{A_1}{A_2}\left(\frac{1}{\varepsilon_2}-1\right)} \tag{5-101}$$

作为两种极端情形：一种是物体 2 相对于物体 1 很大，则 $\frac{A_1}{A_2}\approx 0$，式（5-101）变为

$$C_{1\text{-}2}=\varepsilon_1\sigma \tag{5-102}$$

另一种是物体 2 恰好包住物体 1，$\frac{A_1}{A_2}\approx 1$，则式（5-101）变为

$$C_{1\text{-}2}=\frac{\sigma}{\frac{1}{\varepsilon_1}+\frac{1}{\varepsilon_2}-1} \tag{5-103}$$

3. 面积有限的两相等平行面间的辐射换热 这种情形与前两种情况不同的是，物体 1 发出的辐射不能完全为物体 2 所截获，如图 5-40 所示。这样在辐射换热方程中就要出现一个小于 1 的因子 $F_{1\text{-}2}$，即

$$\Phi_{1\text{-}2}=C_{1\text{-}2}F_{1\text{-}2}A(T_1^4-T_2^4) \tag{5-104}$$

在式（5-104）中，总辐射系数 $C_{1\text{-}2}$ 为

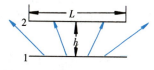

图 5-40 有限平行板间的辐射

$$C_{1\text{-}2}=\varepsilon_1\varepsilon_2\sigma \tag{5-105}$$

而 $F_{1\text{-}2}$ 称为角因子（angle factor）或几何因子，它具有从物体 1 发出的辐射被物体 2 截获的比例的意义。对前面极大的两平行板间辐射及物体 1 被物体 2 包围那两种情况，$F_{1\text{-}2}=1$，因此角因子不出现在换热方程中。

对面积有限的两相等平行平面间的辐射，$F_{1\text{-}2}$ 随 $\frac{L}{h}$ 的增加而增大。其中，h 为两平行板间的距离，L 对正方形板为边长，对圆盘形板为直径，对长方形板为短边长度。这几种平行板 $F_{1\text{-}2}$ 与 $\frac{L}{h}$ 的关系如图 5-41 所示。

例 5-13 面积为 0.1m^2 的面包在烤炉内烘烤。炉内壁面积为 1m^2，温度为 250℃，面包温度为 100℃，炉内壁对面包构成封闭空间，炉壁为氧化的钢材表面，黑度为 0.8，面包黑度为 0.5。求面包得到的辐射热流量。

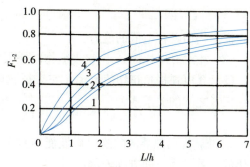

图 5-41 $F_{1\text{-}2}$ 与 $\frac{L}{h}$ 的关系

1. 圆盘形 2. 正方形
3. 长方形（边长比 2∶1） 4. 长方形（狭长）

解： 这是面包被烤炉包围时的辐射换热，在引用式（5-100）和式（5-101）时应注意，被包围的面包是物体 1，炉壁为物体 2。

$$C_{1\text{-}2}=\frac{\sigma}{\frac{1}{\varepsilon_1}+\frac{A_1}{A_2}\left(\frac{1}{\varepsilon_2}-1\right)}=\frac{5.67\times 10^{-8}}{\frac{1}{0.5}+\frac{0.1}{1}\times\left(\frac{1}{0.8}-1\right)}=2.80\times 10^{-8}\ (\text{W}\cdot\text{m}^{-2}\cdot\text{K}^{-4})$$

$$\begin{aligned}\Phi_{1\text{-}2}&=C_{1\text{-}2}A_1(T_1^4-T_2^4)\\&=2.80\times 10^{-8}\times 0.1\times(373^4-523^4)\\&=-155\ (\text{W})\end{aligned}$$

负号表明，实际上是从炉壁向面包辐射换热：$\Phi_{2\text{-}1}=155\text{W}$。

5-14 微波加热

电磁辐射中除热辐射可用于加热外，可利用的还有微波（microwave）。频率在 300MHz 和

300GHz之间的电磁波称为微波。微波在军事和通信上有着广泛的应用。国际电信联盟为工业、民用科学和医疗应用设置了两个频段，即（915±13）MHz和（2 450±50）MHz，它们分别相应于波长（0.328±0.005）m和（0.122±0.003）m。

5.14A 微波加热原理

微波具有电磁波的共性。它可在空管中传输，可在物质中反射和吸收，这取决于物质的介电性质。玻璃、陶瓷和塑料等容器材料可以透过微波，很少或根本不吸收微波。微波可透入食品物质，并与其作用，使食品整体都被加热，因而加热速度比对流加热更快。

1. 微波加热机理 当介电物质吸收微波时，微波向介电物质释放能量，亦即微波能转化成热能，使物质升高温度。解释在微波场中物质产生热量的原因有两种机理：离子极化机理和偶极旋转机理。

（1）离子极化。当对含有离子的食品溶液施加电场时，由于离子自身的电荷，离子会加速运动，导致离子之间的碰撞，把动能转变为热能。离子浓度高，离子之间就会产生更多碰撞，温度也会升得更高。

（2）偶极旋转。食品含有极性分子，最多的是水分子。这些分子本来是随机排列的。在微波场中，偶极分子会由其极性而不断取向，产生频繁旋转。例如在频率2 450MHz的微波场中，极性分子每秒钟将旋转245亿次。如此，导致其和周围介质的摩擦而生热，使食品温度升高。

2. 介电性质 对微波的吸收，取决于物质的介电性质。影响微波传热的介电性质包括：

（1）相对介电常数 ε_r。物质的介电常数 ε 与真空介电常数 ε_0 之比，称为物质的相对介电常数 ε_r，即

$$\varepsilon_r = \frac{\varepsilon}{\varepsilon_0} \tag{5-106}$$

ε_r 表征了物质贮存电能的能力。

（2）相对介电耗损 $\varepsilon_r{}'$。它表征物质耗损电能的能力。

（3）介电耗损角正切值 $\tan\delta$。它表征物质耗损电能变成热能的程度。

三者之间的关系式为

$$\varepsilon_r{}' = \varepsilon_r \tan\delta \tag{5-107}$$

3. 微波能向热能的转换 微波能本身不是热，它和介电物质相互作用而转变为热，微波能转换成热的关系可用下列方程表示：

$$P_D = 5.561 \times 10^{-15} E^2 \nu \varepsilon_r \tan\delta \tag{5-108}$$

式中　P_D——功耗，W/m^3；

E——电场强度，V/m；

ν——频率，Hz。

式（5-108）中，ε_r 和 $\tan\delta$ 是介电物质的性质，而 E 和 ν 表示能源的特性，此式把二者联系起来。显然，提高电场强度可大大增加微波的功率损耗。

4. 微波穿透深度 微波和物质之间的能量传递受物质性质的影响。微波能在物质中的分布取决于衰减系数（attenuation factor）α'。α' 可由相对介电常数 ε_r、耗损角正切 $\tan\delta$ 及微波波长 λ 求得，即

$$\alpha' = \frac{2\pi}{\lambda} \left[\frac{\varepsilon_r}{2} (\sqrt{1+\tan^2\delta} - 1) \right]^{1/2} \tag{5-109}$$

微波功率在介电物质中的衰减可以用兰贝特（Lambert）公式表示，即

$$P = P_0 e^{-2\alpha' d} \tag{5-110}$$

式中　P_0——入射微波功率，W/m^3；

P——深度为 d 处的微波功率，W/m^3；

d——微波穿透深度，m。

通常微波穿透深度有两种表示方法：1/e 功率深度和半功率深度。

1/e 功率深度，即介电物质内部微波功率等于入射功率 1/e 倍处的深度 d。这时，因 $\frac{P}{P_0}=\frac{1}{e}$，$2\alpha'd=1$，则

$$d=\frac{1}{2\alpha'} \tag{5-111}$$

半功率深度，即介电物质内部微波功率等于入射功率 1/2 倍处的深度 d。这时，因 $\frac{P}{P_0}=\frac{1}{2}$，$2\alpha'd=\ln 2$，则

$$d=\frac{\ln 2}{2\alpha'}=\frac{0.347}{\alpha'} \tag{5-112}$$

例 5-14 20℃生马铃薯的相对介电常数为 64，耗损角正切为 0.23。若用频率为 915MHz 的微波照射，求衰减系数和微波穿透深度。

解：

$$\lambda=c/\nu=\frac{3\times 10^8}{915\times 10^6}=0.328 \text{ (m)}$$

按式（5-109），有

$$\alpha'=\frac{2\pi}{\lambda}\left[\frac{\varepsilon_r}{2}(\sqrt{1+\tan^2\delta}-1)\right]^{1/2}$$

$$=\frac{2\times 3.14}{0.328}\times\left[\frac{64}{2}\times(\sqrt{1+0.23^2}-1)\right]^{1/2}=17.5 \text{ (m}^{-1})$$

1/e 功率深度：

$$d=\frac{1}{2\alpha'}=\frac{1}{2\times 17.5}=0.029 \text{ (m)}$$

半功率深度：

$$d=\frac{0.347}{\alpha'}=\frac{0.347}{17.5}=0.020 \text{ (m)}$$

5.14B 微波炉和食品的微波加热

1. 微波炉 微波炉（microwave oven）是利用微波进行加热的灶具设备，它的外形类似于电烤箱，其内部结构见图 5-42，其主要部分如下：

（1）磁控管。磁控管（magnetron）是微波炉的关键元件，其作用是产生并发射微波。磁控管里有氧化铜阳极，做成外周边圆形、内周边有多个圆形谐振腔，阴极呈圆柱状位于中央，同时有一轴向恒定磁场。将直流高压电加

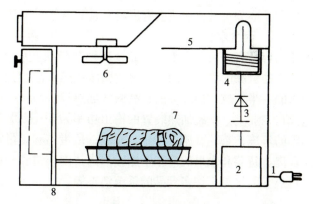

图 5-42 微波炉的结构
1. 电源引线 2. 漏磁变压器 3. 高压电容器和整流器
4. 磁控管 5. 波导管 6. 搅拌器 7. 谐振腔 8. 炉门

于阴阳极间，负高压的阴极发射大量电子，在磁场作用下，电子旋向阳极，产生一定频率微波，从阳极天线发射出去，由风扇对磁控管吹风散热。

（2）波导管。波导管（wave guide）是微波的传输元件，它把微波由磁控管引入微波炉腔内。波导管是截面呈矩形的空心金属导管。

（3）搅拌器。搅拌器是微波的均布装置，安装在波导管输出口端，把波导管引来的微波均匀分布到炉腔内。

（4）谐振腔。谐振腔又称炉腔，是盛放食品进行烹调和加热之处。谐振腔是由金属板制成的长方形箱体，其结构尺寸按微波频率精细设计，使导入的微波频率等于谐振腔的谐振频率，完成微波能向热的转换。微波在腔壁间来回反射，频繁穿透食品，穿过食品各个层面，并被不断吸收而转为热。

（5）电源。微波炉的电源系统由一只电容器、一只二极管和一台漏磁变压器组成。它一方面可保证电源电压的稳定性，另一方面又可提供磁控管需要的数千伏的高压直流电。

2. 食品的微波加热 用微波炉加热食品从根本上改变了传统的加热方法，具有许多优点。

（1）加热速度快。微波可穿透进食品内部，使食品内外同时受热，在很短时间内就使食品加热，熟透。因此，微波加热可以节省时间，比传统加热省时 3/5～2/3。当然，加热速度过快，也有可能使期望发生的物理变化和生化反应不充分而影响品质质量，故加热速度也应控制。因加热速度与微波输出功率成正比，因此通过控制输出功率就可以控制加热速度。

（2）节省能量。因微波在谐振腔内可反复反射而被食品吸收，因此微波加热能量利用率高，与电炉比，可节能60%左右。

（3）利于解冻。微波炉在食品快速解冻方面的优势，是其他解冻方法不能比的。不但解冻时间短，更重要的是能保持食品原有质地和特色，在讨论冷冻食品的解冻时，应特别注意冰和水在介电性质上的显著差别（表 5-8）。冰的相对介电常数 ε_r 和耗损角正切 $\tan\delta$ 都比水小得多，因此其相对耗损系数 ε_r' 比水小得更多。所以，冷冻食品以微波加热解冻时，应注意调整温度恰好低于其冰点，则可以使微波能穿透到冰冻食品的深层，以便使整个食品均匀解冻。

表 5-8 冰和水的介电性质 ($\nu=2\,450$Hz)

	ε_r	$\tan\delta$	ε_r'
冰	3.2	0.000 9	0.002 9
水（25℃）	78	0.16	12.48

（4）消毒作用。微波加热的同时对食品有一定杀菌作用。可以方便地利用微波炉对食品、器具和调味料等进行消毒。

食品成分对微波加热会有影响。食品含水量直接影响微波吸收。食品含水量高将增加微波的耗损系数 ε_r'。而含水量低时，比热容对加热过程的影响将比耗损系数的影响更显著。由于食品成分中水的比热容最高，因此含水量低的食品加热较快。多孔食品因含热导率小的空气，微波加热速度会较快。含盐量高的食品，因离子促进微波传热，故加热速度较快。油虽然 ε_r' 低于水，但因其比热容不及水的一半，故含油较多的食品微波加热较快。

在工业上，微波加热装置的输出功率为 5～100 kW。微波加热已经有着广泛的应用：肉、鱼和黄油等的解冻；茶、蘑菇、洋葱、海藻、鱼蛋白和禽蛋黄等的一般干燥；橘汁、谷物和种子等的真空干燥；肉、蔬菜和水果的冷冻干燥；熏肉、肉馅饼和马铃薯等的烹调；面包、面饼圈、坚果、咖啡豆和可可豆等的焙烤；许多食品的杀菌消毒等。

习 题

5-1 新鲜生鸡蛋中水分、蛋白质、脂肪、碳水化合物和灰分物质的质量分数分别为 0.737、0.128、0.113、0.012 和 0.010，计算它的比定压热容。

5-2 一玻璃窗的玻璃厚度为 0.6cm，两侧的温度分别为 20℃和 5℃，求通过玻璃的热流密度。

5-3 美国雪利酒中水分、蛋白质、脂肪和碳水化合物的质量分数分别为 0.798、0.003、0.119 和 0.080，计算这种酒的热导率。

5-4 冷库壁由两层组成：外层为红砖，厚 250mm，热导率为 0.7W/（m·K）；内层为软木，厚 200mm，热导率为 0.07W/（m·K）。软木层的防水绝缘层热阻可忽略不计。红砖和软木层的外表面温度分别为25℃和-2℃。试计算通过冷库壁的热流密度及两层接触面处的温度。

5-5 面包炉的炉墙由一层耐火黏土砖、一层红砖，及中间填以硅藻土填料层所组成。硅藻土层厚度为50mm，热导率为0.14W/(m·K)。红砖层厚度为250mm，热导率为0.7W/(m·K)。试求若不采用硅藻土，红砖层厚度必须增加多少倍，才能使炉墙与上述炉墙的热阻相同。

5-6 直径为ϕ60mm×3mm的钢管用30mm厚的软木包扎，其外又用100mm厚的保温灰包扎，以作为绝热层。现测得钢管外壁面温度为-110℃，绝热层外表面温度为10℃。已知软木和保温灰的平均热导率分别为0.043W/(m·K)和0.07W/(m·K)，试求每米管长的冷量损失量，W/m。

5-7 用ϕ170mm×5mm钢管输送水蒸气，为减少热损失，钢管外包扎两层绝热材料，第一层厚度为30mm，第二层厚度为50mm，管壁及两层绝热材料的平均热导率分别为45W/(m·K)、0.093W/(m·K)和0.175W/(m·K)，钢管内壁面温度为300℃，第二层保温层外表面温度为50℃，试求单位管长的热损失量和各层间接触界面的温度。

5-8 热水在水平管中流过，管子长为3m，外径为50mm，外壁温度为50℃，管子周围空气温度10℃，试求管外自然对流所引起的热损失。

5-9 将粗碎的番茄通过管子从温度20℃加热至75℃。管子内径为60mm，内表面温度保持105℃。番茄流量为1 300kg/h。已知物料物性数据是：ρ=1 050kg/m³；c_p=3.98kJ/(kg·K)；μ=2.15mPa·s（47.5℃时），μ=1.2mPa·s（105℃时）；λ=0.61W/(m·K)。试求番茄与管子内表面之间的表面传热系数。

5-10 冷却水在ϕ19mm×1mm，长为2m的钢管中以1m/s的流速通过。水温由288K升至298K。求管壁对水的表面传热系数。

5-11 空气以4m/s的流速通过ϕ75.5mm×3.75mm的钢管，管长20m。空气入口温度为32℃，出口为68℃，试计算空气与管壁间的表面传热系数。如空气流速增加一倍，其他条件不变，表面传热系数又为多少？

5-12 牛奶在ϕ32mm×3.5mm的不锈钢管中流过，管外用蒸汽加热。管内牛奶的表面传热系数为500W/(m²·K)，管外蒸汽对管壁的表面传热系数为2 000W/(m²·K)，不锈钢的热导率为17.5W/(m·K)，求总热阻和传热系数。如管内有0.5mm厚的有机垢层，其热导率为1.5W/(m·K)，热阻为原来的多少倍？

5-13 鲜豌豆近似为直径6mm的球形，密度为1 080kg/m³，拟在-20℃冷空气中进行流化冷冻。豆床在流化前床层高度为0.3m，空隙率为0.4。冷冻时空气速度为临界速度的1.6倍。求：
(1) 流化床的临界流化速度和操作流速。
(2) 通过床层的压力降。

5-14 在果汁预热器中，参加换热的热水进口温度为98℃，出口温度为75℃。果汁的进口温度为5℃，出口温度为65℃。求两种流体并流和逆流时的平均温度差，并将两者作比较。

5-15 苹果酱流经1m长ϕ15mm×2.5mm的不锈钢管道，其温度由20℃加热到80℃，不锈钢热导率为17.5W/(m·K)，管外加热蒸汽表压为100kPa，对管外壁的表面传热系数为6kW/(m²·K)，管内壁的表面传热系数为267W/(m²·K)。计算总传热系数及单位管长的热流量。

5-16 用套管换热器将果汁由80℃冷却到20℃，果汁比热容为3 187J/(kg·K)，流量为150kg/h。冷却水与果汁呈逆流进入换热器，进口和出口温度分别为6℃和16℃。若总传热系数为350W/(m²·K)，计算换热面积和冷却水流量。

5-17 用单程管壳式换热器将22℃的空气加热到100℃，空气平均比热容为1 007J/(kg·K)，换热器内装ϕ19mm×2mm的钢管237根，管长3.0m。管程空气流量7 500kg/h，表面传热系数为85W/(m²·K)。壳程加热蒸汽表压为0.1MPa，表面传热系数为9 500W/(m²·K)。求：
(1) 基于管内表面的总传热系数。
(2) 该换热器能否满足需要。

5-18 一单程管壳式换热器，内装 $\phi 25mm \times 2.5mm$ 的钢管 300 根，管长为 2m。流量为 8 000kg/h 的常压空气在管内流动，温度由 20℃ 加热到 85℃。壳程为 108℃ 饱和蒸汽冷凝。若已知蒸汽冷凝传热系数为 $1 \times 10^4 W/(m^2 \cdot K)$，换热器热损失及管壁、污垢热阻均可忽略，试求：

（1）管内空气表面传热系数。

（2）基于管外表面积的总传热系数。

（3）该换热器能否满足要求。

5-19 直径 10cm、高 6.5cm 的罐头，内装固体食品。其比热容为 3.75kJ/(kg·K)，密度为 1 040kg/m³，热导率为 1.5W/(m·K)，初温为 70℃。放入 120℃ 杀菌锅内加热，蒸汽对罐头的表面传热系数为 8 000W/(m²·K)。试分别预测 30min 和 60min 后，罐头中心温度。

5-20 直径 0.1m、高 0.118 5m 的圆罐头，内装瘦肉并混以肉汤。内容物的导温系数为 $17.5 \times 10^{-6} m^2/s$。罐头初温为 60℃，放入 120℃ 蒸汽温度的杀菌锅内，试求 10min 和 40min 后，罐头的几何中心点处的温度。

5-21 将温度为 60℃，密度为 1 050kg/m³，比热容为 3.98kJ/(kg·K) 的菠菜浆放在直径 0.8m 的夹层釜中冷却。釜中设高效搅拌器。夹层中所通载冷剂的表面传热系数为 500W/(m²·K)，温度保持 −5℃。求菠菜浆分别冷却到 40℃ 和 20℃ 所需时间。

5-22 两个大的平行板黑度分别为 0.3 和 0.5，其温度分别维持在 800℃ 和 370℃，求两板间的热流密度。若在两板间放一个两面黑度皆为 0.05 的辐射遮热板，求热流密度及辐射遮热板的温度。

5-23 烤炉内一块面包黑度为 0.7，表面积为 0.8m²，表面温度为 100℃。如面包表面积与炉壁面积比很小，炉壁温度为 200℃。求面包接受的辐射热流量。

5-24 频率为 2 450Hz 的微波对 25℃ 水的半功率穿透深度是对冰的多少倍？

第六章 CHAPTER 6

蒸 发
Evaporation

第一节 蒸发概述		6.5A 多效蒸发操作流程	196
		6.5B 多效蒸发的蒸汽经济性	197
6-1 食品物料的蒸发	189	6-6 多效蒸发的计算	198
6-2 蒸发的操作方法	190	**第四节 蒸发设备**	
第二节 单效蒸发		6-7 蒸发器	200
6-3 蒸发的传热温差	192	6.7A 循环型蒸发器	200
6-4 单效蒸发的计算	194	6.7B 非循环型蒸发器	202
第三节 多效蒸发		6-8 蒸发辅助设备	204
6-5 多效蒸发方法和节能	196	习题	205

蒸发（evaporation）是指将含有不挥发溶质的溶液加热沸腾，使其中的挥发性溶剂部分汽化并被排除从而将溶液浓缩的过程，是食品工业中常见的单元操作。食品工业浓缩的物料大多数为水溶液，在以后的讨论中，如不另加说明，蒸发就指水溶液的蒸发。由于固体溶质通常是不挥发的，所以蒸发也是不挥发性溶质和挥发性溶剂的分离过程。尽管已将反渗透等膜分离技术用于溶液浓缩，但在工业上蒸发仍然是最广泛应用的浓缩方法。

第一节 蒸发概述

6-1 食品物料的蒸发

1. 食品物料蒸发的目的 在食品工业中，应用蒸发浓缩的目的是：

（1）蒸发除去食品中的大量水分，减少包装、贮藏和运输费用。蒸发浓缩的食品物料，有的直接是原液，如牛奶；有的是榨出汁或浸出液，如水果汁、蔬菜汁、甘蔗汁、咖啡浸提液、茶浸提液等，它们水分含量较高。例如，将100t固形物质量分数$w_s=5\%$的番茄榨出汁，浓缩成$w_s=28\%$的番茄酱，质量将减少至18t，不足原质量的1/5，体积缩小大致与此相同，这样就可大大降低包装、贮藏和运输费用。

（2）蒸发常用作一些结晶操作、干燥或更完全脱水的预处理过程。用蒸发浓缩法排除物料水分比用干燥法在能量上和时间上更节约，如制造奶粉时，通常先将牛奶蒸发浓缩至固形物含量达45%～52%，以后再进行喷雾干燥。

（3）蒸发用以制备产品和回收溶剂。例如，用溶剂萃取法制备植物油时，蒸发的目的是为了得到植物油和回收萃取溶剂正己烷。

(4) 蒸发提高制品浓度，增加制品贮藏性。蒸发可以提高制品糖分或盐分等浓度，降低制品的水分活度，使制品达到微生物学上安全的程度，延长制品的有效贮藏期，如将含盐的肉类萃取液深度浓缩，防止产生细菌性的腐败。

2. 食品物料蒸发浓缩的特点 料液性质对蒸发操作有很大影响，食品物料大多来自生物体系，成分复杂，性质多变，在设计蒸发工艺、选择蒸发器时，要充分认识食品物料蒸发浓缩的特点。

(1) 热敏性。食品物料多由蛋白质、脂肪、糖类、维生素以及其他诸多色、香、味成分组成。这些物质在高温下或长期受热时要产生变性和氧化等作用而受到破坏，所以许多食品生产的蒸发操作要严格考虑加热温度和加热时间。加热温度和加热时间是不可分割的。食品生产蒸发操作的安全性与此两因素同时有关，这就是"温时结合"的概念，即把温度和时间作为统一体来考虑。从食品生产的蒸发操作安全性看，力求"低温短时"，但还要考虑食品的质量和工艺经济性。在保证食品质量的前提下，为提高生产能力，常采用"高温短时"（HTST）蒸发。由于料液的沸点与工作压力有关，工作压力低，就可以使料液有较低的沸点，所以食品工业多采用真空（减压）蒸发。为了缩短料液在蒸发器中停留的时间，现广泛采用长管膜式蒸发浓缩装置和搅拌膜式蒸发浓缩装置。

(2) 腐蚀性。许多食品物料，特别是酸性食品，如果汁、蔬菜汁等，具有腐蚀性。即使轻度的腐蚀，也会造成产品的污染，这往往为产品标准所不允许。因此，在设计蒸发器和辅助设备时，必须选用耐腐蚀材料。一般蒸发器接触料液部分，多采用不锈钢结构。通常工艺设计采取强制循环式蒸发，降低蒸发器尺寸，以减少昂贵耐腐蚀材料的用量。

(3) 黏稠性。许多食品物料黏稠性较高，因其含有蛋白质、糖类、脂肪和果胶等成分。高黏稠性物料的蒸发浓缩，在流体力学上有一个层流倾向问题。即使采取强烈搅拌，在换热壁面附近，也会存在不能忽视的层流内层，会造成较大传热阻力，严重影响换热速率。同时因上述原因还会产生局部过热和结垢等问题。此外，随蒸发进行，料液浓度增大，料液黏稠性还会逐渐增大，上述问题会随之趋于严重。因此，对黏稠性料液的蒸发，应采取措施如外力强制循环或搅拌等，以克服上述问题。

(4) 结垢性。在换热壁面附近，料液温度最高。料液中的蛋白质、糖类等成分受热过度会产生变性、结块、焦化等现象，使换热壁面上形成垢层。垢层热导率低，将严重影响换热速率，解决结垢问题的积极方法是提高料液的工艺流速，加大液流的冲刷作用可显著减轻垢层的形成。

(5) 泡沫性。食品物料中因常含蛋白质等界面活性成分，会影响水-气的界面张力，因而一些食品物料沸腾时会形成稳定的泡沫。泡沫的形成造成蒸发时气-液分离的困难。在真空蒸发和液层静压较高的场合，往往更易形成泡沫，干扰蒸发操作的进行。消泡方法，一是添加消泡剂以控制泡沫的形成，一是采用除沫器之类的机械装置以除去泡沫。

(6) 挥发性。食品料液中含有的特征性芳香物质和风味物质成分，往往比水挥发性大。料液蒸发时，这些宝贵成分将随蒸汽一起逸走，影响浓缩产品的风味品质。低温浓缩并不能减少这些物质的损失，完善的方法是采用回收装置回收混入水蒸气中的芳香和风味成分，回收后再掺回制品中。

6-2 蒸发的操作方法

1. 蒸发的基本过程 蒸发过程的两个必要组成部分是加热料液使溶剂水沸腾汽化和不断除去汽化产生的水蒸气。一般前一部分在蒸发器中进行，后一部分在冷凝器中完成。图6-1所示为真空蒸发的基本流程。

蒸发器实质上是一个换热器，它由加热室1和气液分离室2两部分组成。加热室使用的加热介质可以是水蒸气、热油、烟道气，也可以用电热，但应用最多的是水蒸气。通过换热，使间壁另一侧的料液加热、沸腾、蒸发。料液蒸发出的水蒸气在分离室2中与溶液分离后从蒸发器引出。为防止液滴随蒸汽带出，一般在分离器上部设除沫装置。从蒸发器蒸出的蒸汽称为二次蒸汽，以便与加热蒸汽相区别。二次蒸汽进入冷凝器3冷凝，冷凝水从下部排出，二次蒸汽中的不凝气经分离器4和缓冲罐5由真空泵6抽出。不凝气来自料液中溶解的空气和系统减压时从周围环境中漏入的空气。浓缩后的完成液由蒸发器底部排出。

2. 常压蒸发和真空蒸发 蒸发操作可以在常压、加压和减压条件下进行。

常压蒸发是指冷凝器和蒸发器溶液侧的操作压力为大气压或稍高于大气压力，此时系统中的不凝气体依靠本身的压力从冷凝器中排出。

减压下的蒸发常称为真空蒸发，食品工业广泛应用真空蒸发进行浓缩操作。因真空蒸发时冷凝器和蒸发器料液侧的操作压力低于大气压，必须依靠真空泵不断从系统中抽走不凝气来维持负压的工作环境。

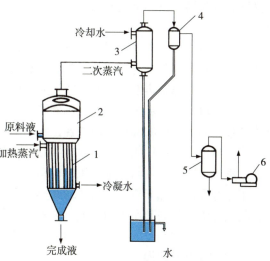

图6-1 真空蒸发基本流程
1. 加热室 2. 分离室 3. 混合冷凝器
4. 分离器 5. 缓冲罐 6. 真空泵

采用真空蒸发的目的是降低料液的沸点。与常压蒸发比较，它有以下优点：

（1）蒸发温度低。对浓缩热敏性食品物料有利。

（2）溶液沸点低。可以应用温度较低的低压蒸汽和废热蒸汽作热源，有利于降低生产费用和投资。

（3）溶液沸点降低。可增大蒸发器的传热温差，所需的换热面积减小。

（4）蒸发器操作温度低。系统的热损失小。

图6-1 动画演示

当然，真空蒸发也有缺点：因蒸发温度低，料液黏度大，传热系数较小。因系统内负压，完成液需用泵排出，冷凝水也需用泵或高位产生压力排出。真空泵和输液泵都使能耗增加。

真空蒸发的操作压力取决于冷凝器中水的冷凝温度和真空泵的性能。冷凝器操作压力的极限是冷凝水的饱和蒸汽压，所以它取决于冷凝器的温度。真空泵的作用是抽走系统中的不凝性气体，真空泵的能力愈大，就使得冷凝器内的操作压力愈易维持于接近冷凝水的饱和蒸汽压。一般真空蒸发时，冷凝器的压力为10～20kPa。

3. 闪急蒸发 闪急蒸发（flash evaporation）简称闪蒸，是一种特殊的减压蒸发。将热溶液的压力降到低于溶液温度下的饱和压力，则部分水将在压力降低的瞬间沸腾汽化，就是闪蒸。水在闪蒸汽化时带走的热量，等于溶液从原压下温度降到降压后饱和温度所放出的显热。

在闪蒸过程中，溶液被浓缩。闪蒸的具体实施方法有两种：一种是直接把热溶液分散喷入低压大空间，使闪蒸瞬间完成。另一种是从一个与降压压差相当的液柱底部引入较高压热溶液，使降压汽化在溶液上升中逐步实现。这两种措施都为了减少闪蒸后气流的雾沫夹带。

闪蒸的最大优点是避免在换热面上生成垢层。闪蒸前料液加热但并没浓缩，因而生垢问题不突出。而在闪蒸中不需加热，是溶液自身放出显热提供蒸发能量，因而不会产生壁面生垢问题。

4. 单效蒸发和多效蒸发 蒸发操作的效（effect）是指蒸汽被利用的次数。如果蒸发生成的二次蒸汽不再被用作加热介质，而是直接送到冷凝器中冷凝，如图6-1所示的蒸发过程，称为单效蒸发（single effect evaporation）。如果第一个蒸发器产生的二次蒸汽引入第二个蒸发器作为加热蒸汽，两个蒸发器串联工作，第二个蒸发器产生的二次蒸汽送到冷凝器排出，则称为双效蒸发，双效蒸发是多效蒸发（multiple effect evaporation）中最简单的一种。

多效蒸发是将多个蒸发器串联起来的系统，后效的操作压力和沸点均较前效低，仅在压力最高的首效使用新鲜蒸汽作加热蒸汽，产生的二次蒸汽作为后效的加热蒸汽，亦即后效的加热室成为前效二次蒸汽的冷凝器，只有末效的二次蒸汽才用冷却介质冷凝。可见多效蒸发明显减少加热蒸汽耗量，也明显减少冷却水耗量。

5. 热泵蒸发　为提高热能利用率，除采用多效蒸发外，还可以通过一种通称热泵（heat pump）的装置，提高二次蒸汽的压力和温度，使之重新用作蒸发的加热蒸汽，称为热泵蒸发，或称为蒸汽再压缩蒸发。采用热泵蒸发是工业上收效显著的节能措施。

热泵是以消耗一部分高质能（机械能、电能）或高温位热能为代价，通过热力循环，将热由低温物体转移到高温物体的能量利用装置。常用的热泵有蒸汽喷射热泵和机械压缩式热泵。

蒸汽喷射热泵使用的蒸汽喷射器类似于蒸汽喷射真空泵，只是在喷嘴附近低压吸入的是蒸发产生的二次蒸汽。二次蒸汽与高温高压的驱动蒸汽混合后，在扩压管处达到蒸发所需加热蒸汽的压力和温度，用作蒸发的加热介质。机械压缩式热泵利用电动机或汽轮机等驱动往复式或离心式等压缩机，将二次蒸汽压缩，提高其压力和温度，以重新用作蒸发的加热蒸汽。

6. 间歇蒸发和连续蒸发　蒸发操作可分为间歇操作和连续操作两种。

间歇蒸发有两种操作方式：

（1）一次进料，一次出料。在操作开始时，将料液加入蒸发器，当液面达到一定高度，停止加料，开始加热蒸发。随着溶液中的水分蒸发，溶液的浓度逐渐增大，相应地溶液的沸点不断升高。当溶液浓度达到规定的要求时，停止蒸发，将完成液放出，然后开始另一次操作。

（2）连续进料，一次出料。当蒸发器液面加到一定高度时，开始加热蒸发，随着溶液中水分蒸发，不断加入料液，使蒸发器中液面保持不变，但溶液浓度随着溶液中水分的蒸发而不断增大。当溶液浓度达到规定值时，将完成液放出。

由上可知，间歇操作时，蒸发器内溶液浓度和沸点随时间而变，因此传热的温度差、传热系数也随时间而变，故间歇蒸发为非稳态操作。

连续蒸发时，料液连续加入蒸发器，完成液连续地从蒸发器放出，蒸发器内始终保持一定的液面和压强，器内各处的浓度与温度不随时间而变，所以连续蒸发为稳态操作。通常大规模生产中多采用连续操作。

第二节　单效蒸发

单效蒸发是最基本的蒸发流程，原料液在蒸发器内被加热汽化，产生的二次蒸汽引出后冷凝或排空，不再被利用。因食品工业上浓缩的物料都是热敏的，因此进行单效蒸发时常常采取单效真空蒸发。首先讨论料液浓度和静液压效应对沸点的影响及由此造成的蒸发传热温差的损失，再介绍单效蒸发的主要计算。

6-3　蒸发的传热温差

蒸发操作的快慢主要取决于蒸发器加热室热交换的热流量 Φ。像其他换热器一样，蒸发器的换热遵循换热基本方程：$\Phi = KA\Delta T$。对一定的蒸发器，换热面积 A 是一定的。以蒸汽作加热介质的蒸发器，传热壁一侧是蒸汽冷凝放热，另一侧是液体沸腾吸热，因而总传热系数 K 将有一定的取值范围。因此，对换热热流量 Φ 影响最显著的，是传热温差 ΔT。

若蒸发器热流体侧的温度为加热蒸汽的饱和温度 T_s，另侧的最低温度将是具有一定真空度的冷凝器中二次蒸汽的饱和温度 T_c。因此，传热壁两侧的最大可能温差为

$$\Delta T_t = T_s - T_c \tag{6-1}$$

式中，ΔT_t 称总温差。实际上，因为几个原因，蒸发器加热室物料侧的温度 T_1 要高于 T_c，亦即两侧的有效传热温差为

$$\Delta T = T_s - T_1 \tag{6-2}$$

ΔT 将小于总温差 ΔT_t。两者的关系为

$$\Delta T = T_s - T_1 = (T_s - T_c) - (T_1 - T_c)$$

$$\Delta T = \Delta T_t - \Delta \tag{6-3}$$

式中，$\Delta = T_1 - T_c$ 称为温差损失。蒸发器的有效传热温差 ΔT 等于总温差 ΔT_t 减去温差损失 Δ。

引起温差损失 Δ 的原因有三：①由于液层静压效应而引起；②由于料液中溶质的存在产生的沸点升高而引起；③由于蒸汽流动中的阻力和热损失而引起。

1. 液层静压效应 溶液在蒸发器内常有一定的液层高度，离液面不同深度的溶液受到不同的静压力，因而液面下局部沸腾温度高于液面上的沸腾温度，使液层内有效传热温差减小，这种由液层静压效应造成的温差损失，记作 Δ'。

液层内的平均压力 p_m 可按下式求得：

$$p_m = p + \rho g h / 2 \tag{6-4}$$

式中　p——液面上方分离室内的压力，Pa；
　　　ρ——溶液的密度，kg/m³；
　　　h——液层高度，m。

对应 p_m 和 p，可由书末附录4饱和水蒸气表查得相应的饱和温度（沸点）T_m 和 T，则由静压效应引起的温差损失 Δ' 为

$$\Delta' = T_m - T \tag{6-5}$$

食品工业上常采用真空蒸发，由静压效应引起的温差损失 Δ' 显得特别突出。因低压下，一定静压引起的 Δ' 较常压下大得多。这是因为水的饱和蒸汽压曲线随温度 T 升高变得越来越陡。如图6-2所示，低压时压力差 Δp 对应的沸点差 ΔT_1 比常压时相同压力差 Δp 对应的沸点差 ΔT_2 大得多。这种现象可由书末附录4的饱和水蒸气表中看到，压力100kPa和90kPa之间，$\Delta p=10$kPa，沸点差为 $99.6-96.4=3.2$℃，而压力在15kPa和5kPa之间，也是 $\Delta p=10$kPa，可是沸点差高达 $53.5-32.4=21.1$℃。因此，真空蒸发时，静压效应引起的温差损失 Δ' 突出得多，应予足够重视。

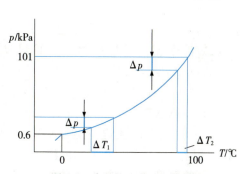

图6-2　水的饱和蒸汽压曲线

2. 溶液的沸点升高 由于溶液中水分的化学势低于纯水的化学势，因而与之平衡的蒸汽压也低于纯水的蒸汽压。而沸点是液体蒸汽压与外压相等时对应的温度。所以，溶液的沸点就比纯水高，称为溶液的沸点升高，因溶液的沸点升高而造成的传热温差损失，记作 Δ''。溶液的沸点升高是溶液的依数性质之一，因而 Δ'' 主要与料液中溶解的溶质质点浓度有关，也受压力影响。

溶液的沸点升高值可以通过查手册的数据表，查图线或通过计算求得。表6-1给出常压下不同浓度蔗糖的沸点升高 Δ''_a。可以应用杜林（Duhring）法则绘制不同浓度溶液的沸点图线。这个法则表明，溶液沸点是同压下纯溶剂沸点的线性函数。由此法则绘制的图线，可求得沸点升高。对稀溶液，沸点升高 Δ'' 可由下式计算：

$$\Delta'' = K_b m_B \tag{6-6}$$

式中　K_b——沸点升高常量，kg·K/mol（若水为溶剂，$K_b=0.51$kg·K/mol）；
　　　m_B——溶质的质量摩尔浓度，mol/kg。

减压下的沸点升高，可由常压下沸点升高按吉辛柯公式计算：

$$\Delta'' = 16.2 \Delta''_a T^2 / \Delta_v h \tag{6-7}$$

式中　T——某压力下水的沸点，K；
　　　$\Delta_v h$——某压力下水的汽化热，J/kg；

Δ''_a——常压下溶液的沸点升高，K。

食品料液的 Δ''_a 可近似用糖液的数据代替，见表6-1。

表6-1 糖液不同质量分数 w_s 对应的常压沸点升高 Δ''_a

$w_s/\%$	10	15	20	25	30	35	40	45	50	55	60	65	70	75	80	85
Δ''_a/K	0.1	0.2	0.3	0.4	0.6	0.8	1.0	1.4	1.8	2.3	3.0	3.8	5.1	7.0	9.4	13.0

沸点升高对蒸发的影响，在化工上显得重要，因化工上浓缩的物料常常是小分子电解质溶液，沸点升高较大。在食品工业上浓缩的物料，多为大分子非电解质或胶体溶液，沸点升高较小，Δ''不大。

3. 蒸汽流动的能量损失 二次蒸汽由分离器到冷凝器的流动中，在管道内会产生阻力损失，也可能会散失热量，这些能量消耗造成的温差损失，记作 Δ'''。Δ''' 受管道长度、直径和保温情况等影响。计算时，一般取 $\Delta'''=0.5\sim1.5K$。

由于上述三个原因，全部传热温差损失为

$$\Delta=\Delta'+\Delta''+\Delta''' \tag{6-8}$$

例6-1 用连续真空蒸发器将桃浆由固形物质量分数为11%浓缩至40%，蒸发器真空度为93kPa，液层高为2m，采用100℃饱和水蒸气加热，40%桃浆的密度为 $1180kg/m^3$。计算由于料液沸点升高和液层静压效应引起的传热温差损失及蒸发器的有效传热温差。

解：（1）计算 Δ'。$p=101-93=8kPa$，对应 $T=41.3℃$。

$$p_m=p+\rho gh/2=8+1.180\times9.81\times2/2=19.6\text{ (kPa)}$$
$$T_m=59.6℃$$

则 $\Delta'=T_m-T=59.6-41.3=18.3$ (K)

（2）计算 Δ''。用吉辛柯公式，取料液浓度为制品浓度40%，参考糖液数据，$\Delta''_a=1.0K$，汽化热 $\Delta_v h=2.40MJ/kg$，则

$$\Delta''=16.2\Delta''_a T^2/\Delta_v h=16.2\times1.0\times(273.2+41.3)^2/(2.40\times10^6)=0.67\text{ (K)}$$

（3）计算 ΔT。
$$\Delta T=\Delta T_t-\Delta=\Delta T_t-(\Delta'+\Delta'')=(100-41.3)-(18.3+0.67)$$
$$=58.7-18.97=39.7\text{ (K)}$$

由计算可见，真空蒸发时对有效传热温差 ΔT 影响最大的温差损失是 Δ'。

6-4 单效蒸发的计算

单效蒸发的工程设计计算项目主要有：蒸发量、加热蒸汽消耗量和加热室的换热面积。通常已知条件为：原料液流量、温度和浓度，完成液浓度，加热蒸汽的压力，冷凝器的工作压力。

1. 蒸发量 连续稳态操作的单效蒸发的物流如图6-3所示。为方便起见，以 F 表示原料液进料质量流量 $q_{mF}=m_F=dm_F/dt$，kg/s；以 V 表示二次蒸汽质量流量 $q_{mV}=m_V=dm_V/dt$，kg/s；以 P 表示完成液质量流量 $q_{mP}=m_P=dm_P/dt$，kg/s。则蒸发器料液侧总物料衡算式为

$$F=V+P \tag{6-9}$$

而料液中固形物的衡算式为

$$Fw_F=Pw_P \tag{6-10}$$

式中 w_F——进料中固形物的质量分数；

w_P——完成液中固形物的质量分数。

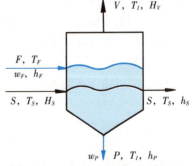

图6-3 单效蒸发热量和物料衡算

将式 (6-9) 代入式 (6-10)，可得蒸发量—二次蒸汽流量式：

$$V = F\left(1 - \frac{w_F}{w_P}\right) \tag{6-11}$$

2. 加热蒸汽耗量 以 S 表示加热蒸汽质量流量 $q_{mS} = m_S = dm_S/dt$，kg/s。进入系统的热流量为

$$Fh_F + SH_S$$

离开系统的热流量为

$$VH_V + Sh_S + Ph_P$$

根据热量衡算，如无热量损失，则在稳态下，进入系统的热流量等于离开系统的热流量，即

$$Fh_F + SH_S = VH_V + Sh_S + Ph_P \tag{6-12}$$

式中　h_F——原料液的比焓，J/kg；
　　　H_S——加热蒸汽的比焓，J/kg；
　　　H_V——二次蒸汽的比焓，J/kg；
　　　h_S——蒸汽冷凝液的比焓，J/kg；
　　　h_P——完成液的比焓，J/kg。

Ph_P 为完成液的焓流量，单位为 W。如无 h_P 数据，可有下式的关系：

$$Ph_P = (Fc_F - Vc_w)T_1 \tag{6-13}$$

式中　c_F——原料液的比热容，J/(kg·K)；
　　　c_w——水的比热容，J/(kg·K)；
　　　$(Fc_F - Vc_w)$——单位时间流出的完成液的热容，J/(K·s)。

将式 (6-13) 代入式 (6-12)，有

$$Fh_F + SH_S = VH_V + Sh_S + Fc_F T_1 - Vc_w T_1$$

$h_F = c_F T_F$，代入上式，移项得

$$S(H_S - h_S) = V(H_V - c_w T_1) + Fc_F(T_1 - T_F) \tag{6-14}$$

令：$r_S = H_S - h_S$，为加热蒸汽的汽化热 $\Delta_v h_S$，J/kg；$r_V = H_V - c_w T_1$，为二次蒸汽的汽化热 $\Delta_v h_V$，J/kg。则

$$Sr_S = Vr_V + Fc_F(T_1 - T_F)$$

加热蒸汽耗量 S 为

$$S = \frac{Vr_V + Fc_F(T_1 - T_F)}{r_S} \quad \text{(kg/s)} \tag{6-15}$$

若蒸发操作是沸点进料，$T_F = T_1$，则有

$$S = Vr_V/r_S \tag{6-16}$$

一般情况下，T_S 温度水的汽化热与 T_1 温度水的汽化热相差不多，因此 $S \approx V$。这说明，沸点进料的蒸发操作，消耗 1kg 加热蒸汽，产生约 1kg 的二次蒸汽。

在蒸发器的操作指标中有个指标称为蒸汽经济性 (steam economy)，表示为

$$e = V/S \tag{6-17}$$

由上述可知，沸点进料的单效蒸发操作，$e \approx 1$。

3. 换热面积 换热基本方程为 $\Phi = KA\Delta T$，因在蒸发器加热室中 $\Delta T = T_S - T_1$，故

$$\Phi = Sr_S = KA(T_S - T_1)$$

所以，换热面积为

$$A = \frac{\Phi}{K(T_S - T_1)} = \frac{Sr_S}{K(T_S - T_1)} \tag{6-18}$$

例 6-2　稳态下在单效蒸发器中浓缩苹果汁。已知原料液温度 43.3℃，浓度 11%，比热容 3.90kJ/(kg·K)，进料流量 0.67kg/s。蒸发室沸点 60.1℃，完成液浓度 75%。加热蒸汽压力为

300kPa。加热室传热系数为943W/（m²·K）。计算：（1）蒸发量和完成液流量；（2）加热蒸汽耗量；（3）蒸汽经济性；（4）换热面积。

解：（1）由式（6-11），有

$$V = F\left(1 - \frac{w_F}{w_P}\right) = 0.67 \times \left(1 - \frac{0.11}{0.75}\right) = 0.57 \text{（kg/s）}$$

$$P = F - V = 0.67 - 0.57 = 0.10 \text{（kg/s）}$$

（2）查 $T_1 = 60.1℃$ 时，$r_V = 2\,355$ kJ/kg；$p = 300$ kPa 对应 $T_S = 133.3℃$，$r_S = 2\,168$ kJ/kg。由式（6-15），有

$$S = \frac{Vr_V + Fc_F(T_1 - T_F)}{r_S} = \frac{0.57 \times 2\,355 + 0.67 \times 3.90 \times (60.1 - 43.3)}{2\,168} = 0.64 \text{（kg/s）}$$

（3）由式（6-17），有

$$e = V/S = 0.57/0.64 = 0.89$$

（4）由式（6-18），有

$$A = \frac{Sr_S}{K(T_S - T_1)} = \frac{0.64 \times 2\,168 \times 10^3}{943 \times (133.3 - 60.1)} = 20.1 \text{（m}^2\text{）}$$

第三节　多效蒸发

6-5　多效蒸发方法和节能

6.5A　多效蒸发操作流程

多效蒸发一般可依三种不同的流程操作，即顺流、逆流和平流，现分述如下。

1. 顺流法　顺流（forward feed）为最常用的一种加料流程，如图6-4所示。这种蒸发操作，蒸汽和料液的流动方向一致，均依效序由首效到末效。其工作特点是：由于蒸发器工作压力依效序降低，料液压力也依次降低，料液效间不需泵送；随着各效工作压力依序降低，料液沸点也依序降低，因而当前效料液进入后效时，便会降温放热，产生自蒸发作用，使一小部分水分汽化，增加水分蒸发量；料液浓度依效序增加，高浓度料液处于较低温时对热敏性食品物料是有利的，但黏度显著增加使末效蒸发换热效果差，增添操作困难。

2. 逆流法　逆流（backward feed）操作料液和蒸汽流向相反，如图6-5所示。原料流由末效进入，用泵依次送进前一效，完成液由首效排出。逆流法的主要优点为：随着料液由末效向前流动，浓度逐渐提高，而温度也逐渐升高，因而料液黏度增加不显著，有利于改善循环条件，提高换热效率。但应注意高温加热对应的是浓溶液，容易局部过热引起结焦和营养物质破坏。另外，逆流法操作时效间料液输送要用泵，投资和能耗都较大。逆流进料，料液由较低温效进入较高温效，没有自蒸发作用，总蒸量也较少些。

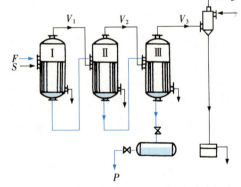

图6-4　顺流多效蒸发流程

对于料液黏度随浓度和温度变化较为敏感的情况，宜于采用逆流法。

3. 平流法　平流（parallel feed）操作时，新鲜料液平行地分别加入每一效中，完成液也分别自各效排出，如图6-6所示。此法适用于蒸发过程中容易析出结晶的场合，因为夹带大量结晶的黏稠悬浮液不便于在效间输送。

图6-4 动画演示

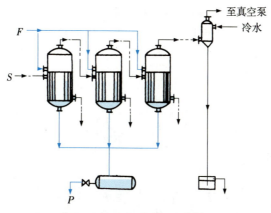

图 6-5 逆流多效蒸发流程

图 6-5 动画演示

图 6-6 平流多效蒸发流程

图 6-6 动画演示

6.5B 多效蒸发的蒸汽经济性

采用多效蒸发的目的,就是为提高蒸汽经济性。由第二节的讨论可知,对单效蒸发,1kg 加热蒸汽大约可蒸发 1kg 水,蒸汽经济性 $e \approx 1$。若首效产生的二次蒸汽用作第二效的加热蒸汽,第二效又可产生约 1kg 二次蒸汽,因而对双效蒸发,1kg 新鲜加热蒸汽,共蒸发约 2kg 水,理论上,双效蒸发的蒸汽经济性 $e = 2$。以此类推,n 效蒸发的理论蒸汽经济性 $e = n$。增加效数可以在理论上成倍提高热利用的经济性,因此,多效蒸发较单效蒸发显著节能,在技术经济上是先进的。

实际上,汽化热值因温度不同要有变化,蒸发器有散热损失,效间也会有热损失,故实际蒸汽经济性将低于理论值,表 6-2 表示对应各效数的实际蒸汽经济性的一种一般估计。

表 6-2 蒸汽经济性随效数的变化

效数	1	2	3	4	5
理论 e 值	1.0	2.0	3.0	4.0	5.0
实际 e 值	0.9	1.8	2.5	3.3	3.7

尽管实际上 e 值不是随效数 n 成倍增加,但仍然是效数越多,e 值越大。那么,效数是否越多越好?实际上,效数是有限度的,主要原因有:

(1) 效数增加,蒸发器及附属设备的投资也基本上成倍增加。

(2) 因食品物料具热敏性,首效加热蒸汽温度上限受限;因真空设备的原因,冷凝器内温度下限也受限。这样,整个系统的有效总温差有一定范围,而每效分配到的有效温差不得小于 5~7K,否则不能维持料液泡核沸腾,因而效数受限。

(3) 温差损失几乎随效数成比例增加。效数过多,温差损失的总和 $\sum \Delta_i$ 有可能占尽总温差

ΔT_t,意味着各效传热推动力 ΔT_i 的完全消失,所以就温差损失角度看,效数也是有限度的。

多效蒸发在实践上最常采用 $n=2\sim4$,现在多数国内奶粉生产企业已由采用双效改为三效蒸发。

6-6　多效蒸发的计算

多效蒸发的计算与单效蒸发相仿,在多数情况下是已知进料流量、温度和浓度,完成液浓度,加热蒸汽压力和冷凝器真空度等,计算总水分蒸发量和各效蒸发量,加热蒸汽消耗量和各效换热面积等。

与单效蒸发计算不同的是,由于效数增多,未知量数较多。为便于计算,按一定温差分配原则进行初算,再进行复核,计算较为复杂。但应用的基本原理仍是物料衡算、热量衡算及换热基本方程。下面以顺流三效蒸发为例进行讨论,所用符号的意义与单效计算同,下标数字代表效序数。

1. 总蒸发量　水分总蒸发量为各效蒸发量之和,即

$$V = V_1 + V_2 + V_3 \quad (\text{kg/s}) \tag{6-19}$$

对溶液中固体进行物料衡算,有

$$Fw_F = (F-V_1)w_1 = (F-V_1-V_2)w_2 = (F-V)w_P$$

由此得总蒸发量:

$$V = F\left(1 - \frac{w_F}{w_P}\right) \tag{6-20}$$

第一效和第二效的出料浓度分别为

$$w_1 = \frac{Fw_F}{F-V_1}, \quad w_2 = \frac{Fw_F}{F-V_1-V_2} \tag{6-21}$$

按下面的方法求得各效蒸发量,就可按上式求出各效的出料浓度。

2. 加热蒸汽耗量及各效蒸发量　按上节单效蒸发计算的热量衡算列出多效蒸发第一效的热量衡算式:

$$S_1 r_S = V_1 r_1 + Fc_F(T_1 - T_F)$$

移项,整理成第一效蒸发量表达式:

$$V_1 = S_1 \frac{r_S}{r_1} + Fc_F \frac{T_F - T_1}{r_1} \tag{6-22}$$

令 $\alpha_1 = \dfrac{r_S}{r_1}$,称为第一效的蒸发因数,其意义是单位质量加热蒸汽冷凝放热所能蒸发溶液中水分的质量,其值近似等于1,计算时按 $\alpha_1 \approx 1$ 处理。

令 $\beta_1 = \dfrac{T_F - T_1}{r_1}$,称为第一效的自蒸发系数,其意义为料液进入蒸发器放出显热汽化料液中水分能力的大小。当 $T_F > T_1$,$\beta_1 > 0$,表示料液进入蒸发器,确实放出显热促进水的汽化。当 $T_F < T_1$,$\beta_1 < 0$,表示料液进入蒸发器,反而需吸收显热,因而削弱了水的汽化。

将 α_1,β_1 代入式(6-22),得

$$V_1 = S_1 \alpha_1 + Fc_F \beta_1$$

取 $\alpha_1 \approx 1$,则

$$V_1 = S_1 + Fc_F \beta_1 \tag{6-23}$$

考虑到因存在热损失会对 V_1 产生影响,将式(6-23)乘以小于1的因数 η_1,则实际为

$$V_1 = (S_1 + Fc_F \beta_1)\eta_1 \tag{6-24}$$

式中,η_1 可称为第一效的热利用因数。对一般溶液的蒸发,可取 $\eta_1 = 0.98$。对有稀释热效应的溶液,其值依实际情况而定。式(6-24)表明第一效蒸发量 V_1 是生蒸汽耗量 S_1 的函数。

按式(6-24)的推出方法,可得到第二、三效蒸发量的表达式:

$$V_2 = [S_2 + (Fc_F - c_w V_1)\beta_2]\eta_2$$
$$V_3 = \{S_3 + [Fc_F - c_w(V_1+V_2)]\beta_3\}\eta_3$$

由于 $V_1 = S_2$，$V_2 = S_3$，通过叠代可得，V_1，V_2 和 V_3 均为 S_1 的函数，即

$$V_1 = a_1 S_1 + b_1$$
$$V_2 = a_2 S_1 + b_2$$
$$V_3 = a_3 S_1 + b_3 \tag{6-25}$$

将上面三式相加，得

$$\begin{aligned}V &= V_1 + V_2 + V_3 \\ &= (a_1+a_2+a_3)S_1 + (b_1+b_2+b_3) \\ &= aS_1 + b\end{aligned} \tag{6-26}$$

由此可求出第一效加热蒸汽消耗量

$$S_1 = \frac{V-b}{a} \quad (\text{kg/s}) \tag{6-27}$$

由此式求出 S_1 后，代回式（6-25）各式，可求得各效蒸发量 V_1，V_2，V_3。

3. 各效换热面积 按换热基本方程，可计算各效换热面积：

$$A_1 = \frac{\Phi_1}{K_1 \Delta T_1}, \quad A_2 = \frac{\Phi_2}{K_2 \Delta T_2}, \quad A_3 = \frac{\Phi_3}{K_3 \Delta T_3} \tag{6-28}$$

例 6-3 在双效顺流蒸发设备中将番茄汁从固形物质量分数 4.3% 浓缩到 28%，进料流量 1.39kg/s，沸点进料，第一效沸点 60℃，加热蒸汽压力为 118kPa，冷凝器真空度为 93kPa。第一效采用自然循环，总传热系数为 900W/（m²·K）；第二效采用强制循环，总传热系数为 1 800W/（m²·K）。除效间外，温差损失可忽略不计。试计算总蒸发量、加热蒸汽耗量、各效蒸发量、蒸汽经济性及换热面积。

解：（1）总蒸发量。由式（6-20），可求得

$$V = F\left(1 - \frac{w_F}{w_P}\right) = 1.39 \times \left(1 - \frac{4.3}{28}\right) = 1.18 \ (\text{kg/s})$$

（2）加热蒸汽耗量和各效蒸发量。据已知条件，假定效间流动温差损失为 1K，查饱和水蒸气表，列出各处蒸汽热参数值见表 6-3。

表 6-3 例 6-3 各热参数值

蒸汽	压力/kPa	温度/℃	汽化热/（kJ·kg⁻¹）
Ⅰ效加热蒸汽	118	104.2	2 230
Ⅰ效二次蒸汽	19.9	60	2 355
Ⅱ效加热蒸汽	19.8	59	2 357
Ⅱ效二次蒸汽	8.6	42.3	2 396
进冷凝器蒸汽	8.0	41.3	2 398

计算可得 $\beta_1 = 0$

$$\beta_2 = \frac{T_1 - T_2}{r_2} = \frac{60 - 42.3}{2\,396 \times 10^3} = 7.4 \times 10^{-6} \ (\text{K·kg/J})$$

$$c_F = c_w(1 - w_F) = 4\,180 \times (1 - 0.043) = 4\,000 \ (\text{J·kg}^{-1}\text{·K}^{-1})$$

取 $\eta_1 = \eta_2 = 0.98$

$$V_1 = (S_1 + Fc_F \beta_1)\eta_1 = S_1 \eta_1 = 0.98 S_1$$

$$\begin{aligned}V_2 &= [S_2 + (Fc_F - c_w V_1)\beta_2]\eta_2 \\ &= [0.98 S_1 + (1.39 \times 4\,000 - 4\,180 \times 0.98 S_1) \times 7.4 \times 10^{-6}] \times 0.98 \\ &= 0.931 S_1 + 0.040\end{aligned}$$

$$V=V_1+V_2=(0.98+0.931)S_1+0.040=1.18 \text{ (kg/s)}$$
$$S_1=(1.18-0.040)/(0.98+0.931)=0.597 \text{ (kg/s)}$$

则
$$V_1=0.98\times0.597=0.585 \text{ (kg/s)}$$
$$V_2=0.931\times0.597+0.040=0.596 \text{ (kg/s)}$$

(3) 蒸汽经济性。
$$e=V/S_1=1.18/0.597=1.98$$

(4) 换热面积。
$$A_1=\frac{\Phi_1}{K_1\Delta T_1}=\frac{S_1 r_{S1}}{K_1\Delta T_1}=\frac{0.597\times 2\,230\times 10^3}{900\times(104.2-60)}=33.5 \text{ (m}^2\text{)}$$
$$A_2=\frac{\Phi_2}{K_2\Delta T_2}=\frac{S_2 r_{S2}}{K_2\Delta T_2}=\frac{0.585\times 2\,357\times 10^3}{1\,800\times(59-42.3)}=45.9 \text{ (m}^2\text{)}$$

第四节 蒸发设备

蒸发单元操作的主要设备是蒸发器（evaporator），还需要冷凝器、真空泵、疏水器和捕沫器等辅助设备。

6-7 蒸发器

食品工业中使用的蒸发器形式较多，按照溶液在蒸发器中的流动情况，可分为循环型和非循环型两类。

6.7A 循环型蒸发器

循环型蒸发器的基本特点是在这类蒸发器中，溶液每经加热管一次，水的相对蒸发量均较小，达不到规定的浓缩要求，需要多次循环，所以在此类蒸发器中存液量大，溶液在器中的停留时间长，器内各处溶液的浓度变化较小。

目前常用的循环型蒸发器有以下几种：

1. 中央循环管蒸发器 中央循环管蒸发器的结构如图 6-7 所示。加热室为管壳式结构，由直立的沸腾管束组成。在管束中间有一根直径大的中央循环管，因其截面积大，其内单位体积液体所占有的传热面积较沸腾管内液体小得多，故液体温度较沸腾管内液体温度低，而液体密度较沸腾管内液体密度大。沸腾管内液体受热多，温度较高，密度较小，管上部液体沸腾，蒸汽上升又产生抽吸作用，这样造成加热室内液体在沸腾管内上升、在中央循环管中下降的自然循环流动，提高了加热室的传热系数，强化了蒸发过程。

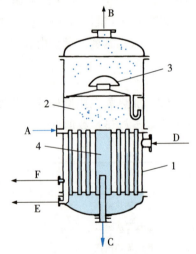

图 6-7 中央循环管蒸发器
A. 料液　B. 二次蒸汽　C. 浓缩液
D. 加热蒸汽　E. 冷凝液　F. 排空
1. 加热室　2. 分离室
3. 除沫器　4. 中央循环管

为使溶液在蒸发器中有良好的自然循环，中央循环管截面积一般为沸腾管总截面积的 0.4~1 倍。沸腾管长 1~3m，直径 25~75mm，长径比 20~40。

这种类型蒸发器的优点是构造简单，操作可靠，传热效果较好，投资费用较少。其缺点是清洗和检修较麻烦，溶液的循环速度较低，一般在 0.5m/s 以下，且溶液的循环使蒸发器中溶液浓度总是接近于完成液的浓度，黏度较大，影响传热效果。

中央循环管蒸发器是工业上早期最常应用的蒸发器，因而又被称作标准式蒸发器。

图 6-7 动画演示

2. 悬筐式蒸发器 悬筐式蒸发器的结构如图 6-8 所示。因其加热器为筐形，悬挂在蒸发室壳体内下部，故名为悬筐式。加热蒸汽由壳体上部引入，在管间加热管内的液体。该蒸发器内的液体也是自然循环，与中央循环管式不同的是，液体下降是沿加热室与蒸发器外壳间的环形通道。因环形通道截面积相对更大，为沸腾管总截面积的 1～1.5 倍，且只内环面受热，因而其内液体与沸腾管内液体密度差更大，液体循环速度更大，为 1～1.5m/s。另外，悬筐式加热室可由蒸发器顶部取出，便于清洗、检修。其缺点是结构较为复杂。

3. 外加热式蒸发器 现代蒸发器发展的一个特点是将加热室与分离室分开。图 6-9 和图 6-10 就属于此类外加热式蒸发器。它们由加热室、分离室和循环管三部分组成。将蒸发器的加热部分和分离部分在结构上分开有一系列优点。首先，可通过加热室和分离室间的距离调节循环速度，使料液在加热管顶端之上沸腾，整个加热管只用于加热。这就避免在管内析出晶体造成堵塞。其次，分离室独立可改善气液分离的条件。另外，可使几个加热室共用一个分离室，可轮换使用，操作灵活。

外加热式蒸发器可分为自然循环型和强制循环型两种。自然循环型如图 6-9 所示，由图可见，它的下降循环管连接分离室和加热室底部，管内液体不受热，改善了循环条件。一般自然循环型蒸发器的循环速度为 1m/s，这类设备应用灵活、广泛，常用于果汁、牛奶和肉浸出汁等热敏性料液的浓缩。强制循环型如图 6-10 所示。强制手段可用泵或搅拌器。泵多为离心泵和轴流泵，因循环所需压头不大，但循环流量很大，因此更适于用轴流泵。对黏度非常高的浆液，可采用齿轮泵和转子泵等正位移泵。

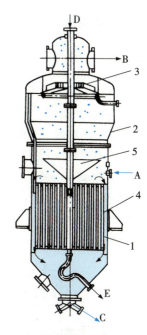

图 6-8 悬筐式蒸发器
A. 料液 B. 二次蒸汽
C. 浓缩液 D. 加热蒸汽 E. 冷凝液
1. 加热室 2. 分离室 3. 除沫器
4. 下降通道 5. 挡板

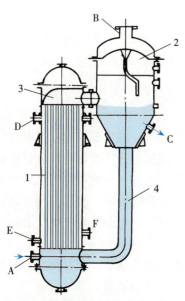

图 6-9 外加热式自然循环蒸发器
A. 料液 B. 二次蒸汽 C. 浓缩液
D. 加热蒸汽 E. 冷凝液 F. 排空
1. 加热室 2. 分离室
3. 沸腾区 4. 下降循环管

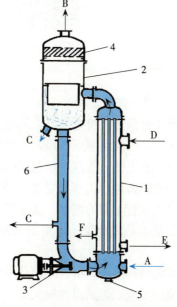

图 6-10 外加热式强制循环蒸发器
A. 料液 B. 二次蒸汽 C. 浓缩液
D. 加热蒸汽 E. 冷凝液 F. 不凝气
1. 加热室 2. 分离室 3. 泵
4. 分离器 5. 排泄口 6. 下降管

图 6-10 动画演示

6.7B 非循环型蒸发器

循环型蒸发器因料液在器内反复循环,因而停留时间较长。非循环型蒸发器的特点是料液在器内经过一次加热、汽化和分离过程,离开时即达到要求的浓度,料液不打循环,在器内停留时间短,这对热敏性料液的蒸发有利。这类蒸发器加热室中液体多呈膜状流动,因此又通称为膜式蒸发器。常有以下几种形式:长管式、刮板膜式和板式等。

1. 长管式蒸发器　长管式蒸发器加热室的管束很长,一般为6～8m,但管径较小。因此,对一定量料液,它具有很大的传热面,溶液送入管内会很快强烈沸腾,使管心充满蒸汽,形成高速气流,流速可达100～120m/s。高速气流带动溶液沿管壁流动形成液膜,膜状流动的液体流速可达20m/s。这不仅有利于传热,加速蒸发,也使料液在加热管中停留时间缩短。

长管式蒸发器根据液膜的流动方向,可分为升膜蒸发器和降膜蒸发器,其构造分别如图6-11和图6-12所示。

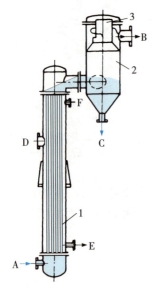

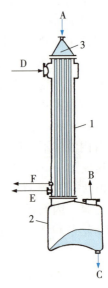

图6-11　升膜蒸发器　　　　　图6-11动画演示　　　　图6-12　降膜蒸发器
A. 料液　B. 二次蒸汽　C. 浓缩液　　　　　　　　　　A. 料液　B. 二次蒸汽　C. 浓缩液
D. 加热蒸汽　E. 冷凝液　F. 排空　　　　　　　　　　D. 加热蒸汽　E. 冷凝液　F. 排空
1. 加热室　2. 分离室　3. 除沫器　　　　　　　　　　1. 加热室　2. 分离室　3. 料液分布器

对于升膜蒸发器,料液先经预热至接近沸点,从管束下部引入。操作时,加热管内全程形成上、中、下三个不同区域。在下部,因液层静压作用,不沸腾,只起加热作用。在中部,温度上升较快并开始沸腾,但传热并不很快。在上部,蒸汽体积急速增大,管心形成高速上升气流将液体在管壁抹成薄膜向上流动,造成很好的传热条件,使蒸发变快。经管顶,气液混合物进入分离器进行气液分离。

升膜蒸发器的缺点是料液在管下部的积存。这不仅造成静液压效应影响传热,也延长料液在管内的接触时间,使在管中部易发生结垢现象。为克服其缺点,并保持薄膜传热的优点,开发出降膜蒸发器。

在降膜蒸发器中,料液从顶部进入,沿管壁膜状下流,液膜从管壁吸收热量,蒸发汽化。降膜蒸发的主要优点是:因无静液压效应,传热温差较大,物料沸点均匀,传热系数高,停留时间短,不易结垢。能达到上述效果,关键在于降膜蒸发器需要有性能优良的料液分布器。料液分布器的作用:①把料液均匀分布到每根加热管中;②使料液呈膜状沿管壁下流,加热表面都能均匀润湿成膜,避免局部过热和焦壁。

降膜分布器常见三种形式,如图6-13所示。(a)螺旋槽导流:导流管是具有螺旋形沟槽的圆柱体。(b) 凹端面锥体导流:导流管下端锥体端面向内凹入,以免液体向中央聚集。(c) 齿缝分配:将加热管上端制成齿状,由齿缝分配液体。

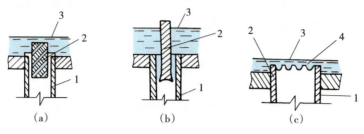

图 6-13 降膜分布器
1. 加热管 2. 导流管 3. 液面 4. 齿缝

此外,还有升膜和降膜相结合的升降膜蒸发器。其结构是将加热竖管束分成两程,一程作稀液的升膜蒸发,另一程作浓液的降膜蒸发。升降膜蒸发器的优点为双程代单程可缩短加热器长度,分段浓缩吸收了升膜和降膜各自的长处。

2. 刮膜蒸发器 刮膜蒸发器结构如图 6-14 所示。圆筒体内设有同轴旋转的刮板。料液加到设在圆筒体上部的分布盘中,分布盘旋转将料液均匀甩到圆筒内壁,料液沿圆筒下流,被紧贴筒壁的旋转刮板刮布成膜,此后仍不断受刮板作用,使液膜不断受扰动而表面更新,在液体螺旋向下流淌中,吸收筒壁外传入热量使溶剂汽化,蒸汽上升经气液分离从上部引出,浓缩液从下部引出,圆筒外夹套由蒸汽等加热介质加热。

刮膜蒸发器的优点为非循环的直流型,料液停留时间短,不结垢,可进行黏度很高的液体的蒸浓,因而广泛应用于番茄酱、咖啡、牛奶、茶汁、麦芽汁和乳清等热敏料的浓缩。缺点是投资费用高,生产能力小。适用于后道浓缩。

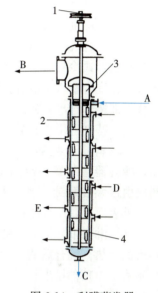

图 6-14 刮膜蒸发器
A. 料液 B. 二次蒸汽 C. 浓缩液
D. 加热蒸汽 E. 冷凝液
1. 轴 2. 刮板 3. 分离器 4. 夹套

3. 板式蒸发器 板式蒸发器是由板式换热器与分离器组成的,又称片式蒸发器,与前几种膜式蒸发器不同的是,液膜不是在管壁而是在成型加热板上形成。它将前述的升降膜原理应用于片式换热器内部,通常是将加热板排成四片一组,如图 6-15 所示。蒸汽由 4 板和 1 板进入,并在 2 板和 3 板间冷凝放热,经预热的料液在 1 板和 2 板间升膜吸热蒸发,而后在 3 板和 4 板间降膜吸热蒸发,视生产能力需要可增加或减少板组数。蒸发形成的气液混合物进入离心分离器进行分离。

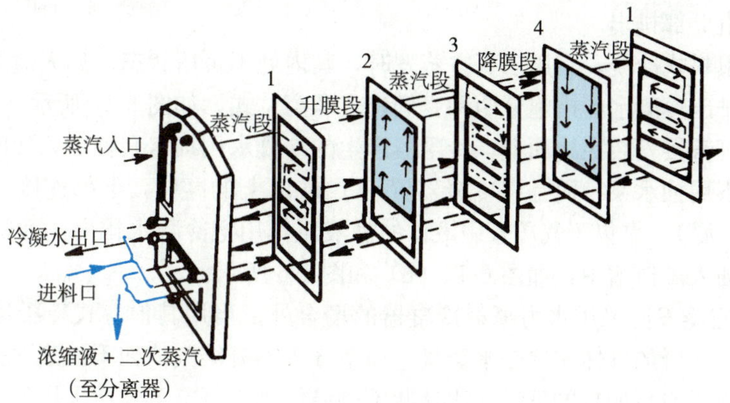

图 6-15 板式蒸发器加热板的排列

板式蒸发器具有很多优点：①单位体积的传热面积大，蒸发效率高于管式。②料液停留时间短，有利于热敏料的浓缩。③灵活性大，传热面积可按需要随意增减，装拆清洗方便。因此，板式蒸发器已广泛应用于食品工业。它的缺点就是片式换热器的缺点，主要是垫圈密封要求较高，操作温度受限，因板间间隙小而不能处理含固体微粒的料液。

6-8 蒸发辅助设备

蒸发单元操作除蒸发器外，还需一些辅助设备。辅助设备一般包括冷凝器、真空泵、捕沫器、疏水器和压缩机等。

1. 冷凝器 由蒸发器产生的大量二次蒸汽必须设法排除掉，才能使蒸发操作不断进行，排除方法是将其导入冷凝器进行冷凝。作为蒸发冷凝器的换热器可以是直接接触式和非直接接触式。当应冷凝的二次蒸汽是有价值的物质且不能与冷却水混合时，才采用间壁式换热器作冷凝器。这种冷凝器价格较高，冷水用量较大。所以非必要时，一般采用直接接触式冷凝器，又称混合式冷凝器。

典型的混合式冷凝器有喷射式、填料式和孔板式等（图6-16）。

（1）喷射式冷凝器。一定压力的冷水由上部进入后，通过喷嘴喷射，造成下游的低压，将二次蒸汽吸入，在混合室汽水混合直接进行换热，蒸汽凝结并将水束带入下部扩压管，一部分动能转为压力能，从下部尾管排出，如图6-16（a）所示。可见，喷射式冷凝器除有混合冷凝作用外，还具有抽真空的作用，特别适用于食品工业上的真空蒸发和真空干燥等，不再需要另装真空泵。

（2）填料式冷凝器。如图6-16（b）所示，冷凝器中装有一定高度的填料层，填料层由许多瓷环或其他填料充填而成，瓷环内外表面就是两种流体接触面。冷却水从上部喷淋而下，与上升的二次蒸汽在填料表面换热，混合后的冷凝水由底部引出，不凝气由顶部排出。

（3）孔板式冷凝器。如图6-16（c）所示，器内装置若干块钻有许多小孔的淋水板，淋水板可为交替放置的圆缺型或交替放置的盘环型。冷却水自上引入，顺次经淋水板孔穿流而下，同时也经板边缘泛流而下。二次蒸汽自下而上与冷水逆流接触，换热冷凝。混合的冷却水和冷凝水由下部引出，不凝气由上部排出。

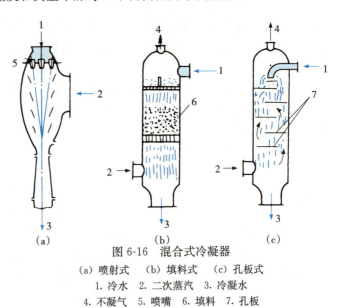

图6-16 混合式冷凝器
（a）喷射式　（b）填料式　（c）孔板式
1. 冷水　2. 二次蒸汽　3. 冷凝水
4. 不凝气　5. 喷嘴　6. 填料　7. 孔板

上述孔板式和填料式冷凝，当用于真空蒸发时，其内处于负压状态。如无适当措施，冷凝水无法排出。通常采取的排出冷凝水的措施分两种：低位式和高位式，如图6-17所示。

低位式冷凝器可直接安装在地面上，冷凝器产生的冷凝水用抽水泵抽走，如图6-17（a）所示。

高位式冷凝器不用抽水泵，而是将冷凝器置于10m以上的高位，下部连接一根很长的尾管，称为气压管（俗称大气腿），靠集于气压管中液体的静液压作用把冷凝水排出。为防止外部空气进入真空系统，气压管应插入溢流槽中，如图6-17（b）和图1-6所示。

2. 真空泵 真空蒸发除采用水力喷射冷凝器的场合外，当用其他各式冷凝器时，必须配备真空泵。因为冷凝器所能冷凝的气体主要是水蒸气，而空气等不凝结气体如不设法除去，系统的真空度不可能长久维持。使用真空泵的目的就是抽出这些不凝结气体。真空蒸发所采用的真空泵有往复式真空泵、水环式真空泵、蒸汽喷射真空泵等。如果采用水力喷射真空泵，则它可兼具冷凝器的作用。

3. 捕沫器　捕沫器又称气液分离器。蒸发操作时，尽量避免或减少雾沫被二次蒸汽带走，是一个很重要的问题。雾沫夹带一方面影响浓缩效率和蒸发能力，另一方面将污染二次蒸汽。如果是多效蒸发，二次蒸汽夹带的雾沫将使下效加热器传热面形成污垢和腐蚀。特别是果蔬汁如番茄汁浓缩时，强腐蚀性的酸雾进入二次蒸汽会带来严重后果。

产生雾沫夹带的原因：

①泡沫。料液中存在具有表面活性的物质，它降低料液的表面张力，使其在汽化时易形成泡沫。在分离室中，泡沫破裂，其液膜分裂成小雾滴群，易被二次蒸汽夹带。

②蒸汽高速流动。蒸汽流速快，必然携带雾沫流动。

③溶液急剧蒸发。溶液过热较大，易发生闪急蒸发，形成雾沫。

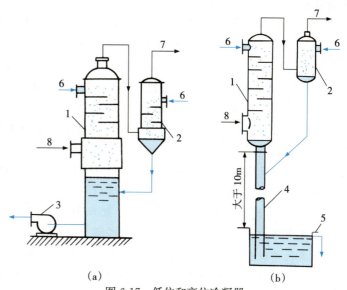

图 6-17　低位和高位冷凝器
(a) 低位式　(b) 高位式
1. 主冷凝器　2. 辅冷凝器　3. 抽水泵　4. 气压管
5. 溢流槽　6. 冷却水　7. 不凝气　8. 二次蒸汽

为气液较好分离，除了分离室要有一定空间，使蒸汽流速变低，较大的液滴在重力作用下返回液面外，要在分离室顶部设置捕沫器。捕沫器种类很多，按原理可分为惯性型、离心型和表面型三类，如图 6-18 所示。

（1）惯性型捕沫器。如图 6-18（a）和图 6-18（b）所示，在二次蒸汽通道上设挡板或折流板，使蒸汽多次突然改变方向，因携带的液滴惯性较大，与挡板碰撞附着板上并集聚流下，与二次蒸汽分离。

（2）离心型捕沫器。如图 6-18（c）所示，原理类似旋风分离器，切向导入的气流产生回转运动，携带的液滴在离心力作用下被抛到分离器壁上，沿壁流回加热室，二次蒸汽由顶管排出。

（3）表面型捕沫器。如图 6-18（d）和图 6-18（e）所示，二次蒸汽通过多层金属丝网，液滴黏附于网表面，二次蒸汽透过，易于达到 99% 以上的除沫效率。

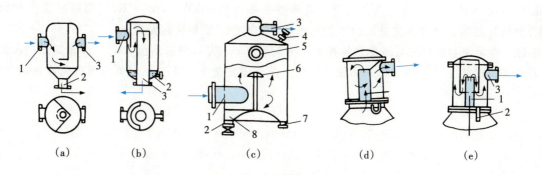

图 6-18　捕沫器的形式
1. 二次蒸汽进口　2. 料液回流口　3. 二次蒸汽出口　4. 真空解除　5. 视孔　6. 折流板　7. 排液口　8. 挡板

习　题

6-1　求固形物质量分数为 0.30 的番茄酱在常压和真空度为 95kPa 时蒸发的沸点升高。（忽略静

压效应)

6-2　上题中如果番茄酱密度为 $1030kg/m^3$，加热管为 4m，求温差损失。

6-3　用单效蒸发器将果汁由固形物质量分数 0.12 浓缩到 0.28，进料流量为 88kg/h，蒸发室中的温度为 60℃，沸点进料，采用的加热蒸汽表压为 69kPa，计算蒸汽耗量。

6-4　在单效蒸发器中，每小时将 2000kg 果汁由固形物质量分数 0.10 浓缩至 0.30，溶液在 30℃沸腾。加热蒸汽绝对压力为 200kPa，原料液比热容为 3.77kJ/(kg·K)，试求：(1) 单位时间蒸发水量；(2) 原料液分别在 30℃和 80℃进料时需要的加热蒸汽量。

6-5　采用单效真空蒸发将奶液由固形物质量分数 0.14 浓缩到 0.50，进料液流量为 2.5kg/s，蒸发器内沸点为 70℃，沸点进料，加热蒸汽绝对压力为 0.4MPa。试计算蒸发量和每蒸发 1kg 水需要的加热蒸汽量。

6-6　用单效蒸发器将糖汁由质量分数 0.10 浓缩到 0.40，进料液流量为 100kg/h，进料温度为 15℃。蒸发器内沸点为 80℃，加热蒸汽表压为 169kPa。糖汁比热容为 3.96kJ/(kg·K)。(1) 计算每小时蒸汽消耗量；(2) 若蒸发器总传热系数为 2600W/(m²·K)，求蒸发器的换热面积。

6-7　用单效蒸发器将果汁由固形物质量分数 0.10 浓缩到 0.45。进料温度为 51.7℃，进料液流量为 2500kg/h。蒸发温度为 54.4℃，溶液的沸点升高为 2.32K，比热容为 2.68kJ/(kg·K)。加热蒸汽温度为 121℃。蒸发器的总传热系数为 2.84kW/(m²·K)。求蒸发器的换热面积和加热蒸汽经济性。

6-8　在双效顺流蒸发系统中，将脱脂奶由固形物质量分数 w_s 为 0.10 浓缩到 0.30。进料温度为 55℃，第一效中沸点为 77℃，第二效中沸点为 68.5℃。假定奶中固形物比热容为 2.0kJ/(kg·K)，近似估算离开第一效奶的 w_s。

6-9　保留上题所有条件，唯采用逆流操作，且第一效加热蒸汽温度为 100℃，求由末效流入第一效料液的固形物含量。

6-10　采双效顺流蒸发浓缩牛奶，进奶流量为 2000kg/h，固形物质量分数 w_s 为 0.14，进料温度为 60℃。第一效沸点 75℃，第二效沸点 66.5℃。末效浓奶 w_s 为 0.32。若固形物比热容为 2.0kJ/(kg·K)，忽略温差损失，各效热利用因数为 0.98。求：(1) 水分总蒸发量和各效蒸发量；(2) 加热蒸汽耗量；(3) 蒸汽经济性；(4) 第一效出料液 w_s。

6-11　采用双效逆流蒸发体系将番茄汁由 w_s 为 0.0425 浓缩到 0.28。进料液温度 60℃，流量为 5000kg/h。加热蒸汽绝对压力 120kPa，冷凝器真空度 93.1kPa。第一效用强制循环，总传热系数为 1.80kW/(m²·K)。第二效用自然循环，总传热系数为 0.90kW/(m²·K)。忽略热损失和比热容中固形物的比热容。计算蒸发量、加热蒸汽耗量、蒸汽经济性和换热面积。

6-12　在顺流加料的三效蒸发器装置中，将某溶液 w_s 从 10% 浓缩至 40%，若第二效的蒸发量比第一效的蒸发量多 10%，第三效的蒸发量比第一效的蒸发量多 20%。试计算各效的完成液的浓度。

第七章 CHAPTER 7

制　　　冷
Refrigeration

第一节　制冷技术的理论基础		第三节　食品冷冻	
7-1　制冷的基本原理	207	7-7　食品冷冻的理论基础	223
7.1A　卡诺循环	208	7.7A　食品冻结过程	223
7.1B　逆卡诺循环	208	7.7B　冻结时间	224
7-2　一般制冷方法	209	7.7C　冻结速率	225
第二节　蒸汽压缩式制冷		7-8　食品冷冻设备	226
		7.8A　非直接接触式冻结设备	226
7-3　蒸汽压缩式制冷循环	211	7.8B　直接接触式冻结设备	227
7.3A　压焓图	211		
7.3B　蒸汽压缩式制冷的基本循环	213	第四节　湿空气热力学	
7.3C　液体过冷和蒸汽过热的制冷循环	214	7-9　湿空气的性质	228
7-4　蒸汽压缩式制冷的计算	214	7.9A　湿空气的状态参数	228
7-5　制冷剂和载冷剂	216	7.9B　湿空气的湿度图	231
7.5A　制冷剂	216	7-10　湿空气的基本热力学过程	233
7.5B　载冷剂	218	第五节　空气调节	
7-6　蒸汽压缩式制冷设备和系统	218		
7.6A　压缩机	218	7-11　直流式空气调节	236
7.6B　冷凝器	220	7-12　回风式空气调节	237
7.6C　膨胀阀	220	7.12A　一次回风式空调	237
7.6D　蒸发器	221	7.12B　二次回风式空调	238
7.6E　蒸汽压缩式制冷系统	222	习题	238

　　制冷（refrigeration）是现代食品工程的重要基础技术之一。制冷是指从低温物体吸热并将其转移到环境介质中的过程，使物体降温并保持比环境介质温度更低的低温条件。根据所产生的温度范围不同，分为普通制冷和低温制冷，所达到的温度在120K以下属低温制冷技术范围。食品工业应用的冷冻、速冻制品的加工，食品的贮藏，冷冻浓缩、冷冻干燥，食品生产车间和库房的空气调节属于普通制冷技术。

第一节　制冷技术的理论基础

7-1　制冷的基本原理

　　按热力学第二定律，热量总是从高温物体传向低温物体，绝不会自发地从低温物体传向高温物体，因此制冷是个非自发过程。要实现制冷这种逆向传热，必须付出代价。压缩式制冷就是以消耗机械能为代价，借助制冷剂在制冷机中的循环，周期性地从被冷却对象中吸收热量，并传递给周围介质。与此同时，制冷剂也完成了状态变化的循环。由热力学可知，理想的制冷循环是逆卡诺循环。要阐明逆卡诺循环，先回顾一下卡诺循环。卡诺循环是理想的热机循环。

7.1A 卡诺循环

热力学第二定律表明，热机循环的效率以可逆热机循环为最大。法国工程师卡诺（Carnot）提出的卡诺循环就是一种可逆循环。卡诺循环在给定的热源和冷源间进行，它由四个可逆过程构成，如图7-1所示。1—2为工质等温可逆膨胀，从温度为T_1的热源吸热Q_1；2—3为绝热可逆膨胀；3—4为等温可逆压缩，向温度为T_2的冷源放热Q_2；4—1为绝热可逆压缩。经过一个循环后，工质吸热$Q_1 = T_1(S_2 - S_1)$，为T—S图上1—2—5—6—1所围的面积，放热$Q_2 = T_2(S_2 - S_1)$，为图上4—3—5—6—4所围的面积。两者之差即为对外所做之功$W = Q_1 - Q_2$，为p—V图或T—S图上1—2—3—4—1闭合线所围的面积。因此，卡诺循环效率为

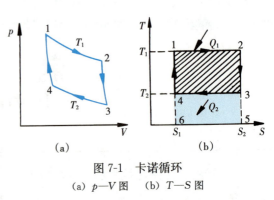

图7-1 卡诺循环
(a) p—V图 (b) T—S图

$$\eta = \frac{W}{Q_1} = \frac{Q_1 - Q_2}{Q_1} = 1 - \frac{Q_2}{Q_1} = 1 - \frac{T_2}{T_1} \tag{7-1}$$

式中 Q_1，Q_2——高温热源吸热量与低温冷源放热量，J；
T_1，T_2——热源温度和冷源温度，K。

在压容图或温熵图上，卡诺循环是一种顺时针进行的热力循环，称正循环。正循环的结果是从热源吸收热量，一部分耗于对外做功，另一部分放给冷源。

7.1B 逆卡诺循环

如果使整个循环倒转过来进行，即沿逆时针方向进行，则是一个反循环，称为逆卡诺循环，如图7-2所示。

逆卡诺循环也是由四个可逆过程组成。1—2为绝热可逆压缩，为等熵过程，温度由T_2升至T_1；2—3为等温可逆压缩，熵减小，向温度为T_1的热源放热Q_1；3—4为绝热可逆膨胀，熵不变，温度由T_1降至T_2；4—1为等温可逆膨胀，熵增加，由温度为T_2的冷源吸热Q_2。

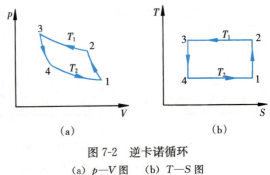

图7-2 逆卡诺循环
(a) p—V图 (b) T—S图

经过一个循环，工质从冷源吸热Q_2，并和外功W一并向热源放热Q_1。外功W为闭合线1—2—3—4—1所围的面积。

逆卡诺循环是制冷技术的物理基础，在外功作用下，能从冷源吸热放到热源中去。与热力循环的效率η对应，制冷循环亦有一评价其经济性的指标——制冷因数。制冷因数为制冷量Q_2与所耗外功W之比，以符号ε表示，即

$$\varepsilon = \frac{Q_2}{W} \tag{7-2}$$

因构成逆卡诺循环的四步过程都是可逆的，整个循环也是可逆的，是一个理想制冷循环，其制冷因数ε_i为

$$\varepsilon_i = \frac{Q_2}{W} = \frac{Q_2}{Q_1 - Q_2} = \frac{T_2(S_1 - S_4)}{T_1(S_2 - S_3) - T_2(S_1 - S_4)}$$

式中　Q_1，Q_2——热源放热与冷源吸热，J；

　　　T_1，T_2——热源温度和冷源温度，K。

因

$$S_1 - S_4 = S_2 - S_3$$

故

$$\varepsilon_i = \frac{T_2}{T_1 - T_2} \quad (7-3)$$

例 7-1　在一理想的制冷循环中，制冷剂在蒸发器中的蒸发温度为 $-20℃$，制冷剂在冷凝器中的冷凝温度为 $30℃$，每千克制冷剂在冷凝器内的放热量为 240kJ。试求：

（1）制冷因数。

（2）制冷剂在蒸发器内的吸热量及所需的机械功。

（3）若将蒸发温度降至 $-25℃$，制冷因数有何变化。

解：（1）对于理想制冷循环，制冷因数 ε_i 为

$$\varepsilon_i = \frac{T_2}{T_1 - T_2} = \frac{253}{303 - 253} = 5.06$$

（2）

$$\varepsilon_i = \frac{Q_2}{W} = \frac{Q_2}{Q_1 - Q_2}$$

已知 $Q_1 = 240\text{kJ}$，则

$$5.06 = \frac{Q_2}{240 - Q_2}$$

解得吸热量为

$$Q_2 = 200.4\text{kJ}$$

所需的机械功为

$$W = Q_1 - Q_2 = 240 - 200.4 = 39.6\ (\text{kJ})$$

（3）蒸发温度降至 $-25℃$，则制冷因数为

$$\varepsilon_i' = \frac{T_2'}{T_1 - T_2'} = \frac{248}{303 - 248} = 4.51$$

可见 $\varepsilon_i' < \varepsilon_i$，$\frac{\varepsilon_i'}{\varepsilon_i} = \frac{4.51}{5.06} = 0.891$，蒸发温度降低，制冷因数下降。

由式（7-3）可知，逆卡诺循环的制冷因数仅取决于热源温度 T_1 和冷源温度 T_2，而与工质（制冷剂）的性质无关。逆卡诺循环虽然在工业上不能实现，但它可作为实际制冷循环完善程度的比较标准。热源温度愈低，冷源温度愈高，则制冷因数愈大。这个结论在制冷技术上有着重要的指导意义。

7-2　一般制冷方法

冷量可以通过两种途径来获得，一种是利用天然冷源，另一种是人工制冷。

天然冷源主要是指夏季使用的深井水和冬天贮存下来的天然冰。在夏季，深井水的温度低于环境温度，可以用来防暑降温或作为空调冷源使用，但是，它受到时间和地区等条件的限制，最主要的是受到要获得温度的限制，一般只能达到 0℃ 以上的温度。因此，天然冷源只能用于防暑降温、温度要求不是很低的空调和少量食品的短期贮存。要想获得 0℃ 以下的温度，有效途径是采用人工制冷的方法来实现。

人工制冷有多种方法：机械制冷、热电制冷、磁制冷等。应用最广泛的是机械制冷，包括压缩式制冷、吸收式制冷和蒸汽喷射式制冷。

1. 蒸汽压缩式制冷　蒸汽压缩式是应用最广泛的制冷方法。在日常生活中我们都有这样的体会，如果给皮肤上涂抹酒精液体，你就会发现皮肤上的酒精很快干掉，并给皮肤带来凉快的感觉，这是什

么原因呢？这是因为酒精由液体变为气体时吸收了皮肤上的热量。由此可见，凡是液体汽化时都要从周围物体吸收热量。蒸汽压缩式制冷原理就是利用液体汽化时要吸收热量的这一物理特性来达到制冷的目的。如氨，在常压下沸点为－33.4℃，因此液氨可在低温下蒸发吸热，达到制冷的目的。蒸发后的氨蒸汽经压缩机压缩和冷却水冷却又变为液氨，经膨胀阀降低压力，又开始其蒸发过程而经历下一个制冷循环。蒸汽压缩式制冷主要设备包括压缩机、冷凝器、膨胀阀和蒸发器，如图 7-3 所示。

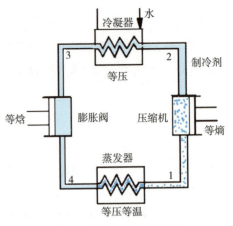

图 7-3　蒸汽压缩式制冷

蒸汽压缩式制冷循环分四步：第一步为等熵过程，来自蒸发器的制冷剂湿蒸汽 1 被压缩机绝热压缩成饱和蒸汽 2，它具有较高温度和压力；第二步是等压过程，制冷剂的饱和蒸汽在冷凝器中被水或空气冷却，冷凝成饱和液体 3，放出相变热；第三步是等焓过程，制冷剂的饱和液体在膨胀阀中膨胀变为低温低压液体 4；第四步是等温等压过程，低温低压制冷剂液体在蒸发器中蒸发吸热，变为湿蒸汽 1，此步为制冷步骤。

蒸汽压缩式制冷是工业上最重要的制冷方法，后面将专门详细讨论。

2. 吸收式制冷　吸收式制冷是用热能作为动力的制冷方法，也是利用制冷剂汽化吸热来实现制冷的。因此吸收式制冷与蒸汽压缩式制冷有类似之处，所不同的是两者实现把热量由低温处转移到高温处所用的补偿方法不同，蒸汽压缩式制冷用机械功补偿，而吸收式制冷用热能来补偿。从设备上看，吸收式制冷用吸收器-发生器组代替了蒸汽压缩式制冷的压缩机。图 7-4 是吸收式制冷工作原理图。

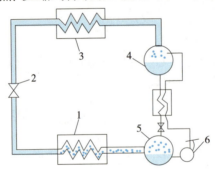

图 7-4　吸收式制冷原理图
1. 蒸发器　2. 膨胀阀　3. 冷凝器　4. 发生器　5. 吸收器　6. 溶液泵

图 7-4 动画演示

吸收式制冷机中所用的工质是由两种沸点不同的物质组成的二元混合物（溶液）。低沸点的物质是制冷剂，高沸点的物质是吸收剂。

吸收式制冷机中有两个循环：制冷剂循环和溶液循环。

（1）制冷剂循环。由发生器出来的制冷剂蒸汽在冷凝器中冷凝成高压液体，同时释放出相变热。高压制冷剂液体经节流阀膨胀节流到蒸发压力，进入蒸发器中。低压制冷剂液体在蒸发器中蒸发成低压制冷剂蒸汽，并同时从外界吸取热量实现制冷。低压制冷剂蒸汽进入吸收器中，而后吸收器、发生器组合将低压制冷剂蒸汽转变成高压蒸汽。

（2）溶液循环。在吸收器中，由发生器来的稀溶液吸收蒸发器来的制冷蒸汽，而成为浓溶液，吸收过程放出的热量用冷却水带走。由吸收器出来的浓溶液经升压泵提高压力，并输送到发生器中。在发生器中，利用外热源对溶液加热，其中低沸点的制冷剂被蒸发出来，形成较高压力的蒸汽送入冷凝器，而浓溶液变成稀溶液。从发生器流下的高压稀溶液经膨胀阀节流降低压力，而又回到吸收器中。溶液由吸收器→发生器→吸收器的循环实现了将低压制冷剂蒸汽转变为高压制冷剂蒸汽。

吸收式制冷机中制冷剂循环的冷凝、蒸发、节流三个过程与蒸汽压缩式制冷机是相同的，不同的是低压蒸汽转变为高压蒸汽的方法。蒸汽压缩式制冷机是利用压缩机来实现的，消耗机械能；吸收式制冷机是利用吸收器、发生器等组成的溶液循环来实现的，消耗热能。

最常用的工质有：氨-水二元溶液、水-溴化锂二元溶液。氨-水二元溶液作工质时，氨为制冷剂，水为吸收剂。水-溴化锂二元溶液作工质时，水为制冷剂，溴化锂为吸收剂。无水溴化锂为白色结晶，熔点549℃，沸点1 265℃，可认为常温不挥发。溴化锂极易溶于水，常温浓度可达60%。溴化锂水溶液呈淡黄色，无毒，有较强的吸水能力。水-溴化锂二元溶液作工质的制冷设备已广泛应用于大型中央式空调系统中。

3. 蒸汽喷射式制冷 如图7-5所示，蒸汽喷射式制冷是利用高压水蒸气在喷射器内高速喷射造成低压，并使水在此低压下蒸发吸热的原理实现制冷的。这种方法的制冷剂是水，消耗的是产生高压蒸汽的热量。

水和其他制冷剂一样，压力愈低则相应的饱和温度就愈低。例如，在绝对压力1.23kPa下，水的饱和温度为10℃；而在0.87kPa下，饱和温度为5℃。在蒸汽喷射式制冷机中，蒸汽喷射器相当于压缩式制冷机中的压缩机。锅炉产生的具有较高压力的工作蒸汽，通过渐缩渐扩喷嘴进行绝热膨胀，在喷嘴出口达到很高的速度和很大的动能，使蒸发室内保持很低的压力，随着饱和水喷入该蒸发室，水就会在这个蒸发室内蒸发。这种蒸发作用会从余下的水中吸热使水温从10℃下降至5℃，产生5K的制冷温差。蒸发出的水蒸气被主喷射器不断抽出，此后，高速工作蒸汽与吸入的低压蒸汽在混合室内进行能量交换，流速逐渐均一。在扩压室内，随着流速的逐渐降低，气流动能转化为压力能，使得压力逐渐升高，到出口达到冷凝压力。

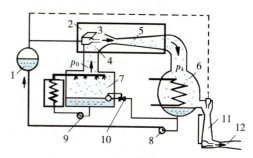

图7-5 蒸汽喷射式制冷系统
1. 锅炉 2. 蒸汽喷射器 3. 喷管
4. 混合室 5. 扩压室 6. 冷凝室
7. 蒸发室 8. 冷凝水泵 9. 冷冻水泵
10. 浮球式膨胀阀 11、12. 第一、二辅助喷射器

如果将几个蒸汽喷射器对水的制冷作用串联起来，就会对水产生更大的制冷温差。蒸汽喷射式制冷主要用于空气调节的降温操作。

第二节 蒸汽压缩式制冷

7-3 蒸汽压缩式制冷循环

在制冷循环的讨论中，使用制冷剂的热力学状态图会非常直观方便。常用的热力学状态图有温熵（T—S）图和压焓（$\lg p$—h）图两种，而压焓图表达制冷循环图线简明，计算格外方便。

7.3A 压焓图

压焓图（$\lg p$—h图）又称莫里尔（Mollier）图，它以制冷剂的比焓h作横坐标，为缩小图面，以压力的对数$\lg p$作纵坐标，但从图上直接读取的仍是压力值，而不是压力的对数值。图上任一点代表制冷剂的一种热力学状态。一般知道制冷剂的两个状态参量，就可确定其状态点，在压焓图上就可找到其他状态参量的值，如图7-6所示。

压焓图上除水平的等压线和垂直的等焓线外，还绘出其他四种状态参量的等值线簇，即等温线（$T=C$）、等比容线（$v=C$）、等熵线（$S=C$）和

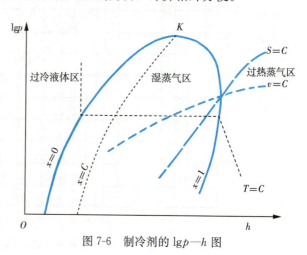

图7-6 制冷剂的$\lg p$—h图

等干度线（$x=C$）。所谓干度 x，就是在气液混合物中蒸汽所占的质量分数。图中有两条特殊的等干度线：$x=0$ 表示饱和液体线，$x=1$ 表示干饱和蒸汽线，两线向上汇合于临界点 K。这两条线将图面分成三个区域：$x=0$ 线之左为过冷液体区，$x=1$ 线之右为过热蒸汽区，两线之间为湿蒸汽区。在六种状态参量的等值线中，等温线的形状比较特殊，每条等温线一般由三段构成：在过冷液体区几乎是垂直线，因温度相同时，焓值随压力变化甚微。在湿蒸汽区内的等温线段是水平线，因定压下的饱和温度 T_s 是定值，故等温线与等压线一致。在过热蒸汽区的等温线又近似为较陡的竖直线。

图 7-7 给出氨的压焓图，图中气液共存区的中部对制冷计算无什么用途，故一般将其截而略去。图中假定 0℃时 NH_3 的相对比焓 $h=500kJ/kg$，相对比熵 $s=1.0kJ/(kg \cdot K)$。

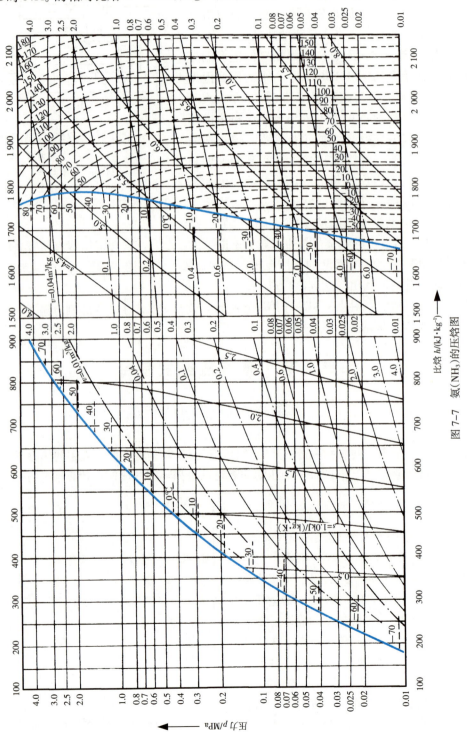

图 7-7 氨（NH_3）的压焓图

7.3B 蒸汽压缩式制冷的基本循环

如前所述,蒸汽压缩式制冷循环主要由压缩机、冷凝器、膨胀阀和蒸发器四个基本设备组成,如图 7-8 所示。

高压液态制冷剂通过节流阀降压并降温,变成气液混合物,然后进入蒸发器。液态制冷剂在蒸发器中吸收周围被冷却对象的热量而汽化,随即被压缩机吸入并被绝热压缩,压力和温度均上升。然后进入冷凝器中,被冷却介质冷却而凝结成同压力的液体。此后高压制冷剂液体又通过节流阀,进入下一轮制冷循环。可见,在封闭系统中制冷剂的每一次循环流动中要连续两次发生相态变化。实现制冷循环的推动力来自压缩机,它同膨胀阀的配合作用将制冷剂系统分为低压和高压两部分。在低压部分通过蒸发器从被冷却物质吸热,在高压部分通过冷凝器向环境介质放热。

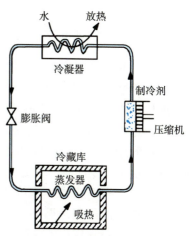

图 7-8 蒸汽压缩式制冷装置

为了能用热力学理论对蒸汽压缩式制冷循环过程进行分析,提出如下假设:①制冷剂流经设备和管道时无阻力损失;②除蒸发器和冷凝器外,其他设备和管道都在绝热条件下工作,亦即制冷剂流过时不与外界发生热交换;③压缩过程不存在不可逆损失。

首先讨论蒸汽压缩式制冷的基本循环,亦即饱和循环。在基本制冷循环中,压缩机吸入的是制冷剂饱和蒸汽,而由冷凝器进入膨胀阀的是制冷剂饱和液体。现将基本制冷循环过程分别表示在温熵图和压焓图中,如图 7-9 和图 7-10 所示。设冷凝温度 T_k 对应的饱和压力为 p_k,蒸发温度 T_0 对应的饱和压力为 p_0。对两图说明如下:

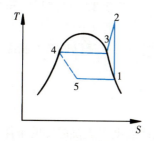

图 7-9 基本制冷循环的 T—S 图

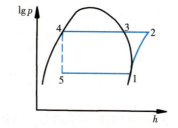

图 7-10 基本制冷循环的 $\lg p$—h 图

图 7-10 动画演示

状态点 1 为制冷剂进入压缩机的状态。基本循环中进入压缩机的制冷剂为干饱和蒸汽。根据已知的蒸发温度 T_0 找到其饱和压力 p_0,然后根据压力为 p_0 的等压线与 $x=1$ 的饱和蒸汽线交点来确定状态点 1。

状态点 2 为高压制冷剂气体从压缩机排出进入冷凝器的状态。由于绝热压缩过程熵不变,即 $S_1=S_2$,因此,由点 1 沿等熵线向上与冷凝温度 T_k 对应的饱和压力 p_k 等压线相交确定状态点 2。过程 1—2 要消耗机械功。

状态点 4 为制冷剂在冷凝器内凝结成饱和液体的状态。它是由压力为 p_k 的等压线与饱和液体线 $x=0$ 相交求得。过程 2—3—4 为制冷剂向环境放出热量,过程 2—3 为制冷剂蒸汽在冷凝器内进行定压冷却,过程 3—4 为制冷剂蒸汽在冷凝器内进行定压冷凝。

状态点 5 为制冷剂流出膨胀阀进入蒸发器的状态。过程 4—5 为制冷剂在膨胀阀中的节流过程。节流前后比焓值不变 ($h_4=h_5$),压力由 p_k 降到 p_0,温度由 T_k 降到 T_0。由于节流过程是不可逆过程,因此在图上线 4—5 用一虚线表示。点 5 由经点 4 的等焓线与压力为 p_0 的等压线相交求得。过程 5—1 为制冷剂在蒸发器内定压蒸发吸热过程。在这一过程中 p_0 和 T_0 保持不变,低压低温的制冷剂液体汽化吸收被冷却物体的热量产生制冷作用。

制冷剂经过循环过程 1—2—3—4—5—1 后，就完成了一个基本制冷循环。由两图比较可知，基本制冷循环在压焓图上更易绘制，并且各点比焓值在压焓图上可直接查到，进行制冷循环计算也比温熵图方便。

7.3C 液体过冷和蒸汽过热的制冷循环

1. 液体过冷的制冷循环 制冷基本循环没有考虑制冷剂的液体过冷，而液体过冷直接影响到制冷装置的循环性能。液体过冷可因冷凝器深度传热达成，也可在冷凝器后连接过冷器进行过冷。图 7-11 中的点 $4'$ 表示过冷液体状态，该点的温度称为过冷温度 T_{sc}，点 $4'$ 由压力为 p_k 的等压线与温度为 T_{sc} 的等温线相交求得，其中 4—$4'$ 表示制冷剂液体的定压过冷过程。冷凝温度与过冷温度的差值 $\Delta T_{sc}=T_k-T_{sc}$ 称为过冷度。点 $5'$ 由点 $4'$ 作等焓线与压力为 p_0 的等压线相交求得。将具有液体过冷的制冷循环 1—2—3—$4'$—$5'$—1 与基本循环 1—2—3—4—5—1 进行比较，可以看出，应用液体过冷在理论上对改善循环

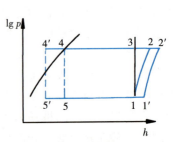

图 7-11 液体过冷和气体过热的制冷循环

是有利的。但是，采用液体过冷需要增加设备投资和运行费用，应据技术经济核算来确定是否采用液体过冷。

2. 蒸汽过热的制冷循环 对于基本制冷循环，压缩机吸入的是饱和蒸汽，实际上压缩机吸入的制冷剂蒸汽往往是过热蒸汽。产生吸气过热的原因主要有：①蒸发器与压缩机之间的吸气管路吸热而过热；②在蒸发器内汽化后的饱和蒸汽继续吸热而过热。

蒸汽过热过程是等压过程，它是在蒸发压力下使饱和蒸汽继续吸热而过热，图 7-11 中 1—$1'$ 是蒸汽过热过程。压缩机吸气状态点 $1'$ 对应制冷剂的过热气体状态，由压力为 p_0 的等压线与温度为吸气温度 $T_{1'}$ 的等温线的交点来确定，由点 $1'$ 沿等熵线与 p_k 等压线相交求得点 $2'$，过热后的压缩机吸气温度 $T_{1'}$ 与蒸发温度 T_0 的差值 $\Delta T_{sh}=T_{1'}-T_0$ 称为过热度。图 7-11 中过程 $1'$—$2'$—3—4—5—1 表示蒸汽过热的制冷循环，而过程 $1'$—$2'$—3—$4'$—$5'$—$1'$ 表示既有液体过冷又有蒸汽过热的制冷循环。

7-4 蒸汽压缩式制冷的计算

制冷循环计算的目的一般是在已知所需制冷量、冷凝温度或过冷温度、蒸发温度的条件下，计算所需的制冷剂流量、压缩机功率及冷却水量等。有时是在已知其他条件下，校验制冷量等数据。计算的方法是根据上述的已知量，在 $\lg p$—h 图上定出各状态点 1，2，4，5 等，并查出各点的状态参量，然后进行下列各项计算。

1. 制冷量 对任何制冷系统或制冷机，其能产生的冷效应，亦即其制冷能力，以一定条件下制冷剂单位时间从被冷却物体中所能取走的热量来表示，称为制冷机的制冷量，或冷负荷（cooling load），用符号 Φ_0 表示，其单位为 W 或 kW。

必须指出，操作温度对制冷机的制冷量有很大影响。操作温度不同，制冷量也不同。任何制冷机的铭牌上所标明的制冷量都是其标准操作温度下的制冷量，应用到生产温度条件下，制冷量必须换算，换算方法可查阅有关资料。

生产中需要的制冷量可以计算。例如，要在一定时间内将一定温度的水冻结成 0℃ 的冰，所需制冷量可按下式计算：

$$\Phi_0=\frac{m\,(c_w\Delta T+\Delta_f h)}{t} \quad (\text{kW}) \tag{7-4}$$

式中 m——水的质量，kg；

c_w——水的比热容，kJ/（kg·K）；

ΔT——制冷前的水与冰的温差,K;

$\Delta_f h$——冰的熔化热,kJ/kg;

t——制冷时间,s。

2. 单位制冷量 单位质量或单位容积制冷剂在蒸发器中所吸收的热量称为单位制冷量,它分两种。

①单位质量制冷量 Q_m:以单位质量制冷剂表示的单位制冷量,单位为 J/kg。Q_m 在图 7-10 上等于状态点 1 和状态点 5 的比焓差,即

$$Q_m = h_1 - h_5 = h_1 - h_4 \quad (J/kg) \tag{7-5}$$

②单位容积制冷量 Q_v:以制冷剂在压缩机吸入口状态的单位容积表示的单位制冷量,单位为 J/m^3。设制冷剂在吸入压力下的比体积为 $v_0 \, m^3/kg$,则

$$Q_v = \frac{Q_m}{v_0} = \frac{h_1 - h_4}{v_0} \quad (J/m^3) \tag{7-6}$$

3. 制冷剂循环量 制冷剂循环量为制冷剂在制冷循环过程中通过某截面的平均流量。它亦有质量流量和体积流量两种表示方法。

以质量流量表示的循环量 q_m 为

$$q_m = \frac{\Phi_0}{Q_m} = \frac{\Phi_0}{h_1 - h_4} \quad (kg/s) \tag{7-7}$$

4. 制冷剂的放热量 制冷剂的放热量应包括其冷却和冷凝两阶段的放热热流量。如制冷剂达过冷状态,还应包括过冷阶段放热量。总放热量 Φ_c 应为

$$\Phi_c = \Phi_c' + \Phi_c'' + \Phi_c''' = q_m (h_{2'} - h_{4'}) \quad (W) \tag{7-8}$$

$$\Phi_c' = q_m (h_{2'} - h_3) \tag{7-9}$$

$$\Phi_c'' = q_m (h_3 - h_4) \tag{7-10}$$

$$\Phi_c''' = q_m (h_4 - h_{4'}) \tag{7-11}$$

式中 Φ_c'——冷却过程放热量;

Φ_c''——冷凝过程放热量;

Φ_c'''——过冷过程放热量。

5. 压缩机的功率

①单位理论功:压缩机对单位质量制冷剂蒸汽的理论压缩功,符号为 w_t,单位为 J/kg。由图 7-10,单位理论功 w_t 为

$$w_t = h_2 - h_1 \quad (J/kg) \tag{7-12}$$

②压缩机的理论功率:

$$P_t = q_m w_t = q_m (h_2 - h_1) \quad (W) \tag{7-13}$$

③压缩机的实际功率:

$$P = P_t / \eta \tag{7-14}$$

式中,η 为压缩机的效率,$\eta < 1$。η 的构成可表示为

$$\eta = \eta_i \cdot \eta_m \cdot \eta_D \tag{7-15}$$

式中 η_i——指示效率,为理论功率 P_t 与指示功率 P_i 之比,反映了余隙容积、压缩比、汽缸、活塞和汽阀等结构因素的影响;

η_m——机械效率,为指示功率 P_i 与轴功率 P_z 之比,反映了摩擦损失的影响;

η_D——传动功率,为轴功率 P_z 与原动机实际功率 P 之比,反映了传动机构的完善程度。

6. 制冷因数 包括理论制冷因数和实际制冷因数。

①理论制冷因数:

$$\varepsilon_t = \frac{Q_m}{w_t} = \frac{h_1 - h_4}{h_2 - h_1} \tag{7-16}$$

②实际制冷因数：

$$\varepsilon = \frac{\Phi_0}{P} \tag{7-17}$$

例 7-2 有一氨压缩制冷机，其制冷量为 116.3kW，蒸发温度 -15℃，冷凝温度 30℃，压缩机效率为 70%，作制冷循环计算。

解：根据题中的各操作温度，在氨的 lg$p$—h 图上定出 1，2，4，5 各点，查出各点的比焓及压缩机吸入气体的比容。

$$h_1 = 1\,740\,\text{kJ/kg}, \quad h_2 = 1\,975\,\text{kJ/kg}$$
$$h_4 = h_5 = 640\,\text{kJ/kg}, \quad v_0 = 0.51\,\text{m}^3/\text{kg}$$

(1) 单位制冷量。

$$Q_m = h_1 - h_4 = 1\,740 - 640 = 1\,100 \ (\text{kJ/kg})$$
$$Q_v = Q_m/v_0 = 1\,100/0.51 = 2.16 \times 10^3 \ (\text{kJ/m}^3)$$

(2) 制冷剂循环量。

$$q_m = \frac{\Phi_0}{Q_m} = \frac{116.3}{1\,100} = 0.106 \ (\text{kg/s})$$

(3) 制冷剂放热量。

$$\Phi_c = q_m(h_2 - h_4) = 0.106 \times (1\,975 - 640) = 142 \ (\text{kW})$$

(4) 功率消耗。单位理论功为

$$w_t = h_2 - h_1 = 1\,975 - 1\,740 = 235 \ (\text{kJ/kg})$$

理论功率为

$$P_t = q_m w_t = 0.106 \times 235 = 24.9 \ (\text{kW})$$

实际功率为

$$P = \frac{P_t}{\eta} = \frac{24.9}{0.70} = 35.6 \ (\text{kW})$$

(5) 制冷因数。

$$\varepsilon_t = \frac{Q_m}{w_t} = \frac{1\,100}{235} = 4.68$$

$$\varepsilon = \frac{\Phi_0}{P} = \frac{116.3}{35.6} = 3.27$$

7-5 制冷剂和载冷剂

7.5A 制冷剂

制冷剂（refrigerant）是实现制冷循环的工作物质。制冷剂在制冷系统中循环流动，通过其状态变化来传递能量。

蒸汽压缩式制冷系统中，制冷剂在低温下汽化，从被冷却介质吸收热量，再到高温环境中凝结，向环境介质放出热量。所以，只有在一定温度范围能汽化和凝结的物质才有可能作为制冷剂使用。

1. 对制冷剂的要求 应从以下几方面考虑：

(1) 汽化热。制冷剂的汽化热要大，以利于减少制冷剂的循环量，降低动力消耗。

(2) 冷凝压力。制冷剂在常温下冷凝压力不应过高。冷凝压力过高，对制冷设备强度的要求相应提高，而且还会导致压缩机功耗增加。

(3) 沸点。制冷剂正常沸点应适当低。如沸点较高，压缩机吸入压力太低，导致制冷效率不高；

反之沸点过低，吸入压力过高，容易产生泄漏。

(4) 凝固点。制冷剂的凝固点应低，使其适用温度范围较大。

(5) 临界温度。制冷剂临界温度应高些。这样，使用常温冷却介质如水和空气等，可以使之液化。否则，临界温度低，在高于临界温度时，就无法将其液化。

(6) 黏度和比体积。黏度和比体积要小。黏度小有利于减小制冷剂在管道中的流动阻力，提高换热设备的传热强度，降低压缩机的功率消耗。制冷剂蒸汽比体积小有利于缩小制冷系统的管径，减小压缩机的尺寸。

(7) 安全性。制冷剂应无腐蚀性，无毒，不易燃易爆。化学稳定性要好。如泄漏，应易觉察。

(8) 价格。制冷剂应价廉易得。

当然，目前还难于找到同时完全满足上述要求的制冷剂。但这可作为选择和研究制冷剂的方向。

2. 常用的制冷剂 目前，可作为制冷剂的物质大约有几十种，但食品工业常用的不过十几种。常用制冷剂按其化学组成可分为氟利昂、无机化合物、烃类和混合制冷剂。

(1) 氟利昂。氟利昂（freon）是饱和烃的卤素取代物的总称。自 1930 年出现以后，因其可满足上述对制冷剂的大部分要求，成为广泛应用的一类制冷剂。

氟利昂按其组成可分为三类：含氯的氟化碳（CFC）、含氢和氯的氟化碳（HCFC）及含氢无氯的氟化碳（HFC）。它们的分子通式可以表示为

$$C_m H_n Cl_x F_y Br_z \quad (n+x+y+z=2m+2)$$

氟利昂的种类多，通常用编号以便于称呼。氟利昂的编号规则依据结构确定。编号是由字母 R 和随后的数字及字母 $(m-1)(n+1)(y)$ B (z) 组成，且当 $m-1=0$ 时不写出 $(m-1)$，$z=0$ 时字母 B 及 (z) 省略。例如：CCl_3F 编号 R11，$CClF_3$ 编号 R13，CF_3Br 编号 R13B1，$CHClF_2$ 编号 R22，$CClF_2CClF_2$ 编号 R114。

氟利昂以其优异的性质非常广泛地用于空调、冷藏及低温等许多方面，并促进了制冷技术的发展。但到 70 年代，人们发现氟利昂进入大气后会破坏臭氧层，并产生温室效应。臭氧层被破坏会导致地球表面受到的太阳紫外线辐射增强，影响人类的健康，破坏生态平衡，并危及一些农作物的生长。氟利昂中，CFC 类对臭氧层的破坏能力最强，HCFC 次之，而 HFC 因不含氯而无破坏作用。

为保护人类赖以生存的自然环境，1987 年以来，经过多次由联合国主导的国际会议讨论，决定对 R11，R12 等 15 种 CFC 物质及 R10 等 5 种物质到 2010 年完全停止生产，对 R22 等 34 种 HCFC 物质从 2020 年开始控制。现在，各国都在积极研究 CFC 的代用问题。已初步认定可用 R123 代替 R11，用 R134a（字母 a 用以区别同分异构体）代替 R12。R123 被限定于 2030 年淘汰。HFC 虽不破坏臭氧层，但是温室气体。从 2019 年开始各国逐步削减 HFC 的生产使用，预计至 2045 年至少削减 80%。国际制冷界仍在寻求对臭氧层无破坏、温室效应在允许范围内、热力性能良好、无毒且化学稳定性好的氟利昂替代物。

(2) 氨。氨（NH_3）作为制冷剂已有 100 多年的历史，它是我国最广泛应用的制冷剂。按国家标准规定，无机化合物制冷剂的编号数字为 700 加其相对分子质量，因此，氨的制冷剂编号为 R717。

氨能长期作为主要制冷剂，是因为它具有良好的热力性能。氨的正常沸点为 $-33.4℃$，凝固点为 $-77.7℃$，冷凝压力在常温下不超过 1.47MPa，最低蒸发温度可达 $-70℃$。氨的汽化潜热较大，标准大气压下汽化热为 1 370kJ/kg。氨单位制冷量较大，热导率较大。

氨的缺点在于它的安全性。氨对人体有毒性，当氨在空气中的体积分数达到 0.005～0.006 时，人在其中停留半小时就会中毒。氨可燃可爆，对铜等有腐蚀性。

目前，氨用于蒸发温度在 $-65℃$ 以上的大、中型制冷机中。

(3) 烃类。烃类制冷剂包括烷烃类制冷剂（如甲烷、乙烷等）和烯烃类制冷剂（如乙烯、丙烯等）。

(4) 混合制冷剂。混合制冷剂是由两种或两种以上制冷剂按比例相互溶解而成的混合物。

7.5B 载冷剂

1. 载冷剂的作用 载冷剂又称冷媒，是用于将制冷系统产生的冷量传给被冷却物质的中间介质。制冷装置通常有直接冷却和间接冷却两种方式。直接冷却是利用制冷剂的蒸发直接吸收被冷却物体的热量，使其冷却到所需温度。直接冷却需要将制冷剂用管道输送到蒸发器中去，当蒸发器距离冷冻机较远时，不仅需要足够的制冷剂，而且对输送系统要求也较高，在这种情况下通常采用间接冷却，间接冷却就需要载冷剂。

载冷剂在制冷系统的蒸发器中被冷却，然后被输送至冷间的冷却排管内，载冷剂在冷却排管内吸收被冷却物体的热量，温度升高后返回到蒸发器中，并将热量传递给制冷剂，载冷剂温度再降低，再被送入冷间冷却排管内，如此往复循环，而使冷间温度不断降低。

载冷剂应具备以下条件：凝固温度应低于最低工作温度；安全性好：无毒，化学稳定，不燃不爆，对金属甚少腐蚀；价廉易得；热容量大。

2. 常用的载冷剂 常用的载冷剂有三类：水、盐水及有机物载冷剂。水因价廉易得，传热性能好，因而在蒸发温度为0℃以上的制冷装置中广被采用。

载冷剂盐水常用氯化钠水溶液和氯化钙水溶液，它们的起始凝固温度随浓度而变，如表7-1所示。二者比较，氯化钙盐水的共晶温度更低，故应用较广。但氯化钠盐水无毒，可用于食品的直接接触冷却，且传热性能也较好。

盐水对金属有腐蚀性，使用时需加缓腐蚀剂重铬酸钠并加氢氧化钠调成弱碱性（pH=8.5）。

表7-1 两种盐水的凝固温度

相对密度（15℃）	氯化钠盐水			氯化钙盐水		
	浓度/%	100kg 水加盐量/kg	起始凝固温度/℃	浓度/%	100kg 水加盐量/kg	起始凝固温度/℃
1.05	7.0	7.5	−4.4	5.9	6.3	−3.0
1.10	13.6	15.7	−9.8	11.5	13.0	−7.1
1.15	20.0	25.0	−16.6	16.8	20.2	−12.7
1.175	23.1	30.1	−21.2			
1.20				21.9	28.0	−21.2
1.25				26.6	36.2	−34.4
1.286				29.9	42.7	−55.0

有机物载冷剂适用于较低温度。这类载冷剂性能良好，对金属无腐蚀性，但价格较贵。常用的有乙醇、乙二醇、丙二醇水溶液。乙二醇水溶液当浓度为45%时，使用温度可达−35℃，但当浓度为35%用于−10℃时效果最好。丙二醇水溶液无毒，可直接接触冷却食品。

7-6 蒸汽压缩式制冷设备和系统

蒸汽压缩式制冷的主要设备为压缩机、冷凝器、膨胀阀和蒸发器。

7.6A 压缩机

压缩机（compressor）是制冷装置中的主要组成部分，在它的作用下，制冷剂在制冷机系统内不断循环流动，并建立起吸气压力和排气压力，以完成制冷循环。蒸汽压缩式制冷的压缩机可按不同的方法分类。

按照作用原理，制冷压缩机和一般气体压缩机一样，可分为活塞式、离心式和旋转式三类，其中活塞式压缩机即第二章讨论的往复压缩机，种类最多，应用最广。

按照总体结构，制冷压缩机可分为全封闭式、半封闭式和开启式三类。全封闭式压缩机与其电动机做成一体，一同装在一个密封壳体内。半封闭式压缩机与其电动机共用一根轴，两者机壳用法兰连接在一起。

按照制冷剂种类，制冷压缩机有氨压缩机、氟利昂压缩机和丙烷压缩机等多种。

同一般气体压缩机比较，制冷压缩机必须具有适合制冷剂性质的特点。它对密闭性要求更高，要能适应制冷剂温度和制冷量的变化，设计时要考虑制冷剂蒸汽可能夹带液滴而引起的影响。

1. 活塞式制冷压缩机 活塞式制冷压缩机是我国类型最多、应用最广的制冷压缩机，其制冷量Φ_0小可不足1kW，大到1 000kW以上。大型活塞式制冷压缩机多采用卧式对称平衡型结构，中小型压缩机采用高速多缸型结构。

制冷压缩机都用一定的型号来表示，新系列活塞式单级制冷压缩机产品型号包括下列几个内容：汽缸数目、所用制冷剂种类、汽缸排列形式、汽缸直径和传动方式等。例如，S8AS12.5A制冷压缩机，该压缩机为双级，8缸，氨制冷剂，汽缸排列形式为S形，汽缸直径12.5cm，直接传动。又如，4FV7B制冷压缩机，该压缩机为4缸，氟利昂制冷剂，汽缸排列形式为V形，汽缸直径为7cm，B为半封闭式。若最后字母是Q，为全封闭式。

我国标准中小型活塞式制冷压缩机有五种缸径系列：50、70、100、125、170mm，适用于R22和R717等制冷剂。其中缸径50、70、100mm的可做成半封闭式。生产较多的是缸径为70、100、125和170mm的4缸机、6缸机和8缸机。

高速多缸型制冷压缩机的机体采用整体铸造形式，汽缸与曲轴箱铸成一体，这样结构的优点是刚性和气密性好，结合面少，可减少机加工量和装配误差。机体的下部为曲轴箱，上部用于装汽缸套。汽缸套采用可更换式，可简化机体的铸造工艺，便于汽缸及吸排气阀组的检修。若8个汽缸，则分两排呈扇形排列，汽缸轴线间夹角为45°，这样的结构可得到较好的运动平衡。每两个汽缸沿压缩机的轴线并排，共用一个汽缸盖，汽缸盖用螺栓与机体连接。机体与汽缸套之间做有吸气腔和排气腔，分别与吸气管和排气管连通。吸气腔都装有吸气过滤器。吸气腔和排气腔之间装有安全旁通阀。汽缸套外面装有卸载装置，卸载使汽缸失去压缩作用，用于压缩机的空载启动和输气量调节，这种8缸机还可改型设计成单机双级压缩机，即将其中6缸作为低压级，2缸作为高压级，使一台单机组成两级制冷压缩机。

现在标准系列活塞式制冷压缩机具有很多优点。例如，只要更换阀弹簧、水套、氨气阀及部分零件材料，即可实现R717、R22等制冷剂的通用；卸载装置和能量控制机构通过油压传动，可实现压缩机的空载活动，代替旧式压缩机所采用的控制阀。

2. 离心式制冷压缩机 离心式制冷压缩机的工作原理与离心式通风机极为相似，它通过高速旋转的叶轮作用于制冷剂气体，气体运动的动能再转换成压力能达到增压。

离心式压缩机的特点是低压大流量，因此适合于制冷温度较高而制冷量较大的场合。制冷剂的性质对离心式压缩机的构造和性能影响很大。制冷剂的分子质量大，则在每级叶轮中能达到的压缩比就大。所以，离心式制冷压缩机是分别按每种制冷剂制定系列型谱。

与其他类型制冷压缩机相比，离心式制冷压缩机有许多特点。它结构简单，尺寸小，运转平稳。因为高转速，它可与电动机直接连接，设备费和操作费都较低。离心式压缩机对制冷量的调节也较简单，可改变压缩机的转速或采用吸气管路上的节流调节阀。离心式压缩机每级叶轮产生的压缩比小，一般多采用多级压缩。

3. 旋转式制冷压缩机 旋转式制冷压缩机的工作原理与旋转式泵相似，属容积式压缩机械。其特点是中压小流量，故在小型制冷机上用得较多，例如电冰箱中的转子式压缩机。由于压力中等，故适于中等温度的制冷。

旋转式制冷压缩机中应用较广泛的是螺杆式制冷压缩机，它依靠相互啮合的两个转子的相对转动产生的工作容积的变化实现对气体的压缩作用。它不用吸气阀和排气阀，靠工作容积与吸气腔和排气腔的接通和断开来控制吸气过程、压缩过程和排气过程的起始和结束。它产生的压缩比取决于压缩机的结构设计。它与同为容积式压缩的活塞式相比，具有如下特点：结构简单，零部件特别是易损件较少，加工、装配、检修工作量小。转子做旋转运动，平衡性好。但转子之间及转子与汽缸之间接触线长，气体泄漏机会多，因而功耗较大，效率较低，且噪声较大。

7.6B 冷凝器

冷凝器（condenser）是制冷装置中的一种换热器，其作用是将经过压缩的制冷剂蒸汽冷却到饱和温度并冷凝成液体。在冷凝器中，制冷剂放热，并将热量经间壁交换给空气或水等冷流体。

冷凝器按其冷却方式可分为水冷式、空冷式和蒸发式三类。

水冷式冷凝器中应用最广泛的是卧式壳管式冷凝器，制冷剂蒸汽通过壳程，将热量传给管程流动的冷水而自身在传热管外表面冷凝。它直立安装，无封头，水在管内自上而下呈膜层流过，水需要的压头较低。这种冷凝器可以露天安装，清洗方便。水冷式冷凝器也可采用套管式换热器，水在内管中流动，制冷剂蒸汽在管间冷凝，逆流操作可保持较好的换热效果。制冷机的过冷器大都采用套管式。

空冷式冷凝器一般做成蛇管式，制冷剂蒸汽在管内冷凝，空气在风机的作用下横向流过管外。一般在管外套装翅片，以增强空气侧传热。空冷式冷凝器主要用于中小型氟利昂制冷机。

蒸发式冷凝器也做成蛇管式，用一个循环水泵把冷凝器底部水槽中的水输送到上方并喷淋在散热管上，在管表面呈膜层向下流动，同时强制冷空气吹过潮湿的管子，导致部分水蒸发，吸收大量汽化热以增强冷却效果，减少消耗水量。

7.6C 膨胀阀

膨胀阀（expansion valve）又称节流阀，其作用是使制冷剂降压和控制其流量。膨胀阀的工作原理是高压液态制冷剂被迫通过一个节流小孔，压力骤然降到蒸发压力，液体制冷剂沸腾吸热，部分汽化，进入湿汽状态，同时温度降低。

膨胀阀形式很多，制冷装置中常用的膨胀阀分两类，一类是人工调节阀，另一类是自动膨胀阀。

人工调节阀依靠人工来调节阀的开启度，调节适量的制冷剂从高压区流向低压区。其特点是调节迅速，结构简单，但供液量不能随热负荷的变化而自动调节。

自动膨胀阀按调节方式有多种，用液位调节的有浮球调节阀等，用蒸汽过热度调节的有热力膨胀阀等。

浮球调节阀现在主要用于氨制冷装置中。图7-12为直通式浮球调节阀示意，随蒸发器负荷的变化浮球阀壳体内的液面就会涨落，从而通过浮球的浮沉改变针阀的开度，以调节供液量的大小。

热力膨胀阀是目前氟利昂制冷机中应用最广的一种节流机构，它是利用制冷剂蒸汽的过热度来调节阀孔的开度以改变供液量的。图7-13为它的工作原理图。在毛细管和感温包中充有感温工质，利用它的压力通过膜片和推杆将阀门打开。膨胀阀接在蒸发器的进口管上，感温包敷在蒸发器出口管上。当蒸发器热负荷增大，因而制冷剂供液量显得不足时，标志全部汽化的截面A-A将左移，蒸发器出口蒸汽过热度增大，感温工质的压力上升，于是膜片鼓动推杆，使阀孔开度增大，供液量增加。反之，当蒸发器热负荷减小，因而供液量显得过剩时，则作用相反，阀孔开度减小，使供液量调小。

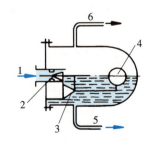

图7-12 浮球阀结构示意
1. 液体进口 2. 针阀 3. 支点
4. 浮球 5. 液体连接管 6. 气体连接管

第七章 制 冷

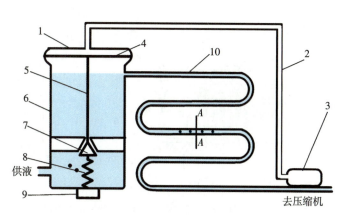

图 7-13 动画演示
（蒸气负荷增大时）

图 7-13 动画演示
（蒸发负荷减小时）

图 7-13 热力膨胀阀工作原理图
1. 阀盖 2. 毛细管 3. 感温包 4. 膜片 5. 推杆
6. 阀体 7. 阀芯 8. 弹簧 9. 调整杆 10. 蒸发器

7.6D 蒸发器

蒸发器（evaporator）的作用是使低温低压的制冷剂液体沸腾，以吸收环境被冷却物体的热量，达到制冷目的。蒸发器与上述的冷凝器一样，都是制冷应用的热交换器。

按冷却介质种类分，蒸发器可分为两大类：直接冷却式蒸发器和间接冷却式蒸发器。直接冷却式蒸发器又称直接膨胀式蒸发器，它是冷却空气的蒸发器。间接冷却式蒸发器又称间接膨胀式蒸发器，它是冷却载冷剂液体的蒸发器，载冷剂液体在蒸发器内先与制冷剂换热而被冷却，然后输送载冷剂去冷却被冷物体。

按制冷剂控制方式分，蒸发器分满液式、半满液式和干式三类。满液式蒸发器中流动的制冷剂大部分是液体，器内保持一定的自由液面，在蒸发器出口必须装有气液分离器，蒸汽被压缩机吸走，而液体又流回蒸发器。干式蒸发器出口制冷剂已全蒸发完毕，此出口制冷剂的状态是过热蒸汽。半满液式的情形介于上两者之间，传热效果不如满液式，但比干式蒸发器好。

1. 直接冷却式蒸发器 直接冷却式蒸发器按结构可分为盘管式、翅片管式、板式、板管式、箱管式等多种。

（1）盘管式蒸发器。主要由铜管或无缝钢管弯成盘形排管，首尾用角钢支架固定。这类蒸发器结构简单，制冷剂在管内蒸发，吸收管外空气的热量。这种蒸发器在冷库中广泛应用。

（2）翅片管式蒸发器。这种蒸发器是在盘管式基础上加上翅片而成，使其吸热面积大大增加，因此效果较好。

（3）板式蒸发器。在两块合金铝板上分别冲压成半管形盘管槽沟，再把两板叠起来点焊好，就成了板式蒸发器。其中的盘管状通路可供制冷剂流过并蒸发。这种板式蒸发器整体可制成各种形状，广泛应用在电冰箱上。它被安装在冷冻室内，结构紧凑，降温快，温度均匀，冷冻效果好，但制造工艺复杂。

2. 间接冷却式蒸发器 间接冷却式蒸发器按结构可分为立管式、螺旋管式和卧式壳管式等种类。

（1）立管式蒸发器。这种蒸发器的结构原理如图 7-14 所示。它换热性能良好，适用于氨制冷系统中。其工作过程为：降压节流后的液态制冷剂，经进液管进入下集液管，分配进入两侧各立管中上升，并在其中吸收载冷剂传入的热量，蒸发成蒸汽，汇入上集气横管，经氨液分离器，蒸汽被压缩机吸汽。冷却的载冷剂送入需要冷量的设备，再返回循环。

（2）卧式壳管式蒸发器。它和壳管式冷凝器的结构基本相同，分满液式、干式等方式。满液式可以使载冷剂在管内流动，制冷剂在管束外壳程空间蒸发。干式蒸发器常使制冷剂在管程流动蒸发，而载冷剂在管束外壳程流动放热。

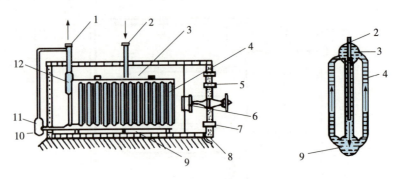

图 7-14 立管式蒸发器

1. 回气管（至压缩机） 2. 进液管 3. 上集气管 4. 蒸发排管 5. 载冷剂入口管 6. 搅拌机
7. 载冷剂出口管 8. 放水管 9. 下集液管 10. 放油口 11. 集油器 12. 氨液分离器

7.6E 蒸汽压缩式制冷系统

上述制冷设备和其他辅助设备可以组合成制冷系统，制冷系统有两种组合方式。一种方式是在制造厂内将制冷压缩机同其他设备装在一个公共底座上，作为一个整体设备，称为制冷机组，最常用的是冷水机组。另一种方式是由工程设计单位根据用户的制冷温度、冷量负荷以及空间条件选择设备现场安装，称为制冷装置。制冷装置的工艺流程比制冷机组复杂。

蒸汽压缩式制冷系统按供液方式可分为直接供液、重力供液和氨泵供液等系统。直接供液是指对蒸发器的供液只经膨胀阀直接进入蒸发器而不经过其他设备。重力供液是利用制冷剂液柱的重力来向蒸发器输送低温氨液。因此，经膨胀阀后的制冷剂还应先经过高位安装的气液分离器，制冷液靠自身液柱的重力进入蒸发器。这种供液方式在我国中小型冷库中广泛采用。氨泵供液制冷系统是利用氨泵向蒸发排管输送低温氨液。

下面仅以直接供液制冷系统为例，了解制冷系统的设备组合和工艺流程。图 7-15 所示为直接供液氨制冷系统。

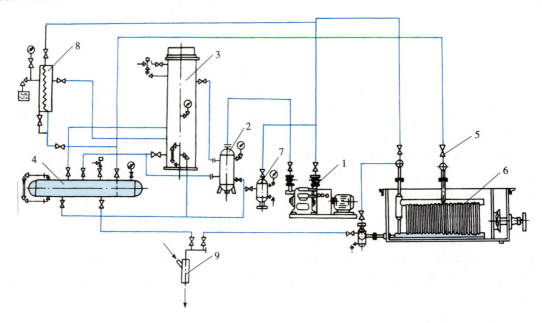

图 7-15 直接供液氨制冷系统

1. 压缩机 2. 氨油分离器 3. 冷凝器 4. 贮液桶 5. 膨胀阀 6. 蒸发器 7. 集油器 8. 空气分离器 9. 紧急泄氨器

蒸发器 6 内产生的低温低压氨蒸汽被压缩机 1 吸入汽缸，经压缩后温度、压力升高。高温高压的氨蒸汽经氨油分离器 2 分离润滑油，进入冷凝器 3。在冷凝器中氨被冷水冷却凝结成液氨，不断存入贮液桶 4 中。使用时使液氨经膨胀阀 5，降低温度和压力后进入蒸发器 6。在蒸发器中，液氨吸热蒸发。为了将氨油分离器、冷凝器和贮液桶中的润滑油定期排出，先将它们中的润滑油汇集在集油器 7 中，以便在低压下排出。在冷凝器和贮液桶中，如有空气等不凝性气体，将影响正常工作，应经空气分离器 8，将不凝性气体携带的氨蒸汽液化分离，再将不凝性气体排除。当机房发生火警等意外事故时，为了安全，可将贮液桶和蒸发器中的液氨经紧急泄氨器 9，排入下水道。

第三节 食品冷冻

食品冷冻（food freezing）作为工业规模的食品保藏方法在世界各地得到日益广泛的应用。食品冷冻贮藏是指食品物料在冻结状态下进行的贮藏。食品冷冻贮藏的机理是：①在 0℃以下的低温，微生物的生命活动受到显著抑制，从而防止食品腐败。②在低温下影响食品品质的酶反应和氧化反应等所有反应速度都显著下降。③冷冻降温，也使支持微生物活动和变质反应的水的活度降低。本节首先讨论食品冷冻的理论基础，然后介绍食品冷冻的典型设备。

7-7 食品冷冻的理论基础

7.7A 食品冻结过程

1. 冻结的温度曲线 食品在冻结过程中温度随时间变化的曲线，称为冻结的温度曲线。可以用食品冻结的温度曲线描述食品的冻结过程。食品在冻结过程中，首先放热使温度降到冰点。此后，食品逐步放出结晶热而使温度发生不同的变化。图 7-16 所示为食品冻结的温度曲线，现在对该曲线简要分析如下：

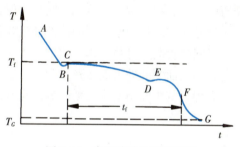

图 7-16 食品冻结的温度曲线

AB 段，食品从初始温度冷却到其冰点 T_f 以下的过冷点 B，一般 $T_B < 0℃$。通常将 $(T_f - T_B)$ 称为过冷度。对某些食品，过冷度超过 10K。

BC 段，当冰晶开始形成，即放出结晶热，食品的温度将迅速回升至冰点温度 T_f。

CD 段，随着结冰的继续进行，结晶热不断释放，食品温度基本上维持恒定。可是，因食品中未冻结液的浓度不断升高，食品的冰点有所下降，故温度稍有下降。食品的冻结主要由这个阶段形成。

DE 段，过饱和的溶质开始结晶析出，随溶质结晶热的释放，温度稍有上升，E 点的温度 T_E 为冰和溶质的共晶温度。

EF 段，溶液中的水和溶质继续结晶，到 F 点冻结实际结束。总的冻结时间（freezing time）为 t_f，即由点 C 到 F 经历的时间，此期间曲线呈冻结平台，t_f 的大小决定于热交换的速度。

FG 段，已冻结的食品继续降温到冷介质的温度 T_G。在一般的商业冻结用温度条件下，此时仍有部分水分未结冰，这部分水的多少决定于食品种类和结构成分，也决定于贮藏条件。例如，贮藏温度为 $-20℃$ 时，羔羊肉中水的冻结率为 88%，鱼为 92%，蛋白为 93%。

2. 过冷与冰晶的形成 食品的冰点即食品的冻结点（freezing point），是其中小部分水刚刚结冰并与周围的水处于平衡态的温度。按冰点下降原理，因溶有溶质，食品的冰点一般都低于 0℃。溶液的冰点下降值与溶液中溶质的种类和数量有关。书末附录 6 中，列出了常见食品的冰点。

一般情况下，水只有被冷却到低于冰点的某一温度时才开始冻结，这种现象被称为过冷。产生过冷现象的原因是当温度下降到冰点时尚未有结晶中心存在。水要冻结成冰晶，首先要有晶核存在。随着温度的继续下降才会有形成冰晶的机会。一般认为有两种成核机制：一种是均匀成核，是水分子无规则热运动时偶然取向与结合而成晶核；另外一种是不均匀成核，是围绕悬浮固体颗粒或在固体壁面的粗糙点上成核。食品冻结主要是不均匀成核，成核后形成冰晶放出结晶热将消除过冷度。这一过程反映到图 7-16 的冻结温度曲线上，即为 $A—B—C$ 过程。

3. 共晶现象 在食品冻结过程中，因水不断形成冰晶，会产生冷冻浓缩，食品中的未冻结液的浓度逐渐增加。同时，未冻结液的 pH、黏度和氧化还原电位等性质也不断变化。随着冻结过程的进行，水分不断地转化为冰结晶，冻结点也随之缓慢降低，当未冻结液浓度增加达到一种溶质的饱和浓度时，这种溶质的晶体将和冰晶一起析出，这种现象称共晶现象，此时的温度称为共晶温度，或称低共熔点（eutectic point）温度。蔗糖-水溶液共晶温度为 $-14℃$，葡萄糖-水溶液共晶温度为 $-5℃$，氯化钠-水为 $-21℃$。不同的水溶液都有其特定的共晶温度。达到共晶温度后，冰晶和溶质继续一起析出。

但是，在复杂的食品溶液中，很难一一认定单个溶质的共晶点，一般用其最低的共晶温度来表述，例如，冰淇淋的最低共晶温度为 $-55℃$，肉是 $-60\sim-50℃$。但商业用冻结温度并不要求达到这样的低温，所以冻结食品中总有小部分未结冰的水存在。以上过程反映到图 7-16 的冻结温度曲线上，即为 $C—D—E—F$ 过程。

7.7B 冻结时间

前面已经提到，食品的冻结时间 t_f，即食品开始产生冰晶到形成共晶点后冰晶和溶质共同析出所经历的冷冻过程的时间。冷冻时间是为保证食品加工品质而选择适宜的冷冻系统时的最具关键性的参量。食品在冻结过程中，食品内的热量要传送到它的表面，然后要与冷介质进行热交换。因而食品的冻结时间受食品本身热导率、热量在食品内部传递的距离、换热面积、食品与冷介质的温度差、冷介质与食品表面之间的表面传热系数等许多因素的影响。为解决食品冻结时间的计算问题，已经提出了许多方程，其中应用最广泛的是普朗克（Planck）方程：

$$t_f=\frac{\rho\Delta_f h}{T_f-T_c}\left(\frac{aL}{\alpha}+\frac{bL^2}{\lambda}\right) \quad (s) \tag{7-18}$$

式中 ρ——食品密度，kg/m^3；

$\Delta_f h$——熔化热，J/kg；

T_f——冰点温度，K；

T_c——冷介质的温度，K；

L——食品的特征尺寸，m；

α——表面传热系数，$W/(m^2·K)$；

λ——热导率，$W/(m·K)$；

a,b——表明食品形状影响的常数。

对于无限大平板，$a=1/2$，$b=1/8$；对于无限长圆柱体，$a=1/4$，$b=1/16$；对于球体，$a=1/6$，$b=1/24$。对于平板，L 为厚度；对于圆柱体或球体，L 为半径。

由式（7-18）可见，食品的尺寸越小，冷介质的温度越低，冷介质对食品的表面传热系数及食品的热导率越大，冻结时间就会越短。

例 7-3 在隧道式鼓风冷冻装置中冻结球形食品，其直径为 14cm，密度为 $1\,000kg/m^3$，冷风温度为 $-15℃$，开始冻结的温度为 $-1.25℃$，熔化热为 270kJ/kg，冻结食品的热导率 $\lambda=1.2W/(m·K)$，冻结的表面传热系数 $\alpha=50W/(m^2·K)$，计算冻结时间。

解： 对于球形物料，$a=1/6$，$b=1/24$，$L=0.07m$。代入普朗克方程式（7-18），得

$$t_f = \frac{\rho \Delta_f h}{T_f - T_c}\left(\frac{aL}{\alpha} + \frac{bL^2}{\lambda}\right)$$

$$= \frac{1\,000 \times 270 \times 10^3}{-1.25 - (-15)} \times \left(\frac{0.07}{6 \times 50} + \frac{0.07^2}{24 \times 1.2}\right)$$

$$= 7.92 \times 10^3 \text{ (s)}$$

亦即 $t_f = 2.20 \text{h}$

应用普朗克方程求食品的冻结时间是有局限性的,主要因为一些参量难以精确取值,例如:冻结食品的密度难以测定;其熔化热常取冰的熔化热与食品含水量的乘积;而热导率也应是冻结食品的,其精确值也难以得到。但无论如何,这个方程为求算食品的冻结时间提供了一个基本的方法。

7.7C 冻结速率

食品冷冻过程的快慢对冷冻食品的品质是个很重要的影响因素。表达食品冷冻过程的快慢通常可用两种方法。

(1) 冻结速率。食品物料开始冻结的温度和冻结终了的温度之差和冻结时间的比值,称为冻结速率(freezing rate),单位为 K/s,通常用 K/h。如果用 r_f 表示冻结速率,则

$$r_f = \frac{T_f - T_F}{t_f} \tag{7-19}$$

式中 T_f——开始冻结的温度,K;
T_F——冻结终了的温度,K。

(2) 冻结速度。食品物料表面与中心间的最短距离与食品表面达到 10℃ 后食品中心温度降到冰点所需时间之比,称为食品的冻结速度(freezing velocity),单位为 m/s,通常用 cm/h。如果用 v_f 表示冻结速度,则

$$v_f = \frac{d}{t_2 - t_1} \tag{7-20}$$

式中 d——食品表面到中心间的最短距离,m;
t_1——食品表面温度达到 10℃ 的时间,s;
t_2——食品中心温度降至冰点的时间,s。

按食品冷冻过程的快慢,可将食品的冷冻分为慢速冻结、中速冻结和快速冻结等。

采用冻结速率的概念,冻结的分类方法为:被冻食品从 0℃ 降至 -5℃ 时,慢速冻结的冻结时间为 120~1 200min,中速冻结的冻结时间为 20~100min,快速冻结的冻结时间为 3~20min。亦即它们的冻结速率分别为 0.25~2.5K/h,2.5~15K/h,15~100K/h。

采用冻结速度的概念,冻结如下分类:慢速冻结的冻结速度为 0.1~1cm/h,中速冻结为 1~5cm/h,快速冻结为 5~10cm/h,超速冻结为 10~100cm/h(此种冻结一般在液态 N_2 或 CO_2 中进行)。

食品在冻结过程中,冻结速率的大小直接关系到冻结食品的质量。

若冻结速率慢,大部分水冻结于细胞间隙中,形成少数柱状或块粒状大冰晶。而细胞内的水分因冰点低尚呈液态,由于饱和蒸汽压较大而向细胞外渗透,结晶于冰晶上。水形成冰,体积增大 9%~10%,细胞间形成的大冰晶使细胞受挤压变形,细胞间的结合面裂开,使细胞壁受到机械损伤和破裂。冻结速率慢,食品中的蛋白质易产生变性,淀粉容易老化。由于蛋白质分子上极性基团的结合水解离并结冰而析出,蛋白质分子链受冰晶压力的挤压而相互靠近,发生凝聚和沉淀。而以 α-淀粉形式存在的淀粉在接近 0℃ 的低温范围易自动分子排序形成致密的不溶性的 β-淀粉形式,这种 α-淀粉的 β 化,就是淀粉的老化。蛋白质变性和淀粉老化,都使细胞内稳定的胶体状态受到破坏。冻结食品在解冻时,熔化的水不易被吸收,造成汁液流失,导致食品的风味和营养价值变差。

若冻结速率快，冰晶形成速度快，水分尚未及通过细胞壁渗透，无数小的冰晶就在细胞内和细胞间均匀地形成。因而，细胞壁基本没被损伤。快速冻结时，食品中蛋白质的变性和淀粉的老化也很少。当解冻时，水分易再度结合，从而减少了蛋白质的变性。快速冻结使温度通过+1～-1℃范围进行得很快，淀粉分子的β化也很弱。由于细胞组织及细胞内稳定的胶体状态破坏很小，解冻时就不会产生液汁的流失，食品品质得到较好的保持。

由上面的讨论可见，快速冻结，简称速冻（quick freezing），是很好的食品保藏的方法。在工业中，速冻是在-30℃或更低的温度下将食品快速冻结。当食品中心温度达到-18℃，速冻过程结束。由于食品中90%以上的水分被冻结，以细小冰晶的形式均匀分布于整个组织中，酶活性降低，微生物的繁殖受到抑制。速冻食品经解冻后，能保持原有组织结构，汁液流失很少，基本保持了原有的色、香、味和营养价值。对于有包装的速冻食品，-18℃时保质期一般可达1年以上。

7-8　食品冷冻设备

为实现食品的冻结，必须将食品置于冷介质中足够长的时间进行热交换，以降低食品的焓和放出熔化热。降低焓使食品的温度不断降低，放出熔化热使食品中部分水分由液态冻结为固态的冰晶。随着冻结温度的下降，食品中将有更多水分冻结。为了在指定的短时间内完成冻结，冷介质的温度应低于冻结食品要求的终温，并且要使表面传热系数足够大。食品冻结设备分直接接触式和非直接接触式两类。

7.8A　非直接接触式冻结设备

在非直接接触式冻结系统中，食品和冷介质在整个冻结过程中是被某种形式的隔离物分开的，通过隔离物二者进行热交换。食品的包装材料也可视为非直接接触的隔离物。

1. 板式冻结机　在板式冻结机中，被冻结食品夹在冷冻板之间，冷介质通过冷冻板与食品进行热交换。在板和食品间的传热主要靠导热。为了降低导热阻力，在板间要施加一定压力，使板与食品密切接触，提高换热的热流量。

板式冻结系统可以是批量生产，也可以是连续生产系统。在批量生产系统中，食品在系统中停留的时间，就是冻结时间。这种系统适应性强，操作简单。在连续生产系统中，冷冻机夹持食品以一定速度运动。板堆对食品的夹持压力，可源于传统液压油缸，也发展为使用螺旋千斤顶。在系统入口处食品自动进料，在出口处自动卸料。冻结时间包括进料到卸料的整个时间，在此时间内确保达到预定的冻结温度。

2. 鼓风冻结机　很多情况下，食品的尺寸和形状不适合用板式冻结。这时，鼓风冻结将是最好的选择。在冷冻间就可以很容易实现鼓风冻结。将食品放置在冷冻间，使冷空气围绕食品循环流动，食品被降温冻结到预定的低温。在这种系统中，食品的包装材料作为食品与冷空气非直接接触的隔离物。此时，冷冻室不仅作为冻结的操作间，也可作为冻结食品的贮藏间。许多情况下，因冷空气流速较低，与食品不能紧密接触，传热温差较小，所以冻结时间较长。

许多鼓风冻结机是连续操作的，如图7-17所示。此时，食品置于输送带上，输送带运动通过一个高速冷风区，可以通过控制输送带的

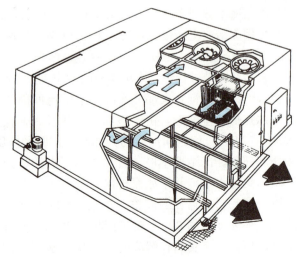

图7-17　连续鼓风冻结系统

速度控制冻结时间。如果降低鼓风温度，提高冷风流速和加强冷风与食品的接触，可以减少冻结时间。在鼓风冻结机中，可以采取不同的结构，如输送溜槽、螺旋式机构和辊式机构等结构形式实现连续作业。

3. 刮板式冻结机　冻结流态食品可以使用刮板式换热器作为冻结机。操作时，流态食品在冻结腔内应有足够的滞留时间，使其温度降低到冰晶形成的温度以下数开。在这样的温度下，60%～80%的熔化热被排出，此时食品处于冻结浆状，仍有流动性，由卸料口卸出，装入包装中进行进一步冻结。

用刮板式冻结机冻结液态食品，常常以制冷剂作为冷介质，设备的夹套直接作为它的蒸发器。而腔内壁因刮板不断刮动使换热面不断更新，促进热交换的进行。刮板式冻结机可以采用间歇操作，也可采用连续操作。

7.8B　直接接触式冻结设备

在直接接触式冻结设备中，食品和冷介质之间不存在隔离物，二者是直接接触换热，所以冻结效率更高。这类设备采用的冷介质可以是具有一定流速的冷空气，也可以是与食品表面接触会发生相变的液态制冷剂。采用直接接触设备可以实现所谓"单体快速冻结"，即 IQF（individual quick freezing）。IQF 的实施就是将小块或小片状的食品单体暴露于冷介质中，使其在极短时间内降温冻结。由于急速降温并在单体组织中形成细微冰晶，使速冻食品的品质得到保证。

1. 流化床速冻装置　使用高速低温气流是实现 IQF 的有效方法。这种方法一般是用输送带使食品通过高速低温气流，由于冷介质的低温、高速气流造成的大的表面传热系数以及小尺寸食品单体较大的比表面积，容易实现速冻。这种鼓风式 IQF 系统的先进形式就是采用流化床。图 7-18 所示就是一种流化床速冻装置。高速低温气流垂直向上穿过承载着食品的筛孔输送带，按食品单体的尺寸调节向上垂直气流的流速，使食品单体从输送带表面悬浮起来呈流化态，产生最大可能的对流传热，造成速冻效果。

2. 沉浸式速冻装置　将食品直接沉浸在液体制冷剂中，由于食品单体与制冷剂直接接触换热，如食品单体尺寸较小，则会获得极高的冻结

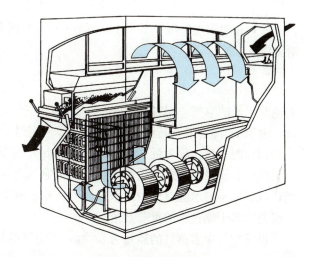

图 7-18　流化床速冻装置

效率，达到 IQF 的条件。这种沉浸式速冻装置，冻结时间往往比上述流化床速冻装置还短。也可采用输送带使食品通过液态制冷剂，如氟利昂、液态二氧化碳或液氮。液态制冷剂汽化时，会从食品中吸收大量热使食品快速冻结。如果使用液氮，在－196℃的低温下食品冻结速度极快，冻结质量很好。由于空气分离技术的发展，液氮价格逐渐便宜，液氮速冻正逐渐扩大应用范围。

第四节　湿空气热力学

湿空气通常指干空气和水蒸气的混合物。干空气主要由氮（N_2）、氧（O_2）、氩（Ar）、二氧化碳（CO_2）和其他稀有气体组成，它们在干空气中的摩尔比一般为 78.08∶20.95∶0.93∶0.03∶0.01。实际上单纯的干空气在自然界中是不存在的，每时每刻都有大量水分从江河湖海和大地蒸发而进入大气中，因而环境中的空气就是湿空气。讨论湿空气热力学将为学习本章的空气调节和下一章的物料干燥提供理论基础。空气调节就是人为地改变湿空气的温度和湿度等热力学参数，以满足人们生产和生

活对环境的要求。而物料干燥更要涉及物料和湿空气间的物质交换和能量交换。

7-9 湿空气的性质

7.9A 湿空气的状态参数

1. 湿度（humidity） 湿度表示湿空气中水蒸气的多少，表示湿空气湿度的参量有绝对湿度、相对湿度和湿含量。

（1）绝对湿度。湿空气中所含水蒸气的质量 m_v 与湿空气体积 V 之比，称为其绝对湿度 ρ_v，即

$$\rho_v = m_v / V \quad (\text{kg}_v/\text{m}^3) \tag{7-21}$$

ρ_v 值等于在水蒸气分压 p_v 下水蒸气的密度。按理想气体状态方程，有

$$p_v V = \frac{m_v}{M_v} RT$$

$$p_v M_v = \rho_v RT$$

式中　p_v——湿空气中水蒸气的分压，Pa；
　　　M_v——水的摩尔质量，$M_v = 18.02 \times 10^{-3}$ kg/mol；
　　　T——湿空气的热力学温度，K。

因此

$$\rho_v = \frac{M_v p_v}{RT} = \frac{18.02 \times 10^{-3}}{8.314} \cdot \frac{p_v}{T} = 2.17 \times 10^{-3} \frac{p_v}{T} \tag{7-22}$$

（2）相对湿度。湿空气中水蒸气分压 p_v 与同温度下水蒸气饱和压力 p_s 之比，称为湿空气的相对湿度 φ，即

$$\varphi = \frac{p_v}{p_s} \tag{7-23}$$

对绝对干燥的空气，相对湿度 $\varphi = 0$；对饱和空气，$\varphi = 1$。

由于 p_s 随温度升高而增加，故当 p_v 一定时，相对湿度 φ 随温度升高而减小。

（3）湿含量。湿含量（moisture content）为单位质量干空气中所含水蒸气的质量，亦即湿空气中水蒸气的质量与干空气质量之比，因而它又称为湿度比（humidity ratio），用符号 H 表示。为简捷，以下标 v 表示湿空气中的水蒸气，以 d 表示干空气，则 H 的单位可表示为 kg_v/kg_d。湿含量 H 是研究物料干燥过程的重要参量。

设湿空气中水蒸气的质量为 m_v kg，干空气的质量为 m_d kg，则

$$H = \frac{m_v}{m_d} \quad (\text{kg}_v/\text{kg}_d) \tag{7-24}$$

$$H = \frac{M_v n_v}{M_d n_d} \tag{7-25}$$

式中　M_d——干空气的摩尔质量，$M_d = 28.96 \times 10^{-3}$ kg/mol；
　　　n_v——湿空气中水蒸气的物质的量，mol；
　　　n_d——湿空气中干空气的物质的量，mol。

因此

$$H = \frac{18.02}{28.96} \cdot \frac{n_v}{n_d} = 0.622 \frac{n_v}{n_d} \tag{7-26}$$

由理想气体状态方程，有

$$p_v V = n_v RT$$

$$p_d V = n_d RT$$

$$\frac{n_v}{n_d} = \frac{p_v}{p_d} = \frac{p_v}{p - p_v}$$

则
$$H = 0.622 \frac{p_v}{p - p_v} \tag{7-27}$$

式中　p_d——湿空气中干空气的分压，Pa；
　　　p——湿空气的压力，Pa。

2. 湿空气的比体积

(1) 比体积。湿空气的比体积 v_H 是湿空气的体积与其中干空气质量之比，是湿空气中 1kg 绝干空气分体积与其所带有的 H kg 水蒸气的分体积之和。根据理想气体状态方程，有

$$v_H = \left(\frac{1}{M_d} + \frac{H}{M_v}\right)\frac{RT}{p} \quad (\text{m}^3/\text{kg}_d) \tag{7-28}$$

因已知 1mol 气体在 $T=273$K，$p=101.3$kPa 条件下具有 22.4L 的体积，故有

$$v_H = 22.4\left(\frac{1}{M_d} + \frac{H}{M_v}\right)\frac{101.3}{p}\frac{T}{273} \tag{7-29}$$

将 M_d 和 M_v 的值代入式 (7-29)，可得

$$v_H = (287 + 461H)\frac{T}{p} \quad (\text{m}^3/\text{kg}_d) \tag{7-30}$$

例 7-4　求温度为 92℃，湿含量为 0.01kg$_v$/kg$_d$ 的湿空气比体积。

解：设压力为标准大气压 $p = 1.013 \times 10^5$Pa，而温度 $T = 273 + 92 = 365$K，代入式 (7-30)，则

$$v_H = (287 + 461 \times 0.01) \times \frac{365}{1.013 \times 10^5}$$

$$= 1.051 \ (\text{m}^3/\text{kg}_d)$$

(2) 密度。湿空气的质量与体积之比，即为湿空气的密度 ρ，故

$$\rho = (1+H)/v_H \tag{7-31}$$

3. 湿空气的焓

(1) 湿比热容。含 1kg 干空气的湿空气的热容量，称为湿空气的湿比热容（humid heat），以符号 c_H 表示。可见，湿比热容为干空气的比热容与 H kg 水蒸气热容之和，即

$$c_H = c_d + c_v H \tag{7-32}$$

式中　c_d——干空气的比热容，kJ/(kg$_d$·K)；
　　　c_v——水蒸气的比热容，kJ/(kg$_v$·K)。

因为在 0~200℃，可取平均值 $c_d = 1.01$kJ/(kg$_d$·K)，$c_v = 1.88$kJ/(kg$_v$·K)，则湿空气的湿比热容为

$$c_H = 1.01 + 1.88H \quad (\text{kJ} \cdot \text{kg}_d^{-1} \cdot \text{K}^{-1}) \tag{7-33}$$

(2) 比焓。湿空气的比焓 h 是指含有 1kg 干空气的湿空气中的焓，它等于干空气的比焓与其所带有的 H kg 水蒸气的焓之和。具体应用时，以 0℃时干空气和液态水的焓为零作为计算起点。若湿空气的温度为 T℃，湿含量为 H kg$_v$/kg$_d$，而 0℃时水的汽化热 $\Delta_v h = 2\,500$kJ/kg$_v$，则

$$h = c_d T + (\Delta_v h + c_v T)H$$

$$h = 1.01T + (2\,500 + 1.88T)H \quad (\text{kJ/kg}_d) \tag{7-34}$$

或

$$h = (c_d + c_v H)T + \Delta_v h H$$

$$h = (1.01 + 1.88H)T + 2\,500H \quad (\text{kJ/kg}_d) \tag{7-35}$$

可见，湿空气的比焓是温度和湿含量的函数。

4. 湿空气的温度　湿空气涉及温度的状态参量有干球温度、湿球温度、露点和绝热饱和温度。

(1) 干球温度。用一般温度计直接测得的湿空气的温度，称为湿空气的干球温度，它就是湿空气的真实温度 T。

(2) 湿球温度。普通温度计的感温部分包以常湿纱布，置于湿空气中达稳定后，此温度计显示的温度称为湿空气的湿球温度（wet bulb temperature），用符号 T_w 表示。

测量 T_w 的温度计称为湿球温度计,为保持纱布经常湿润,纱布下端浸入小水皿中。湿球温度的形成原理如图 7-19 所示。纱布表面的水分向空气中不断汽化,吸收热量,使水温降低。同时,引起的温度差造成空气向湿纱布的对流传热。当向内的对流传热热流量等于向外蒸发传热的热流量时,达到热交换动平衡,水温即不再下降而维持不变,此温度即为湿空气的湿球温度 T_w。即

$$\alpha(T-T_w) = k_H(H_s-H)\Delta_v h$$

$$T_w = T - \frac{k_H \Delta_v h}{\alpha}(H_s - H) \tag{7-36}$$

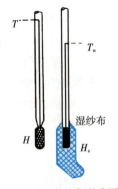

图 7-19 湿球温度形成原理

式中 α ——表面传热系数,W/(m²·K);
$\Delta_v h$ ——水的汽化热,J/kg$_v$;
k_H ——以湿度差为推动力的传质系数,kg$_d$/(m²·s);
H_s ——在温度 T_w 时的饱和湿含量,kg$_v$/kg$_d$。

式(7-36)称为湿球温度方程。由湿球温度方程可知,湿球温度 T_w 为干球温度和湿含量的函数。

图 7-19 动画演示

(3) 露点。保持湿空气的压力和湿含量不变而使其冷却,达饱和状态时的温度称为湿空气的露点温度(dew-point temperature),简称露点,以符号 T_d 记之。当 $T < T_d$,过饱和部分的水蒸气将以露滴的形式凝结而从空气中分离出来。因此,露点是湿空气开始结露的临界温度。

(4) 绝热饱和温度。在绝热条件下,湿空气与足量水充分接触而达饱和时的温度,称为湿空气的绝热饱和温度(adiabatic saturation temperature),以符号 T_s 表示。

绝热饱和过程可用图 7-20 所示的绝热饱和器说明。温度为 T、湿含量为 H 的湿空气连续进入器内与大量喷洒的水接触,水用泵循环,因饱和器处于绝热条件,故水汽化所需的汽化热只能取自空气的降温放热。但是空气的焓是不变的,当空气被水饱和后,气温就不再下降而等于循环水的温度。此温度即为原来湿空气的绝热饱和温度 T_s,对应的饱和湿含量为 H_s。

由于湿空气的焓不变,则

$$h = (c_d + c_v H)T + \Delta_v hH$$
$$= (c_d + c_v H_s)T_s + \Delta_v hH_s$$

在温度不太高时,H 与 H_s 均甚小,可近似取

$$c_H = c_d + c_v H \approx c_d + c_v H_s$$

则

$$c_H T + \Delta_v hH = c_H T_s + \Delta_v hH_s$$

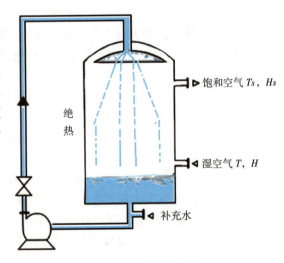

图 7-20 绝热饱和过程

于是

$$T_s = T - \frac{\Delta_v h}{c_H}(H_s - H) \tag{7-37}$$

式(7-37)称为绝热饱和方程。由绝热饱和方程可知,绝热饱和温度是湿空气初始状态参量 T 和 H 的函数。T 和 H 值一经确定,T_s 值也随之确定。绝热饱和温度是湿空气绝热冷却所能达到的极限温度。

图 7-20 动画演示

绝热饱和过程与形成露点的饱和过程不同,形成露点的饱和是在湿含量不变的条件下单靠降温,使 φ 升高到 1 而达饱和。而绝热饱和是在与环境无热交换的条件下,既靠湿空气降温,又靠由降温提供的热使液态水汽化进入湿空气中增加湿含量而达饱和的。因此,通常 $T_s > T_d$。

比较湿球温度方程（7-36）和绝热饱和方程（7-37），对于空气-水蒸气系统，根据实验，当温度不太高而相对湿度不太低时，c_H 与 α/k_H 的数值很接近，此时，$T_s \approx T_w$。在工程计算中可以应用此结论，即可以 T_s 代替 T_w。

7.9B 湿空气的湿度图

上面介绍了湿空气的主要状态参数和它们之间的相互关系。在一定条件下，可由已知的两个参量计算得到其余参量。在工程设计应用中，为了避免烦琐的公式计算，可将这些参量之间的关系绘成图线，用以查取各参量值，这种算图通称为湿度图（psychrometric chart）。

湿度图有多种形式，常用的有两种。一种是以湿含量为横坐标，以温度为纵坐标所绘制的，称为温湿图（$T—H$ 图）；另一种是以湿含量为横坐标，以比焓为纵坐标所绘制的，称为焓湿图（$h—H$ 图）。下面以焓湿图为例，介绍湿度图的结构和应用。

图 7-21 为湿空气的焓湿图，图 7-22 是其左下角低温部分的放大图。图 7-21 中纵坐标为比焓 h，湿含量 H 采用与纵坐标成 135°角的斜角坐标轴，而横坐标上的 H 则是斜角坐标轴上之值在其上的投影。采用斜角坐标的目的是为了避免图线密集地挤在一起难以查找数据。$h—H$ 图上包括等湿线、等焓线、等干球温度线、等相对湿度线和水蒸气分压线等五种图线。

（1）等湿含量线（等 H 线）。与纵轴平行的线为等 H 线，当湿空气的状态沿等 H 线变化时，其湿含量不变。通过间壁式热交换器对湿空气加热或冷却，都是等 H 过程。

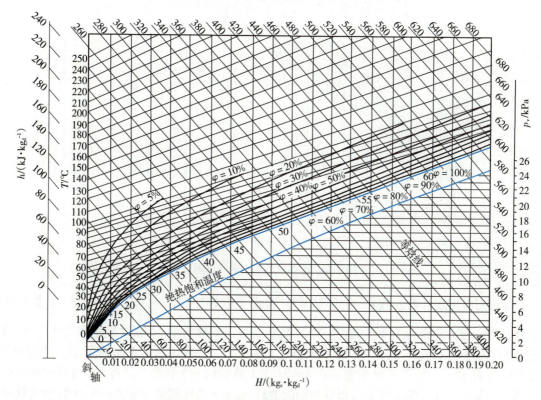

图 7-21　湿空气的焓湿图（$p=101.3\text{kPa}$）

（2）等焓线（等 h 线）。与斜轴平行的直线为等 h 线，当湿空气的状态沿等 h 线变化时，其比焓不变。绝热增湿或减湿过程，都是等 h 过程。

（3）等干球温度线（等 T 线）。等 T 线是根据式（7-34）绘制的。当 T 为定值时，式中的 h 与 H 呈直线关系。所以，等干球温度线在 $h—H$ 图上是一系列直线。直线截距为 $1.01T$，斜率为 $2\,500+1.88T$。干球温度 T 不同，对应的直线斜率是不同的。但由于 $1.88T$ 在数值上通常比 $2\,500$ 小很多，T 对直线斜率的影响不明显，所以，各等 T 线可视为近似平行。

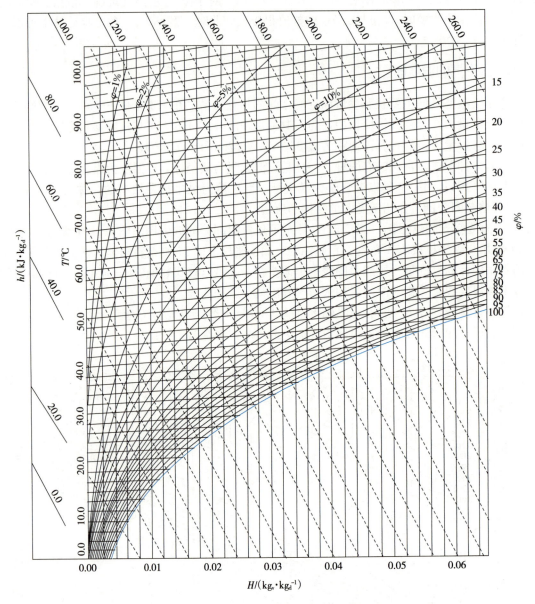

图 7-22 湿空气的焓湿图（低温）

（4）等相对湿度线（等 φ 线）。由式（7-23）和式（7-27）可得 $H=0.622\dfrac{\varphi p_s}{p-\varphi p_s}$，据此式可绘制等 φ 线。在一定大气压力 p 下，选定一相对湿度 φ 值，则湿含量 H 就对应饱和蒸汽压 p_s 值，而 p_s 又是温度 T 的单值函数，其值可从饱和水蒸气表中查出。这样，给定不同的 T 值，查得对应 p_s，可求得不同的 H 值。一组 T—H 数据，在 h—H 图上就找到一个状态点，若干个这样的状态点连起来，就得到一条等 φ 线。等 φ 线是一组发散形的曲线，$\varphi=0$ 的线就是纵轴，$\varphi=100\%$ 的线就是饱和湿度线。

（5）水蒸气分压线。式（7-27）可变换为

$$p_v=\dfrac{pH}{0.622+H} \tag{7-38}$$

当湿空气总压力 p 一定时，有 $p_v=f(H)$，即水蒸气分压是湿含量的单值函数。在图 7-21 下方绘出了这个函数的曲线，它就是水蒸气分压线，p_v 值标于右纵轴上。

有了湿度图，如果已知湿空气的两个独立的状态性质，就可在图上找到其状态点，则该湿空气的

其他状态参量就可由图直接查到。

例 7-5 已知湿空气的温度为 60℃，相对湿度为 20%，求它的湿含量、比焓、绝热饱和温度、露点和水蒸气分压。

解： 在 h—H 图上，找 $T=60℃$ 的等温线和 $\varphi=20\%$ 的等 φ 线的交点，即为该湿空气的状态点。由此点查其他状态参量。

(1) 查通过状态点的等焓线（如无等焓线通过，用内插法插入平行线条），读得比焓 $h=130\text{kJ/kg}_d$。

(2) 查通过状态点的等 H 线，得 $H=0.026\text{kg}_v/\text{kg}_d$。

(3) 从状态点开始沿等焓线移动至饱和线（$\varphi=100\%$），得交点，由通过此点的等温线读得绝热饱和温度 $T_s=35℃$，可近似认为湿球温度 T_w 也是 35℃。

(4) 从状态点开始沿等 H 线垂直向下移动与饱和线相交，由过交点的等 T 线读得露点 $T_d=29℃$。

(5) 上列沿等 H 线垂直向下的直线继续下引，与水蒸气分压线相交，则得水蒸气分压 $p_v=3.8\text{kPa}$。

7-10 湿空气的基本热力学过程

湿空气的湿度图不仅在已知状态查找各热力学参量时简捷方便，在表达和分析由一个状态到另一个状态的变化过程时更显得直观明了。空气状态变化过程在 h—H 图上可表示为连接始态点和终态点的一条曲线，许多情况下此曲线是一条直线。

设湿空气的状态由 $A(H_A, h_A)$ 变到 $B(H_B, h_B)$，如图 7-23 所示。此过程比焓的变化值与湿含量的变化值之比可以表达变化过程的方向和特征。令

$$\varepsilon = \frac{\Delta h}{\Delta H} = \frac{h_B - h_A}{H_B - H_A} \quad (\text{J/kg}_v) \quad (7\text{-}39)$$

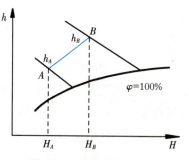

图 7-23 过程的焓湿比 ε

称 ε 为过程的焓湿比，表示空气的湿含量每变化一个单位量时，比焓的变化值。焓湿比 ε 在图中就是直线 AB 的斜率。

下面简要分析湿空气的一些基本热力学过程。若能掌握这些基本过程在 h—H 图上的表示法，就能分析工程实践上空气调节和物料干燥等单元操作中遇到的更为复杂的过程。

1. 等湿过程 以间壁式换热器处理空气时，空气的温度和比焓会发生变化，但空气的湿含量不会变化，因此是等湿过程。

(1) 等湿加热过程。以间壁式空气加热器或电加热器处理空气，空气由加热器获得热量，该过程为等湿增焓升温过程，在图 7-24 中，过程线为 $A \to B$，过程中 $\Delta H = H_B - H_A = 0$，$\Delta h = h_B - h_A > 0$，故焓湿比为

$$\varepsilon = \frac{\Delta h}{\Delta H} = +\infty$$

(2) 等湿冷却过程。以表面式冷却器处理空气，若换热器表面的温度高于空气的露点，则空气将在湿含量不变的情况下冷却，温度降低，比焓减小，是个等湿减焓降温过程，如图 7-24 中的 $A \to C$ 线。由于 $\Delta H = H_C - H_A = 0$，$\Delta h = h_C - h_A < 0$，故焓湿比为

$$\varepsilon = \frac{\Delta h}{\Delta H} = -\infty$$

2. 增湿和减湿过程

(1) 等焓减湿过程。用固体吸湿剂处理空气时，空气中的水蒸气被吸附，湿含量降低，而水蒸气放出的吸附热又传给空气，可以认为空气的比焓近似不变。过程如图 7-24 中 $A \to D$ 线所示，焓湿比为

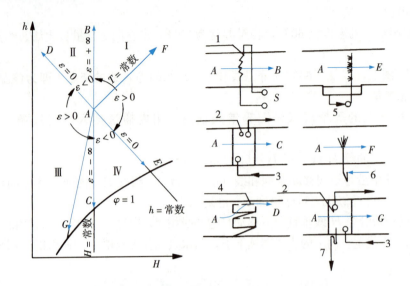

图 7-24 湿空气的几种基本变化过程
1. 电加热器 2. 表面式冷却器 3. 冷介质 4. 固体吸附剂 5. 水 6. 蒸汽 7. 凝结水

$$\varepsilon = \frac{\Delta h}{\Delta H} = \frac{0}{H_D - H_A} = 0$$

（2）等焓增湿过程。用喷水方法加湿空气时，水吸收空气中的热量蒸发变为水蒸气，空气放热温度降低，水蒸气进入空气中使其湿含量和焓增加。在这个过程中，可以认为湿空气焓值基本不变。此过程和外界没有热交换，故称为绝热增湿过程，喷水用的循环水温度将稳定在空气的湿球温度上，如图 7-24 之 $A \to E$ 线所示。过程的焓湿比为

$$\varepsilon = \frac{\Delta h}{\Delta H} = \frac{0}{H_E - H_A} = 0$$

（3）等温增湿过程。此过程如图 7-24 中 $A \to F$ 线所示，可通过向空气喷入水蒸气来实现。空气中增加水蒸气后，其比焓和湿含量都将增加。比焓的增量为

$$\Delta h = h_v \Delta H \quad (\text{kJ/kg}_d)$$

式中 ΔH——湿含量的增量，kg_v/kg_d；

h_v——水蒸气的比焓，$h_v = 2\,500 + 1.88 T_v$ （kJ/kg_v）。

此过程的焓湿比为

$$\varepsilon = \frac{\Delta h}{\Delta H} = \frac{h_v \Delta H}{\Delta H} = h_v = 2\,500 + 1.88 T_v \quad (\text{kJ/kg}_v)$$

如果加入的蒸汽温度 T_v 为 100℃ 左右，则 $\varepsilon = 2\,690 \text{kJ/kg}_v$，该过程线与等温线近似平行，可视为等温增湿过程。

（4）减湿冷却过程。如果用表面冷却器处理空气，且冷却器表面温度低于空气露点 T_d，则空气中部分水蒸气将凝结为水，从而使空气减湿，空气的变化过程为减湿冷却过程，如图 7-24 中 $A \to G$ 线所示。$A \to G$ 过程是 $A \to C$ 和 $C \to G$ 两过程的合成。因为 $\Delta h = h_G - h_A < 0$，$\Delta H = H_G - H_A < 0$，故过程的焓湿比为

$$\varepsilon = \frac{\Delta h}{\Delta H} > 0$$

上述六种空气状态变化都反映在图 7-24 中。从图上可以看出，代表四个过程的 $\varepsilon = \pm \infty$ 和 $\varepsilon = 0$ 的两相交直线将 h—H 图平面分成四个象限，每个象限内空气状态变化过程都有各自的特征，见表7-2。

表 7-2 空气状态变化的四个象限及其特征

象限	焓湿比	状态变化特征
Ⅰ	ε>0	增焓增湿
Ⅱ	ε<0	增焓减湿升温
Ⅲ	ε>0	减焓减湿
Ⅳ	ε<0	减焓增湿降温

3. 不同状态空气的混合过程 在工程实践中，空调、干燥等操作为节能等原因，往往利用一部分下游空气作回风，与新补充空气混合使用，这就涉及两种不同状态空气的混合问题。

如图 7-25 所示，设有状态不同的空气 A 和 B，对应的干空气质量分别为 m_A 和 m_B，对应的状态分别为 (H_A, h_A) 和 (H_B, h_B)。很易证明此两空气混合后，混合气体的状态点 C 必定位于 A，B 连线上，其比焓 h_C 和湿含量 H_C 可按如下物料衡算和热量衡算来求取：

$$m_A H_A + m_B H_B = (m_A + m_B) H_C$$
$$m_A h_A + m_B h_B = (m_A + m_B) h_C \qquad (7\text{-}40)$$

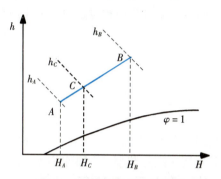

图 7-25 两种状态空气的混合

由上两式可得

$$\frac{m_A}{m_B} = \frac{H_B - H_C}{H_C - H_A} = \frac{h_B - h_C}{h_C - h_A} \qquad (7\text{-}41)$$

由上述关系及三角形相似原理，混合空气的状态点 C 将线段 AB 划分成的两线段 AC 和 CB 的长度，有如下关系：

$$\overline{AC}/\overline{CB} = m_B/m_A \qquad (7\text{-}42)$$

这个关系称为杠杆规则(lever rule)。混合状态点距原来质量较大的空气的状态点较近。

由式（7-40）可得混合气体的状态：

$$H_C = \frac{m_A H_A + m_B H_B}{m_A + m_B}$$

$$h_C = \frac{m_A h_A + m_B h_B}{m_A + m_B} \qquad (7\text{-}43)$$

例 7-6 将质量流量 $0.9\,\text{kg}_d/\text{s}$ 的湿空气 $A(T_A = 20\text{℃}，\varphi_A = 0.80)$ 与质量流量 $0.3\,\text{kg}_d/\text{s}$ 的湿空气 $B(T_B = 80\text{℃}，\varphi_B = 0.30)$ 混合，求混合后空气的状态参量。

解：由 $h\text{—}H$ 图查得两种空气的湿含量和比焓如下：

$$H_A = 0.012\,\text{kg}_v/\text{kg}_d \qquad h_A = 50\,\text{kJ}/\text{kg}_d$$
$$H_B = 0.103\,\text{kg}_v/\text{kg}_d \qquad h_B = 350\,\text{kJ}/\text{kg}_d$$

代入式（7-43），可得混合气体 C 的参量：

$$H_C = \frac{m_A H_A + m_B H_B}{m_A + m_B} = \frac{0.9 \times 0.012 + 0.3 \times 0.103}{0.9 + 0.3} = 0.035\ (\text{kg}_v/\text{kg}_d)$$

$$h_C = \frac{m_A h_A + m_B h_B}{m_A + m_B} = \frac{0.9 \times 50 + 0.3 \times 350}{0.9 + 0.3} = 125\ (\text{kJ}/\text{kg}_d)$$

如用图解法，在 $h\text{—}H$ 图上连接 A，B，在 AB 上按 $m_B/m_A = \overline{AC}/\overline{CB} = 1/3$ 得分点 C，也可查得 H_C 和 h_C 的值。

第五节　空气调节

空气调节（air conditioning）主要指对车间、库房、实验室和居室等空间内空气的温、湿度进行调节，以满足人们生产、生活对环境空气质量的需要。空气调节对食品贮藏特别重要。空调系统可分为局部空调和中央空调两类。局部空调系统组成简单，如常见的窗式或柜式空调器，适于家庭居室或生产中要求不严的局部生产环节。中央空调系统设备组成较复杂，但控制精度高，在工厂、大商场、大宾馆等场所获得日益广泛的应用。本节主要讨论中央空调系统，按处理空气过程中是否使用循环空气，中央空调可分为直流式和回风式两种方式。

7-11　直流式空气调节

直流式空调系统由空气调节机、送风管及排风管等构成。它全部采用室外新鲜空气进行空调。

1. 直流式空气调节机　图 7-26 为直流式空气调节机示意图，其主要组成部分是一次加热器 4、喷水室 6、二次加热器 7 和通风机 10 等。室外空气被通风机 10 抽入机内，先经百叶窗 1 和过滤器 2 净化，然后经联动多叶碟阀 3。调节碟阀可改变总风量中经过一次加热器的风量比例。一次空气加热器为间壁式加热器，加热量靠输入加热介质管道上的调节阀 5 调节。空调机中部是喷水室 6，两端设挡板防止水沫溅出。喷水室内有许多喷嘴喷出水雾，

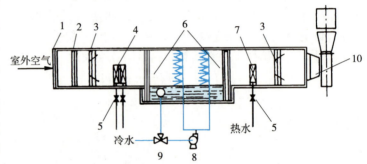

图 7-26　直流式空气调节机示意图
1. 百叶窗　2. 过滤器　3. 多叶碟阀　4. 一次加热器
5. 调节阀　6. 喷水室　7. 二次加热器
8. 循环水泵　9. 三通阀　10. 通风机

使空气增湿。循环水泵 8 的进水管装有三通阀 9，可以调节喷射水的温度。离开喷水室的空气被二次加热器 7 再度加热，由通风机 10 经送风管送入被调室。

2. 直流式空调系统的操作原理　如图 7-27 所示，设一年四季室外空气的平均状态点是沿着气象线 CC 而变化的，而被调室的空气的温、湿度要求达到点 3 的状态。按照室外空气的状态点 1 位于气象线 CC 上点 a 的下方还是上方，直流式空调系统的操作方式将分为冬季工作制和夏季工作制两种。

（1）冬季工作制。点 a 是经增湿后空气状态点 K 的等焓线与气象线 CC 的交点。若室外空气状态点位于点 a 之下，空调操作采冬季工作制，如图 7-27（a）所示。冬季工作制的空调操作可分为三个连续的阶段。

第一阶段，为一次加热和绝热增湿阶段。利用一次加热器对状态点 1 的室外空气进行加热，使其状态达到点 $1'$。此过程 $\Delta H = 0$，而比焓增量 $\Delta h_1 = h_1' - h_1$。然后状态 $1'$ 的空气进入喷水室进行绝热增湿。循环水的温度稳定在绝热饱和温度 T_s。绝热增湿过程可认为

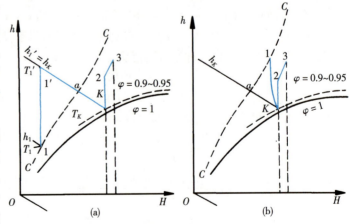

图 7-27　直流式空调系统的操作原理
（a）冬季工作制　（b）夏季工作制

沿等 h_1' 线进行，增湿后空气状态点到达 K 点。此时温度为 T_K，比焓 $h_K=h_1'$，湿含量达 H_K。

第二阶段，为二次加热阶段。状态点 K 的空气经二次加热器加热，到达状态点 2。此过程是等 H 过程，$\Delta H=0$，而比焓增量 $\Delta h_2=h_2-h_K$。

第三阶段，为被调室中混合平衡阶段。经二次加热后状态点 2 的空气经通风机由送风管进入被调室，与室内空气进行混合平衡，达到要求的状态点 3。

如果室外气象条件变化，状态点 1 沿 CC 上升，则所需比焓增量 Δh_1 将减小，意味着一次加热负荷将减小。当室外空气状态点 1 到达点 a 时，$\Delta h_1=0$，此时一次加热器可停止工作，室外空气可不经加热，直接进入喷水室。

（2）夏季工作制。若室外空气状态点 1 位于 a 点之上，其比焓 $h_1>h_K$，这时空调操作应采用夏季工作制，如图 7-27（b）所示。夏季工作制空调方式的步骤也分三个阶段，除第一阶段外，第二和第三阶段完全与冬季工作制相同，亦即 K 点之后与前述相同。在第一阶段，不但一次加热器不必工作，且由状态点 1 到点 K 不能用绝热冷却方法，而应该用降焓冷却方法。采用喷冷却水使空气降温所需的冷量为 $\Delta h_1=h_1-h_K$。

直流式空调一般用于被调室内的空气含有毒气体或粉尘的情况，此时室内废气不能循环使用，要用排风管排出室外。

7-12　回风式空气调节

在回风式空调系统中，被调室的废气不全部排入大气，其中一部分将通过回风管引回到空调机中，与室外新鲜空气混合以循环使用。因回风空气状态与要求接近，冬季时温度较高的回风与室外低温空气混合，可节约加热器所耗热量；夏季时温度较低的回风与室外高温空气混合，可节约冷却空气所需的冷量。

7.12A　一次回风式空调

图 7-28 为一次回风式空气调节机的示意图。从图中可以看出，这种空调机具有一个来自被调室的回风管道入口，通到空调机空气入口端。为便于这种一次回风与室外新鲜空气的混合，在喷水室前设置一个混合室。在此室内，根据室外空气状态的变化情况，按适当比例使回风与室外空气混合。

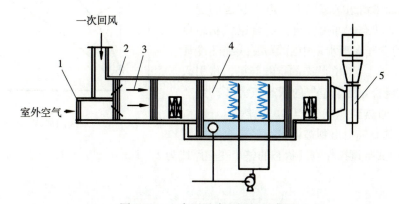

图 7-28　一次回风式空调机示意图
1. 百叶窗　2. 混合碟阀　3. 混合室　4. 喷水室　5. 通风机

一次回风式空调机的操作原理示于图 7-29，形成进喷水室前的状态点 d 的空气通常有两种方法：

（1）先将状态 1 的室外空气一次加热至状态 $1'$，然后与状态 3 的回风混合，达到混合后的状态点 d。

（2）先将状态 1 的室外空气与状态 3 的回风混合得状态点 e 的混合空气，再将状态 e 的混合空气一次加热达到状态点 d。

以上两法途径不一，效果相同。但（2）法可避免一次加热器突遭室外冷空气降温，使加热器内的水结冰而损坏加热器。

状态点 d 的空气进入喷水室，进行绝热增湿达状态点 K，再经二次加热器加热至状态点 2，由通风机送入被调室，经混合平衡，达状态点 3。后面这些步骤的操作与直流式相同。

以上操作，只是一次回风式空调的一种工作制。由于室外空气气象条件的不同，还有其他种工作制。

采用一次回风式空调，可以节省热量或冷量。显然，回风在混合空气中的比例越大，节省的能量一般也越多。但过量反复使用循环空气对卫生有害，因此卫生标准规定了送风量中室外新鲜空气最少应占的比例。

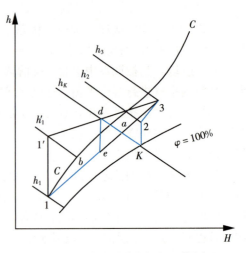

图 7-29　一次回风式空调机工作原理

7.12B　二次回风式空调

顾名思义，二次回风式空调就是来自被调室的回风在空调机中被利用两次。这种空调机的构成与一次回风式空调机相似。不同的是，不但在喷水室之前设有回风管入口，在喷水室之后也设有回风管入口，分别有回风控制阀控制。喷水室后面引入的回风与喷水室出来的空气混合，可以代替或部分代替二次加热器的作用，从而节省二次加热所耗的热量。

图 7-30 示出二次回风式空调的操作原理。图中 $1-1'-d-a-K-2-3$ 表示一次回风式空调中空气状态的变化路线。它和直流式空调操作的共同点是空气状态必经 K 点，K 点之后，二者情况相同。但在二次回风式空调操作中，情况又有不同，空气状态不再经过 K 点。

二次回风式空调空气状态的变化过程为：点 1 状态的室外空气经一次加热到达状态点 $1'$。点 $1'$ 状态的空气与第一次引入的点 3 状态的回风混合，混合空气状态点为 d'。点 d' 状态的空气在喷水室中沿等 h_K 线绝热冷却到点 K' 状态，$h_K'<h_K$。点 K' 状态的空气与第二次引入的点 3 状态的回风混合，混合空气的状态点为 $2'$。点 $2'$ 状态的空气经二次加热到达状态点 2，显然 $h_2-h_2'<h_2-h_K$。点 2 状态的空气引出到被调室，经混合平衡到

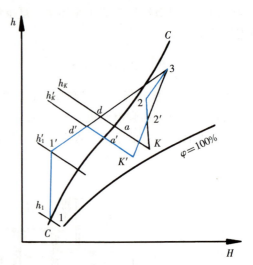

图 7-30　二次回风式空调的工作原理

状态点 3。二次回风式空调操作空气状态的整个变化路线为 $1-1'-d'-a'-K'-2'-2-3$。

习　题

7-1　求在冷源温度 $-25℃$ 和热源温度 $30℃$ 间的一个逆卡诺循环的制冷因数。

7-2　一冷冻装置每天 24h 从被冷却物体中吸取 3.4GJ 的热量，冷却剂在吸热时保持温度在 $-10℃$，而放热时保持在 $20℃$。若一切能量损失不计，试按照逆卡诺循环，求此装置所放出的热量和所需的理论功率。

7-3　某车间单级压缩氨制冷机制冷量为 5kW，蒸发温度 $-24℃$，冷凝温度 $20℃$，过冷温度

16℃，求理论制冷因数和每小时氨的循环量。

7-4　制冰厂每日24h连续生产由25℃的水制成的0℃冰10t。所用的氨压缩制冷机的冷凝温度为40℃，过冷温度为33℃，蒸发温度为－7℃。由于蒸发器与压缩机间管线中的冷量损失，压缩机进气温度为0℃，即过热7℃。设压缩机的效率为0.55，试问：(1) 理论制冷因数为何值；(2) 实际功率消耗和实际制冷因数多大。

7-5　按规则写出下列制冷剂的编号：CCl_4，CF_4，CH_4，CH_2Cl_2，CCl_2FCClF_2，CH_3CH_3，CO_2。

7-6　厚5cm的牛肉板块在－30℃的冻结室进行冻结，牛肉的含水量为73%，密度为970kg/m³，冻结时的热导率为1.1W/(m·K)。开始冻结温度为－1.75℃，冻结时的表面传热系数为5W/(m²·K)。利用普朗克公式计算冻结时间。

7-7　将一种家畜肉制成圆柱形进行冷冻，圆柱直径为7cm，肉的密度为1050kg/m³，热导率为1.02W/(m·K)，表面传热系数为13.8W/(m²·K)，冻结初温为－2.8℃，冻结器内温度为－30℃。计算冻结时间。

7-8　用公式计算温度为70℃、湿含量为0.053kg_v/kg_d的空气比焓、相对湿度、湿比热容、比体积和露点（设空气总压力为101.3kPa）。

7-9　在焓湿图上确定下表空格内的数值。

	T/℃	T_w/℃	T_d/℃	H/($kg_v·kg_d^{-1}$)	φ/%	h/($kJ·kg_d^{-1}$)	p/kPa
1	(30)	(20)					
2	(40)		(20)				
3	(60)			(0.03)			
4	(50)				(50)		
5	(50)					(120)	
6	(70)						(9.5)

7-10　将含1kg干空气的空气A（T_A=20℃，φ_A=0.30）与含2kg干空气的空气B（T_B=90℃，φ_B=0.20）混合，得空气C。求：

(1) 空气C的比焓和湿含量。

(2) 空气由状态A到状态C变化过程的焓湿比。

7-11　以间壁式冷却器冷却温度60℃，相对湿度20%的空气。空气流动方向与冷却水流动方向相反。若冷却进行至该空气的露点以下，直至20℃。冷却水的温度自15℃升至25℃。冷却器的传热面积为15m²，平均总传热系数为46.5W/(m²·K)。试估求每小时所冷却的空气量（以干空气计），并求出冷却水用量和空气在冷却前后的水蒸气分压。

7-12　将温度15℃、相对湿度80%的空气，通过加热器加热至70℃，以后以循环冷却水进行绝热冷却至相对湿度90%。试求：

(1) 处理后空气的温度和湿含量。

(2) 对每千克干空气的加热量。

(3) 对每千克干空气的冷却水蒸发量。

7-13　某地冬季室外的平均气温为0℃，相对湿度为50%。今欲以直流式空调机将其调节为温度20℃，相对湿度40%的空气，而后送入被调室。已知从喷水室出来的空气的相对湿度为95%，试计算：

(1) 一次加热器的加热量（对1kg干空气）。

(2) 循环喷射冷却水的平均温度。

(3) 二次加热器的加热量（对1kg干空气）。

7-14 如上题，若采用一次回风空调系统，以50%的回风与新鲜空气混合，回风状态为温度22℃，相对湿度40%，试计算同样的各项数值，并与直流式系统做比较。

7-15 将20℃、相对湿度为0.05的新鲜空气和50℃、相对湿度为0.80的废气混合，混合比为2:5（以干空气作基准），求混合气的比焓和湿含量。将混合气加热至90℃时，其相对湿度和比焓如何？

第八章 CHAPTER 8

干　燥
Drying

第一节　干燥的基本原理		8-6　其他干燥设备	260
8-1　干燥的目的和方法	241	第三节　喷雾干燥	
8.1A　去湿和干燥	241	8-7　喷雾干燥原理及应用	262
8.1B　干燥方法	242	8.7A　喷雾干燥原理	262
8-2　湿物料中的水分	243	8.7B　喷雾干燥的特点和应用	264
8.2A　含水量	243	8-8　喷雾干燥设备	265
8.2B　水分活度	244	8.8A　雾化器	265
8.2C　吸湿和解湿	244	8.8B　喷雾干燥塔	267
8.2D　物料中水分的分类	245	第四节　冷冻干燥	
8-3　干燥静力学	247	8-9　冷冻干燥原理	268
8.3A　干燥过程的物料衡算	247	8.9A　冷冻干燥基本原理和过程	268
8.3B　干燥过程的热量衡算	248	8.9B　冷冻干燥方程	270
8.3C　干燥过程空气状态变化分析	250	8-10　冷冻干燥装置	271
8-4　干燥动力学	252	8.10A　冷冻干燥设备	271
8.4A　干燥机理	252	8.10B　冷冻干燥装置形式	272
8.4B　干燥速率	253	习题	273
8.4C　干燥时间的计算	256		
第二节　干燥设备			
8-5　对流干燥设备	257		

干燥（drying）是利用热量使湿物料中水分等湿分被汽化除去，从而获得固体产品的操作。干燥操作几乎涉及国民经济的所有部门，广泛应用于生产和生活中。在食品工程中，干燥更是最具有重要意义的单元操作之一。

第一节　干燥的基本原理

8-1　干燥的目的和方法

物料干燥是去湿操作的一种。

8.1A　去湿和干燥

1. 物料去湿　从物料中除去湿分的操作，称为去湿。这里说的湿分，是指物料中的水分和其他溶剂。食品物料中的湿分主要是水分，故本章内的湿分以水为代表。去湿方法按作用原理分以下三类：

(1) 机械去湿法。机械去湿法即用压榨、沉降、过滤和离心分离等机械方法除去物料中的水分。此法脱水快且节省费用，但去湿程度不高，如离心过滤后水分含量仍达5%~10%，板框压滤后物料一般尚含水50%~60%。

(2) 吸附去湿法。吸附去湿法即用干燥剂（如无水氯化钙、硅胶、分子筛等）来吸附湿物料中的水分，因费用较高而应用有限，该法只能用于除去少量湿分。

(3) 热量去湿法。热量去湿法即用热使物料中的水分汽化除去，这种去湿法通常称为干燥。蒸发也是用热除去水分，但蒸发是使液体除去较大量水分，水分在沸点作为蒸汽被排出，蒸发产品一般是浓缩液。而干燥往往是食品加工中包装前的最后一道工序，可去除较少量的水分，产生的蒸汽常用空气带走，干燥产品是固体。该法除湿彻底，但能耗较高。

为节省能量，在实际生产中一般先用机械法最大限度地去湿，然后再进行物料干燥制成合格产品。

2. 干燥的目的

(1) 延长食品货架期。通过干燥降低食品中的水分活度，使引起食品腐败变质的微生物难以生长繁殖，使促进食品发生不良化学反应的酶类钝化失效，从而延长食品的货架期，达到安全保藏的目的。如蔗糖的含水量不能超过0.2%，超过会产生返潮现象，奶粉产品含水量不能超过3%，食品中水分含量过高会使其保质期缩短。

(2) 便于贮运。干燥去除水分，使食品物料减轻重量和缩小体积，可以节省包装、运输和仓储费用。

(3) 加工工艺的需要。干燥有时是食品加工工艺必要的操作步骤。如烘烤面包、饼干及茶叶，干燥不仅在制造过程中除去水分，而且还具有形成产品特色的色、香、味和形状的作用。

8.1B 干燥方法

物料干燥的方法很多，可以根据不同的特征对干燥方法分类。

1. 按操作压力分类 按操作压力的不同，干燥方法可分为常压干燥和真空干燥。

(1) 常压干燥。实际应用较多的热风干燥就属于常压干燥。

(2) 真空干燥。真空干燥具有操作温度低等特点，适宜于处理维生素等热敏性食品。冷冻干燥属于特殊的真空干燥，是使含水物质温度降至冰点以下，使水分冷冻成冰，在高真空度条件下使冰升华而除去水分的干燥方法。冷冻干燥又称真空冷冻干燥或冷冻升华干燥。

2. 按操作方式分类 按操作方式的不同，干燥方法可分为间歇式干燥和连续式干燥。

(1) 间歇干燥。间歇干燥的投资费用较低，操作控制灵活方便，故适用于小批量、多品种或要求干燥时间较长的物料的干燥。

(2) 连续干燥。现代食品工业生产多为连续干燥，其生产能力大，产品质量较均匀，热效率较高，劳动条件也较好。

3. 按传热方式分类 按热能对湿物料传递方式的不同，干燥可分为对流干燥、传导干燥、辐射干燥。

(1) 对流干燥。对流干燥又称热空气干燥或热风干燥，它是由加热后的干燥介质（通常是热空气）将热量以对流传热的方式传给物料，物料内部的水分传递至物料表面，受热汽化成水蒸气，从表面扩散至干燥介质的主体。这一过程，对于物料而言是一个传热传质的干燥过程；但对于干燥介质，即热空气，则是一个冷却增湿过程。

对流干燥器或称热空气干燥器是最常见的一种食品干燥设备。由于干燥介质是采用大气压下的空气，其温度和湿度容易控制，只要控制进口空气的温度，就可使食品物料免遭高温破坏的危险。在对流干燥器中干燥介质既是载热体亦是载湿体。当干燥介质离开干燥器时，热损失较大，致使其热效率不高。

对流干燥器形式很多，我们将在下节予以介绍。在对流干燥方法中，喷雾干燥在食品工程中应用广泛，后面将专门讨论。

(2) 传导干燥。传导干燥又称接触干燥，它是以加热后的高温壁面将热量以导热的方式传递给与它相接触的湿物料，使其中水分汽化，所产生的蒸汽被流动着的干燥介质带出干燥器外（常压操作），或进入冷凝器及真空泵，蒸汽冷凝成水被排出，而不凝性气体由真空泵排出干燥器外（真空操作）。在传导干燥过程中，热量是从热表面穿过湿物料的，所以热效率高。在操作中，应注意避免与热壁面接触的物料层因过高温度而变质。

传导干燥方法在食品生产中应用也较多，传导干燥器在下节中也将简要介绍。以传导干燥方式为主进行的冷冻干燥，早期用于生物的脱水，并在医药、血液制品、各种疫苗等方面的应用中得到迅速发展。冷冻干燥食品的品质在许多方面优于普通干燥的食品，近年很受食品工程界的重视，但系统设备较复杂，投资费用和操作费用都较高。对冷冻干燥，后面也将专门讨论。

(3) 辐射干燥。辐射干燥是热量从加热元件通过电磁波辐射至湿物料使水分汽化的，它主要包括红外线干燥和微波干燥两种方法，二者的操作原理是不同的。

红外线干燥应用的电磁辐射是红外线，其波长范围为 $0.75\sim 1\,000\mu m$。此波长范围内的辐射是由分子热振动激发产生的，辐射到物料表面被吸收又引起分子热振动产生热量，用于干燥。红外线干燥可获得很高的热流密度，使物料内产生很大的温度梯度，适宜于干燥表面积大的薄物料。

产生红外线的辐射器有管状、灯状和板状结构。可以使辐射器照射传送带上的湿物料，通入空气作载湿介质带走汽化的湿分，达到物料干燥的目的。红外线干燥速度较快，但能耗较大。

微波干燥又称介电加热干燥，它所应用的辐射是波长大于红外线的微波。与上面所述的对流、传导和红外线干燥不同，微波能穿过物料表面到达物料内部，使整个湿物料同时受热。湿物料中水分的介电常数比固体物料的介电常数要大得多，当物料干燥到一定程度，物料内部水分多于表面，物料内部吸收的电磁波也多于表面，在物料中出现的温度梯度和水的浓度梯度一致。传热与传质方向相同，物料干燥时间大大缩短。介电加热发生在整个物料的内部，故可得到干燥均匀的物料。此法的缺点是能源费用大。

8-2　湿物料中的水分

8.2A　含水量

湿物料中水分含量通常有两种表示法：湿基含水量和干基含水量。

(1) 湿基含水量。湿基含水量 w 是以整个湿物料为基准的含水量表示法，系指湿物料中水分的质量与湿物料总质量之比，即水分占湿物料的质量分数。

$$w=\frac{m_w}{m}=\frac{m_w}{m_s+m_w} \tag{8-1}$$

式中　m——湿物料的总质量，kg；

m_w——湿物料中所含水分的质量，kg；

m_s——湿物料中所含绝对干燥物料的质量，kg。

湿基含水量 w 是习惯上常用的表示物料含水量的方法，如未加特别注明，物料含水量即指湿基含水量。

(2) 干基含水量。干基含水量 x 是以绝对干燥物料为基准的含水量表示法，系指湿物料中水分的质量与绝对干燥物料质量之比，即水分与绝干物料的质量比。

$$x=\frac{m_w}{m_s}=\frac{m_w}{m-m_w} \tag{8-2}$$

湿物料在干燥过程中，其总质量 m 不断减少，但绝对干燥物料的质量 m_s 是不变的，因此在干燥操作的计算上，应用干基含水量 x 较为方便。这与湿空气的计算采用湿含量 H 较为方便是同样道理。

两种含水量的换算关系为

$$x = \frac{w}{1-w} \tag{8-3}$$

$$w = \frac{x}{1+x} \tag{8-4}$$

8.2B 水分活度

物料的含水量只是表示了物料中含水的多少，它不足以说明水的功能水平，特别是水的生物化学可利用性和在物料变质机制中水的作用的大小。安全含水量的标准不能任意从一个产品推广到另一产品，因为一定的含水量对某种产品是安全的，对另一个产品则未必安全。例如，含水量为 20% 的土豆淀粉或者含水量为 14% 的小麦都是稳定的，然而含水量 12% 的奶粉却很快就会变质。能本质地反映物料中水的活性的概念是水分活度（water activity）a_w。

活度是重要的物理化学概念。水分活度 a_w 是物料中水分的热力学能量状态高低的标志。在一定温度和压力下，物料中水的化学势 μ_w 为

$$\mu_w = \mu_w^\ominus + RT\ln a_w \tag{8-5}$$

式中 $\mu_w^\ominus$——标准态的水亦即纯水的化学势，J/mol；

T——水的热力学温度，K。

对一定温度和压力下的纯水，$a_w = 1$，$\mu_w = \mu_w^\ominus$。而物料中的水分因其中溶有溶质等原因，一般 $a_w < 1$，$\ln a_w < 0$，则 $\mu_w < \mu_w^\ominus$。a_w 越小，则相应的 μ_w 也越低。可见，水分活度 a_w 的大小是物料中水分化学势 μ_w 高低的一种标志。

在实践中，一般把湿物料表面附近的水蒸气压 p 与同温度下纯水饱和蒸汽压 p_0 之比作为湿物料水分活度 a_w 的定义，即

$$a_w = p/p_0 \tag{8-6}$$

式 (8-6) 也是测量物料中水分活度 a_w 的方法依据。a_w 的大小与食品中的含水量、所含各种溶质的类型和浓度以及食品的结构和物理特性都有关系。a_w 反映了食品中水分的热力学状态，它直接揭示食品中的水参与微生物生长繁殖和各种酶反应等的活动性程度。在讨论干燥时重视 a_w 概念，是因为 a_w 标志在干燥时食品中水分的挥发性的大小。因此，a_w 对食品工程特别是在食品产品贮藏稳定性的分析方面，是一个很重要的参数。将 a_w 这一物理化学概念应用进来，是食品工程学的一项进展。

8.2C 吸湿和解湿

当食品物料中的水分活度 a_w 与湿空气的相对湿度 φ 之间处于不同的关系时，二者之间水的传递方向将会不同。

(1) 当 $a_w > \varphi$ 时，由式 (8-6) a_w 的定义式 $a_w = p/p_0$ 和上一章 φ 的定义式 $\varphi = p_v/p_s$ 可知，二者分母 p_0 和 p_s 含义相同，都是一定温度下纯水的饱和蒸汽压。若 $a_w > \varphi$，则 $p > p_v$，即湿物料表面附近水蒸气压 p 大于湿空气中的水蒸气分压 p_v，水分将从物料向湿空气中传递，这种过程称为物料的解湿（moisture desorption）。解湿使物料含水量 x 不断减少，这即是干燥过程。

(2) 当 $a_w < \varphi$ 时，此时的情况与上面相反，湿物料表面附近的水蒸气压 p 小于湿空气中的水蒸气分压 p_v（$p < p_v$），水分将从湿空气向物料传递，这种过程称为物料的吸湿（moisture sorption）。吸湿使物料含水量 x 不断增加。

(3) 当 $a_w = \varphi$ 时，此时物料中的水分活度 a_w 与湿空气的相对湿度 φ 在数值上相等，亦即物料表面

水蒸气压 p 与湿空气中水蒸气分压 p_v 相等（$p=p_v$），物料既不解湿，也不吸湿，两者间的水分交换达到了平衡，称此状态为吸湿-解湿平衡。物料的含水量 x 将不再变化。

在达吸湿-解湿平衡时，相对于物料讲，此时湿空气的相对湿度 φ 称为平衡相对湿度 φ_e；相对于湿空气讲，此时物料的含水量 x 称为平衡含水量 x_e。可见，物料的水分活度 a_w 与其相应的湿空气的平衡相对湿度 φ_e 在数值上相等：

$$a_w = \varphi_e \tag{8-7}$$

而平衡含水量 x_e 是这种湿空气条件下物料干燥所能达到的极限。

在一定温度下，吸湿或解湿过程中物料水分活度 a_w 与含水量 x 之间的对应关系可以作出曲线，称为吸湿或解湿等温线，如图 8-1 所示。吸湿或解湿等温线一般呈 S 形。吸湿和解湿等温线并未重合，解湿等温线似乎有滞后现象。对这种现象的理论探讨正在进行。例如，有人认为解湿时食品的多孔结构产生的毛细管吸附力导致含水量稍高。

不同的食品物料，吸湿等温线的位置和形状不同，如图 8-2 所示。而同种食品物料，温度不同，吸湿等温线也将变化。图 8-3 所示即为马铃薯在不同温度下的吸湿等温线。可见，温度升高，等温线右移。

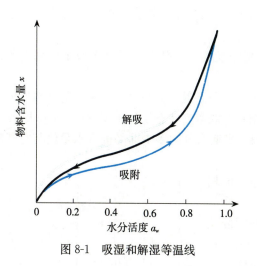

图 8-1 吸湿和解湿等温线

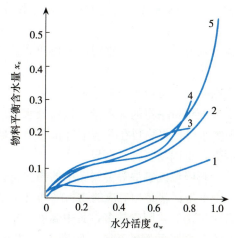

图 8-2 某些食品的吸湿等温线
1. 纤维素（20℃） 2. 蛋白质（25℃）
3. 马铃薯淀粉（25℃） 4. 牛肉（20℃） 5. 马铃薯（20℃）

关于食品的吸湿等温线，已经提出若干种数学模型，但它们多为经验或半经验的。其中，应用比较多的是 BET 公式，近年来认为较准确而最常被引用的是由 Guggenheim，Anderson 和 de Boer 提出的 GAB 公式：

$$x = \frac{x_m c k a_w}{(1-ka_w)(1-ka_w+cka_w)} \tag{8-8}$$

式中，x_m，c，k 是与物料和温度有关的常数。其中，x_m 可视为单分子层吸附时的含水量。

8.2D 物料中水分的分类

1. 按与物料结合的方式分类　按与物料的结合方式，物料中所含的水分分为化学结合水、物理化学结合水和机械结合水。

（1）化学结合水。化学结合水包括与物料的离子结合和结晶型分子结合的水。化学结合水结合最牢，不能用一般干燥方法除去。例如，若脱掉结晶水，晶体必遭破坏。

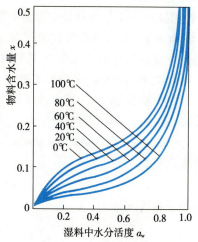

图 8-3 马铃薯的吸湿等温线

(2) 物理化学结合水。物理化学结合水包括吸附水分、渗透水分和结构水分。吸附水分是物料内外表面靠分子间力吸附结合的水分，是物理化学结合水中结合最强的。渗透水分是物料组织壁内外溶质浓度差形成的渗透压作用而结合的水。结构水分是胶体形成时结合在物料网状结构内的水。

(3) 机械结合水。机械结合水包括毛细管水分、空隙水分和润湿水分。毛细管水分存在于物料中的纤维或成团颗粒间。若毛细管半径 $r<0.1\mu m$，属微毛细管水，它是毛细管凝聚作用而形成，其水蒸气压小于纯水蒸汽压。若 $r=0.1\sim 10\mu m$，属巨毛细管水，其水蒸气压已近似等于平面纯水的蒸汽压。若 $r>10\mu m$，其中的水已属空隙水分。而润湿水分是与物料机械混合的水分，易用加热和机械方法脱除。

2. 按去除的难易分类 按物料中水分去除的难易程度，物料中的水分分为结合水分和非结合水分。

(1) 结合水分（bound water）。它主要是指物化结合的水分和机械结合的毛细管水分，这种水分难于去除。结合水分产生的蒸汽压低于相同温度纯水的蒸汽压，故结合水分的 a_w 小于1。

(2) 非结合水分（unbound water）。它包括物料表面的润湿水分及空隙水分，这种水分易于去除。非结合水分产生的蒸汽压和同温度纯水产生的蒸汽压相近，亦即其 a_w 近似等于1。

3. 按能否干燥除去分类 物料中的水分按在一定条件下是否能用干燥方法除去而分为自由水分和平衡水分。

(1) 自由水分。物料与一定温度和湿度的湿空气流充分接触，物料中的水分能被干燥除去的部分，称为自由水分（free water）。

(2) 平衡水分。自由水分被干燥除去后，尽管物料仍与这种温湿度的空气流接触，但物料中的水分已不再失去而维持一定的含水量，这部分水分就称作物料在此空气状态下的平衡水分（equilibrium water）。平衡水分代表物料在一定空气状态下干燥的极限。平衡水分的多少即平衡含水量值与空气的温湿度相联系，也因物料种类而异。

如果将物料吸湿或解湿等温线图中的横坐标值当作空气的相对湿度 φ，则纵坐标就是相对应的物料平衡含水量 x_e。

平衡含水量的影响因素较多，其中温度、空气的相对湿度及物料的种类都是常见的影响因素。随着温度的升高，物料的 x_e 将下降。在定温下，空气的 φ 若下降，则物料的 x_e 将下降。在相同温度和湿度的空气中，脂肪含量高的物料的 x_e 比淀粉含量高的物料的 x_e 要小。

图8-4示出后两种分类方法中物料中各种水分的含义。

例8-1 试求马铃薯在20℃和 $\varphi=60\%$ 的空气中的平衡含水量。今有湿基含水量80%的马铃薯1t，求在上述介质中干燥最大可能除去的水分是多少？不能除去的水分是多少？

解： 根据图8-3中的20℃等温线，若 $\varphi=0.6$，则 $x_e=0.15 kg_w/kg_s$。绝干物料质量为

$$m_s=m(1-w)=1\,000\times(1-0.80)=200\text{（kg）}$$

含水质量为

$$m_w=m-m_s=1\,000-200=800\text{（kg）}$$

初始干基含水量为

$$x_1=\frac{w_1}{1-w_1}=\frac{0.80}{1-0.80}=4.00\text{（}kg_w/kg_s\text{）}$$

可除去水分的质量为

$$W_f=m_s(x_1-x_e)=200\times(4.00-0.15)=770\text{（kg）}$$

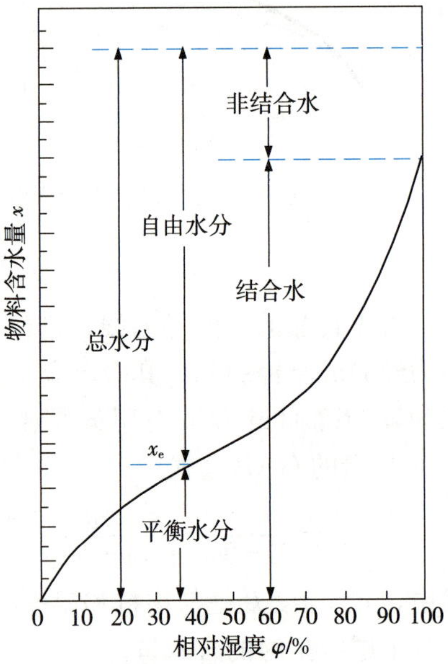

图8-4 物料中各种水分的含义

不可除水分的质量为

$$W_e = 800 - 770 = 30 \text{ (kg)}$$

8-3　干燥静力学

本节以最常见的热空气干燥方法为例，讨论干燥过程的物料衡算、热量衡算以及热空气的状态变化。

图 8-5 为空气加热的干燥器基本流程示意图。新鲜空气的状态为环境温度 T_0，湿含量 H_0，比焓 h_0，绝干空气流量 L。进入空气加热器加热后，空气状态变为 T_1，$H_1 = H_0$，h_1，进入干燥器。在干燥器中，物料被干燥，含水量由 w_1 降至 w_2，物料温度由 θ_1 升至 θ_2 后由干燥器卸出。而干燥空气温度下降，湿含量增加，其状态变为 T_2，H_2，h_2，排出干燥器。

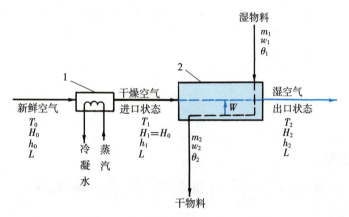

图 8-5　热空气干燥基本流程示意图
1. 空气加热器　2. 干燥器

图 8-5 动画演示

8.3A　干燥过程的物料衡算

通过干燥过程的物料衡算，可以求得将物料干燥到规定的含水量所需蒸发的水分量和空气消耗量。

1. 水分蒸发量和产品量　设原湿物料质量为 m_1 kg，水分蒸发量为 W kg，干燥产品量为 m_2 kg，则

$$W = m_1 - m_2 \tag{8-9}$$

物料在干燥过程中，湿物料质量不断减少，但绝对干燥物料质量 m_s 却不变，对绝对干燥物料作物料衡算，可得

$$m_s = m_1(1 - w_1) = m_2(1 - w_2) \tag{8-10}$$

式中　w_1，w_2——原湿物料和干燥产品的湿基含水量。

由式（8-10）可得

$$m_1 = m_2 \frac{1 - w_2}{1 - w_1} \qquad m_2 = m_1 \frac{1 - w_1}{1 - w_2} \tag{8-11}$$

代入式（8-9），可由已知原湿物料量 m_1 或干燥产品量 m_2，求水分蒸发量 W：

$$W = m_1 \frac{w_1 - w_2}{1 - w_2} \qquad W = m_2 \frac{w_1 - w_2}{1 - w_1} \tag{8-12}$$

2. 干燥空气用量　设通过干燥器的绝干空气质量为 L kg，对进出干燥器的水分作衡算，可得

$$L(H_2 - H_1) = m_s(x_1 - x_2) = W \tag{8-13}$$

则

$$L=\frac{W}{H_2-H_1} \tag{8-14}$$

式中 H_1，H_2——进、出干燥器的空气湿含量，kg_v/kg_d。

当绝干空气的消耗量为 L 时，湿含量为 H_0 的湿空气消耗量 L' 为

$$L'=L(1+H_0) \tag{8-15}$$

令 $l=\frac{L}{W}$，称作单位空气用量，即从湿物料中蒸发 1kg 水分所需的干空气量，单位为 kg_d/kg_w，则有

$$l=\frac{1}{H_2-H_1} \tag{8-16}$$

对连续式干燥操作，上述各物料衡算式中的 m_1、m_2、m_s、W 和 L 可视为质量流量（kg/s 或 kg/h），衡算关系及结果仍然适用。

例 8-2 在一连续干燥器中，要求每小时将 1 200kg 湿物料的湿基含水量由 10% 降至 2%。采用热空气为干燥介质，进入干燥器前空气湿含量为 $0.008kg_v/kg_d$，温度为 15℃，压力为 101.3kPa。离开干燥器时空气湿含量为 $0.05kg_v/kg_d$。求：

(1) 水分蒸发量。
(2) 湿空气用量。
(3) 干燥产品量。
(4) 若风机装在加热器的入口处，求风机的风量。

解：(1) 水分蒸发量为

$$W=m_1\frac{w_1-w_2}{1-w_2}=1\,200\times\frac{0.10-0.02}{1-0.02}=98\ (kg/h)$$

(2) 干燥空气用量为

$$L=\frac{W}{H_2-H_1}=\frac{98}{0.05-0.008}=2.33\times10^3\ (kg_d/h)$$

湿空气用量为

$$L'=L(1+H_1)=2.33\times10^3\times(1+0.008)=2.35\times10^3\ (kg/h)$$

(3) 干燥产品量为

$$m_2=m_1-W=1\,200-98=1\,102\ (kg/h)$$

(4) 由 $v_H=(287+461H_1)\frac{T}{p}=(287+461\times0.008)\times\frac{273+15}{101.3\times10^3}=0.826(m^3/kg_d)$

风机的风量为

$$q_v=L\cdot v_H=2.33\times10^3\times0.826=1.92\times10^3\ (m^3/h)$$

8.3B 干燥过程的热量衡算

通过干燥系统的热量衡算，可以确定干燥过程的热能消耗量及热能的分配，确定湿空气的出口状态，并以此为依据计算加热器传热面积、加热介质用量等。

1. 耗热量 按图 8-5 所示的基本干燥流程，当达稳定状态后，列出进、出干燥系统的热量。为讨论方便，以 0℃ 作为温度基准。

输入系统的热量有：①加热器加入的热量 Q；②空气带入的热量 Lh_0；③湿物料带入的热量 $(m_2c_s+Wc_w)\theta_1$。

输出系统的热量有：①干燥器的散热损失 Q_L；②空气带出的热量 Lh_2；③产品带出的热量 $m_2c_s\theta_2$。

因为输入热量等于输出热量，热量衡算式为

$$Q + Lh_0 + (m_2 c_s + W c_w)\theta_1 = Q_L + Lh_2 + m_2 c_s \theta_2$$

则
$$Q = L(h_2 - h_0) + m_2 c_s (\theta_2 - \theta_1) + Q_L - W c_w \theta_1 \tag{8-17}$$

式中　h_0，h_2——新鲜空气与废气的比焓，J/kg_d；

　　　θ_1，θ_2——原料和产品物料的温度，℃；

　　　c_s，c_w——干燥产品和水的比热容，J/（kg·K）。

2. 单位热耗　如果用蒸发单位质量水分作热量衡算的计算基准，令：

$q = Q/W$，称单位热耗，蒸发 1kg 水相应的加热器加热量，J/kg_w；

$q_L = Q_L/W$，蒸发 1kg 水相应的干燥器散热损失，J/kg_w；

$q_s = m_2 c_s (\theta_2 - \theta_1)/W$，蒸发 1kg 水相应的物料升温所需热量，J/$kg_w$。

将式（8-17）两端除以 W，可得

$$q = l(h_2 - h_0) + q_s + q_L - c_w \theta_1 \tag{8-18}$$

3. 热效率　干燥器的热效率一般系指干燥过程蒸发水分所耗热量与向加热器加入总热量之比，若以 η 表示热效率，则

$$\eta = \frac{W \Delta_v h}{Q} = \frac{\Delta_v h}{q} = \frac{\Delta_v h}{l(h_1 - h_0)} \tag{8-19}$$

式中，$\Delta_v h$ 为水的汽化热，单位为 J/kg。由附录 4 查取热空气湿球温度对应之汽化热值。

$\eta < 1$，其原因是向加热器加入之总热量除用于干燥物料时汽化水分所需热量外，还将消耗于加热物料所需热量、废气中原湿空气焓增以及干燥器的散热损失等。

热效率是干燥器的重要性能指标之一，干燥系统热效率愈高表示热能利用程度愈高，经济性愈好。提高热空气进入干燥室的温度 T_1，提高离开干燥器的空气（废气）的湿度，降低离开干燥器的空气的温度，可提高干燥器的热效率，减少空气消耗量，进而减少输送空气的动力消耗。但这样会降低干燥过程的传热、传质推动力，降低干燥速率。特别是对于吸水性物料的干燥，空气出口温度应高些，相对湿度要低些。在食品干燥过程中，空气离开干燥器的温度 T_2 需比进入干燥器时绝热饱和温度高 20~50℃，这样才能保证在干燥系统后面的设备内不致析出水滴，否则可能使干燥产品返潮，且易造成管路的堵塞和设备材料的腐蚀。过高的温度易产生焦粉。因此，操作参量的选择要与物料相适应，一般全脂奶粉，进气温度为 150~160℃，排气温度为 70~80℃。

此外，利用废气来预热冷空气或冷物料以回收废气中的热量，以及注意干燥设备的保温，减少系统热损失等措施均有利于降低能耗，提高干燥器的热效率。

例 8-3　用回转干燥器干燥湿糖，进料湿糖湿基含水量为 1.28%，温度为 31℃。每小时生产湿基含水量为 0.18% 的产品 4 000kg，出料温度 36℃。所用空气的温度为 20℃，湿球温度为 17℃，经加热器加热至 97℃ 后进入干燥室，排出干燥室的空气温度为 40℃，湿球温度 33℃。已知产品的比热容为 1.26kJ/（kg·K），试求：

（1）水分蒸发量。

（2）空气用量。

（3）加热器所用表压 100kPa 的加热蒸汽用量。

（4）干燥器的散热损失。

（5）干燥器的热效率。

解：（1）水分蒸发量为

$$W = m_2 \frac{w_1 - w_2}{1 - w_1} = 4\,000 \times \frac{0.012\,8 - 0.001\,8}{1 - 0.012\,8} = 44.6 \text{ (kg/h)}$$

（2）空气用量。查图 7-22 湿空气的 h—H 图，得

$$H_0 = H_1 = 0.011 \text{kg}_v/\text{kg}_d, \quad H_2 = 0.028 \text{kg}_v/\text{kg}_d$$

则
$$L = \frac{W}{H_2 - H_1} = \frac{44.6}{0.028 - 0.011} = 2.62 \times 10^3 \text{ (kg}_d/\text{h)}$$

原湿空气的消耗量为
$$L' = L(1+H_0) = 2.62 \times 10^3 \times (1+0.011) = 2.65 \times 10^3 \text{ (kg/h)}$$

（3）加热器中蒸汽用量。由 h—H 图可查得 $h_0 = 49\text{kJ/kg}_d$，$h_1 = 125\text{kJ/kg}_d$，$h_2 = 113\text{kJ/kg}_d$，故
$$Q = L(h_1 - h_0) = 2.62 \times 10^3 \times (125-49) = 199 \times 10^3 \text{ (kJ/h)}$$

加热蒸汽表压 100kPa，绝对压力为 200kPa，由书末附录 4 饱和水蒸气表可查得汽化热 $\Delta_v h = 2\,205\text{kJ/kg}$，则加热器加热蒸汽用量为
$$S = \frac{Q}{\Delta_v h} = \frac{199 \times 10^3}{2\,205} = 90 \text{ (kg/h)}$$

（4）干燥器的散热损失。由式（8-17）可得
$$\begin{aligned} Q_L &= Q - L(h_2 - h_0) - m_2 c_s (\theta_2 - \theta_1) + W c_w \theta_1 \\ &= 199 \times 10^3 - 2.62 \times 10^3 \times (113 - 49) - \\ &\quad 4\,000 \times 1.26 \times (36-31) + 44.6 \times 4.17 \times 31 \\ &= 11.9 \times 10^3 \text{(kJ/h)} \end{aligned}$$

（5）干燥器的热效率。由 h—H 图可查得干燥空气的湿球温度 $T_w = 38℃$，可由饱和水蒸气表查得对应此温度的汽化热为 $\Delta_v h = 2\,405\text{kJ/kg}$，则由式（8-19）得
$$\eta = \frac{W \Delta_v h}{Q} = \frac{44.6 \times 2\,405}{199 \times 10^3} = 0.539$$

8.3C 干燥过程空气状态变化分析

下面从干燥过程中空气状态变化的角度，对干燥过程进行进一步分析。根据空气在干燥器内经历的状态变化，将干燥过程分为绝热干燥过程与非绝热干燥过程两类。

1. 绝热干燥过程 按图 8-5 所示的热空气干燥基本流程，空气的状态变化分为两步。第一步为状态 $A(T_0, H_0, h_0)$ 的新鲜空气经加热器加热达到状态 $B(T_1, H_1=H_0, h_1)$，此步是湿空气的等湿加热过程，湿空气温度和比焓都有较大提高，但湿含量未变 $H_1 = H_0$。加热器的加热量转化为空气焓的增量，即

$$q = l(h_1 - h_0) \tag{8-20}$$

第二步为状态 B 的空气进入干燥室与湿物料接触进行湿热交换，离开干燥室时空气的状态为 $C(T_2, H_2, h_2)$，如图 8-6 所示。这一步，物料得到干燥，但就空气而言，是个降温增湿过程，$T_2 < T_1$，$H_2 > H_1$，但空气比焓变化如何？

将式（8-20）代入式（8-18）可得

$$l(h_2 - h_1) = c_w \theta_1 - q_s - q_L \tag{8-21}$$

令
$$n = c_w \theta_1 - q_s - q_L \tag{8-22}$$

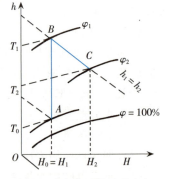

图 8-6 绝热干燥过程空气状态的变化

n 为物料带入带出热量及干燥器散失热量的净和。代入式（8-21），则
$$l(h_2 - h_1) = n \tag{8-23}$$

若物料带入带出热量及干燥器散失热量净和为零，$n=0$，则 $h_1 = h_2$。在干燥器中，空气传给湿物料的热量等于物料水分汽化产生的水蒸气进入空气带回的热量，对空气而言，这是个绝热过程，因此，这种干燥过程，称为绝热干燥过程，或称等焓干燥过程。如果忽略干燥过程物料带入带出热量的差别及热量的散失，则就可将这个干燥过程作为绝热干燥过程处理。

将式（8-16）代入式（8-23），可得
$$\frac{h_2 - h_1}{H_2 - H_1} = \varepsilon = n \tag{8-24}$$

对绝热干燥过程，因 $n=0$，则 $\varepsilon=0$，在 h—H 图上，表示此过程的线 BC 的斜率，即焓湿比 $\varepsilon=0$，该过程是等焓增湿降温过程。

2. 实际干燥过程 $n\neq 0$ 的干燥过程，称为实际干燥过程。物料在干燥室进行干燥时，实际上器壁对外有散热损失，一般物料出入干燥室也会带出净热量。因此，在大多数情况下，$n<0$。在 h—H 图上，干燥操作线 BC' 的斜率 $\varepsilon<0$，线 BC' 将位于绝热干燥线 BC 的下方，如图8-7所示。当空气出口温度相同时，与绝热干燥过程比较，需要的加热量和空气用量会更多。从下面的例题中，可以看到基本流程的绝热干燥过程和实际干燥过程的对比情况，实际干燥过程的求解关键在于求出干燥器出口空气的湿含量 H_2，求 H_2 可用图解法和联立方程法两种方法。

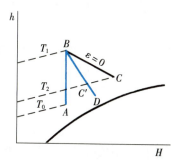

图8-7 实际干燥过程空气状态变化

例8-4 用气流干燥器将湿基含水量 $w_1=5\%$ 的食品物料干燥到 $w_2=0.25\%$，产品产量 $m_2=1\,000$kg/h。加热介质用 $T_0=20℃$，$\varphi_0=0.80$ 的新鲜空气，经加热器加热到 $T_1=100℃$，进入干燥器，出口温度 $T_2=65℃$。物料入口温度 $\theta_1=30℃$，出口温度 $\theta_2=50℃$，干燥产品比热容 $c_s=1.256$kJ/(kg·K)。

(1) 若此干燥过程为绝热干燥过程，求水分蒸发量 W，空气用量 l 和耗热量 q。

(2) 若已知干燥器表面散热 $Q_L=33.4$MJ/h，试求干燥器出口空气的湿含量 H_2 以及此实际干燥过程的 l 和 q。

解：
$$W=m_2\frac{w_1-w_2}{1-w_1}=1\,000\times\frac{0.05-0.002\,5}{1-0.05}=50\text{ (kg/h)}$$

由 $T_0=20℃$，$\varphi_0=0.80$，在图7-22的 h—H 图上可确定新鲜空气的状态点 A，查得 $H_0=0.012$kg$_v$/kg$_d$，$h_0=50$kJ/kg$_d$。

由点 A 作纵轴平行线，交 $T_1=100℃$ 等温线于点 B，查得 $h_1=133$kJ/kg$_d$，$H_1=H_0=0.012$kg$_v$/kg$_d$。

(1) 绝热干燥过程。过点 B 作等 h 线交等温线 $T_2=65℃$ 于 C，查得 $H_2=0.026$kg$_v$/kg$_d$，如图8-7所示，则

$$l=\frac{1}{H_2-H_1}=\frac{1}{0.026-0.012}=71.4\text{ (kg}_d/\text{kg}_w\text{)}$$

$$q=l(h_1-h_0)=71.4\times(133-50)=5.93\times 10^3\text{ (kJ/kg}_w\text{)}$$

(2) 实际干燥过程。
$$q_L=Q_L/W=33.4\times 10^3/50=668(\text{kJ/kg}_w)$$
$$q_s=m_2c_s(\theta_2-\theta_1)/W=1\,000\times 1.256\times(50-30)/50=502(\text{kJ/kg}_w)$$
$$n=c_w\theta_1-q_s-q_L=4.187\times 30-502-668=-1\,044(\text{kJ/kg}_w)$$

操作线方程为
$$\frac{h-h_1}{H-H_1}=n=-1\,044$$

下面用两种方法求 H_2。

①图解法：在 $0.012\sim 0.026$ 任取 H_D，例如选取 $H_D=0.020$，代入操作线方程，得到
$$h_D=h_1+n(H_D-H_1)=133-1\,044\times(0.020-0.012)=125(\text{kJ/kg}_d)$$

由 $h_D=125$kJ/kg$_d$，$H_D=0.020$kg$_v$/kg$_d$，在图7-22的 h—H 图上确定点 D，过 A 和 D 作直线，与 $T_2=65℃$ 等温线交于点 C'，如图8-7所示，点 C' 即为实际干燥过程出口空气状态点，由图查得点 C' 的湿含量 $H_2=0.022$kg$_v$/kg$_d$。

②联立方程法：由操作线方程得到

$$h_2 = h_1 + n(H_2 - H_1) = 133 - 1044 \times (H_2 - 0.012) = 146 - 1044 H_2 \quad (1)$$

由湿空气的比焓公式得到

$$h_2 = (1.01 + 1.88 H_2) T_2 + 2500 H_2 = (1.01 + 1.88 H_2) \times 65 + 2500 H_2 = 66 + 2622 H_2 \quad (2)$$

式（1）—式（2），得 $3666 H_2 = 80$，则 $H_2 = 80/3666 = 0.022 \text{kg}_v/\text{kg}_d$。

则实际干燥过程：

$$l = \frac{1}{H_2 - H_1} = \frac{1}{0.022 - 0.012} = 100 \ (\text{kg}_d/\text{kg}_w)$$

$$q = l(h_1 - h_0) = 100 \times (133 - 50) = 8.30 \times 10^3 \ (\text{kJ}/\text{kg}_w)$$

由计算结果可见，实际干燥过程的空气用量和耗热量都比绝热干燥过程大。

按图 8-5 所示的基本干燥流程，$n>0$ 的实际干燥过程很少见。如改流程为使干燥所需部分热量在干燥室内加入，如图 8-8 所示，则会使 $n>0$，此时干燥操作线将在绝热干燥操作线之上。

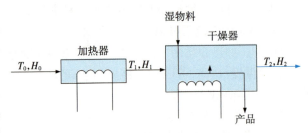

图 8-8 干燥室内部分加热的干燥流程

3. 中间加热空气的干燥过程 这种干燥系统如图 8-9 所示，在干燥室内又置一中间加热器。干燥用空气的状态变化为：状态点 A 的新鲜空气经加热器加热到状态点 B'，进入干燥室，经第一阶段与物料接触，空气增湿降温到状态点 C'，再经中间加热器加热，空气等湿升温增焓到状态点 B''，再经第二阶段与物料接触，空气到出口时状态点到 C。由图知，线段 $B''C'$ 与 BB' 等长，两次加热量之和与基本流程 AB 的加热量相同，终态点 C 也相同，但这种系统空气入口温度较低，有利于热敏料的干燥。

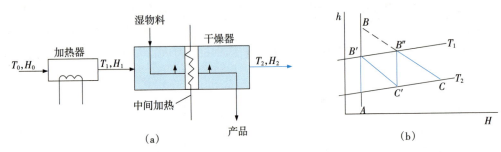

图 8-9 中间加热空气的干燥系统
(a) 流程图 (b) h—H 图

干燥操作也可应用部分废气循环，其空气状态变化与空调有类似之处。

8-4 干燥动力学

上节的讨论基本上没涉及时间因素。讨论干燥与讨论其他单元操作的基本原理一样，一方面讨论物料与能量的平衡问题，为资源的合理利用指出途径，另一方面讨论过程的速率，亦即操作的动力学问题，探讨在合理的条件下加快操作进程的方法，因为时间亦为资源。动力学的问题涉及过程的机理，一般更为复杂。

8.4A 干燥机理

1. 干燥过程中的传热和传质 在对流干燥过程中，作为干燥介质的热空气将热能传到物料表面，再由表面传到物料内部，这是两步传热过程。水分从物料内部以液态或气态透过物料传递到表面，然后通过物料表面的气膜扩散到空气流的主体，这是两步传质过程。可见物料的干燥过程是传热和传质相结合的过程。它包括物料外部的传热传质和物料内部的传热传质。

（1）外部传热和传质。热空气作为干燥介质在干燥器中通常处于湍流状态，可以认为外部传热和传质的阻力都集中在称为气膜的边界层中，其厚度 δ 不超过 0.1mm。图 8-10 示出外部传热和传质。外部传热是对流传热，其热流密度为

$$q=\alpha(T-T_s)$$

外部传质也是对流传质，表面水蒸气压 p_s 与空气体相中水蒸气分压 p 之差（p_s-p）是传质的推动力。

（2）内部传热和传质。无论是对流干燥、传导干燥和红外线干燥，固体物料内的传热都是热传导，遵从傅里叶定律。

物料内部的传质机理比较复杂，可以是下面几种机理的一种或几种的结合。

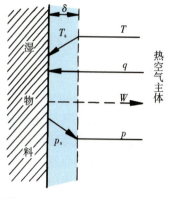

图 8-10　干燥的外部传热和传质

①液态扩散：在干燥过程中，一旦物料表面的含水量低于物料内部含水量，此含水量之差作为传质推动力使水分由物料内向表面扩散。

②气态扩散：干燥进行到一定程度，当水的汽化面由物料表面逐渐移向内部，则由汽化面到物料表面传质属气态扩散，其推动力为汽化面与物料表面之间的水蒸气压差。显然，物料内部的气态扩散因为要穿过食品组织，其阻力一般比外部扩散要大。

③毛细管流动：由颗粒或纤维组成的多孔性物料，具有复杂的网状结构，孔穴间由截面不同的毛细管孔道沟通，由表面张力引起的毛细管力，可产生水分的毛细管流动，形成物料内的传质。

④热流动：物料表面的温度和物料内部温度之差，会产生水的化学势差，推动水的流动，称为热流动。在传导干燥中，热流动有利于水分由物料内部向表面传递。但在对流干燥和红外线干燥中，热流动的作用是相反的。

2. 表面汽化控制和内部扩散控制　内部传质和外部传质是接连进行的。两步传质的速率一般不同。显然，进行较慢的一步传质控制着干燥过程的速率。通常将外部传质控制称为表面汽化控制，内部传质控制称为内部扩散控制。

（1）表面汽化控制。像糖、盐等潮湿的晶体物料，其内部水分能迅速传递到物料表面，使表面保持充分润湿状态。因此，水分的去除主要由外部扩散传质所控制。

干燥为表面汽化控制时，强化干燥操作就必须集中强化外部传热和传质。在对流干燥时，因物料表面充分润湿，表面温度近似等于空气的湿球温度，水分的汽化近似纯水的汽化。此时，提高空气温度，降低空气湿度，改善空气与物料间的接触和流动状况，都有利于提高干燥速率。在真空接触干燥中，提高干燥室的真空度，有利于传热和外部传质，可提高干燥速率。

（2）内部扩散控制。某些物料如面包、明胶等在干燥时，其内部传质速率较小，当表面干燥后，内部水分来不及传递到表面，因而汽化面逐渐向内部移动，干燥的进行比表面汽化控制更为复杂。当干燥过程为内部扩散控制时，下列措施有助于强化干燥：①减小料层厚度，或使空气与料层穿流接触，以缩短水分的内部扩散距离，减小内部扩散阻力；②采用搅拌方法，使物料不断翻动，深层湿物料及时暴露于表面；③采用接触干燥和微波干燥方法，使热流动有利于内部水分向表面传递。

同一物料的整个干燥过程，一般前阶段为表面汽化控制机理，后阶段为内部扩散控制机理。

8.4B　干燥速率

1. 干燥速率式　干燥速率（rate of drying）定义为单位时间内在单位面积上除去的汽化水分量，用符号 u 表示，单位为 $kg_w/(m^2 \cdot s)$，常采用 $kg_w/(m^2 \cdot h)$，其微分表示式为

$$u = \frac{dW}{A dt} \quad (8\text{-}25)$$

式中 W——汽化水分量，kg；
　　A——干燥面积，m^2；
　　t——干燥时间，s 或 h。

因为
$$dW = -m_s dx$$

故
$$u = -\frac{m_s dx}{A dt} \quad (8\text{-}26)$$

2. 干燥曲线与干燥速率曲线　由于干燥机理复杂，目前研究得尚不够充分，因此关于干燥的动力学数据多取自实验测定值。为了简化影响因素，干燥实验一般在恒定干燥条件下进行。所谓恒定干燥条件，是指干燥介质的温度、湿度、流速及物料的接触方式，在整个干燥过程中均保持恒定。这可以用大量的空气干燥少量的物料来实现。

（1）干燥曲线。将恒定干燥条件下进行干燥实验得到的物料干基含水量 x、物料表面温度 T_s 和相应时间 t 的数据加以整理，可绘制 x—t 曲线和 T—t 曲线，通常将两条曲线均称作干燥曲线。图 8-11 所示就是它们的典型形状。

由干燥曲线可见，点 A 表示物料初始含水量 x_1，干燥开始后，物料含水量及其表面温度均随时间而变化。在 AB 段内物料的含水量下降，温度上升。AB 段为物料的预热段，物料的含水量及温度均随时间变化不大，即斜率 dx/dt 较小，预热段一般较短。到达 B 点时，物料表面温度升至 T_w，即空气的湿球温度。其后 BC 段，x 与 t 基本呈直线关系，直线斜率 dx/dt 较大，此阶段内空气传给物料的热全部变为水分从物料中汽化所需的汽化热，因而物料表面温度 T_s 基本上保持不变，约等于空气的湿球温度 T_w。进入 CDE 段后，x 下降变慢，干燥曲线逐渐变平坦，热空气中部分热量用于加热物料，使物料表面温度逐渐上升，另一部分热量用于汽化水分，因此该段斜率 dx/dt 逐渐变小，直到物料中所含水分降至平衡含水量 x_e 为止，干燥过程结束，此时物料表面温度已近于空气干球温度 T。

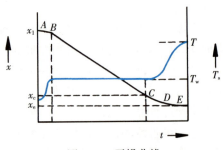

图 8-11　干燥曲线

（2）干燥速率曲线。干燥曲线的斜率为 dx/dt，由 dx/dt 数据按式（8-26）可以求得干燥速率 u，这样就可以绘出 u—t 曲线和 u—x 曲线，它们称为干燥速率曲线。图 8-12 所示就是典型的干燥速率曲线 u—x 线。

在图 8-12 的干燥速率曲线上，预热段 AB 很短，干燥计算中往往忽略不计。干燥速率曲线主要以 C 点为界分为两个阶段。BC 段内干燥速率保持 u_0 不变，称为恒速干燥阶段（constant-rate drying period）。图中 CDE 段为干燥的第二阶段，随着干燥进行即 x 的降低，干燥速率 u 不断下降，直到 x 降至平衡含水量 x_e 时，干燥速率降为零，此段称为降速干燥阶段（falling-rate drying period）。点 E 为干燥的终点，其含水量为操作条件下的平衡含水量 x_e，所对应的干燥速率为零。

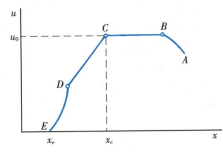

图 8-12　干燥速率曲线

3. 恒速干燥阶段　在恒速干燥阶段，干燥速率保持恒定，不随物料含水量的降低而降低。在此阶段，物料内部水分很快移向表面，物料表面始终为水分所饱和，干燥机理属表面汽化控制，干燥所去除的水分大体相当于物料的非结合水分。因此，此阶段物料水分的汽化如同纯水的蒸发，蒸发温度相当于热空气的湿球温度 T_w。由于此阶段热空气对物料的对流传热量等于物料水分汽化吸热，按上章湿球温度的原理，可有

$$q = \alpha(T - T_w) = \frac{dW \cdot \Delta_v h}{A dt} = u_0 \Delta_v h$$

故
$$u_0 = \frac{q}{\Delta_v h} = \frac{\alpha}{\Delta_v h}(T - T_w) \tag{8-27}$$

式中 α——表面传热系数，W/(m²·K)；

$\Delta_v h$——水在温度 T_w 的汽化热，J/kg；

T，T_w——空气的干球温度和湿球温度，℃。

式（8-27）为理论上计算恒速干燥阶段干燥速率 u_0 的方程。其中，空气对物料的表面传热系数 α 已根据不同的热空气流量，相对于物料的流向等条件通过实验得到如下经验公式：

(1) 空气平行流过物料表面，空气质量流量 $q_m = 0.7 \sim 5.0$ kg/(m²·s)，有
$$\alpha = 14.3 q_m^{0.8} \quad (W \cdot m^{-2} \cdot K^{-1}) \tag{8-28}$$

(2) 空气垂直流过物料表面，空气质量流量 $q_m = 1.1 \sim 5.5$ kg/(m²·s)，有
$$\alpha = 24.1 q_m^{0.37} \quad (W \cdot m^{-2} \cdot K^{-1}) \tag{8-29}$$

例 8-5 温度 66℃、湿含量为 0.01 kg_v/kg_d 的空气以 4.0 m/s 的流速平行流过料盘中的湿物料表面，试估算恒速干燥阶段的干燥速率。

解： 由空气 $h-H$ 图查对应 $T_1 = 66$℃，$H_1 = 0.01$ kg_v/kg_d 的湿空气的湿球温度 $T_w = 29$℃，由饱和水蒸气表查得对应的汽化热 $\Delta_v h = 2\,430$ kJ/kg。

由式 (7-30)，湿空气的比容为
$$v_H = (287 + 461 H_1) \frac{T_1}{p}$$
$$= (287 + 461 \times 0.01) \times \frac{273 + 66}{1.01 \times 10^5} = 0.98 \; (m^3/kg_d)$$
$$q_m = u\rho = u/v_H = 4.0/0.98 = 4.1 \; (kg \cdot m^{-2} \cdot s^{-1})$$
$$\alpha = 14.3 q_m^{0.8} = 14.3 \times 4.1^{0.8} = 44.2 \; (W \cdot m^{-2} \cdot K^{-1})$$
$$u_0 = \frac{\alpha}{\Delta_v h}(T - T_w) = \frac{44.2}{2\,430 \times 10^3} \times (66 - 29)$$
$$= 6.73 \times 10^{-4} \; (kg \cdot m^{-2} \cdot s^{-1})$$

即
$$u_0 = 6.73 \times 10^{-4} \times 3\,600 = 2.42 \; (kg \cdot m^{-2} \cdot h^{-1})$$

4. 干燥的临界点 图 8-12 中由恒速干燥阶段到降速干燥阶段的转折点 C，称为干燥过程的临界点（critical point）。干燥速率的转折标志干燥机理的转折，临界点是干燥由表面汽化控制到内部扩散控制的转变点，是物料由去除非结合水到去除结合水的转折点。该点的干燥速率仍为恒速干燥速率 u_0。

临界点 C 相应的物料含水量称为临界含水量（critical moisture content），以 x_c 表示。临界含水量 x_c 不仅因物料性质不同而异，也与外界干燥条件有关。同一物料，如干燥速率加快，则 x_c 增大。在一定干燥速率下，料层愈厚，x_c 愈大。干燥时翻动物料，会使 x_c 降低。临界含水量 x_c 一般通过实验来测定。

5. 降速干燥阶段 干燥过程跨过临界点 C 后，进入降速干燥阶段，干燥速率 u 随物料含水量 x 的降低而逐渐下降。此阶段的干燥机理已转为内部扩散控制，开始汽化物料的结合水分。由于干燥速率的降低，空气对物料对流传热的热流量已大于水汽化带回空气的热流量，因而物料的温度开始不断上升，物料表面温度 T_s 比空气湿球温度 T_w 越来越高。

降速阶段的干燥机理远比恒速阶段复杂，因而干燥速率曲线降速阶段的形状也不相同。图 8-12 中的 CDE 段表明一种类型的降速干燥，又出现一个转折点 D，有时又称 D 点为第二临界点。此点将降速干燥阶段又分成两段。第一段 CD，物料表面不再全部为水分润湿，而是逐渐变干，随变干表面不断扩大，干燥速率逐渐下降，到 D 点物料表面已全部变干。第二段 DE，物料水分汽化面全部移

入物料内部，汽化的水蒸气要穿过已干的固体层而传递到空气中，阻力增加，因而干燥速率降低更快。到达 E 点，x 达到平衡含水量 x_e，干燥停止，$u=0$。

8.4C 干燥时间的计算

下面讨论在恒定干燥条件下如何计算干燥所需的时间。假定物料从最初含水量 x_1 干燥到最终含水量 x_2 经历恒速干燥和降速干燥两个阶段。

1. 恒速阶段的干燥时间 按式（8-26），恒速阶段的干燥速率为

$$u_0 = -\frac{m_s \mathrm{d}x}{A \mathrm{d}t}$$

将上式分离变量后积分，有

$$\int_0^{t_1} \mathrm{d}t = -\frac{m_s}{Au_0}\int_{x_1}^{x_c} \mathrm{d}x$$

可得到恒速阶段的干燥时间 t_1：

$$t_1 = \frac{m_s(x_1-x_c)}{Au_0} \tag{8-30}$$

式中 u_0——恒速阶段的干燥速率，$kg_w/(m^2 \cdot s)$，可由干燥速率曲线得到，也可按式（8-27）求算。

2. 降速阶段的干燥时间 将式（8-26）分离变量积分，则降速阶段的干燥时间 t_2 为

$$t_2 = \int_0^{t_2} \mathrm{d}t = -\frac{m_s}{A}\int_{x_c}^{x_2} \frac{\mathrm{d}x}{u} = \frac{m_s}{A}\int_{x_2}^{x_c} \frac{\mathrm{d}x}{u} \tag{8-31}$$

要求得 t_2，必须解式（8-31）中的积分 $\int_{x_2}^{x_c} \frac{\mathrm{d}x}{u}$，但该积分涉及不同的变量 u 和 x，须知 $u-x$ 关系。因已知条件的不同可用图解积分法或近似计算法求取。

（1）图解积分法。如果已知降速阶段的干燥速率曲线，则前述积分项可用图解积分法求解：由干燥速率曲线查出不同含水量 x 对应的 u 值，以 $1/u$ 为纵坐标，x 为横坐标，绘出 $1/u-x$ 曲线图，则 $x=x_c$ 和 $x=x_2$ 之间曲线下的面积即为积分 $\int_{x_2}^{x_c} \frac{\mathrm{d}x}{u}$ 的值。

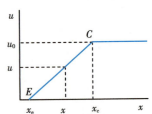

图 8-13 降速阶段 $u-x$ 关系的线性假定

（2）近似计算法。如缺乏降速阶段数据，可用近似计算处理。假定降速干燥阶段的干燥速率 u 与物料的含水量 x 呈线性关系，将临界点 C 与平衡点 E 连成直线，如图 8-13 所示，直线斜率为

$$k = \frac{u_0}{x_c - x_e} = \frac{u}{x - x_e} \tag{8-32}$$

将 $u = k(x - x_e)$ 代入式（8-31），得

$$t_2 = \frac{m_s}{Ak}\int_{x_2}^{x_c}\frac{\mathrm{d}x}{x-x_e} = \frac{m_s}{Ak}\ln\frac{x_c-x_e}{x_2-x_e} \tag{8-33}$$

3. 干燥的总时间 如果不考虑装卸物料所需的时间，则干燥总时间 t 为两个干燥阶段干燥时间的加和，即

$$t = t_1 + t_2$$

将由式（8-32）推得的 $u_0 = k(x_c - x_e)$ 代入式（8-30），则

$$t = t_1 + t_2 = \frac{m_s}{Ak}\frac{x_1-x_c}{x_c-x_e} + \frac{m_s}{Ak}\ln\frac{x_c-x_e}{x_2-x_e}$$

$$t = \frac{m_s}{Ak}\left(\frac{x_1-x_c}{x_c-x_e} + \ln\frac{x_c-x_e}{x_2-x_e}\right) \tag{8-34}$$

例 8-6 湿物料在恒定干燥条件下 5h 内由干基含水量 35% 降至 10%,如果物料的平衡干基含水量为 4%,临界干基含水量为 14%,求在同样的干燥条件下,将物料干燥到干基含水量 6% 需多少时间。

解: 已知 $x_1=0.35$,$x_2=0.10$,$x_c=0.14$,$x_e=0.04 \text{kg}_w/\text{kg}_s$,代入式 (8-34),有

$$5=\frac{m_s}{Ak}\left(\frac{0.35-0.14}{0.14-0.04}+\ln\frac{0.14-0.04}{0.10-0.04}\right)$$

则

$$\frac{m_s}{Ak}=1.92$$

若 $x_1=0.35$,$x_2=0.06$,代入式 (8-34),则干燥时间为

$$\begin{aligned}t&=\frac{m_s}{Ak}\left(\frac{x_1-x_c}{x_c-x_e}+\ln\frac{x_c-x_e}{x_2-x_e}\right)\\&=1.92\times\left(\frac{0.35-0.14}{0.14-0.04}+\ln\frac{0.14-0.04}{0.06-0.04}\right)\\&=7.1\ (\text{h})\end{aligned}$$

第二节 干燥设备

用于进行物料干燥的设备通称为干燥器 (dryer)。在食品生产中,由于被干燥物料的形状、大小、含水量、黏性和热敏性等性质各不相同,对干燥后产品的要求不同,生产的规模不同,采用的干燥方法和干燥器的形式也是多种多样的。在设计和选择干燥器时,对干燥器的一般要求是:

① 保证食品加工工艺和干燥产品的质量要求;
② 干燥速度快,干燥时间短,以减小干燥器的尺寸,提高设备的生产能力;
③ 热效率高,能量消耗低;
④ 干燥系统的流体流动阻力小,减少输送机能量的消耗,降低成本;
⑤ 保证食品卫生,操作控制方便,劳动条件好。

干燥器可有多种不同的分类方式,表 8-1 所示是按加热方式分类的常用干燥器。

表 8-1 常用干燥器的分类

类型	常用干燥器
对流干燥器	厢式干燥器,气流干燥器,沸腾干燥器,转筒干燥器,喷雾干燥器
传导干燥器	滚筒干燥器,真空盘架式干燥器,冷冻干燥器
辐射干燥器	红外线干燥器,微波干燥器

本节首先介绍对流干燥设备,然后简略介绍其他类型干燥设备。

8-5 对流干燥设备

1. 厢式干燥器 厢式干燥器 (cabinet dryer) 又称盘架式干燥器 (tray dryer)。它属于常压间歇操作的干燥器。小型的称烘箱,大型的称烘房。厢内有多层支架,装有物料的方形浅盘置于支架上,物料层厚度为 10~100mm。为了提高设备的生产能力,减少装卸时间,将支架做成可移动的小车推入厢内。空气由风机吸入厢内,加热后经挡板导向将热空气均匀地送入各层,从物料上方掠过,与物料接触,使物料干燥,热空气冷却增湿成为废气由排气口排出,其基本构造如图 8-14 (a) 所示。为了提高干燥速度,可将粒状、纤维状的物料铺放在有网眼的筛盘上,热空气垂直穿过物料层,空气通过筛盘的流速为 0.3~1.2m/s。此种结构的干燥器称为穿流厢式干燥器,如图 8-14 (b) 所示。为了回收废气中的热量,

提高干燥器的热效率，在厢式干燥器中通常是排出部分废气于厢外，将另一部分废气与吸入的新鲜空气混合，经加热器加热后，流向物料。新鲜空气的吸入口和废气的排出口由挡板进行调节。

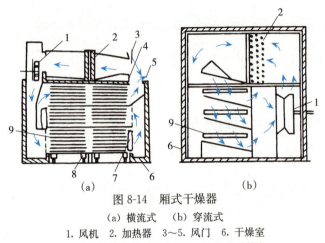

图 8-14　厢式干燥器
（a）横流式　（b）穿流式
1. 风机　2. 加热器　3～5. 风门　6. 干燥室
7. 二次加热器　8. 移动小车　9. 浅盘或筛盘

图 8-14 动画演示（横流式）

厢式干燥器结构简单，制造和维修方便，使用的灵活性大。在食品工业中常用于数量不多，需要长时间干燥的物料及要求特殊干燥条件（如空气的温度、相对湿度和流速需要改变等）的物料。常用于水果、蔬菜和香料等的干燥。

厢式干燥器的缺点是生产效率低，劳动强度大，干燥不均匀，热能利用率低。

2. 隧道式干燥器　图 8-15 为隧道式干燥器（tunnel dryer）示意图。隧道宽度约 1.8m，高度为 1.8～2m，长度为 12～18m，最长可达 20～40m。大型隧道常用混凝土结构，小型的可用金属钢板结构。可采用石棉水泥板等材料减少隧道的热损失。沿隧道底部铺设轨道供料车通行。隧道的两端进、出料车处设置有密封门。装有物料的料盘摆放在料车上，每层料盘之间有一定的间隙。当物料已干燥好的料车从隧道出口移出时，将另一台装有湿物料的料车从进料口推进干燥室。一条隧道最少容纳 5～6 车，多则可达 15 车。隧道式干燥器由风机将已预热的空气形成强大的气流在干燥室中流动，空气流速常为 2.5～6m/s。根据料车相对空气流的运动方向，隧道式干燥器有顺流式、逆流式、混流式和横流式等。究竟采用哪一种操作，需要根据物料特性和工艺要求等具体情况而定。

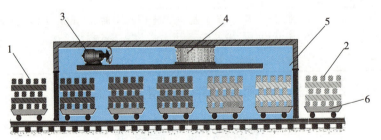

图 8-15　隧道式干燥器
1. 湿物料　2. 干物料　3. 风机　4. 加热器　5. 补充空气　6. 小车

图 8-15 动画演示

隧道式干燥器简单易行、使用灵活、适应性广，几乎各种大小和形状的块状食品都能放在隧道式干燥器的盘架料车上干燥。例如，果干、果脯、蘑菇、葱头、叶菜等都可以放在这种干燥器中干燥。此外，为了提高热能的利用率，这种干燥器还设置有回收废气热能的机构。

3. 带式干燥器　图 8-16 为多层带式干燥器（belt dryer）示意图。它由干燥室、输送带、风机、加热器、提升机、排气管等组成。在干燥室中安装有三根上下平行的输送带，输送带呈环形。常用的输送带有帆布带、橡胶带、涂胶布带、钢带和钢丝网带。食品工业中最常用的是金属网带，干燥介质可以穿流方式流过网带。上下相邻的两根环带运动方向相反,环带移动速度根据待干燥物料性质及工艺要求而定,每分钟移动一米至几米不等。各层带子的速度可以相同,也可以不同。湿物料从最上层输送带加入,依次落入下一层输送带,干物料从下部卸出。干燥介质从设备的下方引入,自下而上从带子的侧面进入带子上方,与物料接触,并穿过输送带,废气由排气管排出。带式干燥器,特别是穿流带式干燥器具有干燥速度快

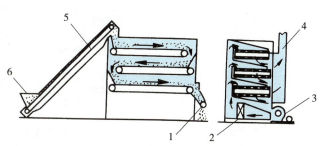

图 8-16 多层带式干燥器示意图
1. 卸料旋转阀 2. 加热器 3. 风机
4. 排气管 5. 输送带 6. 加料口

的优点,在食品工业中的应用愈来愈广泛。苹果、胡萝卜、洋葱、马铃薯和甘薯等都可采用这种干燥器干燥。为了进一步提高干燥器的生产能力和降低干燥操作费用,当输送带上的物料含水量达10%~15%时,可将其转移到干燥费用低的其他设备上进行缓慢的长时间干燥。

4. 气流干燥器 气流干燥器(pneumatic dryer)主要由四部分组成:①由空气过滤器、风机和预热器组成的加热系统;②由圆形长管组成的干燥室;③由料斗和加料器组成的加料系统;④由旋风分离器和风机等组成的气固分离和粉尘回收系统。如图 8-17 所示。

湿物料经料斗进入螺旋加料器。高速旋转的螺旋加料器将物料连续而均匀地喂入干燥管的下部,并分散在管内。在风机的作用下,空气经过滤器及预热器,形成强大的高速热气流(其流速通常为 20~40m/s)从干燥管底部进入,使物料颗粒分散并悬浮在气流中。热气流与物料间进行传热传质。物料的干燥过程亦即物料随气流在干燥管内由下部运动到顶部的过程,随后一同进入旋风分离器,气、固得以分离。干燥产品由旋风分离器底部料斗定期排放,废气由旋风分离器的顶部经风机而放空。

气流干燥器的结构简单,造价低;操作稳定,便于自动控制;热损失小(不超过 5%),热效率高;干燥时间短(0.5~2s,最长不超过 5s);终止含水量较低(对于粒径 0.5~0.7mm 的物料,终止含水量可降至 0.3%~0.5%)。但是,它的流动阻力大,动力消耗大;干燥管较长(10m以上),对于粉尘回收装置要求高。气流干燥器适用于干燥不严重黏结、不怕磨损的颗粒状物料,更适用于干燥热敏性或临界含水量低的细粒或粉末物料。在食品工业中,常用于面粉、葡萄糖、食盐、味精、淀粉等的干燥,也可用于切成粒状或小块状的马铃薯、肉丁及其他颗粒状食品的干燥。

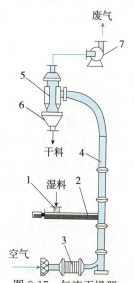

图 8-17 气流干燥器
1. 湿料入口 2. 螺旋加料器
3. 加热器 4. 干燥管 5. 旋风分离器
6. 干燥箱 7. 风机

5. 流化床干燥器 流化床干燥器(fluidized-bed dryer)又称沸腾床干燥器,如图 8-18 所示,它主要由四部分组成:①风机和加热器组成的空气预热系统;②设有分布板的流化室为干燥室;③由料斗和进料器组成的加料系统;④由卸料管、旋风分离器、风机及袋滤器等组成的卸料及粉尘分离系统。

颗粒状湿物料由流化床一侧经加料器喂入至分布板上。风机将空气送入加热器预热后由分布板底部进入流化床,热空气均匀地分散并与物料接触。只要流化室中空气操作速度保持在物料的临界流化速度与带出速度(物料的沉降速度或物料的悬浮速度)之间,固体物料与气体就能在流化室形成类似流体的状态。颗粒物料在热气流中上下翻滚,互相混合与碰撞,与热气流进行传热与传质,物料得以干燥。干燥好的物料由沸腾床侧面的卸料管排出,废气及粉尘依次经过顶部的旋风分离器和袋滤器,粉尘被收集,废气由风机放空。

图 8-17 动画演示

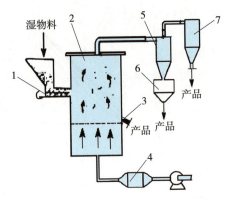

图 8-18　流化床干燥器
1. 加料系统　2. 流化室　3. 出料口　4. 空气预热系统
5. 旋风分离器　6. 贮料器　7. 袋滤器

图 8-18 动画演示

流化床干燥器除前面讨论的单层圆筒流化床干燥器外，还有多层圆筒流化床干燥器和卧式多室流化床干燥器等基本类型。流化床干燥器结构简单，造价低，维修方便，空气流速较气流干燥器小，物料与设备的碰撞和磨损较轻，压降较小，空气和物料接触良好，物料最终含水量较低。在流化床中，物料停留时间可以控制，因此，产品的含水量可以调节。其缺点是操作控制比较复杂。

在食品工业中，常用这种干燥器干燥砂糖、干酪素、葡萄糖、小麦、稻谷及固体饮料等。

8-6　其他干燥设备

本节首先介绍两种传导干燥设备：真空干燥箱和滚筒干燥器。再简介两种辐射干燥设备：红外线干燥器和微波干燥器。

1. 真空干燥箱　真空干燥箱（cabinet dryer with vacuum）一般由干燥室、冷凝器和真空泵等三个主要部分组成。干燥室是一个密封的真空室，如图 8-19 所示，室内设有固定盘架，其上固定加热器。箱内使用的料盘通常用钢板或铝板制造。料盘与加热器件之间应保持良好接触。加热器由一层层中空换热板等组成，里面用蒸汽加热，装有湿物料的料盘置于加热器之上，加热器通过料盘将热量传导给湿物料，物料中的水分汽化变为水蒸气进入冷凝器冷凝。不凝性气体由真空泵排除。倘若蒸汽是有价值的物质，如香精等，可采用间壁式冷凝器加以回收。卸料前中空板可通冷却水冷却料盘中的物料。

真空干燥器适宜于液体、浆体、粉体和散粒食品的干燥。真空干燥器为间歇式操作，初期干燥速度较快，干燥后期物料收缩，物料与料盘接触状况逐渐变差，传热速率随之下降。为了防止与料盘接触的食品局部过热，应该严格控制加热器的温度。

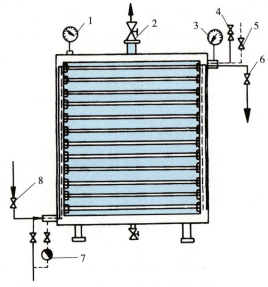

图 8-19　真空干燥箱
1. 真空表　2. 抽气口　3. 压力表　4. 安全阀
5. 加热蒸汽阀　6. 冷却水出阀　7. 疏水器　8. 冷却水进阀

真空干燥器可用于含泡沫制品的干燥。将空气或分解后能产生气体的碳酸铵等混入料液后盛于料盘，并置于干燥器箱体内。料液被加热并处于真空环境下便形成了泡沫层。干燥后的制品具有组织疏松和速溶性好的优点。因此，可用真空干燥器来生产麦乳精、代乳粉、水果粉、速溶咖啡或速溶茶等。

2. 滚筒干燥器　滚筒干燥器（drum dryer）是一种热传导式的连续式干燥器。它主要由可以转动的金属圆筒和加热剂（蒸汽或热水等）供应机构组成的加热系统，蒸汽及不凝性气体排除系统和加料、卸料等辅助机构所组成。滚筒干燥器可分为单滚筒和双滚筒两种，两者又有常压式和真空式之分。图 8-20 所示为双滚筒干燥器。两滚筒的旋转方向相反。当滚筒的一部分表面浸没在稠厚的浆料中，从料槽转出来的那部分表面上附着厚度为 0.3～5mm 的薄层浆料。滚筒内侧通入蒸汽，通过筒壁的热传导，滚筒表面温度可达 100℃ 以上，常为 150℃ 左右。使物料中的水分蒸发，汽化的水分与夹杂的粉尘随空气一道由滚筒上方的排气罩排出。当滚筒回转 3/4～7/8 周时，物料即被干燥，并由卸料刮刀刮下，经螺旋输送机收集送至卸料口。对于容易沉淀的料浆也可采用洒溅式加料，即向两滚筒间缝隙处洒下，调节两滚筒间的间隙可控制物料层的厚度。这种干燥器的特点是湿物料中的水分先加热到沸点，已干的物料被加热到接近于滚筒表面的温度。

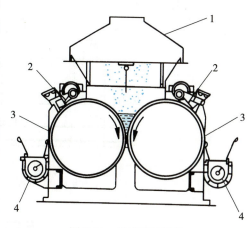

图 8-20　双滚筒干燥器
1. 蒸汽罩　2. 刮刀　3. 蒸汽加热滚筒　4. 输送机

滚筒直径一般为 0.5～1.5m，长度 1～3m，转速 1～3r/min。料厚为 0.1～1mm 时，转速可达 2～8r/min。被处理的湿物料含水量为 10%～80%，可干燥到 3%～4%，最低可达 0.5% 左右。热效率较高，可达 70%～90%。单位加热蒸汽消耗量为 1.2～1.5 kg_v/kg_w。总传热系数为 180～240W/（m²·K）。

滚筒干燥器结构较简单，干燥速度快，热能利用经济性好，双滚筒干燥器在食品工业中可用于干燥苹果沙司、牛奶、预煮粮食制品、甘薯泥、糊化淀粉、糖蜜、南瓜浆和香蕉浆等。对于热敏性的物料可采用真空滚筒干燥器进行干燥，如酵母、婴儿食品等。

3. 红外线干燥器　图 8-21 所示为一种红外线干燥器（infrared dryer）。上面的辐射器发射红外线辐射至传送带上的物料上，红外线的能量被吸收而使水分汽化，通入的空气作为载湿体将干燥产生的水蒸气不断带走。干燥时间可由传送带的移动速度来调节。

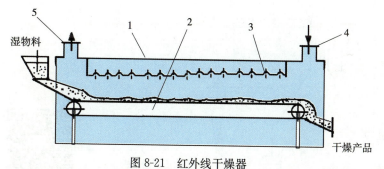

图 8-21　红外线干燥器
1. 干燥箱　2. 传送带　3. 辐射器　4. 空气入口　5. 空气出口

红外线干燥器的最大优点是热流密度大，因而干燥速率快。此外，这种干燥器设备紧凑，使用灵活，便于连续化和自动化生产。

4. 微波干燥器　图 8-22 所示为一种微波干燥器（microwave dryer）是利用微波加热器进行物料干燥的设备。

由于微波能深入到物料内部而不依靠物料的导热，因而干燥速率快，干燥时间短，可保持物料的营养品质和色、香、味。因是内部加热，可避免表面硬化和局部过热。因设备不辐射热量，故干燥热效率高。

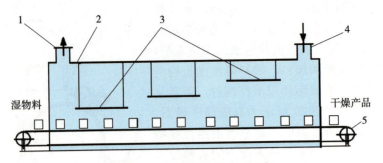

图 8-22 微波干燥系统组成示意
1. 空气出口 2. 干燥箱 3. 微波发生器 4. 空气入口 5. 传送带

图 8-22 动画演示

第三节 喷雾干燥

喷雾干燥（spray drying）是用雾化器将料液分散成雾滴，与热空气等干燥介质直接接触，使水分迅速蒸发的干燥方法。料液可以是溶液、乳状液、悬浮液或糊状物等，干燥成品可以是粉状、粒状、空心球或微胶囊等。喷雾干燥因具有一系列优点，因而在食品干燥中占有重要地位。

8-7 喷雾干燥原理及应用

8.7A 喷雾干燥原理

1. 喷雾干燥流程 图 8-23 为最常见的开式喷雾干燥流程图。料液由料液槽，经过滤器由进料泵 2 送到雾化器 5，被分散成无数细小雾滴。作为干燥介质的空气经空气过滤器由风机经加热器加热，送到干燥室 6 内。热空气经过空气分布器 4，均匀地与雾化器喷出的雾滴相遇，经过热、质交换，雾滴迅速被干燥成产品进入塔底。已被降温增湿的空气经旋风分离器 7 等回收夹带的细微产品粒子后，由排风机排入大气中。

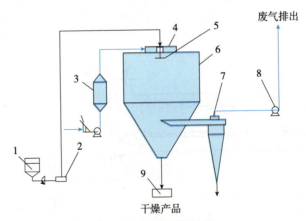

图 8-23 喷雾干燥流程
1. 料液槽 2. 进料泵 3. 空气加热器 4. 空气分布器
5. 雾化器 6. 干燥室 7. 旋风分离器 8. 风机 9. 产品箱

图 8-23 动画演示

2. 物料衡算和热量衡算 由上面介绍的喷雾干燥的工艺流程可见，喷雾干燥方法属于一种对流干燥。因此第一节干燥静力学中讨论的对流干燥的物料衡算和热量衡算原则适用于喷雾干燥。在物料衡算中，干燥过程绝干物料质量是恒定的，而干燥介质中干空气的质量流量是恒定的。在热量衡算中，喷雾干燥用于水分蒸发的耗热量相对大得多，物料带入带出热量及干燥器散热的净和一般可忽略不计，即 $n=\varepsilon=0$。也就是说，一般喷雾干燥可作为绝热干燥过程处理。

例 8-7 A 厂奶粉车间采用压力式喷雾干燥，干燥塔热风温度为 145℃，排风相对湿度 10%。车间空气温度 24℃，相对湿度 60%。每小时喷浓缩奶 450kg，浓奶含固形物 46%，奶粉含水 2.5%。

(1) 求每小时空气用量。
(2) 求加热器需表压 0.7MPa 的蒸汽用量。
(3) 若空气加热的传热系数为 1 200W/(m²·K)，求所需换热面积。

解： 查空气 h—H 图，由 $T_0 = 24℃$，$\varphi_0 = 60\%$，查得 $H_0 = 0.012 \text{kg}_v/\text{kg}_d$，$h_0 = 50 \text{kJ/kg}$；由 $T_1 = 145℃$，$H_1 = H_0 = 0.012 \text{kg}_v/\text{kg}_d$，查得 $h_1 = 178 \text{kJ/kg}$。设绝热干燥，由 $\varphi_2 = 10\%$ 曲线与等 h_1 线交点，查得 $H_2 = 0.035 \text{kg}_v/\text{kg}_d$。

(1) 蒸发量为

$$W = m_1 \frac{w_1 - w_2}{1 - w_2} = 450 \times \frac{0.54 - 0.025}{1 - 0.025} = 238 \text{ (kg/h)}$$

空气用量为

$$L = \frac{W}{H_2 - H_1} = \frac{238}{0.035 - 0.012} = 1.03 \times 10^4 \text{ (kg}_d\text{/h)}$$

(2) 查附录 4 饱和水蒸气表，压力 800kPa，温度 170.4℃，对应汽化热 $\Delta_v h = 2053 \text{kJ/kg}$。加热器的热流量为

$$\Phi = L(h_1 - h_0) = 1.03 \times 10^4 \times (178 - 50) = 1.32 \times 10^6 \text{(kJ/h)}$$

蒸汽用量为

$$S = \frac{\Phi}{\Delta_v h} = \frac{1.32 \times 10^6}{2053} = 643 \text{ (kg/h)}$$

(3) 加热器空气入口端传热温差为

$$\Delta T_1 = 170.4 - 24 = 146.4 \text{ (K)}$$

出口端传热温差为

$$\Delta T_2 = 170.4 - 145 = 25.4 \text{ (K)}$$

对数平均传热温差为

$$\Delta T_m = \frac{\Delta T_1 - \Delta T_2}{\ln \frac{\Delta T_1}{\Delta T_2}} = \frac{146.4 - 25.4}{\ln \frac{146.4}{25.4}} = 69.1 \text{ (K)}$$

换热面积为

$$A = \frac{\Phi}{K \Delta T_m} = \frac{1.32 \times 10^6 \times 10^3}{1200 \times 69.1 \times 3600} = 4.42 \text{ (m}^2\text{)}$$

3. 喷雾干燥的速率和时间 在喷雾干燥中，物料被分散成微小的雾滴，产生巨大的表面积。例如，1L 物料分散成直径 60μm 的雾滴，可以产生 100m² 的表面积。因此，热空气与物料雾滴间对流传热的热流量为

$$\Phi = \alpha A (T - T_w)$$

Φ 将是很大的。同样，因雾化而形成的表面积很大和雾滴内的水分传递到表面的距离很短，都使传质进行得很快。这样，水分蒸发的速率 dW/dt 很大，使干燥能在瞬间完成，这是喷雾干燥的突出优点。

喷雾干燥过程也分为恒速干燥和降速干燥两个阶段。恒速阶段的干燥速率 $u_0 = \frac{dW}{A dt}$ 可按式(8-27)求算。式中的表面传热系数 α 可由下列流体流过浸没球体的对流传热公式估算：

$$Nu = 2 + 0.60 Re^{1/2} Pr^{1/3} \tag{8-35}$$

式中，$Nu = \frac{\alpha d}{\lambda}$ 为努塞特数，d 为雾滴直径，m；$Re = \frac{du\rho}{\mu}$ 为雷诺数；$Pr = \frac{c_p \mu}{\lambda}$ 为普朗特数。

定性温度为 $(T+T_w)/2$。

喷雾干燥时间为恒速阶段和降速阶段干燥时间之和,可用下式计算:

$$t=\frac{\rho_l \Delta_v h d_0^2}{8\lambda_a(T-T_w)}+\frac{\rho_p \Delta_v h d_c^2(x_c-x_e)}{12\lambda_a \Delta T} \qquad (8\text{-}36)$$

式中 ρ_l, ρ_p——液体和固体产品的密度,kg/m^3;

$\quad\quad d_0$, d_c——初始和临界点时的雾滴直径,m;

$\quad\quad T$, T_w——空气的干球和湿球温度,℃;

$\quad\quad x_c$, x_e——物料临界和平衡含水量,kg_w/kg_s;

$\quad\quad \Delta_v h$——水的汽化热,J/kg;

$\quad\quad \lambda_a$——空气的热导率,W/(m·K);

$\quad\quad \Delta T$——空气与物料的平均温差,K。

式(8-36)中右边的两项分别为恒速和降速阶段的干燥时间。

例 8-8 用喷雾干燥方法生产奶粉,热空气温度为120℃,湿含量为 $0.047kg_v/kg_d$。浓奶滴的临界含水量为45%(湿基),奶粉的平衡含水量为4%(湿基)。奶滴的初始和临界点时的直径分别为 $120\mu m$ 和 $45\mu m$,料液和产品密度分别为 $1\,000kg/m^3$ 和 $1\,250kg/m^3$,求干燥时间。

解: 据 $T_1=120℃$,$H_1=0.047kg_v/kg_d$,在空气 h—H 图上查得 $T_w=48℃$。由饱和水蒸气表,查得对应此温度的 $\Delta_v h=2.38MJ/kg$。

由空气的物理性质表,查得120℃时 $\lambda_a=0.033W/(m·K)$。

空气与物料的温差,在降速阶段开始为 $(120-48)K$,结束时为0,因此

$$\Delta T=\frac{(120-48)+0}{2}=36 \text{ (K)}$$

$$x_c=\frac{0.45}{0.55}=0.82 \text{ }(kg_w/kg_s)$$

$$x_e=\frac{0.04}{0.96}=0.042 \text{ }(kg_w/kg_s)$$

将这些数据代入式(8-36),可得干燥时间:

$$\begin{aligned}t&=\frac{\rho_l \Delta_v h d_0^2}{8\lambda_a(T-T_w)}+\frac{\rho_p \Delta_v h d_c^2(x_c-x_e)}{12\lambda_a \Delta T}\\&=\frac{1\,000\times 2.38\times 10^6\times(120\times 10^{-6})^2}{8\times 0.033\times(120-48)}+\frac{1\,250\times 2.38\times 10^6\times(45\times 10^{-6})^2\times(0.82-0.042)}{12\times 0.033\times 36}\\&=1.80+0.33=2.13 \text{ (s)}\end{aligned}$$

8.7B 喷雾干燥的特点和应用

1. 喷雾干燥的特点

(1) 干燥时间很短。由于物料喷成的雾滴群的表面积很大,传热传质异常迅速,使干燥过程可在数十秒甚至数秒内完成,故具有瞬时干燥的特点。

(2) 干燥温度较低。尽管干燥介质入口温度较高,但在干燥过程的大部分时间内,物料温度不超过湿球温度,如奶粉生产时,奶的干燥温度为50~60℃。因此,喷雾干燥很适宜处理热敏性食品物料,易保持食品的色、香、味和营养成分。

(3) 简化工艺流程。可以将蒸发、结晶、过滤、干燥、粉碎、筛分等操作在喷雾干燥中一次完成,简化了生产工艺流程。

(4) 适于连续化生产。配以后处理的流化床冷却和气力输送,可组成连续生产作业线,有利于实现自动化大规模生产。

(5) 能满足不同食品生产工艺要求。按工艺要求可选用合适的雾化器将产品制成粉末状、空心球

状或疏松团粒状，使制品具有良好的分散性和速溶性。用合适的包埋物质作壁材，与油脂、香料或香精等心材制成分散液，用喷雾干燥法可制成微胶囊制品。近年微胶囊食品发展很快。

喷雾干燥法的主要缺点是能量消耗较大，热效率较低。此外，干燥塔装置外形尺寸庞大。

2. 喷雾干燥在食品工业中的应用　因为喷雾干燥法具有上述优点，因而应用广泛。除在化工和医药等部门应用于染料、洗涤剂、催化剂、药用酵母和抗生素等的生产外，还大量应用于食品生产。应用喷雾干燥的食品主要有下列各类：

(1) 乳蛋制品。全脂、脱脂和速溶奶粉，奶油，冰淇淋粉，代乳粉，全蛋、蛋黄和蛋白粉等。

(2) 糖类和粮食制品。葡萄糖，低聚糖，淀粉，啤酒，大豆、花生和向日葵等的植物蛋白粉。

(3) 果蔬制品。番茄、辣椒、洋葱、菠菜、花菜、大蒜、香蕉、杏、柑橘、苹果、桃等的干粉制品。

(4) 饮料和香料。速溶咖啡、速溶茶、可可粉、天然香料及合成香料等。

(5) 肉类和水产制品。血粉、鱼粉、鱼蛋白粉和肉精等。

(6) 微生物制品。酵母粉和酶制剂等。

8-8　喷雾干燥设备

喷雾干燥设备主要由四部分组成：①由空气过滤器、加热器和风机组成的空气预热系统；②干燥室，大多数为塔式结构；③由料液槽、过滤器、泵和雾化器组成的加料系统；④由旋风分离器、袋滤器和风机等组成的气固分离及卸料系统。

喷雾干燥过程的第一步是料液的雾化，第二步是雾化后产生的雾滴在干燥塔内与干燥介质接触，进行蒸发干燥。因此，雾化器和喷雾干燥塔是喷雾干燥的主要设备。

8.8A　雾化器

常用的雾化器有三种：压力式雾化器、离心式雾化器和气流式雾化器。

1. 压力式雾化器

(1) 工作原理。压力式雾化器又称压力喷嘴或机械式喷雾器，主要由液体的切向入口、旋转室、喷嘴孔等组成，如图 8-24 所示。由高压泵输送的液体压强高达 2~20MPa，自切向入口进入旋转室，在室内旋转。根据自由旋转动量矩守恒定律，旋转速度与旋转半径成反比，愈靠近轴心，转速愈大，其静压愈小，结果在喷嘴中央形成一股压力等于大气压的空气旋流。而液体则形成绕空气心旋转的环形薄膜。静压能转变为向前旋转运动的液体的动能，从喷嘴喷出。液膜厚度为 0.5~4μm，在介质的摩擦作用下，液膜伸长变薄，撕裂成细丝，进一步断裂成雾滴，形成空心圆锥形分布的雾滴群。液体动能的一部分转变为雾滴很大总面积上的表面能。

(2) 结构形式。压力式雾化器在结构上的共同特点是使液体产生旋转运动，液体获得离心惯性力后，从喷嘴孔高速旋转喷出。由于雾化器使液体获得旋转运动的结构不同，压力式

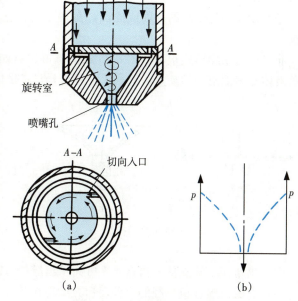

图 8-24　压力式雾化器工作原理
(a) 喷嘴内液体运动　(b) 喷嘴内压力分布

雾化器分为两类。

①旋转型压力雾化器。它的结构特点是有一个液体旋转室和切向入口。高压液体由切向入口进入旋转室，能产生旋转运动，如图 8-24 所示。

②离心型压力雾化器。它的结构特点是在喷嘴内安装一雾化芯，此芯的作用是使高压液体产生旋转运动。雾化芯有斜槽形、螺旋槽形和旋涡片等，如图 8-25 所示。

(3) 滴径。喷雾雾滴的平均直径可按下列经验式求之：

$$d_{vs}=0.0113(d_0+0.00432)\exp\left(\frac{3.96}{u_0}-0.0308u_t\right) \quad (8\text{-}37)$$

式中　d_{vs}——雾滴体面平均直径，m；
　　　d_0——喷嘴孔直径，m；
　　　u_t——切向入口的流速，m/s；
　　　u_0——液体从喷嘴孔喷出的流速，m/s。

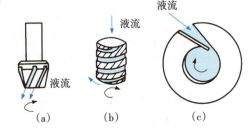

图 8-25　离心型压力雾化芯
(a) 斜槽形　(b) 螺旋槽形　(c) 旋涡片

压力式雾化器适用于一般黏度的料液，动力消耗较少，每吨料液需电能 14～36MJ，因而在我国和美国等应用较多。其缺点是喷嘴孔易堵塞及磨损。

2. 离心式雾化器

(1) 工作原理。离心式雾化器又称为旋转式雾化器或转盘式雾化器。当料液被输送到高速旋转的盘上时，由于离心力的作用，料液很快在旋转面上伸展为薄膜，并以不断增长的速度向转盘边缘运动。薄膜沿转盘周边伸展一定距离后破裂，分散为雾滴，如图 8-26 所示。雾化的能量来源于转盘旋转的动能。

离心式雾化器产生的雾滴大小与喷雾的均匀性主要取决于转盘的圆周速度和液膜厚度。操作时，一般转盘的圆周速度为 90～150m/s；而液膜厚度取决于进料量、盘的润湿周边和转盘的转速。当进料速率一定，为了保证雾滴的均匀性，必须注意以下几点：①转盘旋转时无振动；②转盘转速高，一般为 7 500～25 000r/min；③转盘料液通道表面平滑；④进料速率稳定；⑤料液在转盘各通道上分布均匀。

图 8-26　离心式雾化器的膜状分裂雾化

(2) 结构形式。按转盘的结构，基本上分光滑盘和非光滑盘两类。

光滑盘表面为光滑的平面或曲面，有平板形、盘形、碗形和杯形等，图 8-27 示出平板形和盘形转盘。

非光滑盘结构形式很多，图 8-28 示出圆形、弯曲矩形和椭圆形通道的转盘。非光滑盘可克服光滑盘液体沿表面滑动的缺点，有利于液膜离开盘速度的提高。因此，工业生产上主要采用非光滑盘。

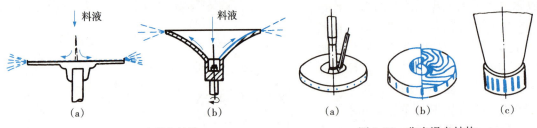

图 8-27　光滑盘结构
(a) 平板形　(b) 盘形

图 8-28　非光滑盘结构
(a)圆形通道　(b)弯曲矩形通道　(c)椭圆形通道

(3) 喷雾矩。雾滴从转盘自水平方向甩出后的运动轨迹，称喷雾矩，它的大小与转盘结构、转速和进液量有关。喷雾矩半径的一种表示方法为在圆盘下 0.9m 处的平面上占全喷雾质量 99% 的雾滴喷洒圆的半径 $(R_{99})_{0.9}$，它用下式计算：

$$(R_{99})_{0.9}=3.46 D_d^{0.3} q_m^{0.25} n^{-0.16} \quad (\text{m}) \quad (8\text{-}38)$$

式中 D_d——转盘直径，m；
q_m——料液质量流量，kg/h；
n——转盘的转速，r/min。

离心式雾化器对物料性质适应性较强，可用于高黏度物料的喷雾，操作压力低。但这类雾化器结构复杂，安装要求高，需要干燥塔的直径大。我国应用离心式雾化器约占1/4，但在欧洲应用较多。

3. 气流式雾化器

（1）工作原理。气流式雾化器也称气流式喷嘴。它采用压缩空气或蒸汽，以很高的速度（300m/s或声速）流动，带动料液从喷嘴喷出，由于气液两相很大的相对运动速度所产生的摩擦力，使料液膜被撕裂雾化。雾化消耗的能量来源于高速气流的动能。

（2）结构形式。气流式雾化器的结构分内部混合式、外部混合式和内外混合式等形式，如图8-29所示。

气流式雾化器的优点是使用范围广，操作弹性极大，制造简单，维修方便。缺点是动力消耗太大，为压力式和离心式雾化器的5～8倍，因而在食品工业中应用很少，主要用于小产量和难以雾化的物料的干燥。

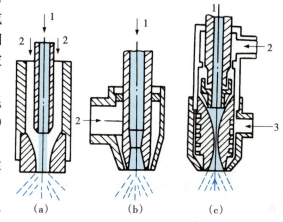

图 8-29 气流式雾化器
(a) 内混合式 (b) 外混合式 (c) 内外混合式
1. 料液 2、3. 气体

8.8B 喷雾干燥塔

喷雾干燥室分卧式的厢式和立式的塔式两类，但厢式应用越来越少，新型喷雾干燥设备几乎都采用喷雾干燥塔。干燥塔大部分为金属结构，食品工业中一般用不锈钢板制造。干燥塔上部为圆柱形，底部多采用锥形底，也有用平底和斜底的。

1. 干燥塔内雾滴与热空气的流向　干燥塔内雾滴和热空气的运动方向取决于空气入口与雾化器的相对位置。雾滴和热空气的流向可分为三类：并流、逆流和混流。

（1）并流。并流指干燥塔内雾滴和热空气流向相同，它又分为向下并流和向上并流，如图8-30（a）和图8-30（b）所示。向下并流既适用于压力式雾化，又适用于离心式雾化。热风与料液均自塔顶进入，并流向下，固粉沉降于底部，而废气则由靠近底部的排风口经细粉回收装置排入大气。向上并流仅适于压力式雾化。并流操作对热敏性食品物料的干燥有利，因此广泛应用于食品干燥。

（2）逆流。图8-30（c）所示为逆流操作，热风自塔底向上，料液自塔顶喷下，二者逆流接触，

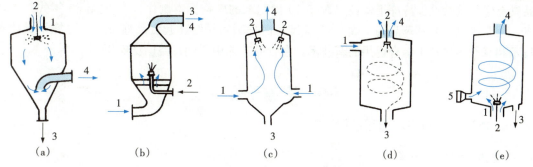

图 8-30 干燥塔内雾滴与热空气的流向
(a) 向下并流 (b) 向上并流 (c) 逆流 (d) 下降混流 (e) 上升混流
1. 热空气 2. 料液 3. 制品 4. 排风 5. 二次空气

传热、传质的平均推动力都较大，热利用率较高，但不适于热敏性物料的干燥。

(3) 混流。混流既有逆流又有并流的运动，如图 8-30（d）和图 8-30（e）所示。混流的优点是气流和物料接触密切，有搅动作用，脱水效率较高。

2. 喷雾干燥塔的直径和高度　喷雾干燥塔是物料和热空气在运动中热量交换和质量交换的场所，为完成物料干燥的工艺要求，就必须保证有足够的逗留时间。因此，在设计上应确定适当的塔径和塔高。因运动复杂，影响因素多，目前尚无精确计算塔径和塔高的方法，只能根据中间试验数据采取经验方法确定它们。

(1) 塔径。塔径的确定与物料汽化水量及雾化器形式等都有关，应使雾滴干燥完成之前不致碰上塔壁。当用一个喷雾器时，可用下面的方法确定干燥塔直径。

①干燥强度法：干燥强度表示单位时间内单位干燥塔容积内水分蒸发量，用 U_S 表示，单位为 $kg_w/(m^3 \cdot h)$。干燥强度 U_S 与热空气入口温度有关，可用下面的经验公式估算。

$$U_S = 0.03 T_1 - 1 \tag{8-39}$$

式中　T_1——热空气入塔温度，℃。

塔径为
$$D = 1.05 \left(\frac{W}{U_S}\right)^{\frac{1}{3}} \tag{8-40}$$

式中　D——干燥塔内直径，m；
　　　W——干燥塔蒸发水量，kg_w/h；
　　　U_S——干燥强度，$kg_w/(m^3 \cdot h)$。

②喷雾矩法：离心式雾化器相应的塔径可用下面的经验式确定。

$$D = 2.25 R_{99} \tag{8-41}$$

式中　R_{99}——离心式雾化器喷雾矩半径，m。

(2) 塔高。塔高 H 指干燥塔圆柱部分的高度。对压力式雾化器的干燥塔，一般情况下，塔高为

$$H = (3 \sim 5) D$$

对于混流情况，塔高为

$$H = (1 \sim 1.5) D$$

对离心式雾化器的干燥塔，塔高为

$$H = (0.5 \sim 1) D$$

第四节　冷冻干燥

冷冻干燥（freeze drying）又称冷冻升华干燥或真空冷冻干燥，简称冻干。它是将湿物料降温冻结，然后在真空条件下使物料中的水分由固态冰直接升华为水蒸气而排除，达到脱水干燥的目的。冻干制品具有优异的特性。冷冻干燥技术源于 19 世纪末的生物标本制作。20 世纪 30 年代，出现商用冻干机，用于生物制品和药品的干燥。60 年代在西方国家纷纷建起食品冻干厂，冷冻干燥技术作为冷冻技术和真空干燥技术综合运用的新技术，在食品工业中得到日益广泛应用。

8-9　冷冻干燥原理

8.9A　冷冻干燥基本原理和过程

1. 冻结物料水分的升华

(1) 冰的升华。首先回顾一下固相纯水即冰的升华。在图 8-31 纯水的相图中，A 点为三相点（triple point），A 点状态的纯水处于固、液、气三相平衡。三相点的压力为 0.61kPa，温度为 0.01℃。AB、AC、AD 三条曲线分别表示固-气、液-气、固-液两相平衡线，分别称为升华曲线、汽

化曲线和熔解曲线。此三条曲线将图面分成三个单相区：固相区、液相区和气相区。常压下固态水受热，将熔化为液态，如图中箭头 2 所示；液态水受热，将蒸发为气态，如图中箭头 3 所示。但若将固态水在低于三相点 A 的一定压力下加热，水将由固态冰不经液态直接变为气态，如箭头 1 所示，这就是冰的升华（sublimation）。冰的升华热为 2.84MJ/kg，约为熔化热和汽化热之和。

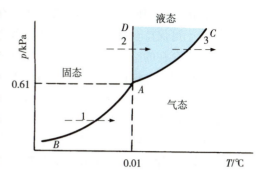

图 8-31　纯水的相图及冰的升华

（2）食品物料冻结水的升华。食品物料中的水因有各种溶质，凝固点下降，因此需在共晶温度之下才能使其基本冻结。冻结的食品物料在压力低于水三相点压力的真空条件下可以升华干燥。与纯冰不同的是，升华不能一直在物料表面进行。随升华干燥的进行，冻结的冰面将不断退入物料内部，如图 8-32 所示。亦即介于已干物料和冷冻物料间的升华前沿（sublimation front）将逐渐伸入物料内部，升华产生的水蒸气要穿过已干物料组织，才能被真空泵抽走。因此，升华的传质阻力增加了。

2. 冷冻干燥工艺过程　食品物料冷冻干燥工艺过程可分为三步：物料的预冻、升华干燥和解吸干燥。

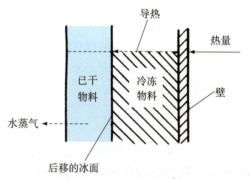

图 8-32　冷冻物料水分的升华

（1）物料的预冻。物料的预冻可以在干燥箱内进行，也可以在干燥箱外进行，再将已预冻的物料移入干燥箱内。在冷冻干燥中，物料预冻的冻结速度非常重要。冻结速度过慢时，产生的大冰晶可以在物料中形成网状冰晶骨架结构，在以后的干燥中，由于冰晶的升华，这种网状冰架空出形成网状通道，有利于升华水蒸气的逸出。但正如前章指出，慢速冻结对食品物料结构破坏较大，影响制品品质。在另一种极端情况下，物料极快速冻结，瞬间形成大量微小冰晶和溶质结晶，这固然使物料组织破坏很小，但不能形成升华对水蒸气的逸出通道，升华传质阻力增大，甚至封闭在物料中的水蒸气因不能逸出而达到饱和，导致液态水出现，使冻干失败。因此应通过实验寻找介于上两种极端之间的合适的冻结速度，使物料组织造成的破坏小，又能形成有利于以后升华传质的冰晶结构。

（2）升华干燥。为使密封在干燥箱中的冻结物料进行较快的升华干燥，必须启动真空系统使干燥箱内达到并保持足够的真空度，并对物料精细供热。一般冷冻干燥采取的绝对压力为 0.2kPa 左右。而供热常常通过搁板进行。热从搁板通过置于其上的物料底部传导到物料的升华前沿，也从上面的搁板以辐射形式传到物料上部表面，再以热传导方式经已干层传到升华前沿。热流量应被控制使供热仅转变为升华热而不使物料升温熔化。升华产生的大量水蒸气以及不凝气经冷阱除去大部分水蒸气后由其后的真空泵抽走。冷阱又称低温冷凝器，用氨、二氧化碳等制冷剂使其保持 −50～−40℃ 的低温，水蒸气经过冷阱时，绝大部分在其表面形成凝霜，这就大大减轻其后真空泵的负担。冷阱的低温使其内的水蒸气压低于干燥箱中的水蒸气压，形成水蒸气传递的推动力。

（3）解吸干燥。已结冰的水分在升华干燥阶段被除去后，物料仍含有 10%～30% 的水分，为了保证冻干产品的安全贮藏，还应进一步干燥。残存的水分主要是结合水分，活度较低，为使其解吸汽化，应在真空条件下提高物料温度。一般在解吸干燥阶段采用 30～60℃ 的温度。待物料干燥到预期的含水量时，解除真空，取出产品。在大气压下对冷阱加热，将凝霜熔化排出，即可进行下一批物料的冷冻干燥。

3. 冷冻干燥的特点

（1）冻干可保持食品营养和风味。冷冻干燥是在低于水的三相点压力的低真空下进行的干燥，其对应的饱和温度低，因而物料干燥时的温度低，食品中的热敏成分不被破坏，干燥时微生物的代谢、酶的活性及以水为介质的生化反应等都受到抑制。且处于真空的状态之下，因氧气极少，易氧化成分不易被氧化破坏，因此在冻干中，新鲜食品的色、香、味及维生素C等营养物质能得到较好的保护。

(2) 冻干可保持食品组织状态。由于物料中水分在预冻结后以细微冰晶形态存在，冻干时原地升华，水分原来存在的空间得以保留，组织结构基本维持不变，不发生收缩和龟裂。升华时，溶于水中的无机盐就地析出，这样就避免了一般干燥方法因物料内部水分向表面扩散携带无机盐而造成表面硬化现象。因此，冻干食品疏松多孔，当复水时，会迅速完全吸水，几乎可立即恢复食品原来的结构状态，取得鲜品的质地和口感。

(3) 冻干脱水比较彻底。冻干的后一阶段解吸干燥仍在真空条件下进行，因而脱水比较彻底，制品的 a_w 较低。再配以真空或充氮等特殊包装，可在常温下长期贮存。在物流中不需建立耗资巨大的冷链，并且质量小，贮运携带方便。

(4) 冻干热能利用率较高。因物料处于冷冻的状态，升华所需的热可采用常温或温度稍高的液体或气体为加热剂，所以热能利用率较高。干燥设备往往无须绝热，甚至希望以导热性较好的材料制成，以利用外界的热量。

冷冻干燥因需有冷冻和真空等设备的投入和运行，故冻干制品生产成本较高。但因有不用冷链流通等成本较低作补偿，综合起来的社会成本并不比冷冻食品高。加之冻干食品具有优异的品质，因此具有较强的市场竞争潜力。

8.9B 冷冻干燥方程

在冷冻干燥中，因供热方式和物料盛放方式等的不同，其传热和传质可有若干种基本情形。其中一种基本情形如图8-32所示，传热是通过物料的冷冻层到达升华前沿，而传质从升华前沿通过已干层到达表面。随着干燥的进行，传热阻力因升华前沿右移而越来越小，但传质阻力却越来越大。另一种基本情形如图8-33所示，传热和传质都通过相同的已干层，只是方向相反。这种基本情况在数学处理上相对简单些。下面按图8-33推导这种传热传质基本情形的冷冻干燥方程。

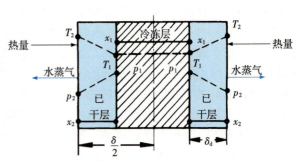

图8-33 升华前沿向中心移动的冻干模型

假定全部供热完全用于冰的升华，则热流密度为

$$q = \frac{\lambda_d}{\delta_d}(T_2 - T_1) \quad (\text{W/m}^2) \tag{8-42}$$

式中 λ_d ——物料已干层热导率，W/(m·K)；

δ_d ——物料已干层厚度，m；

T_2 ——物料已干层表面温度，℃；

T_1 ——升华前沿的温度，℃。

而升华干燥速率为

$$u = \frac{dW}{A dt} = \frac{k_d}{\delta_d}(p_1 - p_2) \quad (\text{kg·m}^{-2}\text{·s}^{-1}) \tag{8-43}$$

式中 k_d ——物料已干层水蒸气透过系数，kg/(m·Pa·s)；

p_1 ——升华前沿的水蒸气压，Pa；

p_2 ——物料已干层表面的水蒸气分压，Pa。

因为 $\qquad q = u \Delta_s h$

式中 $\Delta_s h$ ——冰的升华热，J/kg。

故
$$\lambda_d(T_2-T_1)=k_d(p_1-p_2)\Delta_s h \tag{8-44}$$

而干燥速率与已干层厚度的扩展速度 $\dfrac{d\delta_d}{dt}$ 有如下关系：

$$u=\frac{dW}{Adt}=\rho_d(x_1-x_2)\frac{d\delta_d}{dt} \tag{8-45}$$

式中 ρ_d——物料已干层固体密度，kg/m^3。

将式（8-43）及式（8-45）联系起来，得到

$$k_d(p_1-p_2)dt=\rho_d(x_1-x_2)\delta_d d\delta_d$$

对上式积分，有

$$k_d(p_1-p_2)\int_0^t dt=\rho_d(x_1-x_2)\int_0^{\delta/2}\delta_d d\delta_d$$

可得

$$k_d(p_1-p_2)t=\rho_d(x_1-x_2)\frac{\delta^2}{8}$$

则升华干燥时间为

$$t=\frac{\delta^2 \rho_d(x_1-x_2)}{8k_d(p_1-p_2)} \tag{8-46}$$

式中 δ——整个物料层的厚度，m。

将式（8-44）的关系式代入式（8-46）中，亦有

$$t=\frac{\delta^2 \rho_d(x_1-x_2)\Delta_s h}{8\lambda_d(T_2-T_1)} \tag{8-47}$$

式（8-46）和式（8-47）皆称为冷冻干燥方程。

8-10　冷冻干燥装置

8.10A　冷冻干燥设备

冷冻干燥的设备主要由干燥箱、预冻系统、蒸汽和不凝气排出系统、供热系统和控制系统设备等组成。

1. 干燥箱　干燥箱是冻干机中的重要设备，形状有圆柱形和矩形两种。圆柱形强度优于矩形，但矩形空间利用率较高，因此各国生产的工业用冻干机，干燥箱多数采用矩形结构。箱内设置搁板和制冷、加热传导设备。对干燥箱质量要求很严格。箱体要有足够的强度，防止抽真空时变形。箱体密封性好，防止气体渗入。要求有一定的冷却和加热速率。箱内零件布置应尽量减少气体流动阻力。搁板应平整、光滑，传热好。壁面内不应有死角，直角处应为曲面，便于清洗。

2. 制冷系统　冻干机的制冷系统有两方面应用。一方面为物料的预冻提供冷量，另一方面为冷阱不断提供冷量。如果物料的预冻在干燥箱外进行，则可通过气流式、液体浸泡式和接触式等多种方式向物料供冷。如果物料的预冻在干燥箱内进行，则供冷方式一般只采用接触式，即通过搁板向物料供冷。通过搁板供冷也有两种方式：直接供冷和间接供冷。直接供冷时，搁板内埋管路，制冷剂在管内直接蒸发制冷。间接供冷时，制冷剂在蒸发器内将载冷剂冷却，再用泵将载冷剂送到搁板的通道中供冷。

冷阱所需温度更低，因此对冷阱提供冷量的方式一般都是直接供冷。

冻干机制冷系统的压缩机大多采用活塞式制冷压缩机，要求其有极高的可靠性。冷凝器以壳管式为主。经常采用热力膨胀阀。蒸发器常采用卧式壳管式和双头螺旋管式等。制冷剂一般用氨或氟利昂。载冷剂采用硅油、三氟乙烯、乙二醇水溶液等。

3. 蒸汽排出系统　升华产生的水蒸气以及不凝气体通过真空泵抽除，一般在干燥箱和真空泵间设置冷阱。冷阱又称低温冷凝器，其温度一般应比干燥箱物料表面低 10K 左右，以保持一定的水蒸

气传递所需的分压差。其冷却靠制冷系统直接供冷。在冷阱中可将升华产生的水蒸气大部分凝霜排除。这既可减轻真空泵的抽气负荷，又可减轻水蒸气对油封真空泵泵油的乳化破坏。对冷阱的主要要求为：筒体应有足够的强度，应密封良好，应有足够的捕汽面积。

与冷阱连接的真空泵可采用极限真空较高的机械真空泵。食品冻干机常用的是旋片式或滑阀式真空泵。与冷阱连接的也可为罗茨真空泵等增压泵再配以前置真空泵。也可以直接采用多级蒸汽喷射泵。

4. 加热系统　加热系统提供冻干时物料中冰升华等所需的足够热量。按提供热量方式的不同，分直接加热和间接加热。

直接加热可采用电热法，也可采用红外或微波加热。电热法最简单的是用放在搁板下的电热丝直接对搁板加热，也可用贴于搁板下的金属片电加热器对搁板加热。

间接加热在冻干设备中使用最为普遍，由载热体先加热载热介质，再用泵将热介质送入搁板的通道中。可以采用蒸汽、热水以及制冷压缩机的制冷剂排气作为载热体。

除上述系统外，冻干机还有控制系统，对设备的起停以及温度、真空度、加热量和时间等进行控制。

8.10B　冷冻干燥装置形式

冷冻干燥装置按运行方式不同分间歇式和连续式两种形式。

1. 间歇式冷冻干燥装置　图 8-34 为一间歇式冷冻干燥装置示意图。干燥箱 1 属盘架式。料盘置于各层搁板上。在物料预冻阶段，由制冷系统 4 向各搁板直接供冷。物料预冻达到要求后，启动真空系统 3，使干燥箱内达到指定的真空度。由加热系统 5 将载热介质送到干燥箱内各搁板的通道中，开始干燥。产生的水蒸气进入由同一制冷系统直接供冷的冷阱 2 中，大部分形成凝霜，少量剩余蒸汽与不凝气一起，由真空系统 3 不断抽走。当物料含水量降至预定值后，干燥完成。解除真空，打开干燥箱出料。冷阱去除凝霜后，就可进行下一批物料的冻干。

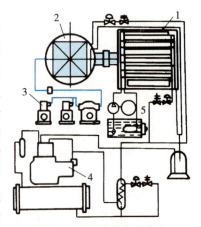

图 8-34　间歇式冻干装置
1. 干燥箱　2. 冷阱　3. 真空系统
4. 制冷系统　5. 加热系统

间歇式冻干装置适应多品种小产量的食品生产。操作灵活，维修方便，但设备利用率较低。现代先进的间歇式冻干装置有完善的集中自动控制系统，装料完毕关上干燥箱后，只要在控制盘上按下启动按钮，即开始自动进行间歇操作的各项程序。

2. 连续式冷冻干燥装置　常用连续式冻干装置形式有通道式连续冻干机和塔盘式连续冻干机两种，都适用于干燥颗粒状制品。

（1）通道式连续冻干机。图 8-35 所示为通道式连续冷冻干燥装置。干燥室 1 为长通道形。已经预冻的物料在装料室 2 由装料机 3 装盘，送入装料隔离室 4。当室内被真空系统抽到一定真空度，打开密封门 7，将物料盘架送到干燥室，物料盘架不断在通道中右移，产生的水蒸气经冷阱 5 由真空系统排除。物料干燥达到要求后，经密封门进入出口隔离室 10，解除真空后送到卸料室 11，制品由此卸出。盘架经清洗后由吊车运回装料室循环使用。

（2）塔盘式连续冻干机。塔盘式连续冻干机装置如图 8-36 所示，经预冻的颗粒从顶部两个入口密封门之一轮流地加到顶部的圆形加热板上，干燥器的中央立轴上装有带铲的搅拌臂，旋转时，铲子搅动物料，不断地使物料向加热板外方移动，直至从加热板边缘下落至直径较大的下块加热板上。在下一加热板上，铲子迫使物料向中心方向移动，一直移至加热板内缘而落入第三块板上，此板大小与顶板相同，如此物料逐板下落，直到从最下一块板掉落，并从两只出口密封门之一卸出。

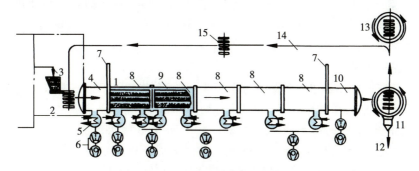

图 8-35 通道式连续冻干装置

1. 干燥室　2. 装料室　3. 装料机　4. 装料隔离室　5. 冷阱　6. 真空泵　7. 密封门　8. 冻干通道
9. 加热板　10. 出口隔离室　11. 卸料室　12. 产品　13. 清洗装置　14. 吊车轨道　15. 盘架

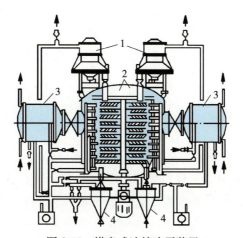

图 8-36 塔盘式连续冻干装置

1. 入口密封门　2. 干燥室　3. 冷阱　4. 卸料室

连续式冻干装置适合于单品种生产，处理能力大，设备利用率高，便于实现生产的自动化。但设备复杂庞大，投资费用高。

习 题

8-1　10kg 牛肉在 20℃、相对湿度为 0.60 的空气中达到吸湿-解湿平衡，将失去多少水，这时牛肉中还含多少克水？（鲜牛肉湿基含水量为 73%）

8-2　采用热风干燥法将切碎的胡椒的湿基含水量由 0.90 降至 0.15。干燥介质原为温度 32℃，相对湿度 0.30 的新鲜空气，经加热器加热至 75℃，假定干燥过程 $\varepsilon=0$，要求离开干燥室的空气相对湿度为 0.70，求：

(1) 每 1kg 干料所需干空气量。

(2) 处理 1 000kg 物料，加热器对空气供热多少？

8-3　在并流干燥器中，每小时将 1.50t 切丁胡萝卜从含水量 0.85 干燥到 0.20（湿基）。新鲜空气的温度为 27℃，相对湿度为 60%，空气预热温度为 93℃，空气用量为 400kg_d/kg_s。

(1) 若空气湿球温度保持不变，求离开干燥室空气的温度。

(2) 从工业干燥器操作观察到实际规律是湿含量每增加 0.001kg_v/kg_d，干球温度将降落 2.8℃。若符合此规律，求离开干燥器空气的温度。

(3) 求每小时加热空气所需的热量。

8-4　有中间加热的三段干燥器，每小时送入湿料 1 800kg，其含水量从进入时的 39% 降低到卸出时的8%（湿基）。空气预热器和两个中间空气加热器将新鲜空气或中间空气均加热到70℃。新鲜空气的温度为20℃，相对湿度为60%。假设在每一段干燥室中所进行的均为绝热干燥，每段出来的空气均被水蒸气饱和到相对湿度等于60%，已知排气温度为45℃。试求：

(1) 每小时的空气用量。

(2) 预热器及各中间加热器中的加热蒸汽消耗量（130℃饱和水蒸气，凝水于饱和温度下排出）。

8-5 在常压干燥器中，用新鲜空气干燥某种湿物料。已知条件为：温度15℃，比焓33.5kJ/kg$_d$的新鲜空气在加热室中升温至90℃后送入干燥器，离开干燥器的温度为50℃。干燥器的热损失为11.52MJ/h，每小时处理280kg湿物料，湿物料干基含水量为0.15，进料温度15℃，干物料产品干基含水量为0.01，出料温度40℃，产品物料比热容1.16kJ/(kg·K)。试求：

(1) 干燥产品质量流量。

(2) 水分蒸发量。

(3) 新鲜空气耗量。

8-6 某糖厂用干燥器将砂糖湿基含水量由0.20干燥到0.05，每小时处理湿物料900kg。干燥介质为20℃、相对湿度0.60的空气，经加热器升温到100℃进入干燥器。离开干燥器的空气温度为40℃，相对湿度0.80。求：

(1) 水分蒸发量。

(2) 空气消耗量和单位空气用量。

(3) 产品量。

(4) 若鼓风机装在新鲜空气进口处，风机的风量是多少？

8-7 用热空气干燥某食品物料，新鲜空气的温度为20℃，湿含量为0.006kg$_v$/kg$_d$。为防止食品中热敏成分被破坏，要求空气在干燥室内的温度不能超过90℃。采用两段干燥过程：先将新鲜空气用加热器加热到90℃送入干燥器，空气温度降到60℃；再用中间加热器将其加热至90℃，离开干燥器的空气温度为60℃。假设两段干燥过程都是等焓过程，在空气 $h-H$ 图上表示出整个过程，并求单位空气用量。

8-8 100kg马铃薯制品经干燥器脱水处理，湿基含水量由0.80降至0.10。耗用了表压70kPa的加热蒸汽450kg，将22 500m³干空气加热，使其由温度25℃、φ 为0.30升温至70℃。加热后的空气通过干燥室温度降至50℃。计算单位空气用量及干燥器热效率。

8-9 用连续式干燥器每小时干燥处理湿基含水量为1.5%的物料9 200kg，物料进口温度25℃，产品出口温度34.4℃，湿基含水量降至0.2%，其比热容为1.842kJ/(kg·K)。空气温度26℃，湿球温度23℃，在加热器中升温到95℃进入干燥器。离开干燥器的空气温度为65℃。干燥器的热损失为598.7kJ/kg$_w$。试求：

(1) 产品量。

(2) 新鲜空气耗量。

(3) 干燥器的热效率。

8-10 温度90℃、湿含量为0.012kg$_v$/kg$_d$的空气以3.80m/s的流速垂直流过湿料层，估计恒速干燥速率。

8-11 将500kg湿物料由最初含水量 $w_1=0.150$ 干燥到 $w_2=0.008$，已测得干燥条件下降速阶段的干燥速率曲线为直线，物料临界含水量 $x_c=0.11$，平衡含水量 $x_e=0.002$，恒速阶段干燥速率为1kg$_w$/(m²·h)。一批操作中湿物料提供的干燥表面积为40m²，试求干燥时间。

8-12 某物料在某恒定干燥情况下的临界含水量 $x_c=0.16$，平衡含水量 $x_e=0.05$，将其从 $x_1=0.33$ 干燥到 $x_2=0.09$ 需7h，问继续干燥至 $x_3=0.07$，还需几小时？

8-13 在恒定干燥条件下，梅子干燥表现为降速阶段的特点。测得5h内可将梅子含水量从 $w_0=0.687$ 干燥到 $w_2=0.462$，并得平衡含水量 $x_e=0.170$。今有一批梅子，初含水量 $w_1=0.500$，欲在相同条件下干燥，估计20h后梅子的含水量w_3是何值。

8-14　D市奶粉厂用喷雾干燥生产奶粉，干燥塔每小时喷含固形物52%的浓奶410kg，入塔热空气温度为160℃，废气温度为86℃。车间空气温度为20℃，相对湿度0.70。奶粉湿基含水量为2%，假定干燥过程是绝热的。

（1）求每小时所需空气量。

（2）如用表压0.8MPa的蒸汽加热空气，每小时需多少加热蒸汽？

（3）如空气加热器是管壳式的，内装13根各长2m、平均直径为40mm的列管，求传热系数。

8-15　瘦牛肉密度为980kg/m³，含水量为0.73（湿基），在干燥状态下热导率为0.02W/（m·K），在冷冻干燥时，厚度为1cm的牛肉两面均保持温度在30℃。假定升华前沿的温度不变，即对应于150Pa压力的温度-16℃，计算干燥时间。又若降低压力，试问干燥时间将如何变化。

第九章 CHAPTER 9

传　质
Mass Transfer

第一节　质量传递原理		9-7　填料塔的结构和性能	296
		9.7A　填料塔的结构	296
9-1　传质概述	277	9.7B　填料塔的流体力学性能	298
9-2　分子扩散	278		
9.2A　分子扩散速度和通量	278	第三节　吸　附	
9.2B　Fick 扩散定律	279	9-8　吸附的基本原理	301
9.2C　稳态分子扩散	279	9.8A　吸附作用和吸附剂	301
9-3　对流传质	281	9.8B　吸附平衡和吸附速率	302
9.3A　对流传质机理	281	9-9　吸附分离过程与设备	303
9.3B　相内传质	282	9.9A　接触过滤吸附分离	304
9.3C　对流传质关系式	283	9.9B　固定床吸附分离	306
9.3D　三传类似	284	9.9C　移动床和模拟移动床吸附分离	308
9-4　相间传质	285		
9.4A　稳态相间传质	285	第四节　离子交换	
9.4B　工业装置中的传质	288	9-10　离子交换的基本原理	310
		9.10A　离子交换过程	310
第二节　吸　收		9.10B　离子交换剂	311
9-5　吸收平衡和吸收速率	289	9.10C　离子交换平衡	313
9.5A　吸收平衡	289	9.10D　离子交换速率	314
9.5B　吸收速率	290	9-11　离子交换过程与设备	316
9-6　吸收塔的计算	292	9.11A　固定床离子交换	316
9.6A　吸收操作的物料衡算	292	9.11B　半连续和连续离子交换	318
9.6B　填料层高度	293	习题	320
9.6C　解吸操作的计算	295		

　　在引论中就曾指出，食品工程单元操作的理论基础是三大传递原理：动量传递、热量传递和质量传递。其中动量传递和热量传递原理及有关的主要单元操作已在前八章中依次讨论了。第三种传递过程——质量传递在前述空气调节和物料干燥等单元操作中也已有所接触。例如，物料干燥操作不仅涉及热量向湿物料的传递，也涉及水分从湿物料内向表面以及表面蒸汽向气相空间等的传递。

　　本章首先系统讨论质量传递原理，然后开始介绍以传质为主的单元操作：吸收、吸附和离子交换。后面三章再分别讨论蒸馏、萃取和膜分离。

第一节　质量传递原理

9-1　传质概述

1. 传质与扩散　在单相中某组分在不同位置间存在浓度差，该组分就会由高浓度区传向低浓度区；当组成不同的两相接触时，可能有某组分自一相传入另一相中，这种现象称为质量传递（mass transfer），简称传质。在第一章讨论的流体流动中，虽然存在一定质量流体的运动，但不称为质量传递。通常使用的质量传递的概念，是指流体中某成分的运动或混合物中某组分的运动。

传质是一个速率过程，其推动力本质上是组分的化学势差，其中包括浓度差、温度差和压力差等的作用。但最常见的传质过程都是由浓度差而引起：

$$传质速率 = 传质系数 \times 浓度差$$

传质系数的倒数即为传质阻力。

如果我们小心地把一滴墨水滴入一盆清水中，墨水将开始在水中向各个方向运动。开始时，墨水滴中墨水的浓度很高，而清水中墨水的浓度为零。随着墨水扩散运动的不断进行，水中墨水的浓度梯度将逐渐下降。一旦墨水在水中达到均匀分布，作为传质推动力的浓度梯度降为零，传质过程也就结束而达到平衡状态。

工业操作中的传质，大多数是在两相之间进行。如果达到平衡，虽然两相组成一般不相同，但与接触之前相比，两相组成会有改变。将两相分开以后，组分就可获得一定的分离。如果将两相的接触和分离适当组合使之反复进行，则有可能使组分达到较完全分离。这就是传质分离过程的基本思路。

传质的微观机理是物质质点的扩散运动。质量传递的方式分为分子扩散（molecular diffusion）和对流扩散（convection diffusion）两种。分子扩散是单相内存在组分的化学势差，由分子运动而引起的质量传递，如图 9-1 所示。对流扩散是伴随流体质点或微团的宏观对流运动而引起的质量传递。两种扩散可以同时存在。在文献中，传质与扩散两术语常常不加区分而混用。但习惯上，扩散指分子尺度上发生的传递现象，传质则泛指各种机理下发生的传递现象。

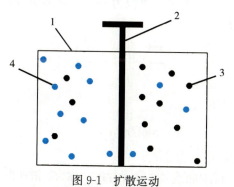

图 9-1　扩散运动
1. 扩散室　2. 挡板　3. 组分 A　4. 组分 B

图 9-1 动画演示

传质作为一种传递现象，与另两种传递现象——传热和流体流动将在研究中使用许多相似的概念，如流量、梯度、阻力、传递系数和边界层等。随着讨论的进行，会发现三种传递现象存在许多类似之处。

2. 传质过程的分类

（1）按相的接触情况不同，主要分两相直接接触和膜过程两类。

两相直接接触传质的两相一般是不互溶的，其中总有一相是流动相，主要的传质过程发生在流动相内。根据相态的不同可分为气-液、气-固、液-液、液-固接触传质，分别涉及吸收、吸附、萃取和浸取等单元操作。传质的机理可以是分子扩散或对流扩散。广泛使用填料塔、板式塔、流化床等设备，共同的结构原则是将流体分散成气泡、液膜和液滴，增大相接触面积，提高传质速率。例如，填料塔中充填许多小瓷环等填料，上方喷淋的液体沿填料表面呈膜状下降，在湿表面上与向上流动的气体密切接触，进行质量传递。板式塔中置有层层各种类型塔板，向上运动的气体以气泡形式穿过各塔板上的液层，实现气液密切接触而进行传质。湿壁塔中液体沿圆管壁呈膜状下降，与管中向上流动的气体密切接触而进行传质。

膜过程的传质是通过两流体相之间的分离膜来进行，利用组分在膜中扩散速率的差别实现组分的分离。膜分离的机理，对微孔膜是过滤作用，对无孔膜一般认为是溶解-扩散作用。已经应用的膜过程有：微孔过滤、超滤、反渗透、渗析、电渗析和渗透汽化等。

（2）按操作方式不同，分稳态操作和非稳态操作。稳态操作的特点是体系任一点浓度是定值，不随时间而变。非稳态操作体系各处的浓度是随时间而变化的，间歇式操作就是典型的非稳态操作。这里的浓度相应于稳态传热和非稳态传热的温度。

（3）按实现反复相接触的方式分，有级式操作和连续接触操作。级式操作实现反复两相接触是在一级（stage）又一级的设备中进行的。两相在前一级设备中接触造成组分一定程度分离，再在后一级设备中接触实现进一步分离。许多级串联组成级联（cascade），可实现浓度变化较大的操作。板式塔就是级联的典型例子。连续接触又称微分接触，是两相分别以连续方式引入设备，在保持两相连续密切接触中反复不断地进行相间传质和分离。填料塔是常用的连续接触传质设备。

（4）按两相流动方向的不同，主要分并流操作和逆流操作。并流操作的两相离开设备时，有时可能接近平衡。逆流操作因平均推动力大，因而传质效果较佳。

9-2 分子扩散

9.2A 分子扩散速度和通量

1. 扩散速度 组分扩散的量可以用质量 m 表示，单位是 kg；也可以用物质的量 n 表示，单位是 mol。二者可用摩尔质量 M 换算：$m=nM$。为精简篇幅，本节讨论以物质的量为主。

在一个混合物中，组分 i 因其浓度 c_i 不匀而引起的分子扩散，朝浓度降低的方向进行。组分 i 相对于静止坐标系的宏观运动速度以 u_i 表示，单位为 m/s。对多组分扩散体系，可以根据各组分的运动速度，定义混合物的平均速度 v：

$$v = \sum_{i=1}^{n} c_i u_i / c = \sum_{i=1}^{n} x_i u_i \tag{9-1}$$

式中　v——混合物的平均速度，m/s；

　　　c_i——组分 i 的浓度，mol/m^3；

　　　c——混合物浓度，$c = \sum_{i=1}^{n} c_i = c_i/c$，$mol/m^3$；

　　　x_i——组分 i 的摩尔分数，$x_i = c_i / \sum c_i$。

组分 i 因分子扩散相对于运动着的混合物的运动速度，称为扩散速度，以 v_i 表示，单位为 m/s。显然

$$v_i = u_i - v \tag{9-2}$$

2. 扩散通量 混合物中某组分在单位时间内通过单位面积的量，称为流量密度，又称作通量（flux）。因扩散而形成的通量，即扩散通量 $\dfrac{dn}{A dt}$，单位为 $mol/(m^2 \cdot s)$。扩散通量有两种表示方法。

相对于静止坐标，扩散通量以 N_i 表示：

$$N_i = c_i u_i \tag{9-3}$$

相对于平均速度，扩散通量以 J_i 表示：

$$J_i = c_i v_i = c_i (u_i - v) \tag{9-4}$$

相对于 A-B 二元混合物，据式（9-4）、式（9-3）和式（9-1），可有

$$J_A = c_A(u_A - v) = c_A u_A - c_A v$$
$$= N_A - c_A \frac{N_A + N_B}{c}$$

$$J_A = N_A - x_A(N_A + N_B) \qquad (9\text{-}5)$$

即
$$N_A = x_A(N_A + N_B) + J_A \qquad (9\text{-}6)$$

同样
$$J_B = N_B - x_B(N_A + N_B) \qquad (9\text{-}7)$$

式（9-5）和式（9-7）相加，则

$$J_A + J_B = 0 \qquad (9\text{-}8)$$

由式（9-1）和式（9-3），可得

$$N_A + N_B = N = cv \qquad (9\text{-}9)$$

9.2B Fick 扩散定律

实验表明，在二元混合物中，组分的分子扩散通量与其浓度梯度成正比，这个规律称为 Fick 扩散定律。如扩散沿 z 方向进行，Fick 扩散定律可表示为

$$J_{A,z} = -D_{AB}\frac{dc_A}{dz} \qquad (9\text{-}10)$$

式中 D_{AB}——组分 A 在 B 中的扩散系数，m^2/s。

式中负号表明，扩散向浓度梯度减小的方向进行。若混合物总浓度 c 是定值，则

$$J_{A,z} = -cD_{AB}\frac{dx_A}{dz} \qquad (9\text{-}11)$$

以上两式中，组分 A 的扩散通量是相对于随混合物平均速度运动的坐标而言。由式（9-6）可以得到组分 A 在静止坐标内的传质通量式：

$$N_{A,z} = x_A(N_{A,z} + N_{B,z}) - cD_{AB}\frac{dx_A}{dz} \qquad (9\text{-}12)$$

式（9-12）可视为 Fick 定律的另一形式。可见，组分相对静止坐标系的传质通量由两部分组成：等式右方第一项是随混合物整体运动被携带的对流通量，第二项是因浓度梯度引起的分子扩散通量。

由式（9-8）和式（9-11），有

$$-cD_{AB}\frac{dx_A}{dz} - cD_{BA}\frac{dx_B}{dz} = 0$$

因
$$x_A + x_B = 1, \qquad \frac{dx_A}{dz} = -\frac{dx_B}{dz}$$

故
$$D_{AB} = D_{BA} \qquad (9\text{-}13)$$

式中 D_{BA}——组分 B 在 A 中的扩散系数，m^2/s。

9.2C 稳态分子扩散

在食品生产中，广泛存在着稳态的传质过程。下面讨论两种一维稳态分子扩散。

1. 稳态下气体的等摩尔对向扩散 相对于静止坐标系，若二元混合物的组分 A 和 B 在 z 方向的分子扩散的摩尔通量大小相等，方向相反，$N_A = -N_B$，称为等摩尔对向扩散（equimolar counter diffusion）。此时，总摩尔通量等于零，即 $N_A + N_B = 0$。二元混合物的精馏接近于等摩尔对向传质。

由式（9-6）和式（9-10），因为 $N_A + N_B = 0$，则

$$N_A = -D_{AB}\frac{dc_A}{dz} \qquad (9\text{-}14)$$

对于垂直于扩散方向距离为 z 的两平行平面之间的等摩尔对向扩散，若两平面处 A 的浓度分别

为 c_{A1} 和 c_{A2}，对式（9-14）积分：

$$N_A \int_0^z dz = -D_{AB} \int_{c_{A1}}^{c_{A2}} dc_A$$

则有

$$N_A = \frac{D_{AB}}{z}(c_{A1} - c_{A2}) \tag{9-15}$$

若组分为理想气体，$c_A = \frac{p_A}{RT}$，代入上式，有

$$N_A = \frac{D_{AB}}{RTz}(p_{A1} - p_{A2}) \tag{9-16}$$

式中　p_{A1}，p_{A2}——两截面 1 和 2 处组分 A 的分压，Pa。

由式（9-15）、式（9-16）和图 9-2 所示，在气体稳态等摩尔对向扩散时，组分的浓度和分压沿扩散方向直线变化，浓度梯度保持不变。

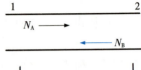

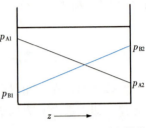

图 9-2　气体等摩尔对向扩散

例 9-1　有一装有 He 和 N_2 混合气体的管子，各处温度皆为 25℃，总压皆为 1atm。管子一截面 He 的分压为 0.60atm，另一截面为 0.20atm，两截面距离为 20cm。若 He-N_2 混合物的 $D_{AB} = 6.87 \times 10^{-5}\,m^2/s$，计算稳态时 He 的扩散通量。

解： 由于总压是常量，属等摩尔对向扩散，引用式（9-16），此时 A 为 He。

$$N_A = \frac{D_{AB}}{RTz}(p_{A1} - p_{A2})$$

$$= \frac{6.87 \times 10^{-5}}{8.314 \times 298 \times 0.20} \times (0.60 - 0.20) \times 1.01 \times 10^5$$

$$= 5.60 \times 10^{-3}\,(mol \cdot m^{-2} \cdot s^{-1})$$

2. 稳态下气体通过另一静止气体的扩散　此时，$N_B = 0$。单组分气体的吸收相当于这类情况。另外，连续式结晶、吸附、浸取、萃取和增湿等，也存在类似的单组分扩散的情况。

式（9-6）中，$N_B = 0$，结合式（9-12），可有

$$N_A = x_A N_A + J_A$$

$$N_A = N_A \frac{c_A}{c} - D_{AB}\frac{dc_A}{dz} \tag{9-17}$$

若气体为理想气体，$\frac{c_A}{c} = \frac{p_A}{p}$，$c_A = \frac{p_A}{RT}$，代入上式，有

$$N_A = N_A \frac{p_A}{p} - \frac{D_{AB}}{RT}\frac{dp_A}{dz}$$

移项，得

$$N_A\left(1 - \frac{p_A}{p}\right) = -\frac{D_{AB}}{RT}\frac{dp_A}{dz}$$

因为 $p_A + p_B = p$，总压 p 恒定，$dp_A = -dp_B$，则

$$N_A p_B = \frac{p D_{AB}}{RT}\frac{dp_B}{dz}$$

积分，有

$$N_A \int_0^z dz = \frac{p D_{AB}}{RT} \int_{p_{B1}}^{p_{B2}} \frac{dp_B}{p_B}$$

得

$$zN_A = \frac{p D_{AB}}{RT}\ln\frac{p_{B2}}{p_{B1}} \tag{9-18}$$

令

$$p_{BM} = \frac{p_{B2} - p_{B1}}{\ln\frac{p_{B2}}{p_{B1}}} \tag{9-19}$$

图 9-3　A 通过静止 B 的扩散

则
$$N_A = \frac{D_{AB}}{RTz} \frac{p}{p_{BM}} (p_{B2} - p_{B1}) \tag{9-20}$$

式中 p_{BM}——组分 B 的对数平均分压，Pa。

例 9-2 如图 9-3 所示，细金属管底部的水保持恒温 42℃，绝对干燥空气流的温度为 42℃，压力为 1atm。水在表面 1 蒸发为水蒸气扩散到管口 2 被空气流带走。若 1 和 2 间的距离为 15cm，42℃ 和 1atm 时水蒸气在空气中的扩散系数 $D_{AB} = 2.88 \times 10^{-5} \text{m}^2/\text{s}$，计算管中水蒸气的扩散通量。

解： A 为水蒸气，B 为空气。因空气在水中溶解度很小，可认为空气不能扩散穿过水表面，$N_B = 0$。可应用式（9-20）计算。

查水蒸气在 42℃ 饱和蒸汽压为 $p_{A1} = 8.4$ kPa。因干空气流较大，故 $p_{A2} = 0$。

$$p_{B1} = p - p_{A1} = 101.3 - 8.4 = 92.9 \text{ (kPa)}$$
$$p_{B2} = p - p_{A2} = 101.3 - 0 = 101.3 \text{ (kPa)}$$
$$p_{BM} = \frac{p_{B2} - p_{B1}}{\ln \frac{p_{B2}}{p_{B1}}} = \frac{101.3 - 92.9}{\ln \frac{101.3}{92.9}} = 97.0 \text{ (kPa)}$$

代入式（9-20），得

$$N_A = \frac{D_{AB}}{RTz} \frac{p}{p_{BM}} (p_{B2} - p_{B1})$$
$$= \frac{2.88 \times 10^{-5}}{8.314 \times 315 \times 0.15} \times \frac{101.3}{97.0} \times (101.3 - 92.9) \times 10^3$$
$$= 6.43 \times 10^{-4} \text{ (mol} \cdot \text{m}^{-2} \cdot \text{s}^{-1}\text{)}$$

9-3 对流传质

刚讨论的分子扩散是在静止介质中组分存在浓度梯度时，因分子运动而产生的质量传递。在运动的流体混合物中，除分子扩散外，还存在因流体质点和微团的宏观运动而产生的组分的质量传递，称为对流传质。在生产实践中，对流传质往往起到更为重要的作用。

9.3A 对流传质机理

对流传质既然因流体的运动而引起，因而流体的运动状态必然对其有重要的影响。实验结果表明，在层流和湍流时，对流传质的机理是不同的。

1. 层流中的扩散 层流时流体质点平行运动，即使存在速度梯度，各层流体也只是相对滑动，相邻液层间不发生混合，所以在垂直于流动方向上的传质只能依靠分子扩散。这时仍然可引用 Fick 定律计算组分的扩散通量。但在壁面附近，流体内组分的浓度梯度会因流体运动而增大，因而界面处的扩散通量比静止流体要大。

2. 湍流中的传质 实际生产中流体运动的形态常常是湍流。湍流时流体质点以完全无序的方式快速流动，流体内形成大量旋涡，在垂直于主流的方向上会造成流体的强烈混合，这种混合称为涡流扩散（eddy diffusion）。

我们已经知道，沿固体壁面呈湍流流动的流体，在壁面附近，因速度梯度的存在会有一个动量传递的边界层，因温度梯度的存在形成一个传热的边界层。同样，在湍流主体和壁面之间，因浓度梯度的存在，会形成一个传质的边界层。在边界层内靠近壁面存在一个很薄的层流内层。在层流内层中流体质点平行运动，质量传递的方式主要是分子扩散，传质阻力较大。在边界层的层流内层和湍流主体之间是过渡层。过渡层内组分的浓度梯度比层流内层中小得多，其内有一定数量的旋涡，传质是分子扩散和涡流扩散的加和。在湍流主体内，存在大量的旋涡，浓度梯度很小。传质主要靠涡流扩散，分子扩散作用很小。

总体上，湍流运动的流体内的传质是分子扩散和涡流扩散的总和。对二元混合物，可仿照 Fick

定律的形式写出其传质通量式：

$$J_A = N_A - x_A(N_A + N_B) = -(D_{AB} + D_E)\frac{dc_A}{dz} \tag{9-21}$$

式中 D_E——涡流扩散系数，m^2/s。

涡流扩散系数 D_E 和分子扩散系数 D_{AB} 不同，它不是流体的物理性质，不仅与流体性质有关，也与湍流强度以及与壁面的距离等因素有关。

9.3B 相内传质

在实际传质问题中，流体流动情况是非常复杂多样的，分子扩散和涡流扩散的作用常常未知，也无法按式（9-21）计算单相内一种组分的传质通量。因此，工程上为简化问题，如处理对流传热问题时将对流传热的复杂性统统集中在表面传热系数 α 中一样，将传质问题的复杂性统统包含在一个系数——传质系数（mass transfer coefficient）中，而使传质通量式具有简单的形式。因采用不同的传质推动力，相内传质的通量式和传质系数也有不同的形式。

1. 传质推动力是浓度差 二元体系传质通量式可以写成

$$J_A = k_c'(c_{Ai} - c_{Ab}) \tag{9-22}$$

式中 k_c'——传质系数，m/s；

c_{Ai}, c_{Ab}——界面处和流体主体内组分 A 的浓度，mol/m^3。

在式（9-22）中，$\Delta c_A = c_{Ai} - c_{Ab}$ 为传质推动力，而 $1/k_c'$ 为传质阻力。k_c' 包含了 D_{AB}、D_E 以及扩散路径长度等对传质的影响。

k_c' 是以相对于混合物平均速度的扩散通量 J_A 为基准而定义的传质系数。如果采用静止坐标，传质通量式的形式为

$$N_A = k_c(c_{Ai} - c_{Ab}) \tag{9-23}$$

式中的传质系数 k_c 与 k_c' 在数值上往往是不同的。因为传质系数 k_c' 和 k_c 与流体性质、流动情况和表面几何因素等具有复杂的关系，所以它们须由实验确定。只是在简单的稳定分子扩散中，传质系数才能从理论上求出。

例如，在等摩尔对向扩散中，$N_A = -N_B$，

$$N_A = J_A = \frac{D_{AB}}{z}(c_{A1} - c_{A2})$$

与式（9-22）和式（9-23）对照，得

$$k_c = k_c' = \frac{D_{AB}}{z} \tag{9-24}$$

又如，在单组分通过静止组分的气体扩散中，$N_B = 0$。由式（9-10）的积分式中也可得

$$k_c' = \frac{D_{AB}}{z}$$

由式（9-17），引用 $c = c_A + c_B$，采取推导式（9-20）相同的方法，可以得到

$$N_A = \frac{D_{AB}c}{zc_{BM}}(c_{B2} - c_{B1}) = \frac{D_{AB}}{z}\frac{c}{c_{BM}}(c_{A1} - c_{A2}) \tag{9-25}$$

式中 c_{BM}——组分 B 的对数平均浓度，mol/m^3。

$$c_{BM} = \frac{c_{B2} - c_{B1}}{\ln(c_{B2}/c_{B1})} \tag{9-26}$$

则

$$k_c = \frac{D_{AB}c}{zc_{BM}} = k_c'\frac{c}{c_{BM}} \tag{9-27}$$

因为 $c/c_{BM} > 1$，所以 $k_c > k_c'$。

2. 传质推动力是分压差 上面的传质通量式中，推动力采用浓度差 Δc_A。如果在气相传质中推

动力采用分压差 Δp_A 的形式,则有

$$N_A = k_G (p_{Ai} - p_{Ab}) \tag{9-28}$$

式中 k_G——传质系数,mol/(m²·Pa·s)。

k_G 的数值和单位都将与 k_c 不同。与 k_c 一样,k_G 通常也是通过实验确定。若 k_c 已知,k_G 可通过二者的换算关系求得。因为 $p_A = c_A RT$,故有

$$k_c = k_G RT \tag{9-29}$$

3. 传质推动力是组分摩尔分数差 如果传质推动力采用摩尔分数差 Δx_A 的形式,则传质通量式可写成

$$N_A = k_x (x_{Ai} - x_{Ab}) \tag{9-30}$$

式中 k_x——传质系数,mol/(m²·s)。

因为 $c_A = c x_A$,则 k_x 与 k_c 有如下换算关系:

$$k_x = c k_c \tag{9-31}$$

各种形式的相内传质通量式及相应的传质系数是后面讨论相间传质的基础。

9.3C 对流传质关系式

在实验研究各种因素对传质系数影响的基础上,应用量纲分析等方法,可以得到一些由量纲一的特征数表示的对流传质关系式。由这些关系式可以计算传质系数。

1. 对流传质分析中主要的特征数 就像讨论对流传热系数时已见到的,在对流传质系数的讨论中也应用若干个特征数,它们都是量纲一的量。其中主要的特征数有以下几个:

①雷诺(Reynolds)数:

$$Re = \frac{L u \rho}{\mu} \tag{9-32}$$

②舍伍德(Sherwood)数:

$$Sh = \frac{k_c' L}{D_{AB}} \tag{9-33}$$

③施密特(Schmidt)数:

$$Sc = \frac{\mu}{\rho D_{AB}} \tag{9-34}$$

式中 L——特征尺寸,m;
u——流体流速,m/s;
ρ——流体密度,kg/m³;
μ——流体黏度,Pa·s;
k_c'——传质系数,m/s;
D_{AB}——扩散系数,m²/s。

雷诺数:Re,与流体流动和对流传热应用的 Re 相同。舍伍德数:Sh,对应于传热的努塞特(Nusselt)数,$Nu = \frac{\alpha L}{\lambda}$。施密特数:$Sc$,对应于传热的 Prandtl 数,$Pr = \frac{c_p \mu}{\lambda}$。

2. 流过平板的流体的传质

(1) 层流。

$$Sh = 0.664 Re^{1/2} Sc^{1/3} \tag{9-35}$$

适用范围:$Re < 5 \times 10^5$,$Sc \geqslant 0.6$。定性尺寸:L 为流体流动方向的板长。

(2) 湍流。

$$Sh = 0.029\,6 Re^{4/5} Sc^{1/3} \tag{9-36}$$

适用范围:$Re > 5 \times 10^5$,$0.6 < Sc < 3\,000$。

3. 圆管内流动流体的传质

(1) 层流。

$$Sh = 1.86 (Re \cdot Sc)^{1/3} \left(\frac{L}{l}\right)^{1/3} \tag{9-37}$$

式中 l——管长，m。

适用范围：$Re < 10^4$。定性尺寸：L 为圆管直径，m。

(2) 湍流。

$$Sh = 0.023 Re^{4/5} Sc^{1/3} \tag{9-38}$$

适用范围：$Re > 10^4$。

4. 流过球体的流体传质

$$Sh = 2.0 + 0.6 Re^{1/2} Sc^{1/3} \tag{9-39}$$

定性尺寸：L 为球的直径，m。

例 9-3 相对湿度为 40% 的空气以 2m/s 的流速流过充满水的长方盘。空气和水的温度皆为 25℃。盘沿空气流向的长度为 20cm，宽度 45cm。水蒸气在空气中的扩散系数为 $2.6 \times 10^{-5} \, \text{m}^2/\text{s}$，空气的运动黏度为 $16.1 \times 10^{-6} \, \text{m}^2/\text{s}$。求水蒸发的传质系数及每小时蒸发量。

解：已知 $u = 2$ m/s，$L = 0.20$ m，$D_{AB} = 2.6 \times 10^{-5} \, \text{m}^2/\text{s}$，$\nu = \dfrac{\mu}{\rho} = 16.1 \times 10^{-6} \, \text{m}^2/\text{s}$，$A = 0.20 \times 0.45 = 0.090 \, \text{m}^2$。

$$Re = \frac{L u \rho}{\mu} = \frac{Lu}{\nu} = \frac{0.20 \times 2}{16.1 \times 10^{-6}} = 2.48 \times 10^4 < 5 \times 10^5$$

$$Sc = \frac{\mu}{\rho D_{AB}} = \frac{\nu}{D_{AB}} = \frac{16.1 \times 10^{-6}}{2.6 \times 10^{-5}} = 0.62 > 0.6$$

适用于式 (9-35)，即

$$Sh = 0.664 Re^{1/2} Sc^{1/3} = 0.664 \times (2.48 \times 10^4)^{1/2} \times (0.62)^{1/3}$$
$$= 89.2$$

$$k'_c = Sh \cdot D_{AB}/L = 89.2 \times 2.6 \times 10^{-5}/0.20 = 0.0116 \, (\text{m/s})$$

查 25℃ 饱和水蒸气压 $p_{Ai} = 3.3$ kPa，则

$$c_{Ai} = \frac{p_{Ai}}{RT} = \frac{3\,300}{8.314 \times 298} = 1.33 \, (\text{mol/m}^3)$$

空气 $\varphi = 0.40$，则

$$c_{Ab} = 1.33 \times 0.40 = 0.53 \, (\text{mol/m}^3)$$

蒸发流量为

$$\frac{dn_A}{dt} = k'_c A (c_{Ai} - c_{Ab}) = 0.0116 \times 0.090 \times (1.33 - 0.53)$$
$$= 8.35 \times 10^{-4} \, (\text{mol/s})$$

即

$$\frac{dn_A}{dt} = 8.35 \times 10^{-4} \times 3\,600 = 3.01 \, (\text{mol/h})$$

9.3D 三传类似

在前面讨论分子扩散和对流传质时，我们自然地对传质和传热进行了比较。传质的分子扩散和传热的导热可相类比，扩散系数 D 相应于热导率 λ，都是物质的物理性质。传质的对流扩散与传热中的对流传热可相类比，传质系数 k_c 相应于表面传热系数 α，都体现了这类传递过程的复杂性。其实，质量、热量和动量传递在许多现象和规律性的表达上存在相似之处。

下面仅以层流时流体的动量、热量和质量传递公式的对比来讨论三者间的类似。

(1) 动量传递。把 Newton 黏性定律写成下面的形式：

$$\tau = -\mu \frac{du}{dz} = -\frac{\mu}{\rho} \frac{d(\rho u)}{dz} = -\nu \frac{d(\rho u)}{dz} \tag{9-40}$$

式（9-40）左边的切应力 τ 可表示为 $\tau = \frac{F}{A} = \frac{m du/dt}{A} = \frac{d(mu)}{A dt}$，则 τ 可视为单位时间通过单位面积传递的动量，即 τ 为动量通量。式（9-40）右边第一因子 $\nu = \frac{\mu}{\rho}$ 是运动黏度，单位是 m^2/s；第二因子 $\frac{d(\rho u)}{dz}$ 是单位体积的动量梯度。式（9-40）表明，动量传递的动量通量与单位体积的动量梯度成正比，负号表示动量传递方向：向动量减少的方向进行。

（2）热量传递。把 Fourier 导热定律写成下面的形式：

$$q = -\lambda \frac{dT}{dz} = -\frac{\lambda}{c_p \rho} \frac{d(c_p \rho T)}{dz} = -a \frac{d(c_p \rho T)}{dz} \tag{9-41}$$

等式左边热流密度 q 为单位时间通过单位面积传递的热量，即为热量通量。等式右边第一因子 $a = \frac{\lambda}{c_p \rho}$ 为热扩散率，单位也是 m^2/s；第二因子 $\frac{d(c_p \rho T)}{dz}$ 是单位体积的热量（焓）梯度。式（9-41）表明，热量传递的热量通量与单位体积的热量梯度成正比，负号表示热量传递方向：向热量梯度的反方向进行。

（3）质量传递。将 Fick 扩散定律写出：

$$J_A = -D_{AB} \frac{dc_A}{dz} \tag{9-42}$$

等式左边 J_A 为单位时间通过单位面积传递的质量（kg，也可为物质的量，mol），即 J_A 为质量通量。等式右边第一因子 D_{AB} 为扩散系数，单位仍是 m^2/s；第二因子 dc_A/dz 是单位体积的质量梯度。式（9-42）表明，质量传递的质量通量与单位体积的质量（浓度）梯度成正比，负号表示质量传递方向：向质量梯度的反方向进行。

显然，动量、热量和质量传递方程式（9-40）、（9-41）和（9-42）是很相似的。三个方程式的左边都是传递通量，分别为单位时间通过单位面积传递的动量、热量和质量。表示传递特征的 ν、a 和 D_{AB} 都为流体的以 m^2/s 为单位的物性参量。传递推动力分别为单位体积的动量、热量和质量梯度。三式右边都有一负号，表示传递向动量、热量和质量梯度的反向进行。

三传类似启发我们，探讨一种传递现象时，可借鉴已研究较充分的另一种传递现象的结果。传质研究常常借鉴传热研究的结果。

9-4　相间传质

生产实践中最重要的传质过程包含不相溶相态的互相接触，这时一种或几种组分穿过相界面传递进入另一相中，形成相间传质。影响传质速率的因素中，两相接触面积和两相偏离平衡状态的程度等是重要的。

9.4A　稳态相间传质

多数生产中的传质操作是稳态传质，设备内任一点的浓度不随时间而变。例如，湿壁塔对氨的吸收操作中，氨与空气混合物自塔底进入向上流动，与沿壁面自上而下流动的液膜接触而被吸收。气相和液相中氨浓度都随塔内高度变化，但在某高度上，二者皆不随时间变化，传质是稳态的。

在讨论相间传质时，知道两相平衡关系是必要的，因平衡态是一定条件下传质的极限，传质的推动力便是偏离平衡态程度的大小。

1. 相平衡曲线　两相平衡时组分在两相中浓度关系的曲线，就是相平衡曲线，它可以由实验求得。以水对氨的吸收平衡为例。氨与空气的气相混合物与水在恒温恒压的容器中进行接触。因氨易溶于水，氨分子由气相穿过界面进入水中，被水吸收。同时，水中溶解的氨分子也会穿过相界面逸入气相，从水中脱吸。开始时吸收速率较大，但随水中氨浓度增加，脱吸速率增加，当吸收和脱吸速率相等时，达到动态相平衡，虽然氨分子的吸收和脱吸仍在进行，但宏观上传质已停止。可测得一组氨在气相和液相平衡浓度的数据。

如果向容器中加入更多氨气，平衡破坏，吸收速率增大，但最后会达新平衡，可测得又一组平衡浓度数据，这样反复测定，可得一系列两相平衡浓度对应的数据，在图纸上就可画出相平衡曲线。

本书内轻相（如吸收时的气相）中组分 A 的浓度用摩尔分数表示为 y_A，重相（如吸收时的液相）中组分 A 的浓度用摩尔分数表示为 x_A；轻相的量用 V 表示，重相的量用 L 表示。可利用相平衡数据作出相平衡曲线 $y_A - x_A$。

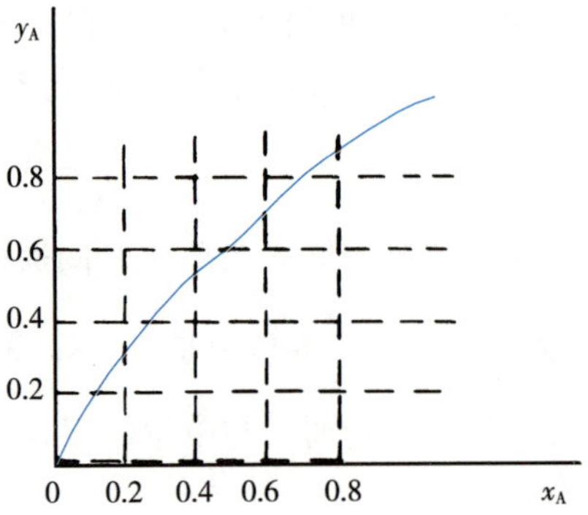

图 9-4 所示为常压下水（A）在水-醋酸体系中的气液相平衡曲线。必须指出，平衡时，一般组分在两相中的浓度并不相等，而有一定的分配关系，但组分在两相中的化学势是相等的。

不同的体系，就有不同的相平衡曲线。许多体系两相平衡浓度数据，可从有关的手册中查到。当气液两相都处在理想状态时，液相可应用拉乌尔（Raoult）定律：

$$p_A = p_A^0 x_A \tag{9-43}$$

式中　p_A——组分 A 在液相上方蒸汽中的平衡分压，Pa；
　　　p_A^0——纯组分 A 在平衡温度时的蒸汽压，Pa。

气相可应用道尔顿（Dalton）分压定律：

$$p_A = p y_A \tag{9-44}$$

式中　p——体系的总压，Pa。

式（9-43）和式（9-44）结合，就可得到两相平衡浓度的关系：

$$y_A = \frac{p_A^0}{p} x_A \tag{9-45}$$

图 9-4　水（A）- 醋酸气液相平衡曲线

相平衡关系还可用其他浓度形式表示，如气相用分压 p_A，液相用浓度 c_A。

2. 双阻理论　下面开始讨论相间传质。相间传质包括三步。对于吸收这三步为：首先是组分 A 在气相内从主体传到界面，然后穿过界面到达液相，最后再传入液相主体。设 A 在气相主体 G 中的浓度用分压表示为 p_{AG}，到界面 i 浓度降至 p_{Ai}，则 $p_{AG} - p_{Ai}$ 便是气相中 A 的传质推动力。在液相中，界面处 A 的浓度为 c_{Ai}，到液相主体 L 浓度降至 c_{AL}，则 $c_{Ai} - c_{AL}$ 便是 A 在液相中的传质推动力，如图 9-5 所示。

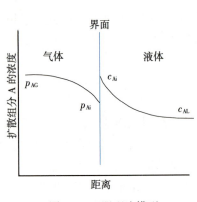

图 9-5　双阻理论模型

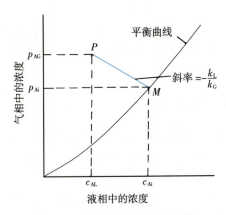

图 9-6　双阻理论界面浓度推算

双阻理论假设，所有的扩散传质阻力来自两流体本身，界面只是一个几何面，没任何物质积累和存贮，因此界面不会产生传质阻力，即界面上气液恒处于平衡状态：

$$p_{Ai}^* = f(c_{Ai}) \tag{9-46}$$

式中 p_{Ai}^*——界面处组分 A 与 c_{Ai} 平衡的气相分压，Pa。

式（9-46）表示的平衡关系画图得图 9-6 的平衡曲线。按相内传质公式，对于气相，有

$$N_A = k_G (p_{AG} - p_{Ai}) \tag{9-47}$$

对于液相，有

$$N_A = k_L (c_{Ai} - c_{AL}) \tag{9-48}$$

根据双阻理论，界面无传质阻力，两相传质通量应相等，即

$$N_A = k_G (p_{AG} - p_{Ai}) = k_L (c_{Ai} - c_{AL})$$

$$\frac{p_{AG} - p_{Ai}}{c_{Ai} - c_{AL}} = \frac{k_L}{k_G} \tag{9-49}$$

在图 9-6 中，点 P 代表吸收塔内某一截面两相主体情况。由点 P 作斜率为 $-k_L/k_G$ 的直线，交平衡曲线于点 M，点 M 的坐标表示界面上的两相浓度 p_{Ai} 和 c_{Ai}。

3. 总传质系数 式（9-47）和式（9-48）包含理论模型中的两相界面浓度 p_{Ai} 和 c_{Ai}。为讨论实际相间传质，两相浓度表示方式又不同，如何表示传质推动力？先改写这两个式子：

$$N_A = \frac{p_{AG} - p_{Ai}}{1/k_G} \tag{9-50}$$

$$N_A = \frac{c_{Ai} - c_{AL}}{1/k_L} \tag{9-51}$$

对稀溶液，按亨利（Henry）定律，有如下相平衡关系：

$$p_A^* = mc_A \tag{9-52}$$

式中，m 为关联 p_A^* 和 c_A 的分配因子，$m^3 \cdot Pa/mol$。而两个表面浓度恒处于平衡状态，即

$$p_{Ai} = mc_{Ai}$$

将式（9-51）右边分子、分母各乘以 m，可得

$$N_A = \frac{mc_{Ai} - mc_{AL}}{m/k_L} = \frac{p_{Ai} - p_{AL}^*}{m/k_L} \tag{9-53}$$

式中，p_{AL}^* 为与液相主体浓度平衡的气相分压，Pa。将式（9-53）和式（9-50）右边分子、分母分别相加，得

$$N_A = \frac{(p_{AG} - p_{Ai}) + (p_{Ai} - p_{AL}^*)}{\frac{1}{k_G} + \frac{m}{k_L}} = \frac{p_{AG} - p_{AL}^*}{\frac{1}{k_G} + \frac{m}{k_L}}$$

令

$$\frac{1}{K_G} = \frac{1}{k_G} + \frac{m}{k_L} \tag{9-54}$$

则总传质方程为

$$N_A = K_G (p_{AG} - p_{AL}^*) \tag{9-55}$$

式中 K_G——气相浓度基准的总传质系数（overall mass transfer coefficient），$mol/(m^2 \, Pa \cdot s)$。

由式（9-54）可见，总传质阻力 $\frac{1}{K_G}$ 是气相传质阻力 $\frac{1}{k_G}$ 与液相传质阻力 $\frac{m}{k_L}$ 之和。

用同样的方法可以得到总传质方程：

$$N_A = K_L (c_{AG}^* - c_{AL}) \tag{9-56}$$

$$\frac{1}{K_L} = \frac{1}{mk_G} + \frac{1}{k_L} \tag{9-57}$$

式中 c_{AG}^*——与气相分压 p_{AG} 平衡的液相浓度，mol/m^3；

K_L——液相浓度基准的总传质系数，m/s。

在传热讨论中我们知道，温度差是传热推动力，两流体若达到传热平衡，两流体温度相等。但在两相传质中，达到平衡并非组分在两相浓度相等，而是两相浓度具有不同的平衡关系。温度一般可直接测量，浓度一般不能直接测量，并且浓度有各种表示方法。相间传质的推动力不直接是组分在两相的浓度差，而是一相浓度和另一相中该组分浓度与此相的平衡浓度之差。因此，传质的讨论比传热要复杂得多。

9.4B 工业装置中的传质

1. 有效相间传质面积 两流体相在设备中接触时，相界面不断变形，局部界面有的消失，有的形成，因此传质的相界面是难以确定的。例如填料塔内传质有效面积并不等于填料的表面积，而与填料的形状、尺寸和材质，液相流速和塔径等都有关系。

有必要提出有效相间传质面积的概念，定义单位体积内有效传质界面面积为 a_v，单位为 m^2/m^3。若塔的横截面积为 A，在微分塔高 dh 内，有效相间传质面积即为 $a_v A dh$。

2. 容积传质系数 将 a_v 与传质系数结合起来，可得到一系列容积传质系数。例如，从式（9-54）和式（9-57）可得到关系：

$$\frac{1}{K_G a_v} = \frac{1}{k_G a_v} + \frac{m}{k_L a_v} \tag{9-58}$$

$$\frac{1}{K_L a_v} = \frac{1}{m k_G a_v} + \frac{1}{k_L a_v} \tag{9-59}$$

式中 $K_G a_v$——气相浓度基准的总容积传质系数，$mol/(m^3 Pa \cdot s)$；

$K_L a_v$——液相浓度基准的总容积传质系数，s^{-1}。

在实验研究中，容积传质系数 $K_G a_v$ 等常被一并测定。

3. 传质单元的概念 在塔中微分塔高 dh 内，若液相浓度变化为 dc_A，则传质流量为

$$L dc_A = N_A a_v A dh \quad (mol/s) \tag{9-60}$$

式中，L 为液相体积流量，单位为 m^3/s。对稀溶液，可认为 L 为常量。将式（9-56）代入式（9-60），得

$$L dc_A = K_L(c_A^* - c_A) a_v A dh$$

若液相浓度由塔顶 c_{A1} 变到塔底 c_{A2}，如图9-7所示，对上式移项积分，有

$$h = \int_0^h dh = \frac{L}{K_L a_v A} \int_{c_{A1}}^{c_{A2}} \frac{dc_A}{c_A^* - c_A} \tag{9-61}$$

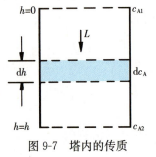

图9-7 塔内的传质

在工程上，定义 $N_{OL} = \int_{c_{A1}}^{c_{A2}} \frac{dc_A}{c_A^* - c_A}$ 为传质单元数（number of mass transfer unit），为量纲一的量；定义 $H_{OL} = \frac{L}{K_L a_v A}$ 为传质单元高度（height of mass transfer unit），单位为 m。则

$$h = H_{OL} \cdot N_{OL} \tag{9-62}$$

式中，h 为塔的有效高度，单位为 m。对填料塔，h 即为填料层高度。

H_{OL} 和 N_{OL} 的意义可这样理解：在一个传质单元高度 H_{OL} 内，传质可使液相浓度发生相当于推动力 $c_A^* - c_A$ 的平均值的变化，要使液相浓度发生总变化 $c_{A2} - c_{A1}$，需要串联 N_{OL} 个传质单元。

若考虑微分塔高 dh 内气相浓度变化，并引入式（9-55），可得到类似式（9-61）的式子，也可定义气相的传质单元数 N_{OG} 和传质单元高度 H_{OG}，并且

$$h = H_{OL} \cdot N_{OL} = H_{OG} \cdot N_{OG}$$

由 N_{OL} 和 H_{OL} 的表示式可见，传质单元数 N_{OL} 中所含的变量只与物系的相平衡和进出口浓度有关。若要求传质浓度变化越大，过程平均推动力越小，就意味着传质过程分离难度越大，所需的传质单元数越多。反之，则分离难度小，需传质单元数少。所以 N_{OL} 反映了分离的难易。传质单元高度 H_{OL} 表示完成一个传质单元操作所需填料层高度。H_{OL} 中包含的容积传质系数反映传质阻力的大小、填料性能的优劣等。所以，H_{OL} 与设备形式和操作条件有关，是传质设备效能高低的反映。H_{OL} 越小，设备传质效能越高。由以上的讨论可见，传质单元的概念对理解、分析各种传质的单元操作有明显优点。

第二节 吸 收

在液体和气体接触过程中，气体中的组分溶解于液体的传质操作，称为吸收（absorption）。在生产中，使用吸收操作的目的主要为：①从气体中分离出有价值的组分，如挥发性香精的回收；②将气体中无用或有害的组分除去，以免影响产品质量，腐蚀设备或污染环境，如烟道气中 SO_2 等的吸收；③使气体溶于液体制成溶液产品，如在压力作用下使 CO_2 溶于液体饮料中制取碳酸饮料。

在吸收过程中，若气体溶质与液体溶剂不发生明显的化学反应，则为物理吸收。上面提到的香精的回收和 CO_2 的溶解，都属于物理吸收。若气体溶质与液相组分在吸收过程中发生了化学反应，则为化学吸收。上例中碱液对 SO_2 的吸收，油脂氢化处理时，鼓泡通过油脂的氢气在催化剂作用下与油脂分子中的—CH＝CH—不饱和键发生加氢反应，都属化学吸收。

在液体和气体接触过程中，如发生液体组分向气体传递，则称为解吸（desorption）或脱吸，解吸是吸收的逆过程。食用油加工中的脱臭就是解吸操作的实例。解吸与吸收在基本原理上是相同的，只是传质方向相反而已。所以，本节以讨论吸收为主，着重讨论单组分的等温物理吸收。

9-5 吸收平衡和吸收速率

9.5A 吸收平衡

1. 亨利定律 在一定条件下，使气体和液体接触，气体中可溶组分被液体吸收而溶解于液体中。经过相当长的接触时间，组分由气相传递到液相的吸收速率与由液相传递到气相的解吸速率相等时，就达到了吸收-解吸平衡，常简称之为吸收平衡，在宏观上，气液相间传质已停止，组分在两相中的浓度都不再变化。达到这种气液相平衡时，组分在两相中的化学势相等，组分在两相的浓度之间必存在一定的函数关系。当平衡溶液是稀溶液时，被吸收组分在液相中的浓度与它在气相中的浓度成正比，此关系称为亨利（Henry）定律。因浓度表示方式的不同，亨利定律常有下列几种形式：

(1) $$p_A^* = mc_A \tag{9-63}$$

式中 p_A^*——组分 A 在气相中的平衡分压，Pa；

c_A——组分 A 在液相中的浓度，mol/m^3 或 kg/m^3；

m——溶解度系数，$m^3 Pa/mol$ 或 $m^3 Pa/kg$。

此时，c_A 常称为组分 A 的溶解度。溶解度的大小首先与气体溶质和溶剂本性有关，不同气体在同一溶剂中的溶解度有很大差异，同一气体在不同溶剂中的溶解度也不同。气体的溶解度还与温度和总压有关。但总压若在低压范围内变化，对气体溶解度影响较小，常常可以忽略总压变化的影响。但温度对气体溶解度影响较大，一般随温度升高，气体溶解度减小。

以上这些因素的影响都反映在溶解度系数 m 上，亦即 m 随物系、温度和压力而变化，通常用实验方法测定。m 值越大，则气体的溶解度越小。

(2) $$p_A^* = Hx_A \tag{9-64}$$

式中 x_A——组分 A 在液相中的摩尔分数；

H——亨利系数，Pa。

亨利系数 H 的大小表示组分 A 解吸而回到气相的能力。

(3) $$y_A^* = Ex_A \tag{9-65}$$

式中 y_A^*——以摩尔分数表示的组分 A 在气相中的平衡浓度；

E——相平衡因数，量纲为1。

由 Dalton 定律 $p_A^* = py_A^* = pEx_A$，与式（9-64）对照，可知亨利系数与相平衡因数的换算关系为 $H = pE$。

(4) $$Y_A^* = EX_A \tag{9-66}$$

式中 Y_A^*, X_A——组分 A 在气相（轻相）、液相（重相）中的摩尔比。

摩尔比与摩尔分数概念不同，摩尔分数是组分 A 的量（mol）与各组分的总量（mol）之比，摩尔比是组分 A 的量（mol）与除 A 外其他各组分的总量（mol）之比，二者的关系为

$$Y_A = \frac{y_A}{1-y_A}, \qquad X_A = \frac{x_A}{1-x_A}$$

式（9-66）中的 E 值理论上与式（9-65）中的 E 值不等，但对稀溶液，两式中的相平衡因数 E 可使用相同的值。

与空调中使用每千克干空气含水蒸气质量的湿含量 H，干燥过程中常使用干基含水量 x 的道理一样，在吸收过程中，因气相中的惰性组分的量以及液相中溶剂的量不变，所以用摩尔比 Y_A，X_A 表示浓度常常是方便的。

2. 相平衡与吸收过程的关系 不平衡的气液两相接触后所发生的传质过程，是吸收还是解吸，要视组分在两相中的浓度与平衡浓度的关系而定。例如，采用式（9-64）的两相浓度表示方式，在 $p_A - x_A$ 图上绘出两相平衡线，如图 9-8 所示。若以气相分压 p_A 作判定参量，假如气液两相浓度关系为 A 点所示，气相分压为 p_{A1}，液相浓度为 x_{A1}，与 x_{A1} 平衡的气相分压为 p_A^*，因为 $p_{A1} > p_A^*$，两相间将发生吸收过程。假如气液两相浓度关系为点 B 所示，气相分压为 p_{A2}，因为 $p_{A2} < p_A^*$，两相间将发生解吸过程。两种情形中，$|p_A - p_A^*|$ 表示过程推动力的大小。

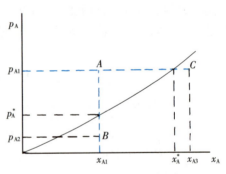

图 9-8 过程方向的判别

若以液相浓度 x_A 作判定参量，假如点 A 气相分压 p_{A1} 对应的液相平衡浓度为 x_A^*，因为 $x_{A1} < x_A^*$，两相间将发生吸收过程。假如两相浓度关系为点 C 所示，液相浓度为 x_{A3}。因为 $x_{A3} > x_A^*$，将发生解吸过程。两种情形中，$|x_A - x_A^*|$ 表示过程推动力的大小。

当过程进行到 $|p_A - p_A^*| = 0$ 或 $|x_A - x_A^*| = 0$，推动力为零，宏观过程停止，两相达平衡。可见，平衡是过程的极限。在 $p_A - x_A$ 图上，吸收操作表示在平衡线的左上方，解吸操作表示在平衡线的右下方。

9.5B 吸收速率

1. 吸收速率方程式 吸收是典型的相间传质过程，吸收速率可用吸收的传质通量表示。前述的总传质通量方程式（9-55）和式（9-56）完全适用于吸收。

$$N_A = K_G(p_{AG} - p_{AL}^*)$$

$$N_A = K_L(c_{AG}^* - c_{AL})$$

吸收的推动力也可用摩尔比之差 ΔY_A 或 ΔX_A 表示。对单相内的传质，可有

$$N_A = k_X(X_{Ai} - X_A) = k_Y(Y_A - Y_{Ai}) \tag{9-67}$$

或
$$N_A = \frac{X_{Ai} - X_A}{1/k_X} = \frac{Y_A - Y_{Ai}}{1/k_Y}$$

式中 X_{Ai}，Y_{Ai}——界面处组分 A 在液相和气相中的摩尔比；
　　　X_A，Y_A——组分 A 在液相和气相主体中的摩尔比；
　　　k_X，k_Y——单相内的传质系数，mol/（m²·s）。

引用亨利定律式（9-66）$Y_A^* = EX_A$，可导得

$$N_A = \frac{Y_A - Y_{AL}^*}{\dfrac{E}{k_X} + \dfrac{1}{k_Y}}$$

令
$$\frac{1}{K_Y} = \frac{E}{k_X} + \frac{1}{k_Y} \tag{9-68}$$

则
$$N_A = K_Y(Y_A - Y_{AL}^*) \tag{9-69}$$

式中 Y_{AL}^*——与液相浓度平衡的组分 A 在气相中的摩尔比；
　　　K_Y——以气相摩尔比作基准的总传质系数，mol/（m²·s）。

同样也可有
$$N_A = K_X(X_{AG}^* - X_A) \tag{9-70}$$

$$\frac{1}{K_X} = \frac{1}{k_X} + \frac{1}{Ek_Y} \tag{9-71}$$

式中 X_{AG}^*——与气相浓度平衡的组分 A 在液相中的摩尔比；
　　　K_X——以液相摩尔比作基准的总传质系数，mol/（m²·s）。

2. 吸收阻力　表示吸收速率的传质通量式中的总传质系数的倒数 $1/K_X$ 和 $1/K_Y$，皆为吸收阻力。由式（9-68）、式（9-71）等可见，吸收阻力由气相阻力和液相阻力加和构成。

溶解度不同的气体，吸收时两相阻力的作用是不同的。这可由图 9-9 所示的 Y_A—X_A 图来分析。在图上，气液两相的主体浓度用点 A（X_A，Y_A）表示，界面处的两相浓度用相平衡线上的点 I（X_{Ai}，Y_{Ai}）表示。由式（9-67）可知，AI 线的斜率为

$$\frac{Y_{Ai} - Y_A}{X_{Ai} - X_A} = -\frac{k_X}{k_Y} \tag{9-72}$$

如果 k_X，k_Y 已知，可由点 A 作斜率为 $-\dfrac{k_X}{k_Y}$ 的直线交平衡线于点 I，求得界面浓度 Y_{Ai}，X_{Ai}。

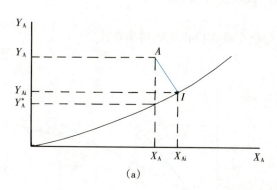
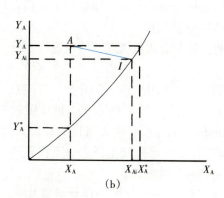

图 9-9　吸收阻力在两相中的分配
(a) 气相阻力控制　(b) 液相阻力控制

易溶气体溶解度很大，即 E 值很小，平衡线斜率很小，k_X 较大，使 AI 线较陡，如图9-9（a）所示。在式（9-68）中，$\dfrac{E}{k_X}$ 比 $\dfrac{1}{k_Y}$ 小得多，可以忽略，$\dfrac{1}{K_Y} \approx \dfrac{1}{k_Y}$，吸收总阻力几乎全部集中于气相。这种情形称气相阻力控制。水对氨的吸收属于气相阻力控制，要提高 K_Y，应加大气相湍流程度。

难溶气体的溶解度很小，即 E 值很大，平衡线斜率很大，k_X 值较小，使 AI 线较缓，如图 9-9(b) 所示。在式（9-71）中，$\frac{1}{Ek_Y}$ 比 $\frac{1}{k_X}$ 小得多，可以忽略，$\frac{1}{K_X} \approx \frac{1}{k_X}$，吸收总阻力几乎全部集中于液相。这种过程称液相阻力控制。此时，要提高 K_X，应增加液相湍动。水对氧的吸收即属液相阻力控制。

对中等溶解度气体的吸收，两相阻力均不可忽视，要提高总吸收系数，气相和液相的湍动程度都应设法增大。

9-6 吸收塔的计算

下面分析稳态连续逆流接触的填料塔的吸收操作，介绍其物料衡算及填料层高度的计算方法。气液相浓度采用摩尔比 Y 和 X，为简明，省去它们右下方表示溶质的角标。

9.6A 吸收操作的物料衡算

1. 吸收操作线方程 如图 9-10 所示，被处理的气体从塔底进入，在塔中上升，而吸收剂液体则逆流从塔顶喷淋而下，气、液在塔内不断密切接触，溶质从气相被吸收而不断进入液相。气相浓度 Y 自下而上不断降低，液相浓度 X 自上而下不断增加，浓度都用摩尔比表示。

设：V 为通过吸收塔的惰性气体（轻相）流量，mol/s；L 为通过吸收塔的液体溶剂（重相）流量，mol/s；Y_1，X_1 为塔底气相（轻相），液相（重相）浓度；Y_2，X_2 为塔顶气相，液相浓度。取任意截面 m 处的微分高度 dh，对此微分体积作物料衡算，可得

$$V dY = L dX$$

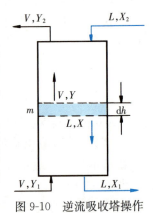

图 9-10 逆流吸收塔操作

对上面的微分式由塔底到任意截面 m 进行积分，可得

$$V(Y_1 - Y) = L(X_1 - X)$$

或

$$Y = \frac{L}{V} X + \left(Y_1 - \frac{L}{V} X_1 \right) \tag{9-73}$$

式（9-73）称为吸收的操作线方程，它说明吸收操作中，塔内不同截面处两相浓度变化的依赖关系。在稳定操作条件下，V 和 L 均为定值，故操作线方程为通过点 $B(X_1, Y_1)$ 的直线方程，其斜率为 L/V，称液气比。

若将上述微分式从塔底到塔顶进行积分，可得整个吸收操作的物料衡算式：

$$V(Y_1 - Y_2) = L(X_1 - X_2) \tag{9-74}$$

在图 9-11 所示的 $Y-X$ 图上，连接点 $A(X_2, Y_2)$ 和点 $B(X_1, Y_1)$ 的直线，称作吸收的操作线 (operating line)。点 A 代表塔顶的状态，点 B 代表塔底的状态，AB 操作线上任意一点代表塔内某一截面上气液两相的浓度。

2. 液气比 在吸收塔的设计计算中，一般已知气体的处理量 V 和进气浓度 Y_1 以及液体吸收剂的入塔浓度 X_2，按设计要求一般规定气体中溶质的回收率或直接规定出塔气体的浓度 Y_2，需要确定的是液体吸收剂的流量 L，L 确定后，按式（9-74）液体出塔浓度 X_1 也就确定了。

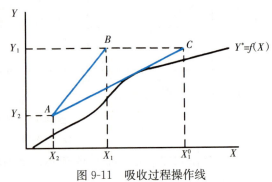

图 9-11 吸收过程操作线

选定液体流量L，就确定了操作线的斜率，即液气比L/V。操作线从点A（塔顶）出发，终止于$Y=Y_1$水平线的某点上。若增大吸收剂用量L，操作线斜率L/V增大，操作线与平衡线间距离加大，吸收过程推动力$\Delta Y=Y-Y^*$加大，设备尺寸可以减小。但是，出塔溶液浓度X_1变小，使吸收剂再生的解吸所需设备费和操作费用增大。

若减小吸收剂用量L，操作线斜率L/V减小，可使出塔溶液浓度X_1变大，但因操作线向平衡线靠近，推动力$\Delta Y=Y-Y^*$变小，吸收必将困难，须增加塔高。因此，采用何种液气比L/V，是经济上最优化的问题。

若使液气比进一步减小到使操作线与平衡线相交或相切，如图9-11中AC线所示，在交点或切点处已达气液平衡，推动力$\Delta Y=0$，这是吸收操作无法进行下去的极限情况，此时的液气比$(L/V)_{min}$称为最小液气比。

$$(L/V)_{min}=\frac{Y_1-Y_2}{X_1^0-X_2} \tag{9-75}$$

最小液气比是吸收工艺设计需要的重要参数。通常设计计算时，可先求出最小液气比，然后乘以某一经验的倍数，作为适宜的液气比。一般取

$$L/V=(1.2\sim 2.0)(L/V)_{min}$$

9.6B 填料层高度

填料吸收塔的高度主要取决于填料层的高度。下面讨论填料层高度的计算式以及用传质单元的概念如何对其求解。

1. 填料层高度的计算式 在图9-10上对任意截面m处的微元高度dh作物料衡算，可有

$$V dY = L dX = N_A a_v A dh \tag{9-76}$$

将式（9-69）代入上式，有

$$V dY = K_Y(Y-Y^*)a_v A dh$$

移项并从塔顶到塔底积分，得

$$h=\int_0^h dh = \frac{V}{K_Y a_v A}\int_{Y_2}^{Y_1}\frac{dY}{Y-Y^*} \tag{9-77}$$

令$H_{OG}=\dfrac{V}{K_Y a_v A}$为传质单元高度，$N_{OG}=\int_{Y_2}^{Y_1}\dfrac{dY}{Y-Y^*}$为传质单元数，则

$$h=H_{OG}\cdot N_{OG} \tag{9-78}$$

同样，若将式（9-70）代入式（9-76）中，可得

$$h=H_{OL}\cdot N_{OL}=\frac{L}{K_X a_v A}\int_{X_2}^{X_1}\frac{dX}{X^*-X} \tag{9-79}$$

式（9-78）和式（9-79）即为填料层高度h的计算式。要计算h，关键在于求解传质单元数N_{OG}或N_{OL}两积分项之一。下面以N_{OG}为例讨论传质单元数的计算方法。

2. 传质单元数的计算

（1）对数平均推动力法。应用此方法计算传质单元数的条件：气液平衡关系服从亨利定律，$Y^*=EX$，亦即平衡线应为直线。因为操作线与平衡线均为直线，如图9-12所示，则任意截面上的Y与推动力$\Delta Y=Y-Y^*$呈直线关系。设塔底推动力为$\Delta Y_1=Y_1-Y_1^*$，塔顶推动力为$\Delta Y_2=Y_2-Y_2^*$，则有

$$\frac{dY}{d(\Delta Y)}=\frac{Y_1-Y_2}{\Delta Y_1-\Delta Y_2}$$

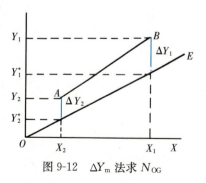

图9-12 ΔY_m法求N_{OG}

$$dY = \left(\frac{Y_1 - Y_2}{\Delta Y_1 - \Delta Y_2}\right) \cdot d(\Delta Y)$$

则
$$N_{OG} = \int_{Y_2}^{Y_1} \frac{dY}{\Delta Y} = \frac{Y_1 - Y_2}{\Delta Y_1 - \Delta Y_2} \int_{\Delta Y_2}^{\Delta Y_1} \frac{d(\Delta Y)}{\Delta Y}$$

$$= \frac{Y_1 - Y_2}{\Delta Y_1 - \Delta Y_2} \ln \frac{\Delta Y_1}{\Delta Y_2}$$

令
$$\Delta Y_m = \frac{\Delta Y_1 - \Delta Y_2}{\ln(\Delta Y_1 / \Delta Y_2)} \tag{9-80}$$

可得
$$N_{OG} = \frac{Y_1 - Y_2}{\Delta Y_m} \tag{9-81}$$

式中 ΔY_m——对数平均推动力。

由式（9-81）可见，要完成整个浓度变化 $Y_1 - Y_2$，每个传质单元的平均推动力为 ΔY_m，需要 N_{OG} 个传质单元。

同样，也可由液相对数平均推动力 ΔX_m 求算 N_{OL}。

（2）图解积分法。当平衡线 $Y^* = f(X)$ 为曲线，如图9-13所示，虽然操作线 AB 为直线，但表示推动力的两线间纵向距离是不规则的。为求得积分值 $N_{OG} = \int_{Y_2}^{Y_1} \frac{dY}{Y - Y^*}$，可采用如下的图解积分法。在 Y_1 和 Y_2 间取若干 Y 值，在对应各 Y 值及 Y_1 和 Y_2 值的操作线和平衡线间找出各纵向距离 $Y - Y^*$，如图9-13（a）所示。然后作 $1/(Y - Y^*)$ 对 Y 的曲线，如图9-13（b）所示，在 Y_2 和 Y_1 间曲线下的面积即为所求的积分 N_{OG} 的值。

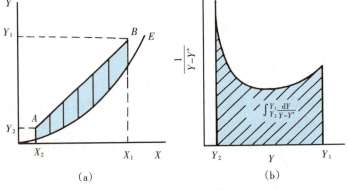

图9-13 图解积分法求 N_{OG}

例 9-4 在直径为 0.8m 的填料吸收塔中用清水吸收空气与氨的混合气中的氨。已知空气流量为 0.381kg/s，混合气中氨的分压为 1.33kPa，操作温度为 20℃，压力为 101.3kPa，在操作条件下平衡关系为 $Y^* = 0.75X$。若清水流量为 14.4mol/s，要求氨吸收率为 99.5%。已知氨的气相体积总吸收系数 $K_Y a_v = 87.2$ mol/(m³·s)。试求所需填料层高度。

解：
$$Y_1 = \frac{p_{NH_3}}{p - p_{NH_3}} = \frac{1.33}{101.3 - 1.33} = 0.0133$$

$$Y_2 = Y_1(1 - 99.5\%) = 0.0133 \times 0.005 = 6.7 \times 10^{-5}$$

$$X_2 = 0$$

$$V = \frac{0.381}{0.029} = 13.1 \text{ (mol/s)}$$

$$X_1 = \frac{V(Y_1 - Y_2)}{L} = \frac{13.1 \times (0.0133 - 6.7 \times 10^{-5})}{14.4} = 0.0120$$

$$Y_1^* = 0.75 X_1 = 0.75 \times 0.0120 = 0.0090$$

$$Y_2^* = 0.75 X_2 = 0$$

$$\Delta Y_1 = Y_1 - Y_1^* = 0.0133 - 0.0090 = 0.0043$$

$$\Delta Y_2 = Y_2 - Y_2^* = 6.7 \times 10^{-5} - 0 = 6.7 \times 10^{-5}$$

$$\Delta Y_m = \frac{\Delta Y_1 - \Delta Y_2}{\ln(\Delta Y_1 / \Delta Y_2)} = \frac{0.0043 - 6.7 \times 10^{-5}}{\ln(0.0043 / 6.7 \times 10^5)} = 0.00102$$

$$N_{OG} = \frac{Y_1 - Y_2}{\Delta Y_m} = \frac{0.0133 - 6.7 \times 10^{-5}}{0.00102} = 13.0$$

$$H_{OG} = \frac{V}{K_Y a_v A} = \frac{13.1}{87.2 \times 0.785 \times 0.8^2} = 0.299 \text{ (m)}$$

$$h = H_{OG} \cdot N_{OG} = 0.299 \times 13.0 = 3.89 \text{ (m)}$$

9.6C 解吸操作的计算

解吸原理与吸收相同，只是传质方向反过来由液相向气相进行。

解吸塔中按逆流方式的操作如图9-14（a）所示。溶液从塔顶送入，惰性气体从塔底通入，气液两相在塔中不断接触而传质。解吸出的溶质混于惰性气体中从塔顶送出，经解吸后的溶液从塔底引出。解吸塔的浓端在顶部，稀端在塔底，正好与吸收塔相反。如解吸的溶质不溶于水，用水蒸气作惰性气体，将塔顶排出的混合气经冷凝后分层，可把溶质分离出来。

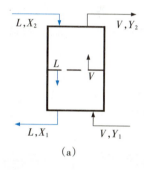
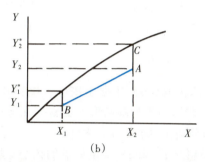

图 9-14 逆流解吸操作

解吸的推动力应为 $Y^* - Y$ 或 $X - X^*$，操作线 AB 在平衡线的右下方，与吸收正相反，如图9-14（b）所示。操作线方程也可由任意截面微元高度的物料衡算式

$$V dY = L dX$$

从塔底到任意截面进行积分而得：

$$V(Y - Y_1) = L(X - X_1)$$

$$Y = \frac{L}{V} X + \left(Y_1 - \frac{L}{V} X_1 \right) \tag{9-82}$$

操作线的斜率为 L/V。由图 9-14（b）可见，操作线右端 A 点沿 $X = X_2$ 垂直线上移至平衡线上的点 C，L/V 达最大值。

$$(L/V)_{max} = \frac{Y_2^* - Y_1}{X_2 - X_1}$$

或倒过来，此时气液比 V/L 有最小值，即

$$(V/L)_{min} = \frac{X_2 - X_1}{Y_2^* - Y_1} \tag{9-83}$$

为保持有一定的推动力，操作时气液比 V/L 应取 $(V/L)_{min}$ 的一定倍数。

解吸填料塔填料层高度 h 相应地为

$$h = \frac{V}{K_Y a_v A} \int_{Y_1}^{Y_2} \frac{dY}{Y^* - Y} = H_{OG} \cdot N_{OG} \tag{9-84}$$

例 9-5 应用脱吸塔以逆流方式在一定温度下用水蒸气脱除奶油中的气味物质。气味物质在奶油中的浓度 $X_2 = 4.0 \times 10^{-5}$，要求降低至 $X_1 = 1.2 \times 10^{-6}$。平衡时气味物质在水蒸气中和奶油中的浓度符合下列亨利定律式：$Y^* = 0.23X$。奶油的流量为 1.60 mol/s，若取气液比为 $(V/L)_{min}$ 的 1.5 倍，求每小时需要多少水蒸气。

解：

$$Y_1 = 0$$
$$Y_2^* = 0.23 X_2 = 0.23 \times 4.0 \times 10^{-5} = 0.92 \times 10^{-5}$$
$$(V/L)_{\min} = \frac{X_2 - X_1}{Y_2^* - Y_1} = \frac{4.0 \times 10^{-5} - 1.2 \times 10^{-6}}{0.92 \times 10^{-5} - 0} = 4.2$$
$$V/L = 1.5(V/L)_{\min} = 1.5 \times 4.2 = 6.3$$
$$V = 6.3 L = 6.3 \times 1.60 = 10.1 \text{ (mol/s)}$$

水蒸气质量流量为

$$q_m = VM \times 3600 = 10.1 \times 0.018 \times 3600 = 654 \text{ (kg/h)}$$

9-7 填料塔的结构和性能

吸收操作在气液传质设备中进行。气液传质设备主要应用于吸收和蒸馏，也用于洗涤、闪蒸、增湿、减湿等操作。蒸馏和吸收过程应用的气液传质设备主要是板式塔和填料塔，也可用喷淋塔、鼓泡塔、湿壁塔和文丘里管等设备。本节重点介绍填料塔，板式塔在下章讨论蒸馏时再重点介绍。

9.7A 填料塔的结构

填料塔（packed tower）主要由塔体、填料和塔内件构成，如图9-15所示。塔体一般为圆筒形，常常采用金属、塑料或陶瓷来制造。下面分别介绍填料和塔内件。

1. 填料 填料（packing）是填料塔的核心。填料的性能决定于填料的材质、大小和几何形状。填料大致可分为散装填料和规整填料两大类。其中散装填料可以乱堆，也可以整砌。

（1）散装填料。散装填料主要分环形和鞍形两类。环形填料有拉西环、鲍尔环、阶梯环等，鞍形填料有矩鞍形、弧鞍形等。它们的尺寸一般在3~76mm范围内。

拉西环（Raschig ring）是最古老最典型的一种填料，形状简单，常为外径与高相等的圆筒，如图9-16（a）所示。对它的流体力学和传质规律研究得比较充分，数据全面，因此在相当长的时间内获得过广泛应用。但拉西环阻力较大，传质效率较差，正逐渐为新型填料代替。

鲍尔环（Pall ring）是在普通拉西环的壁上开一层或两层长方形小窗，制造时窗孔的母材并不从环上取下，一端连着，另一端向环中心弯入，在中心处相搭。若两层窗，窗位置上下交错，如图9-16（b）所示。开窗面积占整个环壁面积的35%左右。鲍尔环具有较低的压力降，较大的生产能力和较高的分离效率。

弧鞍形（berl saddle）填料是早期开发的一种表面全部展开的马鞍形状的瓷质填料，其形状如图9-16（c）所示。装填时它在塔内相互搭接，形成弧形气体通道，空隙率高，气体阻力较小，具有较好的液体分布性能。矩鞍形是将弧鞍两侧由圆弧形改成矩形，克服了弧鞍填料易于发生相互套叠的缺点。

（2）规整填料。规整填料通常是直径等于塔内径的填料单元，主要有丝网波纹填料和板波纹填料。丝网波纹填料是由丝网波纹片垂直叠合组装而成。波网倾角有30°和45°两种。相邻网片的波纹倾斜方向相反，成90°。丝网波纹填料空隙率大，压降低，填料规则排列，气液分布均匀，具有很高的传质效率。它的缺点是造价高，难以清洗。板波纹填料的几何形状与丝网波纹填料相似，如图

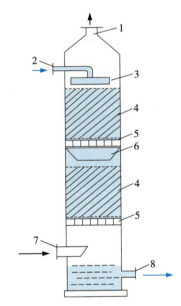

图9-15 填料塔
1.气体出口　2.液体进口　3.液体分布器
4.填料　5.填料支承板　6.液体再分布器
7.气体入口　8.液体出口

图9-15 动画演示

图 9-16　典型的填料形式

(a) 拉西环　(b) 鲍尔环　(c) 弧鞍形　(d) 板波纹填料

图 9-16 动画演示

9-16（d）所示，采用表面压有细纹或凸起并开有小孔的波纹板取代丝网，因而造价低得多。

2. 塔内件　填料塔内件包括填料支承板、液体分布装置及流体进出口装置等。

（1）填料支承板。填料支承板不但要有足够的强度，足以承受填料的重量，并且它的气体通道面积应大于填料层的自由截面积。开孔率一般在 70%～100%，最好采用不锈钢制造。常用的形式有格栅式、板网式和气流喷射式等。格栅支承板由垂直的栅条构成，如图 9-17（a）所示，开孔率较高。气体喷射式支承采用波形结构，如图 9-17（b）所示，气体从侧面开孔流动，液体从底部开孔中流动，互不影响，开孔率甚至超过 100%。

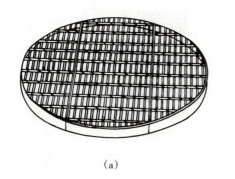 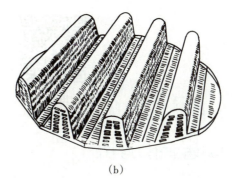

图 9-17　填料支承板

(a) 格栅式支承　(b) 气体喷射式支承

（2）液体分布装置。塔顶进入的液体必须经分布器分布均匀，否则液体产生沟流，填料有效润湿表面积降低，将使传质劣化。液体分布器有管式、喷洒式、孔流盘式和槽式、溢流式等结构形式。图 9-18（a）是一种管式分布器，管下钻有许多喷淋孔。喷洒式分布器结构与其相似，但以喷嘴代替了喷淋孔。图 9-18（b）所示是孔流盘式分布器，液体从盘底开孔中淋下，气体从各圆筒形流道中通过。图 9-18（c）所示是一种溢流式液体分布器，液体先流入槽中，再由槽两边的 V 形溢流孔均匀淋下。为纠正塔内液体逐渐向塔壁偏流，往往在填料层之间设置液体再分布器，如图 9-15 所示。

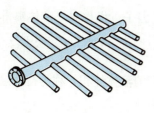  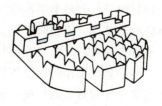

(a)　　　(b)　　　(c)

图 9-18　液体分布器

(a) 管式　(b) 孔流盘式　(c) 溢流式

（3）流体进出口装置。液体的出口应保证形成塔内气体的液封并防止液体夹带气体，设置如图9-19（a）所示的液封装置。气体的进口应能防止液体流入气体管并使气体分散均匀。图9-19（b）的气体出口设置丝网除雾器。图9-19（c）所示的进气管伸向塔的中心线，管端为45°向下的切口。气体的出口要设置除雾器，除去夹带的液体雾滴。除雾器有折板式和丝网式。

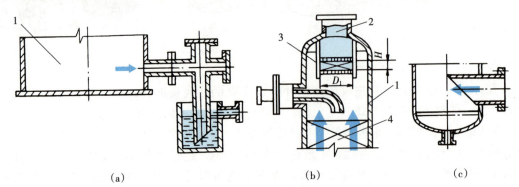

图 9-19　流体进出口装置
(a) 液封装置　(b) 除雾器　(c) 气体进口装置
1. 罐体　2. 出口　3. 丝网　4. 混合气体

图9-19动画演示
（液封装置）

图9-19动画演示
（除雾器）

9.7B　填料塔的流体力学性能

1. 基本概念和参量

（1）填料特性。

①比表面积：单位体积填料层中填料的表面积，称为填料的比表面积，以符号 a_t 表示，单位为 m^2/m^3。

$$a_t = na_0 \tag{9-85}$$

式中　n——单位体积内填料个数，m^{-3}；

a_0——单个填料的表面积，m^2。

②空隙率：干塔状态时单位体积填料层中空隙体积，用 ε 表示，为量纲一的量。

$$\varepsilon = 1 - nv_0 \tag{9-86}$$

式中　v_0——单个填料材料本身的体积，m^3。

③填料因子：上两个填料特性所组成的复合量 a_t/ε^3 称为干填料因子。操作时，液体喷淋在填料上，空隙率将减小，比表面积也变化，相应有湿填料因子，简称填料因子（packing factor），用 ϕ 表示。ϕ 需由实验测定，可在手册中查得。

（2）持液量。操作时单位体积填料层中填料表面和空隙中所积存的液体体积，称为持液量。填料的持液量是个比较重要的参量，它影响填料的压降、通量和分离效率。

（3）空塔气速。气体通过塔的整个截面时的流速，称作空塔气速，以 u_G 表示，单位为 m/s。

$$u_G = \frac{G}{\rho_G} \tag{9-87}$$

式中　G——气体质量流量，$kg/(m^2 \cdot s)$；

ρ_G——气体的密度，kg/m^3。

(4) 压降。气体通过 1m 厚填料时压力的降低，称为填料的压降，以 Δp 表示，单位为 Pa/m，但工业上仍广泛使用 mmH_2O/m，$1mmH_2O/m = 9.81Pa/m$。气体通过填料产生压降的原因是由于它必须克服表面摩擦阻力和形体阻力，前者因气体与填料表面和气液界面的黏性曳力而形成，后者因气体流道突然增缩、方向改变而形成，形体阻力往往是主要的。

压降随气体与液体流量的增大而增大。在双对数坐标中，绘制压降 Δp 与气速 u_G 的关系曲线，如图 9-20 所示。图中 L 为液体的喷淋流量，$kg/(m^2 \cdot s)$。$L=0$ 相应于干料的情况，在 $L=0$ 的线上及 L_1，L_2 线的下段，$\lg \Delta p$ 与 $\lg u_G$ 呈直线关系，斜率在 1.8~2。

(5) 载点。气速较低时，气液两相间交互作用较弱，填料持液量与气速无关，压降与气速呈直线关系，且基本与干塔压降线平行。当气速增大到图 9-20 中 A_1、A_2 以上区域后，气液两相间交互作用增强，导致持液量显著增加，填料空隙率大大减小，压降曲线的斜率开始上升，点 A_1、A_2 称为载点（loading point）。载点是填料层中气液两相交互作用是否显著的分界点。填料在载点前和载点后分别具有不同的流体力学和传质特性。载点之上填料操作进入载液区。

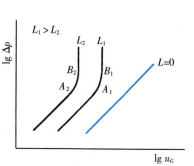

图 9-20 压降与气速的关系

(6) 泛点。气速若继续增大到图 9-20 中的 B_1、B_2 时，开始产生液泛现象：气体压降已增大到使液体受到阻塞而积聚在填料上，气相已由连续相变为分散相，以鼓泡方式通过转变为连续相的液体。点 B_1、B_2 称为泛点（flooding point）。泛点是填料塔的操作极限。泛点的气体空塔流速，称为泛点气速 u_f。填料塔的最大操作气速为 u_f 的 95%，比较经济可靠的操作气速一般选取 u_f 的 50%~85%。可见，对填料塔操作，首先确定泛点气速 u_f 是必要的。

2. 泛点气速和压降的确定 影响泛点气速 u_f 的因素较多，其中包括气液流量，密度、黏度等物性以及填料特性等。目前广泛采用图 9-21 所示的 Eckert 通用关联图来确定泛点气速 u_f 和计算压降 Δp。图中，纵坐标为

$$\frac{u_G^2 \phi \psi \rho_G \mu_L^{0.2}}{g \rho_L}$$

横坐标为

$$\frac{L}{G}\left(\frac{\rho_G}{\rho_L}\right)^{1/2}$$

式中 ρ_G，ρ_L——气相，液相的密度，kg/m^3；
ψ——水的密度与溶液密度之比；
μ_L——溶液的黏度，$Pa \cdot s$；
g——重力加速度，$9.81 m/s^2$。

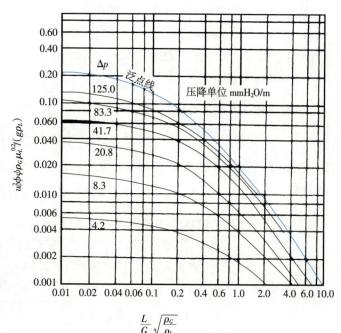

图 9-21 Eckert 通用关联图

此通用关联图适用于乱堆的拉西环、鲍尔环和鞍形等填料。

(1) 求泛点气速。先按气液流量及密度算出横坐标 $\frac{L}{G}\left(\frac{\rho_G}{\rho_L}\right)^{1/2}$ 值，由此值点作垂线与泛点线相交，用交点对应的纵坐标求算 u_G，即为泛点气速 u_f。

(2) 求算压降。先按已知数据求得横坐标 $\frac{L}{G}\left(\frac{\rho_G}{\rho_L}\right)^{1/2}$ 值，再将操作气速 u_G 代入纵坐标式求得纵坐标值，由横坐标和纵坐标交点对应的压降线，可读取压降 Δp 的值。

3. 塔径的计算 按流体力学原理，塔径 D 可由下式计算：

$$D = \sqrt{q_v \Big/ \left(\frac{\pi}{4} u_G\right)} \tag{9-88}$$

式中 q_v——气体的体积流量，m^3/s。

设计时，关键在于空塔气速 u_G 的选取。若选择较小的空塔气速 u_G，则压降小，动力消耗少，操作弹性大。但按式 (9-88)，塔径较大，设备投资高而生产能力低。并且低气速不利于气液充分接触，传质效率低。若选用较大气速，虽然塔径小，设备投资少，但压降大，动力消耗大，且操作不平稳，难于控制。这就需要进行技术经济上的优化。一般在经验上，操作气速选取泛点气速的某一分数值。

由空塔气速算出的塔径还应按设备公称直径标准圆整。

例9-6 在填料塔中用水吸收气体中的 SO_2。采用 25×25 的陶质矩鞍形填料，气体体积流量为 $0.28m^3/s$，水的质量流量为 $7.54kg/s$。气体密度为 $1.34kg/m^3$，操作压力为 $101kPa$，温度为 $20℃$。计算泛点气速，并求塔径和操作条件下的压降。

解：(1) 计算泛点气速 u_f。

$$G = \frac{q_v \rho_G}{A} = 0.28 \times 1.34/A = 0.38/A \ (kg \cdot m^{-2} \cdot s^{-1})$$

$$L = 7.54/A \ (kg \cdot m^{-2} \cdot s^{-1})$$

$20℃$ 液相密度和黏度取水的值：$\rho_L = 1\,000 kg/m^3$，$\mu_L = 0.001 Pa \cdot s$。则

$$\frac{L}{G}\left(\frac{\rho_G}{\rho_L}\right)^{1/2} = \frac{7.54}{0.38} \times \left(\frac{1.34}{1\,000}\right)^{1/2} = 0.73$$

查图9-21，泛点线上横坐标0.73对应的纵坐标为0.027，即

$$\frac{u_f^2 \phi \psi \rho_G \mu_L^{0.2}}{g \rho_L} = 0.027$$

25×25 的陶质矩鞍形的填料因子 ϕ 可查得为360，而 $\psi = \rho_w/\rho_L = 1$，则

$$u_f = \sqrt{\frac{0.027 g \rho_L}{\phi \psi \rho_G \mu_L^{0.2}}} = \sqrt{\frac{0.027 \times 9.81 \times 1\,000}{360 \times 1 \times 1.34 \times 0.001^{0.2}}} = 1.48 \ (m/s)$$

(2) 求塔径 D。取空塔气速 $u_G = 0.80 u_f = 0.80 \times 1.48 = 1.18 m/s$，则

$$D = \sqrt{q_v \Big/ \left(\frac{\pi}{4} u_G\right)} = \sqrt{\frac{0.28}{0.785 \times 1.18}} = 0.55 \ (m)$$

(3) 求压降 Δp。将 $u_G = 1.18 m/s$ 代入下式，可得

$$\frac{u_G^2 \phi \psi \rho_G \mu_L^{0.2}}{g \rho_L} = 0.027 \frac{u_G^2}{u_f^2} = 0.027 \times \frac{1.18^2}{1.48^2} = 0.017$$

在图9-21上，纵坐标0.017和横坐标0.73的交点的压降线的压降可查得为

$$\Delta p = 42 mmH_2O/m$$

或

$$\Delta p = 0.41 kPa/m$$

第三节 吸 附

利用多孔性固体与流体相接触，流体相中的一种或几种组分向多孔固体表面选择性传质，积累于

固体表面的过程，称为吸附（adsorption）。多孔性固体称为吸附剂（adsorbent），被吸附的组分称为吸附质。因流体相集聚态的不同分气体吸附和液体吸附。气体吸附广泛应用于石化等工业。食品工业主要应用液体吸附。

在食品加工中，常常应用吸附方法除去液体食品中的微量杂质。①这些杂质可能是不希望有的色、臭、味成分，用吸附法可脱臭、脱色、脱苦等。②这些杂质也可能是干扰产品正常结晶的物质，制糖工业通常用吸附法处理糖液以生产精制砂糖。③这些杂质也可能是不利于食品保藏的物质，工业上用吸附法脱氧、脱湿。在食品加工中，也应用吸附方法分离有用成分，例如在甜味剂生产中，用树脂吸附法从甜菊叶浸取液中分离甜菊苷。本节主要讨论单组分液体吸附。

9-8 吸附的基本原理

9.8A 吸附作用和吸附剂

1. 吸附作用 吸附现象的发生主要是由于固体表面力作用的结果，固体表面的这种吸附力是由表面分子的特殊状态所形成。在固相内部的分子，其对各个方向的作用力都被其他固体分子饱和。而固体表面的分子，其内向和侧向的作用力可为其他固体分子饱和，但外向无固体分子，因此外向有剩余的作用力，能够吸住与其相接触的流体相中的分子，产生吸附作用。

吸附作用使溶质分子排列在固体表面，有序性增加，因此吸附过程的熵变 $\Delta S<0$。因为吸附是在一定温度和压力下进行的自发过程，因此吸附过程的自由能变化 $\Delta G<0$。这样，按吸附过程的等温式 $\Delta H=\Delta G+T\Delta S$，因为等式右两项皆为负值，故必然地吸附过程的焓变 $\Delta H<0$，亦即吸附过程是放热的。所以按热力学原理，升高温度对吸附过程的逆过程——解吸是有利的。

吸附按吸附力性质的不同，可分为物理吸附和化学吸附。物理吸附的吸附力是分子间的范德瓦耳斯力（Van der Waals force），物理吸附的选择性差，可以形成单分子吸附层或多分子吸附层，因为被吸附的分子可以用分子间作用力再吸引吸附层外的分子。物理吸附的吸附热较小，一般为 $40\sim 60kJ/mol$，约相当于溶质的结晶热，物理吸附的速度较快。化学吸附的吸附力是化学键力，被吸附分子与吸附剂表面分子间产生电子转移或形成络合物，因此化学吸附选择性强，一般只能形成单分子吸附层。化学吸附的吸附热较大，约相当于化学反应热。化学吸附进行的速度较慢，需要一定的活化能。

用于物质分离的吸附作用大多数是物理吸附。

2. 吸附剂 对工业吸附剂的主要要求，一是吸附活性大，即单位质量或体积的吸附剂能吸附较多量的物质，因而其比表面积应大；二是对不同溶质的吸附选择性要好。工业上使用的吸附剂有活性炭、硅胶、活性白土、漂白土、酸性氧化铝、合成沸石、天然沸石、大孔吸附树脂等。现介绍几种常用的吸附剂。

（1）活性炭。活性炭（activated carbon）是炭质经专门处理增加吸附表面，再经活化而成。制活性炭的炭质原料有植物性的木材、竹、泥煤、核桃壳、椰壳等和动物性的骨骼等。上述原料经干馏得到粗炭，粗炭的孔隙被干馏产物树脂所淹没，没有吸附活性，需活化处理。例如，可用 900℃ 下的水蒸气或空气对粗炭活化。

活性炭具有非极性表面，为疏水性和亲有机物的吸附剂。活性炭的比表面积甚大，1g 优质颗粒活性炭，包括微孔的全部表面积可达 $400\sim 900m^2$。而活性炭纤维和活性炭分子筛，吸附活性或吸附选择性更为卓越。

（2）硅胶。硅胶是一种坚硬、无定形链状和网状结构的硅酸聚合物，分子式为 $SiO_2 \cdot nH_2O$。硅胶是亲水性的吸附剂，易吸附极性物质，如水、甲醇等。它吸附气体中的水可达其自身质量的 50%，是最常用的吸湿剂。

（3）白土。酸性白土本来就具有吸附作用。如经酸或其他方法处理，可以得到活性白土，其吸附活性提高。它们都因具有脱色作用而用于油脂等的精制。

（4）合成沸石。合成沸石又称为沸石分子筛，它是人工合成的结晶硅酸盐的多水化合物，其化学通式为

$$\mathrm{Me}_{x/n}[(\mathrm{AlO}_2)_x(\mathrm{SiO}_2)_y] \cdot m\mathrm{H}_2\mathrm{O}$$

式中　Me——金属阳离子，主要为 Na^+、K^+、Ca^{2+}；

x/n——价数为 n 的 Me 的数目。

合成沸石具有吸附活性强、选择性好、热稳定性和化学稳定性高、微孔尺寸大小一致的特点，且具有筛分的性能。合成沸石因其骨架中金属阳离子 Me 和其所在位置的不同以及硅铝比 Si/Al 的不同，都会使沸石的孔径和静电场分布不同。这样可以形成种类繁多的合成沸石，从亲水的强极性合成沸石如 A 型沸石和 X 型沸石，到疏水性的弱极性合成沸石如高硅沸石等。

9.8B　吸附平衡和吸附速率

1. 吸附平衡　溶液吸附是溶质从液相向固相吸附剂表面的传质过程，当吸附过程进行时，也会发生溶质脱离吸附剂表面回到溶液中的解吸过程。当溶液和吸附剂经过充分的时间接触后，最后会达到吸附-解吸动态平衡。达平衡后，吸附组分在固相中的吸附量不再变化，与其在液相的浓度之间具有一定的函数关系。

对于气体吸附平衡已研究得较多，除最早得到的 Freundlich 方程这一经验公式外，在 20 世纪初从理论上推导出著名的 Langmuir 方程，它适用于单分子层吸附的情况。在此基础上又出现了 BET 方程，也能应用于多分子层的吸附。这些方程可建立一定温度下单组分吸附平衡时吸附量和气相浓度间的关系，因此都可称作吸附等温式。

液体吸附尤其是吸附剂对溶液的吸附，远较气体吸附复杂，因吸附剂对溶剂和溶质都会产生不同的作用，很难从理论上导出吸附等温式。Langmuir 方程和 BET 方程虽然也可应用于液体吸附，但它们只能被当作经验公式。在工业上对液体吸附应用最多的，仍是 Freundlich 方程。

设 q 为吸附量，其单位为 kg 吸附质 A/kg 吸附剂，简记作 kg_A/kg_s；c 为吸附质 A 在液相中的浓度，其单位为 kg_A/m^3。则 Freundlich 方程可表示为

$$q^* = mc^{1/n} \tag{9-89}$$

式中，m，n 皆经验常数。对一定的固体-液体吸附体系，m 和 n 的值仅与温度有关，须由实验确定。以 q^* 为纵坐标，c 为横坐标，就可据式（9-89）绘出吸附等温线。图 9-22 所示为 4A 合成沸石对不同有机溶剂中水分吸附的等温线，图中的吸附量和液相平衡浓度采用了不同的表示方法。

2. 吸附速率　吸附既然为一种传质过程，它就遵循传质过程的一般动力学规律。在液体吸附过程中，吸附质首先从液相主体向液固界面扩散移动，称为外部扩散。而后吸附质从界面沿固体内部细孔扩散至吸附表面，称内部扩散。在吸附表面吸附质被吸附。一般以吸附为分离手段时多为物理吸附，速率甚快，阻力很小。所以吸附速率主要取决于外部扩散和内部扩散两重传质阻力。

（1）外部扩散。现以单位体积的吸附剂床层为基准讨论外部扩散的传质通量 N_A，作为过程速率。为简捷，以 s 表示固体吸附剂床层，以 A 表示吸附质，则 N_A 的单位可表示为 $kg_A/(m_s^3 \cdot s)$。

由图 9-23 可见，外部扩散的传质推动力为 $(c-c_i)$，外

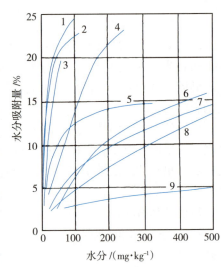

图 9-22　4A 分子筛对溶剂中水的吸附等温线（25℃）

1. 苯　2. 甲苯　3. 二甲苯　4. 吡啶　5. 丁酮
6. 丁醇　7. 丙醇　8. 异丁醇　9. 乙醇

部扩散速率为

$$N_A = k_L a_v (c - c_i) \quad (9\text{-}90)$$

式中 c——液相中吸附质 A 的平均浓度，kg_A/m^3；
c_i——界面处吸附质 A 的浓度，kg_A/m^3；
k_L——液相传质系数，m/s；
a_v——单位体积床层的传质界面面积，m^2/m_s^3。

（2）内部扩散。在拟稳态传质中，外部液相向界面的传质速率 N_A 等于吸附剂内部微孔中从界面向孔内传质表面的扩散速率，而内部扩散速率为

$$N_A = \rho_s \frac{dq}{dt} = k_s a_v (q_i - q) \quad (9\text{-}91)$$

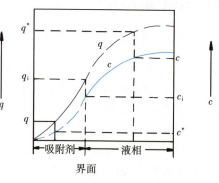

图 9-23 吸附过程的两相浓度

式中 ρ_s——吸附剂床层的松密度，kg_s/m_s^3；
q_i——界面处吸附剂的吸附量，kg_A/kg_s；
q——吸附剂平均吸附量，kg_A/kg_s；
k_s——固相侧传质系数，$kg_s/(m^2 \cdot s)$。

在图 9-23 中，q 线为吸附剂内吸附量分布曲线，c 线为液相浓度分布曲线。c^* 为与平均吸附量 q 平衡的液相浓度，q^* 为与液相平均浓度 c 平衡的吸附量。若吸附平衡关系是线性的，则有

$$q^* = mc \quad (9\text{-}92)$$

式中 m——吸附平衡系数，m^3/kg_s。

将式（9-91）中的推动力换成液相浓度差，则有

$$N_A = \rho_s \frac{dq}{dt} = m k_s a_v (c_i - c^*) \quad (9\text{-}93)$$

（3）总吸附速率方程。将式（9-90）和式（9-93）两式右边浓度差前的系数都移到左边，两式相加，消去界面处浓度 c_i，经整理可得

$$N_A = \frac{c - c^*}{\dfrac{1}{k_L a_v} + \dfrac{1}{m k_s a_v}}$$

令

$$\frac{1}{K_L a_v} = \frac{1}{k_L a_v} + \frac{1}{m k_s a_v} \quad (9\text{-}94)$$

等式左边 $\dfrac{1}{K_L a_v}$ 为吸附总阻力，它等于液相阻力 $\dfrac{1}{k_L a_v}$ 与吸附剂内阻力 $\dfrac{1}{m k_s a_v}$ 之和。因此，总吸附速率方程为

$$N_A = \rho_s \frac{dq}{dt} = K_L a_v (c - c^*) \quad (9\text{-}95)$$

式中 $K_L a_v$——液相浓度基准的总容积传质系数，$m^3/(m_s^3 \cdot s)$。

9-9 吸附分离过程与设备

吸附分离操作过程一般分三步：（1）液体与吸附剂接触并吸附；（2）将吸附剂与吸附余液分开；（3）解吸使吸附剂再生或更换吸附剂。

按液体与固体吸附剂接触方式的不同，液体吸附分离的方法分为两类。第一类称为接触过滤法，吸附作用在搅拌槽中进行，吸附剂固体颗粒在搅拌作用下悬浮于液体中，与之均匀混合并充分接触吸附。吸附完毕后，通过过滤操作将吸附剂与液体分开。第二类称为床层渗滤法。在塔形容器中使吸附剂形成颗粒床层，使液体渗滤通过床层，形成液固充分接触实现吸附分离。床层多采用固定床，也可

采用移动床和流化床。

9.9A 接触过滤吸附分离

1. 设备系统 接触过滤吸附设备的基本单元如图9-24所示，包括搅拌槽、料泵、压滤机和贮罐。液体和吸附剂颗粒在搅拌槽中均匀混合，密切接触，在一定温度下维持一定的吸附时间后，用料泵将悬浮液送入压滤机中，进行过滤分离。若是通过吸附除去杂质，则吸附在吸附剂颗粒上的杂质就与得到净化的滤液分开。搅拌槽多为圆筒形开口或密闭容器，带有加热夹套或蛇管。

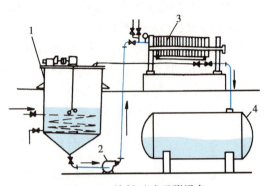

图9-24 接触过滤吸附设备
1.搅拌槽 2.料泵 3.压滤机 4.贮罐

2. 一次接触吸附 最简单的接触吸附方法是一次接触吸附，吸附剂和液体仅接触一次，这是一种间歇式操作，其操作原理如图9-25（a）所示。

设：V为原料液（轻相）量（m^3），经吸附其浓度由c_0降至c（kg_A/m^3）；L为吸附剂（重相）量（kg），经吸附其吸附量由q_0增至q（kg_A/kg_S）。吸附的物料衡算式为

$$L(q-q_0)=V(c_0-c) \tag{9-96}$$

此式表示经过一定时间后吸附量q与溶液浓度c的变化关系，称为操作线方程。图9-25（a）的直线即操作线，其斜率为$-\dfrac{V}{L}$。此操作线与平衡线交点的坐标为(c_1, q_1)，表示一次接触吸附达到平衡时最大吸附量为q_1，溶液的最低浓度为c_1。这是一种理想的情况。

若吸附平衡满足Freundlich方程，则有

$$q_1=mc_1^{1/n}$$

若吸附剂初始吸附量为零，$q_0=0$，将上式与式（9-96）结合，可得到

$$Lq_1=Lmc_1^{1/n}=V(c_0-c_1)$$

$$\frac{Lm}{V}=\frac{c_0-c_1}{c_1^{1/n}} \tag{9-97}$$

如果已知溶液体积V和吸附剂量L，知道初始浓度c_0以及常数m、n，则可计算吸附达平衡后溶液的浓度c_1。

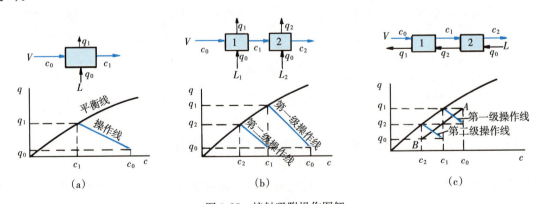

图9-25 接触吸附操作图解
(a) 一次接触 (b) 二级平流接触 (c) 二级逆流接触

3. 多级接触吸附 工业上，为提高吸附剂的利用率或使溶液浓度降得更低，可将若干接触吸附基本单元设备机组组合起来，进行多级接触吸附。多级接触吸附主要有平流和逆流两种流程。

（1）平流操作。在多级平流接触吸附操作中，溶液依次与新鲜吸附剂接触多次，而吸附剂平行地

只与溶液接触一次。图 9-25（b）所示为二级平流接触吸附操作，图上画出了第一级和第二级的操作线。若两级操作吸附剂用量分别为 L_1 和 L_2，则两级操作的物料衡算式为

$$L_1(q_1-q_0)=V(c_0-c_1)$$

$$L_2(q_2-q_0)=V(c_1-c_2)$$

为使讨论简化，假设：①平衡关系 Freundlich 方程中，$1/n=1$，即 $q^*=mc$；②每级所用吸附剂都是新鲜的，即 $q_0=0$。则有

$$\frac{L_1}{V}=\frac{c_0-c_1}{mc_1}, \quad 或 \frac{L_1 m}{V}=\frac{c_0}{c_1}-1 \tag{9-98a}$$

$$\frac{L_2}{V}=\frac{c_1-c_2}{mc_2}, \quad 或 \frac{L_2 m}{V}=\frac{c_1}{c_2}-1 \tag{9-98b}$$

两式相加，得

$$\frac{(L_1+L_2)m}{V}=\frac{c_0}{c_1}+\frac{c_1}{c_2}-2$$

$$L_1+L_2=\frac{V}{m}\left(\frac{c_0}{c_1}+\frac{c_1}{c_2}-2\right) \tag{9-99}$$

由式（9-99）可知，在液量 V，最初浓度 c_0 和要求的最终浓度 c_2 均一定的情况下，两级操作总吸附剂用量 (L_1+L_2) 仅取决于中间浓度 c_1。若使 (L_1+L_2) 最小，可对式（9-99）微分，并令

$$d\left(\frac{L_1+L_2}{V}\right)=0$$

则

$$\frac{V}{m}\left(-\frac{c_0}{c_1^2}+\frac{1}{c_2}\right)=0$$

$$c_1^2=c_0 c_2 \tag{9-100}$$

由式（9-100）解出 c_1，代入式（9-98a）和式（9-98b），可求得两级操作的吸附剂用量 L_1 和 L_2。

若 $1/n \neq 1$，可用图解法求解。图 9-26 示出二级平流接触吸附时，使 (L_1+L_2) 最小时的 L_1 和 L_2 求法。图中 L_0 为一次接触吸附的吸附剂用量。可见，要将 c_2/c_0 降至一定值，两级操作的总吸附剂用量 L_1+L_2 总是小于一次吸附的吸附剂用量 L_0。要求的 c_2/c_0 越低，平衡关系式中的 $1/n$ 越大，这种吸附剂的节省将越显著。

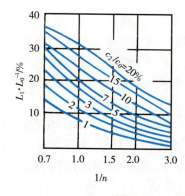 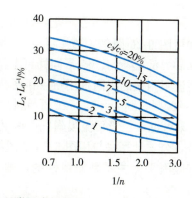

图 9-26　二级平流吸附吸附剂用量

（2）逆流操作。此法使溶液与吸附剂逆流接触多次，溶液浓度将依级次逐级降低。在相反方向，吸附剂的吸附量将逐级增加。图 9-25（c）示出二级逆流接触吸附操作，图中画出两级的操作线。图中线 AB 称为级联操作线，它表示离开某级的液体浓度与进入该级的吸附剂吸附量之间的关系，或进入某级的液体浓度与离开该级的吸附剂吸附量之间的关系。二级逆流接触吸附的级联操作线方程为

$$V(c_0-c_2)=L(q_1-q_0) \tag{9-101}$$

图 9-27 示出二级逆流接触吸附与一次接触吸附的吸附剂用量对比，可见逆流接触更能节省吸

附剂。

例 9-7 用某吸附剂使糖液脱色。要使糖液色度降低95%，当采用一次接触吸附，1.2m³糖液需吸附剂24kg。求：(1) 如果采用二级平流接触吸附，每级吸附剂的最小用量；(2) 如改用二级逆流吸附法，吸附剂用量。假定吸附平衡关系符合Freundlich方程，且$1/n=1$。

解：(1) 求采用二级平流接触吸附时每级吸附剂的最小用量。

①公式计算法：对于一次接触吸附，有

$$\frac{L_0 m}{V} = \frac{c_0}{c_2} - 1$$

由题意$c_2/c_0=5\%$，则

$$m = \left(\frac{c_0}{c_2} - 1\right)\frac{V}{L_0} = \left(\frac{1}{0.05} - 1\right) \times \frac{1.2}{24} = 0.95 \ (\text{m}^3/\text{kg})$$

对于二级平流吸附，有

$$c_1^2 = c_0 c_2$$

可得

$$\frac{c_1}{c_0} = \frac{c_2}{c_1}$$

$$\left(\frac{c_1}{c_0}\right)^2 = \frac{c_2}{c_0} = 0.05$$

$$\frac{c_1}{c_0} = \sqrt{\frac{c_2}{c_0}} = \sqrt{0.05} = 0.22$$

由式（9-98），有

$$\frac{L_1 m}{V} = \frac{c_0}{c_1} - 1$$

$$L_1 = \left(\frac{c_0}{c_1} - 1\right) \cdot \frac{V}{m} = \left(\frac{1}{0.22} - 1\right) \times \frac{1.2}{0.95} = 4.5 \ (\text{kg})$$

同样可得

$$L_2 = 4.5 \text{kg}$$

二级吸附剂总用量为

$$L_1 + L_2 = 4.5 + 4.5 = 9.0 \ (\text{kg})$$

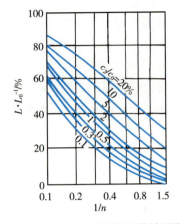

图9-27 二级逆流吸附吸附剂用量

②图解法：如用图9-26图解，查$c_2/c_0=5\%$曲线，当$1/n=1.0$时，查得纵坐标值$L_1/L_0=18.5\%$，则$L_1 = L_0 \times 18.5\% = 4.5\text{kg}$，同样可求得$L_2 = L_0 \times 18.5\% = 4.5\text{kg}$。

(2) 求二级逆流吸附法的吸附剂用量。用图9-27图解，查$c_2/c_0=5\%$曲线，当$1/n=1.0$时，查得纵坐标值$L/L_0=20\%$，则$L = L_0 \times 20\% = 24 \times 20\% = 4.8\text{kg}$。

由例9-7的结果可见，二级平流吸附比单级吸附大大节省吸附剂，而二级逆流吸附比二级平流更节省吸附剂。另外，公式计算法与用图9-26的图解法结果是一致的。对比可知，用图解法求解简便，且应用范围广，若吸附平衡关系是非线性的，即$1/n \neq 1$，也可应用图解法直接由图9-26或图9-27求解。

9.9B 固定床吸附分离

1. 设备和操作流程 固定床吸附分离设备主体是圆筒形塔式容器，容器内多孔支承板上静止堆放吸附剂颗粒，形成固定床。床层高0.5~10m。当床层较高时，为避免吸附剂颗粒承受过大压力，中间可增设几个支承板，使颗粒分层放置，每层1~2m。

在工业化实践中，一般至少需两个吸附塔，以便轮流进行吸附和再生操作。图9-28所示为双塔流程，当A塔进行吸附时，B塔进行再生，再生一般通过加温或减压，使吸附质解吸。当A塔吸附和 B 塔再生完毕，两塔切换，加料通入 B 塔进行吸附，而 A 塔进行再生。为提高吸附操作效率，也可采用轮流的两塔串联或并联吸附、第三塔再生的三塔操作流程。

吸附塔固定床层经排气后，以浓度为 c_0 的溶液恒速进料，对床层中某平面，流出液浓度 c 将随时间而变化。流出液浓度随时间变化的曲线，称为透过曲线，常以 c/c_0—t 的形式表达，如图 9-29 所示。溶质从流出液中出现的时间 t_b 称透过时间，点 b 称透过点。恢复至原始浓度的时间 t_e 称为干点时间，点 e 称流干点。t_e-t_b 为该面的吸附时段。也可绘出某时刻透过溶液浓度沿床层高度变化的曲线，如图 9-30（a）所示，图中给出 4 个不同时刻浓度沿床高的变化曲线。在吸附过程中，$0<c/c_0<1$ 的床层区域称为吸附区。吸附区之上，$c/c_0=1$，为吸附饱和区。吸附区之下，$c=0$，为未吸附区。随吸附过程的进行，吸附区不断下移。

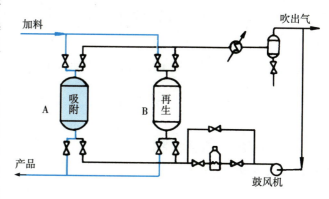

图 9-28　固定床双塔流程

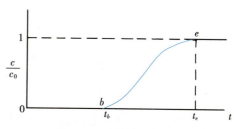

图 9-29　吸附的透过曲线

2. 稳态操作模拟　由上面讨论可见，固定床吸附是非稳态过程。为便于计算，可模拟一个稳态过程：设想使吸附剂按图 9-30（b）所示作向上移动，其速度等于吸附区移动的速度，而仍保持液体与吸附剂相对流速不变，吸附区在塔内的位置将保持在 E、B 之间不变。这样可把固定床吸附的非稳态过程转变为稳态过程来处理。

设流过床层液体的体积流量为 V'，吸附剂的质量流量为 L，通过吸附区任一截面液体浓度为 c，吸附剂的吸附量为 q。床层顶端吸附量 q_0 与溶液浓度 c_0 成平衡。截面 B 上 c_B 趋近于零，截面 E 上 c_E 趋近于 c_0，B、E 两截面间距离 h_a 为吸附区高度。

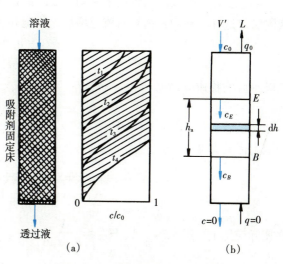

图 9-30　固定床吸附及其稳态模拟

（a）吸附区的移动　（b）稳态模拟

（1）操作线方程。由吸附质总物料衡算，得
$$V'c_0=Lq_0$$
任一截面与床层顶端之间的物料衡算为
$$V'(c_0-c)=L(q_0-q)$$
由上两式可得
$$c/c_0=q/q_0 \tag{9-102}$$
式 (9-102) 即为操作线方程，如图 9-31 所示。

（2）吸附区高度 h_a。在微分床层高度 dh 内单位时间的吸附量为
$$V'dc=Ldq=K_La_vA(c-c^*)dh$$
在 B、E 间积分，得
$$h_a=\int dh=\frac{V'}{K_La_vA}\int_{c_B}^{c_E}\frac{dc}{c-c^*}=H_{OL}\cdot N_{OL} \tag{9-103}$$

式中，$H_{OL}=\dfrac{V'}{K_L a_v A}$ 为传质单元高度；$N_{OL}=\displaystyle\int_{c_B}^{c_E}\dfrac{dc}{c-c^*}$ 为传质单元数。

(3) 模拟移动床的移速 u_s。在模拟移动床中，吸附剂的移动速度为

$$u_s=\dfrac{L}{A\rho_s}$$

式中 ρ_s——吸附剂床层松密度，kg/m^3。

而液体的流速为

$$u_L'=\dfrac{V'}{A}$$

两者的关系为

$$u_s=\dfrac{V'c_0}{q_0\cdot A\rho_s}=u_L'\dfrac{c_0}{q_0\rho_s}$$

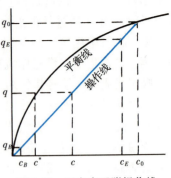

图9-31 固定床吸附操作线

若吸附平衡关系是线性的，$q_0=mc_0$，则

$$u_s=\dfrac{u_L'}{m\rho_s} \tag{9-104}$$

3. 固定床吸附区的移速和高度 根据吸附剂移动和溶液流动的相对性，将上述模型转换成固定床时，模拟移动床吸附剂的移速实际就是固定床吸附区的反向移速。溶液进入固定床的体积流量为 V，流速为 u_L。当吸附区每向下移动一段距离，就在其上增加一段饱和层，而在其下减小一相应的未吸附层。这样，在物料衡算时就应增加这段饱和层的空隙中所持有的溶质量，即

$$Vc_0=u_s A(\rho_s q_0+\varepsilon c_0)$$
$$u_L c_0=u_s(\rho_s q_0+\varepsilon c_0)$$

或

则吸附区的移速 u_s 为

$$u_s=\dfrac{u_L c_0}{\rho_s q_0+\varepsilon c_0}=\dfrac{u_L}{\rho_s m+\varepsilon} \tag{9-105}$$

而吸附区的高度 h_a 为

$$h_a=\dfrac{V}{K_L a_v A\left(1+\dfrac{\varepsilon}{\rho_s m}\right)}\int_{c_B}^{c_E}\dfrac{dc}{c-c^*}=H_{OL}\cdot N_{OL} \tag{9-106}$$

在实际应用上，$\rho_s m \gg \varepsilon$，故 $H_{OL}\approx\dfrac{V}{K_L a_v A}$。

9.9C 移动床和模拟移动床吸附分离

1. 移动床吸附分离 在移动床吸附塔中，固体吸附剂在重力作用下以紧挨的整体状自上而下移动，与向上流动的液体连续逆流接触。通过一定安排，能使吸附剂依次进行吸附、精馏、解吸和冷却等操作，使整个吸附分离过程得以连续化循环进行，与固定床比较，吸附效率大为提高。

在移动床吸附分离过程中，流体和吸附剂两相均以恒速通过吸附塔，塔内任一截面上的组成不随时间而变，属于稳态连续操作。工业上采用的典型移动床吸附塔如图9-32所示，通常高度达20～30m，自上而下分为冷却段、吸附段、精馏段、汽提段和解吸段等，段间一般用分配板隔开。塔下部还有控制吸附剂颗粒流动和床层高度的装置等。

移动床吸附塔吸附分离的工艺流程分下列几步。①冷却：塔下部解吸后的吸附剂经输送从塔顶连续进入冷却段，冷却段是垂直管壳式热交换器，吸附剂冷却降温有利于下段的吸附。②吸附：冷却的吸附剂经分配板进入吸附段，在颗粒自身重力作用下不断下移，而待分离的液体混合物从吸附段下部

分配板进入,自下而上与下降的吸附剂逆流接触。为叙述方便,常将液体中易被吸附的组分称作重组分,不易被吸附的组分称作轻组分,在逆流接触中,液体中的重组分优先被吸附,轻组分从吸附段顶部引出成为塔顶产品。③精馏和汽提:吸附了吸附质的吸附剂从吸附段向下进入精馏段和汽提段,吸附剂含有的部分轻组分被塔下流上来的流体中的重组分置换,使吸附剂更富有重组分,这与精馏过程的逐级提浓相似。从汽提段顶可分离出中间产品。④解吸:最后吸附剂进入解吸段,解吸段也是个管壳式热交换器,吸附剂受热将重组分解吸下来,成为塔底产品,部分作为回流升入汽提段和精馏段。解吸后的吸附剂进入输送系统用提升器送回顶部,经冷却重新进入吸附段而循环应用。经过若干次循环,吸附剂上可能积累一些难解吸的物质,需将部分吸附剂导入活化器在更高的温度下再生。

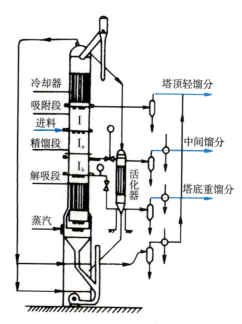

图 9-32　移动床吸附塔

2. 模拟移动床吸附分离　移动床从理论上说具有显著优点,它实现了吸附分离的连续化稳态操作。但在实践上,要使固体颗粒均匀流动、连续出料和循环输送在技术上还有不少困难。它的最大缺点是输送动力耗费大和吸附剂磨损严重,前者增大操作费用,后者限制了吸附容量大,选择性好但机械强度欠佳的沸石分子筛的应用。

模拟移动床采取吸附剂床层"移动"的思路,保留固定床填充良好、颗粒不相磨损的优点,将固定床分成较多的塔节,每个塔节都设有相关液体的进出管,以解吸剂冲洗置换代替移动床工艺采用的升温解吸,定期依次启闭切换各塔节的进出液管。在各进出口未切换的时间内,各塔节是固定床,但对整个吸附塔在各塔节进出液口依次不断切换时,就形成连续操作的移动床。各塔节进出液口的切换靠特制的多通道旋转阀或计算机程序控制来实现。

图 9-33 所示为典型的由 24 个塔节组成的模拟移动床。用 D 表示解吸剂,F 表示原料液,其中的 A 和 B 分别为重组分和轻组分。两个进液管——解吸剂 D 和进料液 F (A+B) 的入口及两个出液管——抽余液 R (B+D) 和抽出液 E (A+D) 的出口的切换靠转动旋转阀控制。靠塔节 1 和塔节 24 间的循环泵使塔内液体自下而上流动,使 24 个塔节构成一个首尾相接的环形柱。图中所示正值旋转阀使塔节 3 进 D、塔节 6 出 R、塔节 15 进 F、塔节 23 出 E。整个塔形成 4 个操作段:6~15 间 9 个塔节为吸附段 I,是 A 的吸附段,料液 F 中的 A 置换吸附剂中的 D;15~23 间 8 个塔节为一精馏段 II,是 A 的精馏段,A 不断置换吸附剂中的 B;23~3 间 4 个塔节为解吸段 III,是 A 的解吸段,新鲜的 D 置换出吸附剂中的 A;3~6 间 3 个塔节为二精馏段 IV,是 D 的部分解吸段,B 不断置换 D。图 9-34 示出这 4 个操作段图。由吸附段 I 上端引出的抽余液 R 为 B+D,由解吸段 III 上端引出的抽出液 E 为 A+D,它们都很容易用精馏的

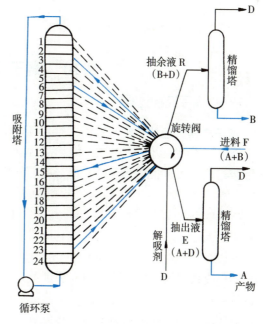

图 9-33　模拟移动床吸附分离装置

方法分开。

图 9-33 所示情况的下一步切换将是塔节 2 进 D、塔节 5 出 R、塔节 14 进 F、塔节 22 出 E。相应的 4 个操作段也都发生移动。这相当于吸附剂依次向下"移动"一个塔节。靠这种方法模拟了移动床的操作，取得了连续操作、质量稳定、处理量大、便于自动化操作的效果。

改进后的模拟移动床吸附装置，已成功地应用在食品工业的果糖-葡萄糖混合糖浆的分离上。以玉米淀粉制成淀粉糖（主要组分为葡萄糖），经酶法异构化所得果葡糖浆含果糖 42%、葡萄糖 53%、低聚糖 5%。果糖和葡萄糖是同分异构体，一般很难分离。采用模拟移动床吸附分离工艺，用沸石分子筛为吸附剂，去离子水或酒精作解吸剂，可得抽出液高果糖浆含果糖 91.2%、葡萄糖 7.7%、低聚糖 1.1%，得抽余液含果糖 2.6%、葡萄糖 88.2%、低聚糖 9.2%。使果糖和葡萄糖得到很好的分离。抽余液可返回再异构化。

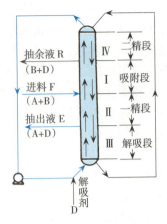

图 9-34　模拟移动床的操作段图

第四节　离子交换

离子交换（ion exchange）是一种特殊的吸附过程，它是液体中的离子与吸附剂中可解离的离子间发生的交换反应。因此，离子交换在原理、设备和计算等许多方面与吸附过程十分相似，但也具有许多自己的特点。

土壤中的离子交换现象早在 19 世纪中叶即被认识。离子交换作为工业技术在 20 世纪初就应用于水的软化。20 世纪 30 年代出现性能优良的离子交换树脂后，离子交换技术的发展和应用甚为迅速。目前在食品工业上，它主要有下列几方面的应用：

（1）硬水软化和纯水制造，提供锅炉给水和食品生产的工艺用水。

（2）制品的提纯精制，如蔗糖、葡萄糖吸附脱色后的进一步精制，甘油的精制等，现在糖浆脱色用离子交换树脂代替活性炭处理，脱色率和产糖率都大有提高。

（3）制品的分离，主要应用于蛋白质、氨基酸、核酸和维生素等的分离。

（4）催化作用，如阳离子交换树脂用于催化蔗糖转化成葡萄糖和果糖的反应。

9-10　离子交换的基本原理

9.10A　离子交换过程

1. 离子交换过程的特征　离子交换剂是一种网状结构的多孔固体，由一种固定的高聚物带电基团和另一种可置换的离子所组成。例如泡沸石，可以用 Na_2R 来表示，式中 R 表示极大的阴离子部分，而 Na^+ 则是可置换的离子。当以泡沸石软化水时，发生下列反应：

$$Ca^{2+} + Na_2R = 2Na^+ + CaR$$

即泡沸石中的 Na^+ 离子与水中的 Ca^{2+} 离子发生了离子交换反应，水中 Ca^{2+} 离子被离子交换剂吸附，使水软化。因此，离子交换作用实质上是固液两相接触时溶液中的电解质和不溶性电解质间所进行的复分解反应。

在离子交换过程中，溶液中的离子扩散到离子交换剂的表面，接着又穿过表面扩散到交换剂的主体内，然后进行交换。交换出来的离子又沿着原来离子扩散途径相反的方向扩散到溶液中去。因此离子交换过程不仅包括交换反应，而且包括一系列扩散过程。一般交换反应与扩散过程相比较是很快的，所以整个离子交换过程的速率决定于扩散过程的速率。可见，离子交换的机理和吸附过程很类似。

离子交换过程的主要特征为：

（1）离子交换是等电量进行的。一个一价阴离子与另一个一价阴离子相交换，一个二价阳离子要和两个一价阳离子交换。1mol Ca^{2+} 与 2mol Na^+ 相交换，或者说 $1mol\left(\frac{1}{2}Ca^{2+}\right)$ 与 1mol Na^+ 相交换。

（2）离子交换是可逆的。在前面反应式中，当水中 Na^+ 浓度较大时，反应可以逆向由右向左进行，Na^+ 将把与 R 结合的 Ca^{2+} 交换下来。这就是离子交换剂可以再生的原理。

（3）离子交换具有选择性。选择性产生的原因是由于交换剂对不同的离子具有不同的亲和力。在常温下低浓度离子的水溶液中，阳离子价数较高的将优先被交换吸附，如

$$Th^{4+} > La^{3+} > Ca^{2+} > Na^+$$

而同族碱金属和碱土金属离子，原子序越大，交换能力越强，如

$$Ba^{2+} > Sr^{2+} > Ca^{2+} > Mg^{2+}$$

按上述规律，常见阳离子的离子交换次序为

$$Fe^{3+} > Al^{3+} > Ca^{2+} > Mg^{2+} > K^+ > Na^+ > Li^+$$

而 H^+ 离子有其特殊性，它的交换性质与交换剂活性基团的酸性强弱有关。弱酸性树脂对 H^+ 有较高的选择性。

阴离子交换能力的一般顺序为

$$PO_4^{3-} > SO_4^{2-} > NO_3^- > Cl^- > HCO_3^- > HSiO_3^-$$

同样，OH^- 的选择性与交换剂的碱性强弱有关，弱碱性树脂对 OH^- 有较高的选择性。

2. 离子交换操作循环　离子交换操作循环分四步：交换、反洗、再生和正洗。

（1）交换。先将交换剂溶胀至体积稳定后，再行装柱。交换时要维持床层的结构正常，溶液进入要分配均匀，避免在床层中产生沟流和空洞，使吸附剂与溶液密切接触进行离子交换。

（2）反洗。反洗是再生前的准备步骤，以清水反向对床层冲洗，目的是使床层膨胀和调整，清洗排出交换时截留在床层中的杂质，以便使液流分配更均匀。

（3）再生。再生的目的是恢复交换剂的交换能力。将一定浓度的再生液均匀通入床层，再生剂的离子以与交换步骤相反的反应把交换剂上结合的离子再置换下来，得到产品，并使吸附剂再生以循环利用。

（4）正洗。以淋水正向通过交换剂床层，将床层内滞留的再生液置换出来，以利于下个循环过程的交换操作。

9.10B　离子交换剂

1. 离子交换剂的分类　具有离子交换能力的物质，称为离子交换剂。离子交换剂分无机和有机两大类。无机离子交换剂主要有铝硅酸盐、硅酸盐等，应用较早，但已逐渐为性能良好的有机离子交换剂所代替。有机离子交换剂又分为碳质和有机合成离子交换剂两类。碳质离子交换剂是煤或木质素经化学处理得到的产品，例如曾得到广泛应用的磺化煤，是用煤经发烟硫酸处理后制成的，具有疏松结构的颗粒核心，但不耐热，机械强度低，交换容量小，且再生费用较大，诸多性能都不如有机合成离子交换剂。

有机合成离子交换剂，又称离子交换树脂。它的结构由两部分组成：（1）本体骨架，是由高分子单体和交联剂形成的网状结构的共聚物；（2）活性基团，是连接在本体骨架上的离子团，它由阴、阳两种离子构成，一种固定结合在本体骨架上，另一种是可起交换作用的离子。例如，若活性基团为—SO_3H，本体骨架用 R 表示，则交换剂表示为 RSO_3H，本体和活性基团中的 SO_3^- 都是固定的，只有 H^+ 才可以游离而进行交换。

因离子交换树脂本体骨架的不同，离子交换树脂有若干系列，最常见的是苯乙烯系，其次是丙烯

酸系。苯乙烯系交换剂的本体骨架是聚苯乙烯树脂，它由苯乙烯单体和二乙烯苯交联剂聚合而成。交联剂的作用是形成聚合物的网状结构，调节交联剂的用量可形成不同交联度的树脂。树脂本体再与不同试剂反应可生成不同的阳、阴离子交换树脂，图9-35所示为苯乙烯系阳、阴离子交换树脂合成反应过程。

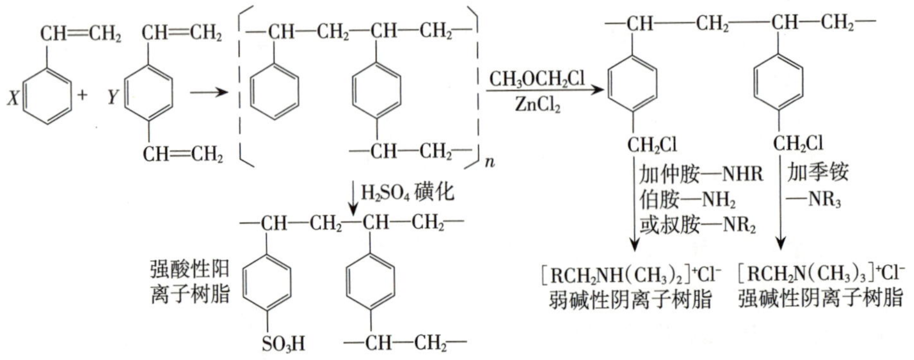

图9-35 苯乙烯系离子交换树脂的合成反应

离子交换树脂按其活性基团的性质，主要分为阳离子交换树脂和阴离子交换树脂两类。

（1）阳离子交换树脂。树脂本体骨架上结合的是酸性活性基团，可以与阳离子进行交换作用的，称为阳离子交换树脂（cation exchange resin），可简称为阳树脂。按活性基团酸性的强弱，即其在水中解离能力的强弱，阳离子交换树脂又可分为强酸性的和弱酸性的两种。

强酸性阳离子交换树脂主要是磺酸型树脂，是树脂本体经浓硫酸磺化处理制得。其活性基团是强酸性的磺酸基—SO_3H，包括固定阴离子 SO_3^- 和可交换的阳离子 H^+。

弱酸性阳离子交换树脂的活性基团主要有羧基—COOH 和酚基—OH 等弱酸性基团。它们交换容量较大，再生较容易，但交换速度较慢，且pH须大于一定值才有交换能力。

（2）阴离子交换树脂。能交换阴离子的树脂称为阴离子交换树脂（anion exchange resin），它的活性基团是碱性基团，主要是各级胺基。根据活性基团碱性的强弱，这类树脂又分为强碱性和弱碱性阴离子交换树脂。

强碱性阴离子交换树脂的活性基团是季铵基，如—$N^+(CH_3)_3Cl^-$，这是Cl^-型阴离子交换树脂，其中Cl^-是可交换离子。这种树脂如以NaOH溶液处理，活性基团变为—$N^+(CH_3)_3OH^-$，就转变为OH^-型阴离子交换树脂。

弱碱性阴离子交换树脂的活性基团有伯胺基—NH_2、仲胺基如—$NHCH_3$、叔胺基如—$N(CH_3)_2$ 等弱碱性基团。这类树脂在水中溶胀发生水合作用，活性基团相应转变为—NH_3OH，—NH_2CH_3OH，—$NH(CH_3)_2OH$，离解出可被交换的OH^-。

2. 离子交换树脂的性能

（1）粒度。树脂的粒度可影响离子交换速率、树脂床层中液流分布的均匀性、液流的压降及反洗时树脂的流失等。目前国产树脂的粒度一般在0.3～1.2mm，相当于50～16目。

（2）含水率。树脂在水中充分溶胀并沥干后，在其交联网内会含有一定量的水分。树脂的含水率可间接反映交联度的大小，含水率低则交联度大。含水率一般在40%～75%。

（3）密度。树脂的湿真密度是指树脂在水中充分溶胀后，树脂颗粒本身的密度，湿真密度对交换柱反洗强度的大小以及混合床再生前分层的好坏影响很大。树脂的湿真密度一般在1040～1300kg/m^3。树脂的湿松密度，是指树脂在水中充分溶胀后的装填密度，是湿树脂的质量与树脂床层所占体积之比，湿松密度常用于计算装填一定体积床层所需湿树脂的质量。湿松密度一般在600～850kg/m^3。

（4）交换容量。树脂的交换容量是指单位量的树脂所能交换的离子量的大小，它说明了树脂的交换能力，交换容量是离子交换树脂的一个最重要性能，是设计离子交换过程和装置时必要的数据。交换容量的单位，干基一般用 mol/kg，湿基一般用 mol/m^3 或 mol/L 表示。此处所用 mol 都是指相当于一价阳、阴离子而言，亦即离子的基本单元为 H^+，OH^-，Na^+，Cl^-，$\left(\frac{1}{2}Ca^{2+}\right)$，$\left(\frac{1}{2}SO_4^{2-}\right)$，$\left(\frac{1}{3}Fe^{3+}\right)$ 等。

常用的交换容量有以下两种。

① 全交换容量：是指树脂活性基团中所有可交换离子全部被交换的交换容量，它表示树脂交换基总数的大小。全交换容量一般用滴定法测定。全交换容量用 Q_0 表示。

② 工作交换容量：是指动态工作状态下的交换容量，用 Q 表示，其值因使用条件不同而不同。使用条件包括进液的离子浓度，交换终点的控制指标、树脂层高度、交换速率等。

9.10C 离子交换平衡

设离子交换树脂与溶液间进行如下的离子交换：

$$A^+ + BR = B^+ + AR \tag{9-107}$$

式中，R 表示离子交换树脂。当离子交换达到平衡时，平衡常数为

$$K_a = \frac{a_B a_{AR}}{a_A a_{BR}} \tag{9-108}$$

式中，a 表示离子活度，它们等于以离子摩尔分数表示的浓度乘以活度因子 γ。

$$K_a = \frac{x_B \gamma_B \cdot y_A \gamma_{AR}}{x_A \gamma_A \cdot y_B \gamma_{BR}} = \frac{x_B y_A}{x_A y_B} \cdot \frac{\gamma_B \gamma_{AR}}{\gamma_A \gamma_{BR}} \tag{9-109}$$

式中 y_A，y_B——树脂中 A^+，B^+ 的离子摩尔分数；

x_A，x_B——溶液中 A^+，B^+ 的离子摩尔分数。

将活度因子与 K_a 合并，得

$$K_x = K_a \frac{\gamma_A \gamma_{BR}}{\gamma_B \gamma_{AR}} = \frac{x_B y_A}{x_A y_B} \tag{9-110}$$

令

$$x = x_A$$

则

$$x_B = 1 - x$$

$$y = y_A$$

则

$$y_B = 1 - y$$

于是

$$K_x = \frac{(1-x)y}{x(1-y)}$$

或

$$\frac{y}{1-y} = K_x \frac{x}{1-x} \tag{9-111}$$

K_x 称为选择性因数。K_x 越大，树脂对 A^+ 的吸附选择性越强。如以 H^+ 作基准，4%DVB 树脂对几种单价阳离子的选择性因数如表 9-1 所示。

表 9-1　4%DVB 树脂的离子选择性因数

离子	Li^+	H^+	Na^+	NH_4^+	K^+	Rb^+	Cs^+	Ag^+
K_x	0.76	1.00	1.20	1.44	1.72	1.86	2.02	3.58

将等温下 y—x 平衡关系绘成曲线，称为离子交换等温线。图 9-36（a）为一价对一价离子交换等温线。显然，K_x 对曲线的形状产生直接的影响。此图也符合二价对二价离子交换平衡。

若二价离子对一价离子交换：

$$A^{2+} + 2BR = 2B^+ + AR_2$$

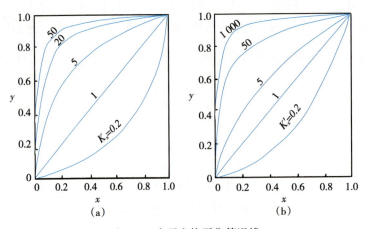

图 9-36 离子交换平衡等温线
(a) 等价离子交换　(b) 二价对一价离子交换

平衡时浓度关系将变得复杂，可以推得

$$\frac{y}{(1-y)^2}=K_x\frac{Q_0\rho_s}{c_0}\cdot\frac{x}{(1-x)^2} \tag{9-112}$$

式中　ρ_s——树脂的湿松密度，kg/m^3；

　　　c_0——溶液中 A^{2+}，B^+ 的总浓度，mol/L。

令

$$K_x'=K_x\frac{Q_0\rho_s}{c_0}$$

则

$$\frac{y}{(1-y)^2}=K_x'\frac{x}{(1-x)^2} \tag{9-113}$$

按式 (9-113) 绘出的二价对一价离子交换等温线如图 9-36 (b) 所示。

例 9-8　某地河水阴离子含量为 Cl^-：$2.9mol/m^3$，NO_3^-：$1.5mol/m^3$。根据卫生要求规定，饮用水中 NO_3^- 的最高允许含量为 $0.9mol/m^3$。现拟用 Cl^- 型阴离子交换树脂处理，其总交换容量为 $1\,300mol/m^3$，NO_3^- 相对于 Cl^- 的选择性因数 K_x 为 3.8。采用搅拌槽间歇操作，估算 $1m^3$ 树脂最多能处理多少水。

解：设平衡时水中 NO_3^- 含量为 $0.9mol/m^3$，则

$$x=\frac{0.9}{2.9+1.5}=0.20$$

代入式 (9-111)，得

$$\frac{y}{1-y}=K_x\frac{x}{1-x}=3.8\times\frac{0.20}{1-0.20}=0.95$$

解得
$$y=0.49$$

树脂中 NO_3^- 的量为

$$q=Q_0y=1\,300\times0.49=637\ (mol/m^3)$$

$1m^3$ 树脂能处理的最大水量为

$$V=\frac{q}{c_1-c_2}=\frac{637}{(1.5-0.9)}=1\,062\ (m^3)$$

9.10D 离子交换速率

离子交换机理与吸附有相似之处，也有本身的特点。相似的是都包括外扩散和内扩散，且一般都是扩散控制；不同的是离子交换过程还包括交换出来的离子的逆向扩散。

按式 (9-107) 进行的离子交换过程包含下面五个步骤：

（1）离子 A^+ 由溶液主体扩散到树脂颗粒与溶液界面上；
（2）离子 A^+ 在树脂骨架网孔内的扩散；
（3）离子 A^+ 与树脂基团上离子 B^+ 进行交换反应；
（4）离子 B^+ 在树脂内的网孔中向固液界面扩散；
（5）离子 B^+ 从界面向溶液主体中扩散。

一般步骤（3）是很快的，所以交换过程速率取决于都是扩散的其余四步。因溶液内和树脂内必须保持电中性，所以步骤（1）和（5）两外扩散速率相同，（2）和（4）两内扩散速率亦同。

1. 外部扩散速率 按式（9-107）进行的离子交换过程中的外部扩散，属于等摩尔对向扩散。对于交换离子 A^+，外部扩散速率式可沿用吸附过程相应的速率式，即

$$\rho_s \frac{dq}{dt} = k_L a_v (c - c_i)$$

设 $A = \dfrac{a_v}{\rho_s}$ 为树脂比表面积，单位为 m^2/kg。则

$$\frac{dq}{dt} = k_L A (c - c_i) \tag{9-114}$$

因为 $\qquad q = Q_0 y, \qquad c = c_0 x$

可有 $\qquad \dfrac{dy}{dt} = \dfrac{c_0}{Q_0} k_L A (x - x_i) \tag{9-115}$

2. 内部扩散速率 内扩散为离子 A^+ 从固液界面穿过树脂网孔扩散到交换点，决定内扩散速率的是树脂中表面和内部离子浓度差和其在网孔内的扩散系数 D_i，D_i 比通常液体中的扩散系数 D_e 小得多，一般 $D_i/D_e = 0.1 \sim 0.2$。对于离子交换，内部扩散速率式可参照吸附过程的相应公式：

$$\rho_s \frac{dq}{dt} = k_s a_v (q_i - q)$$

或 $\qquad \dfrac{dq}{dt} = k_s A (q_i - q) \tag{9-116}$

如树脂内离子浓度用摩尔分数表示，则有

$$\frac{dy}{dt} = k_s A (y_i - y) \tag{9-117}$$

3. 离子交换过程总传质方程 若离子在树脂内的浓度和在溶液中的浓度的平衡关系是线性的，则 $y = mx^*$；在界面处两者很容易达到平衡，即 $y_i = mx_i$。将这些关系代入式（9-117），则内部扩散速率为

$$\frac{dy}{dt} = m k_s A (x_i - x^*) \tag{9-118}$$

若离子交换过程的进行是稳态的，将外部扩散的式（9-115）和内部扩散的式（9-118）联立起来，消去界面浓度 x_i，则可得

$$\frac{dy}{dt} = \frac{x - x^*}{\dfrac{Q_0}{c_0} \cdot \dfrac{1}{k_L A} + \dfrac{1}{m k_s A}} \tag{9-119}$$

令 $\qquad \dfrac{1}{K_L A} = \dfrac{1}{k_L A} + \dfrac{c_0}{Q_0} \cdot \dfrac{1}{m k_s A} \tag{9-120}$

则以液相浓度表示的离子交换过程总传质方程为

$$\frac{dy}{dt} = \frac{c_0}{Q_0} K_L A (x - x^*) \tag{9-121}$$

式中 x^*——与树脂相浓度 y 成平衡的溶液相离子浓度，以离子摩尔分数表示。

9-11 离子交换过程与设备

工业离子交换操作分间歇釜式、固定床式、移动床式和流动床式等方法。

简单的间歇釜式采用釜式离子交换器，内设搅拌器。溶液和交换树脂通入釜中，开动搅拌，两相接近平衡后，滤出溶液使之分离，稍加改进的方法是在釜底设筛板支承树脂，溶液进入后，从釜底通入压缩空气进行搅动，促进交换。达平衡后，从釜顶通入压缩空气，使溶液从下部排放出来。再生操作与交换类似。间歇釜式离子交换设备简单，条件要求不严，但效率低。工业上采用较多的间歇操作是固定床式离子交换方法。

9.11A 固定床离子交换

1. 固定床离子交换操作　固定床离子交换装置是个柱形的直立罐，如图 9-37 所示。底部设床层支承体，其上铺颗粒均匀的石英砂或填料。此上是静止的离子交换树脂床层，床层上部留有反洗时树脂层膨胀所需空间。底部、顶部设液体进出的分配器（有时也设在中部），使液体均匀流过床层。

离子交换固定床有单床、复合床、混合床等形式。

单床用于去除溶液中某种或某类离子。交换进行时，溶液均匀地流过离子交换树脂床层，此时交换柱中只有一定厚度的树脂层在进行交换。情况与吸附过程的吸附区相似，此处称为交换区。交换区之上，是已经完成交换的饱和区。交换区之下是未交换区。随交换过程的进行，交换区逐渐下移，当交换区移至树脂床层的底部，到达透过曲线的透过点，交换步骤就应终止。经反洗后，进行再生操作。

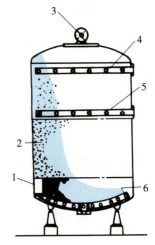

图 9-37　典型固定床离子交换槽
1. 树脂支承体　2. 树脂　3. 反洗出口
4、5、6. 液体分配器

单床的再生有并流、逆流和对流等多种方式，如图 9-38 所示。并流再生经常被采用，再生液流向与交换时溶液流向相同，但再生效果不理想。逆流再生的再生液流向与交换时溶液流向相反，下部树脂首先和新鲜再生液接触，提高了再生效果，可节省再生剂的用量。对流再生使再生液同时由顶部和底部注入，可减小树脂床层的湍动。

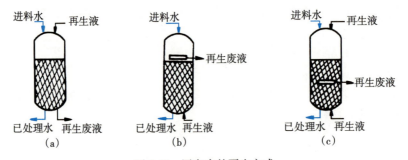

图 9-38　固定床的再生方式
(a) 并流再生　(b) 逆流再生　(c) 对流再生

复合床广泛应用于水的除盐纯化，它由阳离子交换槽和阴离子交换槽串联起来构成，它们分别简称阳床和阴床，如图 9-39 所示。含盐的水首先经过阳床，水中所含的 Ca^{2+}、Mg^{2+} 等阳离子与阳树脂中可交换的 H^+ 进行交换，从阳床中流出的是含有各种阴离子的酸性水。此水再通入阴床，水中所含的 Cl^-、SO_4^{2-} 等阴离子与阴树脂中可交换的 OH^- 进行交换，交换下来的 OH^- 立即与水中的 H^+ 结合成 H_2O。经过这种复合床的处理，就得到除盐的中性水。复合床的阳床和阴床应分别以酸液和碱液再生。

混合床是将阳树脂和阴树脂按一定比例混合后，装在同一交换柱中而构成。混合床相当于很多阳床和阴床串联在一起，在处理水时，交换产生的 H^+ 和 OH^- 随处立即结合成 H_2O，除盐效率高。混合床再生时，阳树脂和阴树脂应先分开，再分别以酸液和碱液再生。分开两种树脂的操作，可用一定流速的反洗实现，因阴树脂的湿真密度小于阳树脂，反洗时，阴树脂会逐渐上浮与阳树脂分层。两树脂分别再生后通入空气，可使它们重新混合进行下一循环的操作。图9-40所示为酸碱同时再生的混合床交换过程。

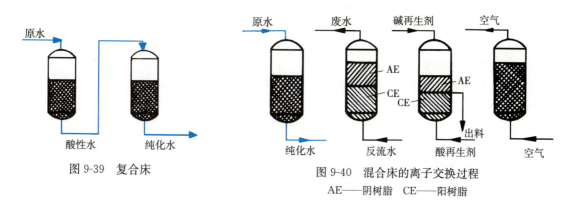

图 9-39　复合床

图 9-40　混合床的离子交换过程
AE——阴树脂　CE——阳树脂

在工业上，上述的固定床还可进一步组合起来，如将复合床和混合床串联，构成复-混床系统。

2. 固定床操作的计算

（1）工作交换容量的确定。除全交换容量 Q_0 和工作交换容量 Q 之外，此处用到透过饱和容量 Q_s 的概念，透过饱和容量为到达透过点之前，床层可利用的离子交换量。Q、Q_s 和 Q_0 三者之间的关系如图9-41所示。

设溶液中含两种可交换离子 A 和 B，交换结束时 A 和 B 在床层的量分别为 q_A^0 和 q_B^0，则

$$Q_s = q_A^0 + q_B^0 \tag{9-122}$$

如果在各次交换循环中操作已达稳定，在再生时洗提下来的 A 和 B 的量分别为 q_A 和 q_B，则

$$Q = q_A + q_B \tag{9-123}$$

用 r 表示洗提分数，即

$$r_A = q_A/q_A^0, \quad r_B = q_B/q_B^0 \tag{9-124}$$

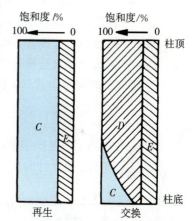

图 9-41　Q、Q_s 和 Q_0 间的关系
（$Q = D$，$Q_s = D + E$，$Q_0 = C + D + E$）

再生的洗提液中离子的摩尔分数 x 为

$$x_A = q_A/Q, \quad x_B = q_B/Q \tag{9-125}$$

将式（9-124）和式（9-125）的关系代入式（9-122），得

$$Q_s = \frac{q_A}{r_A} + \frac{q_B}{r_B} = \frac{Qx_A}{r_A} + \frac{Qx_B}{r_B}$$

则有

$$Q = Q_s \Big/ \left(\frac{x_A}{r_A} + \frac{x_B}{r_B}\right) \tag{9-126}$$

对多种可交换离子的溶液的离子交换，有

$$Q = Q_s \Big/ \sum \frac{x_i}{r_i} \tag{9-127}$$

Q_s、x_i 和 r_i 都可通过实验测定，相似条件下的工作容量 Q 就可求得。

例 9-9　用一阴离子交换树脂固定床交换水中的 SO_4^{2-}、Cl^- 和 SiO_3^{2-} 三种阴离子，通过交换和再生过程，测得它们的洗提分数分别为 0.59、0.35 和 0.88，再生洗提液中它们的摩尔分数分别为

0.64、0.34 和 0.02，测得其透过饱和容量为 508mol/m³，求工作交换容量。

解：将已知数据代入式（9-127），得

$$Q = \frac{Q_s}{\dfrac{x_1}{r_1} + \dfrac{x_2}{r_2} + \dfrac{x_3}{r_3}} = \frac{508}{\dfrac{0.64}{0.59} + \dfrac{0.34}{0.35} + \dfrac{0.02}{0.88}} = 244 \text{（mol/m}^3\text{）}$$

（2）再生液体积和流速。一次交换循环所需再生液的体积 V_R 为

$$V_R = B \frac{Q_0}{c_R} \tag{9-128}$$

式中 c_R——再生液的浓度，mol/L；

B——再生剂用量为理论用量的倍数，一般取 1.1~5。

再生液的流速 u_R 取决于再生时间 t_R，即

$$u_R = \frac{V_R}{A t_R} \tag{9-129}$$

式中 V_R——再生液体积，m³；

A——固定床截面积，m²。

（3）交换循环周期的时间。交换步骤的时间 t_E 为

$$t_E = \frac{VQ}{uA(c_0 - c)} \tag{9-130}$$

式中 V——所用树脂的体积，m³；

Q——树脂的工作容量，mol/m³；

u——溶液的空柱流速，m/h；

c，c_0——溶液出、入交换柱的浓度，mol/m³。

再生步骤的时间可由式（9-129）得到，即

$$t_R = \frac{V_R}{u_R A} \tag{9-131}$$

交换循环每周期的时间主要由 t_E 和 t_R 加和组成，较精确的计算还应加上正洗和反洗时间。表 9-2 列出固定床离子交换设计的基本数据。

表 9-2　固定床设计基本数据

树脂类型	流速范围/(m·min⁻¹)	最小床高/cm	最高床温/℃	常用交换容量/(mol·m⁻³)	再生剂量/(kg·m⁻³)
弱酸性阳树脂	最高 2.4 最低 0.3~0.6	60~76	116	520~2 740	HCl H₂SO₄　110%理论值
强酸性阳树脂	最高 2.1~3.7 最低 0.3~0.6	60~76	116	820~1 460 530~910 690~1 370	NaCl 88~265 H₂SO₄ (d=1.84) 35~212 HCl (d=1.16) 88~530
弱和中碱性阴树脂	最高 1.2~2.1 最低 0.3~0.6	76~91	38	820~1 100	NaOH 35~70
强碱性阴树脂	最高 1.5~2.1 最低 0.3~0.6	76~91	40	370~730	NaOH 70~140

9.11B　半连续和连续离子交换

1. 移动床离子交换　移动床中的离子交换树脂在系统中是定期移动的。移动床的操作属半连续式离子交换过程。在移动床系统内，交换、再生、水洗等操作是同时连续地进行的，但树脂要在规定的时间移动一部分，树脂移动期间不出产物，因此整个过程只是半连续的。

图 9-42 所示为 Asahi 移动床离子交换过程。该移动床系统由交换柱、再生柱和清洗柱构成，树脂在系统内逆时针定期移动循环。在交换柱内，向上流动的原料液与不时向下移动的树脂逆流接触进行离子交换。充分交换过的树脂由压力推动，经自动控制阀门从交换柱下部排出，并被送到再生柱上部。再生过程也是逆流的。再生的树脂转移至清洗柱进行逆流冲洗。干净的树脂再循环移动回交换柱上方贮槽，以便重复利用。

移动床用于水处理的主要优点为：（1）树脂用量较少，生产相同水量的树脂用量仅为固定床的 1/2～2/3，可节省投资。（2）再生剂利用率和树脂饱和程度高，因而再生剂用量少，节省操作费用。（3）处理水的纯度高，质量均匀。移动床的缺点是设备较多，操作较复杂。

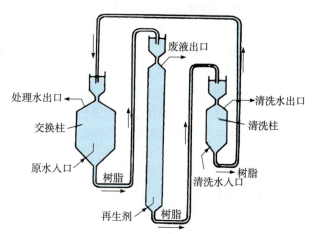

图 9-42　Asahi 移动床

2. 流动床离子交换　流动床是连续逆流式离子交换装置，装置系统内的树脂、被处理液体和再生液等均完全处于连续流动的状态，交换、再生和清洗等操作在系统内的不同位置同时进行。

图 9-43 所示为国产 SL 型双塔式流动床离子交换水处理装置及流程。一个塔将再生段和清洗段上下合在一起，另个塔为较粗的交换塔。交换塔由三或四个级段组成。原水由塔底进入，产生的软水从塔顶流出。树脂从塔顶逐层下降，与水在塔内成逆流流动，进行离子交换。

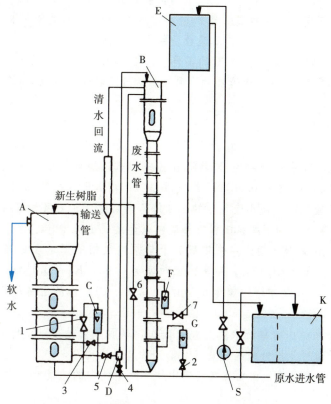

图 9-43　国产双塔式流动床离子交换装置流程
1. 原水阀　2. 清洗水阀　3. 清水回流阀　4. 动力水阀
5. 树脂阀　6. 再生树脂阀　7. 盐液阀
A. 交换塔　B. 再生塔　C. 原水流量计　D. 水射器　E. 高位盐液槽
F. 盐液流量计　G. 清洗水流量计　S. 盐液泵　K. 低位盐液槽

失效树脂由塔底流出,由水射器抽送入再生塔顶部,由树脂回流斗向下流动,依次通过预再生段、再生段和清洗段。在再生段,树脂与向上流动的食盐溶液逆流接触而再生。在清洗段,树脂与向上流动的清洗水逆流接触。清洗好的再生树脂因重力作用由该塔底部返回交换塔循环使用。

SL型双塔式流动床离子交换装置具有系列型号规格。例如,SL-10型的规格和操作参数为:交换柱直径800mm,再生柱直径156mm,交换树脂层静态高1.5m,树脂填量940kg,交换流量12 500kg/h,交换流速25m/h,再生剂用量为理论值的2倍。

流动床离子交换的主要优点为连续生产,效率高,装置尺寸小,树脂利用率高。缺点是树脂磨损较快。

习 题

9-1 CO_2 气体在稳态下通过长20cm,直径1.0cm的装有 N_2 的管扩散,温度为25℃,总压为1atm,管一端 CO_2 的分压为60.6kPa,另一端为10.1kPa。若已知25℃扩散系数 $D_{N_2\text{-}CO_2}=1.67\times 10^{-5}\text{m}^2/\text{s}$,计算 CO_2 的扩散通量。

9-2 甲烷(气)在长为0.1m的直管内扩散,管内充满氦气,温度为25℃,总压力1atm,管一端甲烷的分压是14.0kPa,另一端为1.3kPa。氦在一个边界上是不溶解的,因此是静止的。计算稳态时甲烷的扩散通量。

9-3 水在一地下灌溉渠内流动,温度为25℃。每30m设置一内径为25cm,长为0.3m的通气口与温度为25℃的大气相通。在300m长的渠内共设置10个通风口。假设外部空气是干燥的,计算24h水的总蒸发损失。已知25℃水蒸气在空气中的扩散系数为 $2.60\times 10^{-5}\text{m}^2/\text{s}$。

9-4 在例9-3中,若空气的相对湿度为20%,流速为4m/s,且是沿盘长45cm的方向流动(宽度为20cm),其他条件不变,求蒸发的传质系数及每小时蒸发量。

9-5 在压力为101.3kPa、温度为30℃的条件下,使 CO_2 的体积分数为0.30的混合气体流与一定量水不断接触,若30℃时的 CO_2 水溶液的亨利系数为191MPa,求水中 CO_2 的平衡浓度(单位为 mol/m^3)。

9-6 某油脂工厂用清水吸收空气中的丙酮,空气中丙酮的体积分数为0.01,要求回收率达99%,若水用量为最小用量的1.5倍,在操作条件下平衡关系为 $Y^*=2.5X$,计算总传质单元数。

9-7 在填料塔中用清水逆流吸收空气-氨混合气中的氨。混合气质量流量为 $0.35\text{kg}/(\text{m}^2\cdot\text{s})$,进塔气体浓度 $Y_1=0.04$,回收率0.98,平衡关系为 $Y^*=0.92X$,气相总容积吸收系数 $K_Y a_v=43\text{mol}/(\text{m}^3\cdot\text{s})$,操作液气比为最小液气比的1.2倍。求塔底液相浓度和填料层高度。

9-8 用清水吸收原料气中的甲醇在填料吸收塔中以连续式逆流操作进行。气体流量为 $1000\text{m}^3/\text{h}$,原料气中含甲醇 0.1kg/m^3,吸收后水中含甲醇等于与原料气相平衡时浓度的2/3,塔在标准情况下操作,吸收的平衡关系为 $Y^*=1.15X$,甲醇的回收率为0.98, $K_Y=0.134\text{mol}/(\text{m}^2\cdot\text{s})$,塔内填料有效面积为 $190\text{m}^2/\text{m}^3$,气体的空塔流速为0.5m/s,试求:(1)水的用量;(2)塔径;(3)填料层高度。

9-9 某一连续脱臭系统中有单级水蒸气脱吸操作,以脱除奶油中的气味,若气味物质在奶油中的含量达10mg/kg,而通过此接触级的水蒸气对奶油的质量比为0.75:1,试计算离开接触级的奶油中气味物质的浓度,已知平衡时气味物质在奶油中和在水蒸气中的浓度比为1:10,且假定此接触级为理想平衡级。

9-10 用某吸附剂使糖液色度降低98%,当采用一次接触吸附,2m^3 糖液需吸附剂60kg。求:

(1) 如果采用二级平流接触吸附,每级吸附剂的最小用量及总吸附剂用量。
(2) 如改用二级逆流吸附法的吸附剂用量。假定吸附平衡关系符合下式:$q^*=mc$。

9-11 在80℃下用活性炭处理糖质量分数为0.48的糖液,以吸附脱色。相应每千克糖,活性炭用量及脱色率如下：

活性炭用量/kg	0	0.005	0.010	0.015	0.020	0.030
脱色率	0	0.47	0.70	0.83	0.90	0.95

（1）计算 Freundlich 公式中的常数 m，n（设原糖液中色素浓度为 0.20）。

（2）处理 1 000kg 糖液，要求脱色率达 0.98，计算分别采取单级操作、二级平流操作和二级逆流操作的活性炭用量。

9-12　在釜式离子交换器内用 4%DVB 阳树脂处理一稀 NaOH 溶液，达交换平衡后使溶液与树脂分离，测得溶液 pH 为 8.70，溶液中 Na^+ 浓度为 $8\mu mol/m^3$，计算树脂中 Na^+ 的摩尔分数。

9-13　采用 732# 阳离子交换树脂固定床对硬度离子总浓度为 $5.40mol/m^3$ 的原水进行离子交换处理，床直径 0.32m，床层高 1.5m，树脂的工作交换容量为 $1.06kmol/m^3$，如果采用强酸性阳树脂的最低空塔流速，出水硬度离子浓度降为 $50mmol/m^3$，求交换步骤所需时间。

第十章 CHAPTER 10

蒸 馏
Distillation

第一节 蒸馏的基本原理

- 10-1 双组分体系汽液相平衡 323
- 10.1A 双组分体系汽液相图 323
- 10.1B 相对挥发度 324
- 10-2 蒸馏方法 325
- 10.2A 单级蒸馏 325
- 10.2B 多级蒸馏 328

第二节 双组分精馏的计算

- 10-3 精馏塔的物料衡算 330
- 10.3A 全塔物料衡算 330
- 10.3B 精馏段的物料衡算 331
- 10.3C 提馏段的物料衡算 332
- 10-4 进料状态对精馏的影响 332
- 10.4A 进料热状态 332
- 10.4B 进料方程 333
- 10-5 平衡级数的确定 335
- 10.5A 平衡级概念 335
- 10.5B 图解法求平衡级数 335
- 10-6 回流比的影响和选择 336
- 10.6A 全回流 336
- 10.6B 最小回流比 337
- 10.6C 最适回流比 337

第三节 精馏装置及节能

- 10-7 板式塔的结构和性能 339
- 10.7A 塔板结构 339
- 10.7B 塔板上流体力学状况 341
- 10.7C 塔板负荷性能图 343
- 10.7D 塔高和塔径 343
- 10-8 精馏装置的节能 345
- 10.8A 精馏过程的热力学分析 345
- 10.8B 精馏的节能方法 346
- 习题 347

蒸馏（distillation）是利用组分挥发度的不同，将流体混合物分离成较纯组分的单元操作。蒸馏过程涉及汽、液两相间的传质和传热。在一定条件下使汽、液两相充分接触，液相中的易挥发组分吸热汽化进入汽相的倾向较大，而汽相中的难挥发组分放热液化进入液相的倾向较大。两相接近平衡时分离，汽相产品将含有较多的易挥发组分，而液相产品将含有较多的难挥发组分。可见，混合物中组分间汽、液相平衡关系是分析精馏原理和进行工艺计算的理论依据。

在食品生产中，常需将液体混合物中的组分用蒸馏方法分离开作为产品或进一步精制的原料。例如，将发酵醪蒸馏使水和酒精分离制得粗馏酒精。粗馏酒精主要含乙醇，还含挥发性的醛、酸、酯和杂醇等，要制得更纯的酒精，还要进一步通过一系列蒸馏和其他操作来完成。

在实践中较常见的是含有两种组分溶液的蒸馏。即使是多组分的蒸馏，也往往是将它们两两分离。因此，双组分蒸馏是研究蒸馏过程的基础，本章主要讨论双组分蒸馏的原理、方法和计算。

第十章 蒸 馏
Distillation

第一节 蒸馏的基本原理

10-1 双组分体系汽液相平衡

10.1A 双组分体系汽液相图

按照相律（phase rule），一个体系达相平衡时，体系的自由度数 F、独立组分数 C 和相数 P 间的关系为

$$F = C - P + 2 \tag{10-1}$$

对双组分体系，$C=2$，则 $F=4-P$，体系至少有一相，$P=1$，则自由度数最多为 $F=4-1=3$。这三个自由度可为温度 T，压力 p 以及汽相或液相组成。

为叙述方便，我们将双组分体系中沸点较低的组分（常称为易挥发组分或轻组分），用 A 表示；将沸点较高的组分（常称为难挥发组分或重组分），用 B 表示。在蒸馏中，相的组成用摩尔分数表示最为方便。对液相，两组分的浓度关系为 $x_A + x_B = 1$，只用 x_A 就可表示液相组成。对汽相同样有 $y_A + y_B = 1$，只用 y_A 就可表示汽相组成。在达汽液相平衡时，x_A 和 y_A 间必然存在一定的函数关系。这样，描述双组分体系相平衡最多需三个独立变量，它们可以是 T，p，x（或 y）。

将双组分体系相平衡关系用平面图形表示出来，经常使用下面几种相图：(1) 定 T 下的 p—x 图；(2) 定 p 下的 T—x 图；(3) 定 p 下的 y—x 图。

1. p—x 图 对 A、B 二组分构成的理想溶液，在所有的浓度范围内将遵循拉乌尔（Raoult）定律，即

$$p_A = p_A^0 x_A \tag{10-2}$$
$$p_B = p_B^0 x_B = p_B^0 (1 - x_A) \tag{10-3}$$

式中 p_A，p_B——组分 A 和 B 的汽相平衡分压，Pa；
p_A^0，p_B^0——纯组分 A 和 B 的饱和蒸汽压，Pa。

蒸汽相的压力 p 为 p_A 和 p_B 之和，因此

$$p = p_A + p_B = p_A^0 x_A + p_B^0 (1 - x_A)$$

或
$$p = p_B^0 + (p_A^0 - p_B^0) x_A \tag{10-4}$$

式 (10-4) 反映了双组分理想溶液压力 p 与液相组成 x_A 的关系。在定 T 下的 p—x 相图中是一条直线，称为液相线，如图 10-1 所示。

反映理想双组分体系汽相压力 p 与汽相组成 y_A 的关系的 p—y_A 线，就是图 10-1 中下面的曲线，称为汽相线。在图 10-1 的相图中，液相线之上，是液相单相区 L。汽相线之下，是汽相单相区 V。两条线之间的月牙形区，是汽液两相平衡共存区。

如液相是非理想溶液，将对拉乌尔定律产生偏差，液相线将不再是直线，而是上凸或下凹的曲线。如产生的是较大的正偏差，液相线上凸将产生最高点，此点的 p 值比 p_A^0 要大。如产生的是较大的负偏差，液相线下凹将出现最低点，此点的 p 值比 p_B^0 还要小。

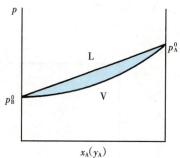

图 10-1 理想溶液的 p—x 相图

2. T—x 图 在 p—x 图上对应一定压力 p 可有一对平衡汽液相组成 y_A，x_A。取若干对不同温度 T 的 p—x 图对应同一 p 值的汽液相组成 y_A，x_A 值，可绘成定压 p 下的 T—x 相图。理想体系及对拉乌尔定律产生偏差不很大的非理想体系，其 T—x 图上曲线的形状相似，如图 10-2 (a) 所示。图中，上面的曲线是汽相线，下面的曲线为液相线。在汽相线之上，是汽相单相区。在液相线之下，是液相单相区。两线之间的梭形区，是汽液两相平衡共存区。曲线两端分别为纯 B 的沸点 T_B 和纯 A 的沸点 T_A。

如果体系的状态处于物系点 a，它为液相单相，温度为 T_a，组成为 x_1。对其加热，温度升高，

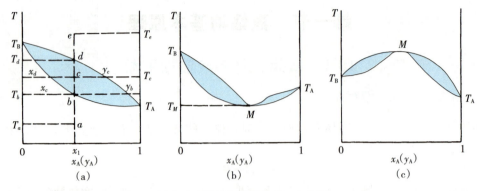

图 10-2 双组分体系的 $T-x$ 相图

物系点沿垂直线上移。当物系点到达液相线上的点 b 时，溶液开始沸腾，产生气泡，点 b 称为泡点 (bubble point)，其温度 T_b 称为泡点温度。到达泡点 b，体系开始进入两相区，此时产生的气泡组成为 y_b。若温度继续升至 T_c，物系点到达点 c，平衡的两相中，汽相组成为 y_c，液相组成为 x_c。$y_c > x_c$，这就是蒸馏分离的理论依据。按相律，双组分的两相区，$C=2$，$P=2$，则 $F=2$。已有一变量 p 被固定，则只余一个自由度。如选定 T 为 T_c，则 x_A、y_A 将皆被确定，它们即为 x_c、y_c。若温度继续升高，物系点会上移到达汽相线上的点 d，体系从汽相单相的点 e 降温也能到达点 d，产生露珠，点 d 称为露点 (dew point)，其温度 T_d 称为露点温度，露点的液相组成为 x_d。露点之上体系是汽相单相，露点之下，体系进入汽液两相共存区。

对拉乌尔定律产生较大正偏差，$p-x$ 图的液相线出现最高点的体系，其 $T-x$ 图如图 10-2 (b) 所示，液相线和汽相线在点 M 处相切。点 M 的温度称最低恒沸点，组成为点 M 的物系称为恒沸物 (azeotrope)。乙醇-水体系的 $T-x$ 相图就属于此种。对拉乌尔定律产生较大负偏差的体系，其 $T-x$ 相图具有最高恒沸点 T_M，如图 10-2 (c) 所示。恒沸物汽化时沸点 T_M 不变，汽相组成 y_A 等于液相组成 x_A。具有恒沸点的体系蒸馏时，不能同时得到较纯的 A 和 B，只能得到一种较纯组分 A 或 B 作为产物，另一产物将是恒沸物。

3. $y-x$ 图 用 $T-x$ 图上若干对不同温度两相平衡组成 y_A 和 x_A 的数据，可绘出定 p 下的 $y-x$ 相图，如图 10-3 所示。它们分别和图 10-2 中的三个图相对应。在图 10-3 (a) 中，因总是 $y_A > x_A$，故平衡曲线位于对角线 $y=x$ 之上方。在图 10-3 (b) 和图 10-3 (c) 中，相平衡曲线分别与对角线 $y=x$ 相交于点 M。

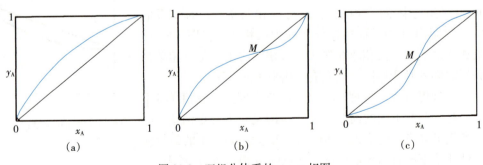

图 10-3 双组分体系的 $y-x$ 相图

10.1B 相对挥发度

双组分溶液中，一个组分的蒸汽压受另一组分存在的影响。某组分的平衡蒸汽压与其在液相中摩尔分数之比，称为该组分的挥发度 (volatility)，用 v 表示：

$$v_A = \frac{p_A}{x_A}, \qquad v_B = \frac{p_B}{x_B} \tag{10-5}$$

式中 v_A，v_B——组分 A，B 的挥发度，Pa。

溶液中两组分的挥发度之比，称为相对挥发度（relative volatility），用 α_{AB} 表示：

$$\alpha_{AB} = \frac{v_A}{v_B} = \frac{p_A/x_A}{p_B/x_B} \tag{10-6}$$

当压力不太高时，按 Dalton 定律：$p_A = py_A$，$p_B = py_B$，代入式（10-6），则

$$\alpha_{AB} = \frac{y_A/x_A}{y_B/x_B} \tag{10-7}$$

由于 $x_B = 1 - x_A$，$y_B = 1 - y_A$，省去 α_{AB} 的下标，可得

$$\frac{y_A}{x_A} = \alpha \frac{1 - y_A}{1 - x_A}$$

$$y_A = \frac{\alpha x_A}{1 + (\alpha - 1) x_A} \tag{10-8}$$

式（10-8）是双组分体系汽液相平衡关系的又一表达式，它用相对挥发度 α 表示了汽液平衡。当 α 值已知，按式（10-8）就可由 x_A 求得平衡时的 y_A。若 $\alpha > 1$，即 $y_A > x_A$。α 值越大，组分 A 和 B 越易蒸馏分离。

对理想溶液，因组分 A 和 B 在任何浓度都服从拉乌尔定律：$p_A = p_A^0 x_A$，$p_B = p_B^0 x_B$，代入式（10-6），可得

$$\alpha = \frac{p_A^0}{p_B^0} \tag{10-9}$$

此时，相对挥发度等于两纯组分蒸汽压之比。

10-2 蒸馏方法

按操作方式的不同，蒸馏方法可分为间歇蒸馏和连续蒸馏。

按操作压力的不同，蒸馏可分为常压蒸馏、加压蒸馏和真空蒸馏。真空蒸馏随压力的减小又依次分为五种：①减压蒸馏，操作压力一般不低于 10^4 Pa；②真空蒸馏，操作压力在 $10^4 \sim 10^2$ Pa 之间；③高真空蒸馏，压力范围在 $10^2 \sim 1$ Pa；④短程蒸馏，压力范围为 $1 \sim 10^{-2}$ Pa，此时分子从蒸发面到冷凝面的行程相对于汽相分子平均自由程已较短；⑤分子蒸馏，操作压力低于 $10^{-1} \sim 10^{-2}$ Pa，此时气相分子已近于分子态，蒸发面和冷凝面的间距小于平均分子自由程。分子蒸馏已广泛应用于浓缩或纯化高分子质量、高沸点、高黏度及热稳定性很差的有机物。

按汽相与液相接触次数的不同，蒸馏可分为单级蒸馏和多级蒸馏。单级蒸馏包括平衡蒸馏、微分蒸馏和水蒸气蒸馏。多级蒸馏分为分批多级蒸馏和连续多级蒸馏。连续多级蒸馏又称为精馏（rectification）。精馏广泛应用于工业分离。除普通精馏外，还有一些特殊精馏，如恒沸精馏、萃取精馏。

10.2A 单级蒸馏

1. 平衡蒸馏 平衡蒸馏是以某种方式使进料到达蒸馏空间，形成汽液两相充分紧密接触而趋于平衡，并迅速将两相分离的蒸馏操作。平衡蒸馏有两种方法：部分汽化平衡蒸馏和部分冷凝平衡蒸馏。部分汽化平衡蒸馏又称为闪蒸（flash distillation），将进料经加压预热至一定温度，经节流阀骤然减压到预定的压力，液体瞬时处于过热状态，产生自蒸发而使部分料液迅速汽化，进入闪蒸罐形成互成平衡的汽、液两相，再将汽、液两相迅速分离，如图 10-4（a）所示。部分冷凝平衡蒸馏是将蒸汽进料用冷凝器部分冷凝，进入分离器使汽液两相分离，如图 10-4（b）所示。两种平衡蒸馏方法皆可实现连续操作，用于分离相对挥发度较大的两组分。

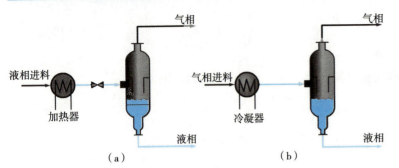

图 10-4 平衡蒸馏
(a) 闪蒸 (b) 部分冷凝

图 10-4 动画演示（闪蒸）　　图 10-4 动画演示（部分冷凝）

设在连续闪蒸中，F、V 和 L 分别为进料、分离的汽相（轻相）和液相（重相）流量（mol/s），x_F、y 和 x 分别为轻组分 A 在这三个流体流中的摩尔分数。对组分 A 进行物料衡算，可有

$$Fx_F = Vy + Lx \tag{10-10}$$

或

$$Fx_F = (F-L)y + Lx \tag{10-11}$$

通常 F，L，x_F 为已知的或设定的，要解出 x 和 y，还需要 $y-x$ 的平衡关系。可在 $y-x$ 平衡相图［图 10-3（a）］上，作式（10-11）的直线，与平衡曲线的交点的 x，y 值即为要求的解。

2. 微分蒸馏　微分蒸馏又称为简单蒸馏，是一间歇操作的批处理过程。如图 10-5 所示，将混合液加入蒸馏釜中，在恒压下加热至沸腾，使液体不断汽化，产生的蒸汽经冷凝后得到馏液产品。随蒸汽的不断引出，产生的蒸汽组成不断变化，开始的蒸汽轻组分含量最高，以后的蒸汽轻组分含量逐渐降低，而残留液中重组分浓度不断增大。因此，微分蒸馏只能使轻、重组分得到一定程度的分离。与平衡蒸馏不同，微分蒸馏是一种渐次汽化的蒸馏方法，它不是液相与全部汽相处于平衡状态，而是组成不断变化的残液与瞬间微量蒸汽相平衡，微分蒸馏是非稳态过程。

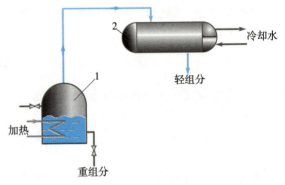

图 10-5　微分蒸馏
1. 蒸馏釜　2. 冷凝器

设某微分时间 dt 内，残液量由 L 变为 $L-dL$，轻组分摩尔分数由 x 变为 $x-dx$，产生的 dL 量蒸汽的轻组分摩尔分数为 y，按物料衡算，有

$$xL = (x-dx)(L-dL) + y\,dL$$

展开等式右边，忽略二阶无穷小量 $dx\,dL$，可得

$$\frac{dL}{L} = \frac{dx}{y-x} \tag{10-12}$$

图 10-5 动画演示

从始态的 L_0，x_0 到某时刻的 L，x，对上式积分，得

$$\ln\frac{L}{L_0} = \int_{x_0}^{x} \frac{dx}{y-x} \tag{10-13}$$

上式右边可用图解积分法求解：由 $y-x$ 平衡关系作 $\dfrac{1}{y-x}$ 对 x 的关系曲线，在 x_0 和 x 间曲线下的面积即为要求的积分值。

如果已知相对挥发度 α，按式（10-8），有

$$y = \frac{\alpha x}{1+(\alpha-1)x}$$

代入式（10-13）中，积分得

$$\ln\frac{L}{L_0}=\frac{1}{\alpha-1}\left(\ln\frac{x}{x_0}-\alpha\ln\frac{1-x}{1-x_0}\right) \qquad (10\text{-}14)$$

例 10-1 在 101kPa 压力下对等摩尔 A 和 B 的溶液 100mol 进行微分蒸馏,使最后残留液的 $x_A=0.28$。已知 A 对 B 的相对挥发度为 9.23,求馏出液总量及其中 A 的浓度。

解: 已知 $L_0=100$mol,$x_0=0.50$,$x=0.28$,代入式(10-14),有

$$\ln\frac{L}{L_0}=\frac{1}{\alpha-1}\left(\ln\frac{x}{x_0}-\alpha\ln\frac{1-x}{1-x_0}\right)=\frac{1}{9.23-1}\left(\ln\frac{0.28}{0.50}-9.23\ln\frac{1-0.28}{1-0.50}\right)=-0.48$$

$$\frac{L}{L_0}=0.62$$

$$L=0.62L_0=0.62\times100=62 \text{(mol)}$$

馏出液总量为

$$V=L_0-L=100-62=38 \text{(mol)}$$

设馏出液中组分 A 的摩尔分数为 y,作整个蒸馏过程组分 A 的物料衡算:

$$L_0x_0=Lx+Vy$$

$$y=\frac{L_0x_0-Lx}{V}=\frac{100\times0.5-62\times0.28}{38}=0.86$$

3. 水蒸气蒸馏 沸点较高液体的常压蒸馏需在较高温度下进行,这会造成热敏成分的破坏。为避免这种破坏,现在除主要采用真空蒸馏外,仍常应用水蒸气蒸馏。水蒸气蒸馏,又称为汽提,向料汽中通入水蒸气,只要水蒸气的分压和料液中被分离组分分压之和等于外压,就可达沸腾进行蒸馏,混合蒸汽经冷凝器冷凝,得到的馏液中高沸有机物和水因不互溶而易于在分离器中分开,这就是水蒸气蒸馏的原理,如图 10-6 所示。水蒸气蒸馏时,体系的沸腾温度低于各组分的沸点温度,即沸腾温度低于水的沸点,从而可在较低温度将沸点较高的组分从体系中分离出来,这是水蒸气蒸馏的突出优点。在食品工业中,水蒸气蒸馏常用于含有少量挥发性杂质的高沸点液体的提纯,如用于食用油和奶油在真空下的脱臭,香精油从不挥发性化合物中的分离,以及油类从残留溶剂或挥发性杂质中的提纯。

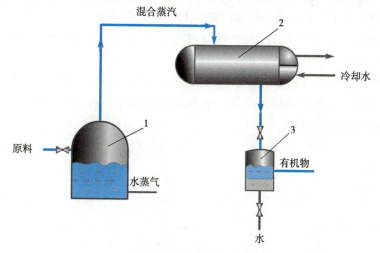

图 10-6 水蒸气蒸馏
1. 蒸馏釜 2. 冷凝器 3. 分离器

图 10-6 动画演示

水蒸气蒸馏时,气相总压 p 等于水蒸气分压 p_w 和被提取成分 A 的分压 p_A 之和,即

$$p=p_w+p_A \qquad (10\text{-}15)$$

如果使用过热水蒸气,则液相只有被蒸馏液体的单相。即使存在水的液相,高沸点液体一般也是不溶于水的,相内只有组分 A 是挥发性的,因此 $p_A=p_A^0$,而 $p_w=p_w^0$。这样,汽相中组分 A 的摩尔比为

$$Y_A=\frac{n_A}{n_w}=\frac{y_A}{y_w}=\frac{p_A}{p_w}=\frac{p_A^0}{p_w^0} \qquad (10\text{-}16)$$

若设 m_A 和 m_w 分别为汽相中高沸组分 A 和水蒸气的质量，M_A 和 M_w 分别为组分 A 和水的摩尔质量，则

$$\frac{n_A}{n_w} = \frac{m_A/M_A}{m_w/M_w} = \frac{p_A^0}{p_w^0}$$

$$\frac{m_A}{m_w} = \frac{p_A^0}{p_w^0} \cdot \frac{M_A}{M_w} \tag{10-17}$$

由式（10-17）可见，虽然一般 p_A^0 比 p_w^0 小得多，p_A^0/p_w^0 较小，但 M_A 常比 M_w 大许多，即 M_A/M_w 较大，单位质量水蒸气蒸馏出的组分 A 的质量 m_A/m_w 不会太小。例如，常压下用水蒸气蒸馏大茴香醚（沸点 154℃），在 99.7℃ 沸腾，虽然大茴香醚 p_A^0 仅 1.0kPa，$p_A^0/p_w^0=0.01$，但 $M_A=108$g/mol，$M_A/M_w=6$，100kg 水蒸气仍可蒸出 6kg 大茴香醚。

10.2B 多级蒸馏

1. 分批多级蒸馏　分批蒸馏即间歇蒸馏。在工业生产中，或因产量较小，或因料液浓度经常改变，对料液的蒸馏可能要分批次进行。首先将原料液整批装入蒸馏釜中，对釜加热进行蒸馏。与单级的微分蒸馏不同的是，蒸馏釜上安装具有多级塔板的蒸馏塔，蒸汽上升穿过各级塔板到达塔顶，经冷凝器冷凝后，部分采出作为塔顶产品，部分作为液体回流（reflux）由塔顶引回蒸馏塔中，如图 10-7 所示。

在单级的微分蒸馏中，过程强度不能大，否则会远离汽液瞬间平衡，使轻、重组分得不到较好分离。分批多级蒸馏因有多级塔板的蒸馏塔及回流操作，使上升的蒸汽与向下的液体溢流在各塔板上多级密切接触，进行质热传递，轻组分更多地汽化，重组分更多地冷凝，上级塔板上逸出的蒸汽就比下级塔板来的蒸汽更富含轻组分。这样，多级蒸馏就比单级蒸馏使轻重组分得到更好分离，过程强度也可较大。随着蒸馏的进行，不断增大塔顶馏液回流的比例，会保持稳定的塔顶产品质量。

分批多级蒸馏显然仍属非稳态操作，随过程的进行，釜内残留液中轻组分浓度会逐渐下降，产生的蒸汽中轻组分的含量也越来越少。蒸馏进行到一定程度，操作即应停止。釜内残留液作为蒸余产品放出。两次装料之间的停工、排空和清洗等将损失不少蒸馏时间。

2. 精馏　在大规模工业生产中，优越的蒸馏工艺是采用连续多级蒸馏——精馏。精馏的主要设备是精馏塔。板式精馏塔内设有多级一定形式的塔板。在塔顶连有冷凝器，在塔底连有加热塔底液体的再沸器（reboiler），如图 10-8 所示。塔顶的冷凝器使蒸汽冷凝，冷凝液部分作为产品 D 引出，部分作为回流 R 引回塔顶。塔底液体部分作为产品 W 引出，部分由再沸器产生蒸汽送回塔内，使塔内的各级塔板上保持稳定的汽液接触。

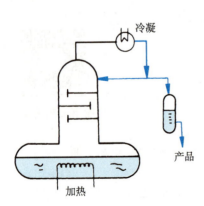

图 10-7　分批多级蒸馏

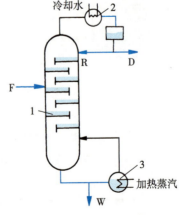

图 10-8　精馏装置

1. 精馏塔　2. 冷凝器　3. 再沸器　F. 进料
D. 塔顶产品　R. 回流　W. 塔底产品

图 10-8 动画演示

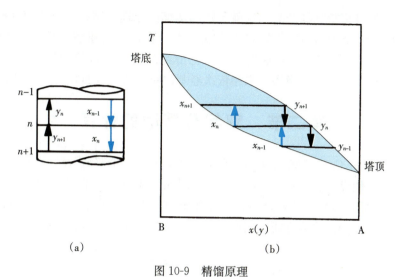

图 10-9 精馏原理
(a) 塔板编号和汽液流向　(b) 汽液相部分汽化和部分冷凝

精馏的原理为：在各级塔板上，来自下一级塔板的蒸汽与来自上一级塔板的液体密切接触，进行热量和质量交换，使汽相部分冷凝，液相部分汽化。结果，由这级塔板上升的蒸汽将含更多的轻组分 A，由这级塔板流下的液体将含更多的重组分 B。图 10-9 表示塔中第 n 级塔板的情形，由下面第 $n+1$ 级塔板升上来的轻组分 A 浓度为 y_{n+1} 的蒸汽与由上面第 $n-1$ 级塔板降下来的浓度为 x_{n-1} 的液体在第 n 级塔板相遇，密切接触进行质热交换，达到平衡，由图 10-9（b）可见产生的蒸汽的浓度 $y_n >y_{n+1}$，而产生的溢流液体的浓度 $x_n < x_{n-1}$。如此部分汽化和部分冷凝反复进行，越接近塔顶的塔板轻组分浓度越大，越接近塔底的塔板轻组分浓度越小。若塔板数足够多，理论上在塔顶可得纯轻组分 A，在塔底可得纯重组分 B。

进料从塔中部适当位置的塔板上引入，将全塔分为两段：进料板以上的塔段称为精馏段（rectifying section），进料板及其以下的塔段称为提馏段（stripping section），如图 10-8 所示。精馏段使温度较高的汽相与温度较低但轻组分含量较高的液相逆流级式接触，使轻组分逐级向上被提纯。提馏段使轻组分从液体中提馏出来，增加轻组分的回收率。对重组分则正好相反，提馏段提高其纯度，精馏段提高其回收率。

在精馏操作中，原料液连续从进料板进入，塔顶连续引出馏液产品，塔底连续得到塔底产品。塔内沿塔高建立起稳定的温度梯度和浓度梯度，形成精馏的连续稳态操作。塔顶馏液的回流、塔底液体再沸汽化以及塔内多级汽液接触单元的存在，是稳态精馏过程得以进行的必要条件。

填料塔也可以作为精馏塔使用，精馏原理与板式塔相似。

3. 特殊精馏　对于两组分沸点很接近、相对挥发度近于 1 的溶液，用普通精馏难于很好分离。若两组分能形成恒沸物，则根本不能用普通精馏方法分离。对这两种情况可以分别采用特殊精馏：萃取精馏和恒沸精馏。

（1）萃取精馏。图 10-10 为萃取精馏的典型流程示意。若 A、B 为沸点接近两组分，S 具有较高沸点并对组分 B 具有较强亲和力，则在进料板和塔顶之间引入萃取剂 S，可显著降低 B 的蒸汽压，从而加大 A 对 B 的相对挥发度 α。塔顶较易得到纯 A，塔底流出的混合液 B+S 送入后续塔中，因 S 沸点较高，B、S 分离易于用普通精馏实现，塔顶得纯 B，塔底流出的 S 可送回前一塔中循环使用，实现 A 和 B 两组分较好的分离。

（2）恒沸精馏。在双组分混合液中加入第三组分作夹带剂，它和原溶液中一个或两个组分形成新的具有最低恒沸点的溶液，于恒

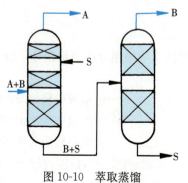

图 10-10 萃取蒸馏

沸精馏塔顶蒸出，塔底就可得到纯产品，这就是恒沸蒸馏的原理。例如，对乙醇（E）和水（W）形成的恒沸物 E-W（$x_E=0.894$），使用苯（B）作夹带剂，在恒沸精馏塔中精馏，塔顶产生沸点低至 64.85℃的 B-E-W 三元恒沸物蒸汽，塔底可得无水乙醇纯品（E）。塔顶的恒沸物蒸汽经冷凝分成两液相，有机相作为回流引回恒沸精馏塔，水相依次经苯回收塔和乙醇回收塔，最终分离出水。

第二节　双组分精馏的计算

我们采用通常称为 McCabe-Thiele 法的一种数学图解方法讨论双组分精馏过程的计算。这种方法的基本假定是恒摩尔流假设，它假定两个组分的摩尔汽化热相等，无混合热和热损失，1mol 物质冷凝放热恰好能使 1mol 物质汽化，这样就可以忽略焓衡算。在精馏段和提馏段两塔段内，各级间汽、液相摩尔流量都是常量，操作线为直线。因此，可以很方便地对精馏进行图解计算。

10-3　精馏塔的物料衡算

10.3A　全塔物料衡算

为了求出精馏塔塔顶和塔底产品的流量，可作全塔的物料衡算。图 10-11 所示为精馏塔的进料和出料情况。由于是连续稳态操作，故进料流量必等于出料流量的加和。对图中虚线范围的系统，先作全塔总物料衡算，得

$$F=D+W \tag{10-18}$$

式中　F——进料流量，mol/s；
　　　D——塔顶馏液产品流量，mol/s；
　　　W——塔底釜液产品流量，mol/s。

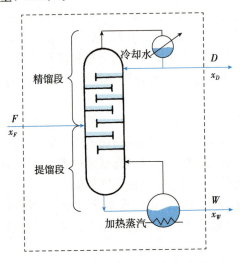

图 10-11　全塔的物料衡算

再作全塔轻组分的物料衡算，得

$$Fx_F = Dx_D + Wx_W \tag{10-19}$$

式中　x_F——进料液中轻组分的摩尔分数；
　　　x_D——馏出液中轻组分的摩尔分数；
　　　x_W——釜液中轻组分的摩尔分数。

以上两式表示精馏过程中，原料液、馏液产品和釜液产品流量及其组成六个量间的关系。一般 F，x_F 是已知的，x_D，x_W 是工艺要求的，则另两个量 D，W 可计算求出。

这样，塔顶产品中轻组分的回收率 η_D 和塔底产品中重组分的回收率 η_W 也可求出：

$$\eta_D = \frac{Dx_D}{Fx_F} \tag{10-20}$$

$$\eta_W = \frac{W(1-x_W)}{F(1-x_F)} \tag{10-21}$$

10.3B 精馏段的物料衡算

1. 恒摩尔流假设 图 10-12 中绘出精馏段中三级相邻的塔板：第 $n-1$，n 和 $n+1$ 级塔板。设 V_{n+1} 为从第 $n+1$ 级塔板上升至第 n 级塔板的蒸汽流量，mol/s；V_n 为从第 n 级塔板上升至第 $n-1$ 级塔板的蒸汽流量，mol/s；L_{n-1} 和 L_n 分别为从第 $n-1$ 级和第 n 级塔板流下的液体流量，mol/s。对进、出第 n 级塔板的物流进行物料衡算，可得

$$V_{n+1} + L_{n-1} = V_n + L_n \tag{10-22}$$

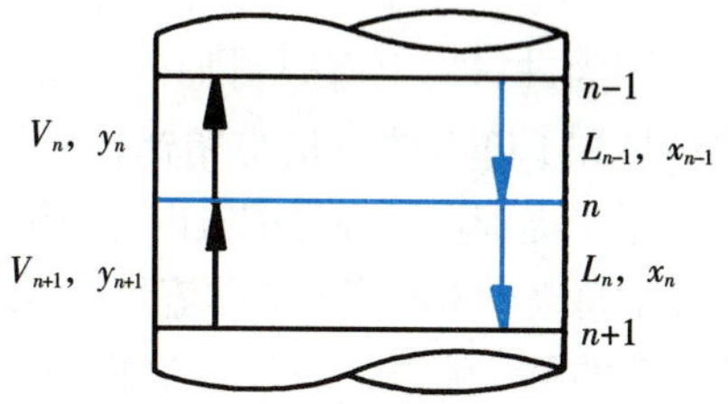

图 10-12 第 n 级塔板的物料衡算

假设组分的摩尔汽化潜热相等，忽略显热变化的差别和溶解热等，则 $V_{n+1}=V_n$。按式（10-22），又可得 $L_{n-1}=L_n$。将此结果推广至整个精馏段，则

$$V_1 = V_2 = \cdots = V_n = V_{n+1} = V = \text{定值} \tag{10-23}$$

$$L_1 = L_2 = \cdots = L_n = L_{n+1} = L = \text{定值} \tag{10-24}$$

式（10-23）表示各级塔板上升的蒸汽摩尔流量相等，称恒摩尔汽化。式（10-24）表示各级塔板下降的液体摩尔流量相等，称恒摩尔溢流。合起来就是精馏段物料衡算的恒摩尔流假设。

将第 n 级塔板和第 $n+1$ 级塔板之间的上升汽流 V 和下降液流 L，称作级间逆向流对，或简称作级间流对。下面推导精馏段级间流对的组成 y_{n+1} 和 x_n 之间的关系。

2. 精馏段操作线方程式 在图 10-13 精馏段的虚线范围内作物料衡算。总物料衡算式为

$$V = L + D \tag{10-25}$$

式中 V——精馏段每级塔板上升的蒸汽流量，mol/s；

L——回流液流量，亦即精馏段每级塔板下降的液体流量，mol/s。

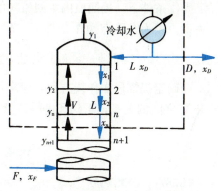

图 10-13 精馏段操作线方程推导

作轻组分的物料衡算，得

$$Vy_{n+1} = Lx_n + Dx_D \tag{10-26}$$

式中 y_{n+1}——精馏段内从第 $n+1$ 级塔板上升蒸汽中轻组分的摩尔分数；

x_n——精馏段内从第 n 级塔板下降液体中轻组分的摩尔分数；

x_D——馏出液中轻组分的摩尔分数。

由式（10-25）和式（10-26）可得

$$y_{n+1} = \frac{L}{V}x_n + \frac{D}{V}x_D$$

$$y_{n+1} = \frac{L}{L+D}x_n + \frac{D}{L+D}x_D \tag{10-27}$$

令

$$R = \frac{L}{D} \tag{10-28}$$

R 表示塔顶回流馏液流量与塔顶产品流量之比，称为回流比（reflux ratio），回流比 R 是重要的精馏设计和操作参数。由式（10-27）和式（10-28）易得

$$y_{n+1} = \frac{R}{R+1}x_n + \frac{1}{R+1}x_D \qquad (10\text{-}29)$$

式（10-29）称为精馏段操作线方程式。它表示在一定操作条件下，精馏段内从第 n 级塔板流下的液体组成 x_n 与升向第 n 级塔板的蒸汽组成 y_{n+1} 之间的相互关系。简言之，精馏段操作线方程式表示精馏段级间流对的浓度关系。在 y—x 图上，式（10-29）为一直线，即精馏段操作线，其斜率为 $R/(R+1)$，截距为 $x_D/(R+1)$。

10.3C 提馏段的物料衡算

因为进料板上有原料加入，所以提馏段内各塔板的上升蒸汽量和下降液体流量与精馏段不同，故精馏段操作线方程不能用于提馏段。在提馏段内也引用恒摩尔流假设。设 L' 为提馏段中每级塔板下降的液体流量，mol/s；V' 为提馏段中每级塔板上升的蒸汽流量，mol/s。在图 10-14 提馏段虚线范围内，即任意两相邻塔板 m 和 $m+1$ 板之间到再沸器作物料衡算，有

$$L' = V' + W \qquad (10\text{-}30)$$

$$L'x_m = V'y_{m+1} + Wx_W \qquad (10\text{-}31)$$

将式（10-30）代入式（10-31），并整理得

$$y_{m+1} = \frac{L'}{L'-W}x_m - \frac{W}{L'-W}x_W \qquad (10\text{-}32)$$

式（10-32）称为提馏段操作线方程式，此式表达了在一定操作条件下，提馏段内级间流对的组成 y_{m+1} 和 x_m 之间的关系。因为在稳态操作条件下，L'、W 和 x_W 都为定值，故式（10-32）绘于 y—x 图上也是一直线，称提馏段操作线。该直线的斜率为 $\dfrac{L'}{L'-W}$。

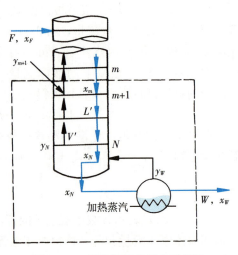

图 10-14 提馏段操作线方程推导

为确定提馏段操作线方程，应求得 L' 或 V'。提馏段和精馏段液相流量 L' 和 L 之间以及气相流量 V' 和 V 之间的关系，不仅和进料流量 F 有关，还与进料状态有关。

10-4 进料状态对精馏的影响

10.4A 进料热状态

在生产实际中，引入塔内的原料可有五种不同的状态：温度低于泡点的过冷液体；泡点的饱和液体；温度介于泡点和露点之间的汽液混合物；露点的饱和蒸汽；高于露点的过热蒸汽。这些进料状态可用一个进料热状态参数来表示。

1. 进料热状态参数 假设进料为汽液混合物，每 1 mol 进料中液相为 q mol，则汽相为 $(1-q)$ mol。

由图 10-15 可见，精馏段上升蒸汽流量 V 等于提馏段上升蒸汽流量 V' 和进料的汽相流量 $(1-q)F$ 之和，即

$$V = V' + (1-q)F \qquad (10\text{-}33)$$

提馏段下降液相流量 L' 等于精馏段下降液相流量 L 和进料的液相流量 qF 之和，即

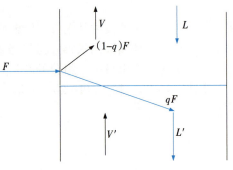

图 10-15 进料板上下的物流

$$L' = L + qF \qquad (10\text{-}34)$$

将式（10-34）代入式（10-32），得

$$y_{m+1}=\frac{L+qF}{L+qF-W}x_m-\frac{W}{L+qF-W}x_w \qquad (10\text{-}35)$$

式（10-35）为提馏段操作线方程式的又一种形式。

上三式中的 q 称为进料热状态参数，它可应用于五种进料状态。q 的定义为

$$q=\frac{\text{每摩尔进料变成饱和蒸汽所需的热量}}{\text{原料液的摩尔汽化热}}$$

若进料、饱和汽相和饱和液相的摩尔焓分别为 H_F、H_V 和 H_L，则进料热状态参数为

$$q=\frac{H_V-H_F}{\Delta_v H_F}=\frac{H_V-H_F}{H_V-H_L} \qquad (10\text{-}36)$$

式中　$\Delta_v H_F$——原料液的摩尔汽化热。

2. 五种进料热状态　根据式（10-36），五种进料热状态及其对应的 q 值及物流流量间的关系见表 10-1。

表 10-1　进料状态对应的 q 值及物流流量间的关系

进料状态	进料温度 T	进料焓 H_F	q 值	$L-L'$ 关系	$V-V'$ 关系
过冷液体	$T<T_b$	$H_F<H_L$	$q>1$	$L'>L+F$	$V'>V$
饱和液体	$T=T_b$	$H_F=H_L$	$q=1$	$L'=L+F$	$V'=V$
汽液混合物	$T_b<T<T_d$	$H_L<H_F<H_V$	$1>q>0$	$L<L'<L+F$	$V-F<V'<V$
饱和蒸汽	$T=T_d$	$H_F=H_V$	$q=0$	$L'=L$	$V'=V-F$
过热蒸汽	$T>T_d$	$H_F>H_V$	$q<0$	$L'<L$	$V'<V-F$

10.4B　进料方程

进料方程是精馏段操作线与提馏段操作线交点轨迹的方程，又称为 q 线方程。q 线上的点既然是精馏段和提馏段两操作线的交点，它将同时满足式（10-26）和式（10-31），这时两式变量相同，略去下标，则

$$Vy=Lx+Dx_D$$
$$V'y=L'x-Wx_W$$

两式相减，得

$$(V'-V)y=(L'-L)x-(Wx_W+Dx_D) \qquad (10\text{-}37)$$

由式(10-33)，有　　$V'-V=(q-1)F$

由式（10-34），有　　$L'-L=qF$

由式（10-19），有　　$Wx_W+Dx_D=Fx_F$

将它们代入式（10-37），得

$$(q-1)Fy=qFx-Fx_F$$

整理得

$$y=\frac{q}{q-1}x-\frac{x_F}{q-1} \qquad (10\text{-}38)$$

式（10-38）就是进料方程，又称 q 线方程。由此方程在 $y-x$ 图上画出的直线称为 q 线。精馏段操作线与提馏段操作线必定在 q 线上相交。因此，如已知精馏段操作线和 q 线，绘出提馏段操作线就很方便。

由式（10-38），当 $x=x_F$ 时，$y=x_F$。可知 q 线必都以图 10-16 中 $y=x$ 这条对角线上的点 e 作起点，q 线的斜率为 $\dfrac{q}{(q-1)}$。如已知进料组成 x_F，就可确定点 e；已知进料热状态参数 q，就得到 q 线斜率，于是就可作出 q 线。

在精馏的工艺设计计算中，进料流量 F 和组成 x_F、塔顶产品流量 D 和组成 x_D、塔釜产品流量 W 和组成 x_W 均由生产任务直接规定或间接确定。而回流比 R 和进料热状态参数 q 在设计中被选定。

要选得合适，就必须全面掌握 R 和 q 二参数对精馏操作的影响。这里先讨论 q 的影响。

当回流比 R 选定，精馏段操作线就随之确定，q 对其位置不会产生影响。当式（10-29）的精馏段操作线方程去掉变量下标时，成为

$$y=\frac{R}{R+1}x+\frac{1}{R+1}x_D \qquad (10-39)$$

式中，y 和 x 为级间流对的组成。当 $x=x_D$ 时，$y=x_D$，可见精馏段操作线的起点为图10-16中 $y=x$ 对角线上的点 a。若 R 一定，则该直线的斜率 $\frac{R}{(R+1)}$ 就一定，则该直线的位置就已确定，与 q 值无关。q 值只对提馏段操作线产生影响。

将式（10-32）的提馏段操作线方程中的变量去掉下标时，成为

$$y=\frac{L'}{L'-W}x-\frac{W}{L'-W}x_W \qquad (10-40)$$

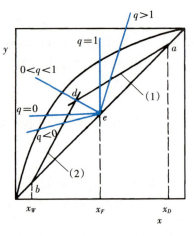

图 10-16 各种进料状态的 q 线
(1) 精馏段操作线　(2) 提馏段操作线

式中，y 和 x 是提馏段各级间流对的组成。当 $x=x_W$ 时，$y=x_W$。可见提馏段操作线在图10-16中，必止于 $y=x$ 对角线上的点 b。该直线的另一端就是精馏段操作线与 q 线的交点 d。如果 q 线的位置发生变化，d 点的位置将随之变化，并且提馏段操作线的斜率也将变化。而 q 线的位置决定于进料热状态。

图 10-16 表示出五种进料状态的 q 线位置，它们都起自点 e，但斜率不同。

① 过冷液体进料时，$q>1$，q 线斜率 $\frac{q}{q-1}>0$，q 线为从点 e 伸向右上方的直线；

② 饱和液体进料时，$q=1$，$\frac{q}{q-1}=\infty$，q 线竖直向上；

③ 汽液混合物进料时，$0<q<1$，$\frac{q}{q-1}<0$，q 线斜率为负，伸向左上方；

④ 饱和蒸汽进料时，$q=0$，q 线斜率为 0，q 线为水平线；

⑤ 过热蒸汽进料时，$q<0$，$\frac{q}{q-1}>0$，此时 q 线伸向左下方。

例 10-2　某精馏操作在露点温度进料，进料组成 $x_F=0.45$，馏出液组成 $x_D=0.90$，釜液组成 $x_W=0.10$，若取回流比 $R=1.7$，求提馏段操作线的斜率。

解： 已知露点温度 T_d 进料，$q=0$，q 线为过 e 点的水平线，如图 10-17 所示。由式（10-29），精馏段操作线 ad 的斜率为

$$\frac{y_a-y_d}{x_a-x_d}=\frac{R}{R+1}$$

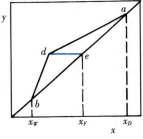

图 10-17 例 10-2 附图

将已知数据代入，有

$$\frac{0.90-0.45}{0.90-x_d}=\frac{1.70}{1.70+1}=0.63$$

解得

$$x_d=0.19$$

则提馏段操作线的斜率为

$$\frac{y_d-y_b}{x_d-x_b}=\frac{0.45-0.10}{0.19-0.10}=3.9$$

10-5　平衡级数的确定

10.5A　平衡级概念

在精馏操作中，如果进入一个精馏分离级的汽相和液相经过充分接触和质热传递而达到相平衡，该分离级就称为平衡级（equilibrium stage）。达到平衡后，两相分离，汽相升入上一级，液相流入下一级。在图 10-12 中，若第 n 级是平衡级，则离开该级的汽相组成 y_n 与离开该级的液相组成 x_n 之间呈平衡关系，可表示为 y—x 图中平衡线上的一个点。而在第 n 级和第 $n+1$ 级之间的级间流对的组成 y_{n+1} 和 x_n 的关系，称作操作关系，y_n 和 x_{n-1} 间的关系也是操作关系，操作关系与精馏过程的操作条件有关，反映在 y—x 图上是操作线上的点。

精馏操作如果在板式塔中进行，则每级塔板就是一个分离级。因此平衡级常常又称作理论塔板（theoretical tray）。

一个分离级的操作如果达到平衡级的程度，组分将得到最大可能的分离。如果精馏塔中的每个分离级都是平衡级，则完成一定的分离任务所需的分离级数将最少。这时的分离级数称作平衡级数，又称作理论塔板数，用 n 表示。平衡级数 n 的多少是精馏分离过程难度的一个指标。

实际上平衡级是很难达到的，因此实际级数 n_R 总是大于平衡级数 n，但平衡级数是精馏分离操作的一个重要指标，它是衡量精馏分离效果的最高标准。平衡级数 n 与实际级数 n_R 之比称为全塔效率，用 E_T 表示：

$$E_T = \frac{n}{n_R} \tag{10-41}$$

就单分离级而言，其分离效果可用级效率或板效率来衡量。默弗里（Murphree）级效率 E_M 的定义为

$$E_M = \frac{y_n - y_{n+1}}{y_n^* - y_{n+1}} \tag{10-42}$$

式中，y_n^* 为达相平衡时离开第 n 级的汽相组成。E_M 是实际增浓与平衡级增浓的对比。

平衡级概念和前章讲过的传质单元概念都可用于分析传质分离过程。平衡级数和传质单元数都可以作为精馏分离难度的度量。但在精馏讨论中广泛应用平衡级数来反映精馏分离的难度，而很少使用传质单元。因为求传质单元数要对传质推动力作积分计算，比较麻烦，而平衡级数的求解相比之下比较容易。

利用汽液两相的平衡关系和操作关系，就可求出平衡级数，其方法有逐级计算法和图解法，两方法实质相同。但图解法把数学运算简化为图解过程，更为直观和方便。

10.5B　图解法求平衡级数

图解法是在 y—x 直角坐标图的平衡线和操作线之间作梯级来求平衡级数 n，具体步骤如下：

(1) 作平衡线。在 y—x 直角坐标图上，根据二组分体系的汽相组成和液相组成的 y—x 平衡数据作出平衡曲线，并绘出对角线 $y=x$，如图 10-18 所示。

(2) 作精馏段操作线。由已知数据 x_D，在对角线上确定 $y=x=x_D$ 的点 a，由回流比 R 求 $\frac{R}{R+1}$，由点 a 作斜率为 $\frac{R}{R+1}$ 的直线 ad，即为精馏段操作线。

(3) 作提馏段操作线。先据进料组成 x_F 和进料热状态参数 q 作出 q 线：在对角线上确定 $y=x=x_F$ 的点 e，从点 e 出发作斜率为 $\frac{q}{q-1}$ 的直线 ed 交精馏段操作线于点 d。再据釜液组成 x_W，在对角线上确定 $y=x=x_W$ 的点 b，用直线连接 b、d，直线 bd 即为提馏段操作线。

(4) 在操作线与平衡线之间作梯级。从点 a 作水平线交平衡线于点 1，点 1 的纵坐标 y_1 和横坐

标 x_1 分别表示成平衡的汽相组成和液相组成，因此点 1 代表第 1 平衡级，y_1 为由该级上升的汽相组成，x_1 为由该级下降的液相组成。由点 1 引垂直线与操作线交于点 1'，点 1' 的纵坐标 y_2 和横坐标 x_1 的关系是操作关系，符合精馏段操作线方程式（10-29），y_2 和 x_1 为第 1 级和第 2 级之间级间流对的组成。再由点 1' 作水平线交平衡线于点 2，点 2 代表第 2 平衡级，其坐标 y_2 和 x_2 分别表示离开该级的成平衡的汽相和液相组成。由点 2 作垂直线与精馏段操作线相交，交点的坐标 y_3 和 x_2 又是操作关系，为第 2 级和第 3 级之间级间流对的组成。以此类推，每作出一个梯级，就代表一个平衡级。在图 10-18 中，点 4 已跨过了点 d，表示第 4 级为进料级，已属于提馏段，作梯级的垂线时，要与提馏段操作线相交。当梯级作到垂线已到达或刚跨过 b 点，图解完成。得到的梯级总数就是总的平衡级数 n。在图 10-18 中，得到 $n=7$，精馏段含三个平衡级，提馏段含四个平衡级，其中最后一级就是再沸器。

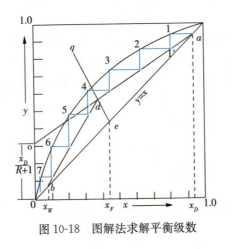

图 10-18　图解法求解平衡级数

图 10-18 动画演示

10-6　回流比的影响和选择

为了解回流比对精馏操作的影响，首先讨论两种极端的操作情况：全回流和最小回流比。

10.6A　全回流

由前面的讨论可知，若改变回流比 R 的大小将改变精馏段操作线的位置。当 R 增大时，精馏段操作线的斜率 $R/(R+1)$ 也随之增大，操作线离开平衡线就越远而越靠近对角线。回流比增大的极限情况，就是塔顶蒸汽冷凝后不取产品，将全部馏出液都作为回流，称作全回流（total reflux）。全回流时，$D=0$，回流比 $R=L/D=\infty$。这时，不向塔内进料，$F=0$，也不取出塔底产品，$W=0$。因而，操作线也无精馏段和提馏段之分了。这时，操作线的斜率 $\dfrac{R}{R+1}$ $=1$，截距 $\dfrac{x_D}{R+1}=0$，操作线与对角线 $y=x$ 重合了。

全回流时，操作线与平衡线之间偏离最大。求平衡级数时，在操作线和平衡线间绘直角梯级，其跨度最大。因此，在一定的分离要求下，所需的平衡级数 n 最少，如图 10-19 所示。

全回流是 R 的最大极限。这时精馏塔既不进料，也不取出产品，仅塔内汽流和液流上下逆流不息，徒耗冷凝器的冷量和再沸器的加热量。因此，全回流操作无生产实用价值，仅用于精馏塔的开工、调试和实验研究。

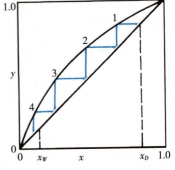

图 10-19　全回流时平衡级数

10.6B 最小回流比

如果逐渐减小回流比 R，在 $y-x$ 图上精馏段和提馏段的操作线会逐渐靠近平衡线，完成一定精馏分离任务所需的平衡级数逐渐增加。当操作线与相平衡线有接触点时，回流比已到最小的极限，此时的回流比称为最小回流比，以 $R_{\min}$ 表示。操作线与相平衡曲线的接触点，称作夹紧点。图 10-20（a）上的点 d_1 和图 10-20（b）上的点 g 都是夹紧点。在夹紧点附近平衡线和操作线非常接近，可以包含很大数量的平衡级，称作夹紧区。当回流比达到 $R_{\min}$ 时，完成一定分离任务需要无穷多个平衡级，故生产上不会实际采用，但 $R_{\min}$ 可作为确定实际回流比的参照。因此，最小回流比 $R_{\min}$ 对精馏工艺设计是有意义的。

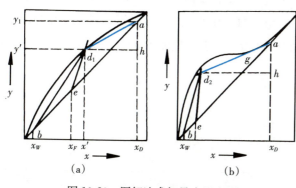

图 10-20　图解法求解最小回流比
（a）平衡线无拐点　（b）平衡线有拐点

图 10-20 动画演示（平衡线无拐点）　　图 10-20 动画演示（平衡线有拐点）

可以用图解法方便地求得最小回流比 $R_{\min}$。因产生夹紧点有两种情形，用图解法求 $R_{\min}$ 的过程会略有不同。

（1）相平衡曲线无拐点，如图 10-20（a）所示。由已知的 x_F 和 q 值，作 q 线交平衡线于点 d_1。由已知 x_D 确定点 a，连接 ad_1，即为精馏段操作线，由图知该线斜率为

$$\frac{R_{\min}}{R_{\min}+1}=\frac{x_D-y'}{x_D-x'}$$

则

$$R_{\min}=\frac{x_D-y'}{y'-x'}$$

（2）相平衡曲线有拐点，如图 10-20（b）所示。过点 a 作平衡线的切线与 q 线相交于点 d_2，显然该线的斜率为

$$\frac{R_{\min}}{R_{\min}+1}=\frac{\overline{ah}}{\overline{d_2h}}$$

则

$$R_{\min}=\frac{\overline{ah}}{\overline{d_2h}-\overline{ah}}$$

10.6C 最适回流比

在生产上采用的回流比应介于全回流和最小回流比两极端之间。最适回流比的选取，决定于精馏过程的经济性，使操作费和设备费的总和为最小。

精馏的操作费主要为再沸器的加热和冷凝器的冷却费用，两者皆取决于塔内上升的蒸汽量。由物料衡算知

$$V=L+D=RD+D=(R+1)D$$

当产品量 D 一定，V 与 $(R+1)$ 成正比，可见操作费随回流比 R 的增大而增加，参见图10-21。

设备费主要取决于精馏塔及附属设备的尺寸。当最小回流比时，分离级数无穷大，对板式塔即塔

板数无穷大,故设备费无穷大。R 稍大于 $R_{\min}$,平衡级数锐减,设备费用随之锐减。R 继续增加,级数减少已较缓慢。另一方面,随 R 增加,V 增加,使塔径、冷凝器和再沸器尺寸相应增大,故 R 增至一定值后,设备费用又将回升。

操作费用和设备费用之和为精馏操作的总费用,如图 10-21 所示。总费用曲线的最低点所对应的回流比,即为最适回流比(optimum reflux ratio),用 R_{opt} 表示。一般情况下最适回流比 $R_{\mathrm{opt}} = (1.2 \sim 1.5) R_{\min}$。

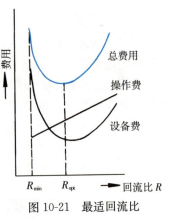

图 10-21 最适回流比

例 10-3 在 101kPa 压力下精馏 A-B 双组分混合液,进料温度为 328K,进料流量为 27.8mol/s,进料组成为轻组分 A 的摩尔分数 $x_F = 0.45$。馏出液组成 $x_D = 0.95$,釜液组成 $x_W = 0.10$,回流比为 4.0。已知料液比热容为 159J/(mol·K),汽化热为 32.1kJ/mol,泡点温度为 367K。求:

(1) 塔顶和塔底产品流量;

(2) 平衡级数 n;

(3) 最小回流比;

(4) 全回流时的平衡级数。

A-B 双组分体系的液汽平衡关系如下:

x_A	0	0.13	0.29	0.41	0.58	0.78	1.00
y_A	0	0.26	0.46	0.63	0.78	0.90	1.00

解:(1) 由全塔物料衡算和 A 组分衡算式:

$$F = D + W = 27.8$$
$$Fx_F = Dx_D + Wx_W$$
$$27.8 \times 0.45 = 0.95D + (27.8 - D) \times 0.10$$

解得
$$D = 11.4 \text{mol/s}, \quad W = 16.4 \text{mol/s}$$

(2) 在 $y-x$ 图上作 $y = x$ 对角线,据 $y_A - x_A$ 平衡关系,作相平衡曲线,如图 10-22 所示。精馏段操作线方程为

$$y_{n+1} = \frac{R}{R+1} x_n + \frac{x_D}{R+1} = \frac{4}{4+1} x_n + \frac{0.95}{4+1} = 0.80 x_n + 0.19$$

从对角线上 $y = x = x_D = 0.95$ 的点 a,作斜率为 0.80 的直线,即得精馏段操作线,如图10-22(a)所示。

由式(10-36),求 q 值。

$$q = \frac{H_V - H_F}{H_V - H_L} = \frac{\Delta_v h + c_p (T_b - T_F)}{\Delta_v h} = \frac{32.1 + 0.159 \times (367 - 328)}{32.1} = 1.19$$

q 线斜率为

$$\frac{q}{q-1} = \frac{1.19}{1.19 - 1} = 6.26$$

从对角线上 $y = x = x_F = 0.45$ 的点 e 作斜率为 6.26 的直线,即为 q 线,与精馏段操作线交于点 d。

连接对角线 $y = x = x_W = 0.10$ 的点 b 和点 d,即为提馏段操作线。

从点 a 开始,在操作线和平衡线之间作梯级到点 b,得 $n = 8$。第 5 级为进料级,如图10-22(a)所示。

(3) 如图 10-22(b)所示,将 q 线与平衡线的交点 d_1 与点 a 连成直线,该直线的斜率为

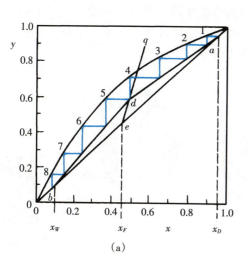
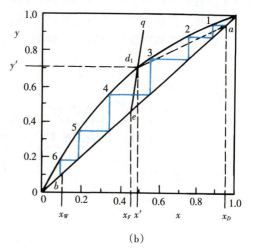

图 10-22 例 10-3 附图

$$\frac{R_{\min}}{R_{\min}+1}=\frac{x_D-y'}{x_D-x'}=\frac{0.95-0.70}{0.95-0.49}=0.54$$

$$R_{\min}=1.17$$

（4）从点 a 开始在对角线 $y=x$ 和平衡线间作梯级至点 b，得全回流时的平衡级数 $n=6$。

第三节 精馏装置及节能

精馏的主要装置是精馏塔。附属装置有冷凝器和再沸器，它们是不同形式的换热器。精馏塔分填料塔和板式塔两种类型，填料塔已在前一章介绍过，此处主要介绍板式塔。

10-7 板式塔的结构和性能

板式塔由圆筒形壳体和其内装置的若干级水平塔板构成。汽液两相在各级塔板上保持密切而充分的接触进行传质分离，因此塔板是板式塔的主要部件。

10.7A 塔板结构

塔板的结构应使蒸汽在压差推动下自下而上穿过塔板开孔和板上液层而上升，使液体由重力作用自上而下一级级流下，并使板上维持一定液层，使汽液相在板上充分接触。为此，塔板应具有汽相流通装置和液相流通装置。

1. 汽相流通装置 塔板的汽相通道形式很多，它决定塔板性能。各种形式的塔板主要区别就在于汽相通道形式的不同。常见的塔板形式如下：

（1）泡罩塔板。泡罩塔板（bubble-cap tray）是工业应用最早的一种塔板。它由升气管及其上悬盖的泡罩构成气体通道，如图 10-23 所示。气体由升气管上升，经泡罩和升气管间的回转通路，由泡罩下部开的齿缝逸出液层。由于升气管高出塔板，即使气体负荷低时也不易发生漏液，因而泡罩塔板具有很大的操作弹性。但泡罩塔板结构复杂笨重，制造成本高，塔板压降大，生产能力小，故在生产中已较少被采用。

（2）浮阀塔板。浮阀塔板（valve tray）是 20 世纪 50 年代开发、当今应用最广泛的一种塔板。与泡罩塔板相比其主要改进是取消了升气管，并在塔板开孔上方装设可上下浮动的阀片。浮阀的开度会随气量变化自动调节。气体流量小时阀开度较小，使气体仍具有足够气速通过环隙，减少漏液。气体流量大时阀片浮起，开度增大，使气速不致过高，从而降低压降，维持平稳操作。图 10-24 为一种浮阀的示意。阀片和 3 个阀腿是整体冲压成的，周边还有 3 个下弯的小定距片，定距片控制阀片具有最小开度，防止阀片被塔板黏附。阀腿可限制阀片的最大开度。

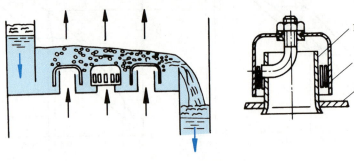

图 10-23　泡罩塔板
1. 升气管　2. 泡罩　3. 塔板

图 10-23 动画演示

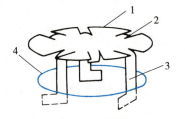

图 10-24　浮阀塔板
1. 浮阀片　2. 定距片　3. 浮阀腿　4. 塔板的阀孔

图 10-24 动画演示

浮阀塔板具有生产能力大、操作弹性大、分离效率较高、结构简单、造价低和维修方便等优点。缺点是气速低时较易漏液，阀片有时会卡死、吹脱，造成故障。

（3）筛孔塔板。筛孔塔板（sieve tray）简称筛板，如图 10-25 所示，它与泡罩塔板具有同样长的历史。这种塔板构造简单，造价低廉，性能优于泡罩塔板。过去曾认为它的筛孔容易漏液，操作弹性小，使其应用受到限制。经过几十年的研究和实践，已获得成熟的筛板使用经验和设计方法。现在，筛板仍为应用较广的一种塔板。

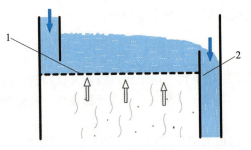

图 10-25　筛孔塔板
1. 筛板　2. 降液管

图 10-25 动画演示

筛孔直径 d_0 的选择与筛板直径有关。当筛板直径为 0.3～1m 时，孔径一般为 4～6mm。筛孔通常为正三角形排列。孔间距 t 为两孔的中心间距，它决定筛板的开孔率 φ_a。

$$\varphi_a = \frac{A_0}{A_a} = \frac{0.907}{(t/d_0)^2} \tag{10-43}$$

式中　A_0——每块塔板上筛孔的总面积，m^2；
　　　A_a——每块塔板开孔区总面积，m^2。

一般选取 $\dfrac{t}{d_0} = 2.5～5$，最佳值为 3～4。

2. 液相流通装置 液相流通装置主要有降液管和溢流堰，如图 10-26 所示。降液管（downcomer）是液体自上级塔板流下来的通道，其截面一般为弓形，截面积 A_d 决定于其宽度 W_d。塔板级间的降液管是交错排列的。塔板的出口端设置一定高度 h_w 的溢流堰（weir），溢流堰的长度 l_w 与降液管截面的直边相同。溢流堰的作用是维持塔板上的液层高度和使板上液流均匀。液体自上级塔板经降液管流下，横向流过面积为 A_a 的开孔区，翻越溢流堰，沿该侧的降液管流向下级塔板。为使液体通畅流出，降液管下端离塔板应有一定高度 h_0。为防止气体窜入降液管，h_0 应小于堰高 h_w。

图 10-26 所示为单流型塔板，每级塔板只有一个降液管。如塔径较大，可采用双流型塔板，如图 10-27 所示。双流型将液体分成两半，每级塔板上设有两个溢流堰。来自左右两个降液管的液体分别流向中间，进入同一中间降液管，流到下级塔板又分成左右两股流动。塔径特大时，流程可以更多。

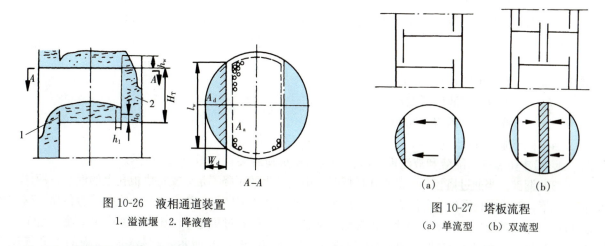

图 10-26 液相通道装置
1. 溢流堰 2. 降液管

图 10-27 塔板流程
(a) 单流型 (b) 双流型

10.7B 塔板上流体力学状况

以筛板塔为例讨论塔板上流体力学状况和性能。

1. 汽液接触状态 由于汽液相负荷大小的不同，塔板上汽液接触可有三种操作状态，如图 10-28 所示。

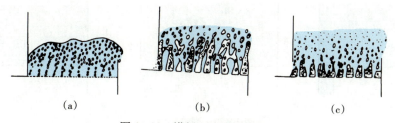

图 10-28 塔板上汽液接触状态
(a) 鼓泡态 (b) 泡沫态 (c) 喷射态

（1）鼓泡态。当汽相负荷相对较低时，它以鼓泡形式通过液层，液相为连续相。这种汽液接触状态两相传质面积为气泡表面积，传质阻力较大。

（2）泡沫态。当汽相负荷较大时，气泡数急剧增加，液汽接触的湍动程度增加，形成泡沫（froth）接触状态。既有液体连续相中的大量气泡，又溅出许多小液滴，泡沫态为两相传质创造良好流体力学条件。

（3）喷射态。当汽相负荷继续增大，动能很大的气流喷射穿过液层，液体形成喷散的液滴，此时，汽相成为连续相，形成两相喷射（spray）接触状态。这种气体在连续液相中的分散变成液体在连续汽相中的分散,称作发生相转变。喷射接触状态也为传质创造良好条件。

2. 塔板压降 气体通过塔板筛孔和板上液层必然产生阻力损失,称为塔板压降。通常采用加和性模型确定塔板压降。气体通过一级塔板的压降 Δp 为

$$\Delta p = \Delta p_c + \Delta p_l \tag{10-44}$$

式中 Δp_c——干板压降,Pa;
Δp_l——气体通过板上液层的压降,Pa。

干板压降 Δp_c 为气体通过板上没有液体的干塔板的压降,这与流体通过孔板的流动情况很相似,

$$\Delta p_c = \frac{1}{2}\rho_v \left(\frac{u_0}{c_0}\right)^2 \tag{10-45}$$

式中 ρ_v——蒸汽相密度,kg/m^3;
u_0——筛孔气速,m/s;
c_0——筛孔流量因数。

气体通过液层的压降 Δp_l 又为克服液体静压和克服液体表面张力的压降之和,即

$$\Delta p_l = \rho_l g h_l + \frac{4\gamma}{d_0} \tag{10-46}$$

式中 ρ_l——液体密度,kg/m^3;
h_l——塔板上清液层高度,m;
γ——液体表面张力,N/m;
d_0——筛孔直径,m。

3. 漏液和液泛 漏液和液泛现象都直接与汽相负荷有关,如图 10-29 所示。

(1) 漏液。当通过塔板气孔的汽速过低时,由此产生的压降不足以支持塔板孔上的液层,液体会由板孔流下,形成塔板漏液,如图 10-29(a)所示。所漏液体未经与气体在塔板上充分接触传质,这种短路将严重降低塔板分离效果。因此,正常操作时漏液量不能超过规定,汽相负荷就应大于最小允许值。

(2) 液泛。液泛有两种。一种是夹带液泛,如图 10-29(b)所示,它是穿过塔板的上升气流将许多小液滴夹带到上一级塔板的现象。这些带上去的液体本应是在原级塔板上充分传质后流到下级塔板上去的,因而夹带液泛影响了塔板上液体的提浓,不利于组分分离。为限制夹带液泛,就应使汽相负荷小于最大允许值。

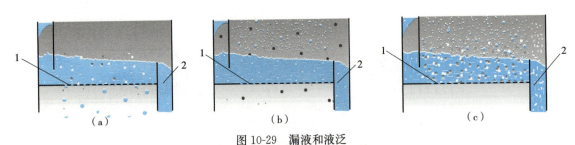

图 10-29 漏液和液泛
(a) 漏液 (b) 夹带液泛 (c) 降液管液泛
1. 筛板 2. 降液管

图 10-29 动画演示
(漏液)

图 10-29 动画演示
(夹带液泛)

图 10-29 动画演示
(降液管液泛)

另一种液泛是降液管液泛，如图10-29（c）所示。它是降液管内的泡沫液体液面升举到上级塔板溢流堰上部，使液体无法顺利流下而导致液流阻塞的现象。汽相负荷增大导致塔板压降增大，液相负荷增大导致液体在降液管中流动阻力增大，都是降液管液泛产生的原因。

10.7C 塔板负荷性能图

由上面的讨论可见，塔板的汽液相负荷都有一定限制。对某种形式的塔板，只有在一定范围内的汽液负荷下才能稳定操作。塔板的稳定操作范围可用图10-30所示的负荷性能图来表示。图中，坐标V是汽相体积流量，L为液相体积流量，斑马线区域即稳定操作负荷范围。它由五条线围成：

1为漏液线，此线之下，将造成塔板漏液和汽相分布不均，影响两相正常接触传质。

2为过量雾沫夹带线，此线之上，雾沫夹带量将超过允许界限（$0.1 kg_l/kg_v$），使塔板效率严重下降。

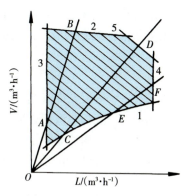

图10-30 塔板负荷性能图

3为液量下限线，此线之左，塔板将出现严重液流不均，传质效率降低。

4为液量上限线，此线之右，不能保证液体在降液管内必要的停留时间，液体内气泡不能充分分离，形成严重的汽相夹带。严重时，发生降液管液泛。

5为液泛线，此线之外，形成降液管液泛。

图10-30中，OAB、OCD、OEF三条直线表示不同液汽比的两相流量关系和稳定操作的上下限。其中OAB线的上限B为雾沫夹带，下限A为液量下限。OCD线的上限D为降液管液泛，下限C为漏液。OEF线的上限F为液量上限，下限E为漏液。

由塔板负荷性能图也可求得一定液汽比下塔板的操作弹性。操作弹性一般用汽相负荷上下限之比表示。例如，OAB线的塔板操作弹性即为V_B/V_A。

塔板负荷性能图对塔板的设计和操作都有指导意义。

10.7D 塔高和塔径

1. 塔高 全塔的高度为有效段、塔顶和塔底三部分高度之和。

有效段即汽液接触段，其高度由实际塔板数n_R和板间距H_T决定，即

$$h = n_R H_T \tag{10-47}$$

式中 h——全塔有效段高度，m；
　　H_T——板间距，m。

2. 塔径 塔径的选择直接与汽速相关。按圆管内流量公式，可有

$$D_T = \sqrt{\frac{4V}{\pi u}} \tag{10-48}$$

式中 D_T——塔径，m；
　　V——塔内汽相体积流量，m³/s；
　　u——汽相的空塔流速，m/s。

可见，计算塔径的关键在于选择合适的空塔汽速。u应介于防止漏液的最小允许汽速和防止液泛的最大允许汽速之间。

空塔汽速的选取还与板间距H_T有关。较大的板间距H_T可允许较高的u而不发生液泛，塔径可较小，但塔高要增加。相反，较小的H_T允许较小的u，塔径要增大。经济权衡，塔径与板间距应有一定的匹配关系。表10-2列出供设计参考的D_T—H_T数据。

表 10-2 单流型塔板间距

塔径 D_T/m	0.6~0.7	0.8~1.0	1.2~1.4	1.6~2.4
板间距 H_T/mm	300~450	350~600	350~800	450~800

初步选定板间距后，可按下面的方法求出空塔汽速 u。

由夹带液泛确定的最大汽速由下列半经验公式计算：

$$u_{\max}=C\sqrt{\frac{\rho_L}{\rho_V}-1} \tag{10-49}$$

式中 $u_{\max}$——最大允许汽速，m/s；
ρ_L/ρ_V——液相和汽相密度比；
C——汽相负荷因子，m/s。

汽相负荷因子 C 可由下列表面张力校正式求得：

$$\frac{C}{C_s}=\left(\frac{\gamma}{0.02}\right)^{0.2} \tag{10-50}$$

式中 C_s——液相表面张力为 0.02N/m 的汽相负荷因子，m/s；
γ——液相表面张力，N/m。

C_s 可由图 10-31 查得。图中，$\frac{L}{V}$ 为液相和汽相体积流量之比，h_L 为清液层高度，单位为 m。由已知数据求得横坐标 $\frac{L}{V}\left(\frac{\rho_L}{\rho_V}\right)^{1/2}$ 的值，沿相应的分离空间高度 H_T-h_L 的曲线，可查得 C_s 值。

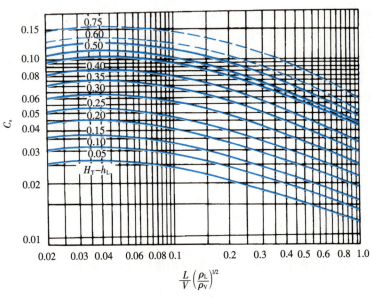

图 10-31 汽相负荷因子图

求得 $u_{\max}$ 后，乘以安全系数可得合适的空塔汽速，即

$$u=(0.6\sim0.8)u_{\max} \tag{10-51}$$

例 10-4 正己烷是食品工业中常用溶剂，用板式精馏塔分离正戊烷和正己烷混合物，已知液相和汽相体积流量分别为 0.001 9m³/s 和 0.57m³/s，密度分别为 610kg/m³ 和 2.85kg/m³，液相表面张力为 14.5mN/m，求塔径。

解： 由已知数据，可求得

$$\frac{L}{V}\left(\frac{\rho_L}{\rho_V}\right)^{1/2}=\frac{0.001\,9}{0.57}\times\left(\frac{610}{2.85}\right)^{1/2}=0.049$$

取板间距 $H_T=0.35\text{m}$，清液层高度 $h_L=0.06\text{m}$，则分离空间高度 $H_T-h_L=0.35-0.06=0.29\text{m}$，由图 10-31 查得 $C_s=0.060$，代入式（10-50），可求得

$$C=C_s\left(\frac{\gamma}{0.02}\right)^{0.2}=0.06\times\left(\frac{0.0145}{0.02}\right)^{0.2}=0.056$$

将 C 值代入式（10-49），得

$$u_{\max}=C\sqrt{\frac{\rho_L}{\rho_V}-1}=0.056\sqrt{\frac{610}{2.85}-1}=0.82\ (\text{m/s})$$

选空塔汽速为

$$u=0.65u_{\max}=0.65\times0.82=0.53\ (\text{m/s})$$

则

$$D_T=\sqrt{V/(\frac{\pi}{4}u)}=\sqrt{\frac{0.57}{0.785\times0.53}}=1.17\ (\text{m})$$

根据我国容器公称直径标准圆整，塔径为 1.2m。

10-8 精馏装置的节能

10.8A 精馏过程的热力学分析

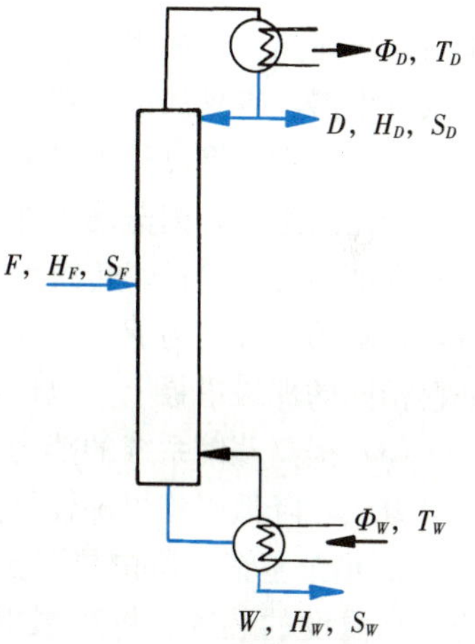

对图 10-32 所示的精馏过程，根据热力学第一定律作焓衡算，有

$$FH_F+\Phi_W=DH_D+WH_W+\Phi_D \quad (10\text{-}52)$$

式中 Φ_W,Φ_D——再沸器和冷凝器吸热和放热的热流量，W；
H_F,H_D,H_W——进料、塔顶和塔底产品的摩尔焓，J/mol。

根据热力学第二定律，在可逆条件下熵衡算式为

$$FS_F+\frac{\Phi_W}{T_W}=DS_D+WS_W+\frac{\Phi_D}{T_D} \quad (10\text{-}53)$$

式中 S_F,S_D,S_W——进料、塔顶和塔底产品的摩尔熵，J/(mol·K)。

图 10-32 精馏热力学分析

将式（10-53）乘以环境温度 T 并与式（10-52）相减，可得

$$F(H_F-TS_F)+\left(1-\frac{T}{T_W}\right)\Phi_W=D(H_D-TS_D)+W(H_W-TS_W)+\left(1-\frac{T}{T_D}\right)\Phi_D$$

移项，得

$$\left(1-\frac{T}{T_W}\right)\Phi_W-\left(1-\frac{T}{T_D}\right)\Phi_D=D(H_D-TS_D)+W(H_W-TS_W)-F(H_F-TS_F)$$

式中，$\left(1-\frac{T}{T_W}\right)$ 为理想热机的效率，$\left(1-\frac{T}{T_W}\right)\Phi_W$ 为单位时间对体系做的理想功，而 $\left(1-\frac{T}{T_D}\right)\Phi_D$ 为体系对环境做的理想功。因此，精馏过程单位时间内理想功的净消耗为

$$W_{\min}=\left(1-\frac{T}{T_W}\right)\Phi_W-\left(1-\frac{T}{T_D}\right)\Phi_D \quad (10\text{-}54)$$

若近似地认为

$$D(H_D-TS_D)+W(H_W-TS_W)-F(H_F-TS_F)=DG_D+WG_W-FG_F=\Delta G \quad (10\text{-}55)$$

式中 G_F,G_D,G_W——进料、塔顶和塔底产品的摩尔自由能，J/mol。
此时的 ΔG 为单位时间内精馏物料自由能增量。这样，在可逆条件下，精馏过程的最小分离功 $W_{\min}$ 等于物料自由能增量 ΔG，即

$$W_{\min}=\Delta G \quad (10\text{-}56)$$

可见，最小分离功决定于进料和产品的流量、温度和组成，稳态操作下具有一定值。

如果定义精馏过程的热力学效率为

$$\eta = \frac{W_{\min}}{\varPhi_W} \tag{10-57}$$

由式（10-54）可知，在可逆条件下，精馏的热力学效率就很低。实际过程须提供更大过程推动力，远非可逆过程，且会产生能量散失等，效率将更低。

10.8B 精馏的节能方法

精馏过程的实际热力学效率很低，为5%左右。输入热量的大部分都被冷凝器的冷却介质带走，变成低位能量。蒸馏操作广泛应用于石油化工、食品和医药等工业部门，全世界蒸馏的能源消耗占相当大的份额。因此在特别重视能源和环境，努力节能减排的今天，蒸馏的节能问题显得异常突出。

1. 精馏节能的基本方法 精馏过程节能的基本方法可以分三类：

（1）蒸馏过程热能的充分回收利用。主要途径是回收显热和潜热，加强保温。可利用冷热流体的换热回收显热，例如用釜液预热原料液。从潜热回收的热量通常比显热大得多。可将塔顶冷凝器用作蒸汽发生器，得到的低压蒸汽用于其他加热。

（2）减少蒸馏过程本身的能耗。这主要通过最佳操作条件的选择来实现。在操作条件中最突出的是回流比的选择，因蒸馏中加热能量的消耗在很大程度上取决于回流比的大小。最适回流比 R_{opt} 的选择原则前面已讨论过。传统设计原则推荐的最适回流比 $R_{opt} = (1.3 \sim 1.5) R_{\min}$。近年能源问题突显后，文献的推荐值为 $R_{opt} = (1.2 \sim 1.3) R_{\min}$。其次为最佳进料位置的选择。进料位置应选在组成与进料相同的那级塔板上，以避免发生因返混造成的效率损失或某塔段的无效操作。

（3）提高蒸馏系统的热力学效率。主要有采用热泵蒸馏、多效蒸馏和增设中间再沸器、中间冷凝器等方法，降低平均再沸器供热热流量 $\varPhi_W$，提高蒸馏的热力学效率。

2. 热泵蒸馏 所谓热泵是以消耗一定量的机械能为代价，把较低温度的热能提高到可被利用的较高温度的装置。将热泵用于蒸馏装置，是用压缩机使较低温蒸汽增压，升高其温度，提高其能量品位，使其可用作再沸器的热源。图10-33示出两种热泵蒸馏装置系统。图10-33（a）为开式热泵系统，将塔顶蒸汽直接引入压缩机中，增压升温后，通入再沸器作加热介质。在再沸器中冷凝为液体，经节流阀减压流入回流罐中。图10-33（b）为闭式热泵系统，用另种介质在冷凝器中吸收塔顶蒸汽的热量而蒸发为蒸汽，该蒸汽经压缩升温作再沸器加热介质，冷凝放热后经节流阀减压再进入冷凝器吸热蒸发，如此在闭路中循环操作。

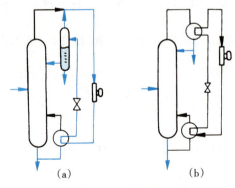

图10-33 热泵蒸馏
(a) 开式系统　(b) 闭式系统

3. 多效蒸馏 多效蒸馏原理与多效蒸发相似，它是将前级精馏塔塔顶蒸汽用作次级塔的加热蒸汽。显然，多效蒸馏的条件是各塔之间必须有足够的压差和温差，才会有足够的传热推动力。多效蒸馏的加热蒸汽用量与效数大致成反比。效数越多，能耗越小，蒸馏的热力学效率越高。但效数多，会

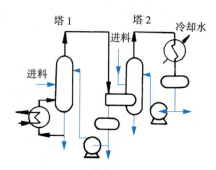

图 10-34 甲醇-水的双效蒸馏

使操作困难，且设备投资增加，所以采用最多的是双效蒸馏。图 10-34 为甲醇-水的双效蒸馏系统，其能耗比单效蒸馏降低 47%。

习 题

10-1 单位换算：

(1) 乙醇水溶液中乙醇质量分数为 0.12，其摩尔分数是多少？

(2) 乙醇-水恒沸物中乙醇的摩尔分数为 0.894，其质量分数是多少？

(3) 大气中 O_2 和 N_2 的体积分数各为 0.21 和 0.79，质量分数 w 各为多少？摩尔分数 y 各为多少？在标准大气压下，分压各为多少？

10-2 某双组分理想溶液，在总压为 26.7kPa 下的泡点温度为 45℃，试求汽、液平衡组成和物系的相对挥发度。设在 45℃ 纯组分的饱和蒸汽压为 $p_A^0 = 29.8\text{kPa}$，$p_B^0 = 9.88\text{kPa}$。

10-3 常压下将易挥发组分的 $x = 0.5$ 的双组分溶液进行平衡蒸馏，若汽化率为 1/3，试求汽液组成。假设在操作条件下汽液平衡关系为 $y = 0.46x + 0.55$。

10-4 在 50kg 正戊烷和正己烷混合液中，正己烷的摩尔分数为 0.55，正戊烷对正己烷的相对挥发度为 3.10。对混合液进行微分蒸馏，要使釜液中正己烷的摩尔分数达到 0.75，应在收集多少馏出液时使蒸馏停止？馏出液的组成如何？

10-5 在一连续操作的常压精馏塔中分离乙醇水溶液，每小时于泡点下加入料液 2 000kg，其中含乙醇 5%（质量分数，下同），要求塔顶产品中含乙醇 95%，塔底产品中含水 99%，试求塔顶、塔底的产品量（分别用 kg/h，kmol/h 表示）。

10-6 在常压连续精馏塔中分离一种双组分理想溶液。原料液流量为 30mol/s，$x_F = 0.30$，泡点进料。馏出液 $x_D = 0.95$，釜液 $x_W = 0.05$，回流比 $R = 3.5$。试求：

(1) 塔顶和塔底产品摩尔流量。

(2) 精馏段和提馏段上升蒸汽和下降液体摩尔流量。

(3) 分别写出精馏段和提馏段的操作线方程。

10-7 在连续精馏塔中分离双组分理想溶液，原料液流量为 75kmol/h，泡点进料。已知精馏段操作线方程 (a) 和提馏段操作线方程 (b) 分别为

$$y = 0.723x + 0.263 \tag{a}$$

$$y = 1.25x - 0.018 \tag{b}$$

假设塔内汽液相均为恒摩尔流动。求：

(1) 回流比 R 及塔顶产品的流量 D。

(2) 精馏段和提馏段的下降液体摩尔流量。

(3) 精馏段和提馏段的上升蒸汽摩尔流量。

10-8 某常压精馏塔蒸馏醋酸水溶液，原料液中醋酸（B）的质量分数 $w_B=0.31$，泡点进料。馏出液中 $w_B=0.02$。每小时从釜底得到 $w_B=0.55$ 的产品 200kg。回流比为 4。试求理想级数。醋酸（B）-水（A）体系汽液平衡数据如下：

液相 w_A	0.04	0.10	0.20	0.30	0.40	0.50	0.60	0.70	0.80	0.90
汽相 w_A	0.07	0.16	0.30	0.42	0.53	0.62	0.70	0.77	0.85	0.93

10-9 在常压连续精馏塔中分离甲醇-水溶液，若原料液组成 $x_F=0.40$，温度为 30℃，参考下列已知数据求进料热状态参数 q。

已知原料液的泡点温度为 75.3℃，操作条件下甲醇和水的汽化热分别为 1.055MJ/kg 和 2.320MJ/kg，甲醇和水的比热容分别为 2.68kJ/（kg·K）和 4.19kJ/（kg·K）。

10-10 在连续精馏塔中，已知精馏段操作线方程（a）和 q 线方程（b）分别为

$$y=0.75x+0.21 \qquad (a)$$
$$y=-0.5x+0.66 \qquad (b)$$

（1）求进料热状态参数 q。
（2）求原料液组成 x_F。
（3）求精馏段操作线和提馏段操作线交点坐标 x_q 和 y_q。

10-11 苯（A）和甲苯（B）的饱和蒸汽压数据见下表：

T/℃	80.2	84.1	88.0	92.0	96.0	100.0	104.0	108.0	110.4
p_A^0/kPa	101.3	113.6	127.6	143.7	160.5	179.2	199.3	221.1	233.1
p_B^0/kPa	40.0	44.4	50.6	57.6	65.7	74.5	83.3	93.9	101.3

根据上表数据作压力为 101.3kPa 下苯和甲苯溶液的 $T—y—x$ 图和 $y—x$ 图。此溶液服从拉乌尔定律。

10-12 用连续精馏塔分离苯-甲苯混合液，原料液 $x_F=0.40$，要求馏出液 $x_D=0.97$，釜液 $x_W=0.02$。

（1）若原料液温度为 20℃，求进料热状态参数 q。
（2）若原料为汽液混合物，汽液比为 3∶4，求 q。
（3）求最小回流比 R_{min}。$y—x$ 平衡关系用习题 10-11 的结果。

10-13 在真空度 28kPa 下用 180℃过热蒸汽蒸馏甘油以精制甘油。水蒸气中甘油的饱和度为 0.75，求蒸馏出 1 000kg 甘油所耗的蒸汽量。假设最初的原料甘油被加热至水沸点。已知甘油在 180℃下的蒸汽压为 2.39kPa。

10-14 某连续精馏塔分离含乙醇 40% 的水溶液，已知液相的体积流量为 0.091m³/s，汽相的体积流量为 0.000 1m³/s，液相的密度为 817.39kg/m³，汽相密度为 1.48kg/m³，液相表面张力为 39.79mN/m，若取塔板间距 $H_T=0.40$m，取板上液层高度为 0.05m，求塔径。

第十一章 CHAPTER 11

萃 取
Extraction

第一节 液-液萃取		11.4B 浸取设备	361
11-1 液-液萃取的基本原理	349	11-5 多级逆流浸取级数的计算	364
11.1A 萃取相平衡	350	11.5A 解析法计算浸取平衡级数	364
11.1B 单级平衡萃取	351	11.5B 图解法求浸取平衡级数	366
11-2 液-液萃取过程	352	第三节 超临界流体萃取	
11.2A 逐级萃取过程	353	11-6 超临界流体萃取的基本原理	368
11.2B 微分逆流萃取过程	356	11.6A 超临界流体	368
第二节 浸 取		11.6B 超临界流体萃取的方法	370
11-3 浸取的基本原理	358	11-7 超临界流体萃取在食品工业中的应用	372
11.3A 浸取平衡	358	11.7A 超临界流体萃取应用概述	372
11.3B 浸取机理	360	11.7B 超临界流体萃取在食品工业中应用选例	373
11-4 浸取流程和设备	361	习题	375
11.4A 浸取流程	361		

使溶剂与物料充分接触，将物料中的组分溶出并与物料分离，这种过程通称作萃取（extraction）。萃取过程是典型的相间传质过程。萃取操作的物料可以是固体，也可以是与溶剂不相溶或部分互溶的液体。萃取溶剂一般是液体，但也可为超临界流体。用液体溶剂萃取另一种液体物料中的组分，称为液-液萃取。用液体溶剂萃取固体物料中的组分，称为固-液萃取，又称作浸取（leaching）。用超临界流体作萃取溶剂的萃取操作，称为超临界流体萃取（supercritical fluid extraction）。

食品工业的原料大多为固体，无论是为获取其中有益组分，还是除去不需要的物质，常常采用浸取操作。浸取在食品工业中得到广泛应用。除油脂工业处理油料、制糖工业处理糖料的大型浸取工程外，香料、色素、植物蛋白、鱼油、肉汁、淀粉、速溶茶和速溶咖啡等的制造，大都应用浸取操作。液-液萃取在食品加工中的应用也有增加的趋势，例如食品发酵工业中发酵液中组分的分离，可以选择液-液萃取方法。超临界流体萃取是近40年开发起来的一种新型分离技术，由于它具有一系列优点，在食品工业中具有广阔的应用前景。

第一节 液-液萃取

11-1 液-液萃取的基本原理

液-液萃取是两个完全或部分不互溶的液相接触后，一个液相中的组分转移到另一液相，或在两液相中重新分配的过程，属于分离和提纯物质的重要单元操作之一。萃取过程是利用组分在两液相间不同的分配关系,通过相间传质达到分离、富集和提纯物质的目的。因此,要了解萃取过程,首先应了解在萃取条件下,组分在相间的平衡关系。

11.1A 萃取相平衡

在液-液萃取过程中,被萃取物料至少含有两个组分:溶质和原溶剂。加入萃取溶剂后,混合物体系就至少包含三个组分,因此应用三角相图表示比较方便。

1. 三角坐标法 通常用等边三角形表示三组分相图,如图 11-1(a)所示。三角形的三个顶点分别表示 A、B、C 纯组分。三条边 AB、AC、BC 分别表示 A-B、A-C、B-C 二组分混合物。混合物中各组分的浓度以摩尔分数或质量分数 x_A、x_B、x_C 分别在三条边上标出,$x_A+x_B+x_C=1$。混合物的物系点距哪个顶点越近,表明该组分的浓度越大。例如,物系点在点 a 的 A-C 二组分混合物,$x_A=0.3$,$x_C=0.7$。三角形内任一点表示三组分混合物,其组成可用如下方式确定:过该物系点分别作各边的平行线,由与各边的交点即可读取 x_A、x_B 和 x_C。例如,图11-1(a)中物系点 M 的组成为 $x_A=0.3$,$x_B=0.5$,$x_C=0.2$。反过来,如果知道三组分混合物的组成,就可在三角坐标中确定其物系点的位置。

为使用方便,三组分相图也可以用直角三角形表示,如图 11-1(b)所示,这时在两直角边上标示 x_A 和 x_C,而 x_B 可简单求得:$x_B=1-x_A-x_C$。相图的直观性和坐标图的性质与等边三角形相

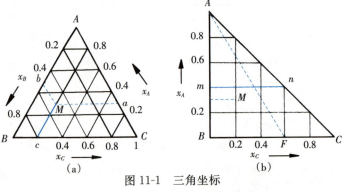

图 11-1 三角坐标
(a) 等边三角形　(b) 直角三角形

同。三角坐标常用的性质有:①与某边平行的线上该边所对顶点代表的组分浓度相同。例如,线 mn 上各点皆为 $x_A=0.4$。②由某顶点引出的直线上,另两组分含量之比恒定。例如,直线 AF 上各点都是 $x_B:x_C=0.4:0.6$,如向体系中添加组分 A,物系点将沿 FA 线向 A 点方向移动。

2. 三组分相图 如果三组分混合能形成完全互溶的单相溶液,这对于萃取没有应用意义。要使萃取过程得以实现,必须至少形成互不相溶的两相。在液-液萃取中,最常见的三组分相图是其中一对组分间为部分互溶的,如图11-2所示,该图表示在一定温度和压力下,A、B 和 C 三组分混合达平衡的相图,其中组分 B 和 C 是部分互溶的。在表示 B-C 二组分混合物的 BC 边上,如物系点位于 B、D 间,则为 C 溶于 B 中的单相,如物系点位于 E、C 间,则为 B 溶于 C 中的单相,如物系点位于 D、E 间,则形成两个不相溶的液相,它们的组成分别由点 D 和点 E 代表。因此,B 和 C 仅是部分互溶。而 A-B 二组分和 A-C 二组分则都是完全互溶的。

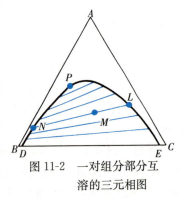

图 11-2 一对组分部分互溶的三元相图

在表示三组分混合物的三角形内,曲线 $DNPLE$ 之外是单液相区,在曲线之内,是两不互溶的液相区。所以曲线 $DNPLE$ 称为溶解度曲线。如果混合物的物系点位于两相区内的点 M,达平衡时将分成两液相 N 和 L,这两相称为共轭相。两共轭相的组成由溶解度曲线上两共轭点 N 和 L 表示。连接两共轭点 N 和 L 的直线段 NL,称为结线(tieline),物系点 M 必位于结线 NL 上。两相的量与三点位置的关系符合杠杆规则(lever rule)。如果浓度以摩尔分数表示,则液相的量以摩尔作单位表示,于是杠杆规则可写成

$$\frac{n_N}{n_L}=\frac{\overline{ML}}{\overline{NM}} \tag{11-1}$$

如果浓度采取质量分数作单位,则液相的量相应就为质量。在实践中,质量和质量分数更为常用。

如果向体系中增减组分 A,结线将向上或向下移动,如图 11-2 所示。结线向上移动,两共轭点逐渐靠近,终会在点 P 汇成一点,点 P 称为褶点 (plait point),褶点是临界混溶点,此时,两相消失形成液相单相。

另一种比较常见的三组分相图是由两对部分互溶的组分形成的。在图 11-3 中,组分对 A-C 和 B-C 都是部分互溶的,只有 A-B 间是完全互溶的。图中两曲线之间是两液相共存区。图中绘出了若干条结线。

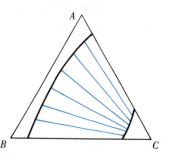

图 11-3 两对组分部分互溶的三元相图

11.1B 单级平衡萃取

1. 单级平衡萃取流程 萃取是相间传质过程,与蒸馏等过程一样,遵循许多共同的传质规律。但不同的传质过程皆有其不同的传质特点。液-液萃取是由于溶质在两液相溶解度不同产生液-液相间传质而实现组分的分离。下面通过最简单的单级平衡萃取说明液-液萃取的基本原理。

图 11-4 (a) 为单级萃取流程示意。向混合器中通入溶质 A 在溶剂 B 中的溶液 L_0,A 在其中的浓度为 x_0。加入作为萃取剂的溶剂 V_0,如果萃取剂是新鲜的溶剂 C,则其中 A 的浓度 $y_0=0$。二者在混合器中充分混合,进行密切液-液接触传质,形成的混合物 M 通入澄清器中,两液得以静止分层。若两液层中的溶质 A 达到了分配平衡,这一萃取过程称为平衡萃取。两液层中,一般富含溶剂 C 的液层(设为轻相)V_1 中,溶质 A 的浓度 y_1 较大,称为萃取液 (extract);富含原溶剂 B 的液层(设为重相)L_1 中,A 的浓度 x_1 较小,称为萃余液 (raffinate)。两液层分离,就使溶质 A 得到初步分离。

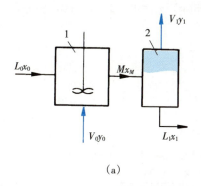
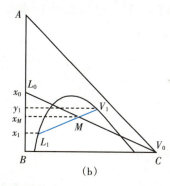

图 11-4 单级平衡萃取
(a) 萃取流程示意 (b) 在相图上表示
1. 混合器 2. 澄清器

图 11-4 动画演示

2. 单级平衡萃取计算 图 11-4 (b) 是上述过程在三角相图上的表示,由物料衡算可知

$$L_0+V_0=M \tag{11-2}$$

根据杠杆规则,有

$$\frac{L_0}{V_0}=\frac{\overline{V_0M}}{\overline{ML_0}}=\frac{x_M-y_0}{x_0-x_M} \tag{11-3}$$

由上面的关系可确定物系点 M 在相图上的位置。

若过程为平衡萃取,则共轭点 L_1 和 V_1 将在通过物系点 M 的结线上。由物料衡算知

$$L_1+V_1=M \tag{11-4}$$

按杠杆规则,有

$$\frac{L_1}{V_1}=\frac{\overline{V_1M}}{\overline{ML_1}}=\frac{y_1-x_M}{x_M-x_1} \tag{11-5}$$

由上面的关系可求得两液层的量 L_1 和 V_1。

为了定量描述萃取过程的特征,经常应用下面几种术语。

(1) 分配比。当萃取体系达到平衡时,被萃取组分 A 在萃取相的浓度 y_A 和在萃余相中的浓度 x_A 之比,称为组分 A 的分配比 (distribution ratio),又称为分配因数,用 D_A 表示,即

$$D_A = y_A / x_A \tag{11-6}$$

分配比 D_A 表示达平衡后被萃取组分 A 在两液相中实际分配情况,也表示在一定条件下萃取剂 C 对组分 A 的萃取能力。D_A 值越大,萃取能力越强。

(2) 分离因数。为定量表示萃取剂 C 对原料液中两种组分 A 和 B 的萃取选择性,将一定条件下同一萃取体系内两组分分配比的比值称为分离因数 (separation factor),常用 β 表示,即

$$\beta = \frac{D_A}{D_B} = \frac{y_A x_B}{y_B x_A} \tag{11-7}$$

分离因数 β 越大,组分 A 和 B 间的分离效果越好。若 $\beta = 1$,表明该萃取剂不能把组分 A 和 B 分离开。

(3) 萃取率。萃取的完全程度用萃取率 E 表示,它是被萃取物质在萃取液相中的量与在原料液中总量之比。对单级萃取,其计算公式为

$$E = \frac{V_1 y_1}{L_0 x_0} \tag{11-8}$$

例 11-1 在 A-B 二元混合物中,溶质 A 的质量分数为 0.40,取该混合物 100kg 同 75kg 与 B 部分互溶的萃取溶剂 C 混合,达萃取平衡后分层,萃取液和萃余液中 A 的质量分数分别为 0.28 和 0.12,求萃取液和萃余液的量、A 在两相中的分配比以及萃取率。

解: 参考图 11-4 (b),已知 $L_0 = 100$kg,$V_0 = 75$kg,$x_0 = 0.40$,$y_0 = 0$,$y_1 = 0.28$,$x_1 = 0.12$。

代入式 (11-3),有

$$\frac{L_0}{V_0} = \frac{x_M - y_0}{x_0 - x_M}$$

$$\frac{100}{75} = \frac{x_M - 0}{0.40 - x_M}$$

解得

$$x_M = 0.23$$

将其代入式 (11-5),有

$$\frac{L_1}{V_1} = \frac{y_1 - x_M}{x_M - x_1} = \frac{0.28 - 0.23}{0.23 - 0.12} = \frac{5}{11}$$

而由式 (11-2) 和式 (11-4) 有

$$L_1 + V_1 = M = L_0 + V_0 = 100 + 75 = 175$$

两式联立,可解得萃取液 $V_1 = 120$kg,萃余液 $L_1 = 55$kg。

由式 (11-6),溶质 A 在两相的分配比为

$$D_A = y_A / x_A = 0.28 / 0.12 = 2.3$$

对 A 的萃取率为

$$E = \frac{V_1 y_1}{L_0 x_0} = \frac{120 \times 0.28}{100 \times 0.40} = 84\%$$

11-2 液-液萃取过程

液-液萃取过程主要分两类:一类为非连续接触萃取,称作逐级萃取过程;另一类为连续接触萃取,通常采用逆流流程,称作微分逆流萃取过程。

11.2A 逐级萃取过程

在第九章讨论吸附时已见到，多级吸附比单级吸附效率高，节省吸附剂。同理，在萃取工艺设计中，为了提高萃取率和溶剂的利用率，可将若干组单级萃取设备以一定方式连接起来，构成多级萃取流程。这样形成的逐级萃取过程主要有两种方式：多级错流萃取过程和多级逆流萃取过程。

1. 多级错流萃取过程 多级错流萃取流程如图 11-5 所示。原料液 L_0 从第一级引入。每一级均加入新鲜溶剂 V_0，将第 1 级所得的萃余相 L_1 引入第 2 级萃取器与新鲜溶剂混合再次萃取并澄清分离，所得萃余相 L_2 再引入第 3 级萃取器。由最后一级引出的萃余液中溶质含量已降低至符合要求。将各级排除的萃取液 V_1、V_2 和 V_3 等汇集，得到的混合萃取液经溶剂回收，即可获得纯度较高的溶质。在多级错流萃取流程中，因各级所加萃取溶剂都是新鲜的，萃取的传质推动力大，因而萃取效果较好。但此种流程溶剂耗用量还是较大，溶剂回收费用较高。

下面按原溶剂 B 和萃取溶剂 C 互溶度的不同介绍多级错流萃取过程在相图上的表示。

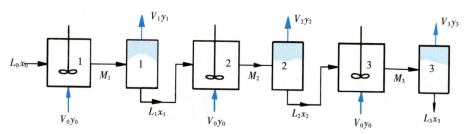

图 11-5 三级错流萃取流程

（1）B-C 部分互溶时的多级错流萃取。如果原溶剂 B 和萃取溶剂 C 是部分互溶的，则多级错流萃取过程可在三角相图中表示出来。图 11-6 所示为 B-C 部分互溶时的三级错流萃取。如果所用萃取溶剂 V_0 是纯组分 C，$y_0=0$。原料液 L_0 在第 1 级萃取器中与萃取剂 V_0 混合，物系点为 M_1，M_1 的位置符合杠杆规则。寻求通过 M_1 的结线 L_1V_1，共轭点 L_1 和 V_1 即为第 1 级的萃余液和萃取液。L_1V_0 线上的点 M_2 即为第 2 级萃取体系的物系点，过 M_2 的结线 L_2V_2 一端的共轭点 L_2 即为第 2 级萃取的萃余液，L_2 再在第 3 级萃取器中与萃取剂 V_0 混合得物系点 M_3。由通过 M_3 的结线 L_3V_3 的一端共轭点 L_3，可知第 3 级萃取萃余相溶液浓度 x_3。

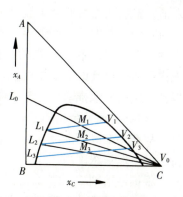

图 11-6 B-C 部分互溶的三级错流萃取

由图可见，L_1，L_2，L_3 的溶质浓度 x_1，x_2，x_3 依次下降。由这种制图方法可求得末级萃余液溶质浓度 x_n 按要求低至一定值所需的理论基数 n。

（2）B-C 完全不互溶的多级错流萃取。如果原溶剂 B 和萃取溶剂 C 是完全不互溶的，则萃取液中的溶剂只有 C，萃余液中溶剂只有 B，且在萃取过程中，C 和 B 在各自相中均保持为常量。此时，采用质量比表示两相组成更为方便。设：Y 为萃取相（轻相）中溶质的质量比组成，kg_A/kg_C；X 为萃余相（重相）中溶质的质量比组成，kg_A/kg_B。这样，就可在 Y—X 直角坐标图中标绘分配曲线和表示错流萃取过程。

首先根据分配平衡数据在 Y—X 直角坐标图上绘出分配平衡曲线，如图 11-7 所示。

根据第 1 级溶质 A 的物料衡算，有

$$BX_0+CY_0=BX_1+CY_1$$

可得第 1 级萃取的操作线方程式：

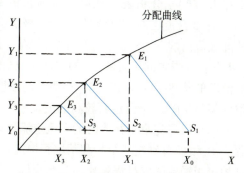

图 11-7 B-C 完全不互溶的三级错流萃取

$$Y_1 = -\frac{B}{C}X_1 + \left(\frac{B}{C}X_0 + Y_0\right) \tag{11-9}$$

式中　B——原料液中组分 B 的质量，kg；
　　　C——萃取剂中组分 C 的质量，kg；
　X_0，Y_0——原料液和萃取剂中溶质 A 的质量比；
　X_1，Y_1——第 1 级萃余相和萃取相中溶质 A 的质量比。

用同样方法可以得到第 2 级萃取的操作线方程：

$$Y_2 = -\frac{B}{C}X_2 + \left(\frac{B}{C}X_1 + Y_0\right) \tag{11-10}$$

由图 11-7 中的点 S_1（X_0，Y_0）作斜率为 $-\frac{B}{C}$ 的直线，交分配曲线于点 E_1（X_1，Y_1），线 S_1E_1 即为第 1 级萃取的操作线。由点 E_1 作垂线交水平线 $Y=Y_0$ 于点 S_2（X_1，Y_0），由点 S_2 作线 S_1E_1 的平行线，交分配曲线于点 E_2（X_2，Y_2），线 S_2E_2 即为第 2 级萃取的操作线。同样，可得到第 3 级萃取的操作线 S_3E_3。各级萃余相溶质浓度 X_1，X_2，X_3 依次降低。用这种作图方法很容易求得要求末级萃余液溶质浓度 X_n 低至一定值所需的理论级数 n。与平流吸附的图 9-24（b）对比，图 11-7 与之是很相似的。若萃取剂是纯组分 C，$Y_0=0$，各操作线的起点 S_1，S_2，S_3 等均位于横轴上。

2. 多级逆流萃取过程　图 11-8 所示为多级逆流萃取流程。原料液 L_0 自左端进入第 1 级，逐级右流，最后从右端的末级排出。萃取溶剂 V_0 自右端首先进入末级，然后逐级逆向左流，最后从左端的第 1 级排出。可见，在这种流程中，萃取相和萃余相互成逆流。萃取相在逐级向左流动中，溶质浓度逐级增高。但因逐次与浓度更高的萃余相接触，所以每级仍能

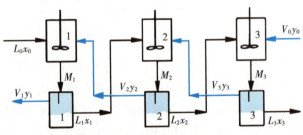

图 11-8　三级逆流萃取流程

保持一定的萃取推动力。流至最左的第 1 级，与浓度最高的原料液接触，产生的最终萃取液 V_1 的浓度 y_1 较高。而萃余相随着向右流动，溶质浓度逐级降低。到最右端的末级，因遇到的是新鲜萃取溶剂，故能使最终萃余液（此图中为 L_3）的浓度（x_3）降至很低。与多级错流流程相比，溶剂用量少，得到的萃取液浓度高。

根据原溶剂 B 和萃取溶剂 C 间互溶度的不同，多级逆流萃取过程也可以不同方式在相图上表达。

（1）B-C 部分互溶时的多级逆流萃取。如果原溶剂 B 和萃取溶剂 C 间是部分互溶的，则这时的多级逆流萃取过程可在三角相图上表示出来。图 11-9 所示为三级逆流萃取相图，在此图中，原料液 L_0 与从第 2 级流来的萃取液 V_2 在第 1 级萃取器中混合，物系点为 M_1。通过 M_1 的结线两端点 L_1 和 V_1 分别表示从第 1 级流出的萃余液和萃取液。L_1 与第 3 级流出的萃取液 V_3 在第 2 级混合，物系点为 M_2。从此级流出的萃余液 L_2 与新鲜溶剂 V_0（此处 $y_0=0$）在第 3 级混合，得到的萃余液 L_3 的浓度 x_3 已低至要求值。而逆向流动的萃取液 V_3、V_2、V_1 逐级增高浓度，最后得到的萃取液 V_1 的浓度 y_1 已达到较高的值。

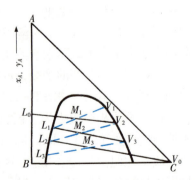

图 11-9　B-C 部分互溶的三级逆流萃取

（2）B-C 完全不互溶时的多级逆流萃取。如果原溶剂 B 和萃取溶剂 C 完全不互溶，则在萃取过程中 B 和 C 分别在萃余相和萃取相中的量都是常量，这时以质量比表示相组成，在 Y-X 图上表示这种多级逆流萃取过程就比在三角坐标上简便得多。

在第 1 级和第 i 级之间作溶质的衡算，得
$$BX_0 + CY_{i+1} = BX_i + CY_1$$
则
$$Y_{i+1} = \frac{B}{C}X_i + \left(Y_1 - \frac{B}{C}X_0\right) \tag{11-11}$$

式中　Y_{i+1}——离开第 $i+1$ 级进入第 i 级萃取相中溶质的质量比，kg_A/kg_C；

　　　X_i——离开第 i 级萃余相中溶质的质量比，kg_A/kg_B；

　　　Y_1——离开第 1 级萃取相中溶质的质量比，kg_A/kg_C。

式 (11-11) 为多级逆流萃取的操作线方程式。它是一个直线方程式，斜率为 $\dfrac{B}{C}$。图 11-10 中的直线 ES 就是三级逆流萃取过程的操作线。

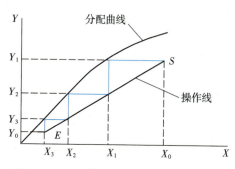

图 11-10　B-C 完全不互溶的三级逆流萃取

3. 逐级萃取设备　液-液萃取过程要求能使两相充分接触然后对两相进行较快分离，因此萃取设备必须同时满足这两方面需要。用于逐级萃取的设备有多种，现在主要介绍下面两种。

（1）混合-澄清槽。混合-澄清槽（mixer-settler）是最早使用而目前仍广泛应用的一种萃取设备。它可单级操作，也可组合起来进行多级萃取。在萃取操作中，物料和萃取剂在混合器中借搅拌等作用而密切接触传质，然后送入澄清器分离萃取液和萃余液。混合器和澄清器可以如图 11-4 所示那样分置，也可如图 11-11 所示那样结合成一体。

混合-澄清槽的优点是结构简单，操作方便，运行稳定可靠，传质效率高。其缺点是水平排列的设备占地面积大，每级都要设搅拌装置，级间液体需泵送，能量消耗较大，设备费和操作费都较高。

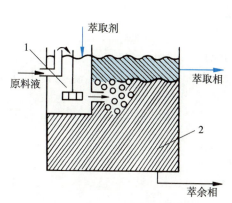

图 11-11　结合的混合-澄清槽
1. 混合器　2. 澄清器

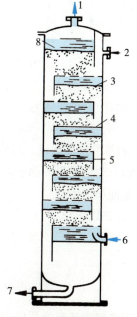

图 11-12　筛板萃取塔
1. 轻液出口　2. 重液进口
3. 分散凝聚　4. 筛孔板
5. 降液管　6. 轻液进口
7. 重液出口　8. 界面

图 11-11 动画演示

图 11-12 动画演示

(2) 筛板萃取塔。筛板萃取塔的结构与筛板蒸馏塔相似，图11-12所示为以轻相为分散相的情形。轻相从塔的底部进入，借助压力的推动挤过筛板孔，分散后以小液滴的形式通过板上的连续相，经两相充分接触传质。轻相在上一级筛板下分层凝聚，然后再经上一级筛板分散。如此反复进行，轻相最后由塔顶排出。作为连续相的重液由上部进入，经降液管至下级筛板，逐级流下，最后由塔底排出。在每级筛板上都进行轻重液的接触和分离，构成逐级接触萃取。筛板萃取塔结构简单，价格低廉，占地面积较小，因而应用也很广泛。

11.2B 微分逆流萃取过程

液-液萃取除使用级式萃取设备外，还广泛应用另一类塔式或柱式萃取设备，如喷淋塔、填料塔、转盘塔等。操作时，轻相和重相两种流体分别由塔底和塔顶加入，在密度差作用下二者呈逆流流动，连续接触进行质量传递。在萃取过程中，两相的浓度沿塔高呈微分变化，因此通常将这种萃取过程称为微分逆流萃取过程。对于理想的微分逆流萃取，可以采用传质单元法求取萃取段的有效高度。

1. 微分逆流萃取的传质单元 假设原溶剂 B 和萃取溶剂 C 完全不互溶，则在图 11-13 所示的塔式萃取设备中，萃余相的溶剂流量 B 和萃取相的溶剂流量 C 皆为常量。

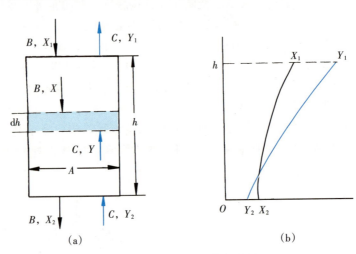

图 11-13 微分逆流萃取过程
(a) 过程示意 (b) 浓度变化

两相浓度分别用摩尔比 X 和 Y 表示。对微分塔段 dh，有

$$BdX = CdY = N_A a_v A dh \tag{11-12}$$

式中 N_A——溶质 A 的萃取传质通量，$mol/(m^2 \cdot s)$；

a_v——单位体积有效传质界面面积，m^2/m^3；

A——塔的横截面积，m^2。

下面仅依萃余相浓度变化加以讨论。由稳态相间传质方程

$$N_A = K_L(X - X^*) \tag{11-13}$$

及式 (11-12)，可得

$$dh = \frac{B}{K_L a_v A} \cdot \frac{dX}{X - X^*} \tag{11-14}$$

式中 K_L——以萃余相浓度为基准的总传质系数，$mol/(m^2 \cdot s)$；

X^*——与萃取相浓度 Y 平衡的萃余相浓度。

对式 (11-14) 积分，得

$$h = \int_0^h dh = \frac{B}{K_L a_v A} \cdot \int_{X_2}^{X_1} \frac{dX}{X - X^*} \tag{11-15}$$

式中 h——萃取塔的有效塔高，m。

在式（11-15）中，传质单元高度为

$$H_{OL} = \frac{B}{K_L a_v A} \quad (11\text{-}16)$$

传质单元数为

$$N_{OL} = \int_{X_2}^{X_1} \frac{dX}{X - X^*} \quad (11\text{-}17)$$

即

$$h = H_{OL} N_{OL} \quad (11\text{-}18)$$

传质单元高度 H_{OL} 可由已知数据计算。传质单元数 N_{OL} 可由图解积分法求得，在一定条件下也可用对数平均推动力法等解析方法求解。这些与对相应吸收过程的处理是相似的。

2. 微分逆流萃取设备

（1）填料萃取塔。填料萃取塔的结构与吸收和蒸馏使用的填料塔基本相同，如图 11-14 所示。在塔内底部支承板上充填一定高度的填料层，填料材质的选择应使其表面易被连续相润湿。操作时，重液相自塔顶引入，轻液相自塔底入塔。作为连续相的液体充满整个塔中，作为分散相的液体以液滴状通过连续相，实现连续逆流接触传质。填料层的存在，增加了相间接触面积，减少了轴向返混，因而强化了萃取传质。为减少沟流，通常隔一定塔高设置液体再分布器。

填料萃取塔结构简单，操作方便，因此应用仍较广泛。为克服其效率较低的缺点，可采用往复泵或压缩空气对填料提供外加脉动能量，造成液滴脉动，这种填料塔称为脉冲填料萃取塔。

（2）POD 离心萃取器。液-液萃取分离与吸收、蒸馏等气-液分离相比，两相密度差小得多，因此仅靠重力场中密度差的推动进行混合和分相将是较慢的。离心萃取器是利用离心力使两相快速充分混合并快速分相的一类萃取装置。POD 离心萃取器是最早由 Podbielniak 提出的一种卧式微分接触式离心萃取器，其结构如图 11-15 所示。POD 离心萃取器有一个绕水平轴高速旋转的圆柱形转鼓，其内

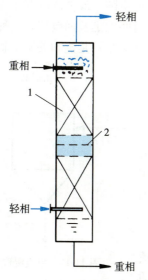

图 11-14　填料萃取塔
1. 填料　2. 再分布器

图 11-14 动画演示

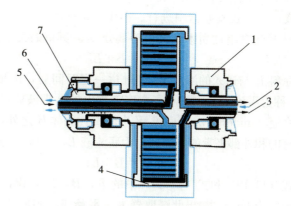

图 11-15　POD 离心萃取器
1. 驱动槽轮　2. 轻相进　3. 重相出　4. 转鼓清洗通道栓塞　5. 重相进
6. 轻相出　7. 机械密封

图 11-15 动画演示

为由多孔长带卷绕而成的螺旋形转子,形似多层同心带孔圆筒。

POD 离心萃取器的转速很高,一般为 2 000～5 000r/min。操作时,两液相在压力下通过转轴进入器内。轻液相被引至转子外圈,重液相送到转子的中心部位。由于转子转动产生的离心力作用,重液相从里向外流动,轻液相则从外部被挤到里面。两相沿径向逆流通过各层板孔并进行混合和传质。最后,重液相从转子外部进入出口通道流出器外,轻液相则由中心部位进入出口通道而流出。该设备结构紧凑,萃取处理能力较大。

第二节 浸 取

浸取属于固-液萃取,又称为浸出、提取或浸提。浸取是一种历史悠久的工艺方法,但由于其技术的不断创新,使其具有应用的广泛性和技术经济上的先进性,因此在现代食品工业中,浸取成为很受重视的一种单元操作。浸取应用的广泛性是由于作为食品加工原料的动植物产品大多为固体,要分离其中的成分,浸取往往是首选的方法。浸取方法在技术经济上的先进性由下例就可见到:由大豆、油菜籽、花生等制油,浸取法不但使加工的残渣中残油率较压榨法低,更为重要的是,浸取法可大大降低对油料种子中蛋白质的破坏,为后续工艺中蛋白质的深加工保留了良好条件。

11-3 浸取的基本原理

11.3A 浸取平衡

1. 平衡级 浸取过程包含多种物理化学作用,不但机理甚为复杂,并且浸取系统的平衡关系也较复杂。处理浸取平衡可以采用一种简单的溶解平衡模型。该模型假定被浸取物料为不溶性的多孔惰性固体 B 内部含有不被 B 吸附的溶质 A,对所加的浸取溶剂 C,溶质 A 在饱和溶解度以下。如果物料与溶剂经过足够长的时间接触后,溶质完全溶解,并且经扩散使固体空隙中液体浓度等于周围液体的浓度。这样,固体空隙内液体和周围液体的溶质浓度都不再随接触时间的延长而改变,这种接触级称为平衡级,或称理想级。在浸取理想级中,液相与固相溶质间的平衡关系不是饱和关系,就此点而言,浸取与吸附的情形不同。

浸取操作在浸取器中进行。图 11-16 所示为一单级浸取器。送入的原料 F 包含惰性固体 B 和可溶部分 L_0,其量的关系为

$$F = B + L_0 \quad (11\text{-}19)$$

原料 F 与送入的溶剂 V_0 接触达一定时间后,由顶部排出的澄清液 V_1 称为溢流(overflow),由底部排出的夹带液体的固体糊状物 W 称为底流(underflow)。底流 W 中除惰性固体 B 之外,尚包含固体内部含有的和外部夹带的液体,称为底流液 L_1,其量的关系为

$$W = B + L_1 \quad (11\text{-}20)$$

式(11-19)和式(11-20)中的 F,B,L_0,W,L_1 皆为质量流量,单位为 kg/s。如果此浸取器为一平衡级,则底流液 L_1 中的溶质浓度等于溢流 V_1 中的溶质浓度。

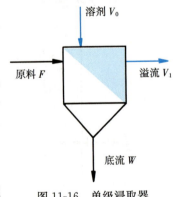

图 11-16 单级浸取器

2. 平衡相图 浸取平衡时溶质 A、惰性固体 B 和溶剂 C 之间量的关系可用多种相图表示。流行的方法就是本章前部分介绍的直角三角形或等边三角形相图法。

因浸取时惰性固体是不溶的,不会出现在溢流中,所以可以采用较为简便的坐标法表达浸取操作平衡。下面介绍 P-S (Ponchon-Savarit) 相图法,P-S 相图中坐标量有如下三个:N、x 和 y,分别表示惰性固体 B 含量、底流液溶质浓度和溢流溶质浓度。

惰性固体 B 在混合物中的含量用惰性固体 B 对溶液的质量比 N 表示,可称为固液比:

$$N=\frac{m_B}{m_A+m_C} \tag{11-21}$$

式中 m_B，m_A，m_C——混合物中惰性固体 B、溶质 A、溶剂 C 的质量，kg。

对溢流，固液比 $N=0$。对底流，固液比 N 随固体含液量的不同而不同。

溢流中和底流液中溶质 A 的浓度都用质量分数表示。其中，溢流（轻相）的溶质浓度 y 为

$$y=\frac{m_A}{m_A+m_C} \quad（溢流） \tag{11-22}$$

底流液中溶质浓度 x 为

$$x=\frac{m_A}{m_A+m_C} \quad（底流液） \tag{11-23}$$

注意：质量分数 x，y 的基准不包括 B 的量。若被浸取原料不含溶剂 C，则 $x_0=1$。若为纯溶剂进料，$y_0=0$。

如果 N 采用摩尔比，则 x，y 即用相应的摩尔分数。

图 11-17 为一典型的平衡相图，以固液比 N 为纵坐标，以 x 和 y 为横坐标。上面的底流线是 N—x 关系曲线。下面的溢流线是 N—y 关系曲线，完全澄清而不含固体的溢流线与横轴重合，$N=0$。因平衡时溢流和底流液浓度相等，$x=y$，故结线是垂直的。在 P-S 相图中，物料的混合与分离都可应用杠杆规则。

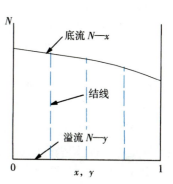

图 11-17 浸取平衡相图

3. 单级浸取的物料衡算 图 11-18 表示一个单级浸取过程。原料流量为 $B+L_0$，组成为 N_0 和 x_0，若 L_0 中不含溶剂，则 $x_0=1$。溶剂流量为 V_0，浓度为 y_0，若为纯溶剂，则 $y_0=0$。溢流流量为 V_1，浓度为 y_1。底流流量为 $B+L_1$，其中底流液流量为 L_1，底流液浓度为 x_1。

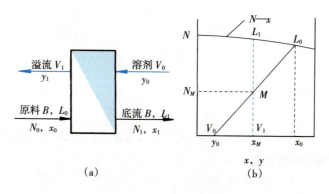

图 11-18 单级浸取过程
(a) 流程 (b) 相图

总物料衡算为

$$B+L_0+V_0=B+L_1+V_1$$

液体衡算为

$$L_0+V_0=L_1+V_1=M \tag{11-24}$$

对溶质 A 衡算，有

$$L_0x_0+V_0y_0=L_1x_1+V_1y_1=Mx_M \tag{11-25}$$

对固体 B 衡算，有

$$B=N_0L_0=N_1L_1=N_MM \tag{11-26}$$

式中 M——总液流量，$kg_{(A+C)}/s$，M 点坐标为 (x_M, N_M)。

由式（11-24）和式（11-25）知

$$L_0x_0+V_0y_0=Mx_M=(L_0+V_0)x_M=L_0x_M+V_0x_M$$
$$L_0(x_0-x_M)=V_0(x_M-y_0) \tag{11-27}$$

或
$$\frac{L_0}{V_0}=\frac{x_M-y_0}{x_0-x_M} \tag{11-28}$$

根据杠杆规则，在图 11-18（b）中，L_0MV_0 必在一条直线上。同样，L_1MV_1 在一垂直线上，M 点是两直线交点。这样就可根据进料和溶剂的数据，求解溢流流量 V_1 和底流液流量 L_1。

例 11-2 在单级浸取器中，用100kg 纯己烷对含油20%的100kg 大豆豆片进行浸取，浸取为理想级，排出的底流固液比 $N_1=1.50$。计算溢流量、组成以及底流液量。

解： 已知 $V_0=100$kg，$y_0=0$，$L_0=100\times20\%=20$kg，$B=100-20=80$kg，$N_0=80/20=4.0$，$x_0=1.0$，$N_1=1.50$。

画出相图如图 11-19 所示，作 $N=1.50$ 的水平线即为底流线，溢流线即横轴。

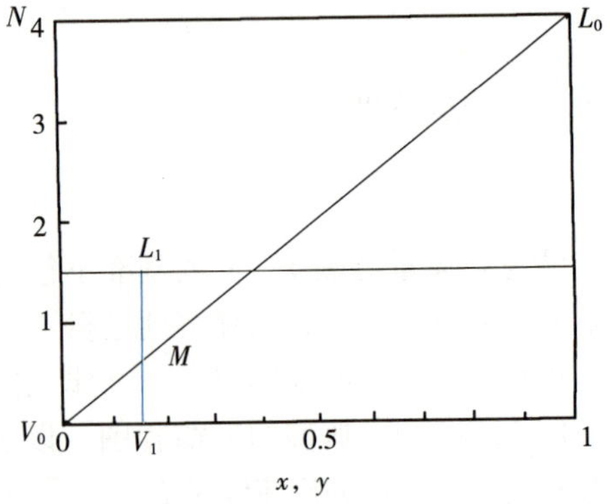

由 $N_0=4.0$，$x_0=1.0$，确定点 L_0。由 $y_0=0$，在横轴上确定点 V_0，即坐标原点。点 M 坐标由物料衡算确定。

由式（11-24），得
$$M=L_0+V_0=20+100=120 \text{（kg）}$$

由杠杆规则式（11-28），有
$$\frac{L_0}{V_0}=\frac{x_M-0}{1.0-x_M}$$
$$\frac{20}{100}=\frac{x_M-0}{1.0-x_M}=0.2$$
$$x_M=\frac{0.2}{1+0.2}=0.17$$

由于为平衡级，则溢流组成为
$$y_1=x_1=x_M=0.17$$

作 $x=0.17$ 的垂直线，交直线 L_0V_0 得点 M，交底流线得点 L_1，交溢流线得点 V_1。

由式（11-26），可知底流液量为
$$L_1=N_0L_0/N_1=4.0\times20/1.50=53.3 \text{（kg）}$$

而溢流量为
$$V_1=M-L_1=120-53.3=66.7 \text{（kg）}$$

图 11-19 例 11-2 附图

11.3B 浸取机理

整个浸取过程从微观机理分析可分成下列几个步骤：①溶剂由体相传递到固体表面；②溶剂由固体表面传递到固体中的孔隙内；③固体中的溶质溶解到溶剂中；④溶质穿过固体中溶剂扩散到固体表面；⑤溶质由固体表面扩散到溶剂体相中。

一般地，步骤①进行的速率相当快，步骤②的速率稍快或稍慢。在许多情况下，步骤①和②都不是整个浸取过程的控制步骤，因为这种溶剂的传递通常只出现在固体颗粒与溶剂开始接触之时。步骤③可能是简单的物理溶解过程，或者是释放溶质而溶解的实际化学反应。每种固体溶解的机理都可能不同。

步骤④即溶质通过固体内孔隙中的溶剂扩散到固体表面常常是整个浸取过程的控制步骤，属于非稳态扩散过程。当固体的量相对于溶剂的量较小时，达到扩散平衡所需的时间正比于扩散路程的平方。因此在浸取操作中,固体颗粒粒度越小,在浸取剂中需要停留的时间就越短。但在采取渗滤法进行浸取时,溶剂通过太细小的固体颗粒构成的床层比较困难,况且太细小的颗粒容易被溶剂相带走。在大豆浸油的预处理中,使粉碎的大豆颗粒达到一定含水量后压成薄片。这即可使浸取时油分子由片内中间向片的表面的扩散路程变得很短,又可使溶剂易于通过豆片构成的床层。食品加工中被浸取处理的物料一般为生物材料,因细胞的存在增加了浸取的复杂性。在甜菜切成薄片浸取糖分时,约 1/5 的细胞在切片时被破坏,其中糖分的扩散就容易些,而其余大部分细胞中糖分的扩散要穿过细胞壁,阻力较大。两种情况综合在一起,不遵循简单的扩散定律。

步骤⑤的传质阻力一般比步骤④要小,即溶质由固体表面到溶剂体相的扩散一般比在固体内部扩散容易。

11-4　浸取流程和设备

11.4A　浸取流程

与液-液萃取过程相似,浸取流程也分两类:级式流程和连续流程。级式流程分单级和多级浸取,而多级浸取又分为错流和逆流两种。连续流程即微分逆流浸取。单级浸取已示于图 11-16。下面简述其他几种流程。

1. 多级错流浸取流程　将若干个单级浸取器如图 11-20 所示那样连接起来,就构成多级错流浸取流程。图中的底流中没有标示出惰性固体 B,只标示底流液。物料 L_0 在第 1 级与溶剂 V_0 混合接触浸取,得溢流 V_1 和底流液 L_1。L_1 用作第 2 级的进料,与新鲜溶剂 V_0 混合接触浸取,得溢流 V_2 和底流液 L_2。以此类推,每级引入的都是新鲜溶剂,每级产生的溢流 V_1, V_2, …, V_n 合并即为浸取液。各级产生的底流液中溶质浓度将依次降低,最后一级的底流液 L_n 中的溶质浓度 x_n 将低于指定值。

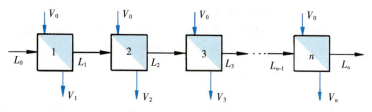

图 11-20　多级错流浸取流程

2. 多级逆流浸取流程　如图 11-21 所示,这种流程原料 L_0 也是从第 1 级引入,产生的底流也是依次进入下一级,但新鲜溶剂 V_0 是从最末的第 n 级引入,产生的溢流 V_n 作为前一级即第 $n-1$ 级的浸取溶剂。溢流和底流在各级间逆向流动,以第 1 级产生的溢流 V_1 浓度最高,引出作为浸取液。多级逆流浸取流程使用溶剂较少,浸取液产品的溶质浓度较高,是我们后面要重点讨论的。

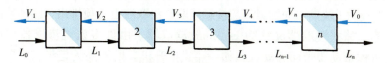

图 11-21　多级逆流浸取流程

3. 微分逆流浸取流程　这是连续逆流接触的浸取流程。在浸取装置内,固体物料和溶剂互相成逆向连续流动接触,完成浸取操作。固体物料的流动是依靠重力或螺旋输送机的推力而实现的。现在,甜菜糖厂从甜菜丝中浸取糖分一般都是采用这种微分逆流浸取流程。

11.4B　浸取设备

浸取设备主要分两类:级式固定床浸取装置和连续移动床浸取装置。

1. 级式固定床浸取装置

（1）单级浸取罐。食品工业中的浸取操作常使用较高温度的挥发性溶剂，因此浸取罐一般为密闭式容器。罐下部安装假底以支持固体物料。溶剂从上面均匀喷淋于物料上，通过物料颗粒床层渗滤而下，穿过假底的浸取液从下部排出。这种单级浸取罐也常做成带溶剂循环的系统，如图11-22所示，它具有加热、溶剂回收和再循环装置。

（2）多级固定床浸取系统。将若干个浸取罐组合，依一定顺序将它们以管道和控制阀门连接起来，可以构成多级逆流或错流固定床浸取系统。图11-23为三级逆流固定床浸取系统的示意。本轮流程如图中内圈线所示，罐1内为新加的固体物料，而罐2和罐3内的固体物料已分别浸取了一次和两次。新鲜溶剂V_0由罐3加入，产生的溢流V_3引入罐2，由罐2产生的溢流V_2再进入罐1。由罐1产生的溢流V_1即为浸取液产品。经这次浸取后罐3内的固体料已经进行过三次浸取，卸出即得底流产物。下一轮浸取流程如图中的外圈虚线所示。向罐3内装入新固体原料，此时罐1和罐2内固体料已分别浸取了一次和两次，这时新鲜溶剂V_0'由罐2引入，依次流经罐1和罐3，由罐3产生溢流产品V_1'。浸取就这样循环进行下去。此种系统的操作，固体在级间并不移动，而溶液顺序流过各级，完成多级逆流浸取过程。

2. 连续移动床浸取装置

连续移动床浸取装置有三种形式：浸泡式、渗滤式以及浸泡和渗滤相结合的形式。浸泡式典型设备有U形管式浸取器和板式浸取塔等，渗滤式典型设备有篮式浸取器和平转式浸取器等。

（1）U形管式浸取器。U形管式浸取器又称为Hildbrandt浸取器，如图11-24所示。它是由三个密闭的螺旋输送器构成的U形装置，螺旋片均有滤孔。溶剂用泵强制由左立管上部加入，最后由右立管上部排出。固体物料由右立管顶加入，螺旋输送器使其向下、向左又向上移动，最后由左立管顶排出。在U形管中，溶剂与固体料逆流接触进行浸取。

（2）板式浸取塔。板式浸取塔又称为Bonott浸取器，为一垂直单管重力式浸取器，如图11-25所示。塔内装有等距离的同心圆盘，圆盘绕轴旋转，圆盘上装有固定刮刀。相邻两盘的下料口错开45°。固体物料由塔顶加入，在旋转圆盘上由重力作用而逐盘下落，物料在整个塔内呈螺旋状向下运动。新鲜溶剂由塔底泵入，逐板向上流动，与物料逆流接触浸取，浸取液由塔顶排出，固体残渣由塔底卸出。

（3）篮式浸取器。篮式浸取器又称为Bollman浸取器，由许多篮式渗滤器构成，如图11-26所示。各吊篮由传动机构带动履带而移动，宛如一斗式提升机，所不同的是将它们置于气密容器中，篮底为多孔板或金属丝网，内装固体原料。原料都在右上方加入，篮子缓慢向下运动。来自左半程的稀浸取液也自上而下喷淋并进行渗滤浸取，至右下方排出而得最终浸取液。吊篮在另半行程向上运动时，自左上方加入的新溶剂向下喷淋，对篮中固体原料作逆流渗滤浸取，在左下方收集得稀浸取液。浸取残渣于顶部倾入漏斗，排出器外。这种浸取器连续作业，生产能力大。但右半程为并流操作，影响浸取效率。

（4）平转式浸取器。平转式浸取器又称为Rotocel浸取器，如图11-27所示。可认为它是Bollman浸取器的改进形式。其上部为大旋转圆桶，分为18个扇形隔室。隔室底有可开启的筛网。

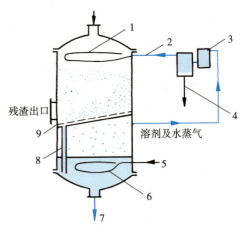

图11-22 单级浸取罐
1. 溶剂喷管 2. 溶剂 3. 冷凝器 4. 废水 5. 蒸汽
6. 蒸汽蛇管 7. 制品 8. 溶液导管 9. 多孔假底

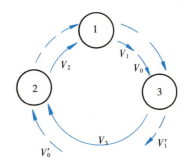

图11-23 三级逆流固定床浸取系统

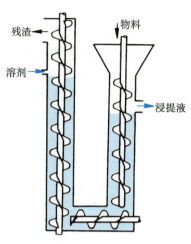

图 11-24　U形管式浸取器

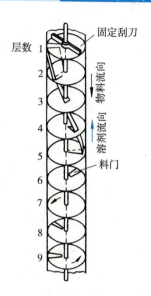

图 11-25　板式浸取塔

各隔室绕中心轴缓慢顺时针转动。当卸料后的空室转至加料管下方时，新物料即散布于隔室筛网上，随着转至下一位置即开始进行浸取。当旋转近一周，筛网自动开启卸料。随转动关上室底筛网后，转至加料管下又再次加料，进入下一次浸取循环。另一方面，新鲜溶剂加入残渣排出之前的隔室中，渗滤流出室底后由泵送入前一隔室上方。如此依次进行，达到逆流浸取的效果。最后，较高浓度的浸取液由新加固体料的隔室下排出。目前我国油脂工业中最广泛使用的就是这种平转式浸取器。其作业时间的分配见表11-1。

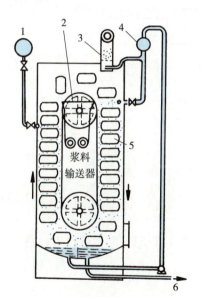

图 11-26　篮式浸取器
1. 纯溶剂　2. 残粕排料斗　3. 原料
4. 稀浸液　5. 渗滤篮　6. 终浸液

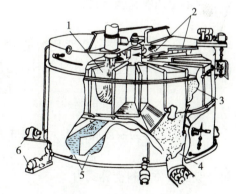

图 11-27　平转式浸取器
1. 装料　2. 喷淋溶剂　3. 残渣卸除
4. 残渣出口　5. 浸提液出口　6. 溶剂泵

表 11-1　平转式浸取器时间分配

过程	进料	浸取	沥干	排料	闭门	合计
隔室数	1	12	2.5	1	1.5	18
时间/min	6	72	15	6	9	108

363

11-5 多级逆流浸取级数的计算

多级逆流浸取是实践中采用较多的工艺流程，而浸取级数是多级逆流浸取工艺设计中重要的计算项目。多级浸取级数的计算建立在平衡级概念的基础上。浸取的平衡级是浸取过程浓度变化达到平衡状态的浸取单位。显然，实际上浸取的固-液接触时间不可能无限延长，固体也不会是对溶质毫无吸附作用的纯粹的惰性固体。因此，实际需要的级数总是大于平衡级数。对于一项浸取工艺，如果能计算出平衡级数，再由小规模的模拟实验确定级效率或总体效率，就可求得所需的实际级数。

浸取平衡级数的计算方法主要有解析法和图解法。

11.5A 解析法计算浸取平衡级数

解析法计算浸取平衡级数主要适用于恒底流的情况。所谓恒底流，即由各浸取级排出的底流液量相等，底流中惰性固体量也不变，则固液比 N 不变。这样溢流中始终保持无惰性固体成分，除第 1 级外各级溢流量也保持不变。

按恒底流假设，图 11-21 所示的多级逆流浸取流程中，有

$$L_1 = L_2 = L_3 = \cdots = L_{n-1} = L_n = L \tag{11-29}$$

但 $L_0 \neq L$。同样有

$$V_2 = V_3 = V_4 = \cdots = V_n = V_0 = V \tag{11-30}$$

但 $V_1 \neq V$。

为简便，推导先由图 11-28 所示的三级逆流浸取系统开始，再将结果推广到 n 级。

图 11-28 恒底流三级逆流浸取

推导由末级开始依次向前级进行。

第 3 级的溶质物料衡算式为

$$Lx_2 + Vy_0 = Vy_3 + Lx_3$$

式中的浓度 x_2，x_3，y_0，y_3 都采用溶液中溶质 A 的质量分数。

设进入末级的溶剂是新鲜溶剂，不含溶质，即 $y_0 = 0$，则

$$Lx_2 = Vy_3 + Lx_3 \tag{11-31}$$

因为是平衡级，$x_3 = y_3$。

令 $a = V/L$，称为溢流底流比。对恒底流情况，a 为常数。式（11-31）两边除以 L，则

$$x_2 = ay_3 + x_3 = (a+1)x_3 \tag{11-32}$$

第 2 级的溶质物料衡算式为

$$Lx_1 + Vy_3 = Vy_2 + Lx_2 \tag{11-33}$$

因为是平衡级，$x_2 = y_2$，式（11-33）两边除以 L，则

$$x_1 + ay_3 = ay_2 + x_2 = (a+1)x_2$$

$$x_1 = (a+1)x_2 - ay_3 \tag{11-34}$$

将式（11-32）代入式（11-34），有

$$x_1 = (a+1)(a+1)x_3 - ay_3 \tag{11-35}$$

因为 $y_3 = x_3$，则

$$x_1 = (a^2 + a + 1)x_3$$

$$x_1 = \frac{a^3-1}{a-1}x_3 \tag{11-36}$$

对全系统进行溶质物料衡算，有

$$V_1 y_1 + L x_3 = L_0 x_0 \tag{11-37}$$

因 $V_1 \neq V$，令 $a_1 = V_1/L$，为第 1 级溢流底流比，则

$$a_1 L y_1 + L x_3 = L_0 x_0$$

由于第 1 级也是平衡级，$x_1 = y_1$，故

$$a_1 L x_1 + L x_3 = L_0 x_0 \tag{11-38}$$

将式（11-36）代入式（11-38）中，得

$$a_1 L \left(\frac{a^3-1}{a-1} x_3\right) + L x_3 = L_0 x_0 \tag{11-39}$$

令 $R = \dfrac{L x_3}{L_0 x_0}$，称为残留率，是残渣排走的溶质量与原料所含溶质量之比。式（11-39）两边除以 $L x_3$，得

$$a_1 \frac{a^3-1}{a-1} + 1 = \frac{1}{R}$$

即

$$\frac{1}{R} = 1 + a_1 \frac{a^3-1}{a-1} \tag{11-40}$$

式（11-40）是用逐级代数法推导出的三级逆流浸取的解析式。对 n 级逆流浸取系统，同样可推导得

$$\frac{1}{R} = 1 + a_1 \frac{a^n-1}{a-1} \tag{11-41}$$

式（11-41）即为常用的计算多级逆流浸取平衡级数的解析式。可以根据已知条件，求得 a，a_1 和 R，代入式（11-41），计算平衡级数 n。

如果加入末级的溶剂含有溶质，即 $y_0 \neq 0$，则解析式将较为复杂：

$$\frac{1}{R} = 1 + a_1 \frac{a^n-1}{a-1} - \frac{y_0}{x_n}\left(a + a_1 \frac{a^n-a}{a-1}\right) \tag{11-42}$$

例 11-3 采用多级逆流浸取工艺用正己烷作溶剂浸取大豆中的豆油，每小时处理 5t 含油量为 18% 的大豆，最后浸取液含豆油 38%，若底流中含溶液为固体量的一半，为使原料中 95% 的豆油被抽出，平衡级数是多少？若总体效率为 70%，求实际需要的浸取级数。

解： 由豆油质量衡算

$$5 \times 0.18 \times 0.95 = y_1 V_1 = 0.38 V_1$$

求得 $\qquad V_1 = 2.25 \text{t/h}$

由题意，有 $\qquad L_0 = 5 \times 0.18 = 0.90$ （t/h）

$$B = 5 - 0.90 = 4.10 \text{ (t/h)}$$

$$L = \frac{1}{2} B = \frac{1}{2} \times 4.10 = 2.05 \text{ (t/h)}$$

由总液体衡算（此步皆需）

$$L_0 + V = V_1 + L$$

得 $\qquad V = V_1 + L - L_0 = 2.25 + 2.05 - 0.90 = 3.40$ （t/h）

故 $\qquad a_1 = V_1/L = 2.25/2.05 = 1.10$

$$a = V/L = 3.40/2.05 = 1.66$$

而 $\qquad R = 1 - 0.95 = 0.05$

代入式（11-41）中，得

$$\frac{1}{R} = 1 + a_1 \frac{a^n - 1}{a - 1}$$

$$\frac{1}{0.05} = 1 + 1.10 \times \frac{1.66^n - 1}{1.66 - 1}$$

$$1.66^n = 12.4$$

平衡级数为
$$n = \frac{\ln 12.4}{\ln 1.66} = 5.0$$

实际级数为整数，即
$$5.0/0.70 = 7$$

11.5B 图解法求浸取平衡级数

解析法求浸取平衡级数虽简便易行，但要求恒底流操作条件。如逐级条件变化较大，恒底流假设不适用，需采用代数法逐级计算，工作比较繁重。而用图解法则比较简便和直观。下面介绍用 P-S 图解法如何求多级逆流浸取的平衡级数。

对如图 11-29 所示的一般多级逆流浸取过程，作总溶液衡算：

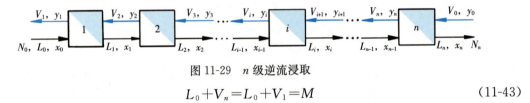

图 11-29 n 级逆流浸取

$$L_0 + V_n = L_0 + V_1 = M \tag{11-43}$$

式中　M——溶液总流量，$kg_{(A+C)}/s$。

整个系统溶质 A 的衡算式为

$$L_0 x_0 + V_0 y_0 = L_n x_n + V_1 y_1 = M x_M \tag{11-44}$$

惰性固体 B 的物料衡算为

$$B = N_0 L_0 = N_n L_n = N_M M \tag{11-45}$$

将上面的关系标绘在图 11-30 的 P-S 相图上。根据已知的和要求达到的 B, L_0, x_0, V_0, y_0 以及 x_n 等条件，可以在图上找到 L_0, V_0 和 L_n 等点。可以根据式(11-43)、式(11-44)和式(11-45)计算出点 M 的坐标 N_M, x_M，在图上画出点 M，据 11.3A 部分的分析，点 L_0, M 和 V_0 必在一条直线上，同时点 V_1, M, L_n 也必定在一条直线上，这样就可确定点 V_1 的位置。

对第 1 级作总物料衡算，有
$$L_0 + V_2 = L_1 + V_1$$
$$L_0 - V_1 = L_1 - V_2$$

对从第 1 级到第 i 级这一段作总物料衡算，有
$$L_0 + V_{i+1} = L_i + V_1$$
$$L_0 - V_1 = L_i - V_{i+1}$$

可见
$$L_0 - V_1 = L_1 - V_2 = \cdots = L_i - V_{i+1} = \cdots = L_n - V_0 = \Delta \tag{11-46}$$

式中　Δ——级间流对底流液和溢流流量的差值，kg/s，Δ 值是个恒量。

对溶质 A 作物料衡算，同样可以得到

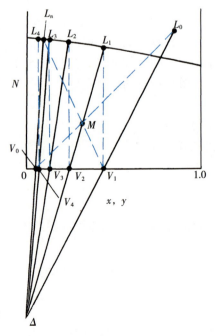

图 11-30 多级逆流浸取级数图解

$$L_0x_0-V_1y_1=\cdots=L_ix_i-V_{i+1}y_{i+1}=\cdots=\Delta\cdot x_\Delta$$

$$x_\Delta=\frac{L_ix_i-V_{i+1}y_{i+1}}{\Delta}=\frac{L_0x_0-V_1y_1}{L_0-V_1} \tag{11-47}$$

式中　x_Δ——差点 Δ 的横坐标。

对惰性固体 B 进行物料衡算，得

$$N_\Delta=\frac{B}{\Delta}=\frac{N_0L_0}{L_0-V_1}=\frac{N_iL_i}{L_i-V_{i+1}}$$

式中　N_Δ——差点 Δ 的纵坐标。

由式（11-46）知，差点 Δ 是各线 L_0V_1，L_1V_2，…，L_nV_0 的共同交点，可称为操作点，如图 11-30 所示。

用这种图解法确定浸取平衡级数的步骤概括如下：

（1）首先作出底流线。如果是恒底流，则底流线是条水平线。图解法也可应用于非恒底流的情形，比解析法应用范围广。对非恒底流的情况，应用已知数据 N—x 画出底流线。

（2）据已知进出料条件数据找出点 L_0，V_0 和 L_n。

（3）通过计算求 x_M 和 N_M，在图上找出点 M。

（4）确定点 V_1 和 Δ。作直线 L_nM 交溢流线（横轴）得点 V_1。作直线 L_nV_0 和 L_0V_1，两线延长线的交点即为点 Δ。

（5）依次作各级平衡结线，确定平衡级数 n。由点 V_1 作垂线交底流线于点 L_1，V_1L_1 即第 1 级平衡结线。连接 $L_1\Delta$ 交溢流线（横轴）于点 V_2，作结线 V_2L_2。重复以上步骤，一直到达点 L_n 或刚超过点 L_n，从 L_1 到 L_n 的点数就是平衡级数 n。由图 11-30 求得的 $n=4$。

例 11-4　采用多级逆流系统，用苯作溶剂从一种豆粉中浸取油。惰性固体处理量为 2 000kg/h，其中含油 800kg 和苯 50kg。每小时从末级流入的浸取溶剂中含苯 1 310kg 和油 20kg。浸取过的固体含油 120kg。由澄清实验测得底流各处的 N—x 对应数据如下表。计算离开系统的物流量和浓度以及所需的平衡级数。

N	2.00	1.98	1.94	1.89	1.82	1.75	1.68	1.61
x	0	0.1	0.2	0.3	0.4	0.5	0.6	0.7

解：由表中底流数据可见，固液比 N 是变化的，非恒底流，且末级溶剂苯中含油，$y_0\neq 0$，不能用式（11-41）解析求解。在 P—S 图上作 N—x 底流线，如图 11-31 所示。

由题给数据求得

$$L_0=800+50=850\text{（kg/h）}$$

$$x_0=\frac{800}{800+50}=0.941$$

$$B=2\,000\text{kg/h}$$

$$N_0=\frac{B}{L_0}=\frac{2\,000}{850}=2.35$$

$$V_0=1\,310+20=1\,330\text{（kg/h）}$$

$$y_0=\frac{20}{1\,330}=0.015$$

由以上数据可在图上绘出点 V_0 和 L_0。点 L_n 的绘制根据

$$\frac{N_n}{x_n}=\frac{2\,000/L_n}{120/L_n}=\frac{2\,000}{120}=16.7$$

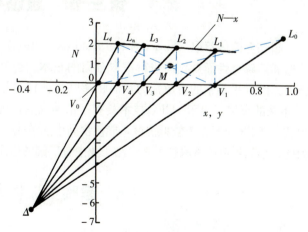

图 11-31　例 11-4 附图

从原点作斜率为 16.7 的直线，其与底流线的交点即为点 L_n，查图得 L_n 的坐标为 $N_n=1.97$，$x_n=0.118$。

由式（11-43），得
$$M=L_0+V_0=850+1\ 330=2\ 180\ (\text{kg/h})$$

由式（11-44），得
$$x_M=\frac{L_0 x_0+V_0 y_0}{M}$$
$$=\frac{850\times 0.941+1\ 330\times 0.015}{2\ 180}=0.376$$

由式（11-45），得
$$N_M=\frac{B}{M}=\frac{2\ 000}{2\ 180}=0.917$$

由此，在图上可找出点 M（0.376，0.917）。作直线 V_0ML_0，同时作直线 L_nM 交横轴于点 V_1，得 $y_1=0.600$。

由及式（11-44）
$$L_n+V_1=M=2\ 180$$
$$L_n x_n+V_1 y_1=M x_M$$
$$L_n\times 0.118+V_1\times 0.600=2\ 180\times 0.376$$

两式联立，得
$$L_n=1\ 013\text{kg/h},\ V_1=1\ 167\text{kg/h}$$

则对于溢流，有
$$V_1=1\ 167\text{kg/h},\ y_1=0.600$$

对于底流，有
$$L_n=1\ 013\text{kg/h},\ x_n=0.118,\ N_n=1.97$$

在图上作直线 L_0V_1 和 L_nV_0，两直线相交得操作点 Δ。过 V_1 作垂线交底流线于 L_1。作直线 $L_1\Delta$ 交横轴于点 V_2。作垂线 V_2L_2 交底流线于点 L_2。继续作下去，最后第 4 级的点 L_4 略超出点 L_n，因此所需平衡级数为 4。

此题中因 N 逐渐降低，不是恒底流，难于用解析法求解。况且末级使用的溶剂苯中含溶质油，即 $y_0\neq 0$，就是用解析法解也会很困难。可见，求多级逆流浸取的平衡级数，P-S 图解法比解析法简便，应用范围更广。

第三节　超临界流体萃取

超临界流体萃取（supercritical fluid extraction）简称 SCFE，是利用超临界状态的流体具有优异传递和溶解特性而对物质进行提取分离的技术。虽然早在 1879 年，Hannay 和 Hogarth 就发现了超临界乙醇异乎寻常的溶解能力，但将超临界流体萃取技术应用于工业实践并引起广泛关注，只是近 40 年来的事情。由于 SCFE 技术具有一系列优点，现已开始应用于化工、石油、食品、医药和香料等领域。SCFE 可操作于较低温度，能使食品中热敏成分免遭破坏，萃取产物无溶剂残留产生的污染后果。因此，超临界流体萃取技术在食品工业中有广阔的应用前景。本节简要介绍它的基本原理和应用。

11-6　超临界流体萃取的基本原理

11.6A　超临界流体

1. 流体的临界点　在前面图 8-31 水的相图中，气液平衡线 AC 的右上端不是无限延长的，而是止于端点 C。沿曲线 AC 向右上，随压力 p 和温度 T 的增加，气液两相间的相变热逐渐变小，这由书末附录 4 的饱和水蒸气表即可看到。相变热变小标志着两相能量状态在接近,两相间的差别在逐渐变小。当到达点 C 时,气液两相间的相变热降为零,亦即两相的差别已不存在。点 C 称为水的临界点(critical point)。水的临界点对应的压力 21.8MPa,称为临界压力,以 p_c 表示。临界点对应的温度 647.4K,称为临界温度,以 T_c 表示。临界点对应的流体密度 322kg/m³,称为临界密度,以 ρ_c 表示。p_c、T_c、ρ_c 称为临界参量。每种流体在相图上都有其临界点,对应着不同的临界参量。表 11-2 列出 SCFE 技术较常用的流体的临界参量。

表 11-2 SCFE 常用流体的临界参量

流体	临界温度 T_c/℃	临界压力 p_c/MPa	临界密度 ρ_c/(kg·m⁻³)
CO_2	31.1	7.37	468
NH_3	132.4	11.28	235
C_2H_6	32.2	4.88	203
C_2H_4	9.2	5.04	217
C_3H_8	96.6	4.25	217
C_3H_6	91.8	4.62	232
C_6H_6	288.9	4.89	302
$C_6H_5CH_3$	318.5	4.11	300
H_2O	374.2	22.00	322

对 $T<T_c$ 的气体,通过加压的方法终能使其液化。但对 $T>T_c$ 的气体,无论施加多大的压力,都不再能将其液化。因此,临界温度 T_c 是通过加压能使气体液化的最高温度。而临界压力 p_c 是在临界温度时使气体液化所需的最小压力。

2. 超临界流体及其特性　流体处于其临界温度 T_c 和临界压力 p_c 之上的状态,是一种非气非液状态,处于这种状态的流体,称为超临界流体(supercritical fluid),简称 SCF,如图 11-32 所示。

超临界流体的性质中有两点值得强调:

(1) 超临界流体的传递性质表明它更有利于传质。表 11-3 给出 SCF 与液体和气体的几种与传质有关的性质的比较。从表中可见,SCF 的密度虽然介于气体和液体之间,但它远远大于气体的密度,而更接近于液体的密度。SCF 的较大密度使其具有较大的溶解能力。SCF 的黏度远小于液体的黏度,而更接近于气体的黏度,这就使 SCF 具有较佳的传递性能,它的流动性要比液体好得多。在相同流速下,SCF 的流动雷诺数 Re 比液体的大得多,对传质有利。由表 11-3 还知,溶质在超临界流体中的扩散系数比在液体中的大几百倍,也使 SCF 中的传质比液相中的传质要好得多。综上可见,SCF 是性能优异的萃取溶剂。

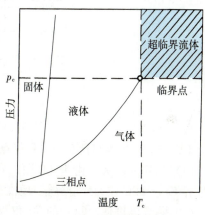

图 11-32　纯流体的相态图

表 11-3　流体有关传质性质的比较

流体的类别	密度 ρ/(kg·m⁻³)	黏度 μ/(μPa·s)	扩散系数 D/(mm²·s⁻¹)
气体	0.6~2	10~30	5~200
超临界流体	200~900	10~100	0.01~1
液体	600~1 600	100~10 000	0.000 4~0.002

(2) 超临界流体在距临界点较近的范围内,其密度对温度和压力的变化较为敏感。对此范围的 SCF 改变温度或压力,可明显改变溶质在 SCF 中的溶解度。利用这一特点,可以进行选择性萃取和萃取后混合物的分离。

为了更清晰表示 SCF 各性质间的关系，常常使用对比参量（reduced variables）。所谓对比参量，就是性质参量与其临界参量的比值。对比参量主要有：对比温度（reduced temperature）$T_r=T/T_c$，对比压力（reduced pressure）$p_r=p/p_c$，对比密度（reduced density）$\rho_r=\rho/\rho_c$。对比参量表明该量的值离开临界值的相对程度。由表 11-2 可见，不同的流体的临界参量相差很大，在相同的 T 和 p 条件下，不同的流体在状态上可能有很大差异。但不同的流体如果 T_r 和 p_r 相同，它们的状态应该比较相近，这就是对应状态原理（principle of corresponding states）。

图 11-33 是使用对比参量 p_r，ρ_r 和 T_r 绘出的 CO_2 的一种相图。由图可见，在超临界区的 T_r 为 1~1.4、p_r 为 1~5，是 ρ_r 易于变化的区域。例如，沿 $p_r=2.0$ 的水平线，T_r 的变化为 1.0→1.1 时，ρ_r 会由 1.9 降至 1.3。再如，沿着 $T_r=1.1$ 的等温线，p_r 的变化为 1→2 时，ρ_r 会由 0.8 升至 1.3。SCF 密度的较大变化会引起溶质在其中溶解度的显著改变，这就为选择性萃取和萃取后的分离提供了条件。

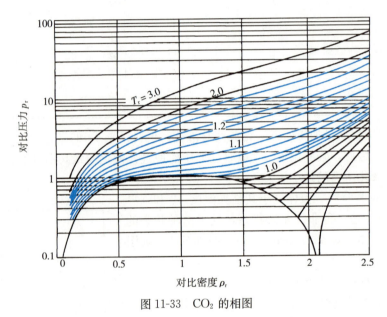

图 11-33 CO_2 的相图

3. 超临界二氧化碳 目前，在 SCFE 的研究和工业应用中，采用的 SCF 溶剂绝大部分是 CO_2，因为 CO_2 作 SCF 溶剂具有一系列优点。

(1) 临界密度大。由表 11-2 知，CO_2 的 ρ_c 高达 468kg/m³，是表中所列流体中最高的。因此，超临界 CO_2（SC-CO_2）溶解能力强。

(2) 临界温度低。CO_2 的 T_c 仅为 31.1℃，这使 SC-CO_2 萃取可在较低温度下操作，对保护食品原料的热敏成分很有利。

(3) 临界压力不高。CO_2 的 p_c 为 7.37MPa，与 H_2O 或 NH_3 比较不为高，在实验室和工厂中还是较易达到的。

(4) 无毒安全。CO_2 无臭无毒，不污染环境。具有化学惰性，不易参与化学反应。CO_2 不燃烧，在生产上使用安全。萃取时 CO_2 循环使用，理论上不耗散，不产生温室效应。

(5) 价廉易得。SC-CO_2 的溶解特性是易溶解相对分子质量较低的非极性和低极性物质。例如，它易溶解 M_r<300~400 的醛、酮、酯、醇、醚等中性物质。对脂肪酸、生物碱、酚等溶解度低。对糖、氨基酸、多数无机盐等极性物质以及蛋白质、纤维素等高聚物，不能萃取。如果混入少量其他溶剂作夹带剂（entrainer），可扩大 SC-CO_2 的萃取范围。

11.6B 超临界流体萃取的方法

超临界流体萃取是利用固体或液体物料中的特定成分能选择性地溶解于 SCF 的特性来进行混合

物萃取分离的技术。分离原理是根据各组分的溶剂萃取特性即组分与 SCF 溶剂间的作用力和蒸馏特性即组分挥发性的不同而进行分离的。当温度和压力变化时，SCF 的溶解能力会发生很大变化。这样，可以选择使溶质具有高溶解度的温度和压力条件进行萃取，然后改变温度和压力，使溶解的溶质溶解度大幅度降低而从流体溶剂中分离出来。

1. 超临界流体萃取的基本流程 超临界流体萃取流程基本上由萃取阶段和分离阶段构成。萃取系统中的主要设备为萃取器、分离器和压缩机，如图 11-34 所示。其他设备包括贮罐，辅助泵，换热器，阀门，流量计以及温度、压力调控系统等。

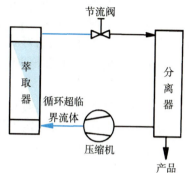

装在萃取器中的物料与通入的 SCF 密切接触，使被分离的物质溶解，溶有溶质的 SCF 经节流阀改变压力，或经换热器改变温度，使萃取物在分离器中从溶剂内析出，得到萃取产品。分离后的溶剂流体再经压缩机等处理，循环使用。

根据采用的分离方法的不同，SCFE 可以分为 3 种典型流程：变压分离、变温分离和吸附分离。

图 11-34 超临界流体萃取基本流程

(1) 变压分离萃取流程。这种流程如图 11-35（a）所示，是应用最方便的一种流程。从萃取器 1 引出的溶有溶质的 SCF 经节流阀 2 降压，溶质溶解度显著下降，并在分离器 3 中分离，从下部取出，溶剂由压缩机 4 压缩，送回萃取器循环使用。

(2) 变温分离萃取流程。如图 11-35（b）所示，从萃取器引出的溶有溶质的 SCF 不是经节流阀而是经过一个换热器改变温度，使溶解度下降。析出的溶质在分离器中分出，溶剂再循环使用。

(3) 吸附分离萃取流程。在图 11-35（c）所示流程的分离器中放置只吸附萃取物的吸附剂，脱掉溶质的溶剂返回萃取槽循环使用。这种流程适用于除去物料中可溶性杂质，萃取器中的萃余物往往为所需的产品。

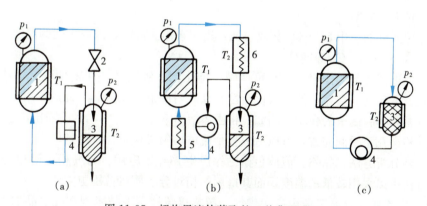

图 11-35 超临界流体萃取的 3 种典型流程
(a) 变压分离 (b) 变温分离 (c) 吸附分离
1. 萃取器 2. 节流阀 3. 分离器 4. 压缩机 5. 冷却器 6. 加热器

2. 超临界流体萃取条件的选择

(1) 操作条件的选择。当作为萃取溶剂的流体确定后，最主要的操作条件为压力和温度。压力增大，SCF 的密度增大，但 ρ—p 非线性关系。当压力增至一定程度，溶解能力增加缓慢。而从技术经济角度考虑，太高压力会增加设备投资费用和操作技术难度。因此压力选择要适当。温度对溶解度的影响因压力范围不同而不同，因为温度不仅影响 SCF 的密度，也影响溶质的挥发度和扩散系数。压力高时，升温对 SCF 密度降低较少，但溶质的蒸汽压和扩散系数却大大提高，从而使溶解能力增大。压力较低而接近临界点时，升温会使 SCF 的密度急剧下降，即使溶质的挥发度和扩散系数有提高，溶解能力仍要下降。因此温度的选择与压力有关。如果已知由 SCF 和溶质构成的多元相图，就可根据相图选择适宜的压力和温度。此外，溶剂流量也是应考虑的操作条件。SCF 流量愈大，所需萃取时间愈短。但流量的选取也应考虑使操作状态稳定。

（2）夹带剂的使用。夹带剂又称为提携剂，是加入超临界流体系统能明显改善系统相行为的少量溶剂。夹带剂与被萃取的溶质亲和力强，具有良好的溶解性能，其挥发度介于 SCF 和待萃取溶质之间。夹带剂的主要作用是能大幅度增加原本在 SCF 中较难溶的溶质的溶解度，不但提高了 SCFE 的效率，也扩大了 SCFE 技术的应用范围。例如，在 SC-CO_2 中如果添加 14％丙酮作夹带剂，可使甘油酯的溶解度提高 22 倍。在 SC-CO_2 中加入 9％CH_3OH，可使胆固醇的溶解度提高 100 倍。加夹带剂的另一个作用是可以降低 SCFE 的操作压力，减少在操作中超临界流体用量，降低投资费和操作费用。

在 SCFE 技术中常使用的夹带剂有甲醇、乙醇、异丙醇、丙酮、氯仿、己烷、三氯乙烷等。对一种待分离的混合物，一经选定了 SCF，采用何种夹带剂为宜，夹带剂的浓度以多大为佳，是人们关注的问题，这方面的规律性研究正在进行，目前仍主要通过实验解决。

11-7 超临界流体萃取在食品工业中的应用

11.7A 超临界流体萃取应用概述

1. 超临界流体萃取的各种用途　超临界流体萃取技术已经在许多工业部门应用，它的理论和应用研究更为活跃。它的各种用途可概括如下。

（1）萃取。与传统的水蒸气蒸馏相比，SCFE 耗能少，可减少香气物质挥发损失。与一般液体萃取相比，SCF 传质性能好，萃取效率高，萃取产物脱去溶剂很容易，不出现溶剂残留问题，因此，SCFE 应用于许多物料中有价值成分的提取，这是 SCFE 最主要的用途。

（2）去除不良物质。例如，咖啡中脱除咖啡因，油脂的脱臭，工业废水中脱除有机物等。

（3）脱除溶剂。例如，在高分子加工中使高分子与有机溶剂相分离，采用 SCFE 替代蒸汽汽提脱除溶剂，将是一种节能方案。

（4）分馏作用。例如，用 SC-CO_2 萃取鱼油，用尿素作夹带剂，采取不同的温度和压力，就可将鱼油分级为 $C_{14} \sim C_{18}$，C_{20}，C_{22} 等馏分。

（5）保护和促进催化剂的作用。SCF 可使固体催化剂上吸附的焦化前期化合物或使催化剂中毒的物质溶解，延长催化剂的寿命，保护催化活性。SCF 对酶催化反应具有促进作用。

（6）作为微粒和薄膜制造的介质。例如，将固体溶质溶于 SCF 中，然后降压，造成过饱和条件，压力在流体中的传递几乎瞬间完成，可以造成整个流体均匀成核条件，得到均匀的晶粒。

（7）作为一种分析方法，超临界流体色谱已经产生并开始应用。与气相色谱相比，以 SCF 作为洗脱剂的色谱方法可以采用较低的温度，而其适用的相对分子质量范围更大。

2. 超临界流体萃取在食品工业中应用现状　超临界流体萃取技术现在在食品加工中的应用主要是在下列几个方面。

（1）油脂的萃取。包括大豆、花生、向日葵、鱼、米糠、谷胚、可可粉、棉籽等 20 多种原料中油脂的萃取。

（2）胆固醇的萃取。包括从牛肉、乳脂肪、蛋黄和鱼等原料中萃取出胆固醇。

（3）油脂的分馏。用 SCFE 方法对乳脂肪、向日葵油、米糠油、鱼油和脂肪酸酯等进行分馏。

（4）油脂的精炼。包括大豆油、棕榈油、花生油等的脱臭，橄榄油等的脱酸，大豆磷脂的脱油，植物油的氢化，大豆残渣中生育酚的萃取等。

（5）风味物质的萃取。研究和应用最多的是啤酒花中风味物质的萃取。此外还将 SCFE 技术应用于洋葱、苹果、柑橘、酒、干蘑菇、乳酪等中的风味物质的萃取。

（6）其他萃取。例如，橘汁的脱苦，从咖啡和茶中脱去咖啡因，从叶子提取物和白薯等中萃取 β-胡萝卜素，从洋苏叶和唇形香草中提取天然抗氧化剂，葡萄糖和果糖混合物的分离，乙醇等发酵产物溶液的浓缩等。

11.7B 超临界流体萃取在食品工业中应用选例

1. 从咖啡豆中脱除咖啡因 咖啡因是一种兴奋剂，存在于咖啡豆和茶中。由于担心摄入过多咖啡因对健康有害，许多人喜爱饮用降咖啡因的咖啡。从咖啡豆中除咖啡因，以往采用二氯乙烷浸取的方法。这种方法会在咖啡中残留溶剂二氯乙烷，影响咖啡质量。另外，在浸取去除咖啡因时，也溶走了咖啡中的一些芳香物质。现在工业上采用 SC-CO_2 萃取，不仅工艺简单，而且选择性好，可以只脱除咖啡因而不影响咖啡质量。

图 11-36 是一种用 SC-CO_2 从咖啡豆中萃取咖啡因的工艺流程图。将经水浸泡的咖啡豆送入萃取塔 1，不断通入 SC-CO_2（T 为 70～90℃，p 为 16～20MPa），萃取咖啡因。将从塔底放出的富含咖啡因的 CO_2 送入吸收塔 2 底部，与逆向流下的很易溶解咖啡因的水进行传质，脱除咖啡因的 SC-CO_2 由吸收塔顶流回萃取塔循环使用。经约 10h 的萃取，咖啡豆中的咖啡因可由原含量 0.7%～3.0% 降至 0.02%，低于规定值（0.08%），可以出料。从吸收塔底流出的高压咖啡因水溶液经膨胀阀 4 降压，到脱气器 5 中脱除溶解的 CO_2，CO_2 经压缩机 3 压缩送回吸收塔，参加循环。脱气后的咖啡因水溶液进入反渗透器 6 中，净化后的水重新由泵送回吸收塔。浓缩的咖啡因溶液流出反渗透器后经处理可得结晶咖啡因，可作药用或制可乐饮料的配料。

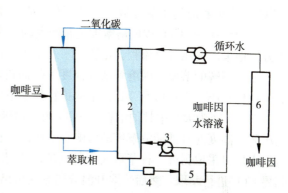

图 11-36 咖啡因 SCFE 流程图
1. 萃取塔 2. 吸收塔 3. 压缩机
4. 膨胀阀 5. 脱气器 6. 反渗透器

在上述工艺中需要说明几个问题。①咖啡豆萃取前用水浸泡是由于干咖啡豆中的咖啡因不易溶于 SC-CO_2。②萃取后咖啡因的分离如采取降压法，必须使 CO_2 的压力降得很低，这将大大增加重新压缩的能耗，而采取水吸收分离法可显著节能。③咖啡因溶液浓缩也可使用蒸发器，但不如反渗透分离节能。

咖啡因的 SCFE 也可采用吸附分离流程，吸附剂为活性炭。这种工艺又有两种方法。一种是将活性炭装入分离器中吸附溶于 CO_2 中的咖啡因。另一种是将活性炭与咖啡豆混装于萃取器中，使咖啡因直接经 SC-CO_2 转入活性炭上，最终用振动筛将咖啡豆和活性炭分开。

从咖啡豆中萃取咖啡因是第一个实现工业化生产的 SCFE 工艺，技术已相当成熟。

2. 啤酒花的萃取 啤酒花（hops）是大麻科植物蛇麻的雌花花序，是生产啤酒必不可少的原料。啤酒花的有效成分为 α-酸、β-酸和酒花油。α-酸是一些葎草酮类的混合物，含量 12.6%，具苦味和防腐作用，在热、光、碱性物质作用下易转为异 α-酸，苦味变得强烈。β-酸是蛇麻酮的混合物，含量 14.0%，易氧化产生苦味。酒花油是黄绿色液体，为啤酒香气的主要来源。

啤酒工业应用啤酒花有两种方式：一种是直接全酒花形式，有效成分利用率低，如 α-酸的利用率只有 25%；另一种是使用酒花制品。现在，约一半产量的啤酒是应用酒花制品生产的。酒花制品的生产，曾一向用有机溶剂浸取，溶剂采用二氯甲烷、甲醇、己烷等。有机溶剂浸取法可使 α-酸利用率提高到 60%～80%，萃取产物为深绿色膏状物，称酒花浸膏。有机溶剂浸取法的最大缺点是萃取产物中存在溶剂，在食品工业标准中这种溶剂残留有严格限制。溶剂还会残留在残渣中，造成环境污染和溶剂损失，有机溶剂还将丹宁和色素等杂质一起浸出，使制品色泽过深。

采用 SCFE 工艺，可以克服上列各项缺点，显示卓越的工艺优势。用 SC-CO_2 萃取啤酒花，萃取压力为 14MPa，温度为 32℃，萃取后采用降压分离的方法，可使 α-酸萃取率高达 95% 以上，得到浅绿色带芳香的浆状萃取产物。这种工艺无溶剂残留问题，不污染环境，丹宁、色素等杂质萃取出来较少，萃取物可长期贮存，不必冷藏。

啤酒花的萃取也是较早实现工业规模的 SCFE 技术项目。早在 1982 年，德国就建成了用 SCFE 工艺年处理啤酒花 5 000t 的工厂。

3. 植物油的萃取 存在于植物种子如大豆、花生、油菜籽、芝麻等中的油脂，现在采用有机溶剂进行浸取，这比早期普遍采用的压榨方法可降低残渣中的残油率，萃余物中的蛋白质易于回收加工。但有机溶剂浸取方法存在溶剂需用热能回收以及油中溶剂残留问题。用 SCFE 方法可以克服上述缺点。种子中的三酰甘油以及其他酯类可溶解于超临界 CO_2 等 SCF 中，而种子中存在的蛋白质、糖类和纤维素等却不溶于 $SC\text{-}CO_2$ 等中。

图 11-37 为大豆中的甘油酯在 $SC\text{-}CO_2$ 中的溶解度随压力变化的等温线图，纵坐标为甘油酯在 $SC\text{-}CO_2$ 中饱和时的质量分数。由图可见，在较高温度和压力区域，例如，T 为 70℃，p 为 80MPa 时，甘油酯在 $SC\text{-}CO_2$ 中的溶解度是相当大的，在这样条件下进行萃取是较易进行的。萃取后的分离可方便地采用变压分离流程。由图 11-37 可见，温度较高的等温线是很陡峭的。只要使萃取相少许降低压力，溶解的溶质将因溶解度大幅下降而析出。由于 SCF 压力降幅较小，将其压缩而循环使用的能耗也较小。近年用 SCFE 技术从植物种子中提取油脂的工艺已经实现了工业化。

图 11-38 为大豆中甘油酯在 $SC\text{-}CO_2$ 中的溶解度随温度变化的等压线图。由图可见，在高压区和低压区，温度对甘油酯溶解度的影响是不同的。在图下部的低压区，溶解度随温度升高而下降，这就启示人们可采取另外一种萃取大豆甘油酯的工艺方法。例如，用温度为 18℃，压力为 7.3MPa 的近临界 CO_2 进行萃取，然后采取升温分离方法析出甘油酯。

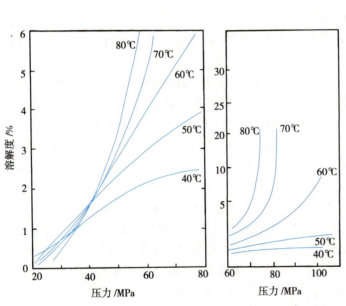

图 11-37 大豆甘油酯在 $SC\text{-}CO_2$ 中溶解度的等温线

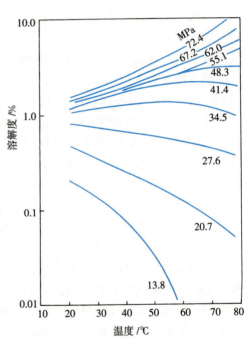

图 11-38 大豆甘油酯在 $SC\text{-}CO_2$ 中溶解度的等压线

SCFE 方法也可用来进行油脂脱臭。例如，在 120～250℃ 和 10～25MPa 压力下，可用 $SC\text{-}CO_2$ 脱除油脂中的臭味物质。由图 11-38 等压线的趋势可知，在上述条件下，$SC\text{-}CO_2$ 对甘油酯的溶解度是极小的。

习 题

11-1 溶质 A 溶于溶剂 B 的溶液中，A 的质量分数为 0.40，在三角坐标上标出该溶液组成的坐标点位置 L_0。若向该溶液中加入 1.5 倍质量的溶剂 C，在图上确定物系点 M 的位置，并读出混合物

的组成 w_A，w_B 和 w_C。

11-2 在 25℃时，醋酸（A）、3-庚醇（B）和水（C）的平衡数据见下表：

溶解度曲线数据（质量分数）

w_A	0	0.09	0.19	0.31	0.41	0.47	0.49	0.42	0.29	0.20	0.07	0
w_B	0.96	0.87	0.74	0.59	0.39	0.24	0.13	0.04	0.01	0.01	0.01	0
w_C	0.04	0.04	0.06	0.11	0.19	0.29	0.39	0.54	0.70	0.80	0.92	1.0

结线数据（w_A）

水层	0.06	0.14	0.20	0.27	0.34	0.38	0.42	0.44	0.48
醇层	0.05	0.11	0.15	0.19	0.24	0.27	0.31	0.33	0.38

（1）在直角三角形相图上作出溶解度曲线和各结线。

（2）找出由 50kg 醋酸、50kg 3-庚醇和 100kg 水组成的混合液的物系点 M，经过充分混合及静止分层后，确定平衡的两液相的组成和量。

（3）求上述两液层溶质 A 的分配比和溶剂 C 对 A、B 的分离因数。

11-3 在单级萃取装置中，用纯水对醋酸质量分数为 0.30 的醋酸和 3-庚醇混合液 1 000kg 进行萃取，要求萃余相中醋酸质量分数不大于 0.10，求：（1）水的用量；（2）萃取相的量 V_1 及萃取率（操作条件下的平衡数据见习题 11-2）。

11-4 500kg 丙酮水溶液中，丙酮的质量分数为 0.40。25℃用与水微溶的三氯乙烷 250kg 进行单级萃取，得萃余液 369kg，其中丙酮的质量分数为 0.21。求：

（1）萃取液质量及其中丙酮的质量分数。

（2）丙酮的分配比和对丙酮的单级萃取率。

11-5 用 150kg 正己烷对 100kg 含油 21% 的豆片进行单级浸取，如果浸取是理想级，最后底流的固体与所含溶液的质量比为 2:1。用 P-S 图解法求出底流液量、溢流量和溢流组成以及单级萃取率。

11-6 以汽油对大豆进行多级逆流接触浸取。若大豆含油量为 18%，最后浸取液含油的质量分数为 0.35，底流豆渣中含相当于固体量 40% 的底流液，要使豆油的浸取率达到 96%，计算必需的平衡级数。

11-7 甜菜制糖厂每小时对 50Mg 甜菜片进行水浸取处理，甜菜中糖和水的质量分数分别为 0.12 和 0.48，浸取液糖的质量分数为 0.15，底流中甜菜渣与所含溶液的质量比为 1:3，若使糖的浸取率达到 0.97，求需要的平衡级数。

11-8 对油的质量分数为 0.20 的菜籽进行多级逆流浸取，最终得到的浸取液中油的质量分数为 0.50，底流中固液质量比为 2，油的浸取率为 0.90。如果使用的溶剂是新鲜的，浸取是恒底流操作，试用 P-S 图解法求平衡级数。

11-9 采用例 11-4 相同条件，但假定底流是恒定的，$N=1.85$，求平衡级数、出口物流的流量和组成。

11-10 某片状大豆的浆液，总质量 100kg，其中含惰性固体 75kg 和溶液 25kg，溶液中油和己烷的质量分数分别为 0.80 和 0.20，使这种浆液在单级浸取器中与 100kg 己烷接触达平衡后分离，出口底流的 $N=1.8$，求：

（1）离开该级的溢流和底流液的质量和组成。

（2）单级浸取率。

11-11 用己烷对含油 50% 的棕榈仁进行多级逆流浸取。

（1）使用的己烷溶剂与原料的质量比为 1:1，出口底流中 $N=1$，且油与惰性固体的质量比为 0.01，求平衡级数。

(2) 其他条件同（1），但溶剂与原料的质量比采用 2∶1，求平衡级数。

11-12 与温度为 46.3℃，压力为 11.06MPa 的 SC-CO_2 处于对应状态的下列流体的温度和压力各为多少？(1) C_2H_6；(2) C_6H_6；(3) H_2O。

11-13 在下列状态变化过程中，SC-CO_2 的密度及大豆甘油酯在其中的溶解度如何变化？

(1) 保持压力为 20.7MPa 不变，温度由 40℃ 升至 70℃。

(2) 保持温度在 70℃ 不变，压力由 70MPa 降至 40kPa。

第十二章 CHAPTER 12

膜 分 离
Membrane Separation

第一节　膜分离概述		12-4　超滤	384
12-1　膜分离过程的分类与特性	378	12-5　反渗透和超滤装置及流程	386
12.1A　膜分离过程的分类	378	12.5A　膜组件	386
12.1B　膜分离过程的特性	378	12.5B　基本工艺流程	389
12-2　膜的分类和性能	379	12-6　电渗析	390
12.2A　膜的分类	379	12.6A　电渗析的基本原理	390
12.2B　膜的性能和膜渗机理	380	12.6B　电渗析的主要参量	391
第二节　常用膜技术		12.6C　电渗析装置及操作流程	392
		12-7　膜分离技术在食品工业中的应用	395
12-3　反渗透	381	12.7A　成分分离	395
12.3A　反渗透的基本原理	381	12.7B　净化	396
12.3B　反渗透的传质方程	382	12.7C　浓缩和其他应用	398
12.3C　反渗透的浓差极化	383	习题	399

　　膜分离（membrane separation）是利用天然或人工合成的具有一定选择透过性的分离膜，以其两侧存在的能量差或化学势差为推动力，对双组分或多组分体系进行分离、纯化或富集的一类单元操作。

　　1748 年，法国科学家 Abble Nellet 进行猪膀胱渗透分离实验时，发现水能自然地扩散到装有酒精溶液的猪膀胱内，首次揭示了膜分离现象。1864 年 Traube 成功地制成了人类历史上第一张人造膜——亚铁氰化铜膜。对膜分离技术的大量研究则是从 20 世纪开始的。1918 年 Zsigmondy 制成了微孔滤膜，并用它来分离和富集微生物和极细小的粒子。1950 年 W. Juda 合成了高分子离子交换膜，膜现象的研究由生物膜转入到工业应用领域。膜分离技术从 20 世纪 50 年代的阴阳离子交换膜到 60 年代初的一二价阳离子交换膜，以及 60 年代末的中空纤维膜至 70 年代的无机陶瓷膜等，经历了几个发展阶段，形成了一个相对独立的学科。随着制膜技术的不断发展，膜分离技术得到广泛应用。近三十年来，反渗透、超滤、微滤、电渗析、气体膜分离、无机膜分离、液膜分离等都取得了新的进展。其应用范围也不断地扩大，遍及海水与苦咸水淡化、轻工食品、环保、化工、石油、生物医药等领域。目前，膜分离技术正作为分离混合物的重要方法，在生产实践中显示着其重要作用。

第一节 膜分离概述

12-1 膜分离过程的分类与特性

12.1A 膜分离过程的分类

膜分离过程可按所选用膜的孔径、传质推动力或传递机理进行分类。

根据传质推动力本质的不同,膜分离过程可分为下述四类:

1. 以静压力差为推动力 以静压力差为推动力的膜分离过程有:微滤(microfiltration,缩写为 MF)、超滤(ultrafiltration,缩写为 UF)、纳滤(nanofiltration,缩写为 NF)、反渗透(reverse osmosis,缩写为 RO),它们主要是在被分离的粒子或分子的类型上存在差别,其中部分膜分离分类如图 12-1 所示。

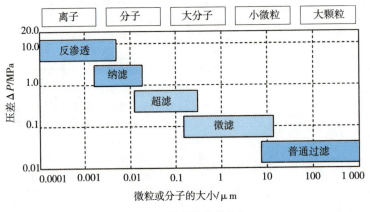

图 12-1 部分膜分离分类

图 12-1 动画演示

2. 以蒸汽分压差为推动力 以蒸汽分压差为推动力的膜分离过程有两种,膜蒸馏(membrane distillation,缩写为 MD)和渗透蒸发(pervaporation,缩写为 PV)。

膜蒸馏实际上是一个蒸发过程。与其他的膜分离过程相比,膜蒸馏的主要优点是可以在极高的浓度下进行,现已应用于高纯水的生产、溶液脱水浓缩和挥发性有机溶剂的分离。而渗透蒸发技术已在水的净化、二元恒沸有机物的分离、异丙醇的脱水浓缩、无水乙醇的生产等方面实现了工业化应用,目前正在研究将渗透蒸发技术应用于食品工业领域。

3. 以浓度差为推动力 渗析(dialysis,缩写为 DS)是一种重要的、以浓度差为推动力的膜分离过程。它是利用多孔膜两侧溶液的浓度差使溶质从浓度高的一侧通过膜孔扩散到浓度低的一侧,从而得到分离的过程。它最主要的应用是血液的解毒(人工肾),目前也用于实验室规模的酶的纯化。

4. 以电位差为推动力 电渗析(electrodialysis,缩写为 ED)是较早研究和应用的一种膜分离技术,它是基于离子交换膜对阴阳离子的选择性,在直流电场的作用下使阴阳离子分别透过相应的膜以达到从溶液中分离电解质的目的。电渗析最大的应用是海水淡化和苦咸水淡化生产饮用水。

12.1B 膜分离过程的特性

一般膜分离过程是按所选用膜的孔径、传质推动力和传质机理进行分类,常用膜分离过程及其基本特性见表 12-1。

表 12-1 常用膜分离过程及其基本特性

分离过程	分离目的	透过组分	截留组分	推动力	传质机理	膜类型
微滤 MF	溶液或气体脱除粒子	溶液、气体	$0.02\sim10\mu m$ 粒子	压力差 10^5 Pa	筛分	多孔膜
超滤 UF	溶液中脱除大分子	小分子溶液	$0.001\sim0.02\mu m$ 大分子溶质	压力差 $10^5\sim10^6$ Pa	筛分	非对称膜
纳滤 NF	软化、脱色、浓缩、分离	溶剂或低价小分子溶质	1nm 以上溶质	压力差 $(5\times10^5)\sim(1.5\times10^6)$ Pa	溶解-扩散、Donnan 效应	非对称膜或复合膜
反渗透 RO	含小分子溶质溶液的浓缩和溶质的脱除	溶剂、可被电渗析截留组分	$0.1\sim1nm$ 小分子溶质	压力差 $10^6\sim10^7$ Pa	优先吸附、毛细管流动、溶解-扩散	非对称膜或复合膜
渗析 DS	大分子溶质溶液脱小分子；小分子溶质溶液脱大分子	小分子或较小的溶质和溶剂	大分子溶质	浓度差	筛分和微孔膜内的受阻扩散	非对称膜或离子交换膜
电渗析 ED	小离子溶质的浓缩，小离子的脱除和分级	小离子组分	同性离子、大离子或水	电位差	反离子经离子交换膜的迁移	离子交换膜
气体分离 GS	气体混合物的分离、富集或特殊组分的脱除	气体、较小组分或膜中易溶组分	较大组分	压力差 $10^6\sim10^7$ Pa	溶解-扩散	均质膜、复合膜、非对称膜
渗透蒸发 PV	挥发性液体混合物分离	膜内易溶组分或易挥发组分	不易溶解组分或较大、较难挥发物	分压差和浓度差	溶解-扩散	均质膜、复合膜、非对称膜

12-2 膜的分类和性能

膜分离技术的核心是分离膜。作为一种分离膜，要具有以下条件：
(1) 要有较高的分离效率（或高的截留率）和高的透过量；
(2) 要有较强的抗物理、化学和微生物侵蚀的性能；
(3) 有较好的柔韧性和足够的机械强度；
(4) 使用寿命长，pH 适用范围广；
(5) 成本低廉，制备方便，便于工业化生产。

12.2A 膜的分类

分离膜的种类可有以下多种分类方法：
按膜的来源可分为天然膜、合成膜；
按膜的结构可分为多孔膜、均质膜、非对称膜、荷电膜；
按膜的用途可分为离子交换膜、微孔滤膜、超滤膜、反渗透膜、气体分离膜、渗透蒸发膜、反应膜；
按膜的作用机理可分为吸附性膜、扩散性膜、选择渗透膜、非选择性膜；
按膜材料的化学特征可分为无机膜、聚合物膜。

1. 膜按材料的化学特征分类

(1) 无机分离膜。无机膜的特点是耐热性好，有优异的稳定性，孔径均匀，可做成孔径 1nm～

$600\mu m$ 的膜,刚性和强度大。但因无可塑性、受冲击易破损、价值较贵等缺点,使无机膜在市场占的比例较小,但随膜技术的发展,对膜使用条件提出越来越高的要求,近年来无机膜的发展远快于有机膜。无机膜包括陶瓷膜、玻璃膜、金属膜和分子筛炭膜等。

(2) 聚合物分离膜。聚合物膜在应用的分离膜中占主导地位。它们具有线性分支或稍有交联仍保持其溶解性的结构。聚合物膜对各物质的选择分离作用,不仅取决于膜材料的性质及它与物质的相互作用,而且和膜的孔径大小、形状等物理结构因素有关。现在,真正用作商品分离膜的材料有几十种。主要有醋酸纤维素(CA)、三醋酸纤维素(CTA)、芳香聚酰胺、聚酰亚胺、聚苯并咪唑、聚丙烯腈、聚甲基丙烯酸甲酯、聚丙烯等。也发展了一些共混聚合物膜。

2. 聚合物膜按其结构与作用特点分类 目前应用较广的分离膜是人工合成的高分子聚合物膜。聚合物膜按其结构与作用特点又可分为微孔膜、均质膜、非对称性膜、离子交换膜四类。

(1) 微孔膜。这类膜的平均孔径为 $0.02\sim10\mu m$,主要有两种类型:多孔膜与核孔膜。多孔膜呈海绵状,膜孔大小有较宽的分布范围,孔道曲折,膜厚 $50\sim250\mu m$,其应用较普遍;核孔膜是用 $10\sim15\mu m$ 的致密的塑料薄膜制造,先用反应堆产生的裂变碎片轰击,穿透薄膜而产生损伤,然后在一定温度下用化学试剂侵蚀而成一定尺寸的孔,它的特点是孔为圆柱形直孔,孔径接近,性能优于多孔膜,但造价较高。目前微孔膜主要用于微滤或超滤,如水净化,溶液除菌、除酶,血液净化等。

(2) 均质膜。因其结构较为致密,又称为致密膜。物质通过膜是依靠分子扩散。其特点是分离系数较高,但渗透系数较低。适用于气体分离和渗透蒸发。

(3) 非对称性膜。其特点是膜的断面不对称。它是由具有膜分离作用的表面活性层($0.2\sim0.5\mu m$)和起支承作用的多孔支承层($500\sim1\,000\mu m$)构成,故又称复合膜,如图12-2所示。多孔支承层孔径很大,对透过流体无阻力。支承层提供支持强度,表面活性层起分离作用。由于非对称性膜起分离作用的表面活性层可制得很薄,因此透过通量较大,膜孔不易堵塞,易清洗。目前的超滤和反渗透膜多为非对称性膜。

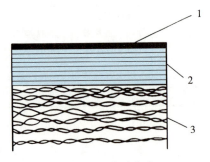

图12-2 非对称膜
1. 表面活性层 2. 支承层 3. 聚酯织物

(4) 离子交换膜。离子交换膜是一种具有带电基团的聚合膜,分为阳离子交换膜和阴离子交换膜两种。阳离子交换膜带有阳离子交换基团,带负电荷,能选择性地吸附阳离子并使其通过,对阴离子则产生排斥作用。阴离子交换膜与之相反。离子交换膜主要用于电渗析。

12.2B 膜的性能和膜渗机理

1. 分离膜的性能 膜性能包括膜的物化稳定性和分离透过性。

膜的物化稳定性是指膜的强度,适用的最高压力、温度范围、pH范围以及对有机溶剂和各种化学药品的耐受性,是决定膜使用寿命的主要因素。

膜的分离透过性包括分离效率、渗透通量和通量衰减系数三个方面。

(1) 分离效率。分离效率又称溶质分离率。分离效率 R 是指被膜截留的溶质占原液溶质的质量分数。

$$R = 1 - \frac{c_2}{c_1} \tag{12-1}$$

式中,c_1,c_2 分别为原料液、透过液中溶质的浓度。

(2) 渗透通量。渗透通量又称水通量,为单位时间内透过单位膜有效面积的溶剂的体积。

$$J = \frac{V}{At} \quad (m/s) \tag{12-2}$$

式中 V——透过液体积,m^3;

A——膜的有效面积，m^2；

t——操作时间，s。

工业上渗透通量 J 的单位也可用 $L/(m^2 \cdot d)$。

（3）膜的通量衰减系数。由于浓差极化、膜压实及膜污染等原因，膜的渗透通量将随操作时间的增长而减小。渗透通量与时间的关系可以用下式来表示：

$$J_t = J_1 t^m \qquad (12-3)$$

式中　J_1——初始时刻的渗透通量；

J_t——时间 t 时的渗透通量；

m——衰减系数。

2. 膜渗机理　膜分离的机理现在尚未十分清楚。必须指出：虽然反渗透和超滤通常被认为是过滤的推广，但简单床层流动理论不能充分解释膜内的流动。实验研究结果表明：在超滤上，膜的微孔起着重要的作用；但在反渗透上，微孔又不是绝对的决定性因素。由此可见，膜内流动绝非一般毛细管内层流机理。通常膜渗传质机理主要有下述两种模型：

（1）毛细管流动模型。在这种模型中，溶质的脱除主要靠流过微孔结构的过滤或筛分作用，半透膜阻止了大分子的通过。按这种模型进行的流动是毛细管中的层流流动，可用 Poiseuille 方程来确定膜的渗透通量。

（2）溶解扩散模型。溶解扩散模型是由 Lonsdale 和 Riley 等提出的描述膜内传递的模型。在这种模型中，假定扩散物质的分子先溶解于膜的结构材料中，而后再经载体的扩散而传递。因为分子种类不同，溶解度和扩散速度不相同，这样溶解扩散模型似能合理解释反渗透膜对溶液中不同成分的选择性。

实际上，上述两种模型在膜渗传递中都可能存在，唯反渗透以溶解扩散机理占优势，而超滤则以毛细流动机理的筛分占优势。

第二节　常用膜技术

本节重点介绍反渗透、超滤和电渗析这三种目前在食品工业中已得到广泛应用的膜分离方法。

12-3　反　渗　透

12.3A　反渗透的基本原理

1. 渗透　渗透（osmosis）是由于化学势梯度的存在而引起的自发扩散现象，如图12-3所示。将纯水与盐水用一张能透过水的半透膜隔开，在一定温度和压力下，纯水一侧水的化学势大于盐溶液一侧中水的化学势，在化学势梯度的作用下，纯水透过膜向盐水侧扩散，这种现象叫渗透，如图12-3（a）所示。

根据物理化学原理，水的化学势公式为

$$\mu_w = \mu_w^\ominus + RT \ln a_w \qquad (12-4)$$

式中　a_w——水的活度；

T——热力学温度，K；

$\mu_w^\ominus$——纯水的化学势（标准态水的化学势），J/mol；

R——摩尔气体常数，$R = 8.314 J/(mol \cdot K)$。

盐水中水的活度 $a_w < 1$，$\ln a_w < 0$，故 $\mu_w < \mu_w^\ominus$，所以产生水由高化学势的纯水侧自发向低化学势的盐水侧扩散运动，即为渗透。

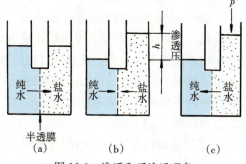

图12-3　渗透和反渗透现象

(a) 渗透　(b) 渗透平衡　(c) 反渗透

2. 渗透平衡　由基础物理化学知道，增大压力会提高水的化学势。压力对化学势的影响可用下式表示：

$$\left(\frac{\partial \mu_w}{\partial p}\right)_T = V_m \tag{12-5}$$

式中　V_m——水的偏摩尔体积，m^3/mol。

因为 $V_m > 0$，故随压力 p 的增大，水的化学势 μ_w 将增大。这就为我们提供了阻抑渗透的方法：在盐水侧施加额外压力，会使膜两侧化学势差 $\Delta\mu_w$ 变小，使渗透减弱。当施加的压力为 π 恰使盐水侧水的化学势 μ_w 与左侧纯水的化学势相等，这时就达渗透平衡，宏观上渗透作用就停止了。这个压力 π 就称为盐水的渗透压（osmotic pressure），图 12-3（b）中的高度为 h 的液柱的静压力 $\rho g h$ 就是渗透压 π。达渗透平衡时，将式（12-5）积分，有

$$V_m \int_0^\pi dp = \int_{\mu_w}^{\mu_w^\ominus} d\mu_w = \mu_w^\ominus - \mu_w$$

$$V_m \pi = -RT \ln a_w \tag{12-6}$$

式中　π——渗透压，Pa。

如果盐溶液是稀溶液，则由式（12-6）可导得

$$\pi = cRT \tag{12-7}$$

式中　c——盐溶液中的总离子浓度，mol/m^3。

3. 反渗透　再进一步推想，在盐水侧施加压力 π 的基础上再施压 p，渗透平衡将破坏，此时盐水侧水的化学势 μ_w 反而高于纯水侧水的化学势，水将由右穿过膜向左渗透，如图 12-3（c）所示，这时的渗透方向因与原来自然渗透的方向相反，因而把这种现象称作反渗透（reverse osmosis, RO）。反渗透就是向溶液施加超过其渗透压的压力，使溶液中的溶剂穿过分离膜向纯溶剂一侧渗透的现象。显然，图 12-3（c）中膜右侧所施压力 p，即为反渗透的推动力，它是膜右侧和左侧流体压力差减去渗透压的差值（$\Delta p - \pi$）。反渗透提供了使溶液浓缩或制备较纯溶剂过程的基础。

12.3B　反渗透的传质方程

1. 溶剂渗透通量方程　假设反渗透是稳态传质，由质量传递定律可以得到

$$N_w = K_w(\Delta p - \Delta\pi) \tag{12-8}$$

式中　N_w——溶剂渗透通量，$kg/(m^2 \cdot s)$；
　　　K_w——溶剂渗透率常量，又称透水系数，$kg/(Pa \cdot m^2 \cdot s)$；
　　　Δp——膜两侧压力差，$\Delta p = p_1 - p_2$，Pa；
　　　$\Delta\pi$——膜两侧渗透压差，$\Delta\pi = \pi_1 - \pi_2$，Pa。

由式（12-8），反渗透中溶剂的通量 N_w 与（$\Delta p - \Delta\pi$）成正比，比例常数为透水系数 K_w，它与温度和膜厚度等因素有关。反渗透过程的推动力较一般过滤为复杂，它存在着两个压力分量：其一是施加于膜两侧的压力差 Δp，即浓缩液侧的压力与透过液侧的压力之差，此为正向之推动力；另一是浓缩液渗透压与透过液渗透压之差 $\Delta\pi$，此为反向之推动力。正、反两方向的推动力构成了过程推动力的合力，即（$\Delta p - \Delta\pi$）。

2. 溶质渗透通量方程　溶质透过膜的通量方程可表示如下：

$$N_s = K_s(c_1 - c_2) \tag{12-9}$$

式中　N_s——溶质的通量，$kg/(m^2 \cdot s)$；
　　　K_s——溶质的渗透率常量，m/s；
　　　c_1, c_2——溶质在原液和透过液中的浓度，kg/m^3。

N_s 和 N_w 的关系可由稳态时溶质的物料衡算而得到。由于扩散穿过膜的溶质质量必定等于透过液中溶质的质量增量，因此可有

$$N_s = N_w \frac{c_2}{c_{w2}} \tag{12-10}$$

式中 c_{w2}——溶剂在透过液中的浓度，kg/m^3。

如果透过液较稀，c_{w2} 近似为溶剂的密度。

3. 分离效率 将式（12-8）和式（12-9）代入式（12-10）中，有

$$K_s(c_1 - c_2) = K_w(\Delta p - \Delta \pi)\frac{c_2}{c_{w2}}$$

两端除以 c_1，有

$$K_s\left(1 - \frac{c_2}{c_1}\right) = K_w(\Delta p - \Delta \pi)\frac{c_2}{c_1 c_{w2}}$$

$$1 - \frac{c_2}{c_1} = \frac{K_w(\Delta p - \Delta \pi)}{K_s \cdot c_{w2}} \cdot \frac{c_2}{c_1}$$

令

$$B = \frac{K_w}{K_s \cdot c_{w2}} \tag{12-11}$$

则

$$1 - \frac{c_2}{c_1} = B(\Delta p - \Delta \pi)\frac{c_2}{c_1}$$

$$\frac{c_2}{c_1} = \frac{1}{1 + B(\Delta p - \Delta \pi)} \tag{12-12}$$

将式（12-12）代入式（12-1），则溶质的分离效率为

$$R = 1 - \frac{c_2}{c_1} = \frac{B(\Delta p - \Delta \pi)}{1 + B(\Delta p - \Delta \pi)} \tag{12-13}$$

式中，B 值的单位为 Pa^{-1}，可由实验测定。分离效率 R 值越大，反渗透对溶剂和溶质的分离效果越好。

例 12-1 在 25℃ 的反渗透实验中，原液为 NaCl 水溶液，浓度为 $2.5 kg/m^3$，其密度为 $999 kg/m^3$，渗透压为 200kPa。所用压力差 $\Delta p = 2.80$ MPa，所得透过液密度为 $997 kg/m^3$，渗透压为 8.10kPa。已知 $K_w = 4.75 \times 10^{-9} kg/(Pa \cdot m^2 \cdot s)$，$K_s = 4.42 \times 10^{-7} m/s$。求水和 NaCl 穿过膜的渗透通量、分离效率以及透过液的浓度。

解：（1）
$$\Delta \pi = \pi_1 - \pi_2 = 200 - 8.10 = 191.9 \text{ (kPa)}$$
$$N_w = K_w(\Delta p - \Delta \pi) = 4.75 \times 10^{-9} \times (2.80 \times 10^6 - 191.9 \times 10^3)$$
$$= 0.012\,4 \text{ (kg} \cdot m^{-2} \cdot s^{-1})$$

（2）
$$c_{w2} = \rho_2 = 997 kg/m^3$$
$$B = \frac{K_w}{K_s c_{w2}} = \frac{4.75 \times 10^{-9}}{4.42 \times 10^{-7} \times 997} = 1.08 \times 10^{-5} \text{ (Pa}^{-1})$$
$$B(\Delta p - \Delta \pi) = 1.08 \times 10^{-5} \times (2.80 \times 10^6 - 191.9 \times 10^3) = 28.2$$
$$R = \frac{B(\Delta p - \Delta \pi)}{1 + B(\Delta p - \Delta \pi)} = \frac{28.2}{1 + 28.2} = 0.966$$

（3）
$$R = 1 - \frac{c_2}{c_1} = 1 - \frac{c_2}{2.5} = 0.966$$
$$c_2 = 0.085 kg/m^3$$

（4）
$$N_s = K_s(c_1 - c_2) = 4.42 \times 10^{-7} \times (2.50 - 0.085)$$
$$= 1.07 \times 10^{-6} \text{ (kg} \cdot m^{-2} \cdot s^{-1})$$

12.3C 反渗透的浓差极化

1. 浓差极化现象 膜渗过程进行时，通常原液侧膜表面附近溶质的浓度逐渐增加，其结果是表面附近溶液浓度要高于浓缩液主体的浓度，这种现象称为浓度极化（concentration polarization）。浓

度极化使原液侧界面处溶质浓度 c_{1i} 大于溶液主体浓度 c_1，将膜表面溶质浓度 c_{1i} 与溶液主体浓度 c_1 之比，称为浓度极化因数 M，即

$$M = \frac{c_{1i}}{c_1} \tag{12-14}$$

浓度极化发生，$M>1$。M 值越大，极化现象越严重。

反渗透等膜分离操作出现浓度极化现象，严重影响透水速度，成为膜渗过程的关键问题。浓度极化现象实际上是原液溶质在溶液和半透膜界面上的积累。其全过程是：一方面是溶质随溶液主流的运动而移向界面，因有溶剂透过膜迁走而使界面上溶质积累浓度升高；另一方面又有溶质向溶液主流的反向扩散以及部分溶质经半透膜迁移到透过液中；达稳定状态时，膜表面附近存在着一定的浓度梯度，此时移向界面的溶质量恰好等于反向扩散的溶质量和透过半透膜的溶质量之和。

2. 浓差极化对反渗透操作的影响　浓度极化现象的发生，对反渗透操作会产生三种不利的消极作用。膜分离操作中出现浓差极化现象，会严重影响透水速度，成为膜渗过程的关键问题。其对反渗透操作会产生以下几个方面的影响：

（1）浓差极化使反向推动力增大，降低透水通量。极化使界面溶质浓度 c_{1i} 大于溶液主体浓度 c_1，从而使界面处渗透压 π_{1i} 比非极化时的渗透压 π_1 增大了，二者关系为

$$\frac{\pi_{1i}}{\pi_1} = \frac{c_{1i}}{c_1} = M$$

$$\pi_{1i} = M\pi_1 \tag{12-15}$$

极化后反向推动力已成为 $\Delta\pi = \pi_{1i} - \pi_2 = M\pi_1 - \pi_2$，较非极化时的 $\Delta\pi = \pi_1 - \pi_2$ 增大了。这样，极化的发生使反渗透推动力的合力 $\Delta p - \Delta\pi = \Delta p - (M\pi_1 - \pi_2)$ 较非极化时下降，由式（12-8）可见，透水通量 N_w 降低。

（2）浓差极化使溶质的渗漏增大。极化使溶质透过膜的扩散推动力由 $c_1 - c_2$ 增至 $Mc_1 - c_2$，加速了溶质通过膜的扩散速率，最终会降低溶质的分离效率 R。

膜表面溶质浓度增大，使溶质的渗漏增加，导致分离效率降低，产品质量下降。

（3）浓差极化使有效膜面积减少，亦使透水率下降。极化使膜表面溶质局部浓度升高，可能会引起某组分趋于饱和，造成组分在膜表面析出沉淀或形成凝胶，减少膜有效面积或增加串联的二次膜，使透水阻力增加，透水通量下降。

总之，浓差极化对反渗透过程有着很大的不利影响，但由于反渗透膜的选择性，它又是不可避免的现象。所以需要我们进一步了解浓差极化产生的机理和影响因素，以便采取措施减轻其影响。

3. 浓差极化的影响因素　渗透通量是膜性能的一个主要指标。而由于浓差极化的影响，会使反渗透过程中溶剂渗透通量降低。所以需要了解反渗透过程中影响渗透通量的有关因素。

（1）操作压差。压差是反渗透过程的推动力，压差愈大，渗透通量愈大。但是同时压差增大，浓差极化度也随之增大，膜表面处溶液渗透压增高。另一方面压差增加，能耗增大，并有可能导致沉淀析出。所以需要综合考虑，选择最佳的操作压差，一般反渗透的操作压差为 $2\sim10\mathrm{MPa}$。

（2）操作温度。温度升高，溶液黏度降低，有利于界面的溶质反扩散回到主流中，膜表面处溶液渗透压降低，浓差极化因数减小，有效压差增大，使得渗透通量增大。但操作温度的升高受膜热稳定性的限制。

（3）料液流速。流速增大，传质系数增大，浓差极化度减小，渗透通量增大。

（4）料液的浓缩程度。浓缩程度高，则料液浓度高，渗透压高，有效压差减小，渗透通量减小。此外料液浓度高还会使膜污染加剧，所以应合理确定料液的浓缩程度。

12-4　超　　滤

超滤技术是目前应用最为广泛的膜分离技术，在食品工业中，超滤技术主要应用于纯水制造、废

水处理、乳清浓缩、果汁澄清等操作过程。

1. 超滤原理　超滤也是以压力差为推动力的膜分离过程。超滤膜表面孔径范围为 5~200nm，能够截留相对分子质量为 500 以上的蛋白质等较大分子物质和胶体微粒，所用压差范围为 0.1~0.5MPa。

一般认为超滤对大分子物质的分离机理主要是筛分作用。超滤膜属于筛网状的过滤介质，决定其截留效果的主要是膜的表面活性层上微孔的大小和形状。过滤时比孔大的粒子被截留在膜的表面，小于孔径的粒子通过膜进入低压侧。由于超滤主要是用于大分子溶液的分离，其分子大小往往是用分子质量来表示，故又称为分子质量切割机理。

超滤膜对大分子溶质的截留是由于存在以下作用：
(1) 在膜表面和微孔中的吸附；
(2) 在膜孔中的阻塞；
(3) 在膜表面的机械截留（筛滤）。

超滤时，随着压力的增加，渗透通量最初成正比例增加，但很快就达到常数值。这不仅与超滤膜有关，而且与溶液沿膜的流动状况有关。在超滤过程中，膜表面形成的凝胶二次膜随压力和渗透通量的增加而增大。所以，只有改善溶液沿膜的流动情况，才能减少二次膜的形成，特别是当液体食品的黏度很高时，可采用薄沟道流动以利于二次膜的消除。

2. 影响超滤渗透通量的因素

(1) 操作压差。压差是超滤过程的推动力，对渗透通量产生决定性影响。当过滤溶液时，在较小的压差范围内，渗透通量与压差呈线性关系。但当压差较高时，由于浓差极化以及膜表面污染、膜孔堵塞等原因，使渗透通量增量随着压差的增加而逐渐减小，当膜面形成凝胶层时，渗透通量趋于定值，此后渗透通量不再随压差变化，此时的渗透通量称为临界渗透通量。因此，对于一定浓度的溶液，实际超滤过程应在接近临界渗透通量时操作，此时的操作压力在 0.4~0.6MPa，过高的压力不仅无益而且有害。

(2) 料液浓度。当料液浓度较高时，在较低压差下，渗透通量与压差不呈线性关系，而且在较低压差时渗透压差就已达到临界值，且临界渗透通量较低。

(3) 料液流速。提高流速，可减小极化边界层厚度，使传质系数增大，浓差极化减轻。但增加流速，会同时使料液流过膜组件的压力降增高，能耗增大。一般可采用湍流促进器或脉冲流动，这样就可在能耗增加较小的前提下使传质系数得到较大的提高。

(4) 温度。提高温度，可使料液黏度减小，扩散系数增大，传质系数提高，有利于减轻浓差极化，提高渗透通量。但同时应考虑膜和料液的热稳定性，在二者允许的条件下，尽可能采用较高的温度。

(5) 截留液浓度。随着截留液浓度的增加，其黏度增大，边界层增厚，容易形成凝胶，导致渗透通量的降低。因此对于不同的体系有其允许的最大浓度。

(6) 操作时间。随着超滤过程的进行，由于浓差极化、凝胶层的形成以及膜孔堵塞等原因，超滤的渗透通量将随时间逐渐衰减，衰减速度因物料的种类不同有很大的差别。

3. 渗透通量的衰减及解决方法　在反渗透与超滤操作过程中，一个重要的问题是渗透通量随操作时间延长而减小。产生渗透通量衰减的原因有以下两方面：①由于料液中含有固体微粒、胶体粒子、可溶性高分子、微生物以及溶液浓缩与浓差极化引起的盐类沉淀等而导致的膜污染；②由于膜材料受水解、氧化等化学变化和压实等物理原因引起的膜结构形态的变化。

减少和防止渗透通量衰减的方法主要有：

(1) 选择合适的膜材料。膜的亲水性、荷电性会影响到膜与溶质间相互作用的大小及膜污染的程度。

对于亲水膜来讲，由于其表面含有亲水基团，可与水形成氢键，使水处于有序结构，当疏水溶质接近膜表面时，必须破坏水的有序结构。这个过程需要能量，不易进行，因此膜面不易被污染。而疏水膜表面上的水无氢键作用，当疏水溶质接近膜表面时，是一个疏水表面的脱水过程，容易进行，而使膜表面易吸附溶质被污染。

要提高疏水性膜的耐污染性，可用小分子化合物对膜进行预处理，它们对膜分离特性不会产生很大影响。如表面活性剂可使膜表面覆盖一层保护层，以减小膜的吸附性能。但由于这些表面活性剂是水溶性的，且靠分子间弱作用力与膜连接，极易脱落。所以为使膜获得永久性耐污染特性，我们可引入亲水基团，或用复合膜手段复合一层亲水性分离层，或采用阴极喷镀法在超滤膜表面镀一层炭。

（2）料液的预处理。料液的预处理包括除去料液中有害杂质和料液温度、pH 的调节。料液中的有害杂质指一些固体微粒、胶体物质和微生物、有机物等。一般可采用沉降、过滤等方法除去颗粒状物质。微生物与有机物可以用氯或次氯酸钠氧化除去，也可用活性炭来吸附除去有机物。

调节料液的温度和 pH 时要考虑到膜的性质和料液的特性。例如，醋酸纤维素膜，当 pH 为 4.5～5.0 时水解速度最小。温度过高，会加快膜的水解，导致膜结构性能的不可逆变化。对于蛋白质物料，要注意等电点和离子化问题，同时还要防止高温下蛋白质变性。

（3）膜的清洗。为保持一定的渗透通量，延长膜的使用寿命，对膜组件必须进行定期清洗。可以采用合适的清洗剂和合理的清洗方法清除膜污染，恢复渗透通量。常用的方法有物理方法和化学方法两类。

物理方法主要有：①水力清洗方法，即高速水流冲洗，可降低操作压力，提高保留液循环量（即高速水流冲洗）可提高渗透通量；②液流脉冲方法，特别是洗液脉冲与反冲结合起来，可以很快将膜污染清除；③气液脉冲方法，往膜过滤装置间隙通入高压气体（空气或氮气）就形成了气液脉冲，气液脉冲能使膜上的孔道膨胀，从而使污染物被液体冲走。此外，还有电场过滤、脉冲电脉清洗、脉冲电解清洗、电渗透反洗、海绵球机械擦洗等方法。

当膜污染比较严重时，需采用化学清洗剂进行清洗。常用的清洗剂有草酸、柠檬酸、加酶洗涤剂和过氧化氢（又称双氧水）等。用草酸、柠檬酸或 EDTA 配制的清洗液可以从膜上除去金属氧化物沉淀；加酶洗涤剂对蛋白质、多糖类和油脂类污染物有较好的清洗效果；过氧化氢溶液对有机物有良好的清洗效果。如果在膜的细孔中有胶体堵塞，则可以利用分离效率较差的物质，如尿素、硼酸、醇等作清洗剂，这些物质很容易透入细孔而达到清洗的目的。

12-5　反渗透和超滤装置及流程

反渗透和超滤操作的基本装置包括预处理过滤器、泵、阀门、管路及膜组件。其中膜组件是反渗透和超滤装置的核心部分。

12.5A　膜组件

将膜以某种形式组装在一个基本单元设备内，以便在外界驱动力作用下实现对混合物中各组分的分离，这个基本单元设备就是膜分离器，又称为膜组件。目前，工业上常用的膜组件形式主要有板框式、管式、螺旋卷式和中空纤维式四种。作为性能良好的膜组件应具备以下条件：

（1）对膜能提供足够的机械支承并可使高压原料液和低压透过液严格分开；
（2）在能耗最小的条件下，使原料液在膜面上的流动状态均匀合理，以减少浓差极化；
（3）具有尽可能高的膜装填密度（单位容积内的有效膜表面积），并使膜的安装和更换方便；
（4）装置牢固安全，价格低廉且容易维护。

1. 板框式膜组件　板框式也称平板式膜组件，其外观和原理类似板框式压滤机。常见的形式有系紧螺栓式和耐压容器式两种。

(1) 系紧螺栓式。图 12-4 所示为系紧螺栓式板式膜组件，由圆形承压板、多孔支承板和膜经黏结密封构成脱盐板，再将一定数量的这种脱盐板多层堆积起来，用 O 形环密封，最后用上、下封头（法兰）以系紧螺栓固定组合而成。原水由上封头进口，流经分配孔，在各脱盐板的膜面上逐层流动，最后从下封头的出口流出。与此同时，透过膜的淡水在流经多孔支承板后，于承压板的侧面管口处流出。

(2) 耐压容器式。耐压容器式膜组件是把许多脱盐板组装后，置于耐压容器中组成。原水从容器一端进入，浓水从容器另一端排出。脱盐板分段串联，而每段各板并联。从入口到出口，各段板数递减，使得原水流速变化小，减轻了浓差极化现象。耐压容器式膜组件填充密度较大，但安装、维修换膜不如系紧螺栓式方便。

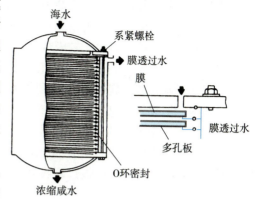

图 12-4 系紧螺栓式板式膜组件

板框式膜组件的结构简单、牢固，阻力较小，能承受较高压力，维修清洗容易。但料液流动状况不佳，膜堆积密度低，浓差极化严重。通常适用于小规模生产。

2. 管式膜组件 管式膜组件的结构主要是把膜和支承体均制成管状，使两者装在一起，或者将膜直接挂在支承管内或管外，再将一定数量的膜管以一定方式连成一体而组成，其外形类似于列管式换热器。管式膜组件的形式较多，按其连接方式可分为单管式和管束式，按其作用方式又可分为内压型和外压型。

(1) 内压型膜组件。内压型膜组件是在多孔耐压管内壁上成膜，再将多根耐压膜管平行排列，组成有共同进出口的管束。操作时料液在管内流动，在压力作用下水透过膜和多孔管流出管外，如图 12-5 所示。

(2) 外压型膜组件。外压型膜组件也以管壁开有许多细孔的圆管作支承体，但与内压型相反，分离膜是被刮制在多孔管外表面上，或在多孔耐压管外用带状平膜缠绕，重叠处以胶黏剂黏结密封。操作时原液通向膜管外侧，在压力作用下水穿过膜进入管内，由管板引出，如图 12-6 所示。

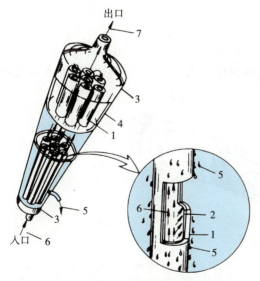

图 12-5 内压型管式膜组件
1. 玻璃纤维管　2. 膜　3. 末端配件
4. 淡水收集外套　5. 淡水　6. 供水　7. 浓水

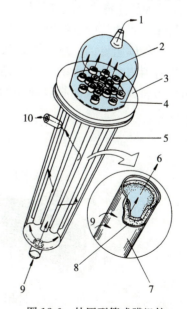

图 12-6 外压型管式膜组件
1. 透过液出口　2、6. 透过液　3. 连接盘
4. 耐压板　5. 外装管　7. 醋酸纤维素膜
8. 多孔膜支持体　9. 原液　10. 浓缩液出口

管式膜组件的内径较大，结构简单，适合于处理悬浮物含量较高的料液，分离操作完成后的清洗也比较容易，合适的流动状态可以减轻浓差极化现象和膜污染。但在各种膜组件中，管式膜的膜堆积密度最小，此外管口的密封也比较困难。

3. 螺旋卷式膜组件 螺旋卷式膜组件的制作：两层半透膜中间夹多孔支承材料，将它们三边用黏胶密封成信封状膜袋，其第四边即开放边与多孔的中心透过液收集管密封连接。在膜袋外部原水侧再垫一层隔网，把膜袋和原水侧隔网依次叠合，绕中心透过液收集管紧卷起来，形成螺旋膜卷，如图12-7所示。将若干个上述的膜元件装进圆柱形压力容器里，就构成一个螺旋管式膜组件。在膜元件中，进料液沿管的轴向在膜袋间隔网中流动，浓缩液由另一端流出。穿过两侧膜的透过液在膜间多孔支承材料中呈螺旋状流向中心透过液收集管，由透过液出口流出。

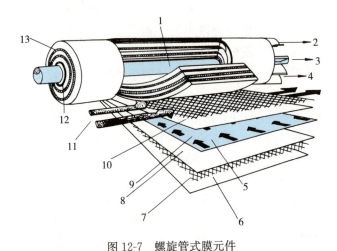

图 12-7 螺旋管式膜元件
1. 透过液收集管　2、4. 浓缩液出口　3. 透过液出口
5. 透过液流向（旋转向内）　6. 外壳　7. 进料液通道隔离垫
8、10. 膜　9. 透过液支承网层　11. 进料液流向　12、13. 进料液入口

螺旋卷式膜组件的优点是结构紧凑，膜堆积密度大（650～1 600m²/m³），膜组件简单，价格便宜。但缺点是处理悬浮物浓度较高的料液时容易发生阻塞现象。

4. 中空纤维膜组件 中空纤维是一种极细的空心分离膜管，本身即可耐受高压，所以不需支承材料。中空纤维膜组件的外形为壳管状，如图12-8所示，它把多达 $10^5 \sim 10^6$ 根中空纤维成束装入圆筒形耐压容器内，纤维束的开口端用环氧树脂浇铸加工成管板。使用这种极细的中空纤维束构成的膜组件可将极其庞大的膜表面积纳入很小的体积中，大大提高了单位体积膜渗设备的生产能力。

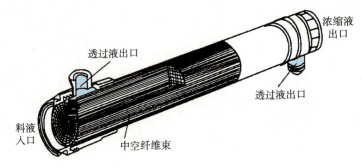

图 12-8 中空纤维膜组件

严格来说，内径为 40～80μm 的膜管称为中空纤维，而内径为 0.25～2.5mm 的膜管称为毛细膜管。毛细膜管的耐压能力在 1.0MPa 以下，主要用于超滤和微滤；中空纤维耐压能力较强，可达 10MPa，常用于反渗透。由于这二者构成的膜组件结构基本相同，故一般将它们统称为中空纤维膜组件。

如上所述，中空纤维膜组件的优点是结构紧凑，膜的装填密度大，不需要支承材料。缺点是因纤维内腔很细，流动阻力大，组件再生清洗困难，所以对原液要求进行严格的前处理。

四种膜组件形式的优缺点对比，见表12-2。

表12-2　各种膜组件比较

膜组件形式	组件结构	膜装填密度/$(m^2 \cdot m^{-3})$	膜支承体结构	膜清洗	膜与组件更换成本	水质前处理成本
板框式	非常复杂	160～500	复杂	易	中	中
圆管式	简单	33～330	简单	内压型易，外压型难	低	低
螺旋卷式	复杂	650～1 600	简单	难	较高	高
中空纤维式	复杂	16 000～30 000	不需要	难	较高	高

12.5B　基本工艺流程

按反渗透和超滤的不同目的和要求，膜组件可采取不同的配置方式，形成不同配置的工艺流程。基本流程可分为一级流程和多级流程。一级流程是指进料液经过一次加压，二级流程指料液经二次加压，以此类推。同一级流程中，按料液所经串联的膜组件数，又分成段。

1. 一级一段流程　图12-9为典型的一级一段工艺流程图。它又可分为两种操作。如将图中上部管线上左边的阀门关闭，则形成一级一段单向流程，料液进入膜组件后，透过液和浓缩液连续排出。为提高水的回收率，如将左侧阀门适当打开，可将部分浓缩液返回进料贮槽并与原进料液混合，再进入膜组件进行分离，这就形成一级一段循环式流程。

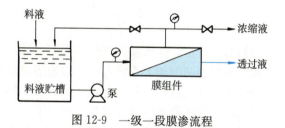

图12-9　一级一段膜渗流程　　图12-9 动画演示

2. 一级多段流程　图12-10示出简单的一级多段流程图。它将第一段的浓缩液作为第二段的进料液，再将第二段的浓缩液作为下一段的进料液，而各段的透过液连续排出。这种方式透过液产量大，但因浓缩液浓度逐段增加，透过液纯度下降。

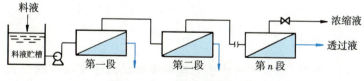

图12-10　一级多段膜渗流程

在上述一级多段流程中，随段序增加，进料液量渐降，流速渐降，加大了浓度极化。为保持各段膜组件中流量均衡，减小浓度极化，可将多个组件并联成段，且随段序增加而减少组件个数，使之近于锥形排列，如图12-11所示。

3. 多级流程　图12-12所示为多级循环式膜渗透工艺流程。它将第一级的透过液用泵加压作为第二级的进料液，以此类推，最后一级透过液排出。而浓缩液从后级向前级返回，与前级进料液混合，再进行渗滤。这种流程安排既提高溶剂回收率，又提高透过液的纯度。

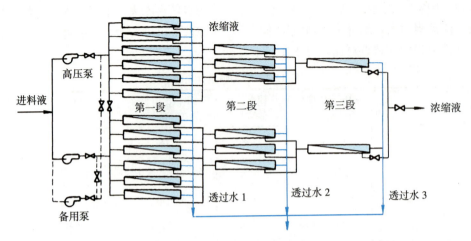

图 12-11 一级多段膜渗的锥形排列流程

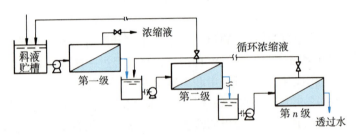

图 12-12 多级膜渗流程

12-6 电 渗 析

如前所述，渗析是一种最原始的膜过程。在浓度梯度的作用下，通过膜的扩散使溶液中的组分得以分离的膜过程，即为渗析。如果在膜的两侧加上直流电场，会使溶液中离子传递的速度加快。这种使离子在电场作用下通过膜进行渗析迁移的过程，称为电渗析（electrodialysis，ED）。电渗析和反渗透一样，都是利用半透膜使溶剂和溶液获得分离的单元操作。但是电渗析是在外电场的作用下利用一种特殊的对离子具有不同选择透过性的离子交换膜而使溶液中的阴、阳离子和溶剂分离。

电渗析操作在工业上作为一项分离、浓缩、提纯和回收工艺技术，广泛应用于海水淡化，给水软化脱盐，工艺用水的纯化处理。在食品工业上的应用，目前主要也集中在工业用水的纯化处理上，如软饮料和啤酒用水的纯化处理等。也开始应用于柠檬酸提取工艺等研究。在国外，电渗析技术主要用于大规模的乳清加工。

12.6A 电渗析的基本原理

1. 离子交换膜的选择性透过原理 电渗析方法的关键是离子交换膜的设置和直流电场的施加。离子交换膜分两类：

（1）阳离子交换膜，简称阳膜。阳膜是由阳离子交换树脂制成的膜，在电渗析时，它能使阳离子选择性透过而阻挡阴离子的穿越。阳膜所以具有这种离子选择透过作用，源于它们结构的特点，主要是膜上的孔隙及离子基团的作用。

如图 12-13 所示，阳膜的高分子链间，会存在一些可使离子进入和穿过的孔隙，孔隙直径为 1～10nm，这些孔隙在膜厚方向形成弯曲的通道。水中离子就是在这些弯曲通道中做电迁移运动，由膜一侧进入另一侧。

在阳膜的高分子链上连着酸性活性基团。例如，磺酸型阳膜的结构可表示为 $RSO_3^- H^+$。离子

H⁺解离就进入溶液中，膜上留下带负电的固定基团，在膜孔隙通道上形成强烈的负电场，它可吸引水中溶解的阳离子进入膜孔隙，并在外加电场作用下穿过孔隙通道进入膜的另一侧。而水中的阴离子则受排斥无法进入带负电的膜孔隙中。这就是阳膜选择性透过阳离子的原理。

(2) 阴离子交换膜，简称阴膜。阴膜是由阴离子交换树脂制成，在电渗析时，它能使阴离子选择性透过而阻挡阳离子穿越。阴膜的基膜上连接的是碱性活性基团。例如，季铵型阴膜的结构可表示为 $RN^+(CH_3)_3OH^-$。

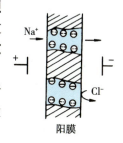

图 12-13　阳膜功能

OH⁻离解进入溶液中，膜微孔中留下带正电的固定基团，可吸引溶液中的阴离子进入孔隙，并在外加电场作用下穿过膜孔进到膜的另侧。而溶液中阳离子因同性电相斥，难以进入膜孔，不能电迁移到膜另侧。图 12-14 示出阴膜的这种选择透过功能。

综上，在直流电场中阳离子可穿过阳膜，阴离子可穿过阴膜。由以上分析可知，离子交换膜中发生的，并非是离子交换作用，而是离子选择性透过，因此应更确切地称其为离子选择性透过膜。可以推断，膜中活性基团数越多，膜对反离子的吸引力就越强，膜的选择性就越高。

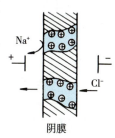

图 12-14　阴膜功能

2. 电渗析器分离原理　将阴膜 A 与阳膜 C 如图 12-15 所示交替平行排列在正负两段电极板之间，膜间各室分别通入水溶液，就构成电渗析器。从左到右，每 A-C 两膜（膜对）间构成稀液室，如图 12-15 中的 1、3、5 室；每 C-A 两膜间构成浓液室，如图 12-15 中的 2、4 室。

在稀液室中，阳离子（如 Na⁺）在外加电场力作用下右移，遇阳膜 C 可以透过进入右边的浓液室；阴离子（如 Cl⁻）在电场作用下左移，遇阴膜 A 可以透过进入左边的浓液室。这样，稀液室中的阳、阴离子均可分别向两侧迁出，使该室离子浓度逐渐变小。

而各浓液室的变化正好相反，阳离子受电场力作用右迁时遇到阴膜 A，不能透过，阴离子受电场力作用左迁遇到阳膜 C，也不能透过。也就是说，对于浓液室，离子只能迁入，不能迁出，离子浓度逐渐变大。这样，经过电渗析，将分别产出浓缩液和稀释液。再经反复操作，浓液将越来越浓，稀液将越来越稀，完成电解质的分离，并可生产脱盐水（淡化水）。

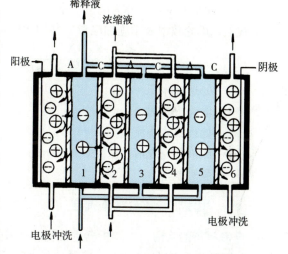

图 12-15　电渗析基本原理

在电渗析过程中，两边的极室将发生电解的反应。其中，左边的阳极室将进行物质氧化，右边的阴极室将进行物质还原，使电流不断通过电渗析器。

由以上分析可知，电渗析脱除溶液中的离子以下列两个基本条件为依据：

(1) 由于直流电场的作用使溶液中阴、阳离子做定向运动。阳离子向阴极方向移动，阴离子向阳极方向移动。

图 12-15 动画演示

(2) 由于离子交换膜的透过选择性，电渗析过程中的分离作用是与离子交换膜所带固定电荷相反的离子穿过膜的迁移。

12.6B　电渗析的主要参量

1. 离子移动速度　离子 i 在 x 方向的移动速度 u_i 与电化学势梯度成正比，即

$$u_i = -m_i Z_i \frac{dE}{dx} \qquad (12\text{-}16)$$

式中　u_i——离子移动速度，m/s；

　　　m_i——离子淌度（mobility），$m^2/(V \cdot s)$；

　　　Z_i——离子价数；

　　　E——电化学势（化学势与电势之和），V。

2. 离子通量　离子通量 N_i 为单位时间通过单位横截面积传递的离子量，单位为$mol/(m^2 \cdot s)$。离子通量与离子移动速度成正比，即

$$N_i = c_i u_i \qquad (12\text{-}17)$$

各离子通量与电流密度的关系为

$$j = \frac{I}{A} = F\sum_i Z_i N_i \qquad (12\text{-}18)$$

式中　j——电流密度，A/m^2；

　　　I——电流，A；

　　　F——法拉第常数，一般取 $F = 96\,500\,C/mol$。

3. 能耗与库仑效率　典型电渗析组件操作时每膜对中能量单耗为

$$e = IR_{cp}F/\eta \qquad (12\text{-}19)$$

式中　e——每膜对中的能量单耗，J/mol；

　　　R_{cp}——每膜对中的电阻，Ω；

　　　η——库仑效率，又称为电流效率。

实践上，库仑效率表示施加电量的利用程度，它是实际迁移量和理论迁移量之比，即

$$\eta = \frac{V(c_1 - c_2)F}{nIt} = \frac{q_v(c_1 - c_2)F}{nI} \qquad (12\text{-}20)$$

式中　V——处理液体积，m^3；

　　　t——电渗析时间，s；

　　　q_v——处理液体积流量，m^3/s；

　　　c_1, c_2——原液和完成液的浓度，mol/m^3；

　　　n——膜对数。

12.6C　电渗析装置及操作流程

1. 电渗析器的结构　电渗析器主要由离子交换膜、隔板、电极和夹紧装置等组成，其整体结构与片式热交换器类似，如图12-16所示。其结构主要是许多浓、淡水隔板和阳膜、阴膜交替排列，构成液流隔开的浓室和淡室的组合，称为膜堆。膜堆是电渗析器的主体。在膜堆两端分设阳极和阳极室，阴极和阴极室，称为极区。极区外端设置较坚固的端框，每框固定有电极和用以引入和排出浓液、淡液和电极冲洗液的孔道。端框较厚、坚固，便于加压夹紧元件。交换膜与隔板边缘间有垫片。夹紧时，即形成溶液隔室。隔板具有液流沟道，以连接供液孔道和液室。

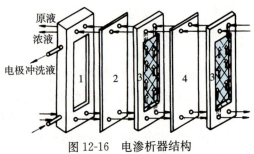

图12-16　电渗析器结构
1. 电极　2. 阳膜　3. 隔板　4. 阴膜

对离子交换膜的要求是：

（1）要有良好的离子选择透过性，这是衡量交换膜优劣的主要指标。实际上，因制造工艺所限，分离效率尚未达100%，通常在90%以上，最高可达99%。

(2) 膜电阻应小于溶液的电阻，若膜电阻太大，则在多室电渗析器中膜本身所引起的电压降相当大，从而减小电流密度，降低电渗析效率。

(3) 要有足够的机械强度和化学稳定性，结构均匀，厚度适当，能耐受一定温度。

(4) 要具有适当而均匀的孔隙度。

电极也是重要组成部分之一，其质量好坏直接影响电渗析效果。电极材料的选用原则是：导电性能好，机械强度高，不易破裂，对所处理的溶液要具有化学稳定性，特别要防止电极反应产物对电极的腐蚀。目前常用的电极材料有：石墨、铅和铅银合金等可作阴极，也可作阳极；不锈钢只能作阴极。

必要的辅助设备有：直流电源、水泵、过滤器、流量计、压力表、电流表、电压表、电导仪、pH 计等。

2. 电渗析操作流程 一台电渗析器按组装方法的不同可分为级和段。一对电极之间的膜堆称为一级，一台电渗析器内的电极对数称为级数。电渗析器中浓、淡水室水流方向一定的膜堆称为一段。水流方向改变一次，段数就增 1。

下面是实践中典型的电渗析流程。

(1) 一级一段。这是电渗析器最基本组装形式，如图 12-17 (a) 所示。其特点是处理液量与膜对数成正比，脱盐率取决于隔板的流程长度。

(2) 二级一段。如图 12-17 (b) 所示，两对电极间膜堆水流方向一致，亦即两膜堆是并联。这种组装与一级一段不同的是中间增设一个共电极，可使操作电压成倍降低。

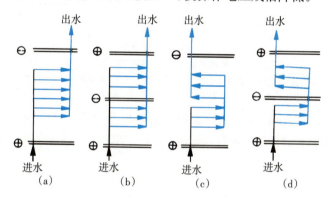

图 12-17 电渗析典型操作流程
(a) 一级一段　(b) 二级一段　(c) 一级二段　(d) 二级二段

(3) 一级二段。如图 12-17 (c) 所示，一对电极间水流方向改变一次，亦即一对电极间两个膜堆串联。这种方式的 ED 处理液量较小，但除盐率较高。

(4) 二级二段。如图 12-17 (d) 所示，是两对电极间膜堆的串联。这种组装方式操作电压较低，而脱盐率较高。

3. 工业电渗析装置系统 工业电渗析装置系统根据应用的目的和处理程度的要求，分为间歇式和连续式两类。

(1) 间歇式电渗析装置系统。间歇式电渗析循环脱盐系统，如图 12-18 所示。在这种系统中，淡液和浓液均分别在贮槽与电渗析器之间不断循环，直至淡液脱盐到一定要求时为止。间歇操作适用于小批量生产，比较灵活，除盐率高，但生产能力相对较低。

(2) 连续式电渗析装置系统。连续式电渗析器如图 12-19 所示。其中图 12-19 (a) 为单级系统，图 12-19 (b) 为若干电渗析器串联而成的多级系统。串联的目的是为了提高制品的纯度。连续式的特点是进液、出液连续，不作循环流动，生产能力大，提高了产品纯度。

电渗器在纯水制取方面的应用，目前主要用于制取纯水的初步处理，作为初步降低水中的含盐量，而后再经离子交换柱进行交换而制出纯水。

例 12-2 用连续单级电渗析装置处理含盐量为 4.85mol/m^3 的原水，处理量为 $5 \text{m}^3/\text{h}$。电渗析器

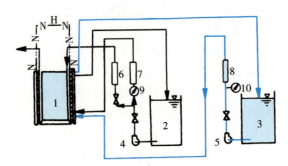

图 12-18 间歇式电渗析系统
1. 电渗析器 2. 浓水循环箱 3. 淡水循环箱
4. 浓水极水泵 5. 淡水泵 6. 极水流量计 7. 浓水流量计
8. 淡水流量计 9. 浓水极水压力表 10. 淡水压力表

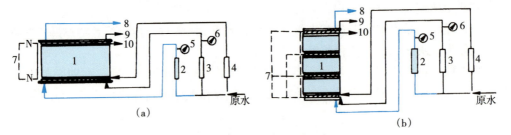

图 12-19 连续式电渗析系统
(a) 单级系统 (b) 多级串联系统
1. 电渗析器 2. 淡水流量计 3. 浓水流量计 4. 极水流量计 5. 淡水压力表
6. 浓水压力表 7. 整流器 8. 淡水排出 9. 浓水排出 10. 极水排出

共有60膜对，隔板尺寸为 $0.80m \times 1.60m$，交换膜有效面积率为70%，采用220V的操作电压测得电流为10.8A，经电渗析后水的含盐量降为 $0.615 mol/m^3$。求：(1) 库仑效率；(2) 电流密度；(3) 单位电能耗量。

解：(1) 求库仑效率。

$$q_v = 5/3600 = 1.39 \times 10^{-3} \ (m^3/s)$$

$$\eta = \frac{q_v(c_1 - c_2)F}{nI}$$

$$= \frac{1.39 \times 10^{-3} \times (4.85 - 0.615) \times 96\,500}{60 \times 10.8} = 87.7\%$$

(2) 求电流密度。每膜有效面积为

$$A = 0.80 \times 1.60 \times 0.70 = 0.90 \ (m^2)$$

电流密度为

$$j = \frac{I}{A} = \frac{10.8}{0.90} = 12.0 \ (A/m^2)$$

(3) 求单位电能耗量。耗用功率为

$$P = IU = 10.8 \times 220 = 2.38 \times 10^3 \ (W)$$

单位电能耗量为

$$E = \frac{P}{q_v} = \frac{2.38 \times 10^3}{1.39 \times 10^{-3}} = 1.71 \times 10^6 \ (J/m^3)$$

12-7 膜分离技术在食品工业中的应用

从 20 世纪 60 年代初，膜分离技术就开始应用于食品工业。最初是电渗析技术应用于乳品工业和果汁浓缩，以后超滤、反渗透技术的应用也越来越广。由于利用膜分离对食品组分进行浓缩与提纯能够保留食品原有的风味物质，再加上膜分离过程无相变，无须加热，能耗低，物料在通过膜迁移过程中无性质改变等特点，目前已广泛应用于饮料、果汁、饮用水、乳品、酒类、酶制剂和食品添加剂等食品生产工业实践中。本节就食品行业中膜分离技术比较成熟的工业化应用按操作类型予以概括介绍。

12.7A 成分分离

在乳的成分分离中，膜技术得到了综合应用。在乳品生产中，利用微滤（MF）可脱除脂肪和细菌，生产脱脂乳，而脱除的脂肪还可利用生产高脂奶油。采用超滤（UF）处理原料乳，UF 截留物可生产奶酪、特殊奶制品、全蛋白，UF 渗透物可生产乳糖和发酵食品。原料乳可经过反渗透（RO）浓缩生产奶粉。尤其在奶酪生产的副产物乳清的回收方面，膜技术的优势得到充分发挥。下面介绍膜技术应用于食品成分分离的几个实例。

1. 植物蛋白的分离 目前国内外生产大豆分离蛋白多采用碱提酸沉法。该法首先用以碱调节 pH 为 9.0 的水浸取脱脂大豆粉，使绝大部分蛋白质溶解，与残渣分离后的浸取液以酸调 pH 至 4.5，使蛋白质等电凝聚沉淀，然后与大豆乳清分离，最终得到蛋白质含量大于 90% 的大豆分离蛋白。这种方法蛋白质得率较低，混有杂质影响大豆蛋白品质，酸碱用量大，易腐蚀设备，产生大量的酸性大豆乳清需要处理。

工业发达国家采用膜分离技术生产大豆分离蛋白，如图 12-20 所示。脱脂大豆粉经碱提后离心分离得到的清液通过超滤法分离蛋白质，然后将蛋白质浓缩物喷雾干燥，制得蛋白质含量大于 90% 的大豆分离蛋白粉。超滤透过液经反渗透回收固形物质，透过液固形物含量仅为 0.01%，比自来水含固形物还少，可直接返回作碱提和超滤的工艺用水。这种生产大豆分离蛋白的工艺流程采用膜分离技术制取大豆蛋白，不仅可以有效提高产品质量，提高蛋白质得率，还可节约用水，减少废水排放量，利于环境保护。

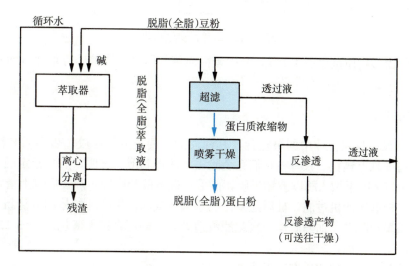

图 12-20 膜分离法生产大豆蛋白的工艺流程

用相似的方法还可以分离生产其他植物蛋白质，如花生蛋白、油菜籽蛋白等。

2. 动物蛋白的分离 在动物蛋白中，动物血是一种有价值资源。以往动物血在屠宰厂都作为废料丢弃，既污染环境，又造成很大浪费。因血中蛋白质占动物总蛋白 10%。采用膜分离技术，可以浓缩血中的蛋白质。图12-21为一种动物血膜分离工艺过程，其中UF采取一级二段流程。

3. 乳清的膜法回收 在乳品工业和植物蛋白加工业中，乳清中蛋白质等的回收已经受到高度重视。这不仅是环保的要求，也可以提高经济效益。例如，生产1kg干酪，可产生8~10kg干酪乳清。乳清中含有原乳中几乎全部的乳糖、20%的乳蛋白及大多数的维生素与矿物质，其中含蛋白质0.5%~0.7%，乳糖5%~6%。乳清的生物需氧量（BOD）相当高，如排放掉将造成江河、湖泊的严重污染，也是资源的严重浪费。现在在一些国家，90%以上的乳清蛋白采用膜分离技术进行浓缩回收。

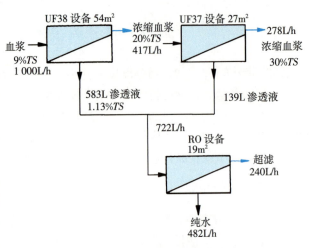

图12-21 动物血浓缩工艺流程

图12-22为干酪乳清膜分离工艺流程图。应用MF和UF分离乳清，从浓缩液分离乳清蛋白，这种低乳糖的乳清蛋白是制造面包、点心、糖果、饮料及肉制品的营养价值较高的配料，尤其适于乳糖不耐者食用。从UF浓缩液也可制取更优质的乳清粉。而RO浓缩物可用以制乳糖。

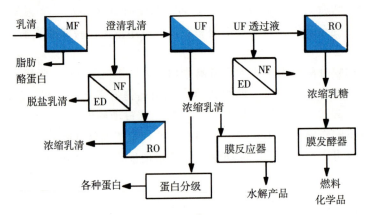

图12-22 乳清的膜法回收

大豆乳清中的固形物质量仅占1.2%，其中蛋白质等的回收从技术经济角度目前只有膜分离这条途径。

12.7B 净化

1. 果蔬汁的澄清 饮料工业中的果蔬汁，其浑浊的主要成分是果胶、蛋白质和淀粉等胶体物质以及果蔬组织碎屑等悬浮颗粒。只有将它们完全除去才能得到澄清透明、贮藏稳定的果蔬汁。传统的澄清工艺首先在一定pH下加入酶以破坏果胶，然后加硅溶胶和明胶，静置后取上清液，加硅藻土过滤，加膨润土通过板框压滤机过滤，最后还要巴氏杀菌得成品。果蔬汁的超滤澄清新工艺，是将榨出的果蔬汁在巴氏杀菌后降温，加酶后作一次超滤澄清处理，即可直接无菌包装。图12-23为果汁澄清传统旧工艺和超滤新工艺的比较。

超滤澄清工艺与传统工艺相比有以下优点：

（1）缩短了果蔬汁的处理时间，由传统工艺的30h缩短至2h，降低了操作费用，且可提高果蔬汁产品产量5%~8%。

（2）提高了澄清效果，超滤得到的果汁，浊度为0.4~0.6NTU，而传统的澄清工艺只能得到浊度为1.5~3.0NTU的果汁。

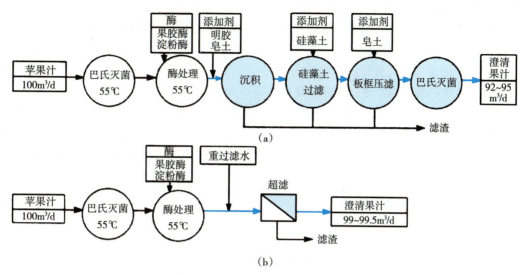

图 12-23 果汁澄清两种工艺的比较
(a) 传统澄清工艺 (b) 超滤澄清工艺

(3) 节省了压滤机、离心机、反应罐等设备投资以及淀粉酶、果胶酶、澄清剂、助滤剂等费用。例如，超滤澄清苹果汁的总费用仅为传统方法的 45%。

(4) 营养成分和风味物质保有率高。果汁超滤后维生素 C 的透过率在 86% 以上，总糖和酸的透过率在 90% 以上，钾的透过率达 99%，钙 80%，镁、磷也在 90% 以上。

(5) 超滤本身可除细菌、霉菌、酵母等微生物，后面不再需加热杀菌，产品获得了较长的货架寿命期。

在制糖工业，无论是甜菜糖汁还是甘蔗糖汁，都适于用超滤法进行净化。在天然色素和甜菊糖苷等食品添加剂生产中，已开始应用 UF 法净化它们的浸取液。

采用超滤方法可有效地去除酒中的酵母菌、杂菌及胶体等，采用反渗透法可以除去酒中的小分子沉淀物，改善酒的澄清度，并获得更好的保藏性。

2. 大豆油超滤脱胶 由大豆的溶剂浸取得到的大豆混合油（毛油）中一般含 2%～3% 的磷脂，在大豆油精炼中须将磷脂从豆油中脱除，称为脱胶。传统的脱胶工艺是采用水化法再经高速离心分离。超滤法脱胶的原理为：磷脂在非极性溶剂中会积聚成胶团，具有大分子的物理特性，因而可采用 UF 法将磷脂从豆油中除去。UF 条件为压力 0.294MPa，温度 40～50℃，混合油浓度为质量分数 0.20～0.30。图 12-24 为一种大豆油一级多段超滤脱胶工艺流程。

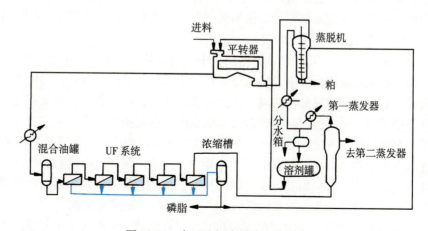

图 12-24 大豆油超滤脱胶工艺流程

3. 工业废水的处理　现代社会高度重视环境保护，因而工业废水处理是一项重要任务。膜分离技术的发展为工业废水的处理提供了一条有效途径。在淀粉工业中，洗净的马铃薯经粉碎、分离和沥析等工序将产生大量废水，废水量约为马铃薯质量的7倍。这种淀粉废水含约5%的固形物，主要为含氮化合物、糖、灰分和有机酸等，其化学需氧量（COD）高达3 000～10 000。采用超滤法可回收淀粉废水中的蛋白质，透过液经进一步膜分离可达排放要求。

在制糖工业中，洗涤过滤机、离子交换塔和骨碳塔等设备会产生大量的含低浓度糖的废水。采用RO法对这种废水进行处理，可将浓缩液返回车间，提高糖的得率，透过水也可以重新利用。在糖化酶生产中，采用盐析法提取酶产生的废水中还含有残存酶约20%。利用UF法处理这种盐析废水，糖化酶的分离率可达90%以上。

12.7C　浓缩和其他应用

1. 食品料液的浓缩

（1）果蔬汁的浓缩。在饮料工业中，将果蔬汁浓缩不仅可减小果蔬汁体积，便于贮藏运输，而且能提高其稳定性。通常果蔬汁的浓缩采取多级真空蒸发方法，这种方法会造成芳香物质挥发丢失而使产品风味变差，色泽改变，产生"煮熟味"，能源耗费也大。采用反渗透方法浓缩果蔬汁具有较好保存果蔬风味和营养成分，降低能耗和操作简单等优点。以普通蒸发法浓缩果汁，在蒸发过程中，原果汁中所含的水溶性芳香物质及维生素等几乎全部被破坏或损失。采用冷冻浓缩可保留8%，而膜分离可保留30%～60%。人们用RO法已成功实现苹果、梨、柑橘、菠萝、葡萄、番茄等果蔬汁的浓缩。

许多研究表明，由于果汁渗透压较高，反渗透主要用于果汁预浓缩，而不能完全替代蒸发浓缩。利用一级反渗透很难将果汁浓缩到蒸发所达到的浓度，一般只达到25～30白利度。FMC公司和杜邦公司的合资企业Separasystems LP研制出一套联合膜分离装置，称为Freshnote系统，能将橙汁浓缩到60白利度以上。采用管式反渗透组件在10MPa的操作压强下处理橘子或苹果等果汁，可得到固形物质量分数高达40%的浓缩果汁，其芳香物及维生素得到了很好的保存。

为降低黏度，减少膜污染，一般在RO之前进行UF操作。例如橙汁的浓缩先经UF将原汁分为两部分：截留的浓缩果浆和透过的澄清果汁。果浆占原体积的5%，含有果胶、蛋白质、纤维素及半纤维素、微生物等悬浮性固形物，需及时杀菌并迅速冷却。澄清果汁不必加热杀菌，这也使其中的热敏性风味芳香成分免遭破坏。澄清果汁再通过RO操作，得到浓缩果汁。将果浆与浓缩果汁混合，即得橙汁浓缩产品。这种产品在饮用前用水稀释复原后，风味和营养成分与原橙汁基本相同。

（2）乳和糖汁等的浓缩。对脱脂乳进行RO浓缩，可除去其中60%的水。在牧场将脱脂乳浓缩后送乳品厂，可使原料奶的贮藏、冷却和运输费用明显下降。预浓缩的脱脂奶可用以制作冰淇淋、酸奶和奶粉等。脱脂乳也可用UF法浓缩。

制糖厂对稀糖汁采用RO法浓缩，可以比加热蒸发法节能约30%。在明胶的生产以及α-淀粉酶、胰蛋白酶等的生产中，都已开始采用UF等浓缩工艺。

2. 膜反应器的应用　在食品工业的酶催化反应中，酶仅使用一次就废弃很不经济。将酶反应系统与超滤膜组件结合起来，使酶反应生成的低分子产物通过超滤进行分离，从而使酶不断得到重复利用。这种把分离膜与酶反应器或发酵槽构成一体的系统，称为膜反应器。该系统实现了广义的固定化酶反应，溶解状态的酶在一定空间内呈闭锁状态连续反应，重复使用。

图12-25所示为用碱性蛋白酶水解大豆分离蛋白生产大豆肽的膜反应器系统。底物大豆蛋白原料液由贮罐经泵送入带有加热夹套和搅拌器的酶反应罐中，与罐中的蛋白酶接触进行水解反应。反应液经循环泵不断送入超滤器中，分离出低分子产物大豆肽。酶与未反应的底物返回反应罐继续反应，这样酶就得到反复利用。反应罐中pH的维持靠恒pH计控制补入碱液来实现。

食品稳定剂环糊精的生产也已经应用膜反应器。反应底物液为淀粉与水调制成的液化液。酶为由微生物产生的环状葡萄糖基转移酶（CGT-ase），反应温度为50℃，超滤器使用截留相对分子质量为

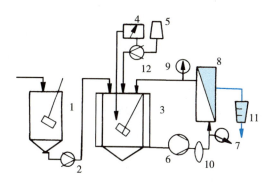

图 12-25　大豆分离蛋白酶水解膜反应器系统
1. 底物液贮罐　2. 泵　3. 酶反应罐　4. 恒 pH 计
5. 碱液贮罐　6. 循环泵　7. 压力表　8. 超滤器
9. 压力表　10、11. 流量计　12. 控制阀

10^5 的膜，压力为 0.39MPa。CGT-ase 在酶反应罐和超滤器间循环而被反复利用，未反应的淀粉大分子也在超滤膜上游和酶反应罐间循环。由超滤器的透过液中不断得到环糊精。

习　题

12-1　一醋酸纤维膜面积 $4.0 \times 10^{-3} \text{m}^2$，25℃用其对浓度为 12.0kg/m^3 的 NaCl 溶液（ρ 为 1005.5kg/m^3）进行反渗透，NaCl 浓度 0.468kg/m^3，ρ 为 997.3kg/m^3。渗出液流量为 $3.84 \times 10^{-8} \text{m}^3/\text{s}$，所用压力差为 5.66MPa。计算渗透率常量和溶质分离效率。

12-2　25℃反渗透原液为密度 999.5kg/m^3、浓度 3.50kg/m^3 的 NaCl 溶液，渗透率常量 $K_w = 3.50 \times 10^{-9} \text{kg/(Pa·m}^2\text{·s)}$，$K_s = 2.5 \times 10^{-7} \text{m/s}$，反渗透压力差为 3.55MPa，计算水渗透通量、溶质分离效率和渗出液浓度。如果原液是 3.50kg/m^3 的 $BaCl_2$ 溶液，K_w 同上，$K_s = 1.00 \times 10^{-7} \text{m/s}$，进行上列各项计算。

12-3　在例 12-1 中，如果浓差极化因数为 1.5，求渗透速率、溶质分离效率和渗出液浓度。

12-4　有某糖汁反渗透实验装置，糖汁的平均质量分数为 0.115。采用的实验压力差为 5.0MPa，测得的透水速率为 $8.89 \text{g/(m}^2\text{·s)}$，透过水糖的质量分数为 3.3×10^{-3}，试计算反渗膜的透水系数以及溶质分离效率。

12-5　以某连续式电渗析器处理含盐 13mol/m^3 的原水。电渗析器共有 60 膜对。隔板的尺寸为 800mm×1600mm，膜的有效面积率为 73%。操作电压为 120V，电流为 17A，原水处理量为 3.1t/h，经处理后水的含盐量为 3mol/m^3。试计算：(1) 电流密度；(2) 电流效率；(3) 单位电能耗量。

12-6　有某提取柠檬酸的电渗析器装置，其电渗析器共有 120 膜对，每一隔板有流槽 8 程，总长度为 8.56m，宽度为 52mm，采用 220V 电压操作，在 11h 内共处理原液 2.0m^3，原液含电解质总浓度为 930mol/m^3，经电渗析后残液浓度为 143mol/m^3。现测得操作时的平均电流为 39.4A。试计算：(1) 电流效率；(2) 平均电流密度；(3) 电能消耗。

附录 APPENDIX

食品工程原理（第三版）

1. 单位换算系数

1-1 长度单位（换算成 m）

米（m）	市尺	英尺（ft）	英寸（in）	码（yd）	日尺
1	0.333 3	0.304 8	0.025 40	0.914 4	0.303 0

1-2 体积单位（换算成 m^3）

m^3	英加仑（UKgal）	美加仑（液）（USgal）	ft^3	in^3	日升
1	4.546×10^{-3}	3.785×10^{-3}	2.832×10^{-2}	1.639×10^{-5}	1.804×10^{-3}

1-3 质量单位（换算成 kg）

千克（kg）	美吨	英吨	磅（lb）	盎司（oz）
1	907.2	1 016	0.453 6	2.835×10^{-2}

1-4 力的单位（换算成 N）

牛顿（N）	千克力（kgf）	磅力（lbf）	达因（dyn）
1	9.807	4.448	10^{-5}

1-5 压力单位（换算成 kPa）

千帕（kPa）	毫米汞柱（mmHg）	毫巴（mbar）	标准大气压（atm）	工程大气压（at）	英寸汞柱（inHg）	磅力/英寸²（lbf/in²）
1	0.133 3	0.1	101.3	98.07	3.386	6.895

1-6 能量单位（换算成 J）

焦耳（J）	千克力·米（kgf·m）	千瓦时（kW·h）	马力时（hp·h）	卡（cal）	英热单位（Btu）	英尺·磅力（ft·lbf）
1	9.8	3.6×10^6	2.686×10^6	4.186	1 055	1.356

1-7 功率单位（换算成 W）

瓦（W）	马力（hp）	kgf·m/s	ft·lbf/s	cal/s	Btu/h
1	745.7	9.807	1.356	4.186	0.293 1

1-8 动力黏度单位（换算成 Pa·s）

Pa·s	厘泊（cP）	kg/(m·h)	lb/(ft·s)	kgf·s/m²
1	10^{-3}	2.778×10^{-4}	1.488	9.807

1-9 热导率单位[换算成 W/(m·K)]

W/(m·K)	cal/(cm·s·℃)	kcal/(m·h·℃)	Btu/(ft·h·℉)	Btu·in/(ft²·h·℉)
1	418.6	1.163	1.731	0.144 3

1-10 传热系数单位[换算成 W/(m²·K)]

W/(m²·K)	kcal/(m²·h·℃)	cal/(cm²·s·℃)	Btu/(ft²·h·℉)
1	1.163	4.186×10^4	5.678

2. 干空气的物理性质（$p = 101.3 \text{kPa}$）

温度 $T/℃$	密度 $\rho/$ (kg·m⁻³)	比热容 $c_p/$ (J·kg⁻¹·K⁻¹)	热导率 $\lambda/$ (W·m⁻¹·K⁻¹)	热扩散率 $a/$ (10^{-5}m²·s⁻¹)	黏度 $\mu/$ (μPa·s)	运动黏度 $\nu/$ (10^{-6}m²·s⁻¹)	普朗特数 Pr
−50	1.584	1 013	0.020 34	1.27	14.6	9.23	0.727
−40	1.515	1 013	0.021 15	1.38	15.2	10.04	0.723
−30	1.453	1 013	0.021 96	1.49	15.7	10.80	0.724
−20	1.395	1 009	0.022 78	1.62	16.2	11.60	0.717
−10	1.342	1 009	0.023 59	1.74	16.7	12.43	0.714
0	1.293	1 005	0.024 40	1.88	17.2	13.28	0.708
10	1.247	1 005	0.025 10	2.01	17.7	14.16	0.708
20	1.205	1 005	0.025 91	2.14	18.1	15.06	0.686
30	1.165	1 005	0.026 73	2.29	18.6	16.00	0.701
40	1.128	1 005	0.027 54	2.43	19.1	16.96	0.696
50	1.093	1 005	0.028 24	2.57	19.6	17.95	0.697
60	1.060	1 005	0.028 93	2.72	20.1	18.97	0.698
70	1.029	1 009	0.029 63	2.86	20.6	20.02	0.699
80	1.000	1 009	0.030 44	3.02	21.1	21.09	0.699
90	0.972	1 009	0.031 26	3.19	21.5	22.10	0.693
100	0.946	1 009	0.032 07	3.36	21.9	23.13	0.695
120	0.898	1 009	0.033 35	3.68	22.9	25.45	0.692
140	0.854	1 013	0.034 86	4.03	23.7	27.80	0.688
160	0.815	1 017	0.036 37	4.39	24.5	30.09	0.685
180	0.779	1 022	0.037 77	4.75	25.3	32.49	0.684
200	0.746	1 026	0.039 28	5.14	26.0	34.85	0.679

3. 水的物理性质

温度 T/℃	压力 p/kPa	密度 ρ/(kg·m^{-3})	比焓 h/(kJ·kg^{-1})	比定压热容 c_p/(kJ·kg^{-1}·K^{-1})	热导率 λ/(W·m^{-1}·K^{-1})	黏度 μ/(mPa·s)	体胀系数 α_v/(10^{-4}K^{-1})	表面张力 γ/(mN·m^{-1})
0	101	999.9	0	4.212	0.5508	1.7878	−0.63	75.61
10	101	999.7	42.04	4.191	0.5741	1.3053	+0.73	74.14
20	101	998.2	83.90	4.183	0.5985	1.0042	2.82	72.67
30	101	995.7	125.69	4.174	0.6171	0.8012	3.21	71.20
40	101	992.2	165.71	4.174	0.6333	0.6632	3.87	69.63
50	101	988.1	209.30	4.174	0.6473	0.5492	4.49	67.67
60	101	983.2	211.12	4.178	0.6589	0.4698	5.11	66.20
70	101	977.8	292.99	4.167	0.6670	0.4060	5.70	64.33
80	101	971.8	334.94	4.195	0.6740	0.3550	6.32	62.57
90	101	965.3	376.98	4.208	0.6798	0.3148	6.95	60.71
100	101	958.4	419.19	4.220	0.6821	0.2824	7.52	58.84
110	143	951.0	461.34	4.233	0.6844	0.2589	8.08	56.88
120	199	943.1	503.67	4.250	0.6856	0.2373	8.64	54.82
130	270	934.8	546.38	4.266	0.6856	0.2177	9.17	52.86
140	362	926.1	589.08	4.287	0.6844	0.2010	9.72	50.70
150	476	917.0	632.20	4.312	0.6833	0.1863	10.3	48.64

4. 饱和水蒸气表

4-1 按温度排列的饱和水蒸气表

温度 T/℃	压力 p/kPa	蒸汽密度 ρ/(kg·m^{-3})	比焓 h/(kJ·kg^{-1}) 液体	比焓 h/(kJ·kg^{-1}) 蒸汽	汽化热 $\Delta_v h$/(kJ·kg^{-1})
0	0.6082	0.00484	0	2491.1	2491.1
5	0.8730	0.00680	20.94	2500.8	2479.9
10	1.2262	0.00940	41.87	2510.4	2468.5
15	1.7068	0.01283	62.80	2520.5	2457.7
20	2.3346	0.01719	83.74	2530.1	2446.3
25	3.1684	0.02304	104.67	2539.7	2435.0
30	4.2474	0.03036	125.60	2549.3	2423.7
35	5.6207	0.03960	146.54	2559.0	2412.4
40	7.3766	0.05114	167.47	2568.6	2401.1
45	9.5837	0.06543	188.41	2577.8	2389.4
50	12.340	0.0830	209.34	2587.4	2378.1
55	15.743	0.1043	230.27	2596.7	2366.4
60	19.923	0.1301	251.21	2606.3	2355.1

(续)

温度 T/℃	压力 p/kPa	蒸汽密度 ρ/ (kg·m^{-3})	比焓 h/(kJ·kg^{-1}) 液体	比焓 h/(kJ·kg^{-1}) 蒸汽	汽化热 $\Delta_v h$/ (kJ·kg^{-1})
65	25.014	0.1611	272.14	2 615.5	2 343.4
70	31.164	0.1979	293.08	2 624.3	2 331.2
75	38.551	0.2416	314.01	2 633.5	2 319.5
80	47.379	0.2929	334.94	2 642.3	2 307.8
85	57.875	0.3531	355.88	2 651.1	2 295.2
90	70.136	0.4229	376.81	2 659.9	2 283.1
95	84.556	0.5039	397.75	2 668.7	2 270.9
100	101.33	0.5970	418.68	2 677.0	2 258.4
105	120.85	0.7036	440.03	2 685.0	2 245.4
110	143.31	0.8254	460.97	2 693.4	2 232.0
115	169.11	0.9635	482.32	2 701.3	2 219.0
120	198.64	1.1199	503.67	2 708.9	2 205.2
125	232.19	1.296	525.02	2 716.4	2 191.8
130	270.25	1.494	546.38	2 723.9	2 177.6
135	313.11	1.715	567.73	2 731.0	2 163.3
140	361.47	1.962	589.08	2 737.7	2 148.7
145	415.72	2.238	610.85	2 744.4	2 134.0
150	476.24	2.543	632.21	2 750.7	2 118.5
160	618.28	3.252	675.75	2 762.9	2 087.1
170	792.59	4.113	719.29	2 773.3	2 054.0
180	1 003.5	5.145	763.25	2 782.5	2 019.3
190	1 255.6	6.378	807.64	2 790.1	1 982.4
200	1 554.77	7.840	852.01	2 795.5	1 943.5
210	1 917.72	9.567	897.23	2 799.3	1 902.5
220	2 320.88	11.60	942.45	2 801.0	1 858.5
230	2 798.59	13.98	988.50	2 800.1	1 811.6
240	3 347.91	16.76	1 034.56	2 796.8	1 761.8
250	3 977.67	20.01	1 081.45	2 790.1	1 708.6
260	4 693.75	23.82	1 128.76	2 780.9	1 651.7
270	5 503.99	28.27	1 176.91	2 768.3	1 591.4
280	6 417.24	33.47	1 225.48	2 752.0	1 526.5
290	7 443.29	39.60	1 274.46	2 732.3	1 457.4
300	8 592.94	46.93	1 325.54	2 708.0	1 382.5
310	9 877.96	55.59	1 378.71	2 680.0	1 301.3
320	11 300.3	65.95	1 436.07	2 648.2	1 212.1
330	12 879.6	78.53	1 446.78	2 610.5	1 116.2
340	14 615.8	93.98	1 562.93	2 568.6	1 005.7
350	16 538.5	113.2	1 636.20	2 516.7	880.5
360	18 667.1	139.6	1 729.15	2 442.6	713.0
370	21 040.9	171.0	1 888.25	2 301.9	411.1
374	22 070.9	322.6	2 098.0	2 098.0	0

4-2 按压力排列的饱和水蒸气表

绝对压力 p/kPa	温度 T/℃	蒸汽密度 ρ/(kg·m^{-3})	比焓 h/(kJ·kg^{-1}) 液体	比焓 h/(kJ·kg^{-1}) 蒸汽	汽化热 $\Delta_v h$/(kJ·kg^{-1})
1.0	6.3	0.007 73	26.48	2 503.1	2 476.8
1.5	12.5	0.011 33	52.26	2 515.3	2 463.0
2.0	17.0	0.014 86	71.21	2 524.2	2 452.9
2.5	20.9	0.018 36	87.45	2 531.8	2 444.3
3.0	23.5	0.021 79	98.38	2 536.8	2 438.4
3.5	26.1	0.025 23	109.30	2 541.8	2 432.5
4.0	28.7	0.028 67	120.23	2 546.8	2 426.6
4.5	30.8	0.032 05	129.00	2 550.9	2 421.9
5.0	32.4	0.035 37	135.69	2 544.0	2 418.3
6.0	35.6	0.042 00	149.06	2 560.1	2 411.0
7.0	38.8	0.048 64	162.44	2 566.3	2 403.8
8.0	41.3	0.055 14	172.73	2 571.0	2 398.2
9.0	43.3	0.061 56	181.16	2 574.8	2 393.6
10.0	45.3	0.067 98	189.59	2 578.5	2 388.9
15.0	53.5	0.099 56	224.03	2 594.0	2 370.0
20.0	60.1	0.130 68	251.51	2 606.4	2 354.9
30.0	66.5	0.190 93	288.77	2 622.4	2 333.7
40.0	75.0	0.249 75	315.93	2 634.1	2 312.2
50.0	81.2	0.307 99	339.80	2 644.3	2 304.5
60.0	85.6	0.365 14	358.21	2 652.1	2 293.9
70.0	89.9	0.422 29	376.61	2 659.8	2 283.2
80.0	93.2	0.478 07	390.08	2 665.3	2 275.3
90.0	96.4	0.533 84	403.49	2 670.8	2 267.4
100.0	99.6	0.589 61	416.90	2 676.3	2 259.5
120.0	104.5	0.698 68	437.51	2 684.3	2 246.8
140.0	109.2	0.807 58	457.67	2 692.1	2 234.4
160.0	113.0	0.829 81	473.88	2 698.1	2 224.2
180.0	116.6	1.020 9	489.32	2 703.7	2 214.3
200.0	120.2	1.127 3	493.71	2 709.2	2 204.6
250.0	127.2	1.390 4	534.39	2 719.7	2 185.4
300.0	133.3	1.650 1	560.38	2 728.5	2 168.1
350.0	138.8	1.907 4	583.76	2 736.1	2 152.3
400.0	143.4	2.161 8	603.61	2 742.1	2 138.5
450.0	147.7	2.415 2	622.42	2 747.8	2 125.4
500.0	151.7	2.667 3	639.59	2 752.8	2 113.2
600.0	158.7	3.168 6	670.22	2 761.4	2 091.1
700	164.7	3.665 7	696.27	2 767.8	2 071.5
800	170.4	4.161 4	720.96	2 773.7	2 052.7

(续)

绝对压力 p/kPa	温度 T/℃	蒸汽密度 ρ/(kg·m^{-3})	比焓 h/(kJ·kg^{-1}) 液体	比焓 h/(kJ·kg^{-1}) 蒸汽	汽化热 $\Delta_v h$/(kJ·kg^{-1})
900	175.1	4.652 5	741.82	2 778.1	2 036.2
1×10³	179.9	5.143 2	762.68	2 782.5	2 019.7
1.1×10³	180.2	5.633 9	780.34	2 785.5	2 005.1
1.2×10³	187.8	6.124 1	797.92	2 788.5	1 990.6
1.3×10³	191.5	6.614 1	814.25	2 790.9	1 976.7
1.4×10³	194.8	7.103 8	829.06	2 792.4	1 963.7
1.5×10³	198.2	7.593 5	843.86	2 794.5	1 950.7
1.6×10³	201.3	8.081 4	857.77	2 796.0	1 938.2
1.7×10³	204.1	8.567 4	870.58	2 797.1	1 926.5
1.8×10³	206.9	9.053 3	883.39	2 798.1	1 914.8
1.9×10³	209.8	9.539 2	896.21	2 799.2	1 903.0
2×10³	212.2	10.033 8	907.32	2 799.7	1 892.4
3×10³	233.7	15.007 5	1 005.4	2 798.9	1 793.5
4×10³	250.3	20.096 9	1 082.9	2 789.8	1 706.8
5×10³	263.8	25.366 3	1 146.9	2 776.2	1 629.2
6×10³	275.4	30.849 4	1 203.2	2 759.5	1 556.3
7×10³	285.7	36.574 4	1 253.2	2 740.8	1 487.6
8×10³	294.8	42.576 8	1 299.2	2 720.5	1 403.7
9×10³	303.2	48.894 5	1 343.5	2 699.1	1 356.6
10×10³	310.9	55.540 7	1 384.0	2 677.1	1 293.1
12×10³	324.5	70.307 5	1 463.4	2 631.2	1 167.7
14×10³	336.5	87.302 0	1 567.9	2 583.2	1 043.4
16×10³	347.2	107.801 0	1 615.8	2 531.1	915.4
18×10³	356.9	134.481 3	1 699.8	2 466.0	766.1
20×10³	365.6	176.596 1	1 817.8	2 364.2	544.9

5. 常用固体材料的物理性质

	名称	密度 ρ/(kg·m^{-3})	热导率 λ/(W·m^{-1}·K^{-1})	比定压热容 c_p/(kJ·kg^{-1}·K^{-1})
金属	钢	7 850	45.4	0.46
	不锈钢	7 900	17.4	0.50
	铸铁	7 220	62.8	0.50
	铜	8 800	383.8	0.41
	青铜	8 000	64.0	0.38
	铝	2 670	203.5	0.92
	镍	9 000	58.2	0.46
	铅	11 400	34.9	0.13
	黄铜	8 600	85.5	0.38

(续)

名称		密度 ρ/(kg·m^{-3})	热导率 λ/(W·m^{-1}·K^{-1})	比定压热容 c_p/(kJ·kg^{-1}·K^{-1})
塑料	酚醛	1 250~1 300	0.13~0.25	1.26~1.67
	脲醛	1 400~1 500	0.30~1.09	1.26~1.67
	聚氯乙烯	1 380~1 400	0.16~0.59	1.84
	聚苯乙烯	1 050~1 070	0.08~0.29	1.34
	低压聚乙烯	940	0.29~1.05	2.55
	高压聚乙烯	920	0.26~0.92	2.22
	有机玻璃	1 180~1 190	0.14~0.20	—
建筑材料、绝热材料及其他	干砂	1 500~1 700	0.45~0.58	0.80
	黏土	1 600~1 800	0.47~0.53	0.75
	锅炉炉渣	700~1 100	0.19~0.30	—
	黏土砖	1 600~1 900	0.47~0.67	0.92
	耐火砖	1 840	1.05（800~1 100℃）	0.88~1.00
	绝缘砖（多孔）	600~1 400	0.16~0.37	—
	混凝土	2 000~2 400	1.28~1.55	0.84
	松木	500~600	0.07~0.10	2.72（0~100℃）
	软木	100~300	0.04~0.06	0.96
	石棉板	170	0.12	0.82
	石棉水泥板	1 600~1 900	0.35	—
	玻璃	2 500	0.74	0.67
	耐酸陶瓷制品	2 200~2 300	0.93~1.05	0.75~0.80
	耐酸砖和板	2 100~2 400	—	—
	橡胶	1 200	0.16	1.38
	耐酸搪瓷	2 300~2 700	0.99~1.05	0.84~1.3
	冰	900	2.33	2.11

6. 食品的冷冻性质

食品名称	含水量 w	冰点 T_f/℃	比定压热容 c_p/(kJ·kg^{-1}·K^{-1})		熔化热 $\Delta_f h$/(kJ·kg^{-1})
			$>T_f$	$<T_f$	
苹果	0.85	−2	3.85	2.09	280
杏子	0.85	−2	3.68	1.94	285
香蕉	0.75	−1.7	3.35	1.76	251
樱桃	0.82	−4.5	3.64	1.93	276
葡萄	0.85	−4	3.60	1.84	297
椰子	0.83	−2.8	3.43	—	—
干果	0.30	—	1.76	1.13	100

（续）

食品名称	含水量 w	冰点 T_f/℃	比定压热容 c_p/(kJ·kg^{-1}·K^{-1})		熔化热 $\Delta_f h$/(kJ·kg^{-1})
			$>T_f$	$<T_f$	
柠檬	0.89	−2.1	3.85	1.93	297
柑橘	0.86	−2.2	3.64	—	—
桃子	0.87	−1.5	3.77	1.93	289
梨	0.83	−2	3.77	2.01	280
青豌豆	0.74	−1.1	3.31	1.76	247
李子	0.86	−2.2	3.68	1.88	285
杨梅	0.90	−1.3	3.85	1.97	301
番茄	0.94	−0.9	3.98	2.01	310
甜菜	0.72	−2	3.22	1.72	243
洋白菜	0.85	—	3.85	1.97	285
卷心菜	0.91	−0.5	3.89	1.97	306
胡萝卜	0.83	−1.7	3.64	1.88	276
黄瓜	0.96	−0.8	4.06	2.05	318
干大蒜	0.74	−4	3.31	1.76	247
咸肉（初腌）	0.39	−1.7	2.13	1.34	131
腊肉（熏制）	0.13～0.29	—	1.26～1.80	1.00～1.21	48～92
黄油	0.14～0.15	−2.2	2.30	1.42	197
酪乳	0.87	−1.7	3.77	—	—
干酪	0.46～0.53	−2.2～−1.0	2.68	1.47	167
巧克力	0.02	—	3.18	3.14	—
稀奶油	0.59	—	2.85	—	193
鲜蛋	0.70	−2.2	3.18	1.67	226
蛋粉	0.06	—	1.05	0.88	21
冰蛋	0.73	−2.2	—	1.76	243
火腿	0.47～0.54	−2.2～−1.7	2.43～2.64	1.42～1.51	167
冰淇淋	0.67	—	3.27	1.88	218
人造奶油	0.17～0.18	—	3.35	—	126
猪油	0.46	—	2.26	1.30	155
牛奶	0.87	−2.8	3.77	1.93	289
鲜鱼	0.73	−2～−1	3.43	1.80	243
干鱼	0.45	—	2.34	1.42	151
猪肉	0.35～0.42	−2.2～−1.7	2.01～2.26	1.26～1.34	126
鲜家禽	0.74	−1.7	3.35	1.80	247
冻兔肉	0.60	—	2.85	—	—

7. 管子规格

7-1 冷拔无缝钢管

外径/mm	壁厚/mm 从	壁厚/mm 到	外径/mm	壁厚/mm 从	壁厚/mm 到
6	0.25	1.6	63	1.0	12
8	0.25	2.5	70	1.0	14
10	0.25	3.5	75	1.0	12
16	0.25	5.0	85	1.4	12
20	0.25	6.0	95	1.4	12
25	0.40	7.0	100	1.4	12
28	0.40	7.0	110	1.4	12
32	0.40	8.0	120	1.5	12
38	0.40	9.0	130	3.0	12
44.5	1.0	9.0	140	3.0	12
50	1.0	12	150	3.0	12
56	1.0	12			

7-2 热轧无缝钢管

外径/mm	壁厚/mm 从	壁厚/mm 到	外径/mm	壁厚/mm 从	壁厚/mm 到
32	2.5	8	140	4.5	36
38	2.5	8	152	4.5	36
45	2.5	10	159	4.5	36
57	3.0	13	168	5.0	45
60	3.0	14	180	5.0	45
63.5	3.0	14	194	5.0	45
68	3.0	16	203	6.0	50
70	3.0	16	219	6.0	50
73	3.0	19	245	6.5	50
76	3.0	19	273	6.5	50
83	3.5	24	299	7.5	75
89	3.5	24	325	8.0	75
95	3.5	24	377	9.0	75
102	3.5	28	426	9.0	75
108	4.0	28	480	9.0	75
114	4.0	28	530	9.0	75
121	4.0	30	560	9.0	75
127	4.0	32	600	9.0	75
133	4.0	32	630	9.0	75

7-3 水煤气管（有缝钢管）

公称口径		外径/mm	普通管壁厚/mm	加厚管壁厚/mm
mm	英寸 in			
6	1/8	10	2	2.5
8	1/4	13.5	2.25	2.75
10	3/8	17	2.25	2.75
15	1/2	21.25	2.75	3.25
20	3/4	26.75	2.75	3.5
25	1	33.5	3.25	4
32	1 (1/4)	42.25	3.25	4
40	1 (1/2)	48	3.5	4.25
50	2	60	3.5	4.5
70	2 (1/2)	75.5	3.75	4.5
80	3	88.5	4	4.75
100	4	114	4	5
125	5	140	4.5	5.5
150	6	165	4.5	5.5

INDEX 索引
食品工程原理（第三版）

B

白土　301
板框压滤机　120
板式冻结机　226
板式浸取塔　362
板式蒸发器　203，221
半连续式沉降器　112
鲍尔环　296
伯努利方程　20
泵的功率　53
泵的效率　53
泵壳　52
比焓　229
比容　13
壁效应　109
表观黏度　26
表面型捕沫器　205
表压力　14
冰的升华　268
并流换热　172
波导管　185
捕沫器　205
不稳定流动　19

C

测速管　44
层流　28
长管式蒸发器　202
常压蒸发　191
超临界流体萃取　349
超滤　384
超速离心机　134
沉降式离心机　127
沉降室　139
沉降速度　109
沉浸式速冻装置　227
澄清　107
齿轮泵　63
抽气速率　75
传导干燥　243
传热　144
传质　277
传质单元高度　288
传质单元数　288
传质系数　287
锤式粉碎机　83
磁控管　185
萃取　349
萃取精馏　329
萃取率　352
萃取液　351
萃余液　351
错流　172

D

带式干燥器　258
袋滤器　141
单级浸取罐　214
单位制冷量　215
单效蒸发　191
单元操作　1
等摩尔对向扩散　279
底流　358
电渗析　390
电渗析器　391
碟式离心机　135
动量传递　2

冻结时间 224
冻结速度 225
冻结速率 225
对流 157
对流传热 152
对流传质 281
对流干燥 242
对流混合 93
对流扩散 277
多级固定床浸取系统 361
多效蒸发 196
多效蒸馏 346

E

二次回风式空调 238

F

Fick 扩散定律 279
法定计量单位 6
反射率 179
反渗透 381
泛点 299
非结合水分 246
非均相物系 105
非牛顿流体 26
非时变性非牛顿流体 26
非稳态传热 145
非稳态换热 173
非循环型蒸发器 202
分离尺度 92
分离强度 92
分离式离心机 133
分离效率 380
分离因数 352
分配比 352
分批多级蒸馏 328
分子扩散 278
分子流量 73
分子数密度 71
分子流 72
分子撞击率 72
粉碎 78
粉碎比 78

粉碎力 80
粉碎能耗 80
风量 65
风压 65
氟利昂 217
傅里叶定律 147
浮阀塔板 339
辐能流 180
辐能流率 180
辐射传热 145
辐射定律 180
辐射干燥 243

G

干基含水量 243
干球温度 229
干扰沉降 111
干燥 241
干燥器 257
干燥速率 253
鼓风冻结机 226
鼓风机 64
鼓泡态 341
固定床 161
刮板式冻结机 227
刮膜蒸发器 203
管壳式换热器 164
管式离心机 134
惯性型捕沫器 205
规整填料 296
硅胶 301
辊式破碎机 82
滚筒干燥器 261
国际单位制 6
过滤 114
过滤介质 114
过滤式离心机 129
过滤速率 116
过滤推动力 115

H

耗热量 248
合成沸石 302

黑度　181
黑体　179
恒沸精馏　329
恒沸物　324
恒速过滤　118
恒压过滤　118
红外线干燥器　261
弧鞍形填料　296
滑板泵　63
化学结合水　245
换热面积　195
挥发度　324
混合　91
混合-澄清槽　355
混合速率　94
活塞脉冲卸料离心机　132
活塞式制冷压缩机　219
活性炭　301

J

基尔霍夫定律　181
剪稠流体　26
剪力混合　93
剪稀流体　26
桨式搅拌器　95
降液管　341
胶体磨　99
搅拌器　95
结合水分　246
解湿　243
解吸　295
金属膜　380
浸取　358
浸液率　125
精馏　328
精馏段　329
径向流　95
聚合物分离膜　380
绝对湿度　228
绝对压力　14
绝热饱和温度　230
均质机　99
均质压力　100

K

空气调节　236
空塔气速　298
空隙率　298
孔板流量计　44
孔板式冷凝器　204
扩散混合　93

L

拉西环　296
雷诺数　28
冷冻干燥　268
冷凝器　204
离心泵　51
离心泵的工作点　57
离心沉降　126
离心分离　126
离心分离因数　127
离心过滤　126
离心力自动卸料离心机　132
离心式雾化器　266
离心式制冷压缩机　219
离心型捕沫器　205
离心旋转　84
离子极化　183
离子交换　309
离子交换树脂　311
理想流体　20
立管式蒸发器　221
粒度　78
连续式沉降器　113
连续式冷冻干燥装置　272
量纲　8
量纲分析　9
临界点　255
临界含水量　255
临界流速　112
流导　73
流动床离子交换　319
流化床　161
流化床干燥器　259
流化床速冻装置　227

流量密度　278
流速　18
流体　11
流体的密度　12
流体分布装置　298
流体强制对流　156
漏液　342
露点　230
滤饼　114
滤板　120
滤框　120
滤饼过滤　114
滤浆　114
滤液　114
罗茨泵　63
螺带式混合器　104
螺杆泵　63
螺旋板式换热器　167
螺旋盘管式换热器　168
螺旋式混合器　104
螺旋卸料离心机　128

M

模拟移动床　309
膜分离　378
膜分离器　386
膜状沸腾　159
膜组件　386
磨碎　80

N

耐腐蚀泵　59
逆卡诺循环　208
逆流　171
黏度　24
黏性　24
黏性流　72
碾磨　84
牛顿冷却定律　152
牛顿黏性定律　24
牛顿流体　26
浓度极化　383

O

偶极旋转　184

P

POD离心萃取器　357
π定理　34
排气量　69
盘管式蒸发器　221
盘击粉碎机　83
盘式磨碎机　84
抛落　84
泡点　324
泡沫态　342
泡罩塔板　339
泡状沸腾　159
喷射式冷凝器　204
喷射态　342
喷雾干燥　262
喷雾干燥塔　267
膨胀阀　220
啤酒花　373
片式换热器　166
平衡级　335
平衡水分　246
平衡蒸馏　325
平均粒度　79
平均速度　18
平均自由程　72
平流　196
平面回转筛　90
平转式浸取器　362
破碎　80
普朗克辐射定律　179
普朗克方程　224

Q

起始压力　75
气缚　51
气流干燥器　259
气流式雾化器　267
气溶胶　136
前置真空　75

强制对流传热 156
切向流 95
切应力 25
球磨机 84
球形度 79
去湿 241
全回流 336

R

热泵 192
热泵蒸发 192
热边界层 153
热传导（导热） 145
热导率 148
热辐射 178
热交换 146
换热器 163
热量传递（传热） 2
热流量 145
热通量 145
热效率 249
容积传质系数 288
容积真空泵 75
揉和 102
揉和机 103
乳化 98
乳化剂 98

S

Stokes 公式 98
三传类似 284
三足式离心机 130
散装填料 296
筛板萃取塔 356
筛分 85
筛分速率 88
筛分效率 87
筛孔塔板 340
筛面 87
筛面利用因数 87
筛析 85
闪蒸 90，325
上悬式离心机 131

射流真空泵 85
深床过滤 114
渗透 381
渗透压 382
渗析 378
湿比热容 229
湿度 228
湿含量 228
湿基含水量 243
湿空气 227
湿空气比体积 229
湿空气的焓 229
湿球温度 229
时变性非牛顿流体 26
食品冷冻 223
树脂的含水率 312
树脂的交换容量 312
双效蒸发 191
双阻理论 286
水分活度 244
水环式真空泵 75
水蒸气蒸馏 327
顺流 199
斯特藩·玻尔兹曼定律 180
速冻 226
塑性流体 27
隧道式干燥器 258

T

塔板压降 342
陶瓷膜 380
套管式换热器 168
提馏段 329
体积流量 18
填料 296
填料萃取塔 357
填料的比表面积 298
填料式冷凝器 204
填料塔 296
填料层高度 293
填料因子 298
填料支承板 297
通风机 64

INDEX 索　引

透过率　179
湍流　28

U

U形管式浸取器　362

W

外加热式蒸发器　201
往复泵　60
往复式真空泵　75
微波　183
微波干燥器　261
微波炉　185
微波加热　185
微分蒸馏　326
微滤　378
温度场　147
温度梯度　147
稳定流动　19
稳态传热　145
涡流扩散　281
涡轮式搅拌器　96
卧式刮刀卸料沉降离心机　128
卧式刮刀卸料离心机　132
卧式壳管式蒸发器　201
无机分离膜　319
物理化学结合水　246

X

吸附　300
吸附剂　301
吸附平衡　301
吸附速率　301
吸湿　244
吸收　289
吸收塔　292
吸收式制冷　210
相对密度　13
相对湿度　228
厢式干燥器　257
谐振腔　185
泻落　84
形状因数　80

悬筐式蒸发器　201
旋风分离器　137
旋桨式搅拌器　96
旋片式真空泵　76
旋转泵　63
旋转式制冷压缩机　219
循环型蒸发器　200

Y

压焓图　225，211
压力式雾化器　265
压缩机　66
压缩机功率　70
扬程　52
阳离子交换树脂　312
曳力　107
叶滤机　123
叶轮　51
液泛　342
液体分布装置　297
一次回风式空调　237
移动床离子交换　318
移动床吸附分离　308
溢流　358
因次一致性原则　34
阴离子交换树脂　312
有效功率　22
有效相间传质面积　288

Z

杂质泵　59
载点　299
载冷剂　218
增浓器　111
自然对流　155
褶点　351
折流　171
真空泵　64
真空度　14
真空干燥箱　260
真空过滤　116
真空蒸发　191
蒸发　189

415

蒸发操作的效 192
蒸发量 194
蒸发器 209
蒸馏 322
蒸汽喷射泵 76
蒸汽喷射式制冷 211
蒸汽压缩式制冷 209
直流式空气调节机 236
制冷 207
制冷剂 216
制冷剂放热量 215
制冷剂循环量 215
制冷量 214
制冷因数 208
质量传递 2

质量流量 18
中央循环管蒸发器 200
重力沉降 107
重力过滤 115
轴封装置 52
轴向流 95
助滤剂 116
转鼓式混合器 103
转鼓真空过滤机 124
转筒筛 90
转子流量计 47
自由沉降 109
自由水分 246
最小回流比 337

参考文献

REFERENCES

食品工程原理（第三版）

柴诚敬，2017. 化工原理[M]. 北京：高等教育出版社.
陈维祖，1998. 超临界流体萃取的原理和应用[M]. 北京：化学工业出版社.
冯骉，2017. 食品工程原理[M]. 北京：中国轻工业出版社.
高福成，1998. 食品分离重组工程技术[M]. 北京：中国轻工业出版社.
刘程，江小梅，1998. 当代新型食品[M]. 北京：北京工业大学出版社.
刘士星，1994. 化工原理[M]. 北京：中国科学技术大学出版社.
陆振曦，陆守道，1996. 食品机械原理与设计[M]. 北京：中国轻工业出版社.
夏清，等，2017. 化工原理[M]. 天津：天津大学出版社.
袁渭康，等，2019. 化学工程手册[M]. 北京：化学工业出版社.
张裕中，2000. 食品加工技术装备[M]. 北京：中国轻工业出版社.
BIRD R B, STEWART W E, LIGHTFOOT E N, 2001. Transport phenomena[M]. 2nd ed. Hoboken：Wiley.
GEANKOPLIS C J, 1983. Transport processes and unit operations[M]. Boston：Allyn and Bacon, Inc.
HELDMAN D R, HARTEL R W, 1997. Principles of food processing[M]. New York：Chapman & Hall.
MCCABE W L, SMITH J C, HARRIOTT P, 2003. Unit operations of chemical engineering[M]. 6th ed. 英文影印版. 北京：化学工业出版社.
ROMEO, TOLEDO T, 1991. Fundamentals of food process engineering[M]. 2nd ed. New York：Van Nostrand Reinhold.
SINGH R P, HELDMAN D R, 2001. Introduction to food engineering[M]. 3rd ed. New York：Academic Press, Inc.

图书在版编目（CIP）数据

食品工程原理／于殿宇主编 . —3 版 . —北京：中国农业出版社，2022.6（2024.12 重印）

普通高等教育农业农村部"十三五"规划教材　全国高等农业院校优秀教材

ISBN 978-7-109-29512-4

Ⅰ.①食… Ⅱ.①于… Ⅲ.①食品工程学－高等学校－教材　Ⅳ.①TS201.1

中国版本图书馆 CIP 数据核字（2022）第 094401 号

食品工程原理
SHIPIN GONGCHENG YUANLI

中国农业出版社出版
地址：北京市朝阳区麦子店街 18 号楼
邮编：100125
责任编辑：张柳茵　甘敏敏
版式设计：王　晨　责任校对：周丽芳
印刷：三河市国英印务有限公司
版次：2001 年 9 月第 1 版　2022 年 6 月第 3 版
印次：2024 年 12 月第 3 版河北第 3 次印刷
发行：新华书店北京发行所
开本：889mm×1194mm　1/16
印张：27
字数：790 千字
定价：76.50 元

版权所有·侵权必究
凡购买本社图书，如有印装质量问题，我社负责调换。
服务电话：010-59195115　010-59194918